Matthias Mohr

Qualifizierungsstrategien für betriebswirtschaftliche Unternehmenssoftware

GABLER EDITION WISSENSCHAFT

Informationsmanagement und Computer Aided Team

Herausgegeben von Professor Dr. Helmut Krcmar

Die Schriftenreihe präsentiert Ergebnisse der betriebswirtschaftlichen Forschung im Themenfeld der Wirtschaftsinformatik. Das Zusammenwirken von Informations- und Kommunikationstechnologien mit Wettbewerb, Organisation und Menschen wird von umfassenden Änderungen gekennzeichnet. Die Schriftenreihe greift diese Fragen auf und stellt neue Erkenntnisse aus Theorie und Praxis sowie anwendungsorientierte Konzepte und Modelle zur Diskussion.

Matthias Mohr

Qualifizierungsstrategien für betriebswirtschaftliche Unternehmenssoftware

Eine empirische Untersuchung bei deutschen Unternehmen

Mit einem Geleitwort von Prof. Dr. Helmut Krcmar

GABLER EDITION WISSENSCHAFT

Bibliografische Information der Deutschen Nationalbibliothek
Die Deutsche Nationalbibliothek verzeichnet diese Publikation in der Deutschen Nationalbibliografie; detaillierte bibliografische Daten sind im Internet über <http://dnb.d-nb.de> abrufbar.

Dissertation Technische Universität München, 2008

1. Auflage 2009

Lektorat: Claudia Jeske / Anita Wilke

Gabler ist Teil der Fachverlagsgruppe Springer Science+Business Media.
www.gabler.de

Umschlaggestaltung: Regine Zimmer, Dipl.-Designerin, Frankfurt/Main
Gedruckt auf säurefreiem und chlorfrei gebleichtem Papier
Printed in Germany

ISBN 978-3-8349-1578-8

Geleitwort

Mit der Arbeit „Qualifizierungsstrategien für betriebswirtschaftliche Unternehmenssoftware“ wird ein Themengebiet aufgegriffen, das für IT- und Personalverantwortliche hohe Bedeutung besitzt und viele der ca. 18 Mio. IT-Anwender in deutschen Unternehmen direkt oder indirekt betrifft.

Betriebliche Personalentwicklung, Didaktik, IT-Einführungs- und Projektmanagement beschäftigen sich seit langem mit der Frage, wie eine „gute“ betriebliche Qualifizierungsstrategie für Anwender betriebswirtschaftlicher Unternehmenssoftware, z.B. ERP-Software, aussieht. Die Erwartung ist stets, dass der Anwender seine Arbeitsaufgaben effektiv und effizient mit einer hoch integrierten Software erledigen kann, welche die zentralen, kritischen Geschäftsprozesse des Unternehmens abbildet.

In die Lücke zwischen der Vielzahl fallstudienartig aufbereiteter Einzelberichte über Wege der Anwenderqualifizierung und den diversen Weiterbildungsstatistiken, die allerdings nicht auf spezielle Anwendungssysteme eingehen, hat Matthias Mohr seine explorative Arbeit positioniert. Der Anspruch ist, einen breiten empirischen Überblick darüber zu geben, unter welchen Rahmenbedingungen Anwender in deutschen Unternehmen die Arbeit mit Unternehmenssoftware erlernen können, aus welchen Gründen so vorgegangen wird und wie erfolgreich die Unternehmen damit sind.

Auf Basis ausführlicher Literaturarbeit und den Erkenntnissen aus elf Gesprächen mit Personal- und IT-Verantwortlichen hat der Autor ein umfangreiches Instrumentarium zur systematischen Beantwortung der Fragen entwickelt. Zur Datenerhebung für die Querschnittsanalyse wurden zwei breit angelegte Befragungen durchgeführt: Die Expertenbefragung mit 220 Fällen auf Unternehmens- sowie die Anwenderbefragung mit 17.000 Fällen auf Individualebene erlauben interessante Einblicke in die aktuelle Praxis der IT-Anwenderqualifizierung.

Mittels Cluster- und Zusammenhangsanalysen gelingt es dem Autor, vier Grundstrategien der betrieblichen Anwenderqualifizierung zu betriebswirtschaftlicher Unternehmenssoftware zu identifizieren und begünstigende Rahmenbedingungen für deren Wahl herauszuarbeiten. Eine vergleichende Nutzenbetrachtung zwischen IT-/Personalverantwortlichen einerseits und Anwendern andererseits schließt die Analyse ab.

Die vorliegende Dissertation liefert Anregungen sowohl für das betriebliche IT-Weiterbildungsmanagement als auch für die Weiterbildungsforschung. Die Arbeit erweitert die Kenntnisse über Vorgehensweisen und Zusammenhänge in der Anwenderweiterbildung beträchtlich und stellt daher eine lohnende Lektüre für IT-Projektleiter und Weiterbildungsverantwortliche dar.

Helmut Krcmar

Vorwort

Am Erfolg der vorliegenden Arbeit sind wichtige Menschen beteiligt gewesen, denen ich zu großem Dank verpflichtet bin.

Bedanken möchte ich mich zuerst bei meinem Doktorvater Prof. Dr. Helmut Krcmar, der mir zu Beginn der Promotionsphase („Das finden Sie interessant? Suchen Sie nach spannenderen Herausforderungen!"), während des Schreibens („Wie viele Seiten? Warum erst so wenig?") und nach Abgabe meiner Arbeit („Das Lesen hat mir wirklich Spaß gemacht. Beeindruckende Ergebnisse!") immer konstruktiv zur Seite stand. In meiner fünfjährigen Zeit an seinem Lehrstuhl habe ich mich nicht nur fachlich, sondern auch methodisch („Das kann man doch nicht in einer Mail schreiben, gehen Sie doch mal auf einen Kaffee vorbei") und persönlich („Seien Sie doch ein wenig ambiguitätstoleranter!") weiterentwickeln können.

Mein Dank gilt allen Mitarbeitern am Lehrstuhl, die durch offene und ehrliche Kritik zum wissenschaftlichen Diskurs beigetragen haben. Besonderer Dank gilt Steffi Leimeister für die Statistik- und SPSS-Nachhilfe, Jan Marco Leimeister fürs ständige Ermahnen zu methodischer Korrektheit („Das ist nicht intersubjektiv nachvollziehbar."), Winfried Ebner für die gemeinsamen Diss-Wochenenden mit Kickerpausen und Uta Schubert, Nataliya Veleva und Jens Fähling für die unermüdliche Hilfe beim Recherchieren und Datenauswerten.

Neben der inhaltlichen Unterstützung war die organisatorische ebenso wichtig: Holger Wittges hat immer wieder dafür gesorgt, dass ich mir trotz drängenden Tagesgeschäfts Zeit für diese Arbeit nehme. Danke an meine Kollegen vom UCC, die mir in der heißen Phase den Rücken freihielten und viele meiner Projektaufgaben ohne zu klagen übernommen haben. Danke an Cathleen Stephan, die die entscheidenden Termine in den Chefkalender eingetragen hat.

Dankbar bin ich Andreas Willumeit, zu dem in den vielen fachlichen Diskussionen, gemeinsamen Konferenzauftritten und Schwimmbadbesuchen ein freundschaftliches Verhältnis entstanden ist. Thomas Röhrig danke ich für die wertvollen Kommentare eines kritischen Praktikers. Stefan Höflacher bin ich für die wertvollen Ratschläge eines betriebswirtschaftlichen „alten Hasen" dankbar, und Miriam Lingelbach verdanke ich aufmerksames Korrekturlesen. Ein großer Dank geht an Eike Dörzbach, Tiziana Pelosi, Mandy Stich, Ursula Weidlich, Erich Glas, Maria-Barbara Bauer, Alfred Gura und Horst Ellermann. Sie und ihre Kollegen haben mir bei der Datenerhebung wertvolle Unterstützung gegeben. Herrn Prof. Gunther Friedl danke ich für die Leitung der Prüfungskommission und Herrn Prof. Ralf Reichwald für die Übernahme der Zweitkorrektur.

Spezieller Dank gebührt meinen Eltern, die durch einen ständigen Wechsel zwischen moralischer Unterstützung („Wir sind so stolz auf dich!") und sanftem Druck („Dauert das noch lange?") dazu beigetragen haben, dass ich die Fünfjahresgrenze nicht wesentlich überschritten habe.

Ganz besonders bin ich meiner Frau Julia dankbar. Vor allem deshalb, weil sie unzählige Abende, Wochenenden und Urlaube auf mich verzichtet hat und meine teilweise üblen Launen gelassen hinnahm („Jetzt beruhig dich, das wird schon werden."). Danke dafür und für alles andere. Julia und Johanna widme ich diese Arbeit.

Matthias Mohr

Inhaltsübersicht

Inhaltsverzeichnis

Abbildungsverzeichnis

Tabellenverzeichnis

Abkürzungsverzeichnis

APO-IT	Arbeitsprozessintegrierte Qualifizierung in der IT
ASTD	American Society for Training and Development
AZWV	Anerkennungs- und Zulassungsverordnung für Weiterbildung
BIBB	Bundesinstitut für Berufsbildung
BMBF	Bundesministerium für Bildung und Forschung
BMF	Bundesministerium für Finanzen
BSC	Balanced Scorecard
CAD	Computer Aided Design
CAE	Computer Aided Engineering
CASRO	Council of American Survey Research
CBT	Computer Based Training
CCC	Customer Competence Center
CHAID	Chi-squared Automatic Interaction Detection
CIPO	context – input – process – output
CMM	Capability Maturity Model
COTS	Commercial off the shelf
CRM	Customer Relationship Management
DSAG	Deutschsprachige SAP-Anwendergruppe
EQW	National Center on the Educational Quality of the Workforce
ERP	Enterprise Resource Planning
ICT	Information and Communication Technology (= IKT)
IKT	Informations- und Kommunikationstechnik
IS	Informationssystem
ISCO	International Standard Classification of Occupations
IT	Informationstechnik / -technologie
IuK	Informations- und Kommunikationstechnik
IV	Informationsverarbeitung
IW	Institut der Deutschen Wirtschaft
KAM	Knowledge Asset Management
MIS	Management Information System (Führungsinformationssystem)
QDA	Qualitative Datenanalyse
SAP UA	SAP University Alliances

SASPF	Standard-Anwendungs-Software-Produkt-Familien
SBR	Statistisches Unternehmensregister (Statistical Business Register)
SCM	Supply Chain Management
SEI	Software Engineering Institute
SHV	Shareholder Value (=Marktwert des Eigenkapitals)
SOA	Service-orientierte Architektur
SPSS	Statistical Package for the Social Sciences
TAM	Technology Acceptance Model
VLBA	Very large Business Applications
WBT	Web Based Training
ZVEI	Zentralverband Elektrotechnik und Elektroindustrie

1 Anlass und Nutzen, Forschungsfragen und Aufbau der Arbeit

1.1 Entdeckungs- und Verwertungszusammenhang

Die vorliegende Arbeit entstand aus folgenden Gründen[1]:

1. Die IT- und Personalverantwortlichen vieler Unternehmen sind unsicher, welche Rahmenbedingungen sie ihren Mitarbeitern zu schaffen haben, damit sich diese für die Arbeit mit modernen Informationssystemen wie Unternehmenssoftware qualifizieren können.
2. Die wissenschaftliche Forschung kann hier kaum fundierte Handlungsempfehlungen aussprechen, da die Datenlage für dieses Teilgebiet der betrieblichen Weiterbildung relativ dünn ist.

Im Jahre 2000 setzten ca. 65% der deutschen Unternehmen ERP-Systeme ein (Falk 2002, S. 403). Laut Meta Group (2003, S. 2) haben über 80% der Global 2000 Organisationen ERP-Systeme im Einsatz. Doch ca. 70% aller ERP-Einführungsprojekte scheitern (Bungard 2005, S. 5), d.h. in der vorgesehenen Zeit und mit dem geplanten Budget wurde nicht die geplante Funktionalität implementiert (Kohnke 2005, S. 15). Auch nach der Systemeinführung bleiben viele Probleme bestehen: Performanceeinbrüche sind zu verzeichnen (Bradford/Florin 2003; Hitt et al. 2002; Somers/Nelson 2002, S. 257). Anwender kommen mit der Software nicht zurecht (Kohnke 2005, S. 15), sind daher unzufrieden und üben Kritik am Werkzeug (Willumeit 2006a; Topi et al. 2005; Kneissl 2006, S. 65ff.). Um dieses Problem anzugehen, wird in der Praxis an mehreren Stellen angesetzt:

- Sowohl IT- als auch Personalabteilungen der nutzenden Unternehmen treiben Aufwand, um ihre Mitarbeiter auf die effektive und effiziente Arbeit mit Unternehmenssoftware vorzubereiten. Es werden teilweise hohe Summen für Qualifizierungsmaßnahmen, z.B. Schulungen, ausgegeben. Denn es ist unstrittig, dass Training als kritischer Erfolgsfaktor bei ERP-Implementierungen anzusehen ist (Umble et al. 2003; Al-Mashari et al. 2003; Somers/Nelson 2001; Nah et al. 2001, S. 293). Laut der „Foresight 2020" Studie der ECONOMIST INTELLIGENCE UNIT (2006, S. 5) sehen 23% der dort befragten Führungskräfte (hauptsächlich CEOs) das Human Resource Management & Training als denjenigen Bereich an, der in den nächsten 15 Jahren das größte Potenzial für Produktivitätssteigerungen aufweist. Die Autoren der Studie nehmen zudem an, dass in diesem Zeitraum die IT-Ausgaben zur Unterstützung der IT-unterstützten Wissensarbeiter zulasten von IT-Infrastrukturinvestitionen stark ansteigen werden.
- Durch ihre Teilnahme an Weiterbildungsveranstaltungen und die eigenständige Beschäftigung mit dem Werkzeug „Unternehmenssoftware" leisten schließlich die Anwender selbst ihren Beitrag zu dessen bestmöglicher Nutzung. Insbesondere vor dem Hintergrund der

[1] Der Anlass, der zu einem Forschungsprojekt führt, wird als Entdeckungszusammenhang („context of discovery") bezeichnet (Kromrey 2006, S. 85; Friedrichs 1977, S. 50). Nach ATTESLANDER (2006, S. 16) ist der Entdeckungszusammenhang das Ziel der Untersuchung, die Motivation, ggf. ein Auftrag. Es ist der Teil des Forschungsprozesses, in dem Ideen oder Theorien entstehen (Bortz/Döring 2005, S. 357). Es kann sich dabei um systematisches Explorieren oder zufälliges Entdecken handeln.

schnellen Veralterung von IT-Wissen ist dieser Beitrag nicht zu unterschätzen (U.S. Department of Commerce 2003, S. 191).

- Beratungsunternehmen bieten eine Vielzahl von Methoden und Handlungsempfehlungen an, den Einführungsprozess von Unternehmenssoftware zu verbessern. Meistens bleiben diese jedoch auf die Phase der initialen Einführung beschränkt und betrachten nicht die nachfolgende Nutzungsphase der Anwender.
- Mit der Zielsetzung größtmöglicher Handhabbarkeit („Usability") unternehmen die Softwarehersteller Anstrengungen, den Anwendern den Umgang mit der Software zu erleichtern (Hinterhuber et al. 2006; Kneissl 2006, S. 65ff.). Auf wissenschaftlicher Seite befassen sich Forschungsbereiche wie Usability Engineering, ergonomisches Design und Human Computer Interaction (HCI) mit der Problematik. NIELSEN (1993, S. 26) sieht die „Learnability", also die Erlernbarkeit einer Software, als eine der Kerndimensionen von Usability an: „The system should be easy to learn so that the user can rapidly start getting some work done with the system."

Aus der (nicht vollständigen) Auflistung ist einsichtig, dass eine einseitige Herangehensweise nicht ausreicht, Effektivität und Effizienz der Nutzung von Unternehmenssoftware zu erhöhen. Dennoch gilt das Erkenntnisinteresse dieser Arbeit gezielt den qualifizierungsrelevanten Strukturen und Prozessen des gesamten Unternehmens als Nutzer von Unternehmenssoftware. Es soll ein empirischer Zugang zum betrieblichen Management von Unternehmenssoftware-Qualifizierung gefunden werden. Dieser Fokus der Arbeit legt gleichzeitig ihre Grenzen fest:

- Es geht um das betriebliche Management der *Rahmenbedingungen* von Qualifizierungsmaßnahmen, und nur in zweiter Linie um die Lehr- und Lernprozesse selbst. Die Lehr- und Lernprozesse werden, BÄUMER (1997, S. 1ff.) folgend, als die letzte Stufe, als das Ergebnis des Managements und der Rahmenbedingungen verstanden. Damit stehen nicht die Lernenden und die Lernhandlungen im Mittelpunkt, sondern diejenigen Akteure im Unternehmen, die die Rahmenbedingungen für die organisierten Qualifizierungsprozesse schaffen. Aus demselben Grund sind die eigentlichen Inhalte von Qualifizierungsmaßnahmen auch nicht Gegenstand dieser Arbeit.
- Es soll weder ausschließlich die IT-Projektperspektive auf der einen Seite noch die Perspektive der Personalentwicklung auf der anderen Seite eingenommen werden. Stattdessen wird der übergeordnete Standpunkt „des Unternehmens" zugrunde gelegt, für den IT-Qualifizierung nicht nur im Rahmen einzelner Einführungsprojekte geschieht.

Eng mit dem Entdeckungszusammenhang verzahnt ist der Verwertungs- und Wirkungszusammenhang, worunter „die Effekte einer Untersuchung und ihr Beitrag zur Lösung des anfangs gestellten Problems"[2] verstanden werden (Kromrey 2006, S. 85f.).[3] Eine systematische Analyse der betrieblichen Qualifizierungsansätze im Kontext Unternehmenssoftware hätte mehrfachen Nutzen für die Praxis:

---

2 Prof. Margi Olson pflegte an der NYU ihren Doktoranden die Frage zu stellen, was sich in der Welt verbessert hat, wenn ihre Dissertation erfolgreich durchgeführt wurde.

3 ATTESLANDER (2006, S. 16) nennt pragmatische Beispiele für den Verwertungszusammenhang: Publikation, Pressebericht oder unveröffentlichte Handlungsanweisungen.

- Entscheidungen über Weiterbildungsinvestitionen werden häufig „aus dem Bauch heraus“ ohne rationale Handlungsgrundlage getroffen (CIPD 2006, S. 11; Gillies 2004). Es ist davon auszugehen, dass eine systematische empirische Analyse der Strategien und der Beweggründe in der IT-Qualifizierung dabei hilft, dass weniger ad hoc- oder Alltagstheorien (Bäumer 1997, S. 6; Bortz/Döring 2005, S. 35) einzelner Weiterbildungsmanager zu Entscheidungen und Schlussfolgerungen führen, sondern intersubjektiv nachvollziehbare Erkenntnisse letztlich zu einer „besseren“ Qualifizierungsstrategie führen können.
- Sowohl die Personalentwicklung als auch die IT geraten mit steigendem Weiterbildungsaufwand unter höheren Legimitationsdruck. Ihnen könnte eine höhere Leistungstransparenz helfen, ihre Leistungen und die Existenz ihres Verantwortungsbereiches besser rechtfertigen zu können.
- Bei kontroversen Situationen sind Entscheidungshilfen gefragt, z.B. in Bezug auf die organisatorische Eingliederung der IT-Qualifizierung, die Ressourcenzuteilung, der Bestimmung der relevanten Themen und bei der zeitlichen Planung.

Eine effiziente Steuerung betrieblicher Weiterbildung ist ökonomisch bedeutsam, da von der deutschen Volkswirtschaft hohe Summen investiert werden: Deutsche Unternehmen haben 2004 ca. 26,8 Mrd. Euro in betriebliche Weiterbildung investiert, wovon mit 9,1 Mrd. Euro ca. ein Drittel auf direkte Weiterbildungskosten und der Rest von ca. 17,6 Mrd. Euro auf indirekte Kosten, insb. Opportunitätskosten (Arbeitszeit), entfallen. 2001 gab die deutsche Volkswirtschaft 9,9 Mrd. EUR für betriebliche Weiterbildung aus (Statistisches Bundesamt 2004c, S. 155). Nach Hochrechnungen des Instituts der Deutschen Wirtschaft (IW) haben 2001 die Betriebe der gewerblichen Wirtschaft sogar 16,9 Mrd. EUR in Weiterbildung investiert (Dohmen et al. 2004, S. 122). Der hohe Wert erklärt sich dadurch, dass das IW neben den direkten Kosten der Weiterbildung auch indirekte Kosten wie Opportunitätskosten durch Abwesenheit berücksichtigt. Wird der Anteil der direkten Kosten im Mittel mit 45% angesetzt, ergeben sich für die direkten Kosten der betrieblichen Weiterbildung ca. 9,6 Mrd. EUR (Dohmen/Hoi 2004, S. 53 f.), und damit ähnliche Werte wie beim Statistischen Bundesamt. Nicht berücksichtigt ist hierbei die Schmälerung der zu versteuernden Gewinne (Dohmen/Hoi 2004, S. 54 f.). Für nähere Ausführungen zu Bildungsausgaben in Deutschland siehe Dohmen/Hoi (2004). Für Statistiken zur Weiterbildung siehe beispielsweise (Vock/Balschun 2004), (BMBF 2006a, S. 310 ff.), (Dietsche et al. 2001, S. 31 ff.). Im Jahr 2004 führten zwischen 75,3% (Statistisches Bundesamt 2004c, S. 144) und 84,4% aller Unternehmen (Werner 2006b, S. 2) betriebliche Weiterbildung durch. Deutschland liegt damit im internationalen Vergleich an neunter Stelle (Grünewald/Moraal 2003, S. VII). Der relative Anteil der betrieblichen Weiterbildungsinvestitionen an den gesamten volkswirtschaftlichen Bruttoinvestitionen im Jahr 2001 i.H.v. 405 Mrd. EUR (Statistisches Bundesamt 2004c, S. 730) beträgt ca. 2,5%. Der Anteil am gesamten Bruttoinlandsprodukt i.H.v. ca. 2.073 Mrd. EUR beträgt ca. 0,5%.

Beim Themenfeld Informationstechnik (IT/EDV) handelt sich um das Weiterbildungsthema mit dem größten zeitlichen und finanziellen Volumen (Statistisches Bundesamt 2005, S. 1017; BMBF 2006a, S. 178). Innerhalb der betrieblichen Weiterbildung macht der Themenbereich IT/EDV mit ca. einem Fünftel den größten Teil aus. Die Erhebung ergab, dass ca. 21% aller Teilnahmestunden (und damit der größte Anteil) betrieblicher Weiterbildung auf den Themenbereich „EDV/Informationstechnik“ entfielen (Statistisches Bundesamt 2005, S.

1017; Nestler/Kailis 2003, S. 3; BMBF 2006a, S. 265; BIBB 2005, S. 16). Im Jahr 2003 handelte es sich in Baden-Württemberg bei ca. 26% der Teilnahmefälle um EDV-Themen. 13% entfielen auf „EDV-Anwendungen im kaufmännischen Bereich", ca. 12% auf „EDV-Anwendungen gewerbl.-techn. Bereich / EDV-Programmierung" (Wirtschaftsministerium Baden-Württemberg 2005, S. 9-10). Auch im Rahmen nicht betrieblicher Weiterbildung, z.B. in Volkshochschulen, wird der Themenbereich IT/EDV am intensivsten nachgefragt (Statistisches Bundesamt 2004a, S. 86). Mehr als ein Drittel der Weiterbildungsangebote in der KURSNET-Datenbank (Bundesagentur für Arbeit 2006) vermittelt IT-Qualifikationen, von denen sich 25 Prozentpunkte an IT-Fachkräfte und ca. 10,6 Prozentpunkte an IT-Anwender richten (Diettrich et al. 2005, S. 9).

1.2 Forschungsfragen

Das in Kapitel 1.1 dargelegte Erkenntnisinteresse mündet in drei zusammenhängenden Forschungsfragen, die in dieser Arbeit beantwortet werden sollen. In Forschungsfrage 1 soll herausgefunden werden, wie Unternehmen als Nutzer von Unternehmenssoftware ihre Qualifizierungsinvestitionen gestalten. Es sollen die Strategien oder Entscheidungsgrundmuster[4] entdeckt und beschrieben werden, nach denen in der Praxis Qualifizierung im Kontext Unternehmenssoftware geplant, durchgeführt und gesteuert wird. Der Forschungsfrage 1 zugrunde liegende Fragetyp ist eine explorative Untersuchung unternehmerischen Verhaltens (Nienhüser/Magnus 2003, S. 4; Kromrey 2002, S. 22) bei der Qualifizierung von Anwendern von Unternehmenssoftware. Es geht darum, Muster und Strukturen in der Realität herauszuarbeiten und darzustellen. Diese Herangehensweise erscheint angebracht, da dem Phänomen der Qualifizierung im Kontext Unternehmenssoftware bisher von wissenschaftlicher Seite kaum Beachtung geschenkt wurde. Und dies, obwohl es sich weder um ein relativ neues noch um ein praktisch irrelevantes Thema handelt. SCHIERSMANN ET AL. (2001, S. 28) stellen einen Mangel an repräsentativen Erhebungen fest, mit denen konzeptionelle und organisatorische Ausdifferenzierungen der Weiterbildungspraxis in ihrer quantitativen Bedeutung überprüft werden könnten. Auch die intensive Diskussion um „lernende Organisationen" hat nicht dazu geführt, sich vermehrt mit IT-Lernstrategien auseinanderzusetzen (Olfman et al. 2003, S. 76).

Forschungsfrage 1: Welche Strategien existieren, nach denen Qualifizierungsinvestitionen im Kontext Unternehmenssoftware getätigt werden?

Forschungsfrage 2 soll mögliche Begründungen liefern, warum Unternehmen unterschiedliche Strategien wählen. Sie soll zum besseren Verständnis des diagnostizierten betrieblichen Qualifizierungsverhaltens im Kontext Unternehmenssoftware und deren Prognostizierbarkeit (Kromrey 2002, S. 22) beitragen. Da in der wissenschaftlichen Szene keine systematische Deskription des Qualifizierungsverhaltens im Kontext Unternehmenssoftware existiert, fehlt es dementsprechend erst recht an Erklärungen des Verhaltens. Daher erscheint dieser Fragetyp hier angebracht (Nienhüser/Magnus 2003, S. 4).

Forschungsfrage 2: Warum verfolgen Unternehmen, die Unternehmenssoftware einsetzen, eine bestimmte Qualifizierungsstrategie? Welches sind die bestimmenden Einflussfaktoren für die Entscheidung?

---

4 Zum Strategiebegriff siehe Kapitel 2.1.2.

Mit der Bearbeitung der dritten Forschungsfrage sollen Hinweise gegeben werden, wie mit Hilfe der gewonnenen Typisierung und ihrer empirischen Begründungen sowohl Forschung als auch Praxis unterstützt werden können. So sollen zunächst Implikationen für die zukünftige Forschung im Bereich der Anwenderqualifizierung aufgezeigt werden. Zweitens sollen Ansatzpunkte aufgezeigt werden, wie die unternehmerische Praxis der Anwenderqualifizierung effektiver gestaltet werden kann.

Forschungsfrage 3: Worin besteht zukünftiger Forschungsbedarf im Kontext der Anwenderqualifizierung zu Unternehmenssoftware und wie können Qualifizierungsinvestitionen im Kontext Unternehmenssoftware effektiver gestaltet werden?

1.3 Forschungsdesign und Forschungsmethoden

Im Folgenden werden die methodischen Schritte beschrieben, mit deren Hilfe das Forschungsproblem untersucht wird. Es handelt sich hierbei um die Struktur des Begründungszusammenhangs[5] empirischer Sozialforschung (Friedrichs 1977, S. 52f.; Kromrey 2006, S. 82). Es wird davon ausgegangen, dass die Datenerhebung und –analyse möglichst genau begründet werden muss, um die gewonnenen Erkenntnisse sinnvoll interpretieren zu können. Daher wird besonderer Wert auf die Beschreibung von Umfragelogistik, statistischer Datenanalyse usw. gelegt.

Ein Forschungsdesign ist eine Forschungslogik, die für gewisse Arten von Fragestellungen sinnvoll eingesetzt werden kann (Kromrey 2002, S. 82). Das in dieser Arbeit verwendete Forschungsdesign orientiert sich am deskriptiven Survey Modell zur Querschnittserhebung nicht-experimenteller Daten. WILDE/HESS (2006, S. 8; 2007, S. 282) sprechen von einer *quantitativen Querschnittsanalyse*. Dieses Modell liefert Hinweise für die Erhebung und Analyse empirischer Informationen zur Beschreibung und Diagnose eines interessierenden sozialen Sachverhaltes zu einem Zeitpunkt. Das Modell eignet sich sehr gut für die vorliegende Arbeit, da folgende Ziele verfolgt werden, zu deren Erreichen das Modell beitragen kann (Kromrey 2002, S. 103ff.)[6]:

1. Bereitstellung einer empirisch gesicherten Basis für durch Weiterbildungsverantwortliche zu treffende Entscheidungen (Fragestellung: Entscheidungsvorbereitung)
2. Gewinnung von Informationen zur Beurteilung und zum Verständnis unvorhergesehener Entwicklungen und Veränderungen im Umfeld Unternehmenssoftware und Anwenderqualifizierung (Fragestellung: Diagnose)

---

5 Da es um die Gestaltungsbegründung der auf empirischem Wege gewonnenen Erkenntnisse geht, hat sich dieser Begriff für die „eigentliche Phase der Forschung" etabliert. Der Begründungszusammenhang soll im Gegensatz zum Entdeckungs- und Verwertungszusammenhang möglichst werturteilsfrei sein, d.h. die subjektiven Wertungen und Präferenzen des Forschers dürfen die Entscheidungen innerhalb des Forschungsprojektes nicht beeinflussen. Vielmehr sind die Entscheidungen „ausschließlich entsprechend den Normen der Methodologie empirischer Forschung sowie unter Rückgriff auf bestätigtes empirisches Wissen zu begründen" (Schnell et al. 2005, S. 87; Kromrey 2006, S. 82).

6 Die drei weiteren von KROMREY (2002, S. 104) genannten Ziele einer deskriptiven Untersuchung (gesellschaftliche Dauerbeobachtung, Meinungsforschung und Marktforschung) deckten sich nicht mit dem Erkenntnisinteresse dieser Arbeit.

3. Erkundung des noch relativ unbekannten empirischen Sachverhaltes „Anwenderqualifizierung im Kontext Unternehmenssoftware" durch eine möglichst breit angelegte Untersuchung (Fragestellung: Exploration)
4. Zurverfügungstellen beispielhafter Deskriptionen für eine Regelhaftigkeit oder Gesetzmäßigkeit im Rahmen der Anwenderqualifizierung (Fragestellung: Illustration)

Die quantitative Querschnittsanalyse bedient sich des behavioristischen (verhaltenswissenschaftlichen) erkenntnistheoretischen Paradigmas („Behavioral Science"). Dieses sieht die Analyse des Verhaltens und der Auswirkungen von existierenden Informationssystemen auf Organisationen vor. Die grundsätzlich entgegengesetzte Position ist das konstruktionswissenschaftliche Paradigma („Design Science"), das nach Erkenntnisgewinn durch Schaffen und Evaluieren von IT-Lösungen in Form von Modellen, Methoden oder Systemen strebt (Wilde/Hess 2006, S. 3). Der Formalisierungsgrad der quantitativen Querschnittsanalyse ist einigermaßen hoch, da der Untersuchungsgegenstand in strukturierter, weil operationalisierter Form behandelt wird. Gegenüber Experimenten ist das Vorgehen jedoch weniger reglementiert (Wilde/Hess 2006, S. 13). Eine Einordnung der quantitativ-empirischen Querschnittsanalyse relativ zu anderen wichtigen Methoden der Wirtschaftsinformatik zeigt Abbildung 1. Mit der Entscheidung für die quantitative Querschnittsanalyse wurde ein Weg eingeschlagen, der gemäß einer Studie von WILDE/HESS (2007, S. 284) in ca. 10% der Forschungsarbeiten der deutschsprachigen Wirtschaftsinformatik verfolgt wird. In den letzten Jahren sei hier ein Trend hin zu mehr quantitativ ausgerichteten Arbeiten erkennbar (Wilde/Hess 2007, S. 84), womit eine Annäherung an das Profil des angloamerikanischen Information Systems Research (ISR) stattfindet.

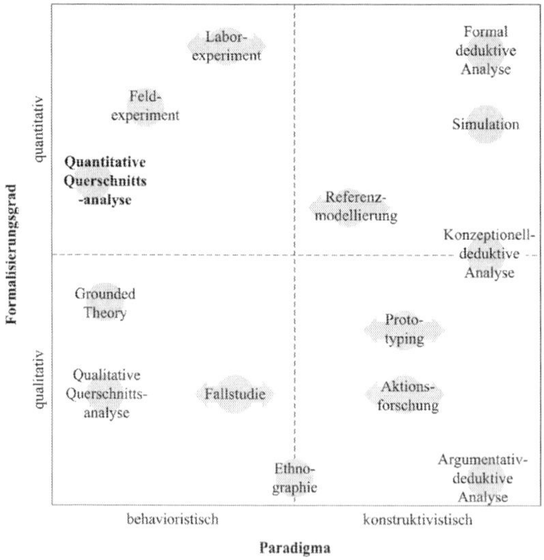

Abbildung 1: Einordnung der quantitativ-empirischen Querschnittsanalyse in wichtige Methoden der Wirtschaftsinformatik (Quelle: Wilde/Hess (2006, S. 14))

Von Sekundäranalysen (Kromrey 2002, S. 526) wurde abgesehen, denn die Datenlage zum Forschungsgegenstand ist spärlich. Dies ist verständlich, wenn man sich vor Augen führt, dass es sich bei Unternehmenssoftwareanwendungen um geschäftskritische Investitionen handelt und von Seiten der verschiedenen Stakeholder kaum Interesse an kritischen Effizienzanalysen (auch nur von Teilaspekten) besteht (Bungard 2005, S. 5ff.). Außerdem kommt es bei der Analyse auf hohe Aktualität der ermittelten Angaben an, die i.a. bei Sekundäranalysen nicht gewährleistet ist. Gewichtigster Grund gegen eine Sekundäranalyse ist die Notwendigkeit, Informationen aus unterschiedlichen Funktionsbereichen simultan zu erheben. Erhebungen, die sowohl Kennzahlen zur IT-Landschaft oder -Organisation als auch zur Personalentwicklung enthalten, sind jedoch keine bekannt.

Die methodischen Hauptschritte dieser Arbeit im Rahmen des Forschungsdesigns werden im Folgenden erwähnt, eine detaillierte Beschreibung erfolgt im Hauptteil der Arbeit bei den jeweiligen Kapiteln:

1. Entwicklung des Analysemodells durch Literaturanalyse und qualitative Vorstudie mit Experteninterviews (Kapitel 3)
2. Querschnittserhebung durch quantitativ orientierte Umfrage (Kapitel 4)
3. Ableitung von Forschungs- und Handlungsempfehlungen (Kapitel 5)

Um sich dem Phänomen „Qualifizierungsstrategien im Kontext Unternehmenssoftware“ auf unterschiedlichen Wegen zu nähern, kommen zwar hauptsächlich aus dem quantitativen „Forschungslager“ stammende Methoden zum Einsatz, doch wird in der Vorstudie eine qualitative Datenerhebung durchgeführt. Diese als „Triangulation“ (Bortz/Döring 2005, S. 370) bekannte Vorgehensweise hilft, den Forschungsgegenstand möglichst vollständig zu erfassen. Quantitative und qualitative Methoden können in der Sozialforschung durchaus gewinnbringend miteinander verknüpft werden und in der neueren Literatur kann eine Aufweichung des harten quantitativ-qualitativ-Gegensatzes festgestellt werden.

Hinsichtlich der zugrundeliegenden „Forschungsrichtung“ ist die Arbeit dem strukturen-/hypothesengenerierenden Paradigma (insb. Forschungsfrage 1) zuzuordnen, denn sie verfolgt einen verstehenden, nicht primär prüfenden, Ansatz. Daher kann von einer explorativen Studie gesprochen werden (Kromrey 2006, S. 71f.).

Explorative Studien wurden lange Zeit ins Vorfeld wissenschaftlicher Forschung verwiesen, insbesondere in der Betriebswirtschaftslehre, die sich als anwendungs- und gestaltungsorientierte Wissenschaft versteht (Bäumer 1997, S. 139). Die Verfolgung einer explorativen Vorgehensweise erscheint dennoch angebracht, da in Anbetracht der mangelhaften Datenlage „der erste Schritt vor dem zweiten“ getan (Bäumer 1997, S. 139) und nicht versucht werden sollte, aus der Vielzahl von Einzelfallbeobachtungen (Fallstudien) in der IT-Anwenderweiterbildung Regelmäßigkeiten deduktiv zu erkennen.

1.4 Aufbau der Arbeit

Die Gliederung der Arbeit resultiert aus den formulierten Forschungsfragen und der gewählten Methodik (Abbildung 2).

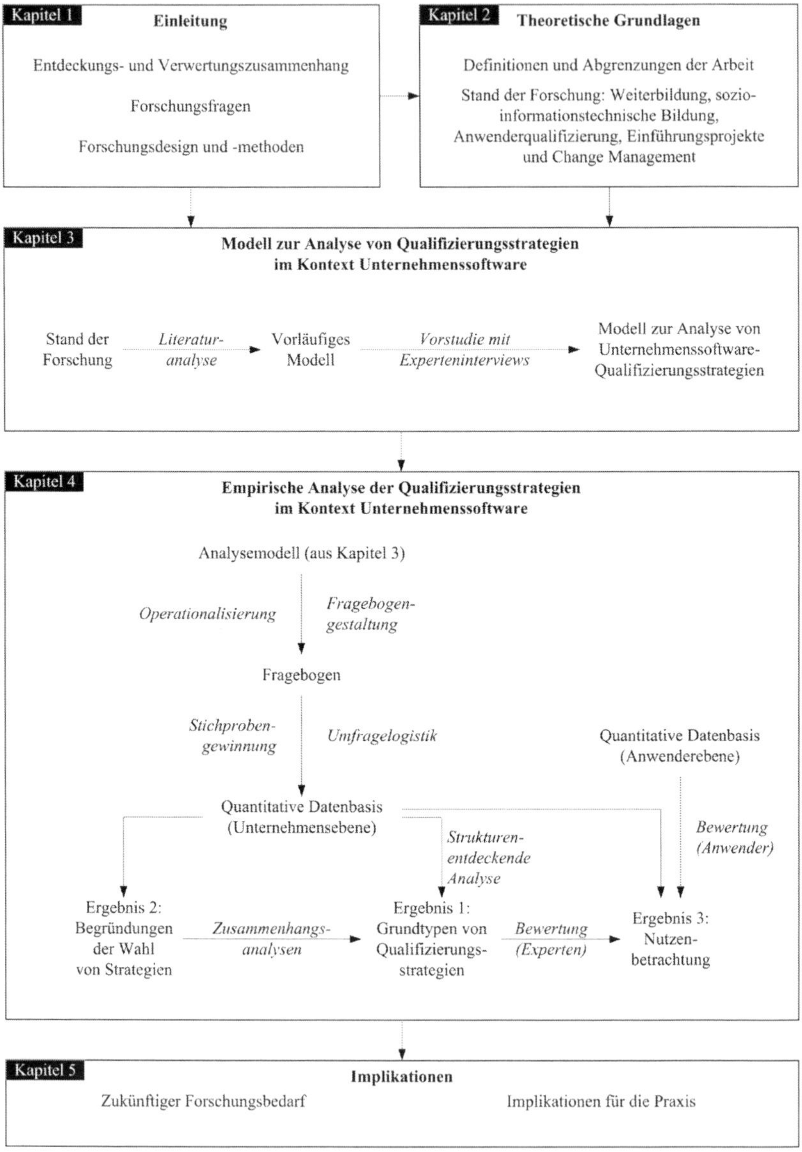

Abbildung 2: Gliederung der Arbeit (Quelle: Eigene Darstellung)

2 Theoretische Grundlagen der Arbeit

2.1 Begriffsdefinitionen

2.1.1 Qualifizierung

Weiterbildung wurde 1970 vom Deutschen Bildungsrat definiert als „die Fortsetzung oder Wiederaufnahme organisierten Lernens nach Abschluss einer ersten Bildungsphase und nach Aufnahme der Berufstätigkeit“ (Kirchhöfer 2004, S. 35). Zur Abgrenzung von Weiterbildung/Zusatzausbildung/Erstausbildung siehe SCHIERSMANN (2001, S. 26f.). Weiterbildung wird unterschieden in allgemeine Weiterbildung (z.B. Schlüsselqualifikationen, Einstellungen, Verantwortungsbereitschaft usw.), politische Weiterbildung und berufliche Weiterbildung. Betriebliche Weiterbildung ist jener Teil der beruflichen Weiterbildung, der von Unternehmen durchgeführt, veranlasst oder finanziert wird (Pawlowski/Bäumer 1996, S. 9). „Betrieblich“ bedeutet nicht, dass der Betrieb der Lernort ist, sondern der Veranlasser (Schiersmann et al. 2001, S. 8) und finanzielle Träger der organisierten Weiterbildungsmaßnahme (Bäumer 1997, S. 26).

> *„Unter betrieblicher Weiterbildung werden Maßnahmen oder Aktivitäten verstanden, die ganz oder teilweise von den Unternehmen finanziert werden und an denen mit einem Arbeitsvertrag beschäftigte Mitarbeiter teilnehmen.“ (Europäische Kommission 2002, S. 16)*

In der Weiterbildungsforschung existiert eine Vielzahl begrifflicher Abgrenzungen, wobei auch unter Experten insbesondere strittig ist, inwieweit neben der „klassischen“ Weiterbildung (Lehrgänge, Kurse) auch weniger formalisierte Arten des Kenntniserwerbs als Weiterbildung anzusehen sind, z.B. Lernen am Arbeitsplatz, Selbstlernen durch Ausprobieren usw. (BMBF 2004d, S. 12). Im Rahmen dieser Arbeit werden diese von KÜHNLEIN (1997, S. 269) als „offene Weiterbildungsformen“ bezeichneten Aktivitäten ebenfalls als Weiterbildung aufgefasst, obwohl ihr Anteil am gesamten Weiterbildungsgeschehen schwer bestimmbar ist (Euler 1994, S. 439). WEIß (1990) plädiert dafür, „als organisiertes Lernen ... in einem weiteren Sinne alle jene intentionalen Maßnahmen zu berücksichtigen, die der Aneignung von berufsbedeutsamen Handlungskompetenzen dienen“ (Kühnlein 1997, S. 269).

Hinsichtlich der intentionalen Ausrichtung der Weiterbildungsmaßnahmen wird traditionell zwischen Aufstiegs- und Anpassungsweiterbildung unterschieden. KÜHNLEIN (1997, S. 270) hält diese Differenzierung jedoch für obsolet. EULER (1994, S. 441) stellt, bezogen auf informationstechnische Weiterbildung, fest, dass

> *„[...] die informationstechnische Entwicklungsrasanz zu einer Expansion von (weitgehend unreglementierten) Weiterbildungsangeboten im Bereich der Anpassungsweiterbildung geführt hat. Insbesondere im Zusammenhang der erstmaligen Einführung oder der Umstellung auf neue Versionen von Informationstechniken dominiert eine betriebs- und technikspezifische, eng funktional-operative Ausrichtung der Maßnahmen.“*

Im Gegensatz zum zweckfreien und eher humanistisch geprägten Bildungsbegriff („Bildung des Menschen verstand sich als Entwicklung des Menschen zu seinem eigenen und nicht zu einem beruflichen, politischen oder ökonomischen Zweck.“ (Kirchhöfer 2004, S. 32)) ist der Begriff Qualifikation auf den ökonomischen und gesellschaftlichen Bedarf orientiert und bezeichnet unmittelbar tätigkeitsbezogene Kenntnisse und Fähigkeiten (Kirchhöfer 2004, S. 66). Der allgemeine Begriff des Lernens wird eingeschränkt auf die „zielgerichtete und geplante Veränderung arbeitsbezogener und allgemeiner Fertigkeiten und Handlungskompetenzen" (Häcker/Stapf 1998). Insofern ist es im Falle der Mitarbeiterweiterbildung zu im Arbeitsalltag genutzten Softwareanwendungen treffender, von Qualifizierung zu sprechen. Dadurch wird bewusst eine Verengung des (ursprünglich umfassend verstandenen) Bildungsverständnisses auf unmittelbar abrufbare, verwendungs- und bedarfsorientierte Trainings- oder Qualifizierungsmaßnahmen im Arbeitsprozess (Kühnlein 1997, S. 271) in Kauf genommen.

> *„Qualifikation" bezeichnet ein für eine bestimmte arbeitsteilige Verrichtung notwendiges Wissen und Können, das als subjektives Handlungspotential dem Subjekt zur Problembewältigung zur Verfügung steht (Kirchhöfer 2004, S. 66).*

Sowohl in Literatur als auch Praxis herrscht Begriffsvielfalt bei Begriffen wie Wissen, Kompetenzen, Qualifikationen, Bildung etc. Auf diese Unterschiede wird an dieser Stelle nicht näher eingegangen und auf geeignete Literatur verwiesen, z.B. KRCMAR (2005), LOOS/FETTKE (2001, S. 3ff.), KREIDENWEIS/STEINCKE (2006, S. 24ff.), KEMPER/JANKE (2002, S. 3f.), FREDRICH (2003), SCHÜPPEL (1996), MINGERS (2005).

2.1.2 Qualifizierungsstrategie

Im traditionellen betriebswirtschaftlichen Schrifttum werden Strategien als umfassende Maßnahmenbündel begriffen, die rational geplant werden und deren Formulierung vor der Maßnahmenrealisierung erfolgt (Macharzina 1999, S. 197-199). Der Begriff Strategie ist deshalb angebracht, da die Maßnahmen in einem Stimmigkeitsverhältnis zueinander stehen, sich also ergänzen und in ihrer Wirkung verstärken. Mit Bezug auf MINTZBERG/MCHUGH (1985) versteht MACHARZINA (1999, S. 199ff.) Strategien in einer völlig anderen Form, nämlich als „Grundmuster im Strom unternehmerischer Entscheidungen oder Aktivitäten". Bei diesem Ansatz wird unterstellt, dass viele Entscheidungen nicht isoliert getroffen werden können, sondern immer Bestandteil eines ganzen Entwicklungsstroms sind, „der in der Vergangenheit begann, in der Gegenwart fließt und in der Zukunft fortbestehen wird" (Macharzina 1999, S. 200). Von einer Strategie kann in diesem Verständnis dann gesprochen werden, sobald sich im Zeitablauf in den Entscheidungen oder Aktivitäten des Unternehmens ein konsistentes Bild oder Muster abzeichnet (Mintzberg 1978, S. 935). Diesem Strategieverständnis wird gefolgt, da gerade der Bereich der betrieblichen Weiterbildung wenig formalisiert und reglementiert ist. „In diesem Verständnis wird das Handeln zur Unternehmensstrategie und das Handeln resultiert somit weniger aus der Strategie" (Macharzina 1999, S. 200).

Ganz im Sinne MACHARZINAS kommen OLFMAN ET AL. (2003, S. 75), bezogen auf eine IT-Qualifizierungsstrategie, zu folgender Definition:

> *„We define an IT learning strategy as the pattern of IT actions for deploying resources to develop the repository of computer knowledge and skills in an organization's workforce." (Olfman et al. 2003)*

MACHARZINAS und MINTZBERGS Strategieverständnis wird auf der Ebene der Systemstruktur ergänzt durch die Betrachtung expliziter und impliziter Regelungstatbestände, die BÄUMER

(1997, S. 29ff.) auf das Subsystem „Weiterbildung" angewendet hat. Danach besteht die Struktur eines sozialen Systems üblicherweise aus

- expliziten Regelungen, die unabhängig von den Inhabern bestimmter Rollen existieren, z.B. Verfahrensrichtlinien, Plänen, Kompetenzabgrenzungen, Unterschriftsbefugnissen, Stellenbeschreibungen usw. und
- impliziten Regelungen, die nicht formalisiert sind und nur in den Köpfen der beteiligten Akteure existieren, z.B. Routinen, Gewohnheiten, d.h. Regelungen, „auf die man sich verständigt hat".

Beide Arten von Regelungen haben handlungsnormierenden Charakter und können im weiteren Verlauf dieser Arbeit als Strategiebestandteile im Sinne MACHARZINAS bezeichnet werden. Für das im Folgenden diskutierte Analysemodell ist es daher unerheblich, ob es sich um implizite oder explizite Regelungen handelt, denn beide werden als systemrelevante Weiterbildungsregelungen verstanden (vgl. Bäumer 1997, S. 33).

2.1.3 Betriebswirtschaftliche Unternehmenssoftware

Unternehmenssoftware ist jede Art von Software, die in Unternehmen im Einsatz ist und grenzt sich damit von Software für den Privatgebrauch ab (Schmidt 2006, S. 60). Der Begriff (aus dem englischen von „Business Software" abgeleitet) ist jedoch unscharf, da beispielsweise Office-Anwendungen wie Textverarbeitung oder Tabellenkalkulation sowohl im Geschäfts- wie auch im Privatbereich Anwendung finden. Daher wird die Klassifikation von HUFGARD (1994a, S. 68f.) als Basis für diese Arbeit übernommen, der unter Bezug auf THOME (1990, S. 4) folgende Differenzierung für Standardanwendungssoftware vorschlägt:

- Standardbürowerkzeuge
- Technische Lösungen
- Betriebswirtschaftliche Lösungen

Zu den Standardbürowerkzeugen gehören z.B. E-Mail und Tabellenkalkulation. Ihr Einsatzspektrum ist sehr heterogen und jeweils relativ eng begrenzt, doch zeichnen sie sich durch hohe Kombinations- oder Integrationsfähigkeit aus (Hennermann 2001, S. 22f.). So werden ihre Schnittstellen auch von den betriebswirtschaftlichen Paketen genutzt. Die technischen Lösungen richten sich an Entwickler und Techniker und stehen i.d.R. dem Leistungserstellungsprozess des einsetzenden Unternehmens nahe. Beispiele sind die aus dem CIM-Konzept (computer integrated manufacturing) (Scheer 1998, S. 354) bekannten Anwendungen wie CAD, CAE, CAM usw. (Hennermann 2001, S. 23). Die Integration mit betriebswirtschaftlicher Unternehmenssoftware wird beispielsweise in Form gemeinsamer Produktstammdaten realisiert. Betriebswirtschaftliche Unternehmenssoftware umfasst Anwendungskomponenten wie Personalwesen, Finanzwesen und Logistik u.v.m. (vgl. Hennermann 2001, S. 23). HUFGARD (1994a, S. 75ff.) bezeichnet die aktuellen als Standardsoftware erhältlichen betriebswirtschaftlichen Anwendungen als „adaptierbare Standardsoftware" und charakterisiert sie folgendermaßen:

- Große Funktionsbreite, fast alle betriebswirtschaftlichen Funktionsbereiche werden abgedeckt.

- Das betriebswirtschaftliche Profil ist gleichmäßig tief. Detailfunktionen können vom Kunden mit Adaptionswerkzeugen ausgeprägt werden.
- Die Entwicklung der Software erfolgt betriebstypenorientiert, d.h. es wird versucht, eine allgemeine Lösung zu entwickeln, die spezielle Varianten erlaubt, um eine möglichst breite Zielgruppe befriedigen zu können.
- Umfangreiche Adaptionsmöglichkeiten durch die Mächtigkeit der Adaptionswerkzeuge. Allerdings fehlt größtenteils die methodische Unterstützung.
- Die Software ist auf die flexible Anpassung an Benutzerwünsche und organisatorische Notwendigkeiten vorbereitet.

Wertschöpfungsketten in Organisationen sind meistens bereichsübergreifend gestaltet, d.h. sie sind nicht auf eine Organisation beschränkt, sondern beziehen alle Beteiligten und Organisationen vom Konsumenten bis zu den Lieferanten in ihre Architektur ein (Rolf 2005, S. 9). Daher ist es sinnvoll, zu Unternehmenssoftwareanwendungen neben ERP-Systemen auch Anwendungen zum Lieferketten-/Lieferantenmanagement (SCM) und zum Kundenmanagement (CRM) usw. zu zählen (Bajwa et al. 2004; Luo/Strong 2004, S. 322). Für die Einbeziehung von SCM- und CRM-Systemen in die Unternehmenssoftware-Definition spricht außerdem, dass bei der Einführung ähnliche Aspekte berücksichtigt werden müssen wie bei ERP-Systemen (Busch et al. 2003, S. 49): große Anzahl beteiligter Akteure, hohe Kosten, Komplexität der Software, Notwendigkeit von Reorganisationen, hohe Bedeutung der Datenqualität usw.

Die historische Entwicklung von Unternehmenssoftwareanwendungen ist eng verknüpft mit Begriffen wie Warenwirtschaftssystem, MRP (Material Requirements Planning), MRP II (Manufacturing Resources Planning), ERP (Enterprise Resource Planning) usw. Einen Einblick geben RASHID ET AL. (2002) und KLAUS ET AL. (2000, S. 144ff.).

Im Folgenden wird betriebswirtschaftliche Unternehmenssoftware aus verschiedenen Perspektiven beleuchtet:

- Gesamtwirtschaftliche Perspektive: Unternehmenssoftware stellt aus volkswirtschaftlicher Sicht einen bedeutenden Markt dar. In ERP-Systeme wurden zwischen 1992 und 2002 weltweit ca. 300 Mrd. US-$ investiert (See Pui Ng et al. 2002, S. 87). In Unternehmenssoftware (ERP, SCM, CRM) werden 2006 voraussichtlich 70 Mrd. US-$ investiert (Luo/Strong 2004, S. 322).
- Operative Perspektive: Der operative Hauptzweck betriebswirtschaftlicher Unternehmenssoftware ist die Abbildung und Unterstützung betrieblicher Prozesse (Shehab et al. 2004). Dieses Verständnis bringt auch DAVENPORT (1998) in seinem Grundlagenartikel über ERP-Systeme zum Ausdruck. Effizienzsteigerungen liefert Unternehmenssoftware hauptsächlich durch die Integration möglichst vieler Geschäftsprozesse (Parr/Shanks 2000). Durch die Einführung von ERP-Systemen entsteht eine bis dahin nicht gekannte Transparenz (Bungard 2005, S. 28). Eine formale Definition des Begriffs „ERP-Software" in einem Schreiben des Bundesfinanzministeriums greift diese Sichtweise auf:

  „ERP-Software ist ein Softwaresystem, das zur Optimierung von Geschäftsprozessen eingesetzt und aus verschiedenen Modulen (z.B. Fertigung, Finanzen, Logistik, Personal, Vertrieb) zusammengestellt wird. Wesensmerkmal eines ERP-Systems ist die Funktion zur

umfassenden Integration und Steuerung verschiedener Unternehmensaktivitäten. [...]" (Bundesministerium der Finanzen 2005, S. 2).

- Strategische Perspektive: Die strategische Bedeutung von ERP-Systemen in der Arbeitswelt kann laut BUNGARD (2005, S. 4) nicht hoch genug eingeschätzt werden. Nach PEREIRA (1999, S. 40) eröffnet Unternehmenssoftware dem einsetzenden Unternehmen die Möglichkeit, gegenüber seinen Wettbewerbern nachhaltige Wettbewerbsvorteile aufzubauen und zu erhalten. Dies wird am Beispiel SAP dadurch begründet, dass die Ressource „SAP-System" folgende Eigenschaften aufweist, die die Nachhaltigkeit von Wettbewerbsvorteilen positiv beeinflussen (Pereira 1999, S. 42):
  - „valuable" - SAP-Systeme stellen einen hohen Wert für das Unternehmen dar, der sich v.a. aus den hohen Implementierungskosten ergibt.
  - „rare" - Ressourcen können dann Wettbewerbsvorteile schaffen, wenn sie selten sind. Aufgrund der teilweise prohibitiv hohen Implementierungskosten von SAP-Systemen können es sich nur die größten Unternehmen leisten.
  - „durable" - SAP-Fertigkeiten sind insofern dauerhaft, als sie von einem Releasestand auf die nächsten übertragen werden können.
  - „difficult to replicate" - SAP-Fertigkeiten können v.a. deshalb nicht einfach kopiert werden, da die für das Mitarbeitertraining erforderliche Zeit sehr lang ist. Die Erkenntnisse aus erfolgreichen Einführungsprojekten können nicht einfach von einer Situation auf eine andere übertragen werden.
  - „lack of substitutes" - Für ein SAP-einführendes Unternehmen gibt es keine Alternative dazu, auf externes, sehr gut qualifiziertes Personal zurückzugreifen, dessen Rekrutierung oft sehr schwierig ist.

  DAVENPORT (1998) hat argumentiert, dass fast jedes Unternehmen im PC-, Halbleiter- und petrochemischen Sektor das gleiche ERP-System (SAP R/3) einsetzt und damit seinen Wettbewerbsvorteil gefährdet (Brehm et al. 2001, S. 8). Dahinter steckt die Annahme, dass, wenn alle Unternehmen die gleiche Software zur Unternehmenssteuerung einsetzen und die darin vorgegebenen Prozesse und Strukturen übernehmen, letztlich jede Differenzierung von den Mitbewerbern verloren gehen muss. PEREIRA (1999, S. 44) betont demgegenüber, dass Wettbewerbsvorteile nicht alleine durch den Kauf der Software „erworben" werden können, sondern stark von den Anwendern abhängen: „The competitive advantage to the firm will accrue from exploitation of the technology by the human resources which are associated with the SAP implementation." Auch BREHM ET AL. (2001, S. 7) teilen DAVENPORTS Befürchtungen nicht, denn aus ihrer Sicht hat ein Unternehmen vielfältige Möglichkeiten, durch Customizing- und Anpassungsaktivitäten sehr individuelle Funktionalitäten aufzubauen.

- Technische Perspektive: Technisch gesehen, handelt es sich bei Unternehmenssoftwaresystemen um „sehr große" Anwendungssoftware. Der von RAUTENSTRAUCH geprägte Begriff „Very Large Business Application" (VLBA) (Grabski et al. 2007) bezieht sich zum einen auf die rein technische Größe (vgl. Kunz 2004, S. 13ff.) derartiger Installationen, die häufig im Gigabyte- bis Terabytebereich liegt. Größe bezieht sich zudem auf den großen Umfang an im System enthaltenen Funktionen. Im Normalfall leistet Unternehmenssoftware weitaus mehr, als die Anwender benötigen. GÓMEZ ET AL. (2003, S. 329) sprechen von einem „functions and capabilities surplus", KOHNKE (2005, S. 77) von „Funktionalitätsüberfrachtung". Hauptgrund für die umfangreiche Funktionalität von Unternehmenssoftware ist die Tatsache, dass derartige Systeme in der Regel als Standardsoftware konzipiert sind (Hufgard 1994b). Der synonym verwendete Begriff „commercial off-the-shelf" (COTS) verdeutlicht die dahinterliegende Idee: „Als Standardsoftware bezeichnet man Softwarepakete, die parametriert, aber ohne Veränderungen in vielen Organisationen einsetzbar sind" (Mertens 1997, S. 379). Erhoffte Vorteile sind die im Vergleich zur Eigenentwicklung zu erwartenden Kosteneinsparungen, eine schnellere Verfügbarkeit und eine höhere Programmqualität (Niedereichholz/Reske 2005, S. 77). Außerdem wird dem einführenden Unternehmen externes betriebswirtschaftliches Know-how zugeführt (Schwarzer/Krcmar 1999, S. 249f.). Nachteile sind Diskrepanzen zwischen den Anforderungen der Anwender und den Möglichkeiten der Software (Kohnke 2005, S. 77).

Abbildung 3 zeigt eine mögliche Abgrenzung von ERP-Software anhand der Kriterien Standardisierungsgrad und Nähe zur Hardware.

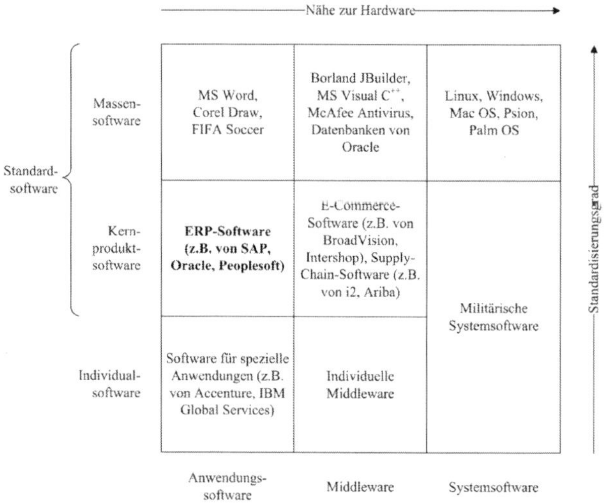

Abbildung 3: Typen von Software (Beispiel) (Quelle: Schwandner (2002, S. 37))

- Betriebswirtschaftliche Investitionssicht: Aus den Einzahlungen, die in den Aufbau und den Betrieb von Unternehmenssoftware gesteckt werden, erwartet das Unternehmen zukünftige Rückflüsse. Daher handelt es sich in betriebswirtschaftlichem Sinne um eine Investition (vgl. Troßmann 1998). Dies könnte die Untersuchungen zur Vorteilhaftigkeit von ERP-Systemen im Sinne von Wirtschaftlichkeit oder Kosten-Nutzen-Verhältnissen erklären, z.B. SHANG/SEDDON (2000), FELTER (2002, S. 10f.). BUNGARD (2005, S. 5) demgegenüber konstatiert ein Defizit an Effizienzstudien, das er auf einen Mangel an Interessengruppen zurückführt, die „ernsthaft an einer objektiven Bewertung der Effizienz der ERP-Systeme [...] interessiert sind." Aus bilanz- und steuerrechtlicher Sicht handelt es sich bei ERP-Systemen ebenfalls um eine betriebliche Investition, die sowohl wegen der

Einführung als auch während des laufenden Betriebs der Software erhebliche monetäre Konsequenzen mit sich bringt.

- Organisatorische Perspektive: Mit Unternehmenssoftware „kauft“ man sich nicht nur eine bestimmte Anzahl „lines of code“, sondern erwirbt gleichzeitig, gewollt oder ungewollt, neue Prozess- und Organisationsmodelle (Kohnke et al. 2005, S. 26). Anschaulich beschreibt dies ROLF (2005, S. 14) mit dem Begriff des „SAP R/3-Büros“. Im Gegensatz zur vorhergehenden Arbeitsform, dem „Fließbandbüro“, sind die meisten Arbeitsschritte der ursprünglichen Routine- und Standardfälle jetzt „in Software gegossen“ und eine Automatisierung von Arbeit ist möglich. Da der Rechner viele Routinearbeiten übernommen hat, werden niederqualifizierte Mitarbeiter überflüssig und nur die Mitarbeiter, die für die Sonderfälle zuständig waren, werden noch gebraucht. Dieses Phänomen wird als „skill-biased technological change“ bezeichnet (Bresnahan et al. 2000; Falk 2002; Siegel 1999; Weiss 2004; Spitz 2004).

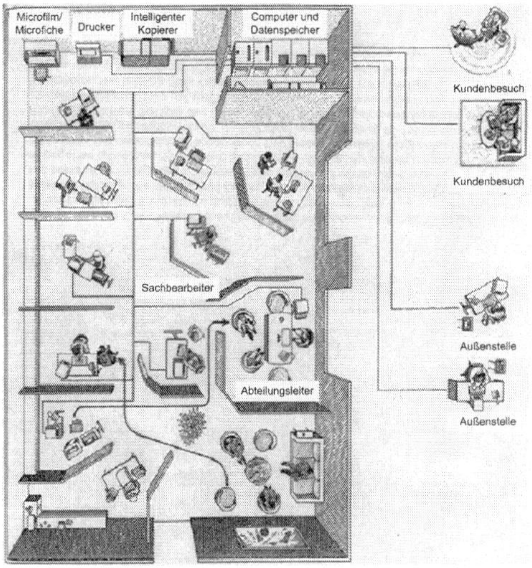

Abbildung 4. Das SAP R/3-Büro (Quelle: Spektrum der Wissenschaft 11 (1982), S. 123, zitiert in Rolf (2005, S. 14)

- Techniksoziologische Sichtweise: In dieser Sichtweise stellen Unternehmenssoftwaresysteme mehr als nur Objekte innerhalb der IT-Landschaft dar (Askenäs/Westelius 2000; Boonstra 2005). Sie werden als eigenständige Akteure im Unternehmen verstanden, die analog zu menschlichen Mitarbeitern bestimmte Rollen übertragen bekommen und diese ausführen. Damit gehen die Autoren über das Verständnis von Informationssystemen als Mensch-Maschine-Systeme (Krcmar 2005) hinaus. ASKENÄS/WESTELIUS (2000, S. 428) haben fünf Rollen identifiziert, die ein ERP-System innehaben kann:

Rolle	Beschreibung
Bureaucrat	A bureaucrat is an official who adheres strictly to the rules and principles laid down for him, rather than making individual considerations. An ERP system given the role of a bureaucrat maintains the structure in the organization. It makes certain that the enactment of structure conforms to the existing rules. This may at times seem inflexible. However, unlike the manipulator, the structure it enforces is one accepted by its users.

Rolle	Beschreibung
Manipulator	A manipulator is someone who controls, directs or influences others in a way that is not entirely of their choosing. The ERP system may be given the role of a manipulator if it is allowed to change or conserve work processes in ways not intended or wished by its users. If someone, with or without external pressure, feels bound use the ERP system, it may take the Manipulator role.
Consultant	A consultant is someone contracted to perform specific, nontrivial tasks, and to advise. The consultant is neither responsible for, nor in command of, the work the organization performs. An ERP system acting as a consultant provides the user with options and with solutions tailored to the situation. The use of the system follows the user's wishes and leaves the user in control. For this to happen, the user will have to understand the advice provided and be in a position to exercise the freedom of choice.
Administrator	An administrator is someone who takes care of less complicated tasks in an orderly way. An ERP system given the role of an administrator is not used to the same extent as those acting as manipulators or bureaucrats. The information system administers and simplifies record keeping and dissemination of data, but does not affect (or indeed reflect) the processes and structures of the organization in any fundamental way. The user takes a more active role and the computerized information system is put to limited use only.
Dismissed	The dismissed is someone who temporarily has been dismissed from work, but may be reinstated at some later point in time. It is not used at all by some or all intended users. The ERP that is dismissed becomes redundant. There may be many reasons for this but, to keep dismissing the system, the user will need good reasons or have a strong bargaining position. Buying and installing an ERP system is costly, and the Dismissed system provides no return on the investment.

Tabelle 1: Rollen von ERP-Systemen aus techniksoziologischer Sicht (Quelle: Askenäs/Westelius (2000, S. 428))

In eine ähnliche Richtung, jedoch deutlich kritischer interpretiert PFEIFFER (2003) die integrierten betriebswirtschaftlichen Systeme wie z.B. SAP-Anwendungen als „stille Helferlein des Lego-Kapitalismus". Sie stellt die These auf, dass SAP-Anwendungen nicht nur die operativen Geschäftsebenen rationalisiert haben, sondern inzwischen auch den Manager seiner Führungsrolle entheben, indem Führen und Entscheiden gegen die Zahlen aus dem System stark legitimierungsbedürftig bis unmöglich gemacht wurde (Pfeiffer 2003, S. 10).

- Anwendersicht: Bei Unternehmenssoftware handelt sich um Softwareanwendungen, von deren Einführung und Nutzung im Normalfall die gesamte Organisation betroffen ist. Dadurch treten enge Abhängigkeiten zwischen allen Nutzern auf (Brown et al. 2002). Der Integrationsgedanke schlägt sich sogar in der bilanzsteuerrechtlichen Bewertung des Wirtschaftsgutes „ERP-System" nieder:

„Dabei bilden alle Module zusammen – wegen ihres einheitlichen Nutzungs- und Funktionszusammenhangs – ein Softwaresystem (d.h. ein Wirtschaftsgut). Dies gilt auch, wenn die Module zu unterschiedlichen Zeitpunkten oder von unterschiedlichen Softwareherstellern erworben werden, es sei denn, der Steuerpflichtige weist nach, dass einzelne Module nicht in das Gesamtsystem zur Steuerung der Geschäftsprozesse integriert werden, also selbständig nutzbar sind." (Bundesministerium der Finanzen 2005, S. 2)

Die in der Software abgebildeten Sachverhalte stehen im operativen Zentrum der nutzenden Organisation. Es handelt sich um die zentralen Geschäftsprozesse, deren korrekte Verarbeitung in Unternehmenssoftware durch den Anwender erfolgskritisch für das ganze Unternehmen ist. BUNGARD (2005, S. 4) spricht vom „elektronischen zentralen Nervensystem" eines Unternehmens. Dies grenzt Unternehmenssoftware z.B. von Office-Anwendungen ab. Im Extremfall kann sogar die Existenz eines Unternehmens von der erfolgreichen Einführung und Nutzung des ERP-Systems abhängen (Kohnke/Bungard 2005, S. 17). Aufgrund der hohen Kritikalität der abgebildeten Prozesse haben die Mitarbeiter in den meisten Fällen keine Wahl, ob sie mit der Software arbeiten möchten oder nicht. Eine unternehmensweite Software muss „geschlossen" umgesetzt werden, damit sie überhaupt funktioniert (Bungard 2005, S. 4). BROWN ET AL. (2002, S. 284) sprechen von „mandated technology", mit der die tägliche Arbeit der Anwender erledigt werden muss. Workarounds, d.h. Auslassen von Systemschritten, verbieten sich aufgrund der engen Vernetztheit zwischen Arbeitsaufgabe und Systemworkflow.

„[...] [the system] is the only way to perform one's job functions in a highly integrated work environment [...]" (Brown et al. 2002, S. 285)

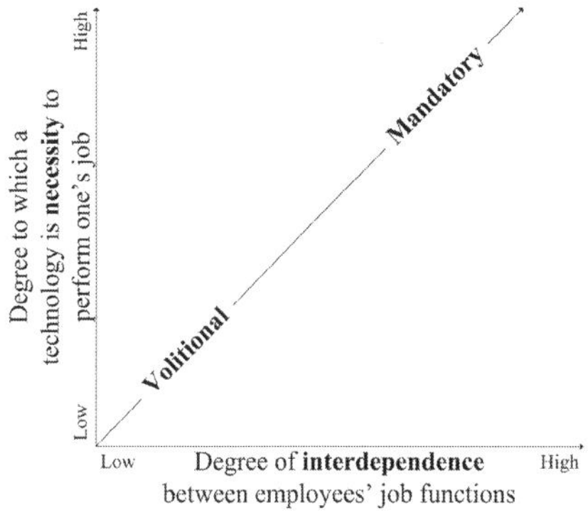

Abbildung 5: Dimensionen von "mandatoriness" (Quelle: Brown et al. (2002, S. 292), leicht vereinfacht)

Aus diesem Grund sind die Anwender der Software gegenüber nicht immer "freundlich gesinnt". Dies haben BROWN ET AL. (2002, S. 284) empirisch nachgewiesen und in ihrer Erweiterung des Technology Acceptance Model (TAM) festgehalten. Laut PREECE (1995) können sich nämlich neue Technologien wie Unternehmenssoftware auf viele Bereiche negativ auswirken: Anzahl der Mitarbeiter, Standorte, Arbeitsabläufe, Arbeitsinhalte, Kompetenzen und Training der Beschäftigten, Kondition der Anstellung, Aufbauorganisation, Personalrekrutierung und Personalauswahl. Auch die im Rahmen dieser Arbeit durchgeführte Anwenderzufriedenheitsstudie unter ca. 17.000 IT-Anwendern konnte zeigen, dass die Anwender mit Business-Applikationen deutlich unzufriedener sind als mit Office-Anwendungen. Darüber hinaus ist Unternehmenssoftware ein komplexes (Somers/Nelson 2002, S. 257) und erklärungsbedürftiges Produkt, dessen Handhabung sich nicht automatisch oder autodidaktisch erschließt, sondern systematische Beschäftigung mit dem Gegenstand erfordert. BUNGARD (2005, S. 4f.) betont die Besonderheiten von ERP-Systemen unter Bezugnahme auf „mandated technology":

„ERP-Systeme [...] sind in den meisten Unternehmen nicht mehr wegzudenken, sie gehören genauso zum selbstverständlichen Arbeitsalltag wie der PC im Privatbereich. Die Betrachtung der Analogie beider Einsatzbereiche darf allerdings nicht darüber hinwegtäuschen, dass es auch gravierende Unterschiede gibt: Im privaten Bereich entscheidet z. B. prinzipiell jeder Einzelne für sich selbst, inwieweit er sich auf ein PC-Abenteuer einlassen möchte. Wer Angst vor dieser Technologie hat, wird sie eben nicht nutzen, keinen PC kaufen, das Surfen den nachkommenden Generationen überlassen. Bei einer unternehmensweiten Software müssen die Mitarbeiter mehr oder weniger geschlossen diese Technologie umsetzen, damit sie funktioniert. Es stellen sich zwangsläufig wichtige unternehmensinterne Akzeptanzprobleme. Hinzu kommt zweitens, dass die Folgen einer misslungenen Einführung extrem unterschiedlich sind. Wer im privaten Bereich mit seinem frisch ge-

kauften PC nicht zu Recht kommt, stellt ihn in die Ecke oder verschenkt ihn. Es wird selten zu einem persönlichen Offenbarungseid kommen, meistens bleibt nur ein traumatisches PC-Erlebnis und eventuell eine generalisierte Technik-Phobie zurück. Ganz anders die Ausgangssituation bei der Implementierung eines ERP-Systems: Da hier die Software quasi das elektronische Zentral-Nervensystem einer Organisation darstellt, muss es bei Problemen bzw. Störungen zu erheblichen Existenz bedrohenden Krisen kommen. Im Extremfall führt die gescheiterte Einführung eines ERP-Systems direkt in den Konkurs." (Bungard 2005, S. 4f.)

Abbildung 6 fasst die Sichtweisen zusammen. Es lässt sich festhalten, dass betriebswirtschaftliche Unternehmenssoftware ein Betrachtungsgegenstand verschiedener Sichtweisen ist. Vor allem aus Anwendersicht handelt es sich um weit mehr als ein einfaches IT-basiertes Werkzeug zur Erledigung von Aufgaben und grenzt sich deutlich von „einfacher" Software wie z.B. Officeanwendungen ab.

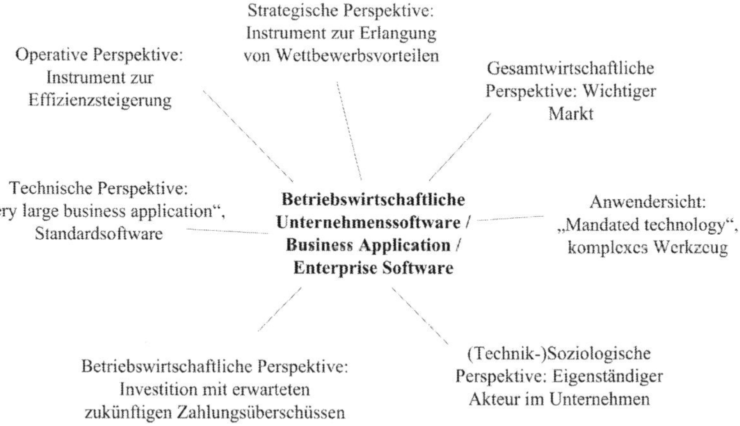

Abbildung 6: Perspektiven auf betriebswirtschaftliche Unternehmenssoftware (Quelle: Eigene Darstellung)

2.1.4 Anwender

Eine Literaturrecherche zu IT-Nutzergruppen ergab, dass man die Erwerbstätigen nach ihrem grundlegenden Zweck-Mittel-Verhältnis zur Informationstechnik in drei Gruppen einteilen kann. Es lassen sich IT-Fachkräfte, IT-Anwender und IT-Manager identifizieren (Krcmar 2005, S. 388ff.; International Labour Organization 1988; BMBF 2002; Rockart/Flannery 1983, S. 777; Cotterman/Kumar 1989, S. 1315; Dostal 2002; Freeman/Aspray 1999, S. 29ff.; McLean 1979; Europäische Kommission 2004a; Scholz 2000; Hansen/Neumann 2005, S. 119ff.; ZEW 2001, S. 20).

Eine Unterscheidung der IT-Nutzer ist aus Sicht der Weiterbildung wichtig, denn Studien haben gezeigt, dass die Vielfalt an IT-Nutzern differenzierte Ansätze beim IT-Training erfordert (Cotterman/Kumar 1989, S. 1313; Rockart/Flannery 1983, S. 778). Im Fokus dieser Arbeit steht der Anwender, der seine Arbeit in verschieden hohem Ausmaß durch die Nutzung von Unternehmenssoftware erledigt. Analog zum „Anwender" wird häufig der Begriff

„Endanwender“ oder „Enduser“ verwendet, obwohl dieser laut LEONARD (2003, S. 19) eine passive Funktion des Anwenders suggeriert, die so nicht angebracht sei.

Die meistgenannten Differenzierungskriterien sind die Dichotomie Produktion vs. Konsumption von IT-Produkten (Cotterman/Kumar 1989, S. 1315) und der Anteil von IT- und Fachkenntnissen an der individuellen Wertschöpfung (Freeman/Aspray 1999, S. 29ff.), wie in Abbildung 7 dargestellt: Es wird deutlich, dass Aufgaben weiter rechts im Schaubild zunehmend IT-Kenntnisse erfordern und Aufgaben weiter oben zunehmend Fach- und Branchenwissen. Die Diagonale trennt „IT-Worker“, bei denen der Großteil ihrer Wertschöpfung durch ihre IT-Kenntnisse zustande kommt, von den „IT-enabled Worker“, bei denen zwar IT zum Einsatz kommt, die Wertschöpfung jedoch primär durch ihre Fachkenntnisse bestimmt wird.

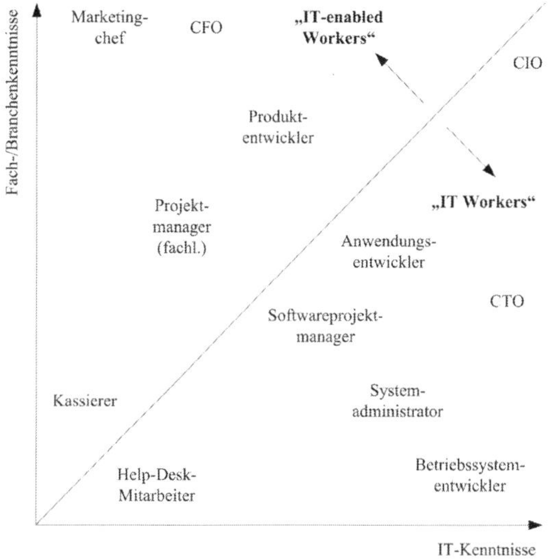

Abbildung 7: IT Worker und IT-enabled Worker (Quelle: Freeman/Aspray (1999, S. 32))

IT-Fachkräfte sind Mitarbeiter, für die IT der zentrale Arbeitsinhalt und -gegenstand ist (Dostal 2001, S. 10). Dazu zählen z.B. Netzwerkadministratoren, hauptberufliche Programmierer und IT-Berater (Baukrowitz et al. 2005, S. 25 ff.). Sie entwickeln, gestalten und betreiben Artefakte auf der Ebene der Informationstechnik (Krcmar 2005, S. 47ff.) („build IT“, „run IT“).

Für IT-Anwender sind Informationstechnik und Informationssysteme Werkzeuge (neben anderen) zur Verrichtung ihrer fachlichen Aufgaben (Dostal 2001, S. 9; Eriksson 1990, S. 62; Esteves et al. 2002a, S. 12). Die IT steht für diese Mitarbeitergruppe nicht im Vordergrund, sondern ist ein Hilfsmittel für ihre Arbeit. In diese Gruppen gehören beispielsweise ERP-Anwender aus Vertrieb und Marketing, Bürofachkräfte, die Textverarbeitung und Tabellenkalkulation nutzen und jeder Mitarbeiter, der einen E-Mail-Client bedient. Auch Führungskräfte, die Informationssysteme als ein Werkzeug zur Entscheidungsfindung nutzen, sind in diese Gruppe einzuordnen (Eriksson 1990, S. 62). IT-Anwender sind diejenigen, die unter Verwendung geeigneter Informationssysteme und IT-Infrastruktur das betriebliche Informationsangebot und -nachfrage (Krcmar 2005, S. 47ff.) gestalten und Informationen für ihre Aufgaben verwenden („use IT“).

IT-Manager sind Personen, für die IT der Führungsgegenstand ist, über den Management- und Investitionsentscheidungen zu treffen sind. Sie tragen Budget- und/oder Personalverantwortung im IT-Bereich von Unternehmen. Zu dieser Gruppe gehören beispielsweise CIOs (Krcmar 2005, S. 303 ff.), IT-Projektleiter und Personen, die mit strategischen und Planungsfragen im Bereich IT (e-Skills UK 2003, S. 7) befasst sind. IT-Manager können, müssen aber nicht selbst mit IT arbeiten. IT-Manager sind Personen, die Führungsleistungen bezogen auf IT „produzieren“ (Krcmar 2005, S. 47ff.). Für sie ist IT der Führungs- und Investitionsgegenstand, über den Managemententscheidungen zu treffen sind („manage IT“).

Abbildung 8 stellt die drei Nutzergruppen den Ebenen des Informationsmanagement-Modells nach KRCMAR (2005, S. 47ff.) gegenüber und weist die ungefähren Größenordnungen in deutschen Unternehmen aus. Aufgrund unterschiedlichster Statistiken liegen keine eindeutigen Zahlen vor, die folgenden Angaben können als obere Richtgrößen verstanden werden.

- Zur Schätzung der Anzahl der „IT-Manager“ werden die Ergebnisse eines Screenings der Arbeitsgemeinschaft LAC (Leser-Analyse Computerpresse) (LAC 2005c) verwendet. Die Grundgesamtheit der „IT-Entscheider“ wurde definiert als Personen, die ein außerordentliches / sehr starkes IT-Interesse haben, an betrieblichen IT-Investitionsentscheidungen beteiligt sind (nicht nur Bedarfsfeststellung) und in deren Verantwortungsbereich 2004 ein IT-Investitionsvolumen von mindestens 10.000 EUR lag (LAC 2005a, S. 15). Unter Verwendung dieser Selektionskriterien und nach einer Hochrechnung auf die Gesamtbevölkerung ergab sich die Grundgesamtheit von 1,575 Mio. IT-Investitionsentscheidern (LAC 2005b, S. 1), die im Folgenden als oberer Grenzwert für die Größe der Gruppe der IT-Manager herangezogen wird. Der hohe Wert kommt dadurch zustande, dass der Grenzwert von 10.000 EUR Budgetverantwortung als relativ niedrig einzustufen ist.

- Für das Jahr 2001 schätzte DOSTAL (2002, S. 1), dass in Deutschland ca. 0,6 Mio. IT-Fachkräfte beschäftigt waren. Dies entspricht ca. 1,6% aller Erwerbstätigen. „Dabei sind nur IT-Fachkräfte im engeren Sinn berücksichtigt, d.h. nicht die Fachleute in Medienberufen und anderen Berufen im weiteren Umfeld der IKT“ (Dostal 2002, S. 1). Ebenfalls nicht enthalten sind die ca. 3 Mio. Personen (ca. 8% der Erwerbstätigen), die DOSTAL zu den IT-Mischberufen rechnet. Darunter versteht er Personen, die sowohl IT-Tätigkeiten als auch konventionelle Fachaufgaben haben. Häufig stammt deren Berufsbezeichnung noch aus der Zeit, bevor sie in vertiefte IT-Aufgaben eingestiegen sind (Dostal 2002, S. 2), DOSTAL für sie für „ein historisches Übergangsphänomen“ (Baukrowitz et al. 2005, S. 27). Für das Jahr 2003 geht der Mikrozensus von ca. 1,6 Mio. Erwerbstätigen in IuK-Berufen aus (Dostal 2005, S. 14).

- Laut DOSTAL (2002, S. 2) können im Jahr 2002 ca. 18 Mio. Erwerbstätige zur Gruppe der IT-Anwender gerechnet werden, was ca. der Hälfte der Erwerbsbevölkerung entspricht. Es handelt sich um Nutzer ohne vertiefte IT-Qualifikation, man spricht auch von IT-Randberufen. Zu einem niedrigeren Wert kommt eine OECD-Statistik, wonach in Deutschland ca. 22% der Erwerbstätigen „IuK-Technologien kompetent als Werkzeuge zur Erledigung ihrer eigentlichen Arbeitsaufgaben nutzen“ (BMBF 2007a, S. 1-6).

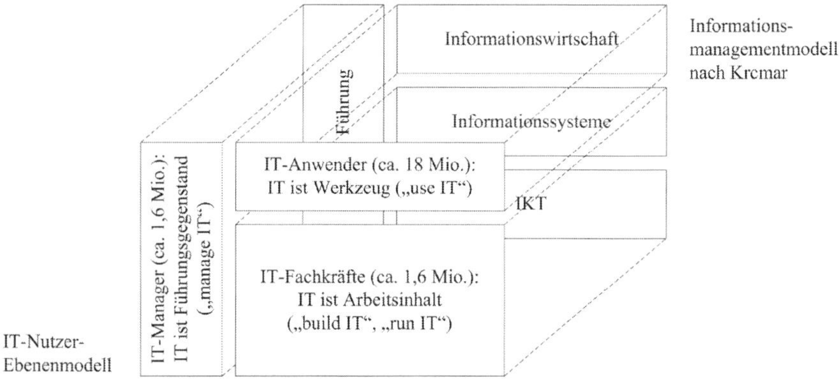

Abbildung 8: IM- und IT-Nutzer-Ebenenmodell (Quelle: Eigene Darstellung)

2.2 Stand der Forschung

In folgendem Kapitel wird der aktuelle Stand derjenigen Forschungsgebiete skizziert, die als relevant für die vorliegende Arbeit erachtet werden. Es geht darum aufzuzeigen, auf welchen Kenntnisstand aufgebaut werden konnte.

2.2.1 Weiterbildungsforschung

Der Fokus der Weiterbildungsforschung war lange Zeit auf die allgemeine Weiterbildung bezogen, d.h. auf die Angebote der Volkshochschulen, Kirchen, Gewerkschaften u.a. (Faulstich 2005, S. 223). Erst in den 1980er Jahren wurde die berufliche und insb. die *betriebliche Weiterbildung* zu relevanten Themen in der wissenschaftlichen Diskussion. Dies deutet FAULSTICH (2005, S. 223) als verspätete Folge der Gewichtsverschiebung, derzufolge die Betriebe mittlerweile mehr als die Hälfte der Weiterbildungsangebote veranlassen. Durch die intensivierte Forschung steht inzwischen ein größerer Fundus berufs-/arbeitsorientierter Ergebnisse zur Verfügung. Parallel zu dieser Entwicklung sind eher allgemeine Untersuchungen zum Verhältnis von Wirtschaft und Weiterbildung in den Hintergrund getreten. Die Diskussion über „Zerfaserung" und „Entgrenzung" hat verdeutlicht, dass die Erwachsenenbildungswissenschaft keinen abgeschlossenen Gegenstandsbereich hat, sondern sich in einem permanenten Veränderungsprozess befindet. Besonders deutlich wird dies, wenn nicht nur die organisierten Weiterbildungsangebote, sondern alles Intentionale oder sogar noch das inzidentelle oder informelle Lernen einbezogen wird, also z.B. Lernen im Arbeitsprozess (Faulstich 2005, S. 224; Schiersmann et al. 2001).

Weiterbildungsforschung kann nicht auf ein bestimmtes *methodologisches Paradigma* festgelegt werden (Faulstich 2005, S. 226). Es herrscht Konsens darüber, dass quantitative Methoden empirischer Sozialforschung einen einordnenden Aussagewert bei Bildungsproblemen haben (z.B. Berichtssystem Weiterbildung). Da auch qualitative Instrumente nur beschränkte Reichweite haben, fordert FAULSTICH (2005, S. 226), an einem erweiterten Methodenarsenal weiterzuarbeiten. Nach BORTZ/DÖRING (2005, S. 370) hilft diese als „Triangulation" bekannte Vorgehensweise, den Forschungsgegenstand möglichst vollständig zu erfassen.

Das Spektrum der an der Weiterbildungsforschung beteiligten *Institutionen* umfasst große, teils staatlich getragene Forschungseinrichtungen wie das Deutsche Institut für Erwachsenenbildung (DIE), das Bundesinstitut für Berufsbildung (BIBB), das Institut für Arbeitsmarkt- und Berufsforschung (IAB) der Bundesanstalt für Arbeit, das Rationalisierungs-Kuratorium der deutschen Wirtschaft (RKW), das Institut der deutschen Wirtschaft (IW), die Arbeitsgemeinschaft Qualifikations-Entwicklungs-Management (AG QUEM). Darüber hinaus gibt es Projektaktivitäten einzelner Träger und Einrichtungen, kleine kommerzielle Forschungsgruppen und Arbeiten an einzelnen Hochschulen (Faulstich 2005, S. 226). Auch auf Seiten der Förderer und Geldgeber ist eine ähnliche Breite festzustellen. Nicht nur die für Bildung zuständigen Ministerien sind in diesem Bereich aktiv, sondern beispielsweise auch Wirtschafts-, Sozial-, Frauenministerien u.a. Ebenso wichtig sind nichtstaatliche Fördereinrichtungen wie die Hans-Böckler-Stiftung. Da die Finanzierungsquellen von internationalen Organisationen bis zu Aufträgen einzelner Träger gehen, streuen die geförderten Themen sehr breit, z.B. von Fragen der internationalen Entwicklung bis hin zur Kursgestaltung. FAULSTICH (2005, S. 227) nennt beispielhaft die Programme FORCE, LEONARDO, ADAPT und E-QUAL, in deren Rahmen eine unüberschaubare Zahl von Projekten gefördert wurde.

Das Themenspektrum der Weiterbildungsforschung ist ebenso vielfältig und unübersichtlich wie ihre institutionellen Rahmenbedingungen. Die Forschung kann dennoch auf folgende drei Ebenen konzentriert werden (Faulstich 2005, S. 228):

1. Personenbezogen auf Lernende, Adressaten und Teilnehmende; Wissen und Kompetenz; Lehrende und professionelles Handeln
2. Institutionenbezogen auf Betriebe und Weiterbildungsträger
3. Systembezogen auf die Entwicklung des Gesamtbereichs im Verhältnis von betrieblicher und trägerbezogener Weiterbildungsentwicklung

Die personenbezogene Weiterbildungsforschung befasst sich mit Fragen des Zugangs und der Teilhabe, des individuellen Lernprozesses, des angeeigneten Wissens sowie den Vermittlungsprozessen und professionellem didaktischem Handeln.

Das Hauptanliegen in der systembezogenen Weiterbildungsforschung ist die „Darstellung des Gesamtspektrums des Lernsystems bezogen auf Kompetenzentwicklung“ (Faulstich 2005, S. 230). Zentrale Informationsquelle hierfür sind umfassende statistische Informationen über den Bildungsbereich, doch die Datenlage ist „desolat“. Es gibt keine Gesamtstatistik, stattdessen liegt ein „Flickenteppich“ von Träger- und amtlichen Statistiken, von empirischen Erhebungen und Verwaltungsberichten vor.

Die institutionenbezogene Weiterbildungsforschung mit den weiterbildenden Unternehmen als Untersuchungsgegenstand ist für die vorliegende Arbeit von besonderer Bedeutung. Im Gegensatz zur Schul- und Hochschulausbildung ist die Erwachsenenbildung von einem institutionellen Pluralismus geprägt (Faulstich 2005, S. 228). EULER (1994, S. 439) stellt dazu fest, dass im Gegensatz zur vor- und erstberuflichen Bildung der Bereich der beruflichen Weiterbildung kein institutionelles Zentrum besitzt. Neben öffentlichen Trägern und partikularen Trägern für „gesellschaftliche Großgruppen“ stehen die kommerziellen Weiterbildungsanbieter und die betriebliche Weiterbildung der Unternehmen selbst. KÜHNLEIN (1997) erkennt darin eine „Verbetrieblichung“ der Weiterbildung, d.h. ein steigendes Interesse der Betriebe an Weiterbildung bei gleichzeitigem Rückgang staatlicher Regulierungsversuche.

Strukturdaten der betrieblichen Weiterbildung werden vom IW im Dreijahresturnus erhoben, ebenso liefert die CVTS-Erhebung Daten, die allerdings in Diskrepanz zu den Daten des Instituts der deutschen Wirtschaft (IW) stehen. BIBB und EUROSTAT liefern gemeinsam Daten zur betrieblichen Weiterbildung in europäischen Ländern (Grünewald et al. 2003). Eine branchenspezifische Beleuchtung der Weiterbildung kann FAULSTICH (2005, S. 229) nicht erkennen. Auch der Sektor der trägergestützten beruflichen Weiterbildung ist trotz der Konsequenzen des SGB III und seiner Änderungen[7] ein eher unterbelichtetes Forschungsfeld. Unter den Begriffen Netzwerke und Verbünde wird untersucht, welche Durchmischung die betrieblichen und trägergestützten Segmente erleben. Doch auch dieser Forschungsbereich ist laut FAULSTICH nur eine „Randgröße". BÄUMER (1997) hat Weiterbildungsstrukturen deutscher Unternehmen in einem managementtheoretisch orientierten Ansatz empirisch analysiert. Seine identifizierten Weiterbildungstypen beschreiben das Spektrum von 105 untersuchten betrieblichen Weiterbildungsstrategien. Auf spezielle Themengebiete der betrieblichen Weiterbildung, z.B. IT, geht BÄUMER nicht ein.

Unter dem Stichwort „Bildungsmanagement" (Mandl et al. 2004, S. 60ff.; Schiersmann et al. 2001, S. 26ff.) beschreibt DECKER (1995) die über das rein pädagogische Management hinausgehende Fähigkeit, Bildungsangebote leiten, managen und führen zu können. MERK (1992) unterscheidet drei verschiedene Ebenen von Bildungsmanagement: Das strategische Bildungsmanagement befasst sich mit der vorausschauenden Analyse zukünftiger Herausforderungen von Bildungseinrichtungen. Das operative Bildungsmanagement setzt die strategischen Ziele um und plant das Bildungsprogramm, welches im funktionalen Bildungsmanagement „nur" noch umgesetzt werden muss.

MARTIN/DÜLL (2000, S. 5) haben festgestellt, dass es beträchtliche Unterschiede im Weiterbildungsengagement von Unternehmen gibt und sich die Frage gestellt, was Unternehmen dazu bewegt, mehr oder weniger in Weiterbildung zu investieren. Die Antwort darauf versuchen verschiedene Theorien zu geben. Der jeweilige „Panoramablick" verschiedener organisationstheoretischer Ansätze wird in Tabelle 2 beschrieben. Es wird deutlich, dass es nicht „die" Theorie der Weiterbildung gibt.

Organisationstheoretischer Ansatz		Konzipierung des Weiterbildungsverhaltens
Ökonomische Ansätze	Humankapitaltheorie	Weiterbildung ist eine Investition, findet sich also vor allem in wissensintensiven Organisationen, sie ist jedoch auch abhängig von der Markposition der Arbeitnehmer.
	Tauschtheorie	Weiterbildung ist ein Tauschobjekt, wird also z.B. eingesetzt, um Wettbewerbsvorteile am Arbeitsmarkt zu gewinnen bzw. um Nachteile auszugleichen.
Politische Ansätze	Politische Ökonomie	„Wissen ist Macht" und wird strategisch verwendet bzw. vorenthalten. Es erfolgt eine Segmentierung in Herrschafts- und Gebrauchswissen.
	Koalitionstheorie	Weiterbildung wird eingesetzt, soweit dies im Interesse der Mächtigen liegt, sie ist Kompensationsgeschäft, side payment und Instrument der Konfliktaustragung.

7 Mit dem Gesetz für Moderne Dienstleistungen am Arbeitsmarkt ist die Weiterbildungsförderung nach dem SGB III neu geordnet worden mit dem Ziel, in diesem wichtigen arbeitsmarktpolitischen Förderbereich mehr Wettbewerb und Transparenz zu schaffen und die Qualität in der SGB III geförderten Weiterbildung zu verbessern. Praktisch bedeutet dies für die Anbieter, die auch in Zukunft staatlich geförderte Weiterbildungsmaßnahmen anbieten wollen, dass sie sich nach der Anerkennungs- und Zulassungsverordnung für Weiterbildung (AZWV) zertifizieren lassen müssen. Auch das Einlösen von Bildungsgutscheinen setzt die Zertifizierung voraus.

Organisationstheoretischer Ansatz		Konzipierung des Weiterbildungsverhaltens
Institutionstheoretische Ansätze	Kulturorientierte Ansätze	Weiterbildung dient der Sozialisation der Mitarbeiter. Sie dient der Legitimitätssicherung und der Selbstversorgung der eigenen Organisation.
	Strukturorientierte Ansätze	Bildung ist primär mit organisatorischen Abläufen verknüpft. Bildungsplanung wird z.B. zum Bestandteil der Investitionsplanung und der Karriereplanung.
Funktionalistische Ansätze	Kontingenzansatz	In welcher ökonomischen Umwelt ist Bildung effizient? Weiterbildung hat einen impliziten Bezug zu den Grundfunktionen der Unternehmung, insbesondere zur Leistung.
	Populationsansatz	Weiterbildung ist in bestimmten ökonomisch-ökologischen Nischen ein Bestandteil des organisationalen „Genpools" und Ergebnis von Diffusionsprozessen.
Verhaltenswissenschaftliche Ansätze	Social Relations Ansatz	Weiterbildung wird je nach Sozialbeziehung zu unterschiedlichen Zwecken eingesetzt (z.B. als Sozialleistung in patriarchalischen Unternehmen).
	Problemhandhabungsansatz	Weiterbildung ist eine mögliche Antwort auf betriebliche Probleme, sie entstehen aus der organisationalen Handlungslogik, die sich in der Entscheidungsfindung manifestiert.

Tabelle 2: Weiterbildung im Lichte organisationstheoretischer Ansätze (Quelle: Martin/Düll (2000, S. 5))

2.2.2 *Konzepte sozio-informationstechnischer Bildung*

Als eine der bekanntesten Didaktiken für den Umgang mit sozio-informationstechnischen Systemen gilt die „Didaktik einer sozio-informationstechnischen Bildung" von EULER (1994). Sowohl KÖHNE (2005, S. 107ff.) als auch SCHENK (2002, S. 174ff.) sind in ihren Arbeiten zu Blended Learning Patterns und zur Telekooperationsdidaktik auf die Euler'sche Didaktik eingegangen, daher wird an dieser Stelle darauf verwiesen und lediglich die für diese Arbeit wichtigsten Aspekte kurz skizziert:

- EULER versteht sein Konzept als Metatheorie und macht nur wenige konkrete Aussagen zur Planung, Durchführung und dem Handeln in Unterrichtssituationen (Schenk 2002, S. 179). Daher ist eine Ergänzung und Ausdifferenzierung der einzelnen didaktischen Elemente notwendig. Abbildung 9 stellt den Gegenstandsbereich der sozio-informationstechnischen Bildung im didaktischen Gesamtzusammenhang dar.

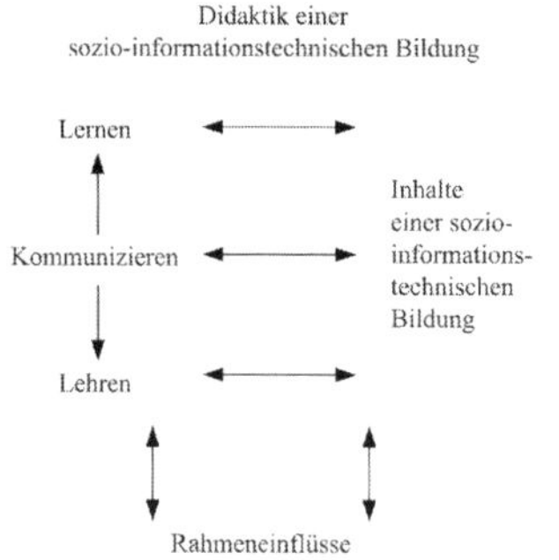

Abbildung 9: Integration des Gegenstandsbereichs einer sozio-informationstechnischen Bildung in den didaktischen Gesamtzusammenhang (Quelle: Euler (1994, S. 507))

- „Bei seinen didaktischen Forderungen hebt er [Euler] sich deutlich von den Didaktiken ab, die sich auf eine Vermittlung von Anwenderwissen über den Umgang mit der Hard- und Software begrenzen. Er zielt auf die Bedienungsqualifikation, bezogen auf Informationstechnik im Anwendungszusammenhang ab." Lernende sollen als Anwendende und

Gestaltende von Technik betrachtet werden, wobei sich „gestaltend“ auf die partizipative Entwicklung und Konzeption einer Software bezieht (Schenk 2002, S. 180).

- Euler betrachtet die sozio-informationstechnische Bildung zwar unter anderem im Rahmen der beruflichen Weiterbildung, doch sind keine Hinweise auf die Besonderheiten beim Lehren und Lernen von Erwachsenen zu finden (Köhne 2005, S. 110; Schenk 2002, S. 181).

Auch für eine schulische Informatikausbildung wird seit langem nach brauchbaren Konzepten geforscht. HUBWIESER (2001) untersucht die historische Entwicklung des Informatikunterrichts von den späten 60er bis zu den frühen 80er Jahren. Er und FORNECK (1990) unterziehen die anfängliche Fokussierung auf Rechenanlagen und Hardware, die in den Folgejahren einsetzende Überbetonung des Algorithmus sowie die darauf folgenden Bedienerschulungen von Anwendersoftware einer kritischen Betrachtung. Insbesondere wird kritisiert, dass schnelllebige Inhalte, oft nach den persönlichen Vorlieben der Lehrkraft, im Vordergrund standen (Voss 2006a, S. 16). 1984 wurde auf Grund des Rahmenkonzepts „Informationstechnische Bildung“ der Bund-Länderkommission die informationstechnische Grundbildung (ITG) eingeführt, welche vornehmlich den Umgang mit Anwenderprogrammen schulen soll. Laut VOSS (2006b, S. 22) genügt eine reine Bedienerschulung ohne Vermittlung grundlegender Inhalte jedoch nicht den Ansprüchen, den der Begriff Bildung beinhaltet. Sie fordert, auch in der Schulung von Standardsoftware allgemein gültige Prinzipien anstelle konkreter Bedienungsanweisungen zu vermitteln, was bereits FREIBERGER (1988) in einem frühen didaktischen Modell berücksichtigte.

2.2.3 Betriebliche IT-Anwenderqualifizierung

Wenn in aktuellen Diskussionen von „IT-Weiterbildung“ die Rede ist, handelt es sich fast ausschließlich um die Weiterbildung von Fachkräften. Kern der Debatte ist das seit einiger Zeit praktizierte „IT-Weiterbildungssystem“. Es wurde Ende der 1990er Jahre von der Bundesregierung in Zusammenarbeit mit den Sozialpartnern eingeführt mit der Zielsetzung, IT-Fach- und Führungskräften Möglichkeiten für den beruflichen Aufstieg und die Sicherung ihrer Beschäftigungsfähigkeit zu geben (Fraunhofer Institut für Software- und Systemtechnik 2005, S. 2). Hintergrund des Vorhabens war die Annahme, dass der Arbeitskräftebedarf in der IT-Branche und in IT-Funktionen mittel- und langfristig nur über Aus- und Weiterbildungsmaßnahmen zu decken war. Die Universitäten, Fachhochschulen und Berufsakademien mit ihren etwa 6.000 Informatikabsolventen konnten den gesamten Bedarf nicht mehr decken (Rohs/Mattauch 2001, S. 5). Ziel des IT-Weiterbildungssystems ist es, eine systematische Alternative zu den bisherigen unübersichtlichen und uneinheitlichen Weiterbildungsmöglichkeiten im IT-Bereich anzubieten (Balschun/Vock 2006, S. 22).

Zentrales methodisches Element des IT-Weiterbildungssystems ist die „arbeitsprozessintegrierte Qualifizierung“ (APO-IT) (BMBF 2002; Fraunhofer Institut für Software- und Systemtechnik 2005; Rohs/Mattauch 2001; Balschun/Vock 2006), bei der die Weiterbildung der IT-Fachkräfte stark in die betrieblichen Arbeitsprozesse hineinverlagert wird (Vock et al. 2006, S. 1). Ein ähnliches Konzept für IT-Anwender existiert bislang nicht (vgl. Diettrich et al. 2005, S. 21). Auch im mit IT-Führungsfragestellungen befassten Informationsmanagement (auch: IT-Management) wird Personalmanagement auf die Mitarbeiter der IT-Abteilung eingeengt (Krcmar 2005, S. 388ff.). Der Anwender als Konsument von IT und dessen IT-spezifische Weiterbildungsbedarfe werden nicht thematisiert, wenngleich es als Aufgabe des „Managements der Informationssysteme" angesehen wird, Anwendungssoftware „richtig" einzuführen (Krcmar 2005, S. 188).

Unter dem Begriff End-User Training (EUT) wird die Qualifizierung von IT-Endanwendern beforscht. Wissenschaftler, die sich hier einen Namen gemacht haben, sind beispielsweise BOSTROM, SEIN, DAVIS, COMPEAU, NELSON. EUT-Forschung wird aus dem Blickwinkel verschiedener Disziplinen betrieben, insbesondere Organisationsforschung, Psychologie, Pädagogik und Informatik. Einen Überblick über den aktuellen Stand der Forschung liefern GUPTA/BOSTROM (2006).

- Die unternehmensstrategische Bedeutung von EUT betonen GASH/KOSSEK (1990, S. 248ff.). Als theoretische Implikationen ihrer Überlegungen raten sie, Kontextfaktoren wie z.B. die Unternehmenskultur und den politischen Zustand des Unternehmens beim Endusertraining nicht zu ignorieren. So müsse darüber nachgedacht werden, ob es sinnvoll ist, in der Belegschaft mit teilweise radikal verschiedenen Trainingsdesigns zu arbeiten. Für das Design von Trainingsprogrammen seien demographische Veränderungen der Belegschaft ebenso wichtige Parameter wie technischer Fortschritt und Veränderungen in der Produktpalette.
- Lernziele und -ergebnisse in der Endanwenderqualifizierung können, mit Bezug auf Erkenntnisse aus der Psychologie, in skill based, cognitive, affective und meta-cognitive eingeteilt werden (Gupta/Bostrom 2006, S. 173; Carroll/Rosson 1995). Dadurch wird deutlich, dass das Ziel einer Endanwenderqualifizierung nicht nur der Umgang mit Software sein kann (skill based), sondern mehr umfasst. Vielmehr ist auch Wissen über den Einsatz der Software zur Erledigung ganz bestimmter Arbeitsaufgaben wichtig, ebenso wie das „big picture", also die Kenntnis über Zusammenhänge und Abhängigkeiten der Software und ihr Einsatzzweck (cognitive). Während die bisherige EUT-Forschung diesen beiden Aspekten Aufmerksamkeit geschenkt hat, besteht weiterhin Forschungsbedarf auf der affektiven Ebene (Sein et al. 1987): Emotionalen Aspekten wie z.B. Lernmotivation, Zufriedenheit und Angst im Umgang mit der Software muss in Zukunft mehr Beachtung geschenkt werden. Auch bei der Erforschung metakognitiver Prozesse in der Endanwenderqualifizierung, z.B. Selbstvertrauen des Anwenders, besteht trotz gewisser Anstrengungen ebenfalls noch Forschungsbedarf (Gupta/Bostrom 2006, S. 174).
- Ein Hauptaugenmerk der EUT-Forschung liegt auf den Methoden (Gupta/Bostrom 2006), obwohl in den letzten Jahren kaum neue Ansätze entwickelt werden konnten. Zwischen der Wirksamkeit der grundlegenden Ansätze des conceptual und procedural model konnten in der Vergangenheit keine grundlegenden Unterschiede festgestellt werden (Olfman/Mandviwalla 1994; Santhanam/Sein 1994). Vielmehr stellte sich als motivationsfördernd für den Anwender heraus, wenn die Qualifizierungsmaßnahme an persönliche Vorkenntnisse und Kontexte anknüpft, also auf individuelle Unterschiede der Anwender eingeht. Diese Unterschiede spielen eine wichtige Rolle sowohl im „information systems research" (Sun/Zang 2005) als auch in der (Weiter-)Bildung. Eine zentrale Stellung im Enduser-Training nimmt die social cognitive theory (Compeau/Higgins 1995) ein, nach der Anwender vor allem durch aktives Erkunden, Manipulieren und Beeinflussen der Umgebung effektiv lernen (Gupta/Bostrom 2006, S. 175). Aus der Entwicklungs- und Schulpsychologie ist bekannt, dass das Lernen in Gruppen („collaborative learning (CL)")

einige Vorteile aufweist, die in Mathematik, Naturwissenschaften, Problemlöseprozessen und Ingenieurwissenschaften nachgewiesen werden konnten. Dennoch ist der Stand der Forschung von kollaborativem Lernen im EUT-Kontext noch nicht zufriedenstellend (Gupta/Bostrom 2006, S. 176).

- Betrachtet man das „target system“ (Bostrom et al. 1990), also die Anwendungen, zu denen die Anwender qualifiziert werden, so zeigt sich, dass sich die EUT-Forschung mit vielen verschiedenen Produkten von proprietären Anwendungen (Simon/Werner 1996) bis hin zu frei erhältlichen Tools (Johnson/Marakas 2000) beschäftigt (Gupta/Bostrom 2006, S. 178). Der Schwerpunkt liegt jedoch eindeutig auf einfachen Produktivitätswerkzeugen wie Office-Software. Eine Ausnahme stellt COULSON (2003) dar, der die Effektivität von conceptual models für ERP-Software untersucht hat. Bei dieser breiten Palette an „target systems“ ist die Frage nach der Generalisierbarkeit der Aussagen zu verschiedenen Qualifizierungsmethoden berechtigt. Einige Studien untersuchen die Einflüsse unterschiedlicher Anwendungen und deren Komplexität auf den Lernerfolg (Maynard/Hakel 1997; Compeau/Higgins 1995; Bolt et al.). Diese Untersuchungen legen den Schluss nahe, dass zwischen Softwareprodukt und Qualifizierungsmethode ein Zusammenhang besteht in folgendem Sinne: „the attributes of the application might influence psychological states of the participants, which in turn affect learning outcomes“ (Gupta/Bostrom 2006, S. 178). Zwar richten viele Unternehmen ihre IT-Weiterbildung an sog. „Best Practices“ aus, doch eine explizite Qualifizierungsstrategie existiert im Normalfall nicht (Olfman et al. 2003, S. 75).

Ein Praxiswerk, das den Themenkomplex EDV-Didaktik weniger auf der theoretischen Ebene behandelt, sondern konkrete Handlungsanleitungen vermittelt, ist „der EDV-Trainer“ von LEHNERT (1997). LEHNERT richtet sich mit seiner Fachdidaktik an IT-Trainer, Ausbilder, Lehrer und Mitarbeiter des Benutzerservice. Der konkrete Bezug zur praktischen Problematik von EDV-Trainings liefert wertvolle Hinweise für die Vermittlung von Hard- und Softwarewissen (Schenk 2002, S. 207). Der Autor deckt mit seinen konkreten Empfehlungen zur IT-Qualifizierungsplanung, -gestaltung, Programmerstellung usw. einen breiten Bereich ab. LEHNERT fokussiert nicht auf konkrete Softwareprodukte oder –kategorien, unberücksichtigt bleiben daher z.B. die Spezifika von Unternehmenssoftwareanwendungen.

2.2.4 Unternehmenssoftware-Einführungsprojekte und Change Management

Kritische Erfolgsfaktoren (critical success factors – CSF) von ERP-Projekten sind ein „Dauerbrenner“ in der IS-Forschung (Plant/Willcocks 2006, S. 3). Dies verdeutlicht der von ESTEVES/PASTOR (2001) erstellte Literaturüberblick zur ERP-Forschung aus dem Jahr 2001. Zu den am häufigsten genannten Erfolgsfaktoren für das Gelingen von ERP-Projekten gehören die Unterstützung des Top Managements, die Umgestaltung der Geschäftsprozesse (BPR), Anwendertraining, moderates Customizing der Systeme, Unterstützung durch Berater mit fachlichem und technischem Wissen, die Integration der ERP-Systeme mit Fremdapplikationen, und der Aufbau internen IT-Know-hows (Somers/Nelson 2004, S. 258). SOMERS/NELSON (2004, S. 267) haben die Erfolgsfaktoren zeitlich differenziert und ihre Bedeutung in den verschiedenen Phasen eines ERP-Projektes untersucht.

Die Rolle von Training als kritischer Erfolgsfaktor zur Unterstützung der ERP-Einführung ist in der Literatur sehr gut dokumentiert (vgl. Somers/Nelson 2004, S. 260; Nah et al. 2001, S.

292; Nelson/Cheney 1987; Santhanam/Sein 1994; Amoako-Gyampah/Salam 2003; Hong/Kim 2001; Umble et al. 2003; Al-Mashari et al. 2003; Somers/Nelson 2001; Plant/Willcocks 2006; Bingi et al. 1999; Cooper/Zmud 1990; Esteves/Pastor 2000). KOHNKE (2005, S. 42) subsumiert Training unter die Kategorie „Stakeholder-Management", ebenso wie Kommunikation und Kooperation/Einbindung. Anwendertraining ist prinzipiell in allen Phasen des ERP-Lebenszyklus von großer Bedeutung, doch die höchsten Investitionen werden während der Einführungsphase getätigt (Esteves/Pastor 2001, S. 13). Dennoch betonen SOMERS/NELSON (2001, S. 2; 2004, S. 260) die Notwendigkeit kontinuierlicher ERP-Weiterbildung der Anwender. Unter dem Aspekt der externen Wissensbeschaffung wird häufig auch das Hinzuziehen externer Berater als Training/Weiterbildung betrachtet (Somers/Nelson 2001, S. 3). AMOAKO-GYAMPAH/SALAM (2003) betonen unter Bezug auf das technology acceptance model (TAM), dass der „Glaube" der Anwender an den Nutzen des Systems eine wichtige mediierende Variable auf den Einfluss von Trainingsmaßnahmen auf den ERP-Projekterfolg ist.

Einen umfangreichen Literaturüberblick über Change Management als „geplanter Wandel" liefert INVERSINI (2005). Erfolgreiches Change Management ist ein Erfolgsfaktor bei ERP-Projekten (Kohnke 2005). In einer Umfrage in Zusammenarbeit mit der DSAG (Deutschsprachige SAP-Anwendergruppe) zum Thema Change Management fand KOHNKE (2006, S. 50) heraus, dass die ERP-anwendenden Unternehmen ERP-Training teilweise als Teil von Change Management verstehen, teilweise als eigenständige Maßnahmen. Wie eine empirische Untersuchung unter SAP-nutzenden Unternehmen ergab, kann Change Management im ERP-Kontext verstanden werden als folgende vier Phänomene (Kohnke et al. 2005, S. 29f.):

- Prozessbegleitung: Mit Hilfe von Change Management soll die Einführung von SAP begleitet und gesteuert werden. In dieser Sichtweise ist Schulung und Training der Anwender wichtig, um sie über den „Nutzen, die Gründe und die Notwendigkeit der SAP-Einführung" zu informieren. In einer empirischen Untersuchung unter 210 DSAG-Mitgliedsunternehmen gaben 85% an, Change Management als Prozessbegleitung zu verstehen[8] (Kohnke/Bungard 2005, S. 117).
- Organisationsgestaltung: 48% der befragten Unternehmen verstehen Change Management als Organisationsgestaltung, d.h. sowohl strukturelle als auch prozessuale Änderung der Organisation (Kohnke/Bungard 2005, S. 117).
- Projektmanagement: Change Management ist in dieser Sichtweise für Planung und Durchführung des SAP-Projektes zuständig, ebenso wie für die Kontrolle und das Controlling des Veränderungsprozesses. 25% der befragten Unternehmen stimmten dem zu (Kohnke/Bungard 2005, S. 117).
- Technische Veränderung: Wird Change Management als „technische" Veränderung aufgefasst, fallen darunter Aspekte wie Anpassung und Optimierung der IT sowie die zentrale Koordination der Änderungen, die an Hard- und Software vorgenommen werden. Change Management als technische Veränderung fassten 15% der befragten Unternehmen auf (Kohnke/Bungard 2005, S. 117).

---

[8] Mehrfachantworten waren möglich.

Zum Thema Change Management ist insbesondere auf die Arbeiten von MARKUS hinzuweisen, die die Rolle des Change Agents untersucht hat (Markus/Benjamin 1996). Ihr Konzept des Technochange (Markus 2004) fokussiert auf die Möglichkeiten der Organisationsgestaltung durch die Einführung von IT, die dem Change Management innewohnen. Change Management wird von KOHNKE speziell auf SAP-Software bezogen untersucht. Insbesondere seine empirischen Untersuchungen liefern Einblicke in die unternehmerische Praxis bei SAP-Einführungen und Change Prozessen (vgl. Kohnke 2006, 2005; Kohnke et al. 2005; Kohnke/Bungard 2005).

3 Analysemodell

Im folgenden Kapitel wird das Analysemodell für die Fragebogenerhebung skizziert. Das Analysemodell ist der „Bauplan" für den Fragebogen und gewährleistet dessen systematische Herleitung. Da es kein allgemein gültiges Analysemodell für die Forschungsfragen dieser Arbeit gibt, muss es an dieser Stelle entwickelt werden. Das Analysemodell ist der Ausgangspunkt für den weiteren Verlauf der Arbeit und legt

- den betrachteten Ausschnitt aus der betrieblichen Realität,
- die Möglichkeiten der empirischen Analyse im Rahmen der Datenauswertung sowie
- die Reichweite der Handlungsempfehlungen

fest. Zunächst wird der Entwicklungsprozess des Modells vorgestellt, anhand dessen in der Umfrage die von Unternehmen verfolgten Qualifizierungsstrategien im Kontext Unternehmenssoftware und deren Determinanten erhoben werden sollen. Das Modell wurde aus den Erkenntnissen der einschlägigen Literatur zu Weiterbildung, Anwenderqualifizierung und Informationssystemen und aus den Ergebnissen der Experteninterviews der Vorstudie entwickelt. Anschließend werden die Modellelemente sowohl auf der Konstrukt- (Konzept-) ebene als auch auf der Messebene (Operationalisierung) dargestellt.

3.1 Methodische Vorgehensweise bei der Modellentwicklung

Die Entwicklung des Modells zur empirischen Analyse der Unternehmenssoftware-Qualifizierungsstrategien orientierte sich an zwei Kernfragen:

1. Welche Regelungen und Praktiken kennzeichnen eine Qualifizierungsstrategie im Kontext Unternehmenssoftware möglichst vollständig (Forschungsfrage 1)?
2. Welche Rahmenbedingungen führen zur Wahl einer bestimmten Qualifizierungsstrategie im Einzelfall, d.h. wodurch können Varianzen zwischen Unternehmen hinsichtlich der praktizierten Qualifizierungsstrategie erklärt werden (Forschungsfrage 2)? Es handelt sich hierbei nicht um Ursache-Wirkungs-Beziehungen im Sinne einer Kausalkette, sondern um empirisch beobachtbare Zusammenhänge („überzufälliges" Auftreten).

Ziel der Modellentwicklung ist es, ein möglichst breites Spektrum von praktisch relevanten Arten von Qualifizierungsregelungen abdecken zu können und zudem mögliche Ausprägungen dieser Regelungen zu explorieren (vgl. Bäumer 1997, S. 39). Daher wurde zunächst eine Literaturanalyse durchgeführt, deren Ergebnis ein vorläufiges Analysemodell des Qualifizierungsverhaltens war. Diese Vorgehensweise kommt MARTIN/BEHERENDS (1999, S. 16f.) entgegen, die der empirischen Weiterbildungsforschung mangelnde theoretische Fundierung vorwerfen. Anschließend wurden Experten aus ausgewählten Unternehmen mit dem Modell konfrontiert, welches dadurch ergänzt und modifiziert wurde. Dieser zweite Schritt bei der Modellentwicklung trägt der Vielzahl an der unternehmerischen Praxis „vorbeientwickelten" Qualifizierungskonzepten Rechnung.

3.1.1 Literaturanalyse

Bei der Entwicklung des Modells zur Analyse von Qualifizierungsstrategien im Kontext Unternehmenssoftware wird zunächst auf die Erkenntnisse aus veröffentlichten empirischen und konzeptionellen Arbeiten aus dem deutsch- und englischsprachigen Raum zurückgegriffen. Dabei werden sowohl Quellen aus der Weiterbildungsforschung als auch Erkenntnisse aus der Forschung zu Unternehmenssoftware und -projekten einbezogen.

Ergiebige Quellen in der Weiterbildungsforschung sind die Veröffentlichungen des Deutschen Instituts für Erwachsenenbildung (DIE)[9] und die Publikationen des Bundesministeriums für Bildung und Forschung (BMBF)[10] und des Bundesinstituts für Berufsbildung (BIBB)[11]. Auch die Bundesagentur für Arbeit stellt, beispielsweise durch ihre KursNet-Datenbank (Bundesagentur für Arbeit 2006), wertvolle Erkenntnisse bereit. Ergänzend sind noch der deutsche Bildungsserver (DIPF 2006) sowie die American Society for Training and Development (ASTD)[12] zu nennen.

DIETSCHE ET AL. (2001, S. 31ff.) haben regelmäßig verfügbare Informationssysteme zu Weiterbildungsthemen zusammengestellt. Sie bewerten das Berichtssystem Weiterbildung (vgl. z.B. BMBF 2004a, 2005a, 2006a) als das bedeutendste Informationssystem der Bundesrepublik. Es wird im Auftrag des BMBF alle drei Jahre durchgeführt. Weitere laufende Informationen liefern die Grund- und Strukturdaten (vgl. z.B. BMBF 2005c) des statistischen Bundesamtes und der statistischen Landesämter. Der auf gesetzlicher Basis jährlich herausgegebene Berufsbildungsbericht (vgl. z.B. BMBF 2005b, 2006b) geht nur am Rande auf die berufliche Weiterbildung ein. Einschränkend ist festzustellen, dass die genannten Quellen kaum den Detailliertheitsgrad aufweisen, um gezielt konkrete Themenfelder der betrieblichen Weiterbildung, z.B. IT, Sprachen oder Persönlichkeit, zu untersuchen.

Die deutsche Wirtschaftsinformatik hat sich mit der Thematik der IT-Anwenderqualifizierung bisher äußerst zurückhaltend befasst. Über die zentralen Outlets Wirtschaftsinformatik[13] und HMD Praxis der Wirtschaftsinformatik konnte kaum auf thematisch passende Vorarbeiten zurückgegriffen werden. Das gleiche Bild stellt sich in Informatik-Spektrum und MIS Quarterly dar.

Die Ergebnisse der Literaturanalyse sind unter „Stand der Forschung" in Kapitel 2.2 zusammengestellt.

3.1.2 Experteninterviews (Vorstudie)

Das vorläufige, literaturbasierte Analysemodell wurde in einem zweiten Schritt empirisch validiert und modifiziert. Dazu wurden in Unternehmen, die Unternehmenssoftware nutzen, Experteninterviews mit Funktionsträgern durchgeführt, welche in die Planung, Durchführung oder Inanspruchnahme von Qualifizierungsmaßnahmen involviert sind. Die Methode „Experteninterview" kam deshalb zum Einsatz, weil sie sich gut dazu eignet, Entscheidungsabläufe innerhalb eines fest definierten Systems, z.B. einer Organisation, zu erheben (Kanwischer

9 http://www.die-bonn.de

10 http://www.bmbf.de

11 http://www.bibb.de

12 http://www.astd.org

13 http://www.wirtschaftsinformatik.de

2005, S. 95), da die Experten sowohl Organisations- als auch Kontextwissen vorweisen können. Ziel dieser qualitativen Voruntersuchung (Bortz/Döring 2005, S. 385ff.) ist es, im Sinne explorativer und hypothesenentdeckender Forschung die aus Sicht dieser Personen praktisch relevanten oder problembehafteten Gegenstandsbereiche in der Unternehmenssoftware-Weiterbildung zu identifizieren. Dadurch konnten systematisch relevante Fragenkomplexe für den Hauptfragebogen identifiziert werden. Dadurch sollte auch vermieden werden, dass im Fragebogen wichtige Sachverhalte nicht abgefragt werden (Pilshofer 2001). Ziel der Experteninterviews war es, Antworten auf folgende Fragen zu erhalten:

1. Welche der vorgestellten Regelungen/Aspekte sind aus Sicht des Befragten wesentlicher Bestandteil einer Qualifizierungsstrategie? Welche Regelungen fehlen noch im Modell? Warum sind diese Regelungen wichtig? Durch diese Fragen sollte der bisherige „Katalog" an Regelungen validiert und erweitert werden. Der Anspruch war es, die Regelungen so auszuwählen und zusammenzustellen, dass sie die Leistungen des Systems „Qualifizierung von Unternehmenssoftware-Anwendern" möglichst umfassend beschreiben (vgl. BMBF 2003b, S. 25).
2. Zu jeder Regelung wurde gefragt, warum hinsichtlich dieser Regelung in einer bestimmten Art und Weise verfahren wird und nicht anders. Dadurch sollten wichtige Einflussfaktoren (Begründungsdimensionen) auf die Varianz der Regelungen zwischen verschiedenen Unternehmen in Erfahrung gebracht werden.

Parallel zur Zielsetzung, das Analysemodell zu verfeinern und weiterzuentwickeln (formaler Fokus), interessierten bei den Experteninterviews auch die im jeweiligen Unternehmen konkret praktizierten Qualifizierungsanstrengungen (inhaltlicher Fokus). Insofern können die Interviews der Vorstudie als „kleine" Fallstudien betrachtet werden.

Folgende Personengruppen wurden in den Experteninterviews adressiert, weil von ihnen fachkundige Einblicke in das Weiterbildungsmanagement zu erwarten waren:

1. Verantwortliche für Planung, Organisation und Durchführung von Endanwender-Qualifizierungsmaßnahmen
2. IT-Projektmanager, Mitglieder des Einführungsteams, Key User
3. Endanwender und Vorgesetzte aus Fachabteilungen
4. Mitglieder der Personalabteilung oder -entwicklung

Der Zugang zu den Unternehmen wurde hauptsächlich über bereits bestehende Kontakte aus dem Lehrstuhlprojektgeschäft und über persönliche Kontakte hergestellt. Es handelt sich also um eine willkürliche Stichprobe („convenience sample"), welche streng genommen „wertlos" ist, da durch inferenzstatistische Verfahren keine Rückschlüsse auf die Grundgesamtheit gezogen werden können (Schumann 2006, S. 97). Doch gerade für die Vorbereitung einer Umfrage im Rahmen einer Vorstudie kann die Nutzung eines convenience sample sehr wertvoll sein (Schumann 2006, S. 97), da die Vorstudie als Pretest des Analysemodells verstanden werden kann. Nach dem Erstkontakt mit einem Gesprächspartner eines Unternehmens wurde dieser gebeten, andere potenzielle Interviewpartner der Gruppen 1-4 zu nennen. Diese „interne Kontaktvermittlung" über die sog. „Gatekeeper" (Nienhüser/Magnus 2003, S. 20) funktionierte in allen Fällen sehr gut, so dass letztendlich je Unternehmen mindestens zwei Gespräche zustande kamen. Es stellte sich im Laufe der Voruntersuchung heraus, dass insbesondere die Personengruppen 1 und 2 Interesse hatten und bereit waren, an den Experteninterviews teilzunehmen. Grund dafür war höchstwahrscheinlich, dass sie direkt in die Organisation oder Inanspruchnahme von Qualifizierungsmaßnahmen eingebunden sind und daher eine besonders enge Beziehung zum Thema haben (Wittenberg 2005). Mitarbeiter der Personalabteilungen zeigten eher wenig Interesse oder hatten, wie im Falle von ALPHA, keine Zeit für ein Gespräch. Im Falle des Unternehmens DELTA konnten über einen Geschäftsführer quasi „von oben" auf einen Schlag Gesprächspartner aller vier Gruppen gewonnen werden, so dass sich die Suche nach Experten in diesem Fall als sehr einfach herausstellte. Die Ansprechpartner hatten die Wahl eines persönlichen oder telefonischen Interviews. Es stellte sich heraus, dass meistens der persönliche Kontakt vorgezogen wurde, so dass die Interviews im Normalfall persönlich beim Ansprechpartner vor Ort durchgeführt wurden. Dies war auch deshalb einfach realisierbar, weil die meisten betroffenen Unternehmen im Raum München angesiedelt waren. Das Unternehmen DELTA aus Wiesbaden wünschte telefonischen Kontakt. Als Incentivierung wurde den Interviewpartnern zugesagt, dass sie die Ergebnisse der Vorstudie und der Hauptuntersuchung erhalten.

Tabelle 3 liefert einen Überblick über die in der Vorstudie geführten Experteninterviews.

Unternehmen	Datum	Abteilung / Rolle	Quelle
ALPHA: Anbieter von Sicherheitslösungen	11.07.2006 (persönlich) 28.07.2006 (telefonisch)	Zentrale IT / Koordination der SAP-Qualifizierung	(ALPHA 2006a)
	13.11.2006 (telefonisch)	Finanzwesen / kaufmännisch-juristische Projektbetreuerin (SAP-Anwenderin)	(ALPHA 2006d)
	09.11.2006 (persönlich)	Zentrale Organisation Prozesse / ehemaliger Projektleiter bei der SAP-Einführung in Niederlande/Belgien	(ALPHA 2006c)
	29.12.2006 (telefonisch)	IT-Betreuung im lokalen Betriebsmittel-Einkauf der ALPHA-Konzernmutter	(ALPHA 2006b)
BETA: System- und Softwarehaus	21.09.2006 (persönlich)	Zentraler SAP-Schulungsverantwortlicher und PS-Modulverantwortlicher	(BETA 2006a)
	28.11.2006 (persönlich)	Fachgebietsleiterin Personalentwicklung	(BETA 2006b)
GAMMA: Automobilhersteller	08.11.2006 (persönlich)	Trainingszentrum / Koordination Trainings & Organisation IT-Trainings	(GAMMA 2006a)
	30.11.2006 (persönlich)	Mitarbeiterin des zentralen SAP Customer Competence Center	(GAMMA 2006b)
DELTA: Versicherung	15.11.2006 (telefonisch)	Leiterin Mitarbeiter-Ressourcenmanagement im Zentralbereich IT	(DELTA 2006a)
	28.11.2006 (telefonisch)	Kundenmanagement/ Generalunternehmer im Zentralbereich IT	(DELTA 2006b)
	07.12.2006 (telefonisch)	Mitarbeiter der zentralen Personalentwicklung und gleichzeitig Projektleiter SAP-Einführung im HR-Bereich	(DELTA 2006c)

Tabelle 3: Experteninterviews im Rahmen der Vorstudie (Quelle: Eigene Darstellung)

Nach der Transkription[14] der Gespräche wurden die Interviewtranskripte mit Hilfe eines Tools zur qualitativen Datenanalyse (QDA) ausgewertet. Hier kam das Produkt Atlas.ti[15] zum Einsatz. „QDA bedeutet die Analyse von Daten, die nicht aus Zahlen, sondern aus sprachlichen Texten, Bilddokumenten, Ton- oder Videoaufzeichnungen bestehen. Diese Form von Daten wird gewöhnlich nicht [...] statistisch analysiert. In der QDA kann [...] nicht auf die menschliche Fähigkeit zum Verständnis von Sprache und Bildern verzichtet werden: Die Daten [...] werden mit Hilfe qualitativer Methoden wie Verschlagwortung (= Kodieren) oder Kurzzusammenfassungen von Inhalten analysiert." (Friese 2004a, S. 4). Qualitative Datenanalyse kann mit „gesundem Menschenverstand" durchgeführt werden, stützt sich jedoch häufig auf eine anerkannte Methodik, z.B. die Grounded Theory. Hierbei handelt es sich um eine Auswertungstechnik zur Entwicklung und Überprüfung von Theorien, die eng am vorgefundenen Material (hier: die Interviewtranskripte) arbeitet. Zentrale Aktivität bei der Textanalyse nach der Grounded Theory ist das Kodieren, d.h. das Zuweisen von abstrakten Ideen (Kodes, Konstrukte) zu im Text vorgefundenen empirischen Indikatoren, d.h. konkreten Wörtern, Satzteilen oder Sätzen (Bortz/Döring 2005, S. 333). Beim Kodieren mit Atlas.ti stand jedoch nicht das Entwickeln neuer Theorien im Vordergrund, sondern die Validierung und Ergänzung des Analysemodells. Abbildung 10 zeigt beispielhaft einen Ausschnitt aus der Kodierung eines transkribierten Experteninterviews mit Hilfe von Atlas.ti. Auf der linken Seite erkennt man das Transkript, auf der rechten Seite die Annotationen (zugeordnete Codes) bei den für wichtig erachteten Textpassagen.

14 Die persönlichen Gespräche wurden mit Hilfe von Mikrofon und Computer aufgenommen und als MP3-Datei gespeichert. Hierfür wurde das Aufnahmeprogramm Cool-Edit verwendet, das auch längere (> 2 Stunden) Interviews problemlos aufzeichnen konnte. Nachteil dieser Methode war, dass der Laptop zu jedem Interviewtermin mitgenommen werden musste. Pro Stunde Interview wurden ca. 55 MB MP3-Dateivolumen erzeugt. Für die telefonischen Interviews kam die Internettelefonieanwendung Skype in Verbindung mit PowerGramo zum Einsatz. Letzteres ist eine Zusatzanwendung für Skype, die die Aufzeichnung von Telefonaten und Speicherung als WAV-Dateien erlaubt. Pro Stunde Interview erzeugte diese Anwendung ca. 340 MB WAV-Dateivolumen. Bereits nach der Durchführung einiger persönlicher und telefonischer Interviews stellte sich heraus, dass die persönlichen Gespräche deutlich länger dauerten und eine „intimere" und direktere Beziehung mit dem Interviewpartner aufgebaut werden konnte. Dementsprechend war der Informationsgewinn in persönlichen Interviews größer. Daraufhin wurden die als Audiodateien vorliegenden Interviews transkribiert, d.h. verschriftlicht. Zum einfacheren Abhören einzelner Audiopassagen kam das Tool PCS Transcriber zum Einsatz, das im Gegensatz zu Standardplayern in sehr feinen Schritten (z.B. 3 Sekunden) vor- und zurückspulen kann. Pro Stunde Interview wurden ca. 20 Seiten Transkript erzeugt. Auf die Berücksichtigung prägnanter Merkmale des Gesprächsverlaufes (z.B. Tonhöhen, Pausen, Lachen usw.) wurde weitestgehend verzichtet, da dies für die spätere Interpretation nicht von Bedeutung war (Bortz/Döring 2005, S. 312).

15 Atlas.ti Version 5.2.0

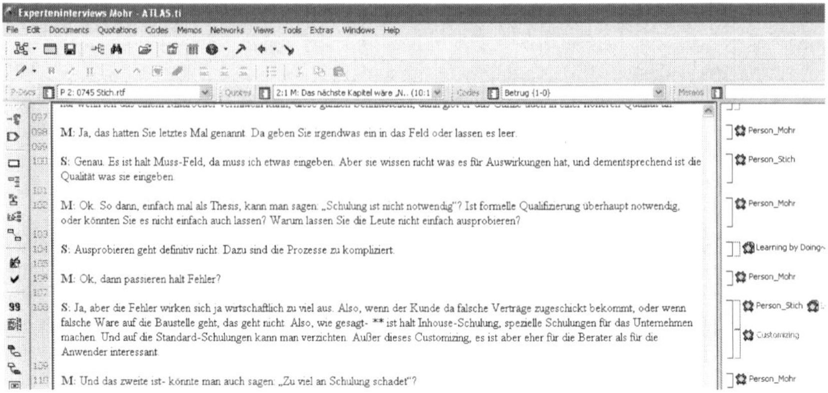

Abbildung 10: Kodierung von Experteninterviews (Quelle: Eigene Darstellung)

An dieser Stelle soll betont werden, dass die QDA-Software im Vergleich zur manuellen Analyse von Interviewtranskripten nicht zu weniger Aufwand führte (also keine Effizienzsteigerung). Vielmehr erlaubt die IT-gestützte Kodierung tiefergehende Abfragen (Querys) auf das zugrunde liegende Textmaterial, die durch manuelles Analysieren kaum oder nur mit sehr großem Aufwand möglich wären. Hierzu stehen im Abfragetool neben booleschen Operatoren zur Suche nach Kombinationen von Schlüsselwörtern auch semantische Operatoren (Thesaurus-Operatoren) zur Verfügung, die die Netzwerkstruktur der Codes nutzen. Außerdem können mit Hilfe der „Näherungsmaße" Distanzen, Überlappungen und Überschneidungen von Datensegmenten analysiert werden (Friese 2004b, S. 7). Mit Distanzoperatoren können beispielsweise Anfragen der folgenden Art gestellt werden: „Finde alle mit ‚Wirtschaftlichkeit' kodierten Zitate, die auf mit ‚Key User' kodierte Zitate folgen".[16]

Durch die Gespräche mit den Experten konnte sich der Interviewer die Begriffswelt dieser Personen ansatzweise[17] zu Eigen machen, was zu mehr begrifflicher Klarheit im Themengebiet führte. Dies war ein wichtiger Aspekt, den auch KROMREY (2002, S. 536) betont: qualitative Sozialforscher dürfen nicht mit fest gefügten und vorab endgültig definierten Begriffen in die Erhebungssituation eintreten. So kamen im Gespräch beispielsweise spezifische Rollenbezeichnungen wie „Modulverantwortlicher" (BETA 2006a) auf, die so in der Literatur nicht bekannt sind, und wurden vom Interviewpartner erläutert. Ebenso mussten manche in der Literatur bekannten Begriffe etwas erweitert werden. So wurde im Gespräch mit den Ansprechpartnern bei GAMMA deutlich, dass unter dem Begriff „Einführungsprojekt" nicht nur das initiale Implementieren von Unternehmenssoftwarelösungen zu verstehen ist, beispielsweise zur Ablösung von Altsystemen (GAMMA 2006a). Vielmehr subsumierten alle Unternehmen der Vorstudie darunter jede Art „mittlerer" bis „größerer" Projekte. In den Experten-

[16] Für dieses Beispiel wäre der Distanzoperator „FOLLOWS" zu benutzen. Bei der Verwendung von Distanzoperatoren ist im Vorfeld die maximale Zeilenanzahl einzugeben, die zwischen zwei Segmenten bestehen darf (Friese 2004b, S. 16).

[17] Ein Experteninterview dauerte zwischen 1,5 und 3 Std. Lediglich das Gespräch mit A.P. bei BETA dauerte 0,5 Std. Selbstverständlich reicht dies nicht aus, um vollständige Klarheit über die teils sehr unternehmensspezifischen Begriffe zu erhalten.

interviews wurde auch deutlich, dass manche Begriffe aus der jeweiligen Perspektive des Interviewpartners nicht sinnvoll abfragbar sind. So kann ein Endanwender mit dem Begriff „Hersteller-Standard" und der Frage, ob das von ihm genutzte System erheblich vom Standard abweicht, wenig anfangen. Aus seiner Sicht entspricht jedes noch so stark angepasste System dem „Standard". Ein Administrator oder ein Mitglied eines Einführungsteams hingegen kann sofort Auskunft darüber geben, ob eine Standard-Installation im Einsatz ist oder nicht.

Ein weiteres wertvolles Ergebnis aus der Vorstudie ist die Tatsache, dass aus den unterschiedlichen Antworten der Interviewpartner ein Gefühl für realistische Ausprägungen bestimmter Sachverhalte gewonnen werden konnte. Dies war für die Skalierung der abzufragenden Variablen eine wichtige Hilfe, die im Rahmen der Operationalisierung vorgenommen wurde.

Dass bei der Untersuchung von Qualifizierungsprozessen die Differenzierung nach dem Anlass entscheidend ist, ist in der Literatur grundsätzlich bekannt, wurde jedoch erst im Gespräch mit den Experten deutlich. Es gibt nicht „die" IT-Qualifizierung, denn die Haupttypen (z.B. Schulung im Zusammenhang mit IT-Projekt, Einstellung, regelmäßige Fortbildung) unterscheiden sind deutlich hinsichtlich Zuständigkeiten, Budget, Planungsprozess, Durchführung, Inhalten, evtl. Methoden (GAMMA 2006a).

Der Hauptorganisator von IT-Weiterbildung scheint die IT-Abteilung zu sein.[18] Die Personalentwicklung scheint gering bis gar nicht involviert zu sein („wir machen nur die allgemeinen Themen") (BETA 2006b). Das zeigt sich auch darin, dass bei der Durchführung der Interviews hauptsächlich Interesse aus der IT gezeigt wurde, eher wenig Interesse von Seiten der Personaler. Entsprechend scheinen die Budgets für IT-Qualifizierungsmaßnahmen hauptsächlich beim IT-Projekt zu liegen. Fachabteilungen verfügen über Budgets für fachspezifische Weiterbildung, Personalabteilungen finanzieren üblicherweise Querschnittsthemen, die im „allgemeinen Unternehmensinteresse" (BETA 2006b) liegen. Dass manchmal die Personalabteilung überhaupt nicht im Bilde ist, zeigt folgender Auszug aus dem Gespräch mit BETA:

> *„Haben Sie eine Ahnung, ob es im Moment für ihre Firma einfach ist, einen Mitarbeiter mit dem notwendigen SAP-Know-how zu kriegen? - Kann ich ihnen, sagen wir mal so, nur aus dem Gefühl beantworten. [...] Wie schwierig oder wie nicht schwierig es ist, kann ich Ihnen im Moment nicht sagen. Ich kann nur grundsätzlich sagen, dass gute ITler oder gute Leute im IT-Anwendungsbereich, die sich breit auskennen, natürlich schwer zu finden sind." (BETA 2006b)*

Entgegen den in der Literatur idealtypisch beschriebenen Weiterbildungsprozessen (z.B. in Pawlowski/Bäumer 1996) wird in der Praxis eine andere Gewichtung der Qualifizierungsphasen vorgenommen: Der Aufwand wird hauptsächlich in die eigentliche Durchführungsphase investiert, systematische Bedarfsermittlung und Erfolgsermittlung werden, wenn überhaupt, am Rande betrachtet.

Insbesondere in der Diskussion mit den Experten von ALPHA kristallisierte sich heraus, dass „Technologie", d.h. die Unternehmenssoftware, eine wichtige Determinante für die verfolgte Qualifizierungsstrategie sein könnte. Durch die ständigen Rückbezüge auf Charakteristika der vorliegenden Systemlandschaft erweckten die Gesprächspartner den Anschein, dass sich Art

18 Wie sich allerdings später zeigen wird, muss dieser Befund relativiert werden.

und Umfang der Anwenderweiterbildung dadurch begründen ließen. Beispielsweise wurde die Komplexität der Customizingaktivitäten in der eigenen ERP-Landschaft als Grund dafür angeführt, stark auf interne Qualifizierung zu setzen. Auch die Art der im ERP-System abgebildeten Geschäftsprozesse könnte entscheidend für die Qualifizierungsprozesse sein.

„Dokumentation und Handbücher“ sind eine in der wissenschaftlichen Literatur eher stiefmütterlich, wenn überhaupt, diskutierte Qualifizierungsmethode im Bereich IT/EDV (Scott/Sugar 2004; Scott 2005). Sie wird vorwiegend in praktisch orientierten Ratgebern für Trainer diskutiert, beispielsweise im „EDV-Trainer“ (Lehnert 1997). In der Praxis nimmt dieses Medium eine zentrale Stellung im Methodenspektrum ein, was sich im Gespräch mit den Experten von BETA (2006a) und DELTA (2006c) herausstellte.

3.1.3 Strukturierung des Analysemodells

Als Bezugsrahmen für das Analysemodell wird das CIPO-Modell (context – input – process – output) verwendet. Dieses Modell eignet sich zur Strukturierung der Evaluation von Bildungsprozessen (Hulpia/Valcke 2004; Heller 2006; Stufflebeam 2000). Das CIPO-Modell sieht vier Bereiche vor, deren konkrete Anwendung im Rahmen der Erhebung in den nachfolgenden Kapiteln detailliert beschrieben wird.

- Context: Als Kontextindikatoren werden unternehmensinterne Faktoren, unternehmensexterne Faktoren sowie die verwendete Unternehmenssoftwaretechnologie untersucht.
- Input: Als zentrale Inputindikatoren werden die Investitionshöhen, Budgets sowie aufbauorganisatorische Regelungen in das Analysemodell integriert.
- Process: Die Prozessindikatoren umfassen den Ablauf eines einzelnen Qualifizierungsprozesses von der konkreten Qualifizierungssituation und Bedarfsfeststellung bis zur Evaluation. Sie bilden die Ablauforganisation in der IT-Anwenderqualifizierung ab.
- Output: Als Outputindikator wird der Nutzen herangezogen, den IT- und Personalverantwortliche der Qualifizierungsstrategie beimessen. In einer separaten Erhebung wird der Nutzen aus Anwendersicht analysiert.

Abbildung 11 stellt das Analysemodell dar.

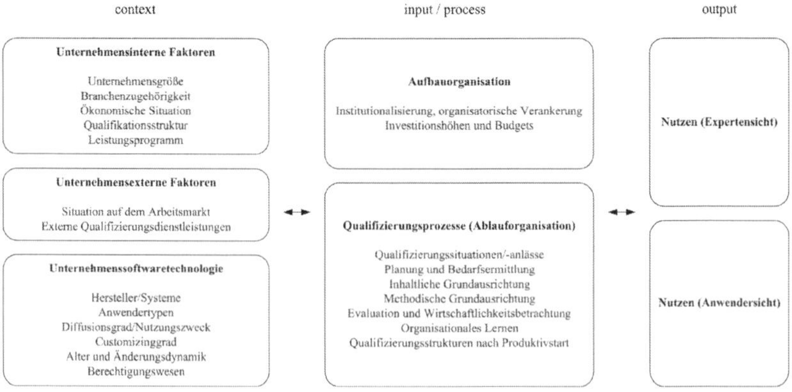

Abbildung 11: Gesamtüberblick Analysemodell (Quelle: Eigene Darstellung)

3.2 Strukturen und Regelungen der Anwenderqualifizierung

Ziel dieses Kapitels ist es, formale Regeln und praktizierte Vorgehensweisen bei der Anwenderqualifizierung zu Unternehmenssoftwarethemen zu diskutieren. Diese entsprechen den Input- und Prozessindikatoren des Analysemodells. Dabei wird, BÄUMER (1997) folgend, zwischen Aufbau- und Ablauforganisation der Weiterbildung unterschieden. Die diskutierten Regelungen wurden ausgewählt, da sie sich in der Literaturanalyse oder in der Vorstudie als potenziell konstituierend für die Charakterisierung betrieblicher Qualifizierungsstrategien herausgestellt haben. Im Sinne der in dieser Arbeit angestrebten explorativen Vorgehensweise wurden unter Umständen „zu viele" Gesichtspunkte berücksichtigt und erhoben („Staubsaugermethode"), die sich im Laufe der Datenanalyse als nicht relevant für die inhaltliche Charakterisierung von Grundstrategien herausstellen können. Ebenfalls ist nicht auszuschließen, dass Aspekte, die in Qualifizierungsprojekten von hoher Bedeutung waren, hier nicht berücksichtigt sind.

3.2.1 Regelungen über den Aufbau eines Qualifizierungssystems

Die Organisationssicht auf ein Qualifizierungssystem wird durch dessen Aufbauorganisation beschrieben (Grob/Volck 1995, S. 608). BÄUMER (1997) bezeichnet es als das „aufbauorganisatorische Korsett", innerhalb dessen sich die eigentlichen Weiterbildungsprozesse abspielen.

3.2.1.1 Institutionalisierung und organisatorische Verankerung

Dass das Vorhandensein von Weiterbildungspersonal für die Planung und Organisation der Qualifizierungsmaßnahmen ein zentraler Bestandteil des Analysemodells ist, zeigen die Erhebungen des BMBF (2004a, S. 287) im Berichtssystem Weiterbildung VIII: Die Kosten für das haupt- und nebenberufliche Weiterbildungspersonal machen immerhin den viertgrößten Kostenblock aus. Das Vorhandensein einer „für Bildung zuständigen Einheit im Betrieb" wird als wichtiger Indikator für den Institutionalisierungsgrad betrieblicher Weiterbildung angesehen (BMBF 2006a, S. 228). Auch eine dimensionale Analyse des unscharfen Konstruktes „Bedeutung betrieblicher Weiterbildung" durch die IG METALL (2002, S. 7ff.) bezieht die personellen Ressourcen für die Weiterbildung darin ein. Das Weiterbildungspersonal wird auch von BÜCHTER/GOLTZ (2001, S. 79) als wichtige strukturelle Rahmenbedingung der Weiterbildung bezeichnet.

Grundlegende empirische Informationen zu den organisatorischen Strukturen in der betriebli chen Weiterbildung fehlen (Schiersmann et al. 2001, S. 17). Die Frage nach der Institutionalisierung des Unternehmenssoftware-Qualifizierungssystems soll Auskunft darüber geben, ob in einem Unternehmen bestimmte Mitarbeiter (teilweise oder hauptamtlich) mit Aufgaben zur betrieblichen Weiterbildung im Kontext Unternehmenssoftware betraut sind. Die Aufgaben dieser Personen bestehen insbesondere in der Beratung, Planung und Organisation von Weiterbildungsaktivitäten (Dobischat/Seifert 2001, S. 96). Möglich wäre auch, dass ein eigener Funktionsbereich dafür existiert (Bäumer 1997, S. 80). Personalentwicklung und –planung können, wie z.B. Investitions-, Produktions- oder Vertriebsplanung, ebenfalls an der Unternehmensstrategie ausgerichtet werden. Häufig jedoch wird Personalplanung eher als abgeleitete Maßnahme gesehen, die den sich aus anderen Planungen ergebenden Personalbedarf rechtzeitig zu decken hat (IG Metall 2002, S. 7). BÄUMER (1997, S. 80) hat festgestellt, dass seit Mitte der 70er Jahre eine gewisse Tendenz zur Professionalisierung der Weiterbildung feststellbar ist: Er stellt Untersuchungen aus verschiedenen Jahren gegenüber und verdeutlicht, dass zunehmend Mitarbeiter hauptamtlich für Weiterbildungsaufgaben zuständig sind (Sass et al. 1974; Tholen et al. 1979; Winter/Tholen 1983; Hofstetter et al. 1985). Diese Professionalisierung im Laufe der Zeit relativiert sich jedoch, wenn man Untersuchungen vergleicht, deren Stichproben sich aus größeren (Maisberger & Partner 1993) oder kleineren Unternehmen (Bahnmüller et al. 1993) zusammensetzen. Es wird deutlich, dass große Unternehmen einen höheren Grad an Institutionalisierung vorweisen als kleinere (Bahnmüller/Fischbach 2003).

Aufgrund der Ergebnisse der Vorstudie kann davon ausgegangen werden, dass es in kaum einem Unternehmen einen eigenen Funktionsbereich „IT-Weiterbildung" oder gar „Weiterbildung Unternehmenssoftware" gibt:

> *„Eine Frage ist: Gibt es eine zentrale Funktion für SAP-Schulungen? Also, diese Frage kann ich bei uns im Hause gleich verneinen. Wenn es aber eine geben würde, dann wäre sie in der PE angesiedelt." (DELTA 2006c)*

Interessanter erscheint herauszufinden, ob IT-/Unternehmenssoftware-Weiterbildung „wichtig" genug ist, dass eine gewisse Anzahl an Mitarbeitern hauptamtlich mit der Planung und Organisation von IT-/Unternehmenssoftware-Weiterbildungsmaßnahmen beschäftigt sind. Dies ist beispielsweise beim Unternehmen GAMMA aus der Vorstudie der Fall, wo es einen „Leiter IT-Trainings" gibt, der sämtliche IT-bezogenen Anwender- und Fachkräftequalifikationsmaßnahmen zentral koordiniert. Es sind also nicht die Mitarbeiter gemeint, die im Rahmen von IT-Projekten unter anderem für die Organisation der Anwenderschulungen zuständig sind (hierbei handelt es sich üblicherweise um die IT-Projektleiter). Ebenso nicht zu dieser Kategorie gehören die Vorgesetzten in den Fachabteilungen, die eher sporadisch Seminarbesuche ihrer Mitarbeiter genehmigen oder planen.

> *„Also wenn wir bei den Endanwendern sind, dann geht es hauptsächlich, also bei Neuinstallationen von einem System, wird das im Projekt mit betrachtet, wird das vom Projekt aus gesteuert. Und wenn das Projekt zu Ende ist, dann geht es irgendwann mal in die Linie über, dann ist es der jeweilige Fachbereich. Was weiß ich, für Personalwesen, geht es dann irgendwann mal an die Personalreferate über, wenn dort die Anwender sitzen, so wird das dann weitergeführt. Also grundsätzlich wird es projekthaft gesteuert bei uns und die erfassen natürlich die ganzen Bedarfe und legen dann fest, in welchem Umfang die Leute zu schulen sind." (GAMMA 2006a)*

Parallel zur Entscheidung über den Grad der Institutionalisierung wird auch die Frage der organisatorischen Eingliederung von IT-/Unternehmenssoftwareweiterbildung zu regeln sein. Es handelt sich hier allerdings nicht um die „klassische" Entscheidung über die Aufbauorganisation der Weiterbildung.[19] Vielmehr ist im Falle von Unternehmenssoftwarequalifizierung von Interesse, in welchem betrieblichen Funktionsbereich die Planung und Organisation von IT-/Unternehmenssoftwareweiterbildung durchgeführt wird. In der Vorstudie wurde deutlich, dass es meistens Aufgabe der IT, seltener der Personalabteilung/-entwicklung ist. Dennoch scheint die unternehmerische Praxis bei dieser Aufteilung nicht immer sicher zu sein, wie das Gespräch mit A.D. bei DELTA zeigte (DELTA 2006c). Dem Interviewpartner war sehr daran

---

[19] BÄUMER (1997, S. 82ff.) unterscheidet hier in Anlehnung an die traditionelle Organisationslehre zwischen zentraler und dezentraler Weiterbildungsorganisation und Mischformen daraus.

gelegen zu erfahren, welche alternativen Möglichkeiten der Aufgabenzuordnung im Falle der IT-Weiterbildung praktikabel und Erfolg versprechend sind:

> *„Also, wir sind fachlich dezentral aufgestellt um das Thema SAP. Wird das bei anderen Unternehmen zentral gesteuert? Und was findet da zentral statt? Also: wie ist die Aufgabenteilung zwischen zentralen und dezentralen Schulungsfragestellungen?“ (DELTA 2006c)*

Im Gespräch mit DELTA (2006c) wird deutlich, warum Unternehmenssoftwareweiterbildung oftmals nicht durch einen zentralen Funktionsträger im Personalbereich verantwortet werden kann:

> *„Das hängt damit zusammen, aus den verschiedenen Komponenten heraus, die die SAP anbietet, dass beispielsweise die ganzen HR im Personalbereich sind. Die ganzen Finanzmodule sind bei uns in einem anderen Ressort angesiedelt, und dann die Controlling-Komponenten auch wieder. Und die Materialwirtschaft ist wieder woanders. Sprich, die Fachexpertise, die Fachleute, die dann auch bei den Projekten und bei den Projekteinführungen beteiligt sind, sind an verschiedenen Orten, und aus dieser dezentralen Organisation heraus läuft dann die Weiterbildung der Endanwender. [...] Was allerdings über die PE läuft, ist die gesamte administrative Seite der Schulungen. Also sprich, wenn das Rechnungswesen eine neue Funktionalität in SAP einführt, dann müssen die ihre Leute fit machen und nutzen dann das administrative Back-Office der PE, um die Schulung durchzuführen. Also, Berührungspunkte haben wir immer.“ (DELTA 2006c)*

3.2.1.2 Investitionshöhen

Um die Investitionshöhen zu erheben, wird eine ähnliche Vorgehensweise wie im Berichtssystem Weiterbildung des BMBF eingeschlagen (BMBF 2005a, 2006a, S. 351). Auch die Experten des BMBF kommen zu dem Schluss, dass die empirische Ermittlung von Weiterbildungskosten eine ausgesprochen schwierige Aufgabe ist. Einigermaßen valide Informationen können aus folgenden zwei Quellen erwartet werden:

- mittelbare Kosten durch die entgangene Freizeit (Opportunitätskosten)
- unmittelbare Kosten im Zusammenhang mit der Teilnahme an Weiterbildung

Als mittelbare Kosten wird die Zeit verstanden, die pro Anwender und Jahr in Weiterbildung zu Unternehmenssoftwarethemen investiert wird. Man kann davon ausgehen, dass dieser Kostenblock die „mit Abstand größte Kostenkomponente“ darstellt (BMBF 2006a, S. 351). Als unmittelbare Kosten aus Unternehmenssicht werden die finanziellen Ressourcen für Unternehmenssoftware-Weiterbildung verstanden, die für die Teilnahme der Mitarbeiter an Anwenderqualifizierungsmaßnahmen zur Verfügung stehen.

Wie die Vorstudie ergab, kalkulieren Unternehmen die Budgets hauptsächlich an drei Stellen ein:

1. IT-Projekte, in deren Budgetplanung Posten für Projektteam- und Anwenderqualifizierung vorgesehen sind,
2. Fachabteilungen, die über Budgets für allgemeine und fachliche Weiterbildung verfügen und

3. Zentrale Personalentwicklung, die Mittel für Weiterbildungsmaßnahmen bereitstellt, „die im allgemeinen Unternehmensinteresse liegen".

Folgender Ausschnitt aus dem Gespräch mit GAMMA verdeutlicht die Problematik der verschiedenen Budgets:

> *„Gibt es bei Ihnen so was wie SAP-Qualifizierungsbudgets? […] – Wie vorher eben genannt, es gibt keinen, also zumindest nicht bei uns, also beim Leistungscenter Training, gibt's kein Budget an sich. Wir arbeiten nach dem Kostenprinzip und verrechnen unsere Leistungen. Das Budget dafür, das liegt in den Fachbereichen. Die planen die Weiterbildung. Oder bei den Projekten, also das sind die zwei, entweder bei der Linie oder bei dem Projekt. Und die können dann entscheiden, was steht denn dieses Jahr an, brauchen wir viele SAP-Experten, müssen wir die Mitarbeiter dahin bringen, dann planen die natürlich entsprechend mehr Geld ein, mit unserer Unterstützung, also was kommt da an der Stelle. Insofern es ist nur ein Teil aus dem Weiterbildungsbudget, das ein Projekt oder ein Fachbereich an der Stelle hat." (GAMMA 2006a)*

Die Finanzierung der Qualifizierungsmaßnahmen ist somit meistens eine Aufgabe verschiedener Verantwortungsbereiche. Auch wenn zu erwarten ist, dass der größte Anteil im Rahmen der IT-Projekte budgetiert wird, hätte die ausschließliche Erhebung von Zahlen aus den IT-Projekten eine Unterschätzung der gesamten Qualifizierungsinvestitionen zur Folge. Aufgrund sehr unterschiedlicher Erhebungsmethoden der Budgets ist eine einfache Addition nicht möglich. Hinzu kommt die Schwierigkeit, dass in der Praxis häufig ein gemeinsames Change Management und Trainingsbudget aufgestellt wird (Kohnke et al. 2005, S. 34), aus dem die Aufwendungen für Anwenderweiterbildung nicht ohne weiteres herausgerechnet werden können.

Weiterbildung im Rahmen von ERP-Einführungsprojekten kann einen großen Budgetposten darstellen. SEIN ET AL. (1998, S. 233) berichten von einem SAP-Einführungsprojekt, bei dem ca. 1,5 Mio. $ für Training (hier verstanden als IT-Training und Change Management) ausgegeben wurden. Sie führen als Daumenregel bei SAP-Projekten an, dass für jeden Dollar, der in SAP Software investiert wird, zwei bis vier Dollar für Beratung ausgegeben werden, wovon ein großer Anteil für Training bestimmt ist (Sein et al. 1998, S. 233). MONK/WAGNER (2006, S. 36) berichten von Kosten von 10.000 bis 20.000 $ pro Mitarbeiter für das ERP-Training. Um eine Vergleichbarkeit zwischen verschiedenen ERP-Einführungen zu gewährleisten, ist der Anteil der Trainingskosten am gesamten ERP-Projektbudget eine hilfreiche Größe. WHEATLEY (2000) berichtet von geschätzten 11% des Projektbudgets, die für Training benötigt werden, BEATTY/WILLIAMS (2006, S. 109) nennen 8%. Eine Studie der Meta Group beziffert den Anteil auf 15% (Meta Group 2003, S. 4). KOHNKE (2006, S. 52) ermittelte in seiner Erhebung die in Abbildung 12 dargestellte Verteilung des Trainingsanteils am gesamten Projektbudget. Dabei ist zu beachten, dass sich die ermittelten Größen auf Anwender- und Projektteam-Training zusammen beziehen. Die Gesamtprojektbudgets als Referenzgrößen lagen dabei in einer Größenordnung zwischen weniger als 0,5 Mio. EUR und mehr als 50 Mio EUR (Kohnke/Bungard 2005, S. 120).

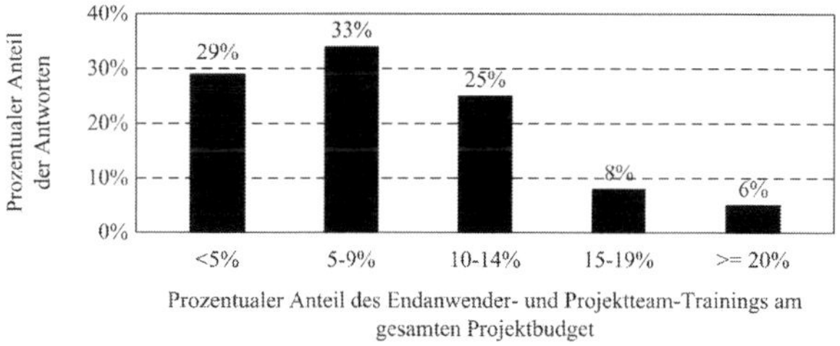

Abbildung 12: Anteil des Trainingsbudgets am Gesamtprojektbudget (Quelle: Kohnke (2006, S. 52), n=208)

I2S GMBH (2002, S. 13) empfiehlt, 15% des Projektbudgets für Qualifizierung aufzuwenden. Eine weitere Studie der META GROUP hat ermittelt, dass Endanwendertrainings ca. 9% der gesamten ERP-Implementierungskosten ausmachen (Meta Group 2003, S. 5). Diesem relativ kleinen Anteil stehen 40% für BPR-Maßnahmen und ca. 18% für die Programmierung von Eigenentwicklungen gegenüber. Folgendes Zitat verdeutlicht das bestehende Missverhältnis:

> *„Thus, the training of users whose daily activities will directly drive new business processes is funded at less than a sixth of the expense of creating the processes." (Meta Group 2003, S. 5)*

Laut META GROUP (2003, S. 5) sind zwei Faktoren für den ständigen Druck auf die Budgets zur Anwenderqualifizierung verantwortlich. Erstens unterliegen Investitionen in Weiterbildung einem ständigen Rechtfertigungsdruck, weshalb diese Budgets am ehesten gekürzt werden. Zweitens wird Endanwenderschulung üblicherweise gegen Ende der Einführungsprojekte durchgeführt. Dann jedoch sind Zeit- und Budgetrahmen häufig bereits überzogen, so dass Qualifizierungsmaßnahmen gekürzt oder übergangen werden, um die Projektvorgaben einhalten zu können.

HUTZSCHENREUTER (2005, S. 578) geht in seinem kostentheoretischen Modell zur Bestimmung der Vorteilhaftigkeit bestimmter Realisierungsformen von Qualifizierungsmaßnahmen davon aus, dass „[...] in der Regel die Teilnahme an Qualifizierungsmaßnahmen von der Entscheidung eines Entscheidungsträgers abhängt und in den meisten Unternehmen mit einer entsprechenden Budgetrechnung hinterlegt ist." Hierbei ist von einem Budget auf Fachabteilungsebene auszugehen. Auch die Aussage von ALPHA (2006b) bestätigt, dass insbesondere bei Nachschulungen und regelmäßigen Schulungen das Abteilungsbudget belastet wird:

> *„Bei Migrationen wird das im Rahmen vom Projekt budgetiert und auch übernommen. [...] bei der Nachqualifikation oder in unseren Lernstattrunden tragen wir es intern. So machen wir es komplett selber - von der Raumbuchung über die Erstellung der Unterlagen und Durchführung der Qualifizierung - das läuft dann hier halt in Rahmen der Kostenstelle." (ALPHA 2006b)*

Betrachtet man die Budgets, die im Rahmen der unternehmensweiten Personalentwicklung für Unternehmenssoftware aufgewendet werden, so liegen hauptsächlich Zahlen zum Themenfeld IT/EDV vor. Der „State of the Industry Report 2001" der American Society for Training and Development (ASTD) ergab, dass in den befragten Unternehmen ca. 9% der gesamten Ausgaben für Weiterbildung für das Themenfeld IT-Skills aufgewendet wurden (Olfman et al. 2003). Eine Studie des ASTD aus dem Jahre 1998 nennt Werte von 5% bis

25%: „Organizations spent between 5% and 25% of their total training and development budget on IT training and expected this share to increase in future years.“ (Mahapatra/Lai 1999, S. 524).

3.2.2 Regelungen über die Abläufe in einem Qualifizierungssystem

Nach der Betrachtung des aufbauorganisatorischen „Korsetts“ (Bäumer 1997, S. 84) eines Qualifizierungssystems werden im folgenden Kapitel die Regelungen über Abläufe bei der Qualifizierung zu Unternehmenssoftware konzeptualisiert. Die meisten Autoren verstehen unter Ablauforganisation in der Weiterbildung die „Organisation des Ablaufes eines gesamten Weiterbildungsprozesses – von der Planung, über die Durchführung bis zur Erfolgskontrolle“ (Bäumer 1997, S. 84). Diesem Verständnis wird in den weiteren Ausführungen gefolgt. Obwohl es keine „Theorie der Weiterbildung“ gibt, die einen idealtypischen Weiterbildungsprozess nahe legt, finden sich häufig Ablaufmodelle, die im Kern ähnliche Hauptphasen aufweisen, wie sie in Abbildung 13 dargestellt sind (Pawlowski/Bäumer 1996, S. 91 ff.). O'LEARY (2000, S. 186) ergänzt für ERP-Trainings die Fragen der Zeitplanung, Anreize zur Teilnahme, Unterlagen, Kosten usw. Es handelt sich hierbei um ähnliche Entscheidungsfelder, jedoch auf einer detaillierten Ebene. Für die konkrete Gestaltung der Ablauforganisation von IT-Trainings orientiert sich der oberste Rechnungshof der USA an fünf zentralen IT-Training-Managementprozessen (U.S. General Accounting Office 2004b, S. 10): Ausrichtung von IT-Training auf die Unternehmensstrategie, Bedarfsermittlung, Ressourcenplanung, Planung und Durchführung, Evaluation und Wertdarstellung (ROI) von IT-Training.

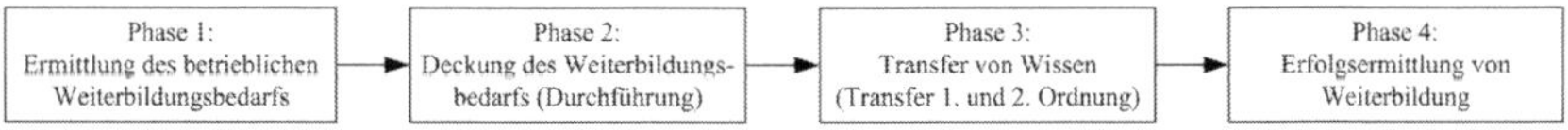

Abbildung 13: Ablaufprozess betrieblicher Weiterbildung - Grundmodell (Quelle: in Anlehnung an Pawlowksy/Bäumer (1996, S. 92))

3.2.2.1 Typische Situationen und Anlässe für Qualifizierungsmaßnahmen

In der Vorstudie konnten die Fragen nach den Regelungen in der Ablauforganisation der Unternehmenssoftware-Weiterbildung von den Befragten nicht pauschal beantwortet werden, sondern nur unter Zuhilfenahme eines konkreten Anwendungsfalles im Unternehmen. Dies hätte als Symptom für die generelle Schwierigkeit gedeutet werden können, die Mitarbeiterqualifizierung zu beschreiben. Weitere Nachfragen ergaben allerdings, dass die Befragten auf konkrete Anlässe (Situationen) Bezug nehmen mussten, weil es „die“ Qualifizierung aus ihrer Sicht nicht gibt. Im Verlauf der Vorstudie erhärtete sich die Vermutung, dass es für den weiteren Verlauf der Arbeit notwendig ist, zwischen diesen typischen Situationen, z.B. Releasewechsel, Neueinstellung, Stellenwechsel usw. zu differenzieren. Die von den Experten am häufigsten genannten Anlässe („Trigger“, Situationen) sind in Tabelle 4 aufgelistet und werden in diesem Kapitel beschrieben, wobei zwischen technologieinduzierten Qualifizierungsanlässen und Situationen im „Lebenszyklus“ eines Mitarbeiters unterschieden wird. Die Auflistung erhebt keinen Anspruch auf Vollständigkeit.

Bei den technologieinduzierten Situationen wird die Dynamik der Unternehmenssoftware (z.B. Einführungsprojekte, Migrationen) in ihrem Lebenszyklus (Chang 2004; Seidel 2004; Wahl 2003) als Auslöser für Weiterbildungsmaßnahmen angesehen. Dieser Lebenszyklus von ERP-Systemen unterscheidet sich von dem „normaler“ Informationssysteme (Zarnekow/

Brenner 2005): Während bei letzteren die Phasen Entwicklung, Einführung und Wartung mehr oder weniger linear aufeinander folgen, durchlaufen ERP-Systeme im Laufe der Zeit mehrere Iterationen: „Following initial implementation there are subsequent revisions, reimplementations and upgrades that transcend what is normally considered system maintenance“ (Chang 2004).

Bei den mitarbeiterzentrierten Anlässen steht der einzelne Endanwender, seine tägliche Arbeit mit der Software und seine Entwicklung im Unternehmen im Mittelpunkt. Ansätze aus der Diskussion um das sog. „lebenslange Lernen“ (Dobischat/Seifert 2001; BMBF 2001; Dohmen 2004; BMBF 2004c) spielen hier eine Rolle. Für eine strukturierte Betrachtung eignen sich die von GRAF (2001, S. 26) beschriebenen „betrieblichen und stellenbezogenen Lebenszyklen“: Der betriebliche Lebenszyklus beschreibt die Entwicklung eines Mitarbeiters vom Eintritt bis zum Austritt und setzt sich aus mehreren stellenbezogenen Zyklen zusammen. Er beschreibt die Laufbahn eines Mitarbeiters in der Organisation. Ansatzpunkte für die Personalentwicklung ergeben sich in Bezug auf Förderung und Entwicklung des Mitarbeiters während der gesamten Betriebszugehörigkeit. Der stellenbezogene Lebenszyklus beinhaltet die Entwicklung eines Mitarbeiters vom Antritt einer neuen Aufgabe bis zum Wechsel oder Ausscheiden. Personalentwicklung in diesem Kontext bedeutet Erhaltung und Förderung von Leistungsfähigkeit und –bereitschaft der Mitarbeiter.

Technologieinduzierte Qualifizierungsanlässe	Mitarbeiterzentrierte Qualifizierungsanlässe
- Initiale Unternehmenssoftware-Einführungsprojekte - Erweiterungsprojekte - Migrationsprojekt/Releasewechsel - Funktionalitätserweiterungen	- Einstellung - Stellen-/Aufgabenwechsel - Tägliche Arbeit am System - Wiederauffrischen der Kenntnisse („Refresh“)

Tabelle 4: Ausgewählte Qualifizierungsanlässe für Unternehmenssoftware-Endanwender (Quelle: Eigene Darstellung)

In der didaktischen Literatur ist das Konzept der „Lernauslöser“ ebenfalls bekannt (Schott 2003, S. 76ff.). Es handelt sich dabei um eine wesentliche Komponente bei der Beschreibung von Lernprozessen. Beispiele für potenzielle Lernauslöser sind die Definition von Zielen im Unternehmen, die durch Umweltbeobachtungen generiert werden (Nonaka/Takeuchi 1997), die sog. „kreative Spannung“ aufgrund einer Lücke zwischen Vision und Realität oder auch Turbulenzen, Krisen, Konflikte, Stress und Umweltveränderungen (Probst/Büchel 1998). Mit den aus den Expertengesprächen ermittelten Qualifizierungsanlässen für Unternehmenssoftware-Anwender decken sich die meisten der konkret benannten folgenden Lernauslöser (Schott 2003, S. 92): Kritik an bestehenden Verfahren, Einstellung neuer Personen, Weggang von Wissensträgern, Jobrotation, Einstellung neuer Führungskräfte. KIRCHHÖFER (2004, S. 71f.) beschreibt Lernanlässe als „situationsbedingte Anreize zur Verhaltensänderung“ und unterscheidet defizitäre Anlässe (Fehlschläge, Krisen, Störungen usw.) und bewusst herbeigeführte Anlässe, in denen das Individuum in einer nicht durchschaubaren, berechen- und gestaltbaren Situation zum Lernen „gezwungen“ ist.

3.2.2.1.1 Einführungs- und Erweiterungsprojekte

Unternehmenssoftware-Projekte haben zum Ziel, Unternehmenssoftware/ERP-Systeme oder Teile (Module) davon in einer Organisation oder Teilen davon einzuführen (vgl. Krcmar 2003, S. 161ff.). Eines der bekanntesten Modelle zur Beschreibung von ERP-Projekten stammt von SOMERS/NELSON (2004). Sie stellen systematisch die Phasen einer ERP-

Implementierung den wichtigsten Akteuren (Key Player) gegenüber und zeigen auf einer empirischen Basis von 116 Unternehmen auf, in welcher Phase welche Personen die größte Bedeutung für den Projekterfolg besitzen. ERP-Implementierungen sind in ihrem Kern immer Organisationsprojekte (Kohnke 2005, S. 14).

Im Folgenden werden die Key Player und ihre Funktion in ERP-Projekten kurz vorgestellt.

1. Die Unterstützung durch das Top-Management wird als der wichtigste Erfolgsfaktor in ERP-Projekten angesehen (Somers/Nelson 2002, S. 258f.; Esteves et al. 2002b; Nah et al. 2001; Sumner 1999; Somers/Nelson 2004). Da es sich bei ERP-Projekten sowohl um einen organisatorischen als auch technischen Prozess handelt, sollten Manager über entsprechende Geschäfts-, technische und persönliche Kompetenzen verfügen (Kroemmergaard/Rose 2002, S. 202f.).

2. Der Projekt-Champion („steering committee chairman" (Welti 1999, S. 30)) hat die Aufgabe, die Akzeptanz des ERP-Systems im Unternehmen und somit den Erfolg der soziotechnischen Intervention „ERP" sicherzustellen (Somers/Nelson 2002, S. 259; Brown/Vessey 1999, S. 411; Somers/Nelson 2004). Er sollte zudem die Rolle des „change champion" innehaben. Der Projekt-Champion wird häufig für Erfolg oder Misserfolg des Projektes verantwortlich gemacht (Somers/Nelson 2001).

3. Der Lenkungsausschuss ist die „höchste Autorität" für ein ERP-Projekt (Welti 1999, S. 29) und besteht häufig aus oberen Führungskräften verschiedener Funktionsbereiche und Endanwendern. Der Lenkungsausschuss ist meistens mit der Technologieauswahl und dem Management der externen Berater befasst (Somers/Nelson 2002, S. 259, 2004).

4. Das Einführungsprojektteam (Esteves et al. 2002a, S. 12; Welti 1999, S. 34f.) ist für die eigentliche Implementierung zuständig und löst sich nach dem „Go Live" üblicherweise wieder auf (Somers/Nelson 2002, S. 259, 2004). Der Leiter des Einführungsprojektteams stammt in den meisten Fällen aus der Linie (Welti 1999, S. 25f.) und seine wichtigsten Aufgaben sind Management, Führung und Coaching des Projektteams (Welti 1999, S. 30). Im Gespräch mit DELTA wird die besondere Bedeutung des Projektleiters für die Anwenderqualifizierung deutlich:

   „Im weitesten Sinne ist es der Projektleiter. Er nimmt den Auftrag, ein System einzuführen, an, und dazu gehört nicht nur, dass es entwickelt und produktiv eingesetzt wird, sondern auch, dass es auch benutzt werden kann, also sprich, dass die Endanwender es auch verwenden können. Der Projektleiter wird vielleicht ein Teilprojekt haben, das heißt „Schulung und Qualifikation" oder zumindest organisiert er es." (DELTA 2006b)

   WELTI (1999, S. 33) führt zusätzlich das „Projektsekretariat" auf, das den Projektleiter in organisatorischen Belangen unterstützt. Die Mitarbeiter der IT-Abteilung („IS personnel") haben nach WELTI (1999, S. 35f.) eine doppelte Funktion für das ERP-Projekt. Zum einen unterstützen sie das initiale Einführungsprojekt technisch, zum anderen stellen sie danach den laufenden (Basis-)Betrieb sicher (Esteves et al. 2002a, S. 12).

5. Externe Berater werden oft für Setup, Installation und Customizing der ERP-Software in das Projekt einbezogen. Manchmal übernehmen sie auch die Anforderungsanalyse, empfehlen die passende technologische Plattform und überwachen die Implementierung (Somers/Nelson 2002, S. 259; Welti 1999, S. 37; Somers/Nelson 2004).

6. Zum ERP-Hersteller existiert üblicherweise eine „strategische Partnerschaft“ (Somers/Nelson 2002, S. 260, 2004). Neben der initialen Bereitstellung der Standardsoftware entwickelt er das Produkt ständig weiter. Diese Weiterentwicklungen finden üblicherweise in Form von Patches (See Pui Ng et al. 2002, S. 99f.) und Upgrades Eingang in die ERP-Installation des Kunden. In Ausnahmefällen pflegen der ERP-Hersteller und der Kunde eine intensivere Entwicklungspartnerschaft, wie dies z.B. bei der deutschen Bundeswehr der Fall ist (SAP AG 2005). Im Projekt SASPF (Standard-Anwendungs-Software-Produkt-Familien) wird die „betriebswirtschaftliche Optimierung der Bundeswehr“ angestrebt (Bundesministerium der Verteidigung 2005). Somit besteht langfristig eine enge Abhängigkeit vom Hersteller.

In der Vorstudie zeigte sich, dass in der Praxis unter dem Begriff „ERP-Projekt“ oder „ERP-Einführungsprojekt“ teilweise sehr unterschiedliche Aktivitäten verstanden werden. Dies deckt sich mit der Feststellung von PARR/SHANKS (2000): „[...] the concept of an ERP implementation is not a generic concept.“ Sie gehen sogar so weit zu sagen, dass ERP-Projekte grundsätzlich „inkommensurabel“, also nicht miteinander vergleichbar sind. Die Autoren schlagen einen Raum von theoretisch möglichen ERP-Projekten vor (Tabelle 5), der durch die folgenden Dimensionen aufgespannt wird (vgl. auch Krcmar 2003, S. 166):

1. physical scope: Dies betrifft die Frage, ob ein ERP-Projekt einen einzelnen Standort, mehrere Standorte in einer Region oder mehrere Standorte international verteilt betrifft. Damit zusammenhängend variiert die Anzahl der betroffenen Nutzer stark. ALPHA (2006c) berichtet von einer SAP-Einführung, von der lediglich 20-30 Mitarbeiter betroffen waren.

2. business process reengineering (BPR) scope: Die Entscheidung, im Zuge des ERP-Projektes zentrale Geschäftsprozesse lediglich zu verfeinern („streamline“) oder radikal neu zu definieren („reinvent“), wird von Projekt zu Projekt sehr unterschiedlich getroffen. Von diesen Veränderungen können einzelne Gruppen der Anwender oder alle betroffen sein.

3. technical scope: Die aus technischer Sicht wohl erfolgskritischste Frage jedes ERP-Projektes ist, in welchem Ausmaß die Software modifiziert werden soll (muss). Während viele Projektverantwortliche jegliche Modifikation ablehnen (DELTA 2006b) („Thou shalt not change SAP!“ (Parr/Shanks 2000), lassen andere die Veränderung der Originalsoftware vollständig oder in gewissem Umfang (GAMMA 2006b) zu.

4. module implementation strategy: Nachdem man sich für eine teilweise („skeletal“) oder vollständige[20] („full functionality“) Übernahme der vom ERP-Hersteller angebotenen Module entschieden hat, ist die Art und Weise der Anbindung an bestehende Umsysteme (Fremdsysteme und bereits existierende ERP-Landschaft) festzulegen. Entweder wird Modul für Modul implementiert, parametrisiert und dann in die bestehende Systemlandschaft eingefügt. Oder alle ausgewählten Komponenten werden gleichzeitig eingeführt und an die Systemlandschaft angebunden.

5. resource scope: Diese Dimension umfasst den zeitlichen und monetären Aufwand, der für ein ERP-Projekt anfällt. Die von PARR/SHANKS (2000) untersuchten Projekte variierten

---

20 Eine vollständige Übernahme aller Module ist unüblich (Parr/Shanks 2000).

zwischen sechs Monaten und sechs Jahren Projektdauer und einem Projektbudget von 1,3 bis 70 Mio. australischen Dollar[21].

Dimension	Ausprägungen
Physical Scope	Single site Multiple sites, regional Multiple sites, international Number of users: Small (<100) Medium (<200) Large (>300)
BPR Scope	Alignment to ERP Global BPR Local BPR
Technical scope	No modification to ERP Minor modification Major modification
Module Implementation Strategy	Decision 1: Skeletal *or* Full functionality Decision 2: ERP Module-by-module integration to legacy systems *or* all ERP modules implemented then integrated to legacy systems
Resource Allocation	Time: 6 month - 6 years Budget: $A1.3M - $A70M

Tabelle 5: ERP-Projekt-Taxonomie (Quelle: Parr/Shanks (2000))

Im weiteren Verlauf der Arbeit wird zwischen initialen Einführungsprojekten und nachträglichen Erweiterungsinvestitionen unterschieden. Aus Qualifizierungsperspektive ist diese Unterscheidung deshalb relevant, weil es einen Unterschied machen kann, ob ein Softwaresystem initial bei Anwendern eingeführt wird, die zuvor noch keinen Kontakt mit der Software hatten[22] oder ob zusätzliche Teilkomponenten bei einem Anwenderkreis eingeführt werden, der bereits mit der Anwendung gearbeitet hat und daher gewisse Grundkenntnisse besitzt. Unter letztgenannten Fall fällt beispielsweise die nachträgliche Einführung bislang nicht verwendeter Systemkomponenten (Parr/Shanks 2000). Im Falle von SAP-Systemen werden häufig zuerst die Finanzkomponenten FI und CO eingeführt, daraufhin die Logistikkomponenten (MM, PP, SD). Personalwirtschaftliche Funktionsmodule werden typischerweise als separates Folgeprojekt umgesetzt, ebenso wie analytische Systeme (Kohnke et al. 2005, S. 28).

3.2.2.1.2 Releasewechsel

Dass bei Releasewechseln und Upgrades das Anwendertraining ein entscheidender Faktor ist, betonen u.a. BEATTY/WILLIAMS (2006, S. 109). Obwohl Releasewechsel in der Praxis häufig unter dem Begriff „Einführungsprojekt" diskutiert werden, werden sie in diesem Kapitel separat vorgestellt, um sie von der initialen und zusätzlichen Bereitstellung neuer Systeme oder Komponenten abzugrenzen.

Unternehmenssoftware wird vom Hersteller ständig weiterentwickelt, um neuen Anforderungen von Unternehmensseite zu entsprechen. Auf diese Weise wird auch standardisierte

---

21 Dies entspricht beim Wechselkurs Stand 15.12.2006 einem Projektbudget von 0,7 bis 41,6 Mio. EUR.

22 Darunter fallen beispielsweise Kompletteinführungen in einem Unternehmen oder die Einführung bei einer Teilorganisation, z.B. einer Niederlassung oder einem Standort. Häufig arbeiteten die Nutzer zuvor mit einem anderen, älteren ERP-Produkt oder Vorstufen davon.

Software laufenden Änderungsprozessen unterworfen (Schmidt 2006, S. 90). Dadurch steht das nutzende Unternehmen vor der Entscheidungssituation, eine Migration auf eine neuere Version vorzunehmen oder nicht (Kremers/van Dissel 2000, S. 53). Bei der Terminologie ist Vorsicht angebracht, denn Begriffe wie Migration, Upgrade, Upgrade usw. werden von Hersteller zu Hersteller unterschiedlich gebraucht.[23] KREMERS/VAN DISSEL (2000, S. 53) definieren eine ERP-Migration als

„[...] a major change process resulting from the implementation of a new version of an already installed ERP system. An example is the migration of SAP R/2 to R/3."

Dies entspricht der Definition von MERTENS (1997, S. 344) für einen Releasewechsel, „mit [dem] die Umstellung eines in einem Unternehmen eingesetzten Softwareproduktes auf eine neue, vom Softwarehersteller gelieferte Version bezeichnet [wird]". Keine Migrationen sind also kleinere Veränderungen innerhalb einer Version des Systems, z.B. das Hinzufügen neuer Funktionen durch neue Releases, und rein technische Upgrades wie Patches und Bugfixes.

Aus Sicht der ERP-nutzenden Unternehmen werden Migrationen hauptsächlich aus technischen Motiven durchgeführt, wie Tabelle 6 zeigt. Dies ist nicht überraschend, da die Initiative für Migrationen in den meisten Fällen von der IT-Abteilung ausgeht. Als wesentlicher (fachlich getriebener) Grund wurden „neue Funktionalitäten" genannt.[24]

Category	Reason	Key Reason	Mentioned
Business	Added functionality	29%	57%
Technical	Compliance with new standards	19%	38%
	Expiration of support for installed version	14%	24%
	Keeping the system up-to-date	14%	14%
	Dissatisfaction with technical performance	10%	24%
Organizational	Organizational issues	10%	14%
Environmental	Pressure from the value chain	5%	5%

Tabelle 6: Gründe für ERP-Migrationen (Quelle: Kremers/van Dissel (2000, S. 55))

BETA berichtet von einem Beispiel für neue Funktionalität, die durch einen Releasewechsel ermöglicht wurde:

„Das heißt, als wir die logistische Rechnungsprüfung eingeführt haben, das ist was ganz Neues, da gab es für alle betroffenen Personen (ca. 8-10 Personen, alle bei der Buchhal-

---

23 Microsoft (2007a) definiert ein Update als „[...] eine allgemein freigegebene Berichtigung für ein bestimmtes Problem. Updates dienen zur Behebung von nicht kritischen, nicht sicherheitsbezogenen Problemen.", wohingegen ein Upgrade ein „[...] Softwarepaket [ist], das eine installierte Version eines Produkts durch eine neuere Version desselben Produkts ersetzt. [...]. Es wird lediglich die vorhandene Software durch die neuere Version ersetzt.".

24 Aus Sicht der ERP-Hersteller tragen Migrationen der Systeme bei ihren Kunden durch mehrere Effekte zur Erlössteigerung bei (Kremers/van Dissel 2000, S. 54). (Nach den Jahren des Wachstums und unzähliger „Success Stories", wurde es um das Jahr 2000 zunehmend schwieriger, mit ERP-Lizenzen weiterhin gute Umsätze zu erwirtschaften. Ein wesentlicher Grund hierfür war das Jahr 2000 Problem, das große Teile der IT-Budgets beanspruchte. Zweitens stellte sich im „High-End" Segment des ERP-Marktes eine gewisse Sättigung ein. Außerdem wurden die meisten ERP-Hersteller zu der Zeit von der Finanzkrise der Länder Asiens und Lateinamerikas getroffen (Kremers/van Dissel 2000, S. 54)). Migrationen intensivieren die ohnehin schon vorhandenen lock-in-Effekte der Kunden, indem der Wechsel auf ein Konkurrenzprodukt mit jeder neuen Version teurer und damit unwahrscheinlicher wird. Zweitens ist es aus Sicht des Herstellers einfacher, weniger Produkte (dafür in mehreren Versionen) zu supporten als viele verschiedene Produkte. Letztlich sind Erlössteigerungen durch eine Erhöhung der zu zahlenden Lizenzen („seats") und durch neue Zusatzprodukte denkbar.

tung und beim Einkauf) eine individuelle Schulung. Als wir das realisiert haben, ist jeder Prozessschritt direkt mit denen besprochen worden und zum Abschluss gab es eine allgemeine Abschlussprüfung." (BETA 2006a)

Die am häufigsten genannten Probleme, die bei ERP-Migrationen auftreten, sind Zeitknappheit (50%)[25], technische Probleme und Bugs in der neuen Version (31%), mangelhafte Schätzungen der Implementierungspartner (25%), zu hohe Kosten (25%), negative Folgen für die Organisation (25%) und schlechte Qualität der Migrations-Werkzeuge (25%) (Kremers/van Dissel 2000, S. 55). Der am häufigsten genannte Grund für den Aufschub von SAP-Migrationen ist die Furcht vor Komplikationen aufgrund der im System enthaltenen Eigenentwicklungen (Schmidt 2006, S. 14,90).

Ein Releasewechsel bei Unternehmenssoftware ist ein „vergleichsweise seltenes Ereignis". PEREIRA (1999, S. 42) schätzte die Dauer zwischen zwei Releases auf 20 Jahre, was jedoch relativ lang scheint. SCHMIDT (2006, S. 87) veranschaulicht die lange Zeitdauer am Beispiel des Produktes SAP R/3, dessen neuestes Release „Enterprise" (entspricht R/3 4.70) ein Jahr nach Beginn der Auslieferung im Juli 2002 bei lediglich 400 (von geschätzten 20.000) Kunden weltweit übernommen wurde. Dennoch bedeutet der einzelne Releasewechsel sowohl für die IT als auch für den Endanwender eine Herausforderung. Wie Abbildung 14 zeigt, baut ein Endanwender im Laufe des Einführungsprozesses sein softwarebezogenes Wissen auf, dieses wird jedoch im Laufe der Zeit und durch besondere Ereignisse wie Releasewechsel „abgeschrieben".

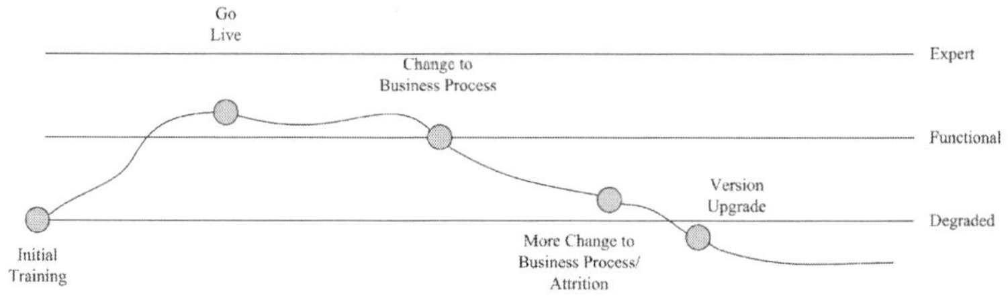

Abbildung 14: „Doane-Kurve" der Wissenserosion bei ERP-Endanwendern (Quelle: Meta Group (2003, S. 6))

Ein Beispiel für Qualifizierungsbedarf, der durch veränderte Oberflächen des neuen Releasestandes hervorgerufen wird, nennt GAMMA (2006a). Allerdings spielt hier auch die „Verärgerung" darüber eine wichtige Rolle, dass dieselben Arbeitsaufgaben mit der neuen Software aufwändiger zu erledigen sind als mit dem ursprünglichen System.

„[...] die hatten ne Tastatur und den Nummernblock z. B., die haben da eingegeben und war'n ruck zuck durch und waren hinterher enttäuscht, dass plötzlich die Masken nicht mehr so dicht besetzt waren wie vorher. Und solche Dinge, dass man sich da dreimal durchklicken musste, um an den gleichen Punkt zu kommen – da gab's immer ein Akzeptanzproblem und da dauert natürlich auch die Schulung länger." (GAMMA 2006a)

25 Prozentangaben beziehen sich auf die Nennungen.

Allerdings sind die bei GAMMA befragten Experten der Ansicht, dass derartige Veränderungen relativ selten vorkommen und daher das Wissen der Anwender relativ lange anwendbar bleibt:

„Die [Endanwender] sehen ja praktisch immer nur das, was nach außen bei ihnen ankommt. Wenn sich im Kern Releases usw. ändern, das kriegen die meisten gar nicht so mit. Also die Spezialisten haben da ganz andere Herausforderungen, um das so weit ins Laufen zu bringen. Außer es ist wirklich ein größerer Sprung, dass man sagt, jetzt schaut's plötzlich für den Anwender hellblau aus und nicht mehr grün und die Felder sind irgendwie ganz anders, dann kriegt's der natürlich auch mit. Aber solche Dinge hatten wir im Moment eher weniger, d. h. für den reinen Endanwender, der kommt mit seinem Wissen relativ lange klar." (GAMMA 2006a)

3.2.2.1.3 Funktionalitätserweiterungen

Laufendes Hinzufügen neuer Berichte, Programme und Transaktionen zu einer bestehenden Unternehmenssoftwareinstallation gehört zum Alltag von Administratoren und Entwicklern. Es handelt sich dabei um kontinuierlich durchgeführte „leichte" Formen des Customizing der Software i.S.v. BREHM ET AL. (2001, S. 4).

„Patchlevels spielt man laufend ein, was das HR betrifft. [...] Im PS kann ich sagen, dass ich in der Regel so ca. viermal im Jahr eine Aktualisierung mache. Da kommt nicht viel dazu, alle 14 Tage kommt ein Patchlevel dazu. - Und dann gehen Sie jedes Vierteljahr auf das aktuellste? - Richtig." (BETA 2006a)

Weitere typische Maßnahmen sind die benutzerspezifische Menügestaltung, das Ein- und Ausblenden von Feldern, die Umgruppierung von Feldern und die Anpassung von Feldnamen (Stein/Konrad-Klein 2005, S. 7). Davon abzugrenzen sind die vom Endanwender selbst vorzunehmenden Anpassungen wie Einstellung von Farben, Schriften, persönliche Defaultwerte in Transaktionen oder die Definition von Favoriten, d.h. häufig benötigter Programme.

Für den Endanwender bedeutet dies, dass sich sein Arbeitswerkzeug kontinuierlich verändert. Wenn die Änderungen nicht selbsterklärend sind, entsteht Qualifizierungsbedarf. Dieser Bedarf wird nicht selten in offiziellen Betriebsvereinbarungen adressiert, wie folgender Auszug aus einer amtlichen Bekanntmachung des Finanzministeriums Schleswig-Holstein zum Einsatz von SAP R/3 und einer Kosten- und Leistungsrechnung beispielhaft zeigt:

„Die Anwenderinnen und Anwender von SAP sind durch angemessene Qualifizierung zu einer selbständigen und sicheren Erledigung ihrer fachlichen Aufgaben und zur Beherrschung des SAP-Systems in allen notwendigen Funktionen zu befähigen. Die Qualifizierung der Anwenderinnen und Anwender wird als ein fortdauernder Prozess betrachtet, der die fachliche und technische Weiterentwicklung des SAP-Systems begleitet." (Amtsblatt Schleswig-Holstein 2006)

Im IT-Grundschutzhandbuch wird gefordert, dass bei umfangreichen Änderungen in einer IT-Anwendung Schulungsmaßnahmen durchgeführt werden müssen (Bundesamt für Sicherheit in der Informationstechnik 2006, S. 2016). Allerdings sind kleinere Funktionserweiterungen aus Sicht der Experten kein Grund für umfangreiche Qualifizierungsmaßnahmen:

„Da gibt's keine Qualifizierung, also im Sinne von Qualifizierung Präsenz- oder E-Learning. Sondern wenn, dann ist das in der Regel Sache der Benutzerdoku. [...] Und da

gibt's so 'ne Anwenderinfo, also im Portal gibt's ein Portlet, wo irgendwo auch die Anwenderinfo da auch mit drinsteht." (GAMMA 2006a)

Einschränkend muss hinzugefügt werden, dass die Endanwender von derartigen kleineren Funktionalitätserweiterungen häufig nichts mitbekommen:

„Dann zwischenzeitlich haben wir auch die so genannten D-Day-Verfahren[26], das ist immer dienstags jede Woche. Da werden kleine Änderungen, die keine Schnittstellen, Tests oder so was erfordern, eingespielt. Zum Beispiel, wenn wir neue Konditionsarten einspielen, oder in einer Tabelle noch eine Spalte dazu bekommen. Das kriegt aber der Endanwender in der Regel auch nicht mit. Da werden die Key User informiert, dann möchte ich das noch mal auf dem Q-System durchspielen und solange keiner einen Anspruch erhebt, wird dann eben per diesem automatisierten D-Day-Verfahren diese Änderung einmal in der Woche eingespielt." (ALPHA 2006b)

Die zuvor vorgestellten technikinduzierten Lernauslöser können als technologische Veränderungen im Unternehmen verstanden werden, für deren Umgang EVANS (1991, S. 78) vier archetypische Strategien vorstellt, die vor allem in der Diskussion über „Unternehmensflexibilität" Eingang gefunden haben. Das Modell gibt Handlungsmöglichkeiten vor, wie ein Unternehmen auf externe „triggering episodes" reagieren kann. Es unterscheidet die beiden Dimensionen Zeit (ex ante vs. ex post) und Intention (offensiv vs. defensiv). Im Folgenden wird das Modell, das relativ generisch formuliert wurde, auf die Anwenderperspektive auf Unternehmenssoftware angewendet. Dies erscheint zulässig, denn sowohl Releasewechsel, die Einführung neuer Module oder Systeme oder die Entwicklung neuer Berichte oder sonstiger Funktionalitäten können aus Sicht der Anwender als „triggering episodes" aufgefasst werden.

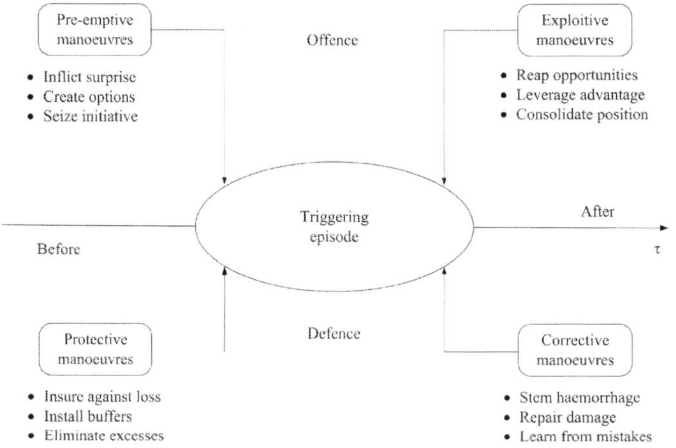

Abbildung 15: Umgang mit technologischen Veränderungen (Quelle: Evans (1991, S. 78))

---

[26] D-Day steht für Dienstag

„pre-emptive manoeuvres" werden durchgeführt, um Veränderungen zu antizipieren (Evans 1991, S. 78). Eine Möglichkeit besteht darin, eine Menge an Handlungsoptionen zu schaffen, bevor diese tatsächlich benötigt werden. Bezogen auf Unternehmenssoftware könnte eine derartige ex ante Strategie darin bestehen, dass die Anwender sich frühzeitig, am besten kontinuierlich qualifizieren und sich so auf kommende Veränderungen in der Arbeit mit der Software vorbereiten. Nicht nur die eigene, abgegrenzte Tätigkeit am System steht im Mittelpunkt der Qualifizierung, sondern der breite Überblick und das Verständnis der Abhängigkeiten mit anderen Unternehmensbereichen. „protective manoeuvres" dienen dazu, sich im Vorhinein vor möglichen Schäden bei riskanten Projekten zu schützen (Evans 1991, S. 80). Ein Anwender von Unternehmenssoftware könnte beispielsweise die Arbeit mit der neuen Software möglichst lange vermeiden und hinauszögern, indem er weiterhin die Vorgängersysteme nutzt. Diese Möglichkeit besteht bei „mandated technologies" (Brown et al. 2002) jedoch nicht uneingeschränkt. „corrective manoeuvres" sind Maßnahmen, die nach Eintreffen bestimmter Ereignisse oder externer Schocks getroffen werden, wenn selbst die besten ex ante getroffenen Schutzmaßnahmen wirkungslos geblieben sind (Evans 1991, S. 81). Flexibilität in diesem Kontext bedeutet sozusagen die Fähigkeit zu Regeneration, Schadensreparatur und Lernen aus Fehlern. Dazu gehört aus Sicht eines Anwenders beispielsweise Nachschulung, die Behebung festgestellter Defizite und Korrektur gemachter Fehler im System. „exploitive[27] manoeuvres" sind offensive ex post Reaktionen auf technologische Veränderungen (Evans 1991, S. 82). Ein Anwender von Unternehmenssoftware könnte beispielsweise nach der Einführung neuer Systemfunktionalitäten diese zu seinem Vorteil ausbauen und nutzen. Dabei könnten die Eigenschaften von Unternehmenssoftware im Sinne eines eigenständigen Akteurs im Unternehmen (Askenäs/Westelius 2000) positiv genutzt werden. Das Modell von EVANS (1991) ist deshalb von Bedeutung für die Anwenderqualifizierung, weil es zeigt, mit welchen Strategien Anwender auf Änderungen in der Systemlandschaft reagieren können. Die vorgestellten Normstrategien können durch eine unternehmensindividuelle Ausgestaltung der Qualifizierungsmaßnahmen umgesetzt werden.

3.2.2.1.4 Mitarbeiterorientierte Qualifizierungsanlässe

Neueinstellung: Die Einstellung eines Mitarbeiters im Unternehmen ist der Beginn seines betrieblichen Lebenszyklus (Graf 2001, S. 27). Aus Sicht der Personalentwicklung wird der Mitarbeiter in dieser Phase der Einführung sozialisiert. Es handelt sich um einen Lernprozess, „in dem der Mitarbeiter gesellschaftliche, betriebliche und gruppenbezogene Normen und Werte verinnerlicht, sich die für den Betrieb erforderlichen Kenntnisse und Fertigkeiten aneignet sowie seine Einstellungen und Erwartungen anpasst und ändert" (Hentze 1991, S. 399). Große Unternehmen stellen jährlich Hunderte neuer Mitarbeiter ein, daher sind, unabhängig von IT-Einführungsprojekten, regelmäßige Weiterbildungsmaßnahmen notwendig (Moll 1994, S. 130 f.).

> *„Für neue Mitarbeiter gibt es SAP-Einführungsleitfäden, bei dem ich denen das SAP R/3 in zweieinhalb Tagen beibringe. Ich erkläre zuerst SAP-Grundsätzliches, dann seine Rolle, und dann das PS, dann decke ich noch das BW ab, dann decke ich Dokumentenrecherche ab, das, was er braucht als Rüstzeug." (BETA 2006a)*

[27] exploitive (engl.): ausbeuterisch

Dadurch soll der „Schwund“ an Wissen auf Unternehmensebene aufgrund von Fluktuation ersetzt werden. Aus den USA liegen vom BUREAU OF NATIONAL AFFAIRS Zahlen vor, nach denen die durchschnittliche jährliche Fluktuation 12,4% beträgt[28] (Meta Group 2003, S. 4). Dies bedeutet, dass nach einem Jahr 12,4% der Belegschaft und damit der Anwenderbasis gewechselt hat, nach drei Jahren sogar ca. 32,8%. Eine 1995 in der deutschen Maschinenbaubranche durchgeführte Untersuchung ergab eine Personalfluktuation von 8-9%, wobei diese Branche traditionell moderate Fluktuationsraten aufweist (Dilger 1999, S. 9f.). Dies bedeutet für die betrieblichen Qualifizierungsanstrengungen insbesondere im Kontext von Technologiethemen einen großen Handlungsbedarf, da in der bisherigen Praxis „Technologiezyklen über das Personal abgewickelt werden“ (Geldermann 2005, S. 70). GELDERMANN (2005, S. 70) veranschaulicht drastisch: „[...] mit einer veraltenden Maschinerie auch die Qualifikationen der daran beschäftigten Personen veralten zu lassen und für neue Anlagen jüngere Kräfte neu einzustellen.“

Stellen- und Aufgabenwechsel: Mit der Übernahme einer neuen Funktion beginnt für einen Mitarbeiter ein neuer stellenbezogener Lebenszyklus. Ein häufiger Grund für Stellenwechsel ist Job-Rotation, wie im Falle von DELTA (2006a). Wenn der Mitarbeiter zuvor eine andere Stelle im selben Unternehmen inne hatte, kennt er die Unternehmenskultur und hat den Sozialisationsprozess bereits durchlaufen (Graf 2001, S. 28). Unter Umständen bleibt das soziale Umfeld des Mitarbeiters erhalten und er kann sich auf ein funktionierendes Beziehungsnetz stützen. Die Gespräche der Vorstudie zeigten, dass ein Großteil des unternehmenssoftwarebezogenen Wissens genereller Natur ist und in anderen Abteilungen, Funktionsbereichen „wieder verwendet“ werden kann:

> *„Also, je nachdem, was für Transaktionen er verwendet, ist das Wissen zum Teil auf andere Unteernehmensbereiche schon zu übertragen. Zum Wissen gehört auch das grundsätzliche Navigieren im System, das kann er auf jeden Fall zu 100% mitnehmen. Das ist in allen Modulen gleich, oder zumindest ist es sehr ähnlich gehalten. Also das, würde ich sagen, ist ein sehr großer Vorteil, wenn er also jetzt heute im Finanzwesen arbeitet, und morgen im Personal, dann wird er sich relativ gut in der Anwendung zu Recht finden.“ (DELTA 2006b)*

Aus Sicht der Unternehmenssoftware-Qualifizierung sind vor allem folgende Herausforderungen zu bewältigen, die zwei Seiten derselben Medaille darstellen: Der neue Mitarbeiter soll möglichst schnell in seine neue Tätigkeit und Arbeitsumgebung eingeführt werden, damit er mit den Anforderungen seiner neuen Aufgabe zurecht kommt (Graf 2001, S. 28).

> *„Jeder Mitarbeiter, der zum Projektleiter befördert wird, bekommt von mir die Zuordnung „Projektleiter“ und wird in einem bestimmten Zeitrahmen zur [SAP-] Weiterbildungsveranstaltung hier eingeladen.“ (BETA 2006a)*

Gleichzeitig muss (sofern vorhanden) sein Nachfolger mit den „Hinterlassenschaften“ zu Recht kommen. Im Kontext Unternehmenssoftware handelt sich hierbei um die oftmals sehr individuell erstellten Bildschirmmasken, Berichte und Kennzahlen, die für den bisherigen Anwender selbstverständlich, für einen neuen Nutzer jedoch oft schwer nachvollziehbar sind. Folgender Auszug aus dem Expertengespräch mit ALPHA (2006c) illustriert diesen Sachver-

[28] Die Fluktuationsraten sind für „submanagerial positions“ sogar noch höher (Meta Group 2003, S. 4).

halt anhand eines Beispiels einer SAP CO-Einführung bei Mitarbeitern des Unternehmenscontrolling:

> *„[...] Wir haben das [...] fünfmal, zehnmal nachgewiesen, dass die Zahlen stimmen und trotzdem war ne Skepsis da. Die Leute, die in dem Projekt die Kennzahlen festgelegt haben, sind weggegangen durch Fluktuation und Leute wurden konfrontiert mit Zahlen, wo sie sich wenig daraus bilden konnten und die sie auch nicht so ganz nachvollziehen konnten. [...] Und das Schlimme ist eigentlich an der Sache, dass genau die Leute, die das ganze Controlling machen, natürlich auch die sind, die relativ nah am Management sitzen und die dir das nachher ein bisschen kaputt machen." (ALPHA 2006c)*

Tägliche Arbeit am System: Der tägliche Umgang mit der Unternehmenssoftware kann im Sinne eines nicht-intentionalen, informellen Lernprozesses aufgefasst werden. Die Software selbst nimmt die Funktion des Lern- und Bildungsmediums wahr (Farmer 2006, S. 26ff). Da die Thematik der informellen Weiterbildung in der aktuellen Literatur vorwiegend unter der Überschrift der Methodenfrage diskutiert wird, sei an dieser Stelle auf Kapitel 3.2.2.4.7 verwiesen.

Kontinuierliche Endanwender-Qualifizierung: Aus dem in Abbildung 14 dargestellten zeitlichen Verfall von ERP-Endanwenderwissen leitet die Meta Group (2003) ihre Forderung nach kontinuierlicher Qualifizierung der Anwender („continuous education strategy") ab. Die Autoren bemängeln, dass Projektteam- und Endusertraining nicht nur bei der Einführung, sondern vor allem während der operativen Nutzung vernachlässigt wird und verdeutlichen dies anhand folgender Zahlen: 40% der in einer Studie befragten ERP-nutzenden Unternehmen budgetieren keine Kosten für kontinuierliche oder periodische Endanwenderqualifizierung, wohingegen für ERP-Systemverbesserungen oder -erweiterungen sehr wohl Geld eingeplant wird (Meta Group 2003, S. 2). Dies steht in krassem Widerspruch zu manchen Betriebsvereinbarungen bei ERP-Einführungen: „Die Qualifizierung der Anwenderinnen und Anwender wird als ein fortdauernder Prozess betrachtet, der die fachliche und technische Weiterentwicklung des SAP-Systems begleitet" (Amtsblatt Schleswig-Holstein 2006). Faktoren, die zum Wissensverfall sowohl bei den Fachkräften als auch bei den Endanwendern beitragen, sind

1. Fluktuation innerhalb der Anwenderbasis,
2. organisatorischer Wandel und
3. Upgrades oder Modifikationen der Software.

> *„[...] Wenn das Projekt zu Ende ist, dann überführen wir die Themen so nach Bedarf auch aus dem Vorgängerprojekt halt in die Linie, weil man sagt, da ist [...] mit der Fluktuation von 10, 20, 30% aus der Zielgruppe zu rechnen. Dann führen wir natürlich Standardtrainings durch." (GAMMA 2006a)*

Besonders deutlich wird der Wissensverfall in der Praxis bei relativ selten genutzten Funktionen der ERP-Software. Hier ist den Anwendern die korrekte Bedienung nicht ständig präsent, daher benötigen auch gut ausgebildete Anwender eine Art von Qualifizierung (Moll 1994, S. 130 f.). Im Gespräch mit GAMMA (2006a) nannten die Experten (Perioden-) Abschlussarbeiten, selten benötigte Berichte und selten durchgeführte Personalmaßnahmen als Beispiele.

„Ich nehm' jetzt wieder das HR-Beispiel [...]. Da gibt's spezifischere oder schwierigere Themen bei GAMMA, wie z. B. Altersteilzeit oder Mahnwesen oder Pfändung oder so was. [...] An einzelnen Standorten kann's sein, dass so eine Pfändung dreimal im Jahr vorkommt, dann hat natürlich die Person [...] erstmal ein Problem, weil's erstmal überlegen muss, wie ging das gleich wieder. [...] Oder was haben wir denn noch, so periodische Arbeiten, so wie jetzt jährliche Leistungsbeurteilung oder jährliche Bewertungen von Meistern für die Mitarbeiter, die machen das genau einmal im Jahr. Da haben wir reagiert mit einem E-Learning-Programm. [...] Die können das vorher durchgehen, dann sehen die noch mal, ah so läuft der Prozess ab, weil sie es eben bloß einmal im Jahr brauchen." (GAMMA 2006a)

BETA (2006a) sind diese Probleme ebenfalls bekannt:

„Das, was sie schon mal gehört haben und nie anwenden mussten, und nach einem halben Jahr kommt er und soll es anwenden [...]" (BETA 2006a)

Die Experten der Vorstudie nannten vor allem Handbücher und Verfahrensanweisungen, bei genügend großer Anwenderzahl aber auch E-Learning-Materialien als das adäquate Mittel, um diese Art von Qualifizierungsbedarf zu decken. Das Unternehmen ALPHA (ALPHA 2006b) begegnet der Problematik des Wissensverlustes mit der vierteljährlichen Durchführung sog. „Lernstätten":

„Wir haben jeweils zu den Einzelmigrationen Handbücher erstellt und da wurden noch die Anwender geschult. Seit wir diese Migrationsthemen hinter uns haben, gibt es so genannte Delta-Schulungen wo da noch mal zusammengefasst wird was so sich in den letzten Wochen und Monaten an Änderungen ergeben haben. Beziehungsweise wenn uns im laufenden Prozess eben auffällt, dass es zu einem Thema viele Fragen gibt oder viele Probleme auftauchen, dann macht man halt noch eine kleine Lernstattrunde (so nennt sich das bei uns), wo dann in 1-2 Stunden die Leute zusammengeholt werden und es wird noch mal dargestellt. Die Anwender haben die Möglichkeit, Fragen zu stellen." (ALPHA 2006b)

3.2.2.2 Qualifizierungsplanung

3.2.2.2.1 Regelmäßige Qualifizierungsprogrammplanung

Die regelmäßige Durchführung einer Weiterbildungsplanung für Mitarbeiter wird als Kennzeichen eines hohen Institutionalisierungsgrades betrieblicher Weiterbildung gesehen (BMBF 2006a, S. 228). Daher scheint es sinnvoll, dieses Merkmal in das Analysemodell zu integrieren. In einer Untersuchung von 2003 wurde ein Anteil von 34% der Unternehmen ermittelt, welche dies umsetzen. Auch die Untersuchung von BAHNMÜLLER/FISCHBACH (2003, S. 44) kommt auf einen Anteil von einem Drittel, welcher eine systematische Qualifizierungsplanung durchführt. Die Autoren bezeichnen dies als defizitär. Im Regelfall beträgt der Planungszeitraum für Weiterbildungsthemen ein Jahr (Bahnmüller/Fischbach 2003, S. 51).

„Ich würde gerne mit Ihnen noch über das Thema Bedarfsanalyse sprechen. Wie finden Sie heraus, wer jetzt geschult werden muss? Gibt es da irgendeinen systematischen Prozess? – Ja. Jeder, der als Projektleiter aufgeschaltet wird, fällt automatisch in den Topf rein." (BETA 2006a)

Wie im Gespräch mit GAMMA deutlich wurde, ist es bei der Anwenderqualifizierung unüblich, strategisch im Voraus zu planen. Demgegenüber ist dies bei Fachkräften eher der Fall:

> *„Aber gibt's so was, dass Sie sagen, Sie schauen z. B. 4 Jahre voraus und versuchen zu überblicken, was in dem Zeitraum auf Sie zukommt? – Ja, da läuft es hier so, da sind wir aber nicht bei den Endanwendern, die werden hier nicht strategisch geplant, sondern die SAP-Fachleute, die wir brauchen. Da wird natürlich schon mittelfristig geschaut, was wir brauchen. [...] aber für die Endanwender, da schaut jetzt keiner, was hab ich in 4 Jahren für Endanwender ..." (GAMMA 2006a)*

Ob eine Weiterbildungsplanung durchgeführt wird, lässt sich laut BÜCHTER/GOLZ (2001, S. 79) nicht alleine auf die Betriebsgröße und die zur Verfügung stehenden Ressourcen und Kapazitäten zurückführen. Entscheidend sei vielmehr die betriebspolitische Relevanz, die der Qualifizierung der Mitarbeiter zugewiesen wird („Weiterbildungsphilosophie"). Dagegen kommt PREISNER (2003, S. 198) zu dem Schluss, dass große Unternehmen aufgrund der Arbeitsteilung eher über Instrumente der Weiterbildungsplanung verfügen als kleinere. Auch WERNER (2006b, S. 8) stellt fest, dass größere Betriebe häufiger eine systematische Weiterbildungsplanung vornehmen als kleinere Betriebe. Kleine und mittlere Unternehmen greifen bei der Weiterbildungsplanung häufiger auf externe Hilfe zurück (Severing/Stahl 1995, S. 7f.). Alle genannten Aussagen beziehen sich auf Weiterbildung im Allgemeinen und nicht auf ein spezifisches Weiterbildungsthema.

3.2.2.2.2 Einbindung in die persönliche Entwicklungsplanung der Mitarbeiter

Die Entscheidung über die Teilnahme eines Mitarbeiters an einer Weiterbildungsmaßnahme wird am häufigsten in bilateralem Kontext getroffen (Mudra 2004, S. 11): zwischen Vorgesetztem und Mitarbeiter (43 Nennungen von 122) oder Vorgesetztem/Führungskraft und Personalabteilung (35 von 122). Auffallend ist, dass die Entscheidungsfindung in der Koppelung Mitarbeiter-Personalabteilung in weniger als 2% der Unternehmen stattfindet. Einheitlich wurde von den Befragten auf die Budgetverantwortung der Führungskraft hingewiesen, weshalb eine Entscheidungsfindung ohne diese in der Regel auszuschließen sei. Dennoch ist bei allen Befragten die Personalabteilung in den Prozess der Entscheidungsfindung aktiv eingebunden, sie verfügt sogar oft über eine Art Vetorecht, sofern die von den Beteiligten ins Auge gefasste Maßnahme nicht zu der im Unternehmen vertretenen Politik passen sollte, oder verfügt sogar über ein eigenes Weiterbildungsbudget für die Gestaltung von grundlegenden Weiterbildungsaktivitäten (Mudra 2004, S. 11).

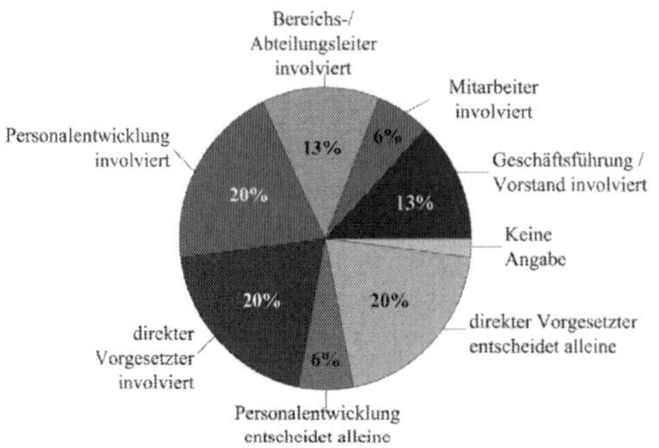

Abbildung 16: Involvierung in den Weiterbildungs-Entscheidungsprozess (Quelle: Seminar DMC (2006, S. 6))

Welche Art von Weiterbildung, d.h. welche Themen, in Anspruch genommen wird, wird ebenfalls überwiegend partizipativ in Mitarbeitergesprächen, Bildungsbedarfsanalysen, Ziel-, Leistungs- und Bildungsgesprächen und in Assessments ermittelt. Seltener werden die Maßnahmen alleine durch den Vorgesetzten oder den Mitarbeiter selbst vorgegeben (Seminar DMC 2006, S. 7; Deutsche Gesellschaft für Personalführung e.V. 2006). Zur Mitwirkung des Betriebsrates bei der Personalentwicklungsplanung siehe DOBISCHAT/SEIFERT (2001, S. 96). Das Mitarbeitergespräch ist eine anerkannte und übliche Methode der partizipativen Bedarfsplanung (Simon et al. 2004, S. 7). Große Unternehmen verfügen eher über Weiterbildungsinstrumente wie Mitarbeitergespräche als kleinere (Preisner 2003, S. 198). VOCK ET AL. (2006, S. 5) haben die Qualifizierungsplanung für IT-Fachkräfte untersucht: Nach ihren Erkenntnissen sind es 71% der mittleren und größeren Betriebe[29], welche das mitarbeiterorientierte Instrument der Jahresgespräche mit Zielvereinbarungen einsetzen. Bei den Kleinbetrieben[30] sind es mit 59% vergleichsweise weniger, allerdings immer noch mehr als die Hälfte.

> *„[...] Nein. Das Gehalt ist an das Thema Weiterbildung überhaupt nicht gekoppelt. Aber die Jahresgespräche, also die Zielvereinbarungs- und Leistungsbeurteilungsgespräche, die sind mit Weiterbildung gekoppelt. In jedem Zielvereinbarungsgespräch wird bei uns über Ziele gesprochen und über die Qualifikation, die jemand hat. Also, wie seine Kompetenzen sind und ob Qualifizierungsmaßnahmen sinnvoll sind. Das sind Standardinhalte des Jahresgespräches." (DELTA 2006c)*

Aus Sicht des Mitarbeiters kann Weiterbildung die Funktion wahrnehmen, die individuelle Beschäftigungsfähigkeit („employability") zu sichern (Wittwer 2001; Krings/Mohr 2004, S. 5) oder sogar einen beruflichen Aufstieg zu unterstützen (Stichwort „Aufstiegsweiterbildung"). Dieses Bildungsziel ist Bestandteil des auf IT-Fachkräfte ausgerichteten neuen IT-Weiterbildungssystems (BMBF 2002, S. 103). Ob die Anwenderweiterbildung zu IT- oder Unternehmenssoftware den gewünschten Aufstieg unterstützen kann, wurde nicht untersucht, ist allerdings auch fraglich. Eine monetäre Entlohnung, z.B. durch Gehaltserhöhungen, ist eine weitere Form von privatem Nutzen durch Weiterbildungsteilnahme (Ammermüller/Dohmen 2004; CEDEFOP 1998, S. 30). Daher wurde, in Anlehnung an CANNAWURF (2005,

---

29 Ab 50 Mitarbeitern

30 1 bis 49 Mitarbeiter

S. 36) dieser Aspekt in das Analysemodell aufgenommen. Folgender Ausschnitt aus dem Gespräch mit GAMMA zeigt anschaulich, dass der Zusammenhang zwischen IT-Qualifizierung und Entlohnung nur sehr indirekt hergestellt werden kann:

> *„Der Standardfall bei uns ist, dass die Führungskraft mindestens einmal im Jahr ein Gespräch mit dem Mitarbeiter führt, das kann im Rahmen der Beurteilung, wie auch immer, sein, aber da ist eben auch der Schwerpunkt dann persönliche Weiterbildung. [...] So, und wenn dann die Qualifizierungsmaßnahme erfolgreich war und die übrigen Faktoren dann auch erfolgreich, dann kann man sagen, dann wirkt sich das direkt vielleicht auch mal aus auf Lohn und Gehalt." (GAMMA 2006a)*

3.2.2.2.3 Formalisierungsgrad des Qualifizierungsangebots

Eng zusammenhängend mit der Planung von Weiterbildung ist der Grad der Formalisierung des Angebots. Darunter ist die Verwendung formeller, kodifizierter Regelungen zu verstehen, auf die sich auf der einen Seite der Weiterbildungsverantwortliche, auf der anderen Seite der Mitarbeiter bei der Weiterbildungsplanung beziehen kann. Diese Regelungen können auf Basis rechtlicher Grundlagen wie Tarifverträge, Betriebsvereinbarungen, Regelungsabsprachen oder in einzelvertraglichen Regelungen vorgenommen worden sein (Dobischat/Seifert 2001, S. 94). Da sich derartige Regelungen in der Praxis nicht auf einzelne Themenbereiche der Weiterbildung (z.B. IT) beziehen, sondern vielmehr für den Gesamtkomplex Personalentwicklung beziehen, wird die Betrachtung an dieser Stelle nicht weiter verfolgt.

Vielmehr ist im Kontext Unternehmenssoftware von Interesse, ob ein kontinuierliches, formalisiertes Leistungsangebot („Service Katalog" mit Leistungsbeschreibung) existiert, für alle potenziellen Interessenten zugänglich ist und wenn ja, ob Qualifizierungsangebote zum Thema Unternehmenssoftware darin enthalten sind. Dementsprechend wird als Indikator zum einen das Vorhandensein eines Leistungskataloges zur Kommunikation der betrieblichen Weiterbildungsmöglichkeiten an die Anwender verwendet. Hierbei kann es sich beispielsweise um Weiterbildungs-/Schulungskataloge handeln. Falls ein derartiger Katalog existiert und verwendet wird, ist von Interesse, ob darin auch Maßnahmen zur Anwenderqualifizierung im Kontext Unternehmenssoftware enthalten sind. Große Unternehmen verfügen eher über Weiterbildungsinstrumente wie ein Weiterbildungsverzeichnis als kleinere (Preisner 2003, S. 198).

Dass ein formaler Service Katalog nicht unbedingt zu einer höheren Weiterbildungsteilnahme führen muss, zeigt folgender Ausschnitt aus dem Gespräch mit BETA (2006a):

> *„Ich weiß nur, das Personalwesen hatte immer diese [SAP-]Projektleiter-Infoveranstaltung im Programm und ich habe festgestellt, dass wenn es ein offizielles Programm ist, wird es sehr wenig angenommen. Wenn ich direkt auf die Leute zugehe, wenn sie Probleme haben, habe ich einen anderen Zugang zu den Kollegen. Das heißt, alles auf der persönlichen Schiene hat ganz anderen Akzeptanzgrad, dass oft die Leute sich schon freuen, wenn ich sage: „Kommen Sie dann in vier Wochen, da habe ich die nächste Veranstaltung", als wenn jetzt da drin steht wie es früher war: „Von ... bis ... da ist diese Infoveranstaltung". [...] Und wenn ich es individuell mache, habe ich festgestellt, nehme ich die Leute direkt in die Verantwortung..." (BETA 2006a)*

3.2.2.2.4 Zeitliche Planung

Wenn alle Anwender termingenau oder kurz vor dem Go-Live-Termin umfassend qualifiziert wären, geriete das in den Qualifizierungsmaßnahmen erworbene Wissen bis zum Zeitpunkt der Verwendung nicht wieder in Vergessenheit (vgl. Vanini 1999). Laut Aussagen der Gesprächspartner der Vorstudie ist ein Abstand von ca. zwei Monaten Maximum, d.h. wenn Anwender innerhalb von zwei Monaten vor der Systemnutzung qualifiziert werden, ist die Chance, das Wissen aktiv anwenden zu können, hoch. Dieser Wunsch stellt hohe Anforderungen an die Schulungslogistik, insbesondere bei sehr vielen Anwendern im Rahmen einer breiten Systemeinführung. Bei GAMMA beispielsweise mussten innerhalb einer Woche 100 Veranstaltungen auf jeweils eigenen Schulungsmandanten durchgeführt werden (GAMMA 2006a).

> *„Ein Aspekt ist [...] die Art und Weise, wie ich unter Umständen die Qualifizierung auch noch aktuell halten muss, weil wenn ich die Leute vier Monate vorab schon qualifizieren muss, einfach aufgrund der großen Mengen, dann muss ich mir ‚ne andere Art der Aktualität des Wissenserhalts überlegen bis zu Einsatz des Systems." (GAMMA 2006a)*

> *„Wann führen Sie dann die Qualifikationsmaßnahme durch? – Der Normalfall ist vorher, also zum Produktivdatum müssen die Anwender in die Lage versetzt sein, dass sie das können. [...] Der Abstand muss möglichst klein sein. – Wie klein, was ist das so? 2 Wochen, 4 Wochen? - Das wär' optimal. [...] Oder noch kürzer, meinetwegen, also genial ist natürlich Qualifizierung und am Tag danach kann ich das System nutzen. [...] So knapp wie möglich und so nah wie möglich am Einführungszeitpunkt. Aber das liegt meistens an der Kapazität von Trainern, von Räumen, von Betreuern, die man sonst noch braucht, von dem Schulungssystem [...] und von den Leuten selber." (GAMMA 2006a)*

> *„Wir hatten auch Qualifizierungen, die nicht am Stück gelaufen sind, weil das teilweise 10, 11, 12 Tage Qualifizierung ist. Das macht keinen Sinn, das am Stück zu machen. Und da wäre dann die Zielsetzung die, dass der Abschluss, also das ist über'n längeren Zeitraum, 2, 3 Monate gelaufen, dass der Abschluss halt dann möglichst nah am Einführungszeitpunkt liegt." (GAMMA 2006a)*

> *„Wir haben festgestellt, es bringt den Endanwendern nichts, drei Monate vor „go live" zu schulen. Das machen wir sehr zeitnah vor dem Produktivsetzungstermin." (DELTA 2006b)*

Auch aus einem anderen Blickwinkel ist eine möglichst zügige und simultane Qualifizierung der Anwender wünschenswert: Laut SCHENK (2002, S. 226) muss schnell eine kritische Masse an ausgebildeten Anwendern erreicht werden, um die Akzeptanz und Nutzung des neuen Systems sicherzustellen. Innovationen werden nämlich dann gut angenommen, wenn viele Kontakte zu Personen bestehen, die die neue Technologie bereits nutzen (Schenk 2002, S. 226; Schenk et al. 1997). Andererseits hat eine frühzeitige Schulung der Anwender den Vorteil, dass dann genügend Zeit zum Lernen zur Verfügung steht (Kohnke 2005, S. 19).

Laut EULER (1994, S. 471) beginnen Qualifizierungsmaßnahmen jedoch erst mit oder sogar nach der Einführung von Informationstechniken oder veränderten arbeitsorganisatorischen Regeln. Dies erzeugt einen Zeitdruck für Weiterbildungsmaßnahmen, wodurch neben Stress auch Verunsicherung hervorgerufen werden kann. Ein Hauptgrund für die „verspätete" Anwenderqualifizierung ist häufig, dass zum Zeitpunkt der Systemeinführung („Go Live") das System noch nicht seinen endgültigen Zustand erreicht hat. Oftmals werden nach Inbetriebnahme der Unternehmenssoftware noch Änderungen am Code oder an der Oberfläche vorgenommen. Dies führt zu Verzögerungen bei allen qualifizierungsrelevanten Aktivitäten: Schulungsmaßnahmen für Anwender, Schulungen für Key User, Produktion von Dokumentationen, Bereitstellung eines Schulungssystems. Der bei GAMMA für die IT-Qualifizierung Verantwortliche schildert seine schlechten Erfahrungen:

> *„Also was mir immer am schlimmsten vorkommt oder was uns am meisten bei der Arbeit behindert, [ist], dass die Entwicklung der SAP-Systeme doch fast nie in dem Zeitraum fertig wird, wie es eigentlich prognostiziert ist. Also dass bis kurz vor Schluß und zum Teil auch darüber hinaus immer noch Änderungen sind, und zwar zum Teil massiver Art. [...] Und das heißt für uns jetzt immer, dass wir einfach bei der Produktion der Unterlagen von der Konzeption von auch bis hin zur Einladung der Teilnehmer, [...] da werden wir die ersten fünf Kurse gleich wieder verschieben müssen. [...] Gut, jetzt möchte ich nicht sagen, dass klassische Projekte da anders laufen, aber durch die Möglichkeiten im SAP kann ich heut eigentlich schon noch relativ schnell grundlegende Dinge ändern [...] und das wird auch häufig genutzt [...]. Für die Endanwender ist es auch oft noch so, dass dann noch nicht alles klar ist und sie müssen halt immer einplanen, ja da müssen halt doch noch Refresher[kurse] hinterher [...].“ (GAMMA 2006a)*

3.2.2.3 Inhaltliche Fokussierung

Die Frage danach, was in Weiterbildungsmaßnahmen gelernt werden soll, ist in der pädagogischen und bildungsökonomischen Forschung der letzten Jahre zu Gunsten der Frage nach Lernformen und Methoden (Schiersmann et al. 2001, S. 29) in den Hintergrund geraten (BMBF 2004c, S. 45).

Aus sozialpädagogischer Sicht ist Wissen lediglich die Basis, um anspruchsvollere Stufen im Lernprozess zu erreichen. Das Wissen um eine Anwendungssoftware (knowledge) ist die Voraussetzung, um diese zu verstehen (comprehension). Verstehen wiederum kann als eine Bedingung für die richtige Anwendung der Software in der täglichen Arbeit (application) verstanden werden (Huitt 2004). Wird die Softwarenutzung auf neue Aufgabenstellungen übertragen (analysis), und ist der Mitarbeiter fähig, die Software zusammen mit anderen Hilfsmitteln zu neuen Werkzeugen zu kombinieren (synthesis), kann er sich letztlich wertend über den Nutzen der Software äußern (evaluation). Wie bei den einleitenden Begriffsdefinitionen bereits angesprochen wurde, ist der Begriff der Qualifikation enger als der Bildungsbegriff und wird aus der Sicht eines externen Bedarfs (z.B. einer Stellenbeschreibung oder einer konkreten Arbeitsaufgabe), weniger aus der Perspektive der internen Möglichkeiten des Mitarbeiters bestimmt (Kirchhöfer 2004, S. 66 f.). Bezogen auf Informationstechnik sind also IT-Qualifikationen die für eine ganz bestimmte Aufgabe notwendigen Kenntnisse und Fähigkeiten, z.B. die notwendigen Kenntnisse über eine ERP-Software, um eine Bestellung bei einem Lieferanten zu tätigen.

Lernziele und -ergebnisse in der Endanwenderqualifizierung können, mit Bezug auf Erkenntnisse aus der Psychologie, in skill based, cognitive, affective und meta-cognitive eingeteilt werden (Gupta/Bostrom 2006, S. 173; Carroll/Rosson 1995). GUPTA/BOSTROM (2006, S. 173) stellen übersichtlich die wichtigsten Lernziel-/inhaltsmodelle in der IT dar. Besondere Bedeutung für diese Arbeit besitzt das Modell von COULSON (2003), da es gezielt auf Trainingsmaßnahmen für ERP-Systeme fokussiert. Tabelle 7 stellt die sechs Stufen („knowledge levels“) von Wissen dar, das in ERP-Trainings vermittelt werden kann, wobei die sechste Ebene die umfassendste Wissensebene darstellt (Coulson et al. 2003, S. 87f.). Die Ebenen 1 und 2 repräsentieren „skill based“ Lernziele, Ebene 3 und 4 „cognitive“, Ebene 5 „affective“ und Ebene 6 „meta-cognitive“ Lernziele (Gupta/Bostrom 2006, S. 174).

Knowledge Level		Focus	ERP System Focus
1	Command Based	Syntax and semantics	Learning the nuances of the system interface
2	Tool Procedural	Combining commands to complete tasks	Learning the steps to enter and recall transaction data
3	Business Procedural	Application of tool procedures to a task	Learning to complete an entire business process (i.e., procurement)
4	Tool Conceptual	The big picture of what to do with the tool	Understanding workflow of the whole process and the organizational impacts
5	Business Motivational	Reason to use	Business purpose of the system (i.e., integration, competitive necessity)
6	Meta-Cognition	Learning to learn	continuous learning cycle - ways to approach learning the system

Tabelle 7: Outcome-Level im ERP-Training (Quelle: Coulson et al. (2003, S. 88) in Anlehnung an Sein et al. (1999))

Typisches ERP-Training fokussiert meistens auf die ersten beiden Stufen (command based und tool procedural), manchmal auch auf Stufe 3 (business procedural). Die Stufen 1 und 2 werden in der Praxis oft abschätzig „Klick-Schulungen“ genannt, unter „Prozessschulungen“ wird oft die Vermittlung von Wissen der Ebene 3 verstanden. In manchen Fällen ist die Vermittlung derartiger Kenntnisse ausreichend für den „normalen“ Anwender, wie DELTA (2006c) berichtet:

„Also wirklich Handwerkszeug und nicht ERP-Konzepte, „Big picture“ und so. Da sind die Sachbearbeiter zu weit weg von. Das brauchen die gar nicht. Die sind damit zufrieden, wenn sie wissen, wie sie sich das Leben mit SAP leichter machen können.“ (DELTA 2006c)

„Wenn er weiß, wie dieser Beleg weiterverarbeitet wird, weil es nicht sein Aufgabengebiet ist, wäre es hilfreich, ist aber nicht absolut notwendig.“ (DELTA 2006b)

SEIN ET AL. (1998) fordert hingegen, nicht nur „skill-focused“ zu trainieren, sondern möglichst alle Ebenen abzudecken (Patterson/Putz 1998)[31]. Eine ähnliche Forderung stellt BUNGARD (2005, S. 12) auf: Die Inhalte von Qualifizierungsmaßnahmen sollten sich nicht auf funktionale Aspekte beschränken, die sich auf einen begrenzten Bereich des Mitarbeiters beziehen. Aus seiner Sicht sind für das Gesamtverständnis und die Akzeptanz des Systems sog. „extrafunktionale Informationen“ wichtig, wobei BUNGARD auf die COULSON-Ebenen ab „tool conceptual“ (Ebene 4) und höher Bezug nimmt. Die Mitarbeiter sollen frühzeitig erfahren, wie das ERP-System funktioniert, welche Abhängigkeiten innerhalb der Organisation bestehen und von welchen individuellen Verhaltensweisen der Erfolg abhängt (Bungard 2005, S. 12).

„Also, was ich immer unheimlich wichtig fand – und das war auch das, wo die Leute eigentlich ein großes Problem hatten, als sie von R/2 nach R/3 kamen – diesen Gesamtüberblick zu haben, um zu wissen, wie Prozesse ineinander verhakt sind. Zu wissen, wenn

31 Dies gilt nicht nur für ERP-Training, sondern für IT-Training im Allgemeinen (Olfman et al. 2003, S. 76).

ich links etwas mache, was das rechts für Auswirkungen hat. Und das Ganze wirklich komplett über den Gesamtprozess zu betrachten. Sich lösen von der einfachen Tätigkeit, die ich habe und die ich routinemäßig ausführe, dahin, wo andere nachher Probleme haben könnten. [...]Weil die Leute sind natürlich nur fokussiert auf ihre Tätigkeit und die interessiert das erstmal gar nicht, welche nachgelagerten Stellen nachher Probleme im Prozess haben." (ALPHA 2006c)

„Das [Wichtigste] ist dieses integrierte SAP-System und dieses „über den Tellerrand hinaus"-Denken. Was gebe ich in diesem Feld ein, das eigentlich für meinen Job unwichtig ist, ich muss es aber dennoch eingeben. Aber wo spielt dies genau eine Rolle? Und nur wenn ich das einem Mitarbeiter vermitteln kann, diese ganzen Schnittstellen, dann gibt er das Ganze auch in einer höheren Qualität ein." (ALPHA 2006a)

Integratives Anwenderwissen ist deshalb wichtig, da Unternehmenssoftware die Eigenschaften von „mandated technology" aufweist (Brown et al. 2002). Da über die Software viele Mitarbeiter in ihren zentralen Arbeitsaufgaben miteinander vernetzt sind, ist es unerlässlich, vor- und nachgelagerte Schnittstellen genau zu kennen. Andere Mitarbeiter sind von der fehlerfreien Ausführung der IT-gesteuerten Geschäftsprozesse abhängig. Entscheidend ist auch laut BIT (1996b, S. 82) das sog. „Organisationswissen", also das Wissen darüber, wo die vom Benutzer benötigten Informationen herkommen und wo die selbst eingegebenen Daten gewöhnlich hinfließen. Dies entspricht Ebene 4 des Modells. Gerade in hochintegrierten Anwendungssystemen stellt dies eine wichtige Forderung an den Qualifizierungsplan, denn die Einbettung der eigenen Aufgaben in den Gesamtkontext der betrieblichen Abläufe ist nicht nur eine Forderung der Arbeitspsychologie, sondern eine Voraussetzung zur Kooperation im Unternehmen und zur Weiterentwicklung des Systems.

Kenntnis über den Einsatzzweck der Unternehmenssoftware („reason to use") trägt dazu bei, die Motivation des Anwenders zu steigern. Ist ihm bewusst, was das System für den Mitarbeiter, seine tägliche Arbeit und das Unternehmen als Ganzes leisten kann, so wird die Sinnhaftigkeit des Softwareeinsatzes deutlich (Gupta/Bostrom 2006, S. 174). SCHERER/SCHAFFNER (2003, S. 179) schlagen vor, im Rahmen regelmäßiger Mitarbeiterinformationen grundlegende Informationen über Sinn und Zweck von SAP-Einführungen zu vermitteln sowie Ziele und Termine des Projektes bekannt zu geben. Werden überfachliche Kompetenzen in das Zielsystem aufgenommen, so ist beispielsweise der „Abbau affektiver Barrieren gegenüber den neuen Technologien [...]" zu erwähnen (Heeg/Hornung 1987; Euler 1994, S. 459), also der Versuch, eine positive Haltung des Mitarbeiters gegenüber der Software aufzubauen. Diesem auf der affektiven Ebene angesiedelten Lernziel muss laut SEIN (1987) und GUPTA/BOSTROM (2006, S. 174) mehr Aufmerksamkeit geschenkt werden. Laut DELTA (2006c) ist hier vor allem Überzeugungsarbeit gefragt:

„Es war viel Überzeugungsarbeit, weil manche sich zum Beispiel wohl in der alten Anwendung gefühlt haben, die wussten, wie es funktioniert." (DELTA 2006c)

Meta-kognitives Wissen ist Wissen über den eigenen Informationsverarbeitungs- und Lernprozess. Auf der individuellen Ebene gehört Selbstvertrauen zu den am häufigsten untersuchten beeinflussenden Variablen (Gupta/Bostrom 2006, S. 174). Nur durch den Aufbau von Selbstlernkompetenz können die Anwender die große Menge an Systemfunktionalität eigenständig erfassen:

„Sie können ja nicht jede Transaktion im Detail erklären, sondern es wird immer repräsentativ eine für x andere gemacht. Den Bezug muss man dann halt herstellen und dann gibt's die entsprechende Übung [...]. Diese Transferleistung sollten sie dann schon erbringen können. Oder auch im SAP gibt's eine Fragezeichenfunktion oder: wo liegt eine Dokumentation oder: wo kommt man per OSS zur Direktabfrage dann bei SAP, solche Dinge sind dann schon mit drin." (GAMMA 2006a)

Die verschiedenen COULSON-Wissensebenen werden laut GAMMA zu unterschiedlichen Phasen im gesamten Qualifizierungsprozess eines Anwenders wichtig:

„Also wenn ich jetzt was sagen würde, würde ich sagen der Fokus liegt zu unterschiedlichen Zeitpunkten auf unterschiedlichen Punkten. [...] Wichtig sind alle. Das Thema Motivation, Nutzen wird vermutlich eher am Anfang stehen der Qualifizierungsmaßnahme, sei es über eine Kommunikation, sei es über Change Management Maßnahmen, wie auch immer, genauso das Thema „Big Picture", wird eher am Anfang wahrscheinlich stehen und dann geht's hin über Geschäftsprozesse, die einzelnen Transaktionen, wie gehe ich mit der Oberfläche um und am Schluss sind „wie komm ich dann nachher auch mal zu 'ner Selbsthilfe, zu einer Anwenderdokumentation, zu Benutzerhilfen" und, und, und [...]" (GAMMA 2006a)

Die tatsächlich erreichten Wissens-Level können nur auf der Ebene des einzelnen Mitarbeiters (Individuums) oder einer kleineren Gruppe sinnvoll erhoben werden (Coulson et al. 2003). Auf der Ebene der unternehmensweiten Regelungen ist dagegen interessant, welche Level prinzipiell angestrebt werden und damit Eingang in das Design der jeweiligen Qualifizierungsmaßnahmen finden sollten.

3.2.2.4 Methodische Grundausrichtung

Ziel dieser Untersuchung ist es, grobe Tendenzen in der Wahl bestimmter Qualifizierungsmethoden im Kontext Unternehmenssoftware auszumachen, also die „methodische Grundausrichtung" von Unternehmen oder Gruppen von Unternehmen. Es wird keineswegs der Anspruch erhoben, methodische Entscheidungen auf der individuellen Ebene des einzelnen Mitarbeiters nachzuzeichnen. Es ist nämlich unstrittig, dass der individuelle Lernstil jedes Mitarbeiters ein entscheidender Faktor bei der Auswahl einer passenden Qualifizierungsmethode ist (Blumstengel 1998, S. 216; Olfman et al. 2003, S. 79f.).

Unter Methoden versteht man in der Weiterbildung Werkzeuge, die im Unterricht eingesetzt werden und dort wirksam werden sollen (Peterßen 1999, S. 8). Gemäß der wörtlichen Bedeutung („Nachgehen", „der Weg zu etwas") kann eine Methode als Lehr- oder Lernweg verstanden werden (Adl-Amini 1993, S. 84). Das Spektrum von Methoden in der Aus-/Weiterbildung ist schier unbegrenzt, allein das „kleine" Methodenlexikon von PETERßEN (1999) beschreibt 114 Unterrichtsmethoden. In der Weiterbildungsforschung hat die Methodendiskussion neuen Schub bekommen durch Konzepte wie „informelle, arbeitsintegrierte, selbstgesteuerte und gruppenbezogene Lernprozesse" (Schiersmann et al. 2001, S. 8). Im IT-Umfeld taucht dieselbe Frage unter dem Stichwort „arbeitsprozessorientierte Weiterbildung in der IT (APO-IT)" auf (Fraunhofer Institut für Software- und Systemtechnik 2005; BMBF 2002; Rohs/Mattauch 2001; Balschun/Vock 2006).

Es existieren verschiedene Systematisierungen von Methoden, z.B. in ADL-AMINI (1993) oder PETERßEN (1999). Abbildung 17 liefert einen Überblick von ROHS/MATTAUCH (2001, S. 53) über die gängigen Methoden der Aus- und Weiterbildung, die hinsichtlich Labor- oder Realumgebung und Selbst- oder Fremdorganisation eingeteilt sind. Grau hinterlegt sind diejenigen Methoden, die im Folgenden genauer beschrieben werden.

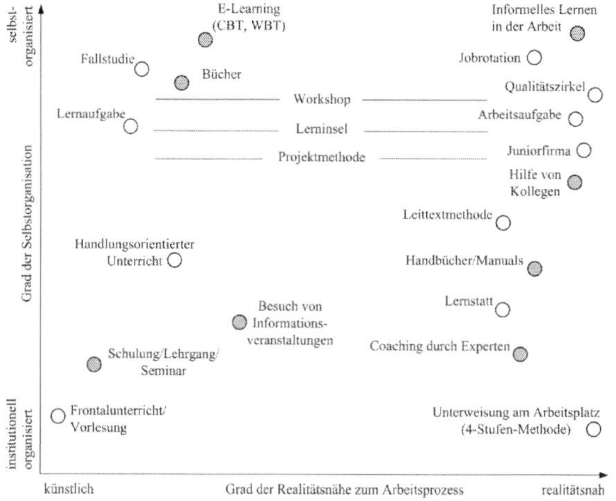

Abbildung 17: Methoden der Aus- und Weiterbildung (Quelle: in Anlehnung an Rohs/Mattauch (2001, S. 53))

Bei der Frage, ob bestimmte Lehr-/Lernmethoden anderen überlegen sind, ist sich die Wissenschaft uneinig. In der Literatur wird dieser Aspekt bislang vor allem vor dem Hintergrund lerntheoretischer Überlegungen diskutiert (Hutzschenreuter 2005, S. 575). Von einer Neutralität der Methoden geht HUTZSCHENREUTER (2005) aus, der keinen großen Nutzenunterschied („no significant difference") zwischen verschiedenen Realisierungsformen von Qualifizierungsmaßnahmen erkennt. Zu einem ähnlichen Ergebnis kommen ARTHUR ET AL. (2003). Jüngstes Beispiel der Diskussion ist die im Oxford-Stil geführte Online-Debatte des ECONOMIST zum Thema „Effectiveness of Technology Does new technology add to the quality of education?" (Economist 2007).

LEHNERT (1997, S. 362ff.) überträgt einige Methoden auf den Fall der EDV-Weiterbildung, wobei er insbesondere auf die mündliche Schritt-für-Schritt-Instruktion, die Unterweisung direkt am Computer, Instruktionsblätter zur Selbsterarbeitung und Übungen in Partner- oder Gruppenarbeit eingeht (Schenk 2002, S. 205f.). Prinzipiell können in der Unternehmenssoftware-Anwenderqualifizierung alle bekannten Methoden zum Einsatz kommen. Bei ERP-Einführungen wird oft geregelt, dass die Anwender „Anspruch auf eine entsprechende Qualifizierung" haben, die anzuwendende Methodik wird jedoch nicht festgeschrieben:

> *„Die [...] Vermittlung der notwendigen Kenntnisse kann [...] durch den Besuch einer Schulung oder durch Training on the job erfolgen. [...] Auch im laufenden Betrieb soll den Anwenderinnen und Anwendern eine Weiterqualifizierung ermöglicht werden. Dies kann beispielsweise durch Schulungen, Inhouse-Seminare oder durch einen moderierten Anwendererfahrungsaustausch erfolgen (Amtsblatt Schleswig-Holstein 2006).*

Im Folgenden sollen die Qualifizierungsmethoden hinsichtlich der im Unternehmen verfolgten Wissenstransferstrategie (Wahl 2003, S. 24) eingeteilt werden. Es werden die aus dem Wissensmanagement bekannten Strategien Kodifizierung und Personalisierung auf die IT-Anwenderqualifizierung übertragen. Diese Differenzierung hilft, die methodische Grundausrichtung „Anwenderqualifizierung mittels Medien/Materialien vs. mittels Menschen" darzustellen. In den Gesprächen der Vorstudie wurde deutlich, dass sich die Weiterbildungsverantwortlichen gerade bei dieser Frage äußerst schwer tun. Das zugrunde liegende Problem haben KEMPER/JAHNKE (2002, S. 4) skizziert: Zwar stellt jede Art von Aus- und Weiterbildung nicht zuletzt durch Verwendung geeigneter Schulungsunterlagen eine Externalisierung von Wissen dar, doch kann nie auf die Fähigkeiten von Dozenten/Lehrern verzichtet werden. Wissen über komplexe Tatbestände (z.B. hochintegrierte Unternehmenssoftware) ist nicht vollständig explizierbar und kodifizierbar.

1. Die Kodifizierungsstrategie zielt auf den Aufbau (computergestützter) Wissensbasen ab (Hansen et al. 1999, S. 88; Wahl 2003, S. 25). Persönliches Fachwissen wird zentral gespeichert und strukturiert, um es mehreren Individuen der Organisation zugänglich zu machen. Da die Kodifizierung eine Explizierung bedingt, zielt die Kodifizierungsstrategie auf explizierbares Wissen ab. Dies entspricht einer kognitivistischen Sichtweise, in der Wissen stets explizit, nicht an Personen gebunden und daher grundsätzlich kodifizier- und übertragbar ist. Durch Multiplikation des kodifizierten Wissens kann es an alle Aufgabenträger weiterverteilt werden. Nur durch eine häufige Wiederverwendung „rechnen" sich die Investitionen in den Aufbau und die Pflege der Wissensbasen. Die Kodifizierungsstrategie stößt an ihre Grenzen, wenn implizites Wissen übertragen werden soll, da gerade die persönliche Kommunikation fehlt (Wahl 2003, S. 25). Bezogen auf die Anwenderqualifizierung, werden im Folgenden einer auf Kodifizierung ausgerichteten Anwenderqualifizierung Medien wie Bücher, Handbücher/Anleitungen und E-Learning-Produkte zugeordnet.

2. Bei der Personalisierungsstrategie steht der Dialog zwischen den am Wissenstransfer beteiligten Menschen im Mittelpunkt (Hansen et al. 1999, S. 86). Die Personalisierungsstrategie zielt auf den Transfer impliziten Wissens ab, wozu Methoden der Sozialisation wie Beobachtung, Nachahmung oder Teilnahme verwendet werden, oft unterstützt durch Mentoren oder beratende Experten (Wahl 2003, S. 25). Die Personalisierungsstrategie entspricht einer konstruktivistischen Forschungsperspektive, die das personengebundene, schwer artikulier- und kodifizierbare implizite Wissen hervorhebt. Auch bei der Personalisierungsstrategie kann IT zum Einsatz kommen, allerdings besteht ihre Aufgabe darin, einen geeigneten Wissensträger ausfindig zu machen und die Interaktion zu fördern. Bezogen auf die Anwenderqualifizierung übernehmen beispielsweise Dozenten, Kollegen oder IT-Experten die Wissensvermittlung, die durch Schulungen (intern/extern), die Hilfe von Kollege zu Kollege oder durch professionelles Coaching geschehen kann.

Bei den beiden beschriebenen Strategien handelt es sich um Extrempunkte eines Kontinuums verschiedener Kombinationsmöglichkeiten (Wahl 2003, S. 26). Es ist keine Entweder-Oder-Entscheidung zu treffen, sondern es lassen sich beide Formen des Wissenstransfers gleichzeitig einsetzen. Tabelle 8 fasst die beiden Wissenstransfer-/Qualifizierungsstrategien zusammen.

Wissenstransferstrategie	Kodifizierungsstrategie	Personalisierungsstrategie
Betonung	Explizites Wissen	Implizites Wissen
Gegenstand	Bereitstellung und Austausch kodifizierten Wissens	Interpersoneller Wissensaustausch
Ziel	Nutzung bereits im Unternehmen vorhandenen Wissens	Generierung neuen Wissens im Zuge der Lösung komplexer Probleme
Forschungsperspektive	Kognitivismus	Konstruktivismus
Methoden der IT-Anwenderqualifizierung (in dieser Untersuchung)	Bücher, Handbücher/Anleitungen, E-Learning-Produkte	Schulungen (intern/extern), Unterstützung durch Kollegen, Coaching

Tabelle 8: Kodifizierungs- und Personalisierungsstrategie (Quelle: in Anlehnung an Wahl (2003, S. 24))

In den folgenden Unterkapiteln werden die in dieser Erhebung analysierten Qualifizierungsmethoden kurz beschrieben.

3.2.2.4.1 Präsenzschulungen/Seminare

Obwohl der Begriff „Schulung“ in keiner Abhandlung zum Thema Weiterbildung/ Qualifizierung fehlt, existiert keine offizielle Definition. Eine Schulung ist laut Lexikon die „Übung, Ausbildung in einer Fertigkeit“. Analoge Begriffe sind Lehrgang, Seminar, Klassenzimmerschulung oder Kurs. Konstituierende Kennzeichen von Schulungen sind (vgl. Köhne 2005, S. 8):

1. Kommunikationsform one-to-many
2. Präsenzlernen (face-to-face)
3. abhängig von Ort und Zeit (synchron)

Entscheidend ist zudem, dass den Lernenden das Wissen in einem vom Arbeitsalltag getrennten Raum vermittelt wird (Scherer/Schaffner 2003, S. 176), d.h. die strikte Trennung zwischen Lern- und Funktionsfeld. Man unterscheidet zwischen internen und externen Schulungen. Unterscheidungsmerkmal ist nicht der Lernort als räumlich-soziale Gegebenheit (Kirchhöfer 2004, S. 74f.), sondern ob die Maßnahme vom Unternehmen selbst organisiert und vom eigenen Personal durchgeführt wird (intern), oder ob ein Dritter[32] damit beauftragt wird (extern). Es handelt sich in beiden Fällen um sog. „klassische Weiterbildungsmaßnahmen“, manchmal auch als „Weiterbildung im engeren Sinne“ bezeichnet (Martin/Beherends 1999, S. 6ff.). Unternehmen weiten laut MICHEL (2004, S. 26ff.) den Anteil der firmeninternen Bildungsmaßnahmen zunehmend aus. „Der Trend, externes Know-how einzubinden, hat sich im Jahr 2001 erheblich abgeschwächt. Firmeninterne Maßnahmen überwiegen den Anteil offener Seminare inzwischen im Verhältnis 3:1“ (Graf 2004, S. 139). Es ist unüblich, dass Anwender von Unternehmenssoftware auf externen Schulungen direkt beim Hersteller qualifiziert werden (Scherer/Schaffner 2003, S. 176):

> *„Natürlich kann man auf eine ganz normale SAP-Schulung gehen, da weiß ich aber selber nicht mehr, was meine letzte war. Ich würde sagen, dass die SAP-eigenen Schulungen so weit weg von der Realität im Betrieb sind, dass wir davon eigentlich mittelfristig abgekommen sind, an SAP Geld zu entrichten.“ (ALPHA 2006b)*

Wenn die externen Projektpartner relativ stark in die Systemeinführung eingebunden waren, können externe Schulungen auch Vorteile gegenüber internen aufweisen:

---

32 z.B. ERP-Hersteller, Bildungsdienstleister, Beratungshäuser, Systemhäuser, Freelancer usw. Vgl. zum Partnerkonzept VON ARB (1997, S. 56ff.).

„[...] Wir haben bei einem Projekt einen externen Berater, er erstellt dann auch vielleicht die Schulung mit und führt die Schulung auch konkret auf unserem System (auf den speziellen Schulungsmandanten) durch. Ich glaube, dass es häufiger ist, dass es der externe Partner tut. – Aber dann muss er Ihr Geschäft und Ihre Besonderheiten im System schon gut kennen? – Ja, aber das hat er kennen gelernt, er hat immer mit uns was entwickelt und er weiß ja dann auch genau, warum wir es jetzt so und so entwickelt haben. Er weiß, was für Abläufe dahinter stehen und was muss er dem Endanwender erzählen. [...] Ich würde schon sagen, es macht häufig der Externe, weil er auch der Spezialist für Rückfragen zu dem Modul ist. Meistens ist für die internen Mitarbeiter das Modul auch noch relativ neu, selbst wenn sie beim Projekt mitgearbeitet hatten." (DELTA 2006b)

Folgende Ausschnitte aus den Gesprächen mit BETA und DELTA zeigen hingegen, dass interne Schulungen deutliche Vorteile gegenüber externen haben können. Vor allem die Möglichkeit, auf (auch sensible) firmeninterne Geschäftsvorfälle, Projekte usw. eingehen zu können, wird von den Anwendern geschätzt:

„Hätten Sie etwas dagegen, wenn ich Ihre Projekte zeige?". Ich kenne seine Projekte. Ich kenne auch Projekte, die in die Hose gegangen sind. Ich zeige auch solche her und stelle ihn nicht an die Wand, sondern das ist ein Beispiel. Ich zeige, wo man aus dem SAP-Zahlenwerk was erkennen kann und wie man frühzeitig was verhindern kann. Und [...] da kriege ich hinterher oft mit, „Mensch, das, was Sie gemacht haben, das ist so praxisbezogen". Eben weil ich nicht was aus der Schulung mache, sondern das Tagesgeschäft, das, was die Leute betrifft." (BETA 2006a)

„Denn jedes Unternehmen, wir auch, macht viel Customizing, viel Anpassung an die konkreten Unternehmensanforderungen, und das können die [externen Dozenten] einfach nicht wissen, wie das ausschaut. Das ist auch nicht der Anspruch, dass sie es auch wissen müssen, sondern die [externen Dozenten] würden wir eher nehmen, wenn Einzelpersonen Basis brauchen, um in dem Projekt mitzuarbeiten, aber für mehr eher nicht." (DELTA 2006c)

Auf eine andere Problematik von externen, im Speziellen vom Hersteller durchgeführten Schulungen, geht BETA (2006a) ein. Den Schulungsteilnehmern wird eine umfangreiche Funktionsvielfalt „versprochen", welche sich in den seltensten Fällen in der jeweiligen betrieblichen Situation umsetzen lässt („functions and capabilities surplus" (Gómez et al. 2003, S. 329)).

„Ich habe auch schon mal Bedenken gehört, dass in den Schulungen so ein bisschen Flausen in Kopf gesetzt werden. – Richtig. „SAP kann alles." - Und da kommen die Leute zurück und sagen: „So will ich es, warum machen wir es nicht so?". (BETA 2006a)

Im Kontext Unternehmenssoftware führen 95% im Rahmen einer Erhebung befragten SAP-anwendenden Unternehmen Anwender-/Transaktionsschulungen durch (i2s GmbH 2002, S. 11). Die besondere Bedeutung der Methode „Schulung" im Kontext Unternehmenssoftware spiegelt sich u.a. in der Tatsache wider, dass die steuerliche Behandlung der damit zusammenhängenden Aufwendungen explizit geregelt ist: Aufwendungen für die Anwenderschulung werden bei Unternehmen in Deutschland sofort als Betriebsausgaben abgezogen, also nicht als Anschaffungsnebenkosten gemäß § 255, Abs. 1 HGB zur ERP-Software aktiviert. Schulungen, die das Einführungsprojektteam im Rahmen der ERP-Einführung benötigt, werden als Anschaffungsnebenkosten aktiviert (Bundesministerium der Finanzen 2005, S. 5; BITKOM 2005). Laut SCHERER/SCHAFFNER (2003, S. 176) ist die „Klassenzimmerschulung“ eine der am häufigsten im betrieblichen Umfeld zum Einsatz kommenden Methoden.

3.2.2.4.2 Coaching

„Coaching“ als relativ neue Form der betrieblichen Weiterbildung bedeutet individuelle Lernbetreuung eines Individuums. Unter der Bezeichnung „Supervision am Arbeitsplatz oder Coaching“ wurde es 2005 erstmals in das Berichtssystem Weiterbildung aufgenommen (BMBF 2005a, S. 52). Es handelt sich um eine organisierte Lehr-Lern-Form, die am Arbeitsplatz stattfindet („on the job“) (Mandl et al. 2004, S. 47; Schüßler 2004, S. 11). „Unter Coaching wird die Begleitung und Betreuung von Einzelnen oder Teams in der Wirtschaft und anderen Organisationen durch einen ausgebildeten Coach verstanden.“ Dabei können sowohl Fach- als auch Führungs-, ethische, Selbstreflexions- und Sozialkompetenz im Mittelpunkt stehen (Mandl et al. 2004, S. 53). Im Vergleich zum ähnlichen Mentoring-Konzept fokussiert Coaching stärker auf die Arbeitsprozesse, während Mentoring thematisch breiter und längerfristig angelegt ist. Coaching ist ein Element des cognitive apprenticeship Ansatzes (Blumstengel 1998, S. 192) und stellt eine Art Hilfe zur Selbsthilfe dar (Gärtner 2003, S. 23; BMBF 2002, S. 77).

Die hohe Akzeptanz von Coaching lässt sich u.a. dadurch erklären, dass standardisierte Bildungsprodukte im Sinne des „Leistungsgeschäfts“ der Bildungsanbieter (Bernecker 2000) den Anforderungen einer zunehmend individualisierten Weiterbildungsnachfrage nicht gerecht werden (Michel 2004, S. 27). Entsprechend sind Leistungen wie Lernberatung und Coaching bei den Weiterbildungsanbietern in den Vordergrund gerückt (BMBF 2006b, S. 627). Dies gilt auch für das Schulungs- und Supportspektrum der Unternehmenssoftwarehersteller (Eggert/Schmid 2006). Allerdings übersteigen die Kosten für Coaching das durchschnittliche Weiterbildungsbudget von Arbeitnehmern in Deutschland deutlich (Michel 2004, S. 28). Dies ist wahrscheinlich ein Grund dafür, dass Coaching 2003 nur bei einer Minderheit der Betriebe (Bundesdurchschnitt: 6%) zum Einsatz kam (BMBF 2005a, S. 54). Ansätze zur Effizienzsteigerung sind beispielsweise in Communities of practice und in der IT-Unterstützung des Coachingprozesses zu sehen (Rudolph et al. 2005). Aus personalwirtschaftlicher Sicht kann Coaching in allen Phasen des betrieblichen oder stellenbezogenen Lebenszyklus sinnvoll eingesetzt werden (Graf 2001, S. 30). Eine Übersicht über den Coachingmarkt im deutschsprachigen Raum liefert SCHIEDE (2003).

Im Kontext Unternehmenssoftware bedeutet Coaching, dass ein Trainer die Endanwender am Arbeitsplatz besucht und sie am Produktivsystem bei der Beantwortung konkreter Fragen und liegen gebliebener Problemfälle unterstützt (i2s GmbH 2002, S. 10). SCHERER/SCHAFFNER (2003, S. 182) sprechen von „Floorwalking“. In einer empirischen Erhebung unter 38 SAP-anwendenden Unternehmen ergab sich ein Anteil von 68% der Unternehmen, die auf diese Methode der Endanwenderqualifizierung setzen (i2s GmbH 2002, S. 11). Auch bei der IT-Fachkräftequalifizierung spielt Coaching eine zentrale Rolle (BMBF 2002; Rohs/Mattauch 2001; Scholz 2000). Vom IT-Beratungsansatz unterscheidet sich Coaching insofern deutlich, dass im zweiten Fall der Know-how-Transfer im Vordergrund steht, während im ersten Fall die Implementierung einer Softwarekomponente Ziel der Interaktion ist (von Arb 1997, S. 190f.). Coaching unterscheidet sich vom Key User Ansatz dahingehend, dass IT-Experten, vorwiegend aus der IT-Abteilung, involviert sind. Key User hingegen sind IT-versierte Ansprechpartner, die aus der Fachabteilung stammen (Mohr et al. 2006).

Insbesondere nach der Produktivsetzung der Unternehmenssoftware ist Coaching als Methode der Anwenderweiterbildung von besonderer Bedeutung (i2s GmbH 2002, S. 18). FELTER (2002, S. 24) nennt als Gründe hierfür, dass nach dem Rollout eher Ad-Hoc-Trainingsbedarf bestehe (zusätzliches Training, Re-Training, Optimierungsbedarfe). Ein Beispiel für Coaching im Rahmen von Re-Training nennt DELTA (2006c):

> *„Nachqualifizierung bestehender Mitarbeiter wegen Defiziten gibt es, wird aber dann weniger über Schulungen gelöst, sondern ein Erfahrener setzt sich mit dem dann zusammen und die gehen die konkreten Fragestellungen [...], wo läuft es nicht so gut. Also Coaching-Ansatz, wenn es kein Mengenthema ist und nicht eine große Menge von Mitarbeitern das gleiche Problem hat." (DELTA 2006c)*

Auch für sporadische Anwender der Unternehmenssoftware stellt Coaching ein sinnvolles, weil flexibles Qualifizierungsmedium dar (Bezanson 1995, S. 7). Dass Coaching allerdings auch dann sinnvoll ist, um bestimmte Anwender sehr schnell zu qualifizieren, betont (DELTA 2006c):

> *„Die Frage ist: Wie kriegt man jemanden schnell produktiv? Wenn man sehr aufwändig schult (eins-zu-eins oder eins-zu-zwei), kriegt man die Menschen schneller produktiv." (DELTA 2006c)*

3.2.2.4.3 Unterstützung durch Kollegen

GALLIVAN ET AL. (Gallivan et al. 2005, S. 155) betonen die Wichtigkeit sozialer Kontextfaktoren für die Akzeptanz von IT bei Anwendern. Sie argumentieren, dass die Aneignung von IT-Wissen kein individuelles Phänomen ist, sondern durch die Gruppe, die Abteilung und die gesamte Organisation beeinflusst wird. Unter Bezug auf LEVITT/MARCH (1988) sprechen sie von „broader ecologies of learning". NELSON/CHENEY (1987) haben in einer Studie herausgefunden, dass direkte Kollegen als die qualitativ hochwertigsten und am häufigsten frequentierten Anlaufstellen bei IT-Fragen wahrgenommen werden. Demgegenüber sei formales IT-Training weder notwendig noch hinreichend für die erfolgreiche Adoption und Nutzung von IT. Dass das soziale Umfeld von Endanwendern auch negativen Einfluss ausüben kann, haben GALLETTA ET AL. (1995) gezeigt: Negative Kommentare während eines Trainings üben signifikanten Einfluss auf die Haltung des Anwenders zur Software aus und können schnell dazu führen, dass nach Abschluss des Trainings die Software nicht genutzt wird. Demgegenüber werden positive Anmerkungen von Kollegen kritischer aufgenommen werden (Gallivan et al. 2005, S. 158). Für die Aneignung von Kenntnissen über Unternehmenssoftware ist eine aus der Kognitionspsychologie stammende Hypothese von LIM ET AL. (1997) bedeutsam, nach der insbesondere einfach zu bedienende Software nicht durch formales Training erlernt wird. Stattdessen kommen hier Methoden des Ausprobierens (self-discovery) und der Hilfe durch Kollegen (co-discovery) zum Einsatz:

> *„With the increasing availability of easy-to-use computer software, people seldom learn to use a system through formal training. [...] People learn how to use computer systems actively [...] through self-discovery or help from peers. [...] Learners do not follow training instructions." (Lim et al. 1997, S. 254, 256f.; Gallivan et al. 2005, S. 159)*

Da davon ausgegangen werden kann, dass die meisten Unternehmenssoftwaresysteme komplexe und nicht einfach zu bedienende Informationssysteme sind, müsste hier also formales Training im Vordergrund stehen und der Hilfe von Kollege zu Kollege weniger Bedeutung zukommen.

Die gegenseitige Unterstützung von IT-Anwendern „auf dem kleinen Dienstweg“ wird auch als „Hey, Joe!“ Support (Scheithe 2004, S. 52f.) bezeichnet. Der Hey Joe Support kann sich für das Unternehmen als kostspielig herausstellen, denn falls „Joe“ die Antwort nicht sofort weiß, werden weitere Mitarbeiter in die Diskussion mit einbezogen (Mohr et al. 2006). Dieser Produktivitätsausfall gehört zu jenen versteckten Kosten, die bis zu 30% der Total Cost of Ownership (TCO) eines IT-Systems ausmachen können. Der „Hey, Joe!“ Support konnte jedoch nie vollständig unterbunden werden, und was auf der einen Seite verflucht wird, wird auf der anderen Seite als „Qualifizierung durch Key User“ institutionalisiert (Hackmann 2005). Key User als Spezialfall kollegialer Hilfe werden in Kapitel 3.2.2.7.1 diskutiert.

3.2.2.4.4 Handbücher/Anleitungen

Unter Handbüchern als Qualifizierungsmethode oder -medium soll eine geordnete Darstellung der Funktionen der verwendeten Software verstanden werden. Es handelt sich um eine Art Gebrauchsanleitung (engl. manual), in der die Benutzung der Software beschrieben wird, ohne auf die Details der Implementierung oder des Customizing einzugehen. Die Literatur kennt verschiedene „Reifegrade“ von Softwarehandbüchern, z.B. rein softwareorientiert, aufgabenorientiert, minimalistisch (Scott/Sugar 2004, S. 3214). Im Kontext Unternehmenssoftware werden im Handbuch idealerweise die Geschäftsprozesse und Unternehmensspezifika erläutert, um dem Anwender die Erledigung seiner Aufgaben mit Hilfe der Software zu erleichtern[33] (Scott/Sugar 2004, S. 3211). 2). Dies spiegelt folgender Auszug aus einer Betriebsvereinbarung zur ERP-Einführung wider:

> *„Es wird gewährleistet, dass allen SAP-Anwenderinnen und Anwendern Anwenderhandbücher mit einer Beschreibung der Geschäftsvorfälle zur Verfügung stehen. [...] Über Änderungen am SAP-System, die sich auf die Handhabung der in den Anwenderhandbüchern beschriebenen Funktionen auswirken, sollen die Anwenderinnen und Anwender zeitgerecht informiert werden.“ (Amtsblatt Schleswig-Holstein 2006)*

Im IT-Grundschutzkatalog wird geraten, bei der Beschaffung von Hard- oder Software die zugehörigen Handbücher und technischen Referenzen in ausreichender Anzahl mitzubeschaffen (Bundesamt für Sicherheit in der Informationstechnik 2006, S. 1180). Diese Notwendigkeit ergibt sich insbesondere vor dem Hintergrund, dass im Lieferumfang von IT-Produkten zunehmend keine weiterführende Dokumentation mehr enthalten ist und neben Onlinehilfen nur noch Installationshilfen und einführende Texte mitgeliefert werden.

Es muss sich bei Handbüchern nicht um vom Hersteller angebotene Literatur handeln (Scherer/Schaffner 2003, S. 179). In der Praxis wird häufig die Qualität dieser Materialien bemängelt, weshalb auf selbsterstellte Dokumente zurückgegriffen werden muss. Als Beispiel aus der Vorstudie kann das Unternehmen BETA herangezogen werden (BETA 2006a). Zentraler Bestandteil der Einweisung von Anwendern in bestimmte Sachverhalte im Kontext

---

33 Auch bei Office-Anwendungen dienen Handbücher als Hilfe (Schubert 2006, S. 34).

Unternehmenssoftware ist eine elektronische Sammlung von Textdokumenten. Diese im Laufe der Zeit hauptsächlich von den Modulverantwortlichen selbst erstellten Kurzanleitungen dienen als zentrale Wissensbasis für die Endanwender.

„Zu jeder Komponente gibt es ein Handbuch. Diese Handbücher stehen im Intranet jedem zur Verfügung." (DELTA 2006c)

Die Handbücher gehen häufig aus den Kursunterlagen/Dokumentationen von Schulungsmaßnahmen hervor und dienen danach als Anwenderhilfe in der täglichen Arbeit mit der Software (Lehnert 1997, S. 462):

„Wie gesagt, es ist nicht ureigenste Aufgabe der Qualifizierung, wird aber durchaus auch schon mal mitgemacht. Und es gibt einfach Überschneidungen an der Stelle, bzw. Synergien. Wenn ich Qualifizierungsunterlagen mache, dann wird ein Teil davon immer als Benutzerdoku relevant sein." (GAMMA 2006a)

Insofern scheint es gerechtfertigt, nicht nur von einem Lernmedium zur Unterstützung anderer Qualifizierungsmaßnahmen zu sprechen, sondern von einer eigenständigen Qualifizierungsform. Im Extremfall kann ein Handbuch andere Qualifizierungsmaßnahmen ersetzen:

„Stehen leicht verständliche Handbücher zu IT-Anwendungen bereit, so kann anstelle der Schulung auch die Aufforderung stehen, sich selbstständig einzuarbeiten. Eine wesentliche Voraussetzung dazu ist allerdings die Bereitstellung ausreichender Einarbeitungszeit." (Bundesamt für Sicherheit in der Informationstechnik 2006, S. 2016)

Ein häufig zitierter Nachteil von Handbüchern ist die mangelnde Möglichkeit der Integration in das Softwaresystem (Messerschmidt/Grebe 2005, S. 151). Diesem Manko wird seit neuestem versucht, durch Autorentools wie z.B. RWD Productivity Pak oder Datango zu begegnen. Diese Werkzeuge erlauben es, selbst entwickelte Handbücher und Dokumentationen direkt im System verfügbar zu machen, quasi als Ergänzung des vom Hersteller mitgelieferten Hilfesystems.

3.2.2.4.5 Informationsveranstaltungen/Messen

Neben den „klassischen" organisierten Weiterbildungsformen externe und interne Seminare zählt auch der Besuch von Informationsveranstaltungen zur betrieblichen Weiterbildung. Auch die CVTS2-Erhebung bezog sie mit ein, da sie ganz oder teilweise von den Unternehmen finanziert werden (BMBF 2004a, S. 51). Laut WERNER (2006b, S. 2) werden Informationsveranstaltungen in drei von vier Unternehmen genutzt. Es handelt sich dabei um einen gegenseitigen Austausch mit externen Partnern, da die eigenen Mitarbeiter sowohl aktive Rollen als Referenten als auch passive Rollen als Zuhörer oder Messebesucher wahrnehmen (Werner 2006b, S. 2). Konkrete Beispiele sind Fachmessen, Fachvorträge, Erfahrungsaustauschkreise, Fachtagungen, Kongresse, Symposien, Kolloquien usw.

3.2.2.4.6 E-Learning

„E-Learning" ist kein scharf umrissener und klar definierter Terminus, sondern er beschreibt eine Vielzahl von Praktiken der IT-Unterstützung[34] von Lehr-Lern-Prozessen (Sesink 2003, S.

[34] Zwar sind im E-Learning-Begriff nach dem Verständnis der ASTD (American Society for Training and Development) von Februar 2002 netz- und satellitengestütztes Lernen, Lernen per interaktivem TV, CD-

2; Seufert et al. 2001, S. 13; Messerschmidt/Grebe 2005, S. 164). Unter E-Learning wird einerseits der „gelegentliche Einsatz informationstechnischer Elemente in einem ansonsten traditionell organisierten und strukturierten Lehr-Lernprozess“ verstanden. Andererseits kann es sich um die vollständige Übertragung der Lehrfunktionen auf ein IT-Medium handeln, üblicherweise einen einzelnen Computer (CBT) oder Computernetze (WBT) (Sesink 2003, S. 2). In den folgenden Ausführungen soll der Begriff des E-Learning auf den zweiten Aspekt eingeengt werden, d.h. unter E-Learning wird das selbstorganisierte Lernen mit Hilfe von IT verstanden. Der wichtigste Impulsgeber für den Einsatz von E-Learning ist laut HARHOFF (2001, S. 3) die Personalabteilung.

„Die Vorteilhaftigkeit von E-Learning steigt ceteris paribus mit zunehmender Anzahl zu qualifizierender Mitarbeiter, mit zunehmender regionaler Dispersion der Teilnehmer und mit zunehmender Heterogenität der Lerngeschwindigkeit innerhalb der Teilnehmergruppe (Hutzschenreuter 2005, S. 589). Im Fall des Automobilherstellers GAMMA resultiert die regionale Dispersion insbesondere aus einer engen Einbindung der Zulieferer in die internen Prozesse:

> *„[...] weil's die große Zielgruppe ist, die nur geringe Inhalte und das nur zu bestimmten Zeitpunkten braucht, [...] sind auch Zulieferer betroffen, die dann natürlich sehr schwierig in Präsenztrainings zu organisieren sind und da muss das natürlich übers Partnerportal in irgendeiner Form laufen, da spielt dann E-Learning ne Rolle [...]“ (GAMMA 2006a)*

DELTA setzte in folgendem Fall auf E-Learning, weil in kurzer Zeit eine sehr große Anwenderzahl in einer neuen SAP-Funktionalität qualifiziert werden musste:

> *„[...] als wir das allererste Mal eine ESS-Funktionalität in das Unternehmen eingeführt hatten (das war zum Veranstaltungsmanagement), haben wir diese 5.000 Leute, die davon berührt waren, nicht geschult im Sinne von klassischer Schulung. [...] Wir haben da noch begleitend eine Art Lernprogramm zur Verfügung gestellt, eine Demo, wie das VM-ESS läuft und funktioniert. Das war dann acht Minuten lang, vertont mit einer Radiosprecherin. Die hat Texte zu dieser Demo draufgesprochen. Und das wurde dann allen Leuten per Link zur Verfügung gestellt. Wer reingucken wollte, konnte reingucken.“ (DELTA 2006c)*

> *„[...] E-Learning ist dann wirtschaftlich praktikabel, interessant, wenn viele Leute im fachlichen Wissen mit gleicher Information versorgt werden müssen. Sobald ich aber in der geringeren Menge drin bin, sobald ich auch im Customizing bei SAP jetzt wiederum drin wäre, dann sind die Produktionskosten zu hoch. [...] Man muss schon ein paar Tausend haben, damit es sich rechnet. Und so viele GUI-Leute haben wir nicht.“ (DELTA 2006c)*

Dieser Vorteil von E-Learning ist die Kehrseite des von SESINK (2003, S. 10) beschriebenen Nachteils aufgrund der Trägheit des Mediums: Da die Produktion elektronischer Lerneinheiten sehr aufwändig ist, ist es nicht geeignet, aktuell und flexibel zu unterrichten. Hier haben

ROM, Videobändern usw. eingeschlossen. Häufig wird der Begriff jedoch ausschließlich für Internet- bzw. Intranet-basiertes Lernen verwendet (Messerschmidt/Grebe 2005, S. 164).

Menschen („das absolut schnellste Medium") klare Vorteile.[35] Das Gespräch mit BETA zeigte, dass insbesondere bei extrem kundenorientierter Einzelfertigung E-Learning-Materialien nicht sinnvoll eingesetzt werden können:

> *„Ich muss das Geschäft im Automotive-Sektor anders besprechen als in der Telekommunikation, das wieder anders wie bei den Kollegen mit dem Gleitschirm. [...] Da muss ich das Thema wieder anders gestalten, [...] eben weil wir lauter Einzelprojekte haben. Ich habe Projekte mit 10.000 Euro und ich habe Projekte mit 10.000.000 Euro. Es [E-Learning] haben schon Kollegen versucht und es hat sich nicht bewährt. Es ist zu speziell." (BETA 2006a)*

E-Learning kann in der Hauptsache objektive Wissensinhalte präsentieren, das der Lernende wiedergeben soll. E-Learning bewegt sich in diesem Fall also auf der niedrigsten Kompetenzebene „Können". Aber auch in der Veranschaulichung theoretisch schwieriger Zusammenhänge, z.B. durch Animationen, Grafiken, Video, liegen Potenziale zur Vermittlung von Kompetenzen höherer Ebenen verständnis- und handlungsorientierten Lernens. Doch die Ausnutzung dieser Möglichkeiten ist extrem aufwändig und daher im aktuellen E-Learning-Angebot eher schwach ausgeprägt (Sesink 2003, S. 4f.). Auch ALPHA (2006c) ist skeptisch, dass bei E-Learning Praxisbezug und Motivation des Lernenden hergestellt werden kann:

> *„[...] wenn jetzt jemand sich hinsetzen soll und sagt, bring dem mal über E-Learning SD bei, ich glaub nicht, dass die Motivation da sehr groß ist. Und ich bin halt der Meinung, dass die Leute häufig einen Praxisbezug haben und das war halt, das ist mir passiert bei meinen Schulungen, dass die Leute gar nicht dieses Wissen verinnerlichen, sondern die haben ganz stark den Praxisbezug gesucht. [...] Also ich selbst würde mir auch schwer tun über E-Learning." (ALPHA 2006c)*

„Als Schulungsinhalte bei elektronischen Weiterbildungsmaßnahmen werden am häufigsten fachspezifisches Wissen sowie EDV-Kompetenz genannt, wobei insbesondere CBT und WBT hierfür eingesetzt werden" (Harhoff 2001, S. 3). Auch SESINK (2003, S. 4) sieht in Anwenderschulung, Vermittlung von Faktenwissen, Training von Routinen und Fertigkeiten, soweit sie an Bildschirm, Tastatur und Maus vollziehbar sind, derzeit auch die Stärken von E-Learning. Tabelle 9 stellt die Stärken von E-Learning in der ERP-Qualifizierung im Vergleich zu Präsenzschulungen dar, wobei zwischen den Zielgruppen Neueinsteiger, Spezialisten und On-Demand-Lernende unterschieden wird.

Lernende	Herkömmliche Präsenzschulung	Computergestütztes Lernen	Effizienzsteigerung
Neueinsteiger	Mehrwöchige Präsenzschulung oft mehrerer Mitarbeiter außerhalb der Firma, hohe Teilnahme- und Reisekosten, oft heterogene Lerngruppen, für die Vorgehen zu schnell/zu langsam -> ineffizient, nach Kurs bei Fragen kein Ansprechpartner mehr da; kaum Vorbereitungsmöglichkeiten.	Angleichen des Wissensstandes einer heterogenen Lerngruppe durch CBT bzw. WBT in Vor-Phase zur Präsenzschulung (evtl. auch durch Teleteaching). Ersatz von Präsenzschulungen durch „Blended Learning" (teilweise präsent, teilweise computergestützt)	Schulungstage in Präsenz werden so reduziert (evtl. sogar überflüssig), in Präsenz werden nur Kerninhalte und spezielle Fragen behandelt, virtuelle „Lerncommunity" bleibt nach Kursende bestehen (zum Beispiel über Lernplattform)

[35] Zur Diskussion der Vorteilhaftigkeit von E-Learning durch Standardisierung siehe z.B. REGLIN (2004), HUTZSCHENREUTER (2005), DOHMEN (2005a) und REGLIN/SPECK (2003).

Lernende	Herkömmliche Präsenzschulung	Computergestütztes Lernen	Effizienzsteigerung
Anwender-Spezialisten und ERP-Spezialisten	Spezialisten sind sehr schwer abkömmlich (speziell Problem bei KMUs), mehrtägige Kurse außerhalb Unternehmen problematisch, gemessen an investierter Zeit/Geld meist nur geringes Know-how-Inkrement durch „Durchschnittsansprüche" an einen Kurs.	Learning-Angebote, aus dem sich Experte die Aspekte aussuchen kann, die er noch nicht kennt (WBTs) - Rückfragen an Lern-Community sind online jederzeit möglich. Tele-Tutor beantwortet spezielle Fragen.	Nur stundenweise Absenz des Experten (während Lernzeit), maßgeschneiderte Lernangebote führen zu hohem Know-how-Inkrement.
On-Demand-Lernende	Schulungen bringen hier nichts, Lernender braucht Lösung sofort.	Hilfestellung über Learning-Community bzw. Experte (zum Beispiel in einem WBT Forum) zum Thema, online Zugriff auf Knowledge-Management-System (KM-System) (FAQ)	Direkter Zugriff bei Auftreten eines Problemfalles auf das benötigte Wissen

Tabelle 9: Effizienzsteigerung in der ERP-Ausbildung durch E-Learning (Quelle: Steinberger/Bajnai (S. 207))

Ein „Blended Learning" Beispiel im Kontext Unternehmenssoftware nennt GAMMA. Hier wurde ein E-Learning-Modul für die Einführung in die SAP-Nutzung entwickelt, das sowohl Hintergründe zum Grund der Softwareeinführung als auch erste grundlegende Syntaxkenntnisse vermitteln sollte:

„Sie haben jetzt grad noch den Begriff SAP-Starter verwendet. – Ja, also das war in diesem Personalumfeld eben ein einführendes E-Learning, was wir da hatten, da ging's einmal drum, eben genau diese Motivation, warum setzt GAMMA hier jetzt SAP ein, in dem Zusammenhang, was ist deren Zielsetzung, das war so ein Trailer, der vorweg praktisch lief und danach ging's dann drum „okay, wie sieht denn jetzt dieses SAP-System aus, wie starte ich es denn, wie mach ich denn die ersten Schritte" und das wurde eben an alle Endanwender vorab vor den ersten Präsenztrainings schon verteilt, so dass die sich schon einstimmen konnten, das auch nutzen konnten und schon mal das erste Grundwissen mitgebracht haben." (GAMMA 2006a)

Ergänzend zum Thema E-Learning sei auf „neuere" Ansätze verwiesen, wie sie beispielsweise im Einsatz von Planspielen (engl. „simulation game") (Hauke et al. 2007) zu sehen sind. Planspiele zur Anwenderweiterbildung im Kontext Unternehmenssoftware gehören zur Kategorie der betriebswirtschaftlichen Planspiele (Unternehmensplanspiele), welche wiederum in die Klasse der sozio-ökonomischen Planspiele gehören.[36] Ein aus dem akademischen Umfeld stammendes Planspiel im Themenbereich Unternehmenssoftware ist das „ERP Simulation Game", das an der HEC Montréal entwickelt wurde (Léger et al. 2007). Es erlaubt Studierenden, betriebliche Geschäftsprozesse anhand eines Real-Time Szenarios aus der Lebensmittelproduktion zu erlernen. Die Besonderheit der Anwendung besteht darin, dass der Simulator mit einem mySAP ERP ECC System gekoppelt werden kann. Dort können die Studierenden „richtige" Fertigungsaufträge, Lagerbestände und Finanzberichte weiterbearbeiten. Dass Planspiele für die Qualifizierung produktiver Anwender geeignet sind, bezweifelt DELTA (2006c):

„Haben Sie schon an Sachen wie Simulation und Planspiele gedacht? – Im Rahmen von IT-/Fachschulungen überhaupt nicht. Weil die Leute sollen in der Anwendung, die sie tagtäglich benutzen, gleich qualifiziert werden. Am echten Leben sozusagen ..." (DELTA 2006c)

[36] Daneben existieren militärische und naturwissenschaftliche Planspiele (Kern 2003, S. 83).

3.2.2.4.7 Lernen durch die Anwendung der Software

Neben den zuvor beschriebenen Möglichkeiten, sich mit bestimmten Methoden Wissen und Fähigkeiten über die Software anzueignen, hat ein Anwender die Möglichkeit, implizit bei der täglichen Nutzung seines Werkzeuges (in der Arbeitssituation) zu lernen. Eine systematische Untersuchung dieser Art von „Qualifizierung" ist nicht trivial, denn zur Systematisierung der vielfältigen bewusst oder zufällig stattfindenden und unterschiedlich stark organisierten Lernprozesse gibt es eine Menge Kategorisierungen, die sich an Organisationsform, Strukturierungsgrad, Lernumgebung und Intention des Lernprozesses orientieren (BMBF 2004d, S. 30). Die verwendeten Begriffe sind unscharf definiert und nicht überlappungsfrei.

1. In der englischsprachigen Literatur wird zwischen formal learning, non-formal learning und informal learning unterschieden. Formal learning bezeichnet das planmäßig organisierte, gesellschaftlich anerkannte Lernen im Rahmen eines von der übrigen Umwelt abgegrenzten Bildungssystems. Non-formal learning ist eine Art Restkategorie für alle Formen des Lernens, die außerhalb des formalisierten Bildungswesens stattfinden. Das informal learning kennzeichnet ein ungeplantes, beiläufiges („en passant"), implizites und oft unbewusstes Lernen. Manchmal wird informelles Lernen auch mit dem non-formal learning gleichgesetzt (BMBF 2001, S. 18). Schwierig wird die Abgrenzung durch die Tatsache, dass unter informal learning manchmal nicht nur das unbeabsichtigte, beiläufige Lernen verstanden wird, sondern auch das absichtliche, bewusste Lernen außerhalb eines Bildungssystems. Die Übergänge sind in der Praxis fließend (vgl. auch BMBF 2004d, S. 29ff., 2004a, S. 183ff.).

2. Intentionales Lernen richtet sich von vornherein auf ein vorgegebenes Lernergebnis, dieses wird also bewusst angestrebt (BMBF 2001, S. 25). Es grenzt sich ab vom nicht-intentionalen, also zufälligen Lernen. In der Berufsbildungsdiskussion wird die Position vertreten, „dass eine umfassende Kompetenzentwicklung ohne pädagogische Arrangements und ohne intentionales Lernen nicht zu realisieren ist, da sonst das Lernen des einzelnen Gefahr läuft, zufällig und situativ zu bleiben" (BMBF 2001, S. 45).

3. Obwohl das Thema „Selbststeuerung in Lernprozessen" in der bildungspolitischen Diskussion der letzten Jahre an Aufmerksamkeit gewonnen hat und es in offiziellen Statistiken zur Weiterbildung (z.B. Statistisches Bundesamt 2004c, S. 144; BMBF 2004b, S. 133) berücksichtigt wird, gibt es bislang keine allgemein akzeptierte begriffliche Abgrenzung des selbstgesteuerten Lernens von anderen Lernprozessen (BMBF 2004a, S. 202; Straka 2001, S. 37). Dahinter verbirgt sich die Tatsache, dass Lernen vom Individuum selbst gesteuert und organisiert wird (Orthey 2005, S. 410). Selbstgesteuertes Lernen richtet sich häufiger als andere informelle Maßnahmen an Einzelpersonen, jedoch nicht ausschließlich (BMBF 2004a, S. 195). Selbstgesteuertes Lernen ist gleichzeitig intentionales Lernen, da bewusst gesteuert.

4. Der Begriff „Lernen im Prozess der Arbeit" charakterisiert den Arbeitsprozess als Lernort (Kirchhöfer 2004, S. 77) und hat in der Handwerksausbildung eine lange Tradition. DEHNBOSTEL ET AL. (1992) unterscheiden zwischen arbeitsimmanentem Lernen (Lern- und Arbeitsort sind identisch), arbeitsverbundenem Lernen (Verbindung zwischen Lern- und Arbeitsort, z.B. Instruktion, Coaching, cognitive apprenticeship) und arbeitsorientiertem Lernen (Lernumgebung ist getrennt von der Arbeitsumgebung, jedoch besteht direkter Bezug zu konkrete Problemstellungen und Erfahrungen in der Arbeit). Eine große

Herausforderung im Management dieser Lernprozesse ist deren adäquate Erfassung, Dokumentation und Anerkennung (BMBF 2003a, S. 192, 2004d). SCHERER/SCHAFFNER (2003, S. 181f.) reißen „Learning on the job“ im SAP-Kontext an.

Zusammenfassend kann festgestellt werden: Lernt ein Softwareanwender durch und während der Nutzung der Software, handelt es sich im Normalfall um informelle, nicht-intentionale, arbeitsimmanente Qualifizierung. Aufgrund der zuvor beschriebenen Abgrenzungsprobleme kann nicht eindeutig geklärt werden, ob es sich um eine Qualifizierungsmethode (als Bestandteil der methodischen Grundausrichtung des Unternehmens) oder um einen Lernanlass handelt. Da das selbstständige Lernen im Prozess der Softwarenutzung den beiden Wissenstransferstrategien Kodifizierung und Personalisierung gegenübergestellt werden soll, wird es im Folgenden als Qualifizierungsmethode verstanden. SCHERER/SCHAFFNER (2003, S. 182) betonen allerdings das in der Vorstudie zum Vorschein gekommene Problem des eigenständigen Lernens der Anwender: „Es sollte darauf geachtet werden, dass der Lernprozess bei der Arbeit nicht unkontrolliert und chaotisch verläuft. Es besteht die Gefahr, dass im Stress des Tagesgeschäfts keine nachhaltigen Problemlösungen angestrebt werden. Fehler, die dabei entstehen, können große Kosten verursachen.“

SCHIERSMANN ET AL. (2001, S. 9) kritisieren zu Recht, dass „stellenweise ein geringer Formalisierungsgrad [...] als grundlegendes Qualitätsmerkmal erachtet wird, während die traditionellen und in der Regel stark formalisierten Weiterbildungsseminare gerade auch von betrieblichen Vertretern zunehmend als zu teuer und zu wenig praxisrelevant gebrandmarkt werden“. Aufgrund der geringen Trennschärfe und Dehnbarkeit von Begriffen wie „informell“, „formell“, „non-formal“ usw. erfreuen sich die „informellen Lernformen“ aktuell einer großen Aufmerksamkeit, „wobei bereits auf das eigentlich Neue an diesem Phänomen verwiesen wäre“ (Schiersmann et al. 2001, S. 9). Die Autoren stellen in der Praxis zum einen eine „Entformalisierung“ formalisierter Weiterbildungsformen fest, z.B. durch zunehmende Selbstorganisation durch Lernende auch in kursförmiger Weiterbildung, und durch das Näherrücken von Lernformen an den Arbeitsprozess. Zum anderen ist jedoch auch eine Formalisierung von sich bislang informell vollziehenden Lernprozessen zu beobachten, so dass in Zukunft eher von einer Verschränkung und Ergänzung unterschiedlicher Weiterbildungsformen auszugehen ist (Schiersmann et al. 2001, S. 10).

HARP ET AL. (1997) haben in einer Studie unter Softwareanwendern herausgefunden, dass „experimenting with the software (for example try-and-error)“ die beliebteste Lernaktivität war. Dies gilt sowohl für erfahrene als auch unerfahrene User, ebenso wie für einfache Büro-/Verwaltungstätigkeiten wie für Wissensarbeiter und Manager. Einen Unterschied in der Präferenz für diese Art von Lernen hat HARP beim Lerntyp festgestellt: Während das Selbstausprobieren und Experimentieren von selbstgesteuerten Lerntypen am besten eingestuft wird, wird es von „dependent learners“, also auf Anleitung bedachte Lerntypen, nur auf Platz 9 eingestuft (Harp et al. 1997, S. 84).

Dass Learning by Doing bei Anwendern von Unternehmenssoftware in den Augen der Verantwortlichen keine Alternative darstellt, verdeutlicht eine Vielzahl von Zitaten aus der Vorstudie.

[...] kann man sagen: „Schulung ist nicht notwendig“? Ist formelle Qualifizierung überhaupt notwendig, oder könnten Sie es nicht einfach auch lassen? Warum lassen Sie die

Leute nicht einfach ausprobieren? – Ausprobieren geht definitiv nicht. Dazu sind die Prozesse zu kompliziert. – Ok, dann passieren halt Fehler. – Ja, aber die Fehler wirken sich ja wirtschaftlich zu viel aus. Also, wenn der Kunde da falsche Verträge zugeschickt bekommt, oder wenn falsche Ware auf die Baustelle geht, das geht nicht." (ALPHA 2006a)

„[...] ist bewusste Qualifizierung, also Schulung ist das überhaupt notwendig oder käme man auch ohne aus? – Ne, ne also SAP ohne Schulung geht nicht. – Warum? – Äh. Aus dem vorher genannten Grund, dass du immer einen Menschen brauchst, der dir noch mal die ganzen Feinheiten erklärt? – Ja, bzw. weil's danach unheimlich aufwändig ist, sich das alles selbst autodidaktisch beizubringen. Für mich war's im Nachhinein ein Vorteil muss ich sagen, aber auch einfach nur weil ich viel Interesse daran hatte. Für andere ist's einfach mühsam, die schalten ab. Die sagen „ne weißt du was", das ist Resignation und die sagen „lass mal". (ALPHA 2006c)

„[...] Learning bei doing ist schon ok, aber dafür brauchen wir eine Basis, also wenn man direkt anfängt und muss halt ausprobieren das finde ich extrem schwierig. Das kann man irgendwann machen, wenn man schon die Basis geschafft hat und weiß, wo man nachgucken kann. [...] Nur dann kommen Sie weiter, wenn Sie ausprobieren." (ALPHA 2006d)

„Was würden Sie zu der Thesis sagen, dass man eigentlich Mitarbeiter überhaupt nicht formal ausbilden soll (SAP-spezifisch), sondern einfach ausprobieren lassen? – Das finde ich nicht gut, weil dann kann man fragen, an wen stellt er die Fragen? Es ist im R/3 nicht alles selbsterklärend. Die Dokus, die ich jetzt habe, die sind schon an vielen Stellen sprechend. Nur wenn ich etwas vorführe, dann kann er es bedienen. Aber wie ich Ihnen vorher gezeigt habe, jetzt führe ich etwas vor, aber die Zusammenhänge kann man nur im Gespräch klären. Und nur durch Übung kommt er dahin." (BETA 2006a)

„Ich würde sagen, man kann es sich nicht selbst beibringen, keine Chance. [...] Dafür ist das Ding einfach zu komplex." (DELTA 2006c)

Maßnahmen zur Förderung des Transfers des Gelernten (Lernfeld) in die tägliche Arbeit (Funktionsfeld) sind nach herrschender wissenschaftlicher Meinung notwendiger Bestandteil jedes Weiterbildungsprozesses (vgl. z.B. Cannawurf 2005; Arthur et al. 2003, S. 235; Mandl et al. 2004; Bates 2004). Da in der Praxis der meisten IT-Trainings jedoch kaum Komponenten implementiert sind, das Erlernte in das Anwendungsfeld am Arbeitsplatz zu transferieren[37], wird diesem Aspekt in vorliegender Arbeit nicht weiter nachgegangen. Viele Praktiker gehen davon aus, dass der Transfer „von selbst" stattfindet:

„Dadurch, dass die Schulungen so bedarfsorientiert an den konkreten Anwendungen in der Abnahme zeitnah zur Umsetzung stattfinden [...]. Die brauchen das im Alltag, sonst können sie ihre Aufgaben nicht erfüllen. Deswegen ist der Transfer gesichert. Bis auf die Wissensdefizite, die man wieder ausgleichen muss. Aber das ist eher ein normaler Lernverlust bei jeder Schulung. Aber die große Masse bleibt hängen." (DELTA 2006c)

---

[37] Dies gilt insbesondere für E-Learning-Maßnahmen (Olfman et al. 2003, S. 76).

3.2.2.5 *Evaluation und Wirtschaftlichkeitsbetrachtung*

Betriebliche Bildungsprozesse unterstehen einer bimentalen Zielsetzung: Neben dem betriebspädagogischen Sachziel (mit Erfolgsbereichen wie z.B. Dozent, Teilnehmer, Inhalt usw.) sind auch ökonomisch gefasste Formalziele (z.B. Budgeteinhaltung, Ertragsüberschuss, Wirtschaftlichkeit usw.) zu erreichen (Kailer 1996, S. 238 f.; Küpper/Weber 1995, S. 36). „Weiterbildung als Investition muss sich einem ökonomischen Kalkül öffnen, wie alle anderen Investitionen im Unternehmen auch" (Pieler 2000, S. 30 f.). Entsprechend wird von einem pädagogischen und einem ökonomischen Bildungscontrolling gesprochen (Mohr/Krcmar 2005, S. 8). Unternehmen schätzen als wichtigste Ziele des Bildungscontrollings zum einen die „Erfassung und Bewertung des Nutzens von Weiterbildung" und zum anderen die „Integration der Weiterbildung in die Unternehmensplanung" ein. Nur bei wenigen Befragten steht eine Kostensenkung im Bildungsbereich im Vordergrund, sondern eher die Chance, zu einer investiven Betrachtung zu gelangen (Krekel/Gnahs 2000, S. 16 f.), wie Abbildung 18 zeigt.

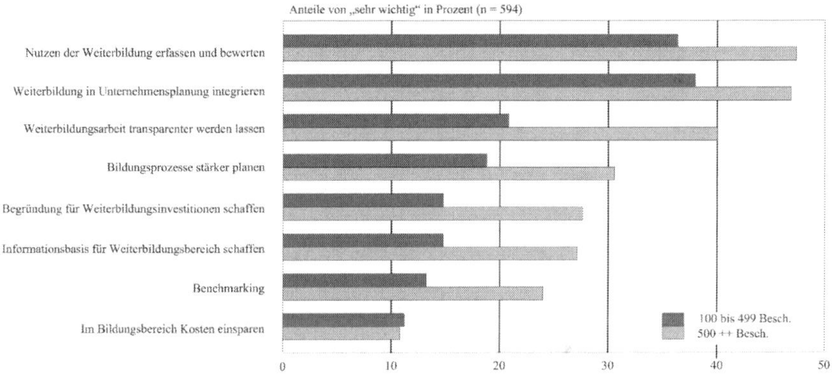

Abbildung 18: Einschätzung der Bedeutung unterschiedlicher Ziele eines Bildungscontrolling (Quelle: Krekel/Gnahs (2000, S. 16))

Verschiedene Autoren setzen in ihren Auffassungen von Bildungscontrolling unterschiedliche Schwerpunkte und legen damit auch verschiedene Zielgrößen zugrunde. Diese Begriffsvielfalt ist der Hauptgrund, warum die Identifizierung eines einheitlichen Bildungscontrollingkonzeptes schwierig ist (Pech 2001, S. 105). Ein Überblick findet sich in MOHR (2005). Das wohl bekannteste Bildungscontrollingmodell ist das Ebenenkonzept von KIRKPATRICK (1976). Im Rahmen einer Evaluation von Trainingsmaßnahmen berücksichtigt er die vier Ebenen Reaktion/Akzeptanz, Lernerfolg, Arbeitshandeln und Geschäftsergebnis. Das Modell ist deshalb populär, weil es sehr systematisch aufgebaut ist und KIRKPATRICK insbesondere die Wichtigkeit von Level 4 betont, also der Darstellung der tatsächlich realisierten Ergebnisse der Bildungsmaßnahme[38] in der Sprache des „Business" (Bates 2004, S. 342). Kirkpatrick wird vorgeworfen, kausale Beziehungen zwischen den Ebenen nicht ausreichend begründet zu haben, wie z.B. den Zusammenhang zwischen positiven Reaktionen auf eine Veranstaltung

[38] Als eine der wichtigsten Aufgaben professionellen Personalmanagements wird in einer empirischen Untersuchung zur Personalentwicklung genannt, den „Nutzen sichtbar zu machen". Weiterbildung dürfe keine „l'art pour l'art" sein (Deutsche Gesellschaft für Personalführung e.V. 2006, S. 41).

(Level 1) und besserem Lernen (Level 2). Kirkpatricks Systematik ist oft erweitert und modifiziert worden und dient als Ausgangspunkt für den von Phillips formulierten „ROI-Process“ (Meier 2005, S. 60), bei dem auf der fünften Ebene der Return-on-Invest (also ein Rentabilitätsmaß) bestimmt wird. Abbildung 19 gibt an, wie verbreitet Evaluationen auf den jeweiligen Ebenen in der Praxis sind (Eseryel 2002, S. 95).

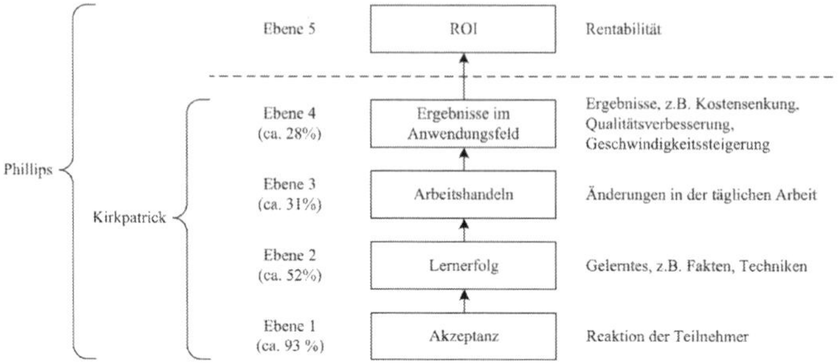

Abbildung 19: Ebenenmodelle von Kirkpatrick und Phillips (Quelle: Eigene Darstellung)

Phillips’ ROI-Modell liegt vielen Methoden und IT-gestützten Werkzeugen zur Wirtschaftlichkeitsbestimmung in der Weiterbildung zugrunde. Die Lösungen versprechen eine einfache und exakte Bestimmung der Rentabilität, stehen aber gemeinsam vor der Schwierigkeit, die richtigen[39] Indikatoren zu finden (Meyer 2004, S. 30). Diese können letztlich nur im Einzelfall richtig ausgewählt werden. Beispielsweise eigneten sich für die ROI-Bestimmung eines SAP-Trainings für Mitarbeiter der Personalabteilung die durchschnittliche Dauer eines Gehaltsabrechnungsvorgangs als Indikator (Willumeit 2005).

Die höheren Ebenen im Phillips-Modell sind aufwändiger zu überprüfen als die niedrigeren. Dies ist ein Grund dafür, warum die Abfrage der unmittelbaren Reaktionen der Teilnehmer (Ebene 1) bei fast keiner Qualifizierungsmaßnahme fehlt, üblicherweise mit Hilfe eines Fragebogens. Dies ist auch die Forderung einer Betriebsvereinbarung für Zwecke von Qualifizierungsmaßnahmen im Rahmen einer ERP-Einführung:

> *„Die Teilnehmerinnen und Teilnehmer von Schulungen erhalten Gelegenheit, die Schulungsveranstaltungen anhand eines Fragebogens zu bewerten. Die Bewertungsergebnisse fließen in die nachgehenden Überlegungen zur Verbesserung des Schulungsangebotes ein.“ (Amtsblatt Schleswig-Holstein 2006).*

Im Rahmen der Vorstudie stellte sich klar heraus, dass der Bereich der Unternehmenssoftware-Anwenderqualifizierung hier keine Ausnahme darstellt. Auch hier ist es der Regelfall, Weiterbildungsmaßnahmen auf Phillips-Ebene 1 zu evaluieren (siehe z.B. BETA 2006b), auch wenn dies aufgrund der üblicherweise großen Anzahl von Beteiligten und des hohen Zeitdrucks schwierig ist (Scherer/Schaffner 2003, S. 326).

Anders stellt sich die Situation auf Ebene 5 (Rentabilität) dar. Die Investitionsrechnung stellt ein theoretisch sehr gut geeignetes Instrument zur Bestimmung der Wirtschaftlichkeit von IT-

---

[39] Indikatoren müssen theoretischen, methodischen, praktischen und politischen Anforderungen genügen (Meyer 2004, S. 30).

Qualifikationsmaßnahmen dar. Allerdings erscheint, wie generell bei personalwirtschaftlichen Maßnahmen, die Prognostizierbarkeit der hierfür erforderlichen Ein- und Auszahlungsreihe schwierig (Küpper 1997, S. 407). Die Schwierigkeiten sind in der Informationstechnik selbst, beim IT-bezogenen Wissen, beim Wissenserwerb und letztlich bei der Messung und Bewertung des Wissenserwerbs zu finden:

1. Informationstechnik im Unternehmen ist üblicherweise ein indirekter, d.h. marktferner Funktionsbereich mit „hohem Abstand zur Wertschöpfung" (Huber 1999, S. 111). Ihr Wertbeitrag ist schwerer zu ermitteln als in direkt wertschaffenden Bereichen wie z.B. der Produktion und dem Vertrieb, denn der Beitrag der IT zum Unternehmenserfolg erfolgt immer mittelbar über Geschäftsprozesse (Dehning/Richardson 2002, S. 10; Krcmar 2005) in den Fachabteilungen.

2. Bei (IT-) Wissen handelt es sich um ein immaterielles Wirtschaftsgut (intangible asset). Da hohe Investitionen für den Aufbau des Wissens, aber kaum Kosten durch die Nutzung entstehen, das Wissen durch seine Nutzung sogar ansteigt, z.B. in einem SAP-Projekt vor Ort beim Kunden, ist die Bewertung nicht mit traditionellen Verfahren zu bewerkstelligen. In der Regel liegt für Qualifikation keine Bilanzierungsfähigkeit vor, daher fehlen adäquate investitionsrechnerische Instrumente. SVEIBY (2005) stellt Bewertungsmethoden für immaterielle Vermögensgegenstände vor. Die ökonomische Bewertung von IT-Wissen und dessen Erwerb wird zusätzlich dadurch erschwert, dass das investierende Unternehmen keine Verfügungsmacht über den Mitarbeiter hat, in den es investiert. Bildung als Gut ist wegen der Personengebundenheit nicht handelbar[40]. Die Problematik, dass IT-Qualifikationen mit dem Mitarbeiter „das Unternehmen verlassen" können, verdeutlicht eine Passage aus einem Gespräch bei Unternehmen ALPHA:

   „[...] Also gerade bei SAP oder bei „aktuellen Skills" besteht die Gefahr, dass die Mitarbeiter dann woanders hingehen? - Die Gefahr besteht immer. Und wir sind ja sozusagen ein internes Beratungshaus. [...] Und das ist kein Grund für Sie, bei Weiterbildung ein bisschen zurückhaltender zu sein? - Nein." (ALPHA 2006a)

   Der Wert des Wissens im Unternehmen wird durch dessen Nutzung determiniert (Hutzschenreuter 2005, S. 576), daher unterliegt ein großer Teil des IT-bezogenen Wissens starken Wertschwankungen. Während der Wert einer Maschine im Rahmen der Nutzungsdauer abnimmt, kann beispielsweise das Wissen eines Programmierers sehr schnell obsolet und damit wertlos werden, wenn sich auf dem Markt eine andere Programmiersprache durchsetzt (Stoi 2003, S. 6). Aktuelles Beispiel hierzu ist die geplante Substitution von in der SAP-eigenen Programmiersprache ABAP™ geschriebenen Anwendungen durch Java-Code.

   Besonders problematisch ist der Nachweis vorhandenen IT-Wissens bei den Anwendern. Dies könnte prinzipiell durch Zertifikate erfolgen: Zertifikate haben die Aufgabe, Kompetenzen formell nachzuweisen (Grünewald et al. 2003, S. 143 ff.). Zertifizierungen im IT-Bereich sind beispielsweise für Beratungsunternehmen wichtig, die die Leistungen ihrer Mitarbeiter extern fakturieren. Auch für Freiberufler stellen Zertifikate eine Möglichkeit

---

[40] Bildung wird „soft intangible" bezeichnet (Europäische Kommission 2003, S. 10), im Gegensatz zu „hard intangibles" wie beispielsweise Patente und Marken.

dar, sich von der Konkurrenz abzuheben. Der hinter Zertifikaten stehende Nutzen beruht auf der Erhöhung der Transparenz über vorhandene Kenntnisse[41]. Gleichzeitig erfüllen Zertifikate eine Koppelfunktion, nämlich einerseits für Unternehmen als Hinweis bei Rekrutierungsprozessen, andererseits als eine Art Anspruchsbeleg für die Erwerbstätigen (Faulstich/Vespermann 2003, S. 4). Im IT-Bereich existieren zwei Typen von Zertifikaten: die größere Gruppe der herstellerspezifischen Zertifikate (z.B. Microsoft, Oracle, SAP usw.) und die z.B. von Verbänden gesponserten herstellerneutralen Zertifikate. Während für die Zertifizierung von IT-Fachkräften bereits Regelungen existieren (Hanft et al. 2004; Diettrich et al. 2005), ist das Zertifizierungsangebot für IT-Anwender diffus. Fehlende Struktur und Transparenz erschweren Kompetenzentwicklungsstrategien erheblich (Faulstich/Vespermann 2003, S. 2f., 65f.). Nach den Gesprächen der Vorstudie lässt sich entsprechend festhalten, dass bei IT-Anwendern Zertifikate keine wichtige Rolle spielen:

„Ist Zertifizierung ein Thema bei den Anwendern oder ist das, wenn überhaupt, bei den Fachkräften? – Also bei den Anwendern sind wir da ganz weit weg von dem Thema." (GAMMA 2006a)

„Ist Anwenderzertifizierung ein Thema bei Ihnen? – Nein." (DELTA 2006c)

Bei Neueinstellungen werde vielmehr Wert auf Anwendungs- und ggf. Projekterfahrung gelegt. SCHERER (2003, S. 333) hingegen schreibt Anwenderzertifikaten wie z.B. dem „SAP-Führerschein" eine gewisse Bedeutung bei Einstellung, Beförderung und Versetzung der eigenen Mitarbeiter zu. Folgendes Zitat aus der Vorstudie illustriert, dass mancher Mitarbeiter insbesondere beim Verlassen des Unternehmens Wert darauf legt, seine intern erworbenen Kompetenzen formell nachweisen zu lassen:

„Also, wir haben damals in-house Schulungen gemacht. Jetzt haben sich einige Mitarbeiter aus dem Konzern irgendwohin wegbeworben und wollten dann nachträglich ein Zertifikat für diese Schulung haben. Es ist auf jeden Fall bei der Bewerbung immer gut." (ALPHA 2006a)

3. Der Qualifizierungsprozess als Investition (Stoi 2003, S. 5f.) stellt die dritte Ebene dar, auf der die Problematik der Nutzenmessung deutlich wird. Zwischen dem Zeitpunkt einer Investition in Fähigkeiten der Mitarbeiter und dem Stand des intellektuellen Kapitals vergeht einige Zeit (Investment effectiveness lag), denn das erworbene Wissen muss erst am Arbeitsplatz umgesetzt werden. Dieser Umsetzungsprozess wird in der pädagogisch-psychologischen Literatur als Transfer bezeichnet (Cannawurf 2005). Eine weitere Zeitverzögerung tritt zwischen der Steigerung des intellektuellen Kapitals und ihrer Wirkung auf den Unternehmenswert (intangible effectiveness lag). Für die Messung bedeutet dies, dass die Erfolgswirkungen oft erst Jahre später auftreten, wenn die verantwortliche Maßnahme längst nicht mehr aktuell ist. Der Erwerb von IT-bezogenem Wissen deckt nicht nur den unmittelbaren Bedarf an Know-how für die aktuell anfallenden Tätigkeiten, sondern entfaltet langfristig eine Innovationswirkung[42]. Dies erschwert es, die Wirkungen der Maßnahmen zu lokalisieren, bevor diese gemessen werden können. Beispielsweise könnte

---

41 Einen ähnlichen Gedankengang verfolgt der Job Signalling Ansatz von SPENCE (1973): Bildung (oder Zertifikate als Ausweis derselben) signalisiert eine hohe Arbeitsproduktivität, verursacht diese jedoch nicht zwangsläufig (Kupferschmidt/Wigger 2005, S. 9).

42 Qualifizierung zu Innovation und Kreativität siehe (Picot et al. 2003, S. 500)

eine SAP-Schulung, die „lediglich" zur Anpassung einiger Eingabemasken bei der Bestellabwicklung besucht wurde, dazu beitragen, dass ein völlig neues, intuitiveres Oberflächendesign für vielzählige Anwendungsbereiche entwickelt wird. Bei Weiterbildungsprozessen handelt es sich darüber hinaus um Dienstleistungen. Erbringer und Konsument sind neben anderen Kontextfaktoren aufgrund des hohen Integrationsgrades gemeinsam für Erfolg oder Misserfolg verantwortlich. Da zum aktuellen Zeitpunkt der Individualisierungsgrad von Weiterbildungsangeboten eher hoch, der Standardisierungsgrad eher niedrig ist, sind Ergebnisse von Bildungsprozessen kaum reproduzierbar und damit einer objektiven, intersubjektiv nachvollziehbaren Bewertung schwer zugänglich.[43] Somit können höchstens Durchschnittsaussagen zur Wirtschaftlichkeit von Weiterbildungsprozessen gemacht werden. Die Beurteilung der Wirtschaftlichkeit von IT-bezogenen Qualifizierungsmaßnahmen erweist sich als schwierig, da diese oft nur unter Bezugnahme auf eine veränderte Organisationsstruktur, geänderte Arbeitsprozesse und die IT-Investitionstätigkeit angestellt werden kann. In Anlehnung an REICHWALD (1993, S. 10) kann dies als Ganzheitlichkeitsproblem bezeichnet werden.

4. Auf der Ebene der ökonomischen Beurteilung von Weiterbildungsprozessen müssen, wie bei jeder Investition, geeignete Maßgrößen (Indikatoren) gefunden werden, die die Veränderungen von Aufwand und Nutzen möglichst genau widerspiegeln. REICHWALD (1993, S. 9) spricht vom Indikatorenproblem. Das Finden „guter" Indikatoren (Meyer 2004, S. 24 ff.) ist insbesondere auf der Nutzenseite schwierig. Vor allem im Bereich personalpolitischer Sachverhalte ist das Postulat nach „politischer Korrektheit" eine große Herausforderung, denn auf der einen Seite muss der betroffene Mitarbeiter bereit sein, sich an der Datenerhebung zu beteiligen, auf der anderen Seite muss auch der Entscheidungsträger den Indikator anerkennen (Meyer 2004, S. 31). Selbst wenn geeignete Indikatoren vorliegen, ist häufig mit Widerständen bei der Datenerhebung zu rechnen: Es ist im Normalfall nicht im Interesse der Mitarbeiter, ihre persönliche Wissensbasis, d.h. den Stand ihrer Fähigkeiten, offen zu legen (du Voitel/Roventa 2002, S. 318). Gründe dafür liegen häufig in der mangelnden Motivation zur Externalisierung, also der Bereitschaft zur Wissensweitergabe, die bei den meisten Unternehmen weder kulturell noch anreizorientiert verankert ist (Kemper/Janke 2002, S. 5). Diese Problematik stellt eine Herausforderung für die Wirtschaftlichkeitsbestimmung ebenso wie für das betriebliche Wissensmanagement dar. Zudem steht dem Erkenntnisgewinn häufig ein hoher Aufwand durch den Ermittlungsprozess selbst gegenüber:

   „Warum? Zu aufwändig? – Total. Wenn man es wirklich konsequent machen wollte, es ist extrem aufwändig, und man hätte trotzdem nicht eine objektive Größe." (DELTA 2006c)

   Zu klären ist also im Sinne einer Meta-Wirtschaftlichkeitsbetrachtung, ob der Forderung nach Effizienz im Sinne des Verhältnisses von Erhebungsaufwand und Informationsgewinn (Meyer 2004, S. 31) Genüge getan wird. Ist dies nicht der Fall, besteht aus betriebswirtschaftlicher Sicht kein Grund, eine Wirtschaftlichkeitsbetrachtung anzustellen. AGGELER (2006, S. 113) nennt als Daumenregel einen Anteil von ca. 2-5% des Veranstaltungsbudgets, der für eine fundierte ROI-Studie einkalkuliert werden muss. Diese Summe muss

---

43 Eine Ausnahme stellen Standardisierungsbemühungen im Umfeld von IT-Zertifikaten dar (Hanft et al. 2004).

also durch die Wirtschaftlichkeitsbetrachtung im eigentlichen Bildungsprozess eingespart werden. Selbst wenn passende Indikatoren zur Bewertung von Qualifizierungsmaßnahmen gefunden werden, bleiben Weiterbildungsprozesse nur einer von vielen Prädiktoren des Unternehmenserfolges. Eine monokausale Abhängigkeit von Produktionssteigerungen und zusätzlichen Kapitalwerten von Qualifizierungsmaßnahmen ist in der Regel nicht gegeben (Hutzschenreuter 2005, S. 576), so dass partielle Nutzennachweise oftmals nicht glaubwürdig sind:

> *„Man muss alles Mögliche schätzen. Da eine Schätzung, da eine Annahme, wäre wirklich besser, wenn man es sich sparen könnte." (DELTA 2006c)*

Häufig besteht generell kein Interesse an Wirtschaftlichkeitsuntersuchungen:

> *„Machen Sie so eine Art Controlling über diese Qualifizierungsmaßnahmen? – Nein, mache ich eigentlich nicht. Wollte bisher noch nie einer haben." (BETA 2006a)*

Abbildung 20 fasst die Herausforderungen bei der Wirtschaftlichkeitsermittlung von IT-Weiterbildungsprozessen zusammen.

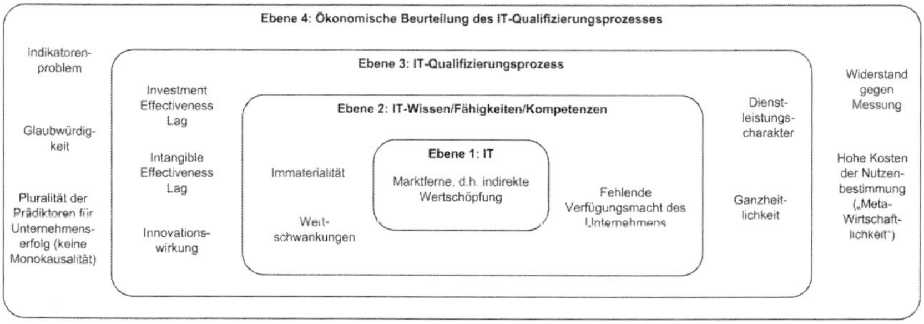

Abbildung 20: Herausforderungen und Widerstände bei der Wirtschaftlichkeitsbestimmung von IT-Qualifizierungsmaßnahmen (Quelle: Eigene Darstellung)

Vor allem seit der Einführung von Qualitätssicherungsprozessen nach DIN ISO 9000ff. in der Produktion ist Qualitätssicherung auch für Weiterbildungsprozesse ein aktuelles Thema. Dies gilt insbesondere für Bildungsanbieter, die sich von „schwarzen Schafen" differenzieren wollen (Gnahs/Krekel 1999, S. 17f.). Im industriellen Bereich bekannte Qualitätsmanagement-Methoden wie z.B. Quality Function Deployment (QFD) können auch in Qualifizierungsprozessen eingesetzt werden (Heeg/Jäger 1995, S. 355). Qualitätssicherung verfolgt ähnliche Ziele wie Bildungscontrolling, allerdings mit stärkerem Fokus auf einer formellen Zertifizierung.

3.2.2.6 Organisationales Lernen

Der Begriff „Organisationales Lernen" wurde 1963 von CYERT/MARCH in die Organisationsforschung eingeführt. Es geht dabei nicht um das Lernen des Individuums in der Organisation, das zwar auch stattfindet und Bestandteil des organisationalen Lernens ist, sondern um das Lernen einer Organisation als Ganzes (Schott 2003, S. 61; Probst/Büchel 1998, S. 17; Inversini 2005, S. 50ff.). Es existiert keine einheitliche Definition von organisationalem Lernen, daher wird SCHOTT (2003, S. 65) gefolgt:

„Organisationales Lernen findet statt, wenn implizites Wissen für die Organisation zugänglich gemacht wird und Informationen kollektiv verarbeitet werden, damit es zielabhängig entweder zu einer Verbesserung der bestehenden Strukturen und Abläufe oder zur Veränderung des organisationalen Bezugsrahmens kommt, so dass sich die Handlungs- und Problemlösungskompetenz der Organisation dadurch ausweitet." (Schott 2003, S. 65)

Das organisationale Lernen und die Personalentwicklung ergänzen sich gegenseitig: Individuelle Qualifikationen sind eine Voraussetzung für kollektive Lernprozesse und strukturelle Änderungen verändern die individuelle Lernumgebung, indem sie neue Anstöße vermitteln und eigene Überzeugungen in Frage stellen können (Gmür/Thommen 2006, S. 185). „Theorien organisationalen Lernens beschreiben und erklären Veränderungen von Organisationen in Auseinandersetzung mit neuartigen Problemstellungen" (Gmür/Thommen 2006, S. 185). Folgende drei Arten von Lernprozessen werden unterschieden:

- Single-Loop-Learning: Verhaltensanpassung ohne Veränderung der zugrundeliegenden Überzeugungen,
- Double-Loop-Learning: Änderung der organisational geteilten Deutungs- und Wertmuster und der Art der Problembearbeitung und
- Deutero-Learning: „Lernen lernen", d.h. Veränderung der Strukturen in der Art, dass zukünftige Single- oder Double-Loop-Prozesse erleichtert werden.

Während die Theorien des organisationalen Lernens eine eher deskriptive Darstellung des Lernprozesses zum Inhalt haben, dreht sich das verwandte Konzept des Wissensmanagements um die aktive Beeinflussung des Wissensaustausches der Mitglieder einer Organisation (siehe hierzu z.B. Scherer/Schaffner 2003, S. 119; Schüppel 1996; Fredrich 2003; Kemper/Janke 2002; Kreidenweis/Steincke 2006; Wahl 2003; Bellmann et al. 2002).

Bezogen auf Unternehmenssoftware diskutiert SCHERER (2003, S. 118ff.) einige konkrete Maßnahmen, die das organisationale Lernen fördern können, um kollektives Wissen über den Umgang mit der neuen Software und den neuen Prozessen und Abhängigkeiten zu erwerben. Die dahinter stehende Grundannahme ist, dass gemäß NONAKA (1994) organisationales Wissen durch die Übertragung von Wissen zwischen den Mitgliedern einer Organisation entsteht. Insbesondere die von SCHOTT angesprochene kollektive Verarbeitung impliziten Wissens wird hierbei berücksichtigt. Mögliche Maßnahmen sind:

- Lernen in Teams: Innovationen werden dann besonders gut von den Anwendern angenommen, wenn viele Kontakte zu Personen bestehen, die die neue Technologie bereits nutzen (Schenk 2002, S. 226; Schenk et al. 1997). Bei der Zusammenstellung der Zielgruppe für eine Qualifizierungsmaßnahme ist daher darauf zu achten, dass diejenigen, die zusammenarbeiten, als eine Einheit geschult werden. SCHERER (2003, S. 128) rät (zukünftigen) Anwendern, deren Arbeitsprozesse gemeinsam über die Unternehmenssoftware erledigt werden, ihr Wissen in einem kollektiven Lernprozess zu erwerben. Dies erlaube, dass Abhängigkeiten verstanden und Zusammenhänge gemeinsam erfahren werden.
- Community of practice: Nach SCHERER (2003, S. 63) kann die Menge der Anwender einer Unternehmenssoftware als Gemeinschaft gleichhandelnder Personen („Community of Practice") verstanden werden. Aufgrund der hohen Integration und Abhängigkeit der Anwender untereinander muss es Ziel dieser Community sein, bestimmte Verrichtungen in

gleicher Form oder zumindest abgestimmt durchzuführen. Eine Maßnahme, dies zu fördern, sind beispielsweise Lernstätten (Kirchhöfer 2004, S. 80; BMBF 2006a, S. 278) oder andere regelmäßige Treffen, wo die Anwender ihre Erfahrungen teilen können. Hinweise, wie Communities of practice systematisch gestaltet werden können, und praktische Beispiele finden sich in LEIMEISTER (2005), DAUM (2002) und HÄBERLE (2004).

- Nutzung des Wissens interner Spezialisten: „Das Projektteam löst sich nach der Implementierung der Software i.d.R. auf. Die beteiligten Personen behalten jedoch als Know-how Träger oft Schlüsselrollen im alltäglichen Umgang mit dem System und sind daher potenzielle Akteure auch in der künftigen Gestaltung des Systems" (Bresnahan et al. 2000, S. 342). Aus diesem Grund fordert SCHERER (2003, S. 128), dass Projektleiter, Teilprojektleiter und Key User ihr Wissen an die Anwender weitervermitteln, z.B. indem diese Personen nach der Systemeinführung als interne Trainer eingesetzt werden.
- Berücksichtigung der Heterogenität der Endanwender: Bei Anwendern handelt es sich um eine heterogene Gruppe. Im Sinne eines effektiven organisationalen Lernprozesses fordert SCHERER (2003, S. 128), das Qualifizierungsangebot auf unterschiedlichen Schwierigkeitsstufen zu gestalten. Somit können sowohl „Power User" als auch Gelegenheitsnutzer zielgruppengerecht qualifiziert werden. Eine ähnliche Zielsetzung verfolgt der Versuch, möglichst viele verschiedene Lernformen zum Einsatz zu bringen. Auch die Differenzierung nach Zugriffsart (transactional, casual, power User (Sein et al. 1998, S. 238)) ist eine Maßnahme zur zielgruppengerechten Qualifizierung.

3.2.2.7 Qualifizierungsstrukturen nach Produktivstart

Nach Produktivstart einer Unternehmenssoftware („Go-Live") geht die Verantwortung für den Betrieb de facto vom Projektteam auf die Endanwender über (Scherer/Schaffner 2003, S. 341ff.). Ab diesem Zeitpunkt ist es wichtig, den Anwendern Kompetenz und kontinuierliche Qualifizierungsmöglichkeiten zur Verfügung zu stellen. Die Zielsetzung deckt sich teilweise mit der des organisationalen Lernens. Im Folgenden sollen zwei Werkzeuge dafür vorgestellt werden.

3.2.2.7.1 Key User

Es kann als Regelfall in einem Unternehmen angesehen werden, wenn sich Kollegen auf informeller Ebene weiterhelfen. Nachfolgend wird daher betrachtet, ob *systematisch* gezielt benannte Ansprechpartner („Key User") im Unternehmen zum Einsatz kommen.

„Es wird dauerhaft gewährleistet, dass für alle Anwenderinnen und Anwender im Falle auftretender Probleme eine versierte Ansprechperson erreichbar ist, die sich der Problemlösung annimmt." (Amtsblatt Schleswig-Holstein 2006). Eine Antwort auf diese Anforderung aus einer Betriebsvereinbarung zur ERP-Einführung verspricht das Key User Konzept. Als Key User werden Mitarbeiter in den Fachabteilungen bezeichnet, die ihren Kollegen als Ansprechpartner in IT-bezogenen Fragen zur Seite stehen (Esteves et al. 2002a, S. 12; Mohr et al. 2006; Cotterman/Kumar 1989, S. 1313). Key User sorgen für den laufenden Transfer und die Weiterentwicklung des Endanwenderwissens (Scherer/Schaffner 2003, S. 157). Alternative Bezeichnungen sind Super User (Karuppan 2000), Advanced Users, Peer Trainers (Cavanaugh 1992, S. 52; Ellis 2002), Subject Matter Experts (Williams 2001) oder „nearby

Users" (Gallivan et al. 2005, S. 155). Der entscheidende Vorteil von Key Usern ist deren fachliche Kompetenz, verbunden mit Kenntnis des Werkzeugs „Unternehmenssoftware":

> *„[...] bis hin, dass eben verstärkt Key User Konzepte eingesetzt werden, sprich im Vorfeld werden halt Endanwender oder Super User (oder wie auch immer man die nennt) so qualifiziert, dass die dann später die fachlichen Trainer sind für die Endanwender, weil eben die das Altsystem kennen, Aktivsystem, wie das meistens heißt, und dann auch wissen, wie das dann im neuen System ausschaut und dieser Vergleich „wie war's denn bisher, wie geht's dann?", das bringen sie einem Externen kaum bei." (GAMMA 2006a)*

Key Usern sollte genügend Freiraum für ihre Arbeit eingeräumt werden, was jedoch leider oft übersehen wird:

> *„Sie machen es nebenher, kriegen nichts dafür gutgeschrieben, aber das ist mit dem Fachgebietsleiter abgestimmt." (BETA 2006a)*

Häufig werden Key User je nach Prozess ausgewählt oder bestimmt:

> *„In den klassischen drei Einkaufsteams haben wir auch Key User installiert, die auch bei uns bei Tests mitmachen oder mal bei einer Last- und Pflichtenhefterstellung hinzugezwungen werden. Das sind die klassischen Key User." (ALPHA 2006b)*

> *„Der Key User hat spezielle Rechte. Wenn ich zum Beispiel neue Patches einspielen will, bevor ich sie freischalte, spiele ich sie zuerst in das K01 ein. Der Key User muss innerhalb von drei Tagen die Prozesse durchspielen und mir Feedback geben. Und wenn alle Key User das OK geben, dann kann ich es in P01 einspielen." (BETA 2006a)*

Die Anzahl der pro Key User betreuten Anwender hängt von der Gliederung der Leistungsanforderungen und der Strukturierung des Systems und seiner Prozesse ab. Unterschiede innerhalb eines Unternehmens zwischen verschiedenen Standorten, Werken usw. sind üblich und eine Kennzahl anzugeben, ist schwierig. SCHERER (2003, S. 348) nennt dennoch folgende Kennzahlen der GARTNER GROUP als grobe Benchmarks:

- 12:1 (optimale Endanwenderbetreuung, hohe Betreuungsansprüche)
- 25:1 (anspruchsvolle und umfassende Betreuungsansprüche, Abdeckung von Innovationen möglich)
- 60:1 (weitgehende Betreuung)
- 125:1 (geringfügiger Betreuungsbedarf)

Üblicherweise variieren die Last und damit die mögliche Betreuungsquote im Zeitverlauf:

> *„Für das Projekt wurde er zu 100% [...] abgestellt [...]. Und danach wird es auch geringer werden. Danach wird der Bedarf, den Key User zu fragen, immer geringer werden." (DELTA 2006b)*

Zusätzlich muss danach unterschieden werden, ob die Key User speziell für Fragen zur Unternehmenssoftware zur Verfügung stehen oder bei allen Fragen rund um die IT.

Nicht immer wird die zusätzliche Ebene der Key User als vorteilhaft angesehen:

> *„Da will ich nicht, dass man beim Key User sammelt, dass dort wieder jemand aufgebaut wird, der wieder so ein kleiner Zwischen-Chef ist. Da hat jeder den Zugang und mir ist*

egal, wer kommt. Wenn er kommt, dann bin ich schon froh, dann höre ich das sofort aus der Quelle, kriege nicht was übertragen. Hat sich bewährt." (BETA 2006a)

Für die empirische Erhebung ist folgende Abgrenzung wichtig: häufig werden die Mitarbeiter einer zentralen oder lokalen IT-Abteilung ebenfalls als Key User bezeichnet, die bei fachlichen oder technischen Fragen weiterhelfen (ALPHA 2006b). Da hier gezielt die Unterstützung durch direkte Kollegen in der Fachabteilung vor Ort analysiert werden soll, deren primäre Aufgabe nicht der IT-Support ist, muss eine klare Abgrenzung vorgenommen werden.

3.2.2.7.2 Sandbox-Umgebung

Der Spielmandant („Sandbox") ist eine Art „Sandkasten" für Mitarbeiter, um noch vor dem Customizingmandanten neue Einstellungen zu testen (Brown/Vessey 2000, S. 27). Er wird häufig dazu eingesetzt, dass Mitarbeiter Einstellungen verändern können, ohne eine Auswirkung auf die Mandanten befürchten zu müssen, die Teil der eigentlichen Systemlandschaft sind und damit für Entwicklung, Test und Produktivbetrieb benötigt werden. Es wäre völlig unrealistisch anzunehmen, dass Anwender Einstellungen oder Prozesse im Produktivmandanten testen, denn dies kann unter Umständen hohe finanzielle Verluste oder sogar nicht wieder gutmachbaren Schaden für das Unternehmen zur Folge. Üblicherweise wird das Sandboxsystem regelmäßig als möglichst originalgetreue Kopie des produktiven ERP-Systems erstellt:

„Wir haben drei Systeme, die zeige ich Ihnen auch. Wir haben ein E01 (unser Entwicklungssystem). Dort wird gecustomized. Dann haben wir ein K01 (Konsolidierungssystem), das allen Mitarbeitern zur Verfügung steht, auch als Testsystem. Es wird so alle 8 bis 10 Wochen durch eine Kopie des P01 erstellt. Es wird einfach eine Systemkopie gemacht." (BETA 2006a)

Das Vorhandensein eines Sandboxmandanten wird als wichtiger Bestandteil der Anwenderweiterbildung nach dem Produktivstart aufgefasst (Kohnke/Bungard 2005, S. 133). Wenn die Anwender einfache Fragen oder Probleme in einem Sandkastenmandanten selbstständig nachstellen und austesten können, könnte das in der Folge bedeuten, dass „weniger" Schulung im Sinne der Qualifizierungs-Investitionshöhe notwendig ist. Ebenfalls denkbar ist, dass die auftretenden Grundlagenfragen vom Anwender selbst durch Ausprobieren im Sandboxmandanten geklärt werden können und daher die in den Anwenderschulungen zu behandelnden Themen auf einem höheren Niveau sind. Ein Negativbeispiel nennt ALPHA (2006c): Dort sollte die Bereitstellung eines Übungssystems „richtige" Qualifizierungsmaßnahmen komplett ersetzen:

„Schulungen an sich haben wir auch nicht richtig gehabt aufgrund der kleinen Einheit und wir haben ein Parallelsystem nebenher noch am Laufen gehabt. Daraus ist letztendlich genau dieses autodidaktische Lernen passiert bei mir, weil andere auch nicht helfen konnten und man wirklich sehr viel selbst sich aneignen musste über alle möglichen Wege." (ALPHA 2006c)

Häufige Probleme mit dem Sandboxsystem spricht ALPHA (2006b) an:

„Wobei da auch die Problematik besteht, dass da nicht immer unbedingt realistische Berechtigungen abgebildet werden. Oder teilweise ist es so, dass das Spielsystem schon eine

Version weiter ist. Das heißt, man kann nicht unter realistischen Voraussetzungen testen. Also, ist nicht immer durchgängig nutzbar." (ALPHA 2006b)

Ein Sandboxsystem könnte den Anwendern permanent zur Verfügung stehen oder, wie im Fall von DELTA, lediglich während Unternehmenssoftwareprojekten:

„Was wir regelmäßig nicht haben, ist neben dem Testsystem noch ein Spielsystem. Das haben wir normalerweise nicht, nur manchmal in Projektphasen, wenn wir in so einem prototypischen Zustand sind, dass wir mal so ein Spielsystem brauchen." (DELTA 2006b)

Die Gesamtheit der Systeme, aus denen eine ERP-Installation besteht, wird als Systemlandschaft bezeichnet. Hierbei handelt es sich im Normalfall um mehrere Systeme, denn neben dem eigentlichen produktiven Betrieb müssen Weiterentwicklungen, Tests und Qualitätsprüfungen durchgeführt werden können, die aus Sicherheitsgründen nicht in demselben System stattfinden sollten (McFarland Metzger/Röhrs 2000a, S. 57). Diese Aktivitäten können theoretisch auch in verschiedenen Mandanten eines Systems vorgenommen werden, was in der Praxis jedoch aus Sicherheitsgründen im Normalfall nicht geschieht. Als „kritische" Mandantenrollen nennen MCFARLAND METZGER/RÖHRS (2000a, S. 58 ff.) Produktiv-, Qualitätssicherungs- und Customizing-/Entwicklungsmandant: Der Produktivmandant („PROD") enthält die für die operative Betriebsaktivität notwendigen Daten, d.h. er bildet das eigentliche Tagesgeschäft des Unternehmens ab. Im Qualitätssicherungsmandant („QTST") können neue Customizingeinstellungen, Programmänderungen und Eigenentwicklungen überprüft werden. Häufig wird der QTST-Mandant als Kopie vom PROD-Mandanten gewonnen, um eine möglichst realitätsnahe Testumgebung zu erhalten. Im Customizing-/Entwicklungsmandant („CUST") nehmen die Entwickler Customizing- und Entwicklungsarbeiten vor. Neben diesen obligatorischen oder zumindest für einen reibungslosen ERP-Betrieb dringend empfohlenen Mandanten kann sich das Unternehmen für weitere Mandantenrollen entscheiden: In einem Funktionstestmandanten können Customizing- und Entwicklungsarbeiten getestet werden, bevor sie in den QTST-Mandanten überführt werden. Wenn die Entwickler ihre Programmierarbeiten getrennt von Customizingarbeiten durchführen möchten, kann ein eigener „Sonderentwicklungsmandant" eingerichtet werden. Dieser bietet den Entwicklern den Vorteil, dass sie in einem Umfeld arbeiten können, das sich nicht ständig durch neue Customizingeinstellungen ändert. Der Benutzerschulungsmandant bietet Teilnehmern einer Schulung die Möglichkeit, mit bekannten, unternehmenseigenen Daten zu lernen (vgl. Scherer/Schaffner 2003, S. 365ff.).

3.3 Einflussfaktoren auf die Anwenderqualifizierung

Im Folgenden werden die Kontextdimensionen des Analysemodells vorgestellt. Es handelt sich um inner- und außerbetriebliche Einflussfaktoren, durch die unterschiedliches Qualifizierungsverhalten im Kontext Unternehmenssoftware möglicherweise erklärt werden kann. Eine monokausale Erklärung des Qualifizierungsverhaltens greift zu kurz, denn Weiterbildung ist im Normalfall die Konsequenz einer Vielzahl an Einzelentscheidungen, in die unterschiedliche und von Interessen und Macht geleitete Erwägungen einfließen. „Weiterbildung ist eingebunden in Prozesse der betrieblichen Arbeitsgestaltung, in die Personalpolitik, in Traditionen. Sie ist abhängig von der wirtschaftlichen Situation, der Qualifikation der Mitarbeiter, dem verfügbaren Weiterbildungsangebot usw." (Martin/Beherends 1999, S. 20). Es werden im Folgenden nur „objektive" Faktoren berücksichtigt. Die von BÄUMER (1997, S. 131ff.)

untersuchten subjektiven Faktoren (Innensicht der handelnden „Weiterbildungsmanager“) werden ausgeklammert.

Durch die Vielzahl möglicher Determinanten lassen sich beliebig viele plausible Argumentationsketten zur Begründung von Qualifizierungshandeln konstruieren („Inflation“). Daraus ergibt sich die Anforderung, ein „sparsames“ Modell zu entwerfen, das trotz der Multikausalität mit einer überschaubaren Anzahl an Erklärungsvariablen auskommt. Diese Forderung steht allerdings in gewissem Widerspruch zur explorativen Vorgehensweise, bei der eher zu viele als zu wenige Faktoren berücksichtigt werden sollen. Es geht also bei der Modellkonstruktion darum, ein angemessenes Abstraktionsniveau zu wählen. Daher soll dem Vorschlag von MARTIN/BEHERENDS (1999, S. 21) gefolgt und versucht werden, die Balance zwischen mikroskopischen Variablen (z.B. Zustandekommen einer Weiterbildungsentscheidung aufgrund der Aufgeschlossenheit eines Vorgesetzten) und makroskopischen Betrachtungen (z.B. Formen des Bildungswesens) zu halten.

An dieser Stelle soll nochmals betont werden, dass nicht kausale Abhängigkeiten zwischen den Begründungsdimensionen und den gewählten Qualifizierungspraktiken identifiziert werden können und sollen, sondern deren „überzufälliges“ gemeinsames Auftreten. Die dahinter stehende Annahme ist, dass die Begründungsdimensionen als Rahmenbedingungen ein bestimmtes Qualifizierungshandeln stimulieren oder begrenzen und damit einen Beitrag zur Begründung des Handelns leisten (Bäumer 1997, S. 100ff.), dieses jedoch nicht vollständig determinieren.

Bei der Charakterisierung der Begründungsdimensionen wird folgendermaßen vorgegangen: Zunächst werden die Dimensionen inhaltlich beschrieben, um das Begriffsverständnis darzulegen. Danach wird erläutert, durch welche Variablen sich der Sachverhalt abbilden lässt und wie deren Messung vorgenommen werden kann. Schließlich wird begründet, warum die jeweilige Begründungsdimension für das Analysemodell herangezogen wurde. Dazu werden die wichtigsten Ergebnisse bisheriger Forschungsarbeiten zur Begründung von Weiterbildungsentscheidungen dargestellt.

3.3.1 Allgemeine unternehmensinterne Faktoren

3.3.1.1 Unternehmensgröße

Die Unternehmensgröße, zumeist gemessen anhand der Mitarbeiterzahl, wird in vielen Untersuchungen zur betrieblichen Weiterbildung als Erklärungskriterium herangezogen. Dies dürfte eher an der vergleichsweise einfachen Operationalisierbarkeit liegen als am eigenständigen Erklärungsgehalt, denn es ist ungewiss, welche betrieblichen Faktoren hinter der Betriebsgröße stehen, die einen Zusammenhang zu den Weiterbildungsaktivitäten plausibel machen könnten (Bäumer 1997, S. 111). Es wird vermutet, dass beispielsweise betriebsgrößenspezifische Fertigungsverfahren, Belegschaftsstrukturen und Leistungsprogramme moderierende Variable sein könnten. Dass die Unternehmens-/Betriebsgröße einen signifikanten Einfluss auf den Umfang an Weiterbildungsaktivitäten hat, ist mehrmals empirisch nachgewiesen worden (Dobischat/Seifert 2001, S. 94) und lange Zeit wurde ein positiver Zusammenhang unterstellt. Der Einfluss ist jedoch inzwischen nicht unumstritten und die vorliegenden Befunde sind uneindeutig:

- Der generelle Qualifizierungsbedarf wird bei Betrieben mit weniger als 500 Mitarbeitern insgesamt geringer eingeschätzt als in größeren Unternehmen (Bahnmüller/Fischbach 2003, S. 52).
- Die zweite Europäische Erhebung zur beruflichen Weiterbildung (CVTS2) ergab, dass mit steigender Beschäftigtenzahl der Anteil der weiterbildenden Unternehmen zunimmt. Während 68% der Unternehmen mit 10 bis 19 Beschäftigten weiterbildeten, waren es in der Größenklasse von 50 bis 249 Beschäftigten 87%. 100% der Unternehmen mit 1.000 und mehr Beschäftigten bildeten 1999 weiter (Statistisches Bundesamt 2005, S. 1014).
- Eine 1989 unter mehr als 1.500 deutschen Unternehmen vom IW durchgeführte Repräsentativbefragung kam zu dem Ergebnis, dass die Weiterbildungsintensität in kleineren Unternehmen ungleich höher ist als in größeren Unternehmen (Bäumer 1997, S. 111; Schlaffke/Weiß 1989, S. 14).
- Keine signifikanten betriebsgrößenbedingten Unterschiede bei der Weiterbildungsbeteiligung haben MAISBERGER ET AL. (1993) feststellen können.
- Den starken positiven Zusammenhang zwischen Unternehmensgröße und Weiterbildungsaktivität erklären MARTIN/BEHERENDS (1999, S. 12) mit den Skaleneffekten bei der Durchführung vor allem interner Veranstaltungen.

BÄUMER (1997, S. 112f.) fasst anschaulich zusammen, indem er feststellt, dass kein genereller Zusammenhang zwischen Betriebsgröße und dem Umfang an Weiterbildungsaktivitäten konstatiert werden kann. Eine differenziertere Betrachtung sei nötig, die zeige, dass kleinere Unternehmen insbesondere bei den relativen Kosten für Weiterbildung, der relativen Anzahl an Weiterbildungsmitarbeitern und der Weiterbildungsquote höhere Werte aufweisen als große Unternehmen. Hinsichtlich Systematik, Organisation und Planung von Weiterbildung scheinen die großen Unternehmen jedoch besser organisiert zu sein. So existieren in 77% der Unternehmen mit mehr als 500 Mitarbeitern formelle Regelungen, im Durchschnitt sind es nur 29% (Dobischat/Seifert 2001, S. 94).

Einig ist sich die Weiterbildungsforschung, dass der Einsatz verschiedener methodischer Instrumente hinsichtlich der Betriebsgröße große Unterschiede aufweist. Je größer das Unternehmen, desto mehr „neuere" Lernformen würden eingesetzt (Statistisches Bundesamt 2005, S. 1019).[44]

Unternehmen mit … bis … Beschäftigten	Andere Formen der Weiterbildung					
		und zwar				
	Insgesamt	geplante Phasen der Weiterbildung am Arbeitsplatz	Job-Rotation und Austausch-programme	Lern- und Qualitätszirkel	Selbstgesteuertes Lernen	Informations-veranstaltungen
10 – 19	62,9	42,7	3,2	7,0	10,1	51,6
20 – 49	74,9	57,1	3,0	10,6	14,2	62,9
50 – 249	83,6	70,4	5,7	18,3	19,1	74,4
250 – 499	95,8	80,0	11,7	29,8	24,3	92,7
500 – 999	98,4	73,3	16,3	44,6	31,1	88,7

44 Zu einem anderen Ergebnis kommt Werner (2006b, S. 8): Informelle Lernformen machen in kleineren Unternehmen ca. zwei Drittel, in großen nur ca. 42 Prozent des zeitlichen Weiterbildungsvolumens aus. In größeren Betrieben haben formalisierte externe und vor allem interne Lehrveranstaltungen einen deutlich größeren Anteil am Zeitbudget.

1000 und mehr	98,9	83,9	34,9	47,1	48,7	98,2
Insgesamt	71,8	53,7	4,2	11,5	13,9	61,0

Abbildung 21: „Andere" Formen der Weiterbildung nach Unternehmensgröße (Quelle: Statistisches Bundesamt (2005, S. 1019))

Zur Erklärung dieser Zusammenhänge ist insbesondere der Blick auf die Diskussionen der letzten Jahre um den Einsatz von E-Learning-Maßnahmen in der Weiterbildung aufschlussreich. Die ökonomische Vorteilhaftigkeit von E-Learning gegenüber anderen Formen steigt ceteris paribus mit zunehmender Anzahl zu qualifizierender Mitarbeiter (U.S. Department of Commerce 2003, S. 156; Hutzschenreuter 2005, S. 589). Der Grund hierfür sind die für die Erstellung elektronischer Lernmaterialien notwendigen hohen fixen Kosten und evtl. anfallende sprungfixe Kosten (Dohmen 2005a). Die Mehrfachnutzung einmal produzierter Inhalte wirkt sich bei großen Teilnehmerzahlen positiv auf die Vorteilhaftigkeit von E-Learning aus. Zur ökonomischen Argumentation kommt ein organisatorisch begründetes Argument: Der wichtigste Impulsgeber für den Einsatz von E-Learning ist laut HARHOFF (2001, S. 3) die Personalabteilung. Da in der Regel größere Unternehmen über eine besser ausgebaute und ausgestattete Personalabteilung verfügen, ist insbesondere in diesen mit dem Einsatz von E-Learning in der Weiterbildung zu rechnen. Zusammenfassend ist also zu erwarten, dass ein positiver Zusammenhang zwischen Unternehmensgröße und dem Einsatz von E-Learning besteht.

Bezogen auf den Zusammenhang zwischen Unternehmensgröße und Weiterbildungsaktivitäten im Kontext Unternehmenssoftware liegen bislang keine gesicherten empirischen Erkenntnisse vor. Folgende Hypothesen können aufgestellt werden:

- Die Größe der gesamten IT-Infrastruktur ist eine wichtige Determinante für das Qualifikationsniveau und damit indirekt für den Weiterbildungsbedarf: Auf Basis von 311 US-Firmen wurde ermittelt, dass das IuK-Anlagevermögen positiv korreliert ist mit den gesamten Investitionen in Humankapital (Falk 2002, S. 398). Dies gilt allerdings vor allem für IT-Fachkräfte (Falk 2002, S. 13): Insbesondere die zunehmende Verbreitung komplexer Softwareanwendungen wie z.B. ERP-Software (Enterprise Resource Planning) und Datenbankmanagement- und Datawarehouse-Software sowie CAD/CAE ist ein Erklärungsfaktor für den hohen Anteil an IT-Fachkräften (Falk 2002, S. 22).
- Größere Unternehmen implementieren Unternehmenssoftware tendenziell in größerem Umfang als kleinere. LEIMSTOLL (2005) hat nachgewiesen, dass größere Unternehmen häufiger ERP- und E-Business-Module einsetzen als kleinere Unternehmen. Dies betrifft besonders die Module Einkauf und Warenwirtschaft. Einschränkend muss angemerkt werden, dass sich die Untersuchung auf den Fall kleiner und mittlerer Unternehmen bezog.
- Die Unternehmensgröße bestimmt den Grad der Integration der verwendeten Module oder Teilsysteme untereinander. Vor allem die Module Finanzwirtschaft, Warenwirtschaft, Einkauf, Controlling und Führungsinformationssysteme treten in größeren Unternehmen häufiger integriert auf als in kleineren (Leimstoll 2005). Die dadurch entstehenden Interdependenzen in der Arbeit jedes einzelnen Anwenders könnten eine umfangreichere und auf Integrationsaspekte ausgerichtete Qualifizierungsstrategie notwendig machen.

- Unbestritten ist, dass die Komplexität von Einführungsprojekten bei integrierten Informationssystemen mit der Anzahl der involvierten Organisationseinheiten und Anwendern steigt. BURNS (2006, S. 16) hat festgestellt, dass mit steigender Unternehmensgröße der Anteil der Einführungskosten an den Gesamtkosten von ERP-Projekten steigt (Tabelle 10). Dies könnte an dem in größeren Projekten höheren Umfang an Change Management Maßnahmen liegen (Kohnke et al. 2005, S. 120f.). Nicht näher untersucht wurde, ob damit die in den Einführungskosten enthaltenen Qualifizierungskosten und deren Anteil an den Gesamtprojektkosten steigen.

	Tier 1	Tier 2	Tier 3	Tier 4	Tier 5
Umsatz	> 200 Mio. US-$	50-199 Mio. US-$	10-49 Mio. US-$	5-9 Mio. US-$	< 5 Mio. US-$
Mitarbeiter	> 500	100-499	50-99	10-49	1-9
Lizenzkosten	> 300.000 US-$	> 150.000 US-$	> 50.000 US-$	> 5.000 US-$	> 100 US-$
Verhältnis Einführungs- zu Lizenzkosten	> 2 : 1	> 1,5 : 1	> 1,25 : 1	> 1 : 1	< 1 : 1

Tabelle 10: ERP-Implementierungskosten nach Unternehmensgröße (Quelle: Burns (2006, S. 16))

3.3.1.2 Branche

Unter der Branchenzugehörigkeit eines Unternehmens wird der Wirtschaftszweig verstanden, in dem die „wirtschaftliche Haupttätigkeit" stattfindet. Dies ist die Tätigkeit, die den „größten Beitrag zur Wertschöpfung der betreffenden Einheit (Unternehmen) leistet. [...] Die Haupttätigkeit wird entweder dem Statistischen Unternehmensregister (SBR)[45] entnommen oder auf der Grundlage der vom Unternehmen gelieferten Informationen definiert." (Europäische Kommission 2002, S. 17).

Die Branchenzugehörigkeit ist in der Vergangenheit immer wieder als dominierender Einflussfaktor zur Begründung betrieblicher Weiterbildungsaktivitäten herangezogen worden. Begründet wird diese Vermutung mit einem Zusammenhang zwischen dem innerhalb einer Branche herrschenden Leistungsprogramm und den daraus abgeleiteten Anforderungen an die Weiterbildung (Bäumer 1997, S. 104). BÄUMER (1997, S. 113-115) stellt die wichtigsten Zusammenhänge dar. In der CVTS2-Erhebung wurde deutlich, dass insbesondere Kreditinstitute und Versicherungsunternehmen sehr weiterbildungsaktiv sind (Statistisches Bundesamt 2005, S. 1014). Insgesamt ist der Dienstleistungsbereich, z.B. Banken und Versicherungen, über viele Statistiken hinweg, überdurchschnittlich weiterbildungsaktiv (Martin/Beherends 1999, S. 8; Kuckulenz/Meyer 2006, S. 7f.).

Abbildung 22 differenziert die IT-Weiterbildungsaktivität 2003 nach Branchen. Es wird deutlich, dass der IT-Weiterbildungsbedarf bei Banken und Versicherungen besonders hoch ist (vgl. Nestler/Kailis 2003), wo im Jahr 2003 fast jeder vierte Beschäftigte (23%) eine Computerschulung erhalten hat. Als Gesamtbild wird deutlich, dass Branchen mit ohnehin starker IT-Durchdringung der Arbeitsprozesse ein hohes Engagement in der IT-bezogenen

[45] Statistical Business Register

Qualifizierung aufweisen. Allerdings ist in diesen Branchen die Weiterbildungsnachfrage insgesamt, unabhängig von Themen, im Branchenvergleich überdurchschnittlich hoch.

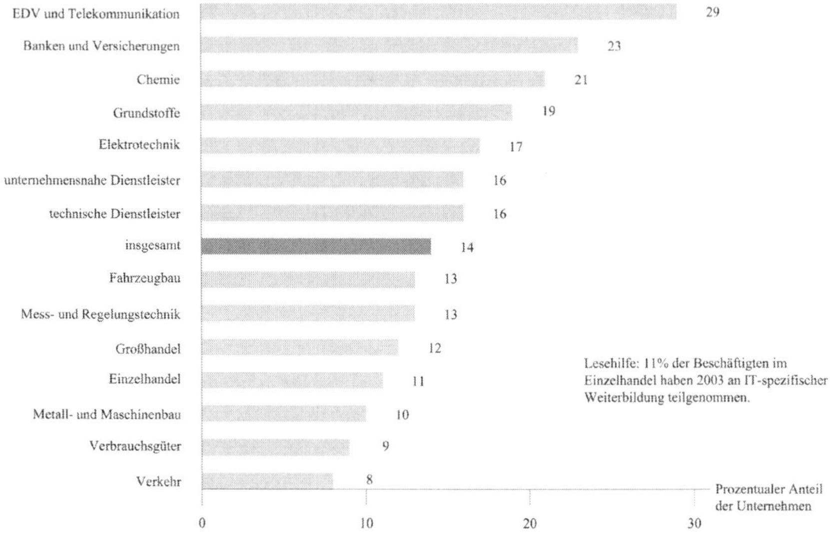

Abbildung 22: IT-Weiterbildungsaktivität 2003 nach Branchen (Quelle: In Anlehnung an Zentrum für Europäische Wirtschaftsforschung GmbH (2005, S. 2))

Bei den pro Mitarbeiter getätigten Weiterbildungsinvestitionen (themenunabhängig) sind ebenfalls beträchtliche branchenspezifische Unterschiede festzustellen. So weist das Kredit- und Versicherungswesen 1999 mit 2.304 EUR die höchsten, das Bergbaugewerbe mit ca. 153 EUR die niedrigsten Kosten je Beschäftigten auf (Statistisches Bundesamt 2005, S. 1019).[46]

BLACK/LYNCH (1996) haben in einer Analyse von ca. 3.000 Datensätzen des National Center on the Educational Quality of the Workforce (EQW) 1994 herausgefunden, dass Computertraining statistisch signifikant mit den Verkaufszahlen korreliert ist, allerdings nur bei nicht produzierenden Unternehmen. Der Zusammenhang konnte im produzierenden Gewerbe nicht bestätigt werden (Black/Lynch 1996; Bassi/McMurrer 2005, S. 11).

Die mit Wirtschaftsabschnitten, -unterabschnitten, -abteilungen und –gruppen relativ detaillierte WZ03-Liste[47] scheint für die Verwendung im Fragebogen zu ausführlich. Daher wird

---

46 Zum internationalen Vergleich: US-amerikanische Behörden gaben im Jahr 2002 für IT-Training durchschnittlich zwischen 301 und 2.109 US-Dollar pro IT-Mitarbeiter aus (U.S. General Accounting Office 2004a, S. 49).

47 Für die Operationalisierung der Branchenzugehörigkeit kann neben einer Vielzahl originärer Systematiken der Anbieter von branchenspezifischen Daten auf einige übergreifende Branchensystematiken, z.B. US-SIC und NAICS, WZ- und NACE-Branchennomenklatur, zurückgegriffen werden: Die SIC-Systematik (Standard Industrial Classification) wird seit 1939 in den Vereinigten Staaten für amtliche Statistiken eingesetzt und enthält 10 Hauptklassen und rund 1.000 Branchen. Dun & Bradstreet, Hoppenstedt und Schober verwenden eine erweiterte SIC-Systematik für ihre Statistiken. SIC sollte 1997 vom North American Industry Classification System (NAICS) abgelöst werden und enthält ca. 20 Wirtschaftssektoren und rund 1.170 Branchen. NAICS konnte sich bisher jedoch nicht gegen SIC behaupten, obwohl

eine modifizierte Version der „Wirtschaftsunterbereiche" (Statistisches Bundesamt 2004b, S. 15) verwendet, bei denen es sich um eine Zusammenfassung o.g. Ebenen handelt. Die Liste der Wirtschaftsunterbereiche wurde abgeändert, um in Deutschland bedeutende Branchen wie z.B. Automobil- und Maschinenbau direkt auswählen zu können.[48] Tabelle 11 zeigt die modifizierte Branchenübersicht zur Verwendung im Fragebogen. Für alle nicht explizit aufgeführten Branchen wird ein Freitextfeld zur Verfügung gestellt.

Wirtschaftszweige	Position(en) gemäß WZ03
Land- und Forstwirtschaft, Bergbau	A+B+C
Herstellung von Nahrungsmitteln	DA
Textil und Bekleidung	DB
Papier-, Verlags- und Druckgewerbe	DE
Chemie, Pharma	DG
Maschinenbau	DK
Fahrzeugbau	DM
Sonstiges verarbeitendes Gewerbe	Sonstige D-Positionen
Energie- und Wasserversorgung	E
Baugewerbe	F
Groß- und Einzelhandel, Gastgewerbe	G+H
Verkehr, Luftfahrt und Nachrichtenübermittlung	I
Kredit- und Versicherungsgewerbe	J
Grundstücks- und Wohnungswesen, Vermietung, Dienstleistungen	K
Softwareunternehmen, IT-Beratung, IT-Dienstleistungen	KA72
Unternehmens-, Rechts-, Steuerberatung	KA74
Öffentliche Verwaltung, Verteidigung, Sozialversicherung	L+Q
Erziehung und Unterricht, Hochschulen	M
Gesundheits-, Veterinär- und Sozialwesen	N
Sonstige Dienstleistungen	O

Tabelle 11: Ausgewählte Wirtschaftszweige (Quelle: Eigene Darstellung in Anlehnung an Statistisches Bundesamt (2004b, S. 15))

3.3.1.3 Ökonomische Situation des Unternehmens

Zwischen der ökonomischen Situation eines Unternehmens und der Weiterbildung könnte ein Zusammenhang bestehen, der nach BÄUMER (1997, S. 115) auf zwei Weisen begründet werden kann. Erstens kann argumentiert werden, dass die praktizierte Weiterbildungsstrategie die Ertragssituation des Unternehmens beeinflusst. Diese Sichtweise wird in der Weiterbildungsforschung bei Ansätzen des ökonomischen Bildungscontrollings, ROI- und Wirtschaftlichkeitsbetrachtungen usw. vertreten. Im Sinne einer Legitimation der Weiterbildungsaktivitäten ist diese Sichtweise für den Weiterbildungsmanager attraktiv, jedoch aufgrund diverser methodischer und praktischer Probleme empirisch sehr schwer zu belegen. Insbesondere der

moderne Branchen wie „information" und „diet and weight reducing centers" enthalten sind, die SIC nicht kennt (Universität Düsseldorf 2005). Die Europäische Gemeinschaft klassifiziert alle Wirtschaftszweige in der NACE Rev. 1 Systematik (nomenclature générale des activités économiques), die seit 1993 offiziell bei Eurostat und den statistischen Ämtern der EU-Mitgliedsländer vorgeschrieben ist. Eine komprimierte Darstellung der Wirtschaftszweige nach NACE Rev. 1 ist im Eurostat-Jahrbuch 2004 zu finden (Europäische Kommission 2004b, S. 270 ff.). Das Statistische Bundesamt hat NACE Rev. 1 national als „Klassifikation der Wirtschaftszweige" (WZ03) umgesetzt, die hauptsächlich für den Mikrozensus verwendet wird (Statistisches Bundesamt 2004b).

48 Außerdem wurde bei der Erstellung der Liste der Wirtschaftszweige berücksichtigt, aus welchen Branchen die SAP-Kunden innerhalb der „Global 500", also der weltweit 500 größten Unternehmen, stammen (Brandt 2004, S. 11). Ebenso berücksichtigt wurde die Branchendefinition des BITKOM (Dostal 2002, 2004, 2001).

kausale Zusammenhang zwischen Investitionen in Humankapital und unternehmerischem Erfolg ist schwer nachzuweisen (Wright 2003). Eine Zusammenfassung der Herausforderungen bei der Wirtschaftlichkeitsermittlung von IT-Investitionen findet sich in REICHWALD (1993), bezogen auf IT-Qualifizierung in MOHR/KRCMAR (2005, S. 21ff.).

Die zweite Argumentationslinie ist zwar aus Sicht der betrieblichen Weiterbildungsmanager weniger beliebt, dafür jedoch empirisch besser untermauert. Danach ist der kausale Zusammenhang umgekehrt zu verstehen, d.h. Unternehmen mit günstiger Ertragslage sind eher in der Lage, in Qualifizierungsmaßnahmen zu investieren, als ökonomisch schwächere Unternehmen (Bäumer 1997, S. 115).

- Der Zusammenhang zwischen ökonomischem Erfolg und Qualifizierungsinvestitionen ist unter Zuhilfenahme der aus der Balanced Scorecard (BSC) bekannten Konstrukte nachgewiesen worden. Es ist offensichtlich, dass Lernen und Entwicklung einer Organisation eine Versorgung mit finanziellen Ressourcen erfordert (Wallenburg/Weber 2006, S. 6). Die Autoren haben zunächst das Standardmodell der in der BSC unterstellten Ursache-Wirkungs-Kette zu einem geschlossenen Kreislauf erweitert (Lernen & Entwicklung → Interne Prozesse → Kunden → Finanzielles Ergebnis → Lernen & Entwicklung) und darauf aufbauend mit Hilfe empirischer Analysen gezeigt, dass dieses „closed-loop-Modell" unter allen theoretisch möglichen Kausalketten das beste Abbild der Realität darstellt (Wallenburg/Weber 2006, S. 13). Dies bedeutet für die langfristige Weiterbildungsinvestitionsplanung, dass der Finanzerfolg (mit einem Time-Lag) positiv auf die Lern- und Entwicklungsperspektive wirkt. Abbildung 23 stellt das erweiterte BSC-Modell samt ermittelten Pfadkoeffizienten dar.

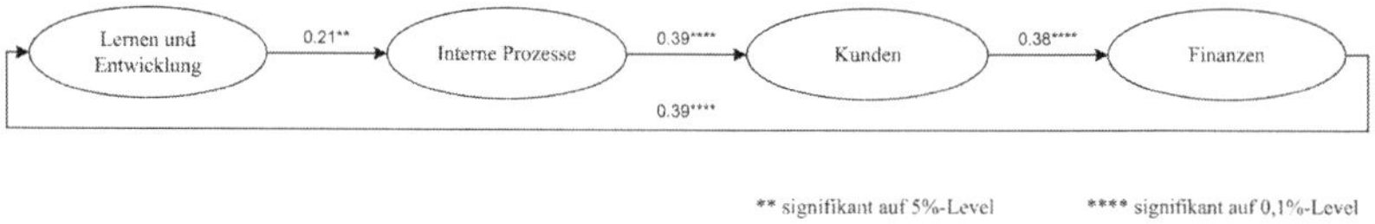

Abbildung 23: Pfadkoeffizienten des Closed-Loop-Modells der Balanced Scorecard (Quelle: Wallenburg/Weber (2006, S. 14))

- Keinen Zusammenhang zwischen der Beurteilung der wirtschaftlichen Lage des Unternehmens durch Manager und dem Qualifizierungsbedarf der Belegschaft konnten BAHNMÜLLER/FISCHBACH (2003, S. 53) erkennen.

- Zu einem ähnlichen Ergebnis kommen MARTIN/DÜLL (2000, S. 40): Die Ertragslage des Unternehmens hat weder auf die Weiterbildung von Facharbeitern noch auf die von Ungelernten einen Einfluss.

- Rein theoretisch, so ebenfalls MARTIN/DÜLL (2000, S. 24), dürften gerade die (innovativen) Unternehmen, die unter wirtschaftlichen Druck geraten, nicht an Weiterbildung sparen, sondern eher noch zusätzlich investieren. Es handelt sich um eine Art „quasinatürlichen" Reflex, der in Krisensituationen den Wunsch nach „mehr desselben" [d.h. Weiterbildung] auslöst. Dahinter steckt weniger ökonomische Rationalität als vielmehr die v.a. in innovativen Unternehmen fest institutionalisierte Weiterbildung. Ihre empirischen Untersuchungen konnten jedoch weder einen positiven noch einen negativen Zusammenhang zwischen Ertragslage und Weiterbildung feststellen (Martin/Düll 2000, S. 40).

Eine vom Markt gelieferte Bestätigung, dass zwischen Weiterbildung und Unternehmenserfolg ein positiver Zusammenhang (in welcher Richtung auch immer) besteht, ist die Firma Knowledge Asset Management (KAM). Sie bietet ein Investitionsportfolio mit Anteilen von Unternehmen an, die überdurchschnittlich große Summen in die Entwicklung ihrer Mitarbeiter investieren (Bassi/Plott 2002; Bassi/McMurrer 2003a). Drei hypothetische Portfolios erwirtschafteten 2003 eine Rendite von 31,1%, 31,8% und 35,7% im Vergleich zum S&P 500 Marktindex von 26,4% (Bassi/McMurrer 2003b). Der Erfolg des KAM-Angebots ist ein Indiz für einen Zusammenhang zwischen Investitionen in die Personalentwicklung und unternehmerischem Erfolg am Kapitalmarkt. Dadurch könnten andere Unternehmen dazu angeregt werden, ebenfalls mehr in Training zu investieren: „You use the power of the financial market as a catalyst for change.“ (Bassi/Plott 2002, S. 1)

Die aktuelle ökonomische Situation des Unternehmens kann anhand verschiedenster Leistungskennzahlen (z.B. Gewinn, Umsatz, Rentabilitäten) gemessen werden. Bei der Befragung soll jedoch eine subjektive Einschätzung zur Leistungsfähigkeit des Unternehmens erhoben werden, da dies wesentlich einfacher und schneller zu ermitteln ist. BAHNMÜLLER/FISCHBACH (2003, S. 48f.) sind in ihrer Untersuchung des baden-württembergischen Weiterbildungsverhaltens analog vorgegangen. Leicht abweichend davon wird die Ertragslage im Vergleich zur Branche abgefragt. Der Vergleich mit der Branche erscheint deshalb wichtig, weil „aus institutionalistischer Sicht zu erwarten ist, dass Unternehmen sich an den Standards ihrer Branchen orientieren und daher dann, wenn dort Weiterbildung ein wichtiges Thema ist, ebenfalls ein überdurchschnittliches Weiterbildungsengagement betreiben“ (Martin/Düll 2000, S. 17).

3.3.1.4 Betriebliches Leistungsprogramm

Aus ökonomischer Sicht determiniert das betriebliche Leistungsprogramm, d.h. die Transformation von Vorleistungen in Marktleistungen, die notwendige Ausstattung an Humankapital und damit auch die Weiterbildungsentscheidungen (Martin/Düll 2000, S. 21). Um das Leistungsprogramm zu operationalisieren, sollen folgende Dimensionen Anwendung finden:

Der Diversifikationsgrad drückt die Komplexität der Produkt-Markt-Beziehungen aus (Ossadnik et al. 2003, S. 39). Je vielfältiger das Produktionsprogramm, desto größer ist die Zahl der zu koordinierenden Objekte. Gemäß den Theorien der Organisationsforschung determiniert das betriebliche Leistungsprogramm die Koordinationsformen, u.a. im Subsystem „Personal“. OSSADNIK ET AL. (2003, S. 39) unterscheiden zwischen Ein-Produkt-Unternehmen (auf die eine Hauptproduktgruppe entfallen mindestens 95% des Gesamtumsatzes), Haupt-Produkt-Unternehmen (eine Hauptproduktgruppe erbringt zwischen 60% und 95% des Gesamtumsatzes, der restliche Umsatz wird durch mehrere verschiedene Produkte erzielt) und Mehr-Produkt-Unternehmen (auf keine Produktgruppe entfallen mehr als 60% des Gesamtumsatzes). Der Handel wird separat erfasst, da Unternehmen dieses Wirtschaftszweiges ansonsten nicht in der Lage sind, sich zuzuordnen.

Für die „Innensicht“ des betrieblichen Leistungsprogramms wird die Bedeutung der Projektarbeit herangezogen, wie sie von GROMMAS (2005) in einer empirischen Erhebung operationalisiert wurde. Es kann vermutet werden, dass das Ausmaß der Projektarbeit einen Einfluss auf die anderen Bereiche der sozialen Interaktion im Unternehmen ausübt, z.B. auf die Weiterbildung. Ergänzend dazu kann die Unterscheidung zwischen Massen- und Individualfertigung (Grommas 2005) zur Charakterisierung des Leistungsprogramms herangezogen werden.

3.3.1.5 Qualifikationsniveau der Belegschaft

Die meisten Studien sind sich einig, dass das Ausbildungsniveau und die Bildungsabschlüsse der Mitarbeiter nicht nur als das Ergebnis, sondern auch als eine wichtige Determinante für die betrieblichen Weiterbildungsaktivitäten angesehen werden können (Martin/Düll 2000, S. 29; BMBF 2003c, S. 118; Kuckulenz/Meyer 2006, S. 5). In Abbildung 24 wird deutlich, dass bei den Teilnahmequoten an beruflicher Weiterbildung zwischen ungelernten Mitarbeitern und Mitarbeitern mit Hochschulabschluss deutliche Unterschiede bestehen. Die Teilnahmequoten zwischen den Gruppen mit Hochschulabschluss und denen mit Meister- oder anderem Fachschulabschluss liegen allerdings relativ eng beieinander (BMBF 2006c, S. 125). Vor allem der Anteil der qualifizierten Arbeitskräfte, d.h. der Anteil an Facharbeitern und qualifizierten Angestellten, erhöht sowohl die Wahrscheinlichkeit des Weiterbildungsangebots als auch deren Nutzungsintensität: „Die im Personalbestand gleichsam zur Struktur geronnene Personalentwicklung bestimmt auch den weiteren Entwicklungsbedarf und Qualifizierungsprozess im Betrieb (Martin/Düll 2000, S. 30)".

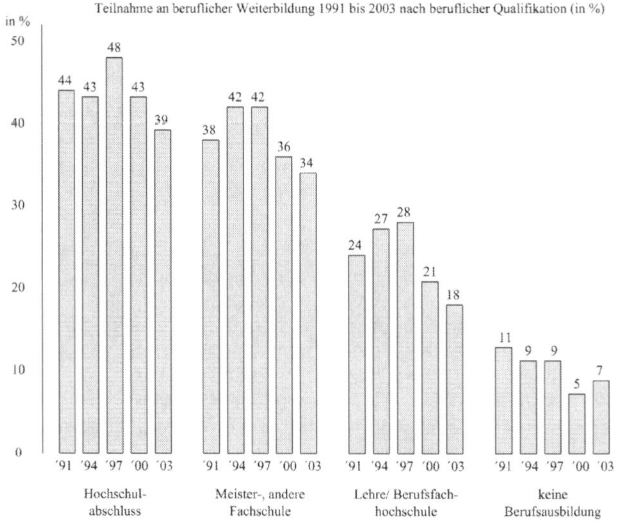

Abbildung 24: Zusammenhang zwischen Qualifikation und beruflicher Weiterbildung (Quelle: BMBF (2006c, S. 125))

Zwischen dem Qualifikationsniveau der Belegschaft und der Weiterbildungsaktivität des Unternehmens ist ein positiver Zusammenhang zu erwarten. Je höher qualifiziert die Beschäftigten sind, desto größer ist die Wahrscheinlichkeit, dass eine Firma Weiterbildungsmaßnahmen anbietet oder finanziert. „Man erwartet von Hochqualifizierten, bedingt durch ihre längere Ausbildungszeit, eine größere Lernbereitschaft und Wissbegierde. Diese Charakteristika machen die Weiterbildungsmaßnahmen für Hochqualifizierte besonders effektiv (Gerlach/Jirjahn 1998; Kuckulenz/Meyer 2006, S. 5)".

Im Kontext IT ist dieser Zusammenhang insbesondere bei den Fachkräften zu beobachten (Scholz 2000; Blundell et al. 1999, S. 9; Diettrich et al. 2005, S. 5; Balschun/Vock 2006, S. 57). Im Rahmen dieser Arbeit ist zu klären, ob es gleichermaßen für die Anwender gilt, oder ob die folgenden Aussagen von ALPHA (2006c) und GAMMA (2006a) die Realität besser wiedergeben: Ihrer Meinung nach sind es eher die weniger Qualifizierten, die einen erhöhten Qualifizierungsbedarf generieren:

„Und - ja ich sag's halt mal – das Bildungsniveau spielt auch ne gewisse Rolle. Im Endeffekt die Tätigkeiten, die du ja hast. [...] dementsprechend sind es die einfach gestrickten Leute, die auch Verständnisprobleme haben. Also ich sag mal wir mussten Leute unheimlich häufig noch mal drauf ansprechen, und, und..." (ALPHA 2006c)

„Das ist jetzt schwierig auf Personengruppen festzumachen. Wir haben eher das Problem gehabt, in einem Projekt, da mussten wir Endanwender von der zeichenorientierten Unixwelt ins SAP rüberholen, da war schon die Maus was Neues. Also da war die ganze Umgebung neu. Die haben praktisch einen Schritt ausgelassen und haben gleich den übernächsten gemacht, von einem hochgecustomizten, schon lang eingesetzten System hin zum SAP. Und da war's für alle schwierig, weil einfach der Entwicklungssprung viel größer war, als wenn ich jetzt Leute hab, die vielleicht schon mit Microsoft erfahren sind, einfach mit Bildschirm, die windowsorientiert sind, einfach mit so was schon umgehen können. Also ganz klassisch halt einen PC bedienen können." (GAMMA 2006a)

Zur Operationalisierung des Qualifikationsniveaus verwendeten MARTIN/DÜLL (2000, S. 30) den Anteil der qualifizierten Arbeitskräfte im Personalbestand in der Vorjahresmitte. In gesamtwirtschaftlich ausgerichteten Studien werden häufig die Bevölkerungsanteile unterhalb Sekundarabschluss, mit Abschluss im oberen Sekundarbereich und im post-sekundären, nicht-tertiären Bereich und mit Abschluss im Tertiärbereich herangezogen (Dohmen 2005b).[49] In Anlehnung an KRÖMMELBEIN (2000, S. 144) soll der relative Anteil folgender Beschäftigtengruppen erhoben werden: An-/ungelernte Arbeiter, Facharbeiter, Einfache Angestellte, Qualifizierte Angestellte, Leitende Angestellte.

3.3.2 Unternehmensexterne Faktoren

3.3.2.1 Unternehmenssoftware-Know-how auf dem Arbeitsmarkt

Eine wichtige Rahmenbedingung für jedes betriebliche Bildungswesen[50] ist die Fähigkeit des (öffentlichen) Bildungssystems, die benötigten Qualifikationen in ausreichendem Umfang, mit ausreichender Qualität und in ausreichender Aktualität zur Verfügung zu stellen (Menez et al. 2001, S. 51ff.). Da Weiterbildung die personalpolitische Aufgabe hat, den qualitativen und quantitativen Personalbedarf zu decken, ist der Zusammenhang zwischen der Arbeitsmarktsituation und den betrieblichen Qualifizierungsanstrengungen evident: Gemäß der Aussagen der Institutionenökonomie und der Industriesoziologie versuchen Unternehmen,

---

49 Vgl. „International Standard Classification of Education" (Unesco 2006).

50 MENEZ (2001, S. 51ff.) hat dies für Unternehmen der IT-Branche formuliert, doch kann davon ausgegangen werden, dass es gleichermaßen für Anwender zutrifft.

sich durch interne Weiterbildungsstrukturen unabhängig vom externen Arbeitsmarkt zu machen (Bäumer 1997, S. 106). Die vorliegenden empirischen Untersuchungen lassen jedoch unterschiedliche Schlüsse zu:

- SCHOLZ (2000) untersuchte die Akquisitionsprobleme durch die IT-Fachkräfteknappheit um das Jahr 2000. Er schlussfolgerte, dass in einer Situation, in der das IT-Know-how am Arbeitsmarkt ein knappes Gut ist, der Personalentwicklung besondere Bedeutung zukomme, um die Fachkräfte langfristig im Unternehmen zu halten („retention"). Ähnlich argumentiert LATIMER (2002), der die Kosten der Fluktuation von IT-Fachkräften an Hochschulen untersucht hat. Seine Empfehlung, Anreize über Lohnerhöhungen zu machen, geht jedoch in eine andere Richtung als bei SCHOLZ (2000).
- In Regionen mit hoher Arbeitslosigkeit gibt es relativ viele Betriebe, die keinerlei Weiterbildung betreiben. Unternehmen können es sich in Zeiten hoher Arbeitslosigkeit leisten auf Weiterbildung zu verzichten, weil sie die Bildungsinvestitionen relativ leicht auf die Arbeitnehmer abwälzen können (Martin/Düll 2000, S. 44).

In der Theorie wird häufig die Auffassung vertreten, bei Qualifizierungsmaßnahmen handle es sich um eine Möglichkeit unter mehreren, auf Qualifikationsdefizite zu reagieren. In Analogie zu produktionswirtschaftlichen Modellen handle es sich um eine Sourcing-Entscheidung ähnlich der Frage, ob ein bestimmtes Produkt selbst zu fertigen oder fremdzubeschaffen ist. In den Gesprächen der Vorstudie reagierten die Befragten jedoch mit Unverständnis auf die Frage, in welchen Fällen ein festgestelltes Qualifikationsdefizit durch Qualifizierung und wann durch Neueinstellung oder Hinzuziehen externen Know-hows in Form von Beratern ausgeglichen werde. Neueinstellung und Qualifizierung könnten nicht miteinander verglichen werden und es handelt sich nicht um alternative Handlungsoptionen aus Sicht des Unternehmens (ALPHA 2006a). Dies deckt sich mit den Ergebnissen einer Studie von GRÜNEWALD zur Weiterbildung in Deutschland und Europa. Hier zeigte sich, dass Unternehmen auf steigende Qualifikationsanforderungen ihrer Mitarbeiter in 92% der Fälle mit Weiterbildung reagierten, nicht mit anderen Maßnahmen (Grünewald et al. 2003, S. 113). Dies ist verständlich, denn gerade bei unternehmensspezifischen Kenntnissen wie dem Umgang mit unternehmensspezifisch ausgeprägter Software können die erforderlichen Qualifikationen nicht oder nur unzureichend am externen Markt zu beschaffen sein (Martin/Düll 2000, S. 11). Dass bei der Neueinstellung Kenntnisse des Werkzeugs „Unternehmenssoftware" in bestimmten Fällen vorausgesetzt werden, zeigen folgende Ausschnitte aus den Gesprächen der Vorstudie. Ausschlaggebend ist das Ausmaß, in dem die tägliche Arbeit von Unternehmenssoftware durchdrungen ist.

> *„Wenn Sie Leute neu einstellen, schreiben Sie so etwas rein: „SAP-Kenntnisse erforderlich"? – Nein, außer es handelt sich um Personen, die im R/3-Umfeld tätig sind. Bei Controllern werden R/3-Kenntnisse verlangt. Bei Systemingenieuren zum Beispiel, schreibe ich es nicht." (BETA 2006a)*

> *„[...] Mei, ich nehme immer das Beispiel HR: Wenn da jetzt jemand eingestellt wird, der sollte SAP Kenntnisse [mitbringen]. Das ist Voraussetzung. [...] Wenn ich weiß, meine Zielumgebung ist die SAP-Welt, dann werde ich die Leute danach auswählen. [...] Je nachdem, wie umfangreich das System an meinem täglichen Arbeitsprozess beteiligt ist,*

wird halt in Stellenbeschreibungen darauf hingewiesen und natürlich auch in einem Recruitingprozess." (GAMMA 2006a)

„Ist SAP Teil von Stellenbeschreibungen? – Ja, bei den GUI-Leuten. Und bei Powerusern sowieso. Bei ESS-/MSS-Leuten – nein." (DELTA 2006c)

Der „Leitfaden ERP-Berufe" der Bundesagentur für Arbeit (2004, S. 3) führt folgende Qualifikationsanforderungen für Anwender an: „Anwender der SAP-Software [...] nutzen ein oder maximal zwei Module des SAP-Systems in ihrer täglichen kaufmännischen, betriebswirtschaftlichen, organisatorischen oder logistischen Arbeit in den jeweiligen Fachabteilungen. Typische Arbeitgeber sind die SAP anwendenden Betriebe."

3.3.2.2 Bewertung externer Qualifizierungsdienstleistungen

Eine wichtige Rahmenbedingung für jedes betriebliche Bildungswesen[51] ist die Qualität der am Markt agierenden Bildungsanbieter (Menez et al. 2001, S. 51ff.). Es handelt sich dabei beispielsweise um ERP-Hersteller, unabhängige Dienstleister und Systemhäuser oder Beratungshäuser.[52] Eine (nicht vollständige) Auflistung großer IT-Weiterbildungsanbieter liefert LÜNENDONK (2005). ANDERSON ET AL. (2002, S. 7) stellen die weltweiten Top 15 IT-Trainingsanbieter (nach Umsatz 2001) dar. Es ist anzunehmen, dass insbesondere die methodischen Entscheidungen im Rahmen der ERP-Qualifizierungsstrategien von der Beurteilung der am Markt verfügbaren Qualifizierungsdienstleistungen abhängen.[53]

„Also wir machen dann eine Ausschreibung [...], so holt man sich seine Trainer dann, je nachdem nach Know-how. Genau, Preise sind natürlich auch mit wichtig, oder oft sind es halt dann, wenn es Spezifika sind, kann's fast nur die Firma, die auch das System entwickelt hat, solche Zusammenhänge gibt's ja dann auch, da gibt's ja dann mit vernünftigen Mitteln keinen anderen mehr, der qualifiziert." (GAMMA 2006a)

Die Trovarit ERP-Zufriedenheitsstudie 2006/2007 hat ergeben, dass Anwenderunternehmen bei einem Durchschnitt von „gut"[54] mit ihren Einführungspartnern insgesamt zufrieden sind (Trovarit AG 2007a, S. 4). Doch bei einer Detailbetrachtung stellt man fest, dass sowohl „Mitarbeiterschulungen" als auch das „Schulungs- und Wissensangebot" unterdurchschnittlich gut bewertet wurden, wie Abbildung 25 zeigt. Dass diesen beiden Aspekten eine eher geringe Beeinflussbarkeit durch das Anwenderunternehmen zugeschrieben wird, bekräftigt die Verortung im Analysemodell als unternehmensexterne Rahmenbedingung.

---

51 MENEZ (2001, S. 51ff.) hat dies für Unternehmen der IuK-Branche formuliert, doch kann davon ausgegangen werden, dass es gleichermaßen für Anwender zutrifft.

52 Die europäische Sozialstatistik gliedert anders (Europäische Kommission 2002, S. 13).

53 Selbstverständlich spielen das Schulungs- und Wissensangebot der in Frage kommenden Anbieter nicht nur in diesem Fall, sondern beispielsweise auch im Rahmen der Auswahlentscheidungen bei ERP-Systemeinführungen ein große Rolle (Trovarit AG 2007a, S. 11).

54 3,89 auf einer Skala von 1 bis 5

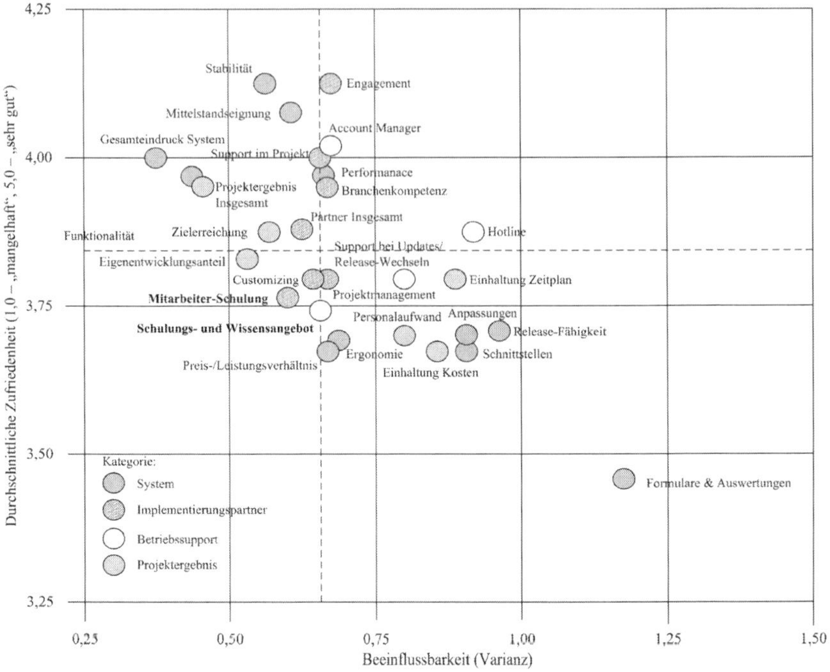

Abbildung 25: ERP-Zufriedenheitsaspekte (Quelle: Trovarit (2007a, S. 4))

EGGERT/SCHMID (2006, S. 53) haben in einer Untersuchung des Support- und Schulungsangebotes von 29 ERP-Anbietern und Bildungsdienstleistern herausgefunden, dass sich das Angebot grob in Grundlagen- und Individualschulungen einteilen lässt. Außerdem werden die Zielgruppen Key User und „normaler" Anwender unterschieden. Die individuellen Schulungen orientieren sich im Normalfall an den vom Hersteller angebotenen Modulen der Unternehmenssoftware. Alle in die Studie einbezogenen Unternehmen bieten kundenorientierte Schulungen an. Im Gegensatz dazu konstatiert I2S GMBH (2002, S. 14), dass standardisierte Angebote dominieren. Auch die Key User Ausbildung wird von nahezu allen untersuchten Unternehmen angeboten, wobei im Gegensatz zur Anwenderqualifizierung eine stärkere Einbindung in das ERP-Projekt stattfindet und der Fokus stärker auf ein Gesamtverständnis der Anwendungslandschaft und die Vermittlung globaler Zusammenhänge liegt.

Der Weiterbildungsmarkt in Deutschland ist extrem diversifiziert und daher für potenzielle Nachfrager nicht hinreichend transparent (Kuwan 2005; BIBB 2005, S. 15). Die Angebote sowohl für IT-Fachkräfte als auch für IT-Anwender können in hersteller-/produktabhängige und herstellerneutrale unterschieden werden, wobei herstellerbezogene Angebote dominieren (BIBB 2005, S. 16). Ein Blick auf die Anbieterseite des schwer überschaubaren (Dietsche et al. 2001, S. 3) IT-Weiterbildungsmarktes bestätigt, dass der inhaltliche Schwerpunkt auf Anwendungssystemen liegt. Im 9. Berichtssystem Weiterbildung beziehen sich 3 von insgesamt 18 Themenkategorien auf Informationstechnik (BMBF 2006a, S. 317). Dies sind EDV-

Anwendungen im kaufmännischen Bereich, EDV-Anwendungen im gewerblich-technischen Bereich (auch CNC) und EDV-Programmierung. EDV-Themen sind zudem auch Bestandteil anderer Themenbereiche (BMBF 2006a, S. 318). Mit ca. 50% aller Teilnahmefälle innerhalb der IT-Themen liegt der Schwerpunkt auf Anwendungssystemen im kaufmännischen Bereich (BIBB 2001, S. 265). Ein ähnliches, wenn auch anders strukturiertes Bild gibt die Kursnet-Datenbank der Bundesagentur für Arbeit (Bundesagentur für Arbeit 2006) wieder: Innerhalb der IT-bezogenen Untergruppe „EDV-Anwendungen“[55] mit ca. 30.000 Einträgen gibt es eine Vielzahl an Weiterbildungsangeboten zu

- Standard-Anwendungen, z.B. Tabellenkalkulation, Grafik und integrierte Softwarepakete (ca. 15.000 Einträge),
- EDV im kaufmännisch-betriebswirtschaftlichen Bereich, z.B. in Einkauf, Lagerwirtschaft, Marketing, Büro und Verwaltung (ca. 10.000 Einträge),
- EDV-Anwendungen in einzelnen Wirtschaftszweigen und Branchen, z.B. Handwerk, Handel/Fachhandel, Produktions- und Dienstleistungsbereiche (ca. 4.000 Einträge) und
- EDV im technischen/naturwissenschaftlichen Bereich, z.B. Fertigungssteuerung, EDV-Administration (ca. 250 Einträge).

Zur Beurteilung der externen Qualifizierungsangebote soll das Kriterium der Kundenzufriedenheit herangezogen werden. Dieses wird in der Literatur übereinstimmend als „das bewertete Ergebnis eines Soll/Ist-Vergleichs über Konsumerlebnisse“ definiert (Stauss 1999, S. 6). „Kunden stellen die wahrgenommene Leistung (Ist-Standard) ihren Erwartungen (Soll-Standard) gegenüber, und eine etwaige Disconfirmation führt zu (Un-)Zufriedenheit”. Die Kundenzufriedenheit ist also das Ergebnis eines Vergleichs zwischen der erwarteten Qualifizierungsleistung und den tatsächlich erhaltenen Leistungen (Zütphen/Siek 2002). Das zugrunde liegende Confirmation-/Disconfirmation-Paradigma gilt trotz einiger umstrittener Elemente als meistakzeptiertes Konzept. Eine dimensionale Analyse des Konstruktes „Kundenzufriedenheit mit externen ERP-Qualifizierungsdienstleistungen“ führt auf Basis des Literaturstudiums und aufgrund der Expertengespräche zu folgenden Kategorien:

- Entgegenkommen des Anbieters auf die Bedürfnisse des Kunden: Inwieweit bietet der Dienstleister kundenspezifisch zugeschnittene Seminare, Schulungen, Coachings und Workshops an? Gestaltungsraum besteht beispielsweise bei der Methodik, bei der Verwendung von Daten aus dem ERP-System und bei der Bezugnahme auf das konkrete Tagesgeschäft der Kunden. Aus Anbietersicht handelt es sich hierbei um sog. „firmeninterne Trainings“ im Gegensatz zu „offenen Seminaren“. Die ERP-Anbieter behaupten, ihre Qualifizierungsangebote „optimal“ an den Prozessen der Kunden auszurichten (Eggert/Schmid 2006). Die Experteninterviews der Vorstudie haben ebenso wie eine 2003 durchgeführte Studie (Graf 2004, S. 78) klar gezeigt, dass ein Fehlen dieses „Customizing“-Angebotstyps (Bernecker 2000, S. 128) zu einer strikten Ablehnung von externen Schulungsleistungen führt (ALPHA 2006a, 2006b; BETA 2006a; GAMMA 2006a; DELTA 2006c). Stattdessen werden interne, also von eigenen Dozenten durchgeführte Seminare bevorzugt. Dass diese Tendenz von der Unternehmensgröße des ERP-Nutzers ab-

[55] Die Europäische Sozialstatistik spricht in der CVTS2-Erhebung zur betrieblichen Weiterbildung vom Ausbildungsfeld „Informatik; Computerbedienung“ (Europäische Kommission 2002, S. 12).

hängt, zeigt ein Blick auf die Anbieter, mit denen die ERP-nutzenden Unternehmen bei Weiterbildungsfragen zusammenarbeiten: Je größer der Weiterbildungsdienstleister, desto größer ist sein Anteil an offenen Seminaren. Umgekehrt sind also eher die Einzeltrainer in der Lage, ihren Kunden maßgeschneiderte Qualifizierungslösungen und intensive Beratung anzubieten (Graf 2004, S. 78). Doch die großen ERP-Anwender scheuen sowohl die „Stangenware" der großen Anbieter als auch den Koordinationsaufwand, der durch eine Vielzahl an Einzeltrainern entstehen würde.

- Die Fachkompetenz des Anbieters ist eines der wichtigsten Auswahlkriterien für externe Bildungsträger (IHK 2003, S. 14). Sie umfasst beispielsweise die inhaltliche Kompetenz der Dozenten und die Qualität der produzierten Materialien und durchgeführten Schulungsleistungen.
- Sowohl Praxisnähe als auch Aktualität der Seminare und Lehrgänge sind zwei wichtige Auswahlkriterien (IHK-Akademie München/Westerham 2005, S. 7; IHK 2003, S. 14).
- Die Differenzierung der Angebote nach spezifischen Endanwendergruppen ist ein von den Anbietern bisher vernachlässigter Faktor. Während für Fachkräfte vergleichsweise differenzierte Angebote bestehen (Esteves/Pastor 2001, S. 13; Willumeit 2006c), ist dies für Anwender nicht der Fall.

Die vieldiskutierte Zertifizierung eines Bildungsträgers mit einem „Qualitätssiegel" spielt in der Praxis nur eine sehr untergeordnete Rolle, wie in einer IHK-Umfrage unter 421 Unternehmen in Oberbayern festgestellt wurde (IHK-Akademie München/Westerham 2005, S. 7).

3.3.3 Unternehmenssoftwarebezogene Dimensionen

3.3.3.1 Hersteller/Systeme

Dass IT-Qualifizierung unter anderem aufgrund der Eigenschaften der verwendeten Software notwendig ist, hat WILLUMEIT (2006a) in einer pointierten Hypothese ausgedrückt:

> *„IT-Training ist ein notwendiges Übel. Wir brauchen es nur deshalb, weil Software Schwächen hat; und IT-Training kompensiert die Schwächen der Software. Wenn Software perfekt wäre, also eine Commodity, wäre eigentlich kein IT-Training nötig."*

Hierbei sind unter den „Schwächen der Software" sowohl herstellerinduzierte, d.h. konzeptionelle und Entwicklungsfehler, als auch mangelhafte Implementierungen und Anpassungen beim Nutzer zu verstehen. Dies sehen die für das Design von Softwareanwendungen Verantwortlichen anders und spielen den „schwarzen Peter" zurück: So liegen laut SAP's Usability-Abteilung die Gründe für den teilweise schlechten Ruf ihrer Software „zu mindestens 80 Prozent jedoch nicht in der Software, sondern in schlecht ausgeführtem Customizing, mangelnder Anwenderschulung und kundeneigenen Erweiterungen" (Schulze 2006). ERIKSSON (1990, S. 92 f.) stimmt WILLUMEITS Ansicht teilweise zu:

> *„Knowledge and Qualifications can partly compensate for Defects in the IS." (Eriksson 1990, S. 92)*

Der Markt für ERP-Systeme ist relativ unübersichtlich, Presseberichterstattungen und Marketing der Anbieter erschweren eine objektive Beurteilung. Speziell in Deutschland ist der Markt sehr länderspezifisch und von vielen regionalen Anbietern geprägt (Trovarit AG 2007a,

S. 12). Einen der derzeit aktuellsten Überblicke über den ERP-Markt[56] liefert TROVARIT AG (2007a) in ihrer ERP-Anwenderzufriedenheitsstudie 2006/2007, worin 63 Softwarelösungen analysiert wurden.[57] Abbildung 26 stellt das Ergebnis der Studie hinsichtlich Zufriedenheit dar. Für eine grobe Unterscheidung der Vielzahl an Systemen ist die Markierung hilfreich, die die Größenkategorien von Unternehmen angibt, in welchen die Softwaresysteme schwerpunktmäßig zum Einsatz kommen.

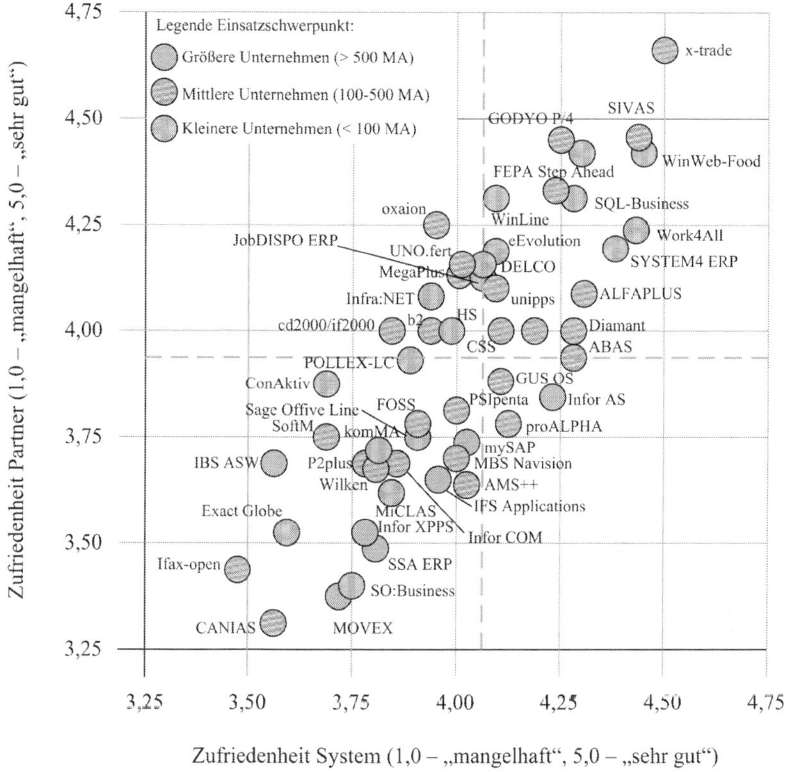

Abbildung 26: Branchenportfolio ERP-Systeme (Quelle: Trovarit AG (2007a, S. 7))

Viel diskutiert wurde die Frage nach der Überlebensfähigkeit der „kleineren" ERP-Anbieter. Ein Blick auf die relativ hohen Zufriedenheitswerte ihrer Produkte in Abbildung 26 könnte den Eindruck vermitteln, dass sie sich gut im Markt behaupten können. Dennoch wurde die These vertreten, dass „neben dem Weltmarktführer SAP zukünftig bestenfalls noch zwei bis drei ernstzunehmende ERP-Anbieter bestehen bleiben" (Trovarit AG 2007a). Die folgenden

56 Ein Überblick über wichtige Anbieter von CRM-Systemen ist in SCHWETZ (2004, S. 44) zu finden. GROẞE-WILDE (2006, S. 12) gibt einen Überblick über Anbieter von SCM-Systemen und deren Produkte

57 Insgesamt standen bei der Befragung 435 verschiedene ERP-Produkte von 378 Anbietern zur Auswahl (Trovarit AG 2007b).

Zahlen scheinen dies zu stützen: Nachdem sich in den letzten Jahren der Markt der ERP-Anbieter konsolidierte, entfallen im Jahr 2006 gemäß AMR RESEARCH (2006) ca. 65% der ERP-Lizenzeinnahmen auf die Firmen SAP und Oracle. Tabelle 12 liefert einen Überblick über die Top 5 Anbieter (nach Umsatz). Laut Untersuchungen von Gartner ist die Firma SAP im Jahr 2006 Marktführer sowohl bei ERP- als auch bei CRM- und SCM-Systemen (Die Wirtschaft 2007).

2005 Revenue Rank	Vendor	Revenue Share, 2004	Revenue Share, 2005	Revenue Share, Forecast, 2006	Growth Rate, 2004 - 2005	Growth Rate Forecast 2005 - 2006
1	SAP	40%	42%	43%	12%	17%
2	Oracle	10%	20%	23%	110%	29%
3	Sage Group	5%	6%	5%	16%	10%
4	Microsoft	3%	4%	4%	15%	18%
5	SSA Global[58]	3%	3%	3%	7%	3%

Tabelle 12: ERP-Anbieter (Quelle: AMR Research (2006))

SCHMIDT (2006, S. 65) hat eine Untersuchung der SAP Corporate Market Intelligence von 2003 zitiert, die eine Unterteilung des ERP-Marktes nach Teilbereichen vorgenommen hat. Die in Abbildung 27 dargestellte Aufteilung ist „erklärungsbedürftig" (Schmidt 2006, S. 65), da „es für den Betrachter des Marktes beim Tempo, in dem Anbieter von Unternehmenssoftware neue Begriffe für eigentlich gleich bleibende Produkte einführen, oft schwer ist, Schritt zu halten". Dennoch zeigt Abbildung 27, dass die Produkte der Firma SAP in fast allen ERP-Teilmärkten (außer CRM und Business Intelligence) den größten Marktanteil beanspruchen können.

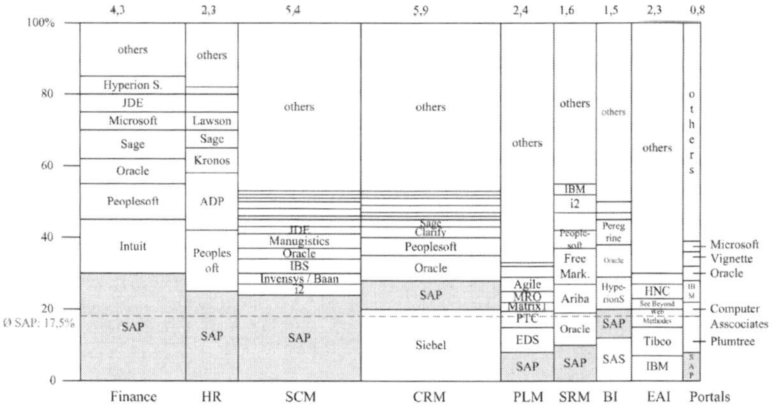

SAP Share 2002	32%	27%	24%	11%	10%	13%	12%	-	10%
SAP Share 01/02	+7	+2	+4	+5	+2	-3	-0,4	-	-2
Market Growth 01-02	-4%	5%	-14%	-12%	9%	-11%	-6%	21%	33%

Abbildung 27: Marktanteile der Softwareanbieter in den Teilsegmenten des weltweiten ERP-Marktes (Quelle: Schmidt (2006, S. 65))

58 SSA Global gehört seit Mai 2006 zu Infor Global Solutions.

Für die Untersuchung im Rahmen dieser Arbeit ist allerdings zu beachten, dass aufgrund des organischen Wachstums vieler Unternehmens-IT-Bereiche kaum ein Unternehmen die Software nur eines Anbieters nutzt. Außerdem ist zu berücksichtigen, dass nicht unbedingt kommerziell erhältliche Standardsoftware zur Steuerung der Unternehmensprozesse zum Einsatz kommen muss, sondern dass einige Unternehmen Eigenentwicklungen nutzen. Den Vorteil eigenentwickelter Software hebt BETA hervor, deren Portfolio durch extrem kundenindividuelle Fertigung geprägt ist:

> *„Unser altes BIS war echt „das Buch mit Goldschnitt". Und das lösen sie durch einen Standard ab. Man muss unheimlich viel aufgeben. Die ganzen Ideen, die man entwickelt hat, die von den Kollegen gekommen sind, die sind im Standard nicht hinterlegt. Überzeugen Sie mal jemand, der 10-15 Jahre Projekte [...] damit gemacht hat, auf einmal muss er mit dem Standard leben. Er kann nicht mehr immer individuell das Ding beeinflussen." (BETA 2006a)*

3.3.3.2 Anwendertypen

In den Gesprächen der Vorstudie stellte sich heraus, dass die Gruppe der Endanwender differenzierter betrachtet werden muss, um Aussagen über die Qualifizierungsansätze treffen zu können:

> *„Das heißt, [...] Sie würden eigentlich sagen, dass die ESS-User den tendenziell geringsten Trainingsbedarf haben? – Ja, genau. [...] Und die GUI-Leute haben halt viel, weil die operativ arbeiten. Und die Poweruser/die Administratoren der jeweiligen Komponenten müssen immer in „state of the art" sein." (DELTA 2006c)*

Nach WILLUMEIT (2004, S. 3) und SCHERER/SCHAFFNER (2003, S. 149f.) sind insbesondere folgende Personengruppen aufgrund ihrer beruflichen Rolle mit Unternehmenssoftware konfrontiert (vgl. auch Shayo/Olfman 1994, S. 134):

1. Berater, d.h. Implementierungspartner,
2. Mitglieder des mit der Einführung befassten Projektteams,
3. technischer Support und Mitarbeiter der unternehmensinternen Supportorganisation[59] (insbesondere bei großen Unternehmen)
4. Super User (Key User, Power User),
5. „normale" SAP-Endanwender und
6. Führungskräfte.

Es wird deutlich, dass die Gruppe der Fachkräfte (1-4) sehr differenziert betrachtet wird, im Gegensatz zu den Führungskräften (6) und den Anwendern (4, 5). Die Super User können als Mischform von Anwender und Fachkraft angesehen werden.

Am Beispiel SAP soll eine ungefähre Angabe der Größenordnungen erfolgen: SAP schätzt aufgrund der verkauften Lizenzen, dass weltweit ungefähr 12 Mio. Beschäftigte direkt oder indirekt mit ihren Produkten arbeiten. Genaue Erhebungen liegen keine vor, und der Anteil der o.g. Nutzergruppen kann ebenfalls nur geschätzt werden (Willumeit 2004, S. 8, 11): Die

59 Im Fall von SAP häufig „CCC" (customer competence center) genannt (Forrester Research 2004).

Größe typischer Einführungsprojektteams bewegt sich üblicherweise zwischen einigen zehn und mehreren hundert Mitarbeitern, die Größe interner SAP-Supportorganisationen liegt bei ca. 10 Mitarbeitern oder mehr, wobei die Größe des Unternehmens und damit die SAP-Anwenderzahl der bestimmende Faktor ist. Die Anzahl an SAP-Beratern bei Partnerunternehmen wird auf weltweit 100.000 geschätzt. Die Anzahl an Führungskräften, die sich mit SAP-Themen befassen, wird in Abhängigkeit von der Anzahl der lizenzierten SAP-User (vgl. Krcmar (2005, S. 141)) auf 5% geschätzt, die Anzahl der Power User auf 10%. Die Anzahl der aktiven Endanwender wird auf 40% der lizenzierten User geschätzt und stellt damit zusammen mit den gelegentlichen SAP-Anwendern (ca. 50%) die quantitativ gewichtigste Nutzergruppe dar. Folgende Dreiteilung wird im Analysemodell verwendet:

- Power User, die das System häufig und umfassend nutzen,
- „normale" Benutzer (im Falle von SAP oft „GUI-User" genannt), die das System in einem durchschnittlichen Maße für ihre täglichen Aufgaben nutzen und
- gelegentliche Nutzer, die die Systeme beispielsweise lediglich indirekt über andere Personen (z.B. Sekretärin) nutzen oder indirekt via Weboberfläche oder Portal für Routineaufgaben[60] nutzen,

> *„Fast alle unsere Mitarbeiter sind SAP-Endanwender. Davon sind 637 HR Enterprise User. Das heißt die, die nur Zeitwirtschaft machen. – Also einfach Mitarbeiter, die ihre Zeit da erfassen? – Richtig, und sonst nichts machen. SAP Usertyp 07." (BETA 2006a)*

Theoretisch wäre statt der verwendeten Dreiteilung ein transaktionsgenaues Profil jedes Mitarbeiters hilfreich, um ein individuelles Schulungsprogramm zu erarbeiten. Dagegen spricht der immense Aufwand, den allerdings E. G. im Unternehmen BETA nicht scheut:

> *„Ich kann hier für jeden Mitarbeiter anschauen, was genau hat er in einer Periode in dem SAP-System gemacht, welche Transaktionen wurden wie oft von ihm aufgerufen. Das ist bei der Schulung wichtig, weil so kann ich sehen, wo bewegt sich einer, wo er einen Schwerpunkt hat, wo muss ich ihm möglichst viel mitgeben." (BETA 2006a)*

3.3.3.3 Diffusionsgrad und Nutzungszweck

BRESNAHAN ET AL. (2000, S. 17 ff.) haben herausgefunden, dass zwischen IKT-Investitionen und Humankapitalinvestitionen eine Komplementarität besteht.[61] Eine mikroökonomische Begründung für den Zusammenhang zwischen Qualifikation (und Qualifizierung als ihre Veränderungsgröße) und IT-Infrastruktur ist die Feststellung, dass der Einsatz von IuK-Technologien neues Wissen und Fertigkeiten erfordert und damit zu einer höheren Nachfrage nach hoch qualifizierten Arbeitskräften führt. Dieser Effekt wird als skill-biased technological change bezeichnet (Falk 2002, S. 4; Weiss 2004; Kuckulenz/Meyer 2006, S. 3; Spitz 2004) und v.a. im Zusammenhang mit technologischem Fortschritt und Änderung der Erwerbsstrukturen diskutiert:

---

60 Nutzung des Systems vorwiegend über Employee Self Service (ESS), z.B. Dienstreisebuchung oder Arbeitszeiterfassung über ein einfach gestaltetes Mitarbeiterportal.

61 Zum entgegengesetzten Ergebnis kamen SEEBER ET AL. (2005, S. 14) in einer empirischen Studie des Weiterbildungsverhaltens in Rheinland-Pfalz im Jahre 2001, nach der kein Zusammenhang zwischen Investitionen in Sachkapital und Investitionen in das Humankapital in Form von Weiterbildung identifiziert werden konnte.

„[...] change that is „biased" by favoring workers with higher levels of education and skill over those with lower levels."(Siegel 1999, S. 1)

Ein stärkerer Einsatz von IuK reduziert einfache Routinetätigkeiten, z.B. Schreibdienste und Datenerfassung, schafft aber im Gegenzug Arbeitsplätze mit anspruchsvollen Aufgaben. Dieser Effekt wird weiter verstärkt durch indirekte Effekte der Computernutzung im Zuge der Einführung organisatorischer Änderungen, in deren Folge häufig Fähigkeiten im Bereich Management, Organisation und Kundenkontakt gefragt sind (Falk 2002, S. 5). Der effiziente Einsatz neuer Informations- und Kommunikationstechnologien setzt voraus, dass die Mitarbeiter über die notwendige Vielseitigkeit verfügen. „Multiple Qualifikationen", d.h. multifunktionales Humankapital, befähigen den Beschäftigten, die umfangreicheren Tätigkeits- und Aufgabenfelder zu erfüllen (Berthold/Stettes 2002, S. 4). Der Effekt ist in Abbildung 28 dargestellt.

Man könnte daher erwarten, dass bei zunehmendem IuK-Einsatz ein höherer Qualifikationsbedarf entsteht, der z.B. durch Qualifizierungsmaßnahmen gedeckt wird: „Auf der anderen Seite kann durch eine steigende Diffusion der IuK-Technologien die Nachfrage nach hochqualifizierten Arbeitskräften, die neu eingeführte Strukturen der IKT effizient nutzen können, steigen (Falk 2002, S. 401)". Die Effekte der IuK-Technologien auf die Qualifikationsstruktur (und evtl. indirekt auf die Qualifizierungsprozesse) hängen vom Typ der betrachteten Technologie ab: „Außerdem können der Einsatz komplexer Software-Anwendungen (wie beispielsweise Enterprise Resource Planning (ERP) oder Datenmanagement-Software) unterschiedliche Effekte auf die Qualifikationsstruktur der Arbeitskräfte ausüben (Falk 2002, S. 402)".

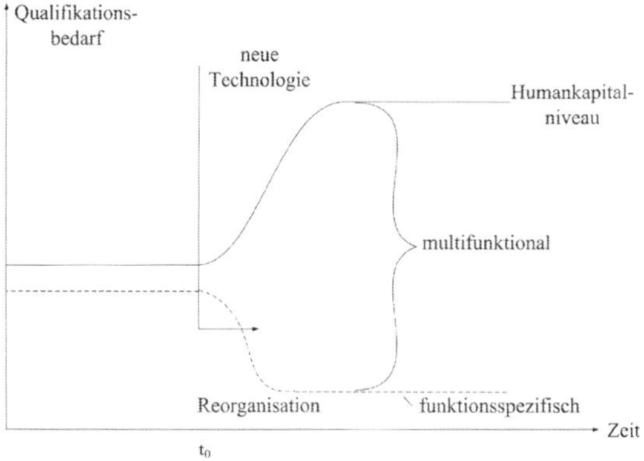

Abbildung 28: Skill-Bias in reorganisierendem Unternehmen (Quelle: Berthold/Stettes (2002, S. 5))

Bezogen auf Unternehmenssoftware, kann das Ausmaß des IuK-Einsatzes durch die Anzahl der Enduser ausgedrückt werden. Um eine Vergleichbarkeit zwischen Unternehmensgrößenklassen zu ermöglichen, sollte dieser Wert in Relation zur gesamten Mitarbeiterzahl gesetzt werden. VON ARB (1997, S. 317) hat in einer Untersuchung unter Schweizer SAP-Anwenderunternehmen entsprechende Werte ermittelt. Danach sind im Industriesektor bei einer durchschnittlichen SAP R/3-Installation ca. ein Drittel der Mitarbeiter Anwender des R/3-Systems. Branchenübergreifend wurde ein Wert von ca. 20% ermittelt.

Alternativ könnte der Nutzungs-/Diffusionsgrad der Unternehmenssoftware über die Anzahl ihrer „produktiven Elemente“ und deren Beziehungen gemessen werden. Ein geeigneter Indikator hierfür wäre die Anzahl der produktiv eingesetzten Module/Teilsysteme und damit indirekt der existierenden Schnittstellen. Dafür spricht auch das Gespräch der Vorstudie mit ALPHA (2006a), wonach die „Schnittstellenproblematik“ Art und Umfang des Qualifizierungsbedarfs zu bestimmen scheint. Im Gegensatz dazu hat FALK (2002, S. 399) die Diffusion von ERP-Systemen über eine dreistufige Skala („kein Einsatz“ bis „starker Einsatz“) gemessen.

Von 1997 stammt eine empirische Untersuchung von BUXMANN/KÖNIG (1997) zum Einsatz von SAP R/3. Die Untersuchung wurde bei 550 Unternehmen im deutschsprachigen Raum durchgeführt, wovon 220 teilnahmen. Ein Kernergebnis der Untersuchung ist, dass bei den meisten Unternehmen der Großteil des SAP R/3 Funktionsumfangs genutzt wird, und nicht nur einzelne Module zum Einsatz kommen: 12% der befragten Unternehmen nutzen mehr als 6 Module, bei 65% der befragten Unternehmen sind 4-6 Module im Einsatz, und 23% der Unternehmen nutzen 1-3 SAP R/3 Module. Hinter dem breiten Einsatz der R/3-Software steht höchstwahrscheinlich das Ziel der nutzenden Unternehmen, die Integrationseffekte zwischen den Modulen möglichst gut auszunutzen. Eine Untersuchung von KOHNKE ET AL. (2005, S. 28) liefert ähnliche Ergebnisse. VON ARB (1997, S. 317) geht von 6 Modulen aus, die in einer durchschnittlichen SAP R/3-Installation genutzt werden. Tabelle 13 stellt dar, welche Module am häufigsten eingesetzt werden (in Klammern: relative Häufigkeiten bezogen auf n=220). Es zeigt sich, dass die „klassischen“ SAP-Module FI (Finanzwesen) und CO (Controlling) an der Spitze liegen.

	FI	CO	AM	MM	HR	SD	PP
produktiv oder in Einführung	117 80,5%	149 67,8%	123 55,9%	114 51,8%	7,3 33,2%	85 38,7%	43 19,6%
in Planung	24 10,9%	23 19,5%	38 17,3%	48 21,8%	41 18,6%	47 21,3%	51 23,1%
keine Nutzung oder Planung	19 8,6%	28 12,7%	59 26,8%	58 26,4%	106 48,2%	88 40,0%	126 57,3%

Tabelle 13: Einsatz der R/3-Module (Quelle: Buxmann/König (1997, S. 334), n=220)

Die Analyse der eingesetzten Module kann über das quantitative Ausmaß der Diffusion der Unternehmenssoftware in den betrieblichen Funktionsbereichen Aufschluss geben. Ergänzend kann die Untersuchung des Nutzungszweckes der Software das Bild darauf eröffnen, ob

- das Kerngeschäft des befragten Unternehmens, d.h. die Produktion von Gütern oder Dienstleistungen,
- Führungsprozesse, z.B. Personalwesen, Finanzwesen, Controlling oder
- interne Service- und Koordinationsprozesse wie z.B. Dienstreisen, Büromaterialverwaltung o.ä.

abgebildet werden. MULLIGAN (2002, S. 655) spricht vom „technology focus“.

3.3.3.4 Customizinggrad

Für die Experten von GAMMA ist die Menge der an den Systemen vorgenommenen Eigenentwicklungen der Hauptgrund für den relativ hohen Qualifizierungsaufwand bei den Anwendern:

„Also für mich sind's zum Teil zu viele Eigenentwicklungen, dass man versucht, was man selber haben will in ein Standardsystem rein zu bringen, dass man nicht die Vorteile des Standardsystems nutzt, sondern aufgrund der Vorgeschichte, betrieblichen Vereinbarungen, es gibt ja bei uns Betriebsvereinbarungen, die legen bestimmte Dinge fest, die hat ja der Standard so nicht drin, also das ist da der Hauptgrund." (GAMMA 2006a)

Für die Veränderung von Standardsoftware ist der Begriff „Customizing" wohl am bekanntesten. Die v.a. im SAP-Umfeld gebräuchliche Bezeichnung ist abgeleitet von „custom made", d.h. maßgearbeitete Anpassung eines Maßanzugs auf einen Kunden, und wurde aus der Schneiderei auf die Konfiguration von Hardware und Software übertragen (Hufgard 1994b). Andere Bezeichnungen für Customizing sind Parametrisierung, Tailoring (Brehm et al. 2001), kundengerechte Anpassung oder Adaption (Voss 2006a, S. 115). Manche Autoren, z.B. LUO/STRONG (Luo/Strong 2004), subsumieren neben „technical customization" auch „process customization" unter den Customizingbegriff. War das Ziel von Customizing früher hauptsächlich die effiziente Ausnutzung von Speicherplatz (Hufgard 1994b, S. 2), stehen heute die folgenden Zielsetzungen im Mittelpunkt (Voss 2006a, S. 115):

1. Die anforderungsgerechte Gestaltung funktional komplexer Softwaresysteme und -werkzeuge und
2. die generelle Überführung des ausgelieferten Softwarepakets in einen funktionsfähigen Zustand.

In der Literatur wird häufig nur der erst genannte Customizingaspekt angeführt. Doch es ist zu beachten, dass die Verwendung von Standardsoftware (auch ausschließlich im Rahmen der vorgedachten Geschäftsprozesse) nicht ohne Customizingaktivitäten möglich ist (Voss 2006a, S. 115). „Die im Zuge der Customizing-Einstellungen vorgenommenen Tabelleneinträge bilden häufig die Voraussetzung dafür, dass bestimmte Prozesse oder Funktionen überhaupt im System ablauffähig sind" (Wenzel-Däfler 2001, S. 73).

Unternehmenssoftware kann als Mischung zwischen reiner Standardsoftware und Individualentwicklung angesehen werden, da ein gewisses Customizing in allen Fällen notwendig ist (Brehm et al. 2001, S. 2). Ein Unternehmen steht in den seltensten Fällen vor einer binären Entscheidung zwischen Eigenentwicklung und Kauf einer Standardsoftware (Mertens 1997, S. 379); vielmehr heißen die Optionen „build, buy or remodel" (Felter 2002, S. 7). Wenn es um die inhaltliche Anpassung der Standardsoftware an die Gegebenheiten des Unternehmens geht, steht das Unternehmen vor der Wahl unter folgenden Optionen (Brehm et al. 2001, S. 3), die in Abbildung 29 veranschaulicht sind:

1. Anpassen der Software auf die Geschäftsprozesse des Unternehmens („tailoring").
2. Übernehmen der durch das Referenzmodell der Software vorgegebenen Prozesse und Strukturen und Durchsetzen der dadurch notwendigen organisatorischen Veränderungen („organizational adaptation"). PETERS (2005, S. 68) und KOHNKE (2005, S. 68) fordern „follow the standard". Man bezeichnet Standardinstallationen auch als „Vanilla"-Installationen (Bartholomew 1997, S. 42; Davis 1998; Parr/Shanks 2000, S. 5).

„Wir haben ein paar Transaktionen, die wir selbst gestrickt haben - hauptsächlich eigentlich so für dieses Customer Service Tool, aber ansonsten haben wir versucht, unsere Prozesse eigentlich an den Standard anzupassen. Das war für mich wichtig, ja weil ich hab

gesagt: "Wir können anfangen, ein System zu verbiegen oder wir fangen einfach an zu gucken, ob wir nicht vielleicht in unseren Prozessen etwas ändern können, so dass wir das in SAP auch mit abwickeln können." (ALPHA 2006c)

„Sie haben vorher gesagt sie halten sich komplett an den Standard. Und zwar sehr an den Standard? – Richtig. Ich gehe davon aus, dass wir im gesamten System ca. 98% Standard haben." (BETA 2006a)

3. Akzeptieren der fehlenden Passung zwischen Software und den bestehenden Prozessen, ebenso wie daraus resultierende Ineffizienzen, z.B. redundante manuelle Aktivitäten und Workarounds („live with problems").

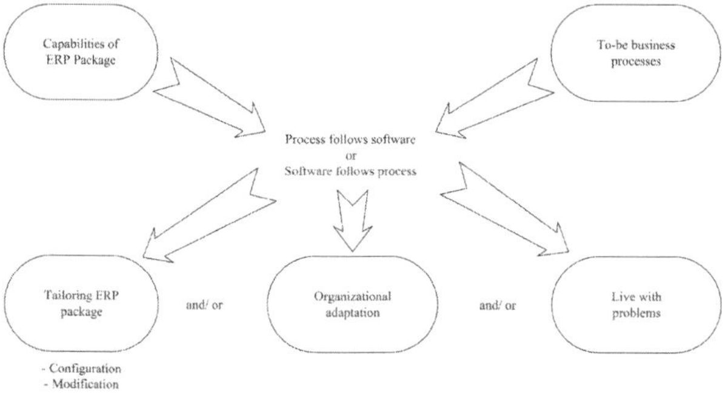

Abbildung 29: ERP Implementation Process (Quelle: Brehm et al. (2001, S. 3))

Customizing kann theoretisch zu jedem Zeitpunkt vorgenommen werden. SCHMIDT (2006, S. 91) hat jedoch herausgefunden, dass Anpassungsarbeiten hauptsächlich während und kurz nach der Implementierung, also schubartig, durchgeführt werden. Bei diesem als „window of opportunity" genannten Konzept, das von TYRE und ORLIKOWSKI stammt, handelt es sich um einen Technologiegestaltungsansatz.

Eine strukturierte Darstellung der möglichen Customizingaktivitäten in ERP-Systemen, konkrete Beispiele im Kontext SAP und deren Auswirkungen findet sich in BREHM ET AL. (2001).

Tailoring Type	Description	Examples	Layer Involved
Configuration (customization, in SAP parlance)	Setting of parameters (or tables), in order to choose between different executions of processes and functions in the software package	Define organizational units; create standard reports; formulate available-to-promise logic; use of standard interface to an archive system	All layers
Bolt-ons	Implementation of third-party package designed to work with ERP system and provide industry-specific functionality	Provide ability to track inventory by product dimensions (e.g., 2 500m. lengths of cable do not equal 1 1000 m. length)	All layers
Screen masks	Creating of new screen masks for input and output (soft copy) of data	Integrate three screens into one	Communication layer
Extended reporting	Programming of extended data output and reporting options	Design new report with sales revenues for specific criteria	Application layer and/ or database layer
Workflow programming	Create of non-standard workflows	Set up automated engineering change order approval process	Application layer and/ or database layer
User exits	Programming of additional software code in an open interface	Develop a statistical function for calculating particular metrics	Application layer and/ or database layer

Tailoring Type	Description	Examples	Layer Involved
ERP programming	Programming of additional applications, without changing the source code (using the computer language of the vendor)	Create a program that calculates the phases of the moon for use in production scheduling	All layers
Interface development	Programming of interfaces to legacy systems or 3rd party products	Interface with custom-build shop-floor-system or with a CRM package	Application layer and/ or database layer
Package code modification	Changing the source-codes ranging from small change to change whole modules	Change error message in warning; modify production planning	Can involve all layers

Tabelle 14: Typology of ERP Tailoring Types (Quelle: Brehm et al. (2001, S. 4))

BUXMANN/KÖNIG (1997, S. 336) haben in ihrer empirischen Untersuchung unter 220 SAP-nutzenden Unternehmen herausgefunden, dass ca. 38% der Unternehmen umfangreiche und komplexe Anpassungsarbeiten[62] an ihren Systemen vorgenommen haben. Ca. 47% haben ABAP-Programmierung durchgeführt und ca. 7% der befragten Unternehmen beließen es bei „einfachen" Customizingaktivitäten. Es zeigt sich, dass Eigenentwicklungen bei SAP-Implementierungen eher die Regel als die Ausnahme darstellen. Abbildung 30 stellt dar, dass der Anteil an Eigenentwicklungen in SAP-Systemen zwischen den Branchen unterschiedlich ausfällt.

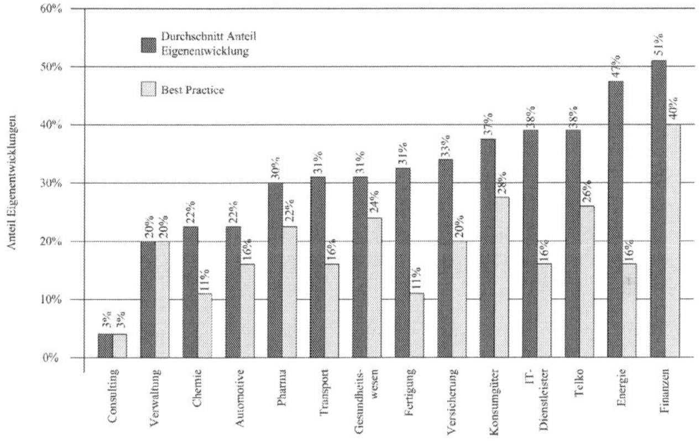

Abbildung 30: Anteil an Eigenentwicklungen in SAP-Systemen nach Branchen (Quelle: West Trax und Experton Group (2006, S. 8))

Die in Tabelle 14 dargestellten Customizingaktivitäten sind zunehmend nach dem Grad ihrer Auswirkungen („impact") auf das Unternehmen geordnet. Die Auswirkungen hängen laut BREHM ET AL. (2001, S. 6) jedoch von weiteren Faktoren ab, u.a. der Intensität der Anpassungen[63], der Anzahl verschiedener Anpassungsarten, der Güte der Codeanpassungen, dem Grad der Veränderung bestehender Daten, den Interdependenzen zwischen Customizingaktivitäten und der Robustheit der Veränderungen bei zukünftigen Upgrades. Da Studien mit dieser großen Anzahl möglicher Variablen nicht praktikabel sind, schlagen BREHM ET AL. vor, den impact von Customizingaktivitäten auf Basis der Anzahl der in Tabelle 14 beschriebenen

---

62 „Add-On-Programmierung", definiert als ein Maßnahmenpaket aus Customizing, ABAP-Programmierung und Programmierung in einer weiteren Programmiersprache.

63 Vgl. hierzu LUO/STRONG (2004, S. 326).

Anpassungsarbeiten abzuschätzen. Als mögliche Anwendungsbereiche dieser impact-Abschätzung schlagen die Autoren das Risikomanagement bei ERP-Einführungsprojekten vor. Ein weiterer Anwendungsfall für zukünftige Forschungsarbeiten könnte der Ansatz sein, ERP-Projekterfolg auf Basis der erfolgten Customizingaktivitäten vorherzusagen.

Für diese Arbeit von besonderem Interesse sind die von den Autoren aufgestellten Hypothesen, nach denen die Customizingaktivitäten und damit auch der Customizing-Impact direkte Auswirkungen auf die im Unternehmen verfolgte Qualifizierungsstrategie haben:

> *„[...] tailoring increases the degree of feature-function fit between the ERP system and the organization, which is likely to result in an easier "implementation" in human terms – lower resistance, reduced training needs, less organizational adaptation – as well as in greater business success." (Brehm et al. 2001, S. 7)*

Es ist in dieser Sichtweise also anzunehmen, dass mehr und tief greifende Customizingaktivitäten zu (quantitativ) weniger Qualifizierungsbedarf auf Seiten der Endanwender führen, da Situationen wie die von LUO/STRONG (2004, S. 330) beschriebene vermieden werden:

> *„To fit the process to the system, PU made many changes in its financial processes, including changing its entire chart of accounts to fit Banner, changing retirement deduction calculations to the method used in Banner, and training all users that normal account balances were now negative. The changes to the process required negotiations with the user community and extensive training, both of which have served to build PU's organizer capabilities." (Luo/Strong 2004, S. 330)*

Ebenso plausibel ist jedoch die entgegengesetzte Annahme, nach der vermehrte Customizingaktivitäten dazu führen, dass die Endanwender mit einer stark vom Standard abweichenden („verbogenen") Software arbeiten müssen, was zu einem erhöhten Bedarf an Unterweisungsmaßnahmen führt, insbesondere für neue Mitarbeiter.[64] Diese Vermutung konnte in der Vorstudie erhärtet werden (ALPHA 2006a), müsste jedoch zunächst empirisch bestätigt werden. Anzunehmen ist jedoch, dass ein hoher Customizinggrad zu einer vermehrten Anwendung interner Schulungen anstelle externer, standardisierter Schulungen führt. Der Grund dafür ist darin zu sehen, dass interne Dozenten eher in der Lage sind, auf die Unternehmensspezifika einzugehen als externe Dozenten. Das Unternehmen sieht sich einem Trade-Off gegenüber, der in Abbildung 31 schematisiert ist.

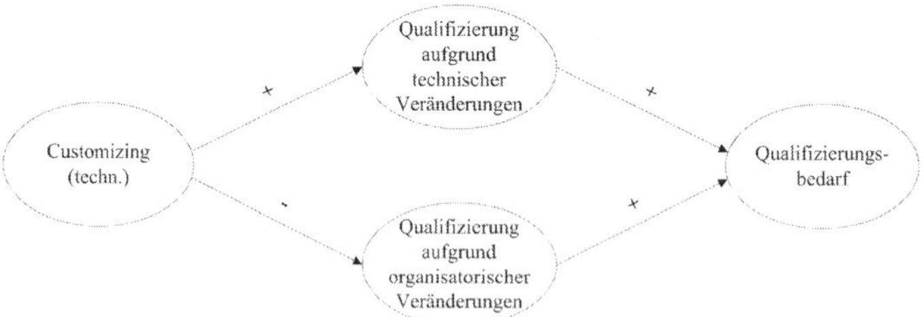

Abbildung 31: Customizing, organisatorische Veränderungen und Trainingsbedarf (Quelle: Eigene Darstellung)

64 Wenn neue Mitarbeiter Handhabungskenntnisse bei Unternehmenssoftware mitbringen, dann nur auf Basis unveränderter Hersteller-Standardversionen (Mohr et al. 2007b, S. 65).

Zur Operationalisierung des Customizinggrades wäre die Anzahl der vom Kunden selbst entwickelten Programme ein passender Indikator. Diese zu ermitteln, ist im Falle von SAP-Systemen ohne größeren Aufwand möglich, da vom Kunden ganz bestimmte Namensräume für Eigenentwicklungen einzuhalten sind. Auch Modifikationen an original SAP-Objekten sind nachvollziehbar, da das Transport- und Änderungswesen alle Veränderungen an Dictionary-Objekten protokolliert. SCHMIDT (2006, S. 136) geht einen Schritt weiter und schlägt vor, die Systembelastung (workload) zu messen, die durch Kundenerweiterungen verursacht wird. Dadurch würden die kundenindividuellen Programme entsprechend ihrer Nutzungshäufigkeit gewichtet. Statt dieser rein technischen Herangehensweisen, den Customizinggrad zu erfassen, könnten eher subjektive Indikatoren herangezogen werden, wie z.B. die Einschätzung von Mitarbeitern der SAP-Basisbetriebsgruppe oder Mitgliedern eines SAP-Projektteams.[65] LUO/STRONG (2004, S. 326) schlagen eine dreistufige Ordinalskala vor (Modulauswahl, Tabellenparametrisierung, Codeveränderung) vor. Für die vorliegende Erhebung wird eine komprimierte Form der Differenzierung von Tailoring-Aktivitäten nach BREHM ET AL. (2001) verwendet, da dies einen praktikablen Mittelweg zwischen Genauigkeit und Handhabbarkeit darstellt: Als „leichte Anpassungen" werden Parametrisierung, Oberflächenanpassungen, benutzerspezifische Einstellungen und neue Berichte definiert. Unter „tief greifende Anpassungen" fallen Aktivitäten wie Codeanpassungen (Modifikationen), Schnittstellenentwicklung, Eigenentwicklungen und die Programmierung von User-Exits (vordefinierte Absprungstellen im Originalcode).

Nicht jede Customizingaktivität stellt sich im Nachhinein als notwendig heraus. BREHM ET AL. (2001, S. 7) haben hierzu die Hypothese aufgestellt, dass diese „unnötigen" tief greifenden Softwareanpassungen aus fehlendem Know-how über die tatsächlichen Fähigkeiten der ausgelieferten Software resultieren:

> *„[...] the heavier tailoring types are often chosen out of lack of knowledge about ERP packages capabilities. Therefore, we hypothesize that [...] the greater the knowledge implementers have about their ERP packages, the more likely they are to address business objectives with light, rather than heavy, tailoring types." (Brehm et al. 2001, S. 7)*

Im Vorgespräch mit den Experten des Unternehmens ALPHA wurde deutlich, dass eine SAP-Einführung suboptimal verlief in dem Sinne, dass zu Beginn der SAP-Einführung nicht genügend internes Know-how vorhanden war, um die Möglichkeiten zu erkennen, die in den von SAP vorgesehenen Standardprozessen bereits enthalten waren. Auch externes Know-how wurde nicht in ausreichendem Maße hinzugezogen. Als Folge arbeiteten die Anwender mit einem nicht korrekt angepassten System, hatten selbst aber nicht ausreichend Kenntnisse, diesen Missstand zu erkennen.

> *„Da war wirklich ein Entwicklerteam, die kamen aus der Höhle raus und haben gesagt: ‚So, wir haben jetzt umgeschaltet auf SAP, jetzt legt einmal los.' Und der Rest dachte sich so ‚okay, jetzt müssen wir das machen'." (ALPHA 2006c)*

Wegen fehlender Kenntnisse über die „wahren" Fähigkeiten und Grenzen des neuen ERP-Systems „missbrauchte" das damalige Projektteam die SAP-Systeme als Programmierplatt-

---

65 z.B. Ordinalskala von „vanilla" bis „kurz vor Eigenentwicklung"

form und produzierte viele Eigenentwicklungen im dem Glauben, der SAP-Standard sei nicht umfangreich genug.

> *„Zu Beginn der SAP-Einführung wurde das SAP-System als Programmierplattform missbraucht, da noch nicht genügend Know-how vorhanden war darüber, was das Produkt eigentlich vom Standard her kann." (ALPHA 2006a)*

Ein Indikator für die Menge „unnötiger" Eigenentwicklungen ist die Menge an eigenentwickelten Programmen, die nie oder sehr selten aufgerufen werden. Abbildung 32 veranschaulicht, nach Branchen differenziert, wie hoch die Anteile an ungenutzten Eigenentwicklungen ausfallen können. Es zeigt sich, dass unter Umständen fast 90% der Eigenentwicklungen unnötig sind.

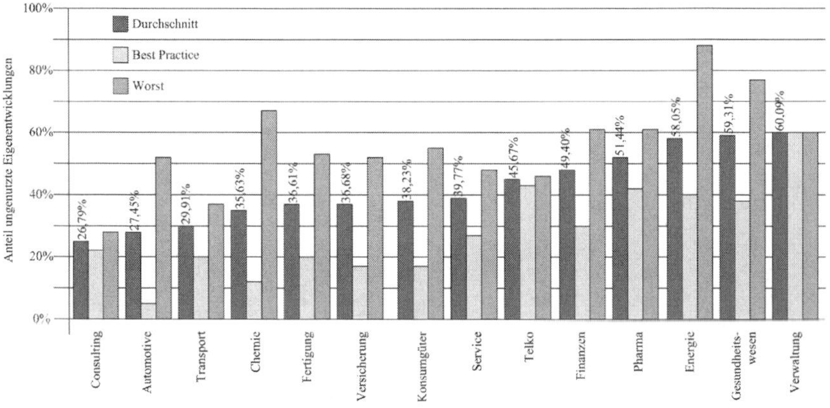

Abbildung 32: Anteil ungenutzter Eigenentwicklungen in SAP-Systemen (Quelle: West Trax und Experton Group (2006, S. 9))

3.3.3.5 *Alter und Änderungsdynamik*

Unternehmenskritische Systeme wie Unternehmenssoftware sind in der Praxis oft über viele Jahre im Einsatz, denn im Normalfall stellt sich die erhoffte Produktivitätssteigerung (wenn überhaupt) erst mittel- bis langfristig ein. Außerdem ist Unternehmenssoftware Teil eines komplexen und trägen Gesamtsystems, das sich nur langsam verändert. Die Meta Group schätzt die „Lebenserwartung" eines ERP-Systems auf über 15 Jahre (Meta Group 2003, S. 16), auch wenn in Deutschland für ERP-Software aus steuerrechtlicher Sicht eine betriebsgewöhnliche Nutzungsdauer von 5 Jahren unterstellt wird (Bundesministerium der Finanzen 2005, S. 6). In einer aktuellen ERP-Zufriedenheitsuntersuchung unter 2.126 Installationen wurde ein durchschnittliches Alter von 5,86 Jahren ermittelt (Trovarit AG 2007a, S. 5), wobei die Spannbreite von einigen wenigen Monaten bis zu über 26 Jahren reichte.

PARNAS (1994, S. 279ff.) behauptet „Programs, like people, get old" und nennt dafür zwei Hauptgründe: Erstens altert Software, weil sie sich nicht mehr an die aktuellen Anforderungen anpassen lässt („lack of movement"). Den zweiten Grund nennt PARNAS „ignorant surgery“[66] und bezeichnet damit Änderungen im Code, die von anderen als den ursprünglichen Entwicklern vorgenommen werden. Diese Personen haben nicht mehr das Konzept vor Augen, mit dem die Software ursprünglich erdacht und entwickelt wurde. Die vorgenommenen Änderungen sind daher inkonsistent mit dem Rest und die Konsequenzen können drastisch sein:

> *„After many such changes, the original designers no longer understand the product. Those who made the changes, never did. In other words, nobody understands the modified product“ (Parnas 1994, S. 280).*

Die Kosten des so verursachten Software-Alterns bestehen in drei Aspekten, die PARNAS (Parnas 1994, S. 280f.) mit dem menschlichen Altern vergleicht:

1. Je größer und älter Software wird, desto schwieriger ist es für das Unternehmen, Anpassungen an veränderte Rahmenbedingungen vorzunehmen. Denn zum einen muss mehr Code (der ursprüngliche, der veränderte und hinzugekommene) aktualisiert werden und zum anderen wird es immer schwieriger, die relevanten Stellen im Programmcode zu finden. Eine normale Reaktion wäre, die alte Software durch eine „jüngere“ und schlankere zu ersetzen. In einer derart festen Unternehmen-Software-Beziehung, wie sie Business-Applikationen voraussetzen, ist dies jedoch nicht ohne weiteres möglich.

2. Verursacht durch höheren Ressourcenverbrauch, sind ältere Softwareanwendungen weniger performant. Hardwareupdates werden notwendig, um akzeptable Antwortzeiten sicherstellen zu können.

3. Ältere Software wird zunehmend fehlerhaft, denn mit jeder Korrektur schleichen sich andere Fehler ein. Diese „Verschlimmbesserung“ ging in Einzelfällen sogar so weit, dass durchschnittlich mit jedem behobenen Fehler mehr als ein neues Problem in das System geschleust wurde.

Unter dem Slogan „design for change“ versucht man im Software-Engineering seit den 1970er Jahren, Anwendungen so zu konzipieren, dass sie für zukünftige Anpassungen gerüstet sind (Parnas 1994, S. 281). Begriffe wie objektorientierte Programmierung, Kapselung und serviceorientierte Architekturen sind diskutierte Paradigmen.

Aus Sicht des Endanwenders bedeutet Softwarealterung, dass, auch nachdem in einem Unternehmen die Entscheidung für eine bestimmte Anwendungssoftware (Softwareauswahl) getroffen wurde und keine grundlegenden Änderungen im IS-Portfolio (Krcmar 2005, S. 199 ff.) mehr vorgenommen werden, die Anwender von „schleichenden“ Weiterentwicklungen der Programme betroffen sind. Im Rahmen der Wartung von Anwendungssoftware fallen in idealtypischer Betrachtung folgende drei Arten von Tätigkeiten/Veränderungen an der Software an (Hatton 2005, S. 1f.):[67]

1. „corrective maintenance“, d.h. die Beseitigung von Fehlern im Programm,

2. „adaptive maintenance“, z.B. Hinzufügen neuer Funktionalität, die entweder im ersten Release absichtlich noch nicht enthalten war oder sich in den ersten Einsatzszenarien als wichtig erwiesen hat, und das Schritthalten mit neuen technischen Standards und

[66] EICK ET AL. (2001, S. 3) sprechen von „violations of the original design principles“.

[67] Eine ähnliche Einteilung findet sich bei BREHM ET AL. (2001, S. 3).

3. „perfective maintenance“, bei der keine Änderungen in der Funktionalität vorgenommen werden, z.B. Entfernen überflüssiger Programmteile oder Performanceoptimierungen.

Über die mengenmäßigen Verhältnisse der Wartungstypen liegen nur sehr widersprüchliche Ergebnisse vor (Hatton 2005, S. 2). WIEDERHOLD (2006, S. 8) stellt eine grobe Schätzung vor, nach der in frühen Phasen der Softwarenutzung vorwiegend Korrekturen und Fehlerbeseitigungen vorgenommen werden müssen, später hingegen eher Optimierungen Gegenstand der Softwarewartung sind.

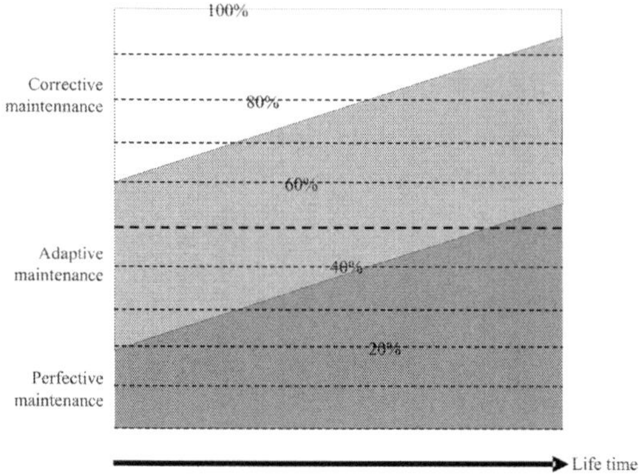

Abbildung 33: Software Maintenance (Quelle: Wiederhold (2006, S. 8))

Das kontinuierliche Hinzufügen neuer und Anpassen bestehender Funktionalitäten in Anwendungssoftware impliziert für den Unternehmenssoftware-Anwender Weiterbildungsbedarf. Auch beim visuellen Erscheinungsbild (Bildschirmaufbau) der Anwendung, Befehlsfolgen, Mussfelder und Funktionsweise von Transaktionen können nach Patches deutliche Änderungen zu verzeichnen sein (Brehm et al. 2001, S. 7). Software verändert sich und wächst im Zeitverlauf kontinuierlich an (je nach Studie zwischen ca. 30% und 100% pro Jahr (Wiederhold 2006, S. 10)) und es ist „Schicksal“ der Mitarbeiter oder Aufgabe des Qualifizierungsmanagements, damit zurecht zu kommen.

FAULSTICH/VESPERMANN (2003, S. 16) behaupten gar: „Nirgendwo veraltet Wissen so schnell wie im IT-Bereich“ (vgl. auch Euler 1994, S. 51). Nach Schätzungen des ZVEI (Zentralverband Elektrotechnik und Elektroindustrie) entwerten sich jährlich 15-20% des Wissensbestands der IuK-Technologien pro Jahr (Severing 1999, S. 66). Einer der wichtigsten Gründe für den hohen Bedarf an IT-Weiterbildung ist daher die hohe Dynamik und Entwicklungsgeschwindigkeit in der IT-Branche (Vanini 1999; Michel 2004, S. 28 f.; Bahnmüller/Fischbach 2003; U.S. General Accounting Office 2004b; Baukrowitz et al. 2005).

Auch auf die notwendigen Kenntnisse der IT-Fachkräfte haben die verschiedenen Arten von Wartungsaufgaben, die im Zeitverlauf unterschiedlich häufig anfallen, großen Einfluss: Kurz nach Inbetriebnahme einer neuen Anwendung sind insbesondere die für den ordnungsgemäßen Betrieb verantwortlichen IT-Fachkräfte von Fehlerbeseitigungen betroffen, bei SAP-Systemen z.B. in Form von Patches und Support Packages. Dies bedeutet, dass in dieser frühen Phase vor allem Improvisationsfähigkeit, Flexibilität und gute Soft Skills gefragt sind, da die Korrekturen oftmals unter großem zeitlichen Druck durchgeführt werden müssen. Mit wachsender Reife der installierten Anwendung sind unter den IT-Fachkräften diejenigen mit spezifischen Fachkenntnissen im Bereich Optimierung und Weiterentwicklung gefragt.

Je nach Alter befindet sich die eingesetzte Software in einem bestimmten Reifestadium. Somit könnte eine unterschiedliche Qualifizierungsstrategie für die Anwender verfolgt werden. Man könnte davon ausgehen, dass neu gestaltete und damit weniger fehleranfällige Systeme tendenziell weniger Qualifizierungsbedarf generieren als alte Software. Eine entgegengesetzte, jedoch ebenso plausible Vermutung ist, dass bei relativ jungen Systemen vorwiegend Qualifizierungsmaßnahmen zum Einsatz kommen, die grundlegende Handhabungsfragen klären und auf Probleme eingehen, die aus der Unreife der installierten Anwendung resultieren, z.B. Programmabbrüche, umständliche Befehlsfolgen usw. Relativ alte Systeme könnten einen höheren Aufwand im Hinblick auf Anwenderbetreuung und –schulung mit sich bringen, wie in der Trovarit ERP-Zufriedenheitsstudie 2006/2007 vermutet wird, in der 2.126 ERP-Installationen bewertet und verglichen wurden (Trovarit AG 2007a, S. 4).

Nach EICK ET AL. (2001, S. 6) müsste das „Alter" einer Softwareanwendung aufgrund der o.g. ständigen Weiterentwicklungen korrekterweise als das durchschnittliche Alter der konstituierenden Codeelemente berechnet werden. Diese Vorgehensweise wäre jedoch, insbesondere für eine breit angelegte Querschnittsuntersuchung, mit immensem Aufwand verbunden und nicht praktikabel. Daher wird im Folgenden die Zeitspanne seit Implementierung der Softwareanwendung im Unternehmen als Näherungswert für das Alter herangezogen. Hierbei wird auf das „wichtigste" System Bezug genommen, auf dem die meisten Anwender arbeiten. Als Anhaltspunkt für die Änderungsdynamik wird die durchschnittliche jährliche Anzahl an Releasewechseln herangezogen.

3.3.3.6 Berechtigungswesen

Sind die im ERP-System erteilten Berechtigungen geringer als der Umfang der auszuführenden Tätigkeiten des Anwenders, wird dieser häufig an seine Grenzen im System stoßen. Dies könnte zu Frustration beim Anwender führen. Ähnliches ist zu vermuten bei den ERP-bezogenen Kenntnissen des Anwenders: Kennt er sich in „zu vielen" Ecken des Systems aus, hat aber keine Berechtigung für deren Nutzung, führt dies ebenfalls zu Frustration (ALPHA 2006b). Frustration könnte zu Desinteresse am System und an Qualifizierungsmaßnahmen führen. Die resultierende Hypothese ist, dass ein restriktives ERP-Berechtigungswesen (im Vergleich zu den auszuführenden Tätigkeiten oder dem ERP Know-how) zu geringerer Beteiligung an Qualifizierungsmaßnahmen führt.

3.4 Nutzenbetrachtung

Im vorangegangenen Kapitel 3.2 wurden diejenigen Einzelmaßnahmen diskutiert, die eine Qualifizierungsstrategie als Ganzes ausmachen. Anschließend wurden in Kapitel 3.3 potenzielle Begründungen für die Wahl bestimmter Strategien geliefert.

Aus Sicht des Managements ist es nun interessant zu wissen, welche der empirisch identifizierten Grundstrategien die „erfolgreichste" ist. Es ist daher Ziel dieses Kapitels, Möglichkeiten der Bewertung des Nutzens oder der Vorteilhaftigkeit bestimmter Qualifizierungsstrategien aufzuzeigen. Es handelt sich um die Outputindikatoren des Analysemodells. Im Fokus steht die Qualifizierungsstrategie als Ganzes (Bäumer 1997, S. 29ff.), nicht eine einzelne

Weiterbildungsmaßnahme (z.B. Schulung) oder ein einzelner Anwender. Der Aufwand, im Rahmen dieser Arbeit eine Wirtschaftlichkeitsrechnung durchzuführen, stünde jedoch in keinerlei Verhältnis zum Informationsgewinn. Und selbst wenn die notwendigen Daten dafür vorlägen und für Analysezwecke zur Verfügung gestellt würden, wären die gewonnenen Kennzahlen nicht unbedingt objektiv und akzeptabel (Meyer 2004, S. 31). Auf die Bewertung einzelner Maßnahmen und die dabei auftretenden Probleme wurde bereits eingegangen.

BÄUMER (1997, S. 278) hat bereits darauf hingewiesen, dass die Frage nach der erfolgreichsten Qualifizierungsstrategie nicht abschließend beantwortet werden kann. Dazu wären sinnvolle Indikatoren zur Messung des Erfolgs von Weiterbildung notwendig, welche jedoch bisher nicht vorliegen. Zwar steht die produktive Wirkung von Humankapital und Bildung seit langer Zeit außer Frage, doch auch Ansätze wie Bildungsrenditen (vgl. Pohlmeier 2004; Ammermüller/Dohmen 2004; Maier et al. 2004; Steiner/Lauer 2000; Blundell et al. 1999) konnten nicht dazu beitragen, dass die ökonomische Wirksamkeit von Weiterbildung zweifelsfrei nachgewiesen werden kann.

BÄUMER (1997, S. 279ff.) versucht daher, quasi als second best Lösung, die Strategien hinsichtlich ihrer Konsistenz zu bewerten. Darunter versteht er sowohl die interne Konsistenz („wie passen die einzelnen Weiterbildungsregelungen zusammen? (Binnenlogik)") als auch die externe Konsistenz („wie passt das jeweilige Weiterbildungsmanagement zur jeweiligen Umweltsituation?"). Es handelt sich um „weiche" Kriterien, bei deren Anwendung die argumentative Verknüpfung von Plausibilitäten im Vordergrund steht. Diese Vorgehensweise ist jedoch nur aus dem subjektiven Standpunkt des Forschers zu erklären und daher schwer intersubjektiv nachvollziehbar. Dies ist der Grund dafür, warum nachfolgend einem anderen Ansatz zur Bewertung der Grundstrategien[68] gefolgt wird, der sich auf das Urteilsvermögen der befragten Weiterbildungsverantwortlichen sowie von Anwendern stützt.

3.4.1 Expertenbeurteilung

Im Rahmen der Expertenbefragung sollen die subjektiv wahrgenommenen Nutzen der befragten IT-/Weiterbildungsmanager ermittelt werden. Zwar werden in der Umfrage alle Daten über die betrachteten Unternehmen über die Erhebungseinheit „Experte" erhoben, doch muss insbesondere bei den Nutzenkategorien davon ausgegangen werden, dass es sich um eine stark subjektiv gefärbte Bewertung, eine Einschätzung des wahrgenommenen Nutzens handelt, also um eine Experten*schätzung* (Kanwischer 2005). Diese Subjektivität muss bei der Interpretation der Antworten immer berücksichtigt bleiben. Expertenschätzungen sind eine durchaus übliche[69] Methode: In der Aufwands- und Kostenschätzung bei Softwareentwicklungsprojekten beispielsweise stellen sie die in der Praxis am weitesten verbreitete Methode dar (Krcmar 2005, S. 161).

Im Folgenden werden aus der Literatur übernommene Teilziele der IT-Anwenderqualifizierung kurz vorgestellt. Es handelt sich dabei um Bestandteile der „Qualifizierungs- und Versor-

---

[68] Zu den Ebenen der Strategiebewertung siehe BECKER (1992, S. 454)

[69] „Ungeachtet der weiten Verbreitung des Experteninterviews in der Praxis wird jedoch dem Experteninterview in der Methodendiskussion von Puristen häufig vorgeworfen, es sei ein ‚schmutziges' Verfahren", welches „in den Augen der Methodenpäpste qualitativer wie quantitativer Provenienz weder die Gütekriterien des einen noch des anderen methodologischmethodischen Paradigmas erfüllen" (Kanwischer 2005, S. 92).

gungsfunktion" der Weiterbildung, die DIEDRICH (1988, S. 84ff.) beschreibt. Dadurch stellt das Personalwesen sicher, dass der einzelne Mitarbeiter im Produktionsprozess einsetzbare Qualifikationen erwerben kann und das Unternehmen mit qualitativ und quantitativ ausreichend Arbeitskräften versorgt wird.[70] Die Teilziele 1-4 beziehen sich primär auf die Verbesserung/Unterstützung von Einführungsprojekten, die Teilziele 5-7 auf die tägliche Systemnutzung. Aus der Perspektive der IT- oder Weiterbildungsabteilungen handelt es sich um die Rechtfertigungsargumente, mit denen die Durchführung oder gar die Existenz von Weiterbildung begründet wird.

1. Die Qualifizierungsmaßnahmen sind häufig Bestandteil einer umfassenden Reorganisation betrieblicher Abläufe (Kohnke 2006; Kohnke/Bungard 2005; Kohnke et al. 2005). Daher muss es Ziel der Anwenderqualifizierung sein, dass die Umsetzung der organisatorischen Veränderungen möglichst effektiv, d.h. zielführend, vorgenommen werden kann. Dadurch wird die Funktion des Change Managements unterstützt. Eine Aufgabe der Anwenderqualifizierung ist es, über die Vermittlung der reinen Softwarebedienung hinaus, Verständnis und Akzeptanz für die neuen Prozesse zu erreichen.
2. Aus Sicht des Projektleiters einer Unternehmenssoftwareeinführung soll die Anwenderqualifizierung dafür sorgen, dass die zukünftigen User möglichst schnell mit der erfolgreichen Nutzung des Systems beginnen können. Zwar bedeutet eine umfassende Schulungsstaffel zunächst einen zeitlichen Mehraufwand und dadurch eine Verlängerung des Projektes. Die Betonung liegt jedoch auf der „erfolgreichen" Nutzung, die eine Voraussetzung für den erfolgreichen Abschluss des gesamten Einführungsprojektes darstellt.
3. Eng zusammenhängend mit der Verkürzung der Dauer bis zum erfolgreichen Abschluss eines Einführungsprojektes ist das Teilziel der Kostenreduktion. Wird davon ausgegangen, dass die Folgekosten aufgrund unprofessioneller Systemhandhabung und fehlerhafter Dateneingabe dem Einführungsprojekt zugeschrieben werden können, so ist eine wichtige Anforderung an die Anwenderqualifizierungsstrategie, diese Kosten zu reduzieren.
4. Anwenderqualifizierungsmaßnahmen im Kontext Unternehmenssoftware sollen dazu beitragen, dass die Anwender „gerne" mit der Software arbeiten und das System weniger als „Gegner" ansehen. Dieser Aspekt ist gerade bei der Einführung von „mandated technology" (Brown et al. 2002) wichtig, also bei Informationssystemen, deren Nutzung im Unternehmen obligatorisch ist, so dass der einzelne Anwender keine Wahl hat, ob er damit arbeitet oder nicht.

   „[...] Die [Mitarbeiter] schaffen viel mehr weg und stöhnen weniger als mit der Altanwendung." (DELTA 2006c)

5. Die Anwenderqualifizierung soll die Anwender dazu anregen, neue Ideen für effizientere Arbeitsabläufe oder gänzlich neue Vorgehensweisen bei der Erledigung ihrer IT-gestützten Arbeitsabläufe zu entwickeln. ZIMMER (1987, S. 173f.) hebt als Ziele „[...], die Veränderung von Arbeitsweisen, zur Kooperation, zu explorativem Lernen [...]" hervor

---

70 Zu anderen Teilzielen der Weiterbildung (Akquisitions- und Imagefunktion, Integrationsfunktion, Selektions- und Legitimationsfunktion) siehe Diedrich (1988, S. 84ff). Diese sind für den Bereich der IT-Anwenderweiterbildung allerdings nur zweitrangig (Euler 1994, S. 441)..

(Euler 1994, S. 459f.). Dies wird auch in der IT-Fachkräfteweiterbildung als wichtiges Ziel definiert (Vock/Balschun 2004, S. 6).

6. Ein vor allem von Vorgesetzten häufig artikuliertes Ziel von IT-Schulungsmaßnahmen ist die Erhöhung der Arbeitseffizienz von Anwendern, v.a. durch Steigerung ihrer Geschwindigkeit (Schubert 2006). Dieses Ziel ist sinnvoll v.a. bei repetitiven Tätigkeiten, z.B. der Gehaltsabrechnung. Das Beispiel der Evaluation eines Trainingsprogramms bei einem Telekommunikationsunternehmen (Willumeit 2005) zeigt, dass Geschwindigkeitsänderungen ein beliebter Indikator sind, wohl vor allem wegen ihrer relativ einfachen Erhebbarkeit[71].

   „Wenn das [die Qualifizierung] dann dazu beiträgt, dass sie ihren Job besser machen können, dann ist das System auch erfolgreich." (GAMMA 2006a)

   „Es gibt ganz hohe Produktivitätssteigerungen bei den Mitarbeitern." (DELTA 2006c)

7. Insbesondere bei hoch integrierten Informationssystemen wie den hier betrachteten ist die Datenqualität eine wichtige Zielgröße, da im Normalfall eine Vielzahl anderer Anwender von der Korrektheit der eigenen Daten abhängt. Daher ist es ein zentrales Erfolgsmaß von Anwenderqualifizierungsmaßnahmen, inwieweit Fehlbedienungen und –eingaben reduziert werden konnten (Scott 2005, S. 67; Willumeit 2005; Kohnke 2005). Die positiven Effekte sind eine Reduktion fehlerbedingter Nacharbeiten (Korrekturen), weniger Support von Kollegen und Fachpersonal und die Vermeidung von Fehlentscheidungen aufgrund falscher Informationsstände.

   „Und sehen Sie den Nutzen Ihrer Weiterbildungsveranstaltungen? Wenn ja, wo? – Ich sehe ihn zum Beispiel, weil an bestimmten Stellen sich die Fehlerquote ganz erheblich reduziert." (BETA 2006a)

   „[...] dass eben dann schon so Indikatoren beobachtet werden, dass man sagt, wie hoch sind denn da bestimmte Nachfragen an Hotlines oder wie oft wird auf bestimmte Dokumentationen zugegriffen." (GAMMA 2006a)

8. Als Verhältnis von bewertetem Bildungsoutput zu bewertetem Input stellt die Effizienz die Wirtschaftlichkeit einer Bildungsmaßnahme oder -strategie dar (vgl. Mohr/Krcmar 2005, S. 14f.). Effizienz ist das Verhältnis aus erbrachten Leistungsmengen und den dafür eingesetzten Faktormengen bei gegebener Programmstruktur, wohingegen Effektivität die generelle Eignung einer Maßnahme zur Erfüllung eines bestimmten Ziels kennzeichnet (Küpper/Weber 1995, S. 96 f.). Die Rentabilität (Küpper/Weber 1995, S. 284 ff.) als Ausdruck von Effizienz kann beispielsweise in Form einer Bildungsrendite dargestellt werden. Sie wird durch Gegenüberstellung der durch eine Bildungsmaßnahme verursachten Erträge (monetär bewertet) mit den dafür anfallenden Kosten errechnet[72].

9. Absolute Notwendigkeit der Anwenderqualifizierung: WILLUMEIT (2006b) stellt fest, dass der Verzicht auf Weiterbildungsmaßnahmen im Bereich der Anwenderkompetenzen auf kurze Sicht prinzipiell möglich ist: „[...] weil das Weglassen von Weiterbildung im Be-

[71] Eventuelle arbeitsrechtliche Schwierigkeiten bei der Messung von Arbeitsgeschwindigkeiten werden ausgeklammert.

[72] Bildungsrenditen können nicht nur aus Sicht des Unternehmens, sondern auch als private, soziale und fiskalische Renditen errechnet werden (Ammermüller/Dohmen 2004).

reich SAP zunächst mal nicht sofort die roten Alarmglocken angehen lässt". Allerdings fügt er einschränkend hinzu, dass dann damit gerechnet werden muss, dass sich die gesamte Investition in die Unternehmenssoftware nicht rentiert.

10. Wahrgenommener Gesamtnutzen als Zusammenfassung der Teilnutzen. Der Gesamtnutzen kann zwar, wie in der Nutzwertanalyse, aus den Teilnutzen abgeleitet werden (Dinkelbach 2002, S. 1314; Scholz et al. 2003, S. 13), dennoch soll er zu Kontrollzwecken separat erhoben werden.[73]

3.4.2 Analyse der Anwenderzufriedenheit

Die Bewertung der Qualifizierungsstrategien durch die verantwortlichen Experten (CIOs, Personalverantwortliche, Weiterbildungsmanager usw.) sollte durch die Bewertung durch die „eigentlich Betroffenen", d.h. die Unternehmenssoftware-Anwender, ergänzt werden. Ziel der Einbeziehung dieser Betrachtungsebene war es, durch einen Vergleich der Urteile der beiden Personengruppen die Nutzeneinschätzung der Experten kritisch zu hinterfragen und evtl. zu ergänzen. Die Einbeziehung der Anwender ist ganz im Sinne SCHIERMANNS (2001, S. 29), der bemängelt, dass der „Zugang zu Daten häufig über Gespräche mit Vertretern aus höheren Hierarchieebenen erfolgt. Unter Aspekten des Forschungsaufwandes erscheint diese Strategie durchaus verständlich. Es besteht dabei jedoch die Gefahr, dass die Perspektive der Mitarbeiter bzw. Teilnehmer an Weiterbildung systematisch vernachlässigt wird." Sollte eine substanziell unterschiedliche Einschätzung der Experten und Anwender offensichtlich werden, ist nach Gründen für die Abweichung zu suchen. Sollte sich die Einschätzung der Anwender mit der der Experten decken, kann dies als Anhaltspunkt für die Validität der Bewertung herangezogen werden.

Anwenderzufriedenheit wurde verstärkt in den USA der 1980er Jahre wissenschaftlich untersucht. Das Konzept der „user satisfaction" (Bailey/Pearson 1983; Ives et al. 1983) wird, ähnlich wie die Konzepte „usage" (Baroudi et al. 1986; Lucas 1975), „user involvement" (Barki/Hartwick 1989) und „user acceptance" (Davis 1989), als ein Näherungsmaß für den Erfolg oder Nutzen eines Informationssystems herangezogen. Da der Erfolg eines Informationssystems oder der IT allgemein nicht direkt ermittelt werden kann, hat sich die user satisfaction als „Proxy" unter Forschern und Praktikern gleichermaßen etabliert (Doll/Torkzadeh 1988).

Häufig bleibt unklar, was genau unter Anwenderzufriedenheit (Synonyme: Benutzerakzeptanz, Benutzerzufriedenheit) zu verstehen ist. „Je nach Autor wird z.B. die Zufriedenheit mit der Benutzerfreundlichkeit einer Informationssystemkomponente, die Akzeptanz von Computern generell, die Zufriedenheit mit dem Einführungsprojekt oder der Betreuung oder die Zufriedenheit mit der Unterstützung der eigenen Aufgabe gemessen" (Ammenwerth 2003, S. 187). „User evaluations are elicited beliefs or attitues about something, and they have been used to measure many different ‚somethings'" (Goodhue 1995).

- Nach CYERT/MARCHS (1963) relativ allgemein gehaltener Definition erhöht sich die Anwenderzufriedenheit dann, wenn das Informationssystem die Anforderungen der User erfüllt.

[73] Es wird sich herausstellen, dass der Gesamtnutzen mit allen Teilnutzen statistisch signifikant korreliert (Tabelle 89 im Anhang).

- Ähnlich argumentieren IVES/OLSON/BAROUDI (1983), die Anwenderzufriedenheit definieren als „the extent to which users believe the information system available to them meets their informational requirements".
- Zufriedenheit umfasst sowohl die (subjektive) Wahrnehmung als auch die innere Einstellung des Anwenders (Galetta/Lederer 1989). Darauf aufbauend sehen RAINER/HARRISON (1993) Anwenderzufriedenheit als die individuelle Einstellung des Anwenders an, die er gegenüber der Anwendung von Computern hat. Dabei sind alle computerbezogenen Aktivitäten einbezogen, die für die Erfüllung der täglichen Arbeit des Anwenders notwendig sind.
- Nach OHMANN ET AL. (1997) besteht die Benutzerzufriedenheit aus systemabhängigen (z.B. Benutzerfreundlichkeit, Performanz) und systemunabhängigen Faktoren, z.B. Qualität der Schulung.

Der Bereich „Anwenderqualifizierung/-skills" ist konstituierender Faktor für die Anwenderzufriedenheit: Der negative Zusammenhang zwischen Anwenderzufriedenheit und fehlendem Verständnis für das Informationssystem wurde von PANCER ET AL. (1992) empirisch nachgewiesen. HARRISON/RAINERS (1996) Hypothese, dass zwischen Anwenderzufriedenheit und Computer-Skills ein positiver Zusammenhang besteht, wurde ebenfalls bestätigt. Die Studie von MIRANI/KING (1994) zeigt ebenfalls, dass Anwendertraining signifikant mit Anwenderzufriedenheit zusammenhängt.

Es wird davon ausgegangen, dass sich das Konstrukt der Anwenderzufriedenheit aus folgenden Teilaspekten zusammensetzt. Hierbei wird auf das grobe Phasenschema der Weiterbildung Input – Durchführung – Output Bezug genommen (Pawlowski/Bäumer 1996):

- Zufriedenheit mit dem Qualifizierungsangebot
- Zufriedenheit mit der Qualifizierungsqualität (vgl. Moll 1994)
- Zufriedenheit mit dem resultierenden Nutzen

Die Anwenderzufriedenheit wird nicht im Rahmen der Expertenbefragung, sondern über eine separate Erhebung unter IT-Anwendern erhoben. Daher sind die Modellbestandteile nicht in der nachfolgenden Zusammenfassung enthalten, sondern werden separat vorgestellt.

STAUSS (1999, S. 13) stellt bezüglich der Operationalisierung des Kundenzufriedenheits-Konstruktes fest, dass die direkte Frage nach der Zufriedenheit die besten Ergebnisse zu bringen scheint. Zudem sei dies die einfachste Methode der Messung. MEYER (2001, S. 36) betont allerdings, dass „die Leistungswahrnehmung und deren Messung nicht ohne Bezug auf die Erwartungen bzw. nicht getrennt von Erwartungen operationalisiert bzw. gemessen werden kann." Das bedeutet, dass Wichtigkeit (als Ausdruck von Erwartung) und Zufriedenheit mit ausgewählten Leistungsmerkmalen gemeinsam erhoben werden müssen.

3.5 Zusammenfassung

In diesem Kapitel wurde ein Analysemodell entwickelt, mit dessen Hilfe die betriebliche Realität der Anwenderqualifizierung im Kontext Unternehmenssoftware erfasst werden soll. Das Modell umfasst Rahmenbedingungen (Kontext), Eigenschaften der Aufbau- und Ablauforganisation in der Anwenderqualifizierung sowie den von den befragten Experten wahrgenommenen Nutzen. Ein Modell kann die Realität nicht komplett abbilden und stellt dementsprechend nur einen Ausschnitt daraus dar. Ob die berücksichtigten Sachverhalte zur Beantwortung der Forschungsfragen ausreichen oder ob das Modell in zukünftigen Forschungsarbeiten revidiert oder modifiziert werden muss, wird sich in der empirischen Analyse zeigen.

Die im Analysemodell enthaltenen Begriffe müssen für die Umfrage „erhebbar" gemacht werden. Dieser Vorgang der Operationalisierung theoretischer Konstrukte besteht idealtypisch aus vier Einzelschritten (Kromrey 2002, S. 185). Exploration des Vorstellungsfeldes, Konzeptspezifikation, Auswahl der Indikatoren und Indexbildung. Die Exploration des Vorstellungsfeldes ist die vorbereitende Erkundung der verschiedenen inhaltlichen Aspekte (Dimensionen) des Begriffes, und zwar unabhängig von der anstehenden Erhebung (hier: Umfrage). Die Konzeptspezifikation wird konkreter und bedeutet die „Systematisierung des Gefundenen im Hinblick auf die Perspektive der durchzuführenden empirischen Untersuchung (Kromrey 2002, S. 185). Sowohl Exploration als auch Konzeptspezifikation sind bereits bei der Vorstellung der Elemente des Analysemodells vorgenommen worden. Bei den meisten Elementen des Analysemodells handelt es sich um manifeste Variablen, d.h. direkt beobachtbare Sachverhalte, wie z.B. Anzahl Weiterbildungstage, Hersteller der Unternehmenssoftware usw. In diesem Fall können die Variablen direkt abgefragt werden. Im Fall komplexerer Konstrukte müssen geeignete Indikatoren gefunden werden.

Die Frage der Indikatorenauswahl entspricht der Aufstellung von „Korrespondenzregeln" (Kromrey 2002, S. 45), die die theoretischen Konstrukte mit konkreten Beobachtungen in Verbindung setzen. Dadurch wird zwischen der theoretischen Sprache L_t („theoretical") mit dem Vokabular V_t und der Beobachtungssprache L_o („observed") mit dem dazugehörigen Vokabular V_o eine Verbindung hergestellt (Schnell et al. 2005, S. 74). Ein Indikator ist die „sichtbare Realisierung der latenten Variablen" (Mayer 2004, S. 74) und soll im Prinzip das Unmessbare messen. Um die Zuordnung eines Indikators (manifester, direkt abfragbarer (Schnell et al. 2005, S. 131) und empirisch beobachtbarer Sachverhalt) zu einem theoretischen Begriff zu rechtfertigen, scheint laut BESOZZI/ZEHNPFENNIG (1976) vor allem der kausal-analytische Ansatz am erfolgversprechendsten zu sein (Schnell et al. 2005, S. 131ff.). Danach ist ein Indikator dann eine valide Operationalisierung des theoretischen Konstruktes, wenn eine kausale Beziehung theoretisch einsichtig ist und empirisch bestätigt werden kann. Diese Beschreibung soll durch die Anforderungen der UN an „gute" Indikatoren etwas plastischer gemacht werden. Danach muss ein guter Indikator „SMART" sein (S: specific, M: measurable, A: attainable, R: relevant, T: trackable), d.h. er „trifft eindeutig den angestrebten theoretischen Sachverhalt, ist messbar und für den gewünschten Arbeitskontext anwendbar, zur Lösung der anstehenden Probleme relevant und für die Beteiligten nachvollziehbar." Ein guter Indikator entspricht somit sowohl theoretischen, methodischen, praktischen als auch politischen Anforderungen (Meyer 2004, S. 24ff.). Insbesondere bei politisch heiklen Indikatoren, wie sie bei Fragen nach personalwirtschaftlichen Sachverhalten häufig sind, ist Sensibilität bei der Datenerhebung notwendig. Prinzipiell könnte eine maximale Anzahl an Indikatoren aus dem „Indikatorenuniversum“ erhoben werden, dies führt jedoch zu erhöhtem Erhebungs- und Auswertungsaufwand und zu sinkender Bereitschaft zur Teilnahme an der Erhebung (Meyer 2004, S. 39). Als praktischer Hinweis zur Indikatorenauswahl sei auf MEYER (2004, S. 36-44) verwiesen, der zehn Schritte zur Indikatorenentwicklung vorschlägt und eine Checkliste zur Überprüfung der potenziellen Indikatoren liefert. Auf ein weiteres Problem sei an dieser Stelle hingewiesen: Es ist bei der Indikatorenauswahl darauf zu achten, dass diese nicht „theoretisch überdeterminiert“ sind, d.h. dass sich ein und dieselbe Variable theoretisch sehr unterschiedlich deuten lässt. Die Folge wäre eine relativ willkürliche Interpretation der erhobenen Daten, wie dies bei einigen empirischen Studien aus der Personalforschung bemängelt wird (Martin/Beherends 1999, S. 21).

In Tabelle 15 sind die Variablen des Analysemodells aufgeführt. Außerdem sind einige Variablen enthalten, die zwar im Rahmen derselben Umfrageaktion abgefragt, jedoch für andere Studien verwendet wurden. Folgende Informationen sind enthalten:

- Bereich: thematische Gliederung der Modellkonstrukte
- Modellkonstrukte
- Indikator/Variablenlabel: verbale Beschreibung der zu den Konstrukten gehörenden Indikatoren
- Laufende Nr. zwischen 003 und 230; die anderen Variablen sind technische Variablen und Hilfsvariablen zur Clusteranalyse, Diskriminanzanalyse sowie zur Clusterprofildarstellung (die Nummerierung entspricht der Reihenfolge der Variablen im SPSS-Datenset)
- SPSS-Variablenname: technischer Variablenname aus der SPSS-Syntaxdatei
- Skalenniveau: Skalenniveau der Variablen (nominal, ordinal, metrisch)
- Wertebereich: Wertebereich oder Auflistung der Wertelabels
- Fragestellung/Ermittlungsvorschrift: Original-Frageformulierung aus dem Fragebogen oder Formel (im Pseudocode) zur Errechnung der Variablen
- Quellen: Ausgewählte Literaturverweise zur Begründung der Relevanz oder zur Operationalisierung der Variablen

Bei der Errechnung der meisten abgeleiteten Variablen, z.B. der durchschnittlichen Qualifizierungsmenge bei mitarbeiterorientierten Anlässen, wurde ein Mittelwert aus anderen Variablen gebildet. Es handelt sich um eine Indexberechnung (Brosius 1998), bei der bewusst alle als konstituierend angesehenen Variablen berücksichtigt und keine vermeintlich „unwichtigere“ vernachlässigt werden sollte. Die Durchführung einer Faktorenanalyse (Bülow 1996) wäre hier nicht angebracht gewesen. Zwar verfolgt auch diese das Ziel, mehrere Variablen zu Gruppen zusammenzufassen, denen jeweils eine komplexe Hintergrundvariable (Faktor) zugrunde liegt (Brosius 1998, S. 639). Dadurch wird ein Datenset in seiner Komplexität reduziert und damit handhabbar und interpretierbar gemacht. Allerdings wird bei der Faktorenanalyse davon ausgegangen, dass a priori nicht bekannt ist, ob und in welcher Weise welche Variablen zusammenhängen.

Bereich	Modellkonstrukt	Indikator/Variablenlabel	Nr	SPSS-Variablenname	Skalenniveau	Wertebereich	Fragestellung / Ermittlungsvorschrift	Quellen
Organisation und Budget	Institutionalisierung und organisatorische Verankerung (Kapitel 3.2.1.1)	Zentrale organisatorische Zuständigkeit für Planung und Organisation	003	QUALI_ORGA_BEREICH1	Nominal	1: IT-Abteilung 2: Personalabteilung/-entwicklung 3: Sonstiger Bereich 4: Fachabteilungen 5: IT und Personal 6: IT und Fachabteilung 7: Personal und Fachabteilung 8: IT, Personal und Fachabteilung 9: Kompetenzcenter Unternehmenssoftware 999: weiß nicht	Welcher Bereich organisiert und plant Qualifizierungsmaßnahmen für Unternehmens-software-Endanwender im Normalfall?	(Dobischat/Seifert 2001, S. 17), (Bäumer 1997, S. 80), (Sass et al. 1974), (Tholen et al. 1979), (Bahnmüller/Fischbach 2003)
		Zentrale organisatorische Zuständigkeit für Planung und Organisation (Freitext)	004	QUALI_ORGA_BEREICH2	Nominal	Freitextfeld	Welcher Bereich organisiert und plant Qualifizierungsmaßnahmen für Unternehmens-software-Endanwender im Normalfall?	
		Anzahl Mitarbeiter für zentrale Planung und Organisation (Weiterbildungspersonal)	005	QUALI_ORGA_STAFFING	Metrisch		Wie viele Mitarbeiter sind dort ungefähr für die Planung und Organisation von Unternehmens-software-Qualifizierungsmaßnahmen zuständig?	(BMBF 2004a, S. 287), (IG Metall 2002), (Büchter/Goltz 2001)
		Anzahl Mitarbeiter für zentrale Planung und Organisation (Weiterbildungspersonal) pro 1.000 MA	006	QUALI_ORGA_STAFFING_RELATIV	Metrisch		= 005 / Anzahl Mitarbeiter * 1.000	
	Investitionshöhen (Kapitel 3.2.1.2)	Anzahl Schulungstage pro Jahr	007	QUALI_TAGE_SCHULUNG	Metrisch		Wie viele Tage pro Jahr investiert ein Endanwender in Schulungen zur Unternehmens-software?	(BMBF 2006a, S. 351)
		Anzahl Tage sonstige Qualifizierungsmaßnahmen pro Jahr	008	QUALI_TAGE_SONST	Metrisch		Wie viele Tage pro Jahr investiert ein Endanwender in sonstige Qualifizierungsmaß-nahmen zur Unternehmenssoftware?	
		Anzahl Qualifizierungstage pro Jahr	009	QUALI_TAGE_GESAMT	Metrisch		= 007 + 008	
		Budget für Anwenderschulungen in Projekten (Anteil am Projektbudget)	010	QUALI_ORGA_BUDGET_PROJEKT_ANWENDER	Metrisch	0-100%	Wie viel Geld/Budget steht für Unternehmens-software-Qualifizierung zur Verfügung? In Projekten: Ausgaben für Anwenderschulungen	(Meta Group 2003, S. 5), (Sein et al. 1998, S. 233), (Monk/Wagner 2006, S. 36), (Wheatley 2000), (Beatty/Williams 2006, S. 109), (Kohnke 2006, S. 52)
		Budget für Schulungen in Projekten (Anteil am Projektbudget)	011	QUALI_ORGA_BUDGET_PROJEKT_GESAMT	Metrisch		Wie viel Geld/Budget steht für Unternehmens-software-Qualifizierung zur Verfügung? In Projekten: Ausgaben für Schulungen insgesamt	
		Budget für Schulungen in Fachabteilungen (Anteil am Abteilungsbudget)	012	QUALI_ORGA_BUDGET_FA_USOFT	Metrisch		Wie viel Geld/Budget steht für Unternehmens-software-Qualifizierung zur Verfügung? In Fachabteilungen: Ausgaben für Schulungen zu Unternehmenssoftware	(Hutzschenreuter 2005, S. 578)
		Budget für IT-Schulungen in Fachabteilungen (Anteil am Abteilungsbudget)	013	QUALI_ORGA_BUDGET_FA_IT	Metrisch		Wie viel Geld/Budget steht für Unternehmens-software-Qualifizierung zur Verfügung? In Fachabteilungen: Ausgaben für EDV-/IT-Schulungen	
		Budget für Unternehmenssoft-ware-Schulungen in der zentralen Personalentwicklung (Anteil am Weiterbildungsbudget)	014	QUALI_ORGA_BUDGET_PA_USOFT	Metrisch		Wie viel Geld/Budget steht für Unternehmens-software-Qualifizierung zur Verfügung? In der zentralen Personalentwicklung: Ausgaben für Unternehmenssoftware-Schulungen	(Olfman et al. 2003), (BIBB 2005, S. 16), (BMBF 2006a, S. 265), (Nestler/Kailis 2003, S. 3), (Mahapatra/Lai 1999, S. 524)
		Budget für IT-Schulungen in der zentralen Personalentwicklung (Anteil am Weiterbildungsbud-get)	015	QUALI_ORGA_BUDGET_PA_IT	Metrisch		Wie viel Geld/Budget steht für Unternehmens-software-Qualifizierung zur Verfügung? In der zentralen Personalentwicklung: Ausgaben für IT-Schulungen	

Bereich	Modellkonstrukt	Indikator/Variablenlabel	Nr.	SPSS-Variablenname	Skalenniveau	Wertebereich	Fragestellung / Ermittlungsvorschrift	Quellen
Quali-fizierungs-anlässe	Zentrale Qualifizierungs-Anlässe (Kapitel 3.2.2.1)	Qualifizierungsmenge bei Neueinstellung	016	QUALI_MENGE_NEUEINSTELLUNG	Ordinal, als metrisch interpretiert	1: sehr wenig 2: wenig 3: mittel 4: viel 5: sehr viel 999: Weiß nicht	Wie verteilen sich diese Tage (Schulungen und sonstige Qualifizierungsmaßnahmen) auf folgende typische Situationen: bei der Neueinstellung im Unternehmen	(Graf 2001, S. 27), (Moll 1994, S. 130), (Geldermann 2005, S. 70)
		Qualifizierungsmenge bei Stellenwechsel	017	QUALI_MENGE_STELLENWECHSEL	Ordinal, als metrisch interpretiert		Wie verteilen sich diese Tage (Schulungen und sonstige Qualifizierungsmaßnahmen) auf folgende typische Situationen: beim Wechsel in eine andere Abteilung/Funktion	(Graf 2001, S. 28)
		Qualifizierungsmenge bei der Arbeit am System	018	QUALI_MENGE_ALLTAG	Ordinal, als metrisch interpretiert		Wie verteilen sich diese Tage (Schulungen und sonstige Qualifizierungsmaßnahmen) auf folgende typische Situationen: bei der täglichen Arbeit am System	(Farmer 2006, S. 26ff.), (Harp et al. 1997)
		Qualifizierungsmenge beim Wiederauffrischen	019	QUALI_MENGE_REFRESH	Ordinal, als metrisch interpretiert		Wie verteilen sich diese Tage (Schulungen und sonstige Qualifizierungsmaßnahmen) auf folgende typische Situationen: bei regelmäßigem Wiederauffrischen der Unternehmenssoftware-Kenntnisse ("Refresher", "Update")	(Meta Group 2003)
		Durchschnittliche Qualifizierungsmenge bei mitarbeiterorientierten Anlässen	020	QUALI_MENGE_MITARBEITERORIENTIERT	Ordinal, als metrisch interpretiert	1: sehr wenig bis 5: sehr viel	= Mittelwert (016; 017; 018; 019)	(Graf 2001, S. 26), (Schott 2003, S. 76ff.)
		Qualifizierungsmenge bei der Unternehmenssoftware-Einführung	021	QUALI_MENGE_EINFÜHRUNG	Ordinal, als metrisch interpretiert	1: sehr wenig 2: wenig 3: mittel 4: viel 5: sehr viel 999: Weiß nicht	Wie verteilen sich diese Tage (Schulungen und sonstige Qualifizierungsmaßnahmen) auf folgende typische Situationen: wenn die Unternehmenssoftware in der Abteilung erstmalig eingeführt wird	(Somers/Nelson 2004)
		Qualifizierungsmenge bei der Unternehmenssoftware-Erweiterung	022	QUALI_MENGE_ERWEITERUNG	Ordinal, als metrisch interpretiert		Wie verteilen sich diese Tage (Schulungen und sonstige Qualifizierungsmaßnahmen) auf folgende typische Situationen: wenn in der Abteilung zusätzliche Unternehmenssoftware-Systeme oder -module eingeführt werden	(Somers/Nelson 2004)
		Qualifizierungsmenge bei Releasewechseln	023	QUALI_MENGE_RELEASEWECHSEL	Ordinal, als metrisch interpretiert		Wie verteilen sich diese Tage (Schulungen und sonstige Qualifizierungsmaßnahmen) auf folgende typische Situationen: bei Unternehmenssoftware-Releasewechseln	(Kremers/van Dissel 2000), (Beatty/Williams 2006, S. 109)
		Qualifizierungsmenge bei Funktionserweiterungen	024	QUALI_MENGE_ FUNKTIONSERWEITERUNG	Ordinal, als metrisch interpretiert		Wie verteilen sich diese Tage (Schulungen und sonstige Qualifizierungsmaßnahmen) auf folgende typische Situationen: wenn neue Berichte, Funktionalitäten oder Transaktionen hinzukommen	(Stein/Konrad-Klein 2005, S. 7), (Brehm et al. 2001, S. 4)
		Durchschnittliche Qualifizierungsmenge bei technikorientierten Anlässen	025	QUALI_MENGE_TECHNIKORIENTIERT	Ordinal, als metrisch interpretiert	1: sehr wenig bis 5: sehr viel	= Mittelwert (021; 022; 023; 024)	(Chang 2004), (Wahl 2003), (Zarnekow/Brenner 2005), (Evans 1991, S. 78)
		Qualifizierungsmenge bei sonstigen Anlässen	026	QUALI_MENGE_SONST1	Ordinal, als metrisch interpretiert	1: sehr wenig bis 5: sehr viel 999: Weiß nicht	Wie verteilen sich diese Tage (Schulungen und sonstige Qualifizierungsmaßnahmen) auf folgende typische Situationen: bei sonstigen Anlässen	
		Sonstiger Qualifizierungsanlass	027	QUALI_MENGE_SONST2	Nominal	Freitextfeld	Wie verteilen sich diese Tage (Schulungen und sonstige Qualifizierungsmaßnahmen) auf folgende typische Situationen: bei sonstigen Anlässen	

Bereich	Modellkonstrukt	Indikator/Variablenlabel	Nr.	SPSS-Variablenname	Skalenniveau	Wertebereich	Fragestellung / Ermittlungsvorschrift	Quellen
Schwer-punkte	Zentrale Inhalte/Themen (Kapitel 3.2.2.3)	Qualifizierungsfokus Integration	028	QUALI_FOKUS_INTEGRATION	Ordinal, als metrisch interpretiert	1: stimme überhaupt nicht zu 2: stimme nicht zu 3: teils, teils 4: stimme zu 5: stimme voll und ganz zu 999: Weiß nicht	Was außer der reinen Softwarebedienung wird den Unternehmenssoftware-Anwendern in Ihrem Unternehmen in Schulungen usw. vermittelt: Die Anwender lernen zu verstehen, welche Auswirkungen ihre eigene Arbeit am System hat, z.B. auf andere Abteilungen, Bereiche, Kollegen usw.	(Gupta/Bostrom 2006, S. 173ff.), (Coulson et al. 2003), (Bungard 2005), (BIT et al. 1996a)
		Qualifizierungsfokus Nutzensichtbarkeit	029	QUALI_FOKUS_NUTZEN	Ordinal, als metrisch interpretiert		Was außer der reinen Softwarebedienung wird den Unternehmenssoftware-Anwendern in Ihrem Unternehmen in Schulungen usw. vermittelt: Die Anwender lernen, den Nutzen der Software für das Unternehmen zu erkennen. Sie verstehen, warum die Unternehmenssoftware eingesetzt wird.	(Gupta/Bostrom 2006, S. 173ff.), (Coulson et al. 2003)
		Qualifizierungsfokus Selbstständigkeit	030	QUALI_FOKUS_SELBSTSTÄNDIGKEIT	Ordinal, als metrisch interpretiert		Was außer der reinen Softwarebedienung wird den Unternehmenssoftware-Anwendern in Ihrem Unternehmen in Schulungen usw. vermittelt: Den Anwendern wird vermittelt, wie sie sich selbstständig weitere Informationen zum System beschaffen können ("learning to learn").	(Gupta/Bostrom 2006, S. 173ff.), (Coulson et al. 2003), (Euler 1994, S. 459f.), (Zimmer 1987)
		Qualifizierungsfokus gutes Verhältnis zur Software	031	QUALI_FOKUS_EMOTION	Ordinal, als metrisch interpretiert		Was außer der reinen Softwarebedienung wird den Unternehmenssoftware-Anwendern in Ihrem Unternehmen in Schulungen usw. vermittelt: Es wird versucht, zwischen Mitarbeiter und System ein "gutes Verhältnis" herzustellen (emotionaler Aspekt)	(Gupta/Bostrom 2006, S. 173ff.), (Heeg/Hornung 1987), (Euler 1994, S. 459)
		Sonstiger Qualifizierungsfokus	032	QUALI_FOKUS_SONST	Nominal	Freitextfeld	Welches Know How wird Ihren Anwendern darüberhinaus vermittelt?	
Qualifizie-rungspla-nung (Kapitel 3.2.2.2)	Einbindung in die persönliche Planung der Mitarbeiter	IT-Qualifizierung als Bestandteil von Jahresgesprächen und Zielvereinbarungen	033	QUALI_PLANUNG_JAHRESGESPRÄCH	Nominal dichotom	0: nein 1: ja 999: weiß nicht	IT-Qualifizierung ist Bestandteil von Jahresgesprächen und/oder Zielvereinbarungen.	(BMBF 2006a, S. 228), (Mudra 2004, S. 11), (Wittwer 2001), (Cannawurf 2005, S. 36)
		IT-Qualifizierung als Beförderer von Gehaltserhöhungen oder Beförderungen	034	QUALI_PLANUNG_GEHALT	Nominal dichotom		Die Teilnahme an IT-Qualifizierung begünstigt Gehaltserhöhungen oder Beförderungen	
	Regelmäßige Qualifizie-rungsplanung	IT-Qualifizierungsplanung durch IT	035	QUALI_PLANUNG_IT	Nominal dichotom		Die IT-Abteilung plant Unternehmenssoftware-Anwenderschulungen für das nächste Jahr im Voraus, z.B. zusammen mit der Unternehmens-software-Projektvorschau	(BMBF 2006a, S. 228), (Bahnmüller/Fischbach 2003, S. 44), (Büchter/Goltz 2001, S. 79)
		IT-Qualifizierungsplanung durch Personalabteilung	035	QUALI_PLANUNG_PERSONAL	Nominal dichotom		Die Personalentwicklung plant Unternehmens-software-Anwenderschulungen für das nächste Jahr im Voraus	
	Formales Qualifizierungs-angebot	Existenz eines Weiterbildungska-taloges	037	QUALI_ORGA_KATALOG	Ordinal	0: kein Katalog 1: Katalog ohne USoft 2: Katalog mit USoft 999: weiß nicht	Existiert in Ihrem Unternehmen ein Qualifizierungskatalog mit Angeboten für Unternehmenssoftware-Endanwender?	(Preisner 2003, S. 198)
			231	QUALI_ORGA_KATALOG2		0: kein Katalog 1: Katalog 999: weiß nicht		
	Vorlaufdauer	Abstand zwischen Qualifizierung und SW-Nutzung (Wochen)	033	QUALI_METHODE_VORLAUF	Metrisch		Wird man zu früh geschult, vergisst man vieles wieder. Wann sollte ein Anwender bei Unternehmenssoftware-Einführungen frühestens geschult werden?	(Schenk 2002, S. 226), (Euler 1994, S. 471)

Bereich	Modellkonstrukt	Indikator/Variablenlabel	Nr.	SPSS-Variablenname	Skalenniveau	Wertebereich	Fragestellung / Ermittlungsvorschrift	Quellen
Methoden	Organisationales Lernen (Kapitel 3.2.2.6)	Angebot verschiedener Schwierigkeitsstufen	039	QUALI_METHODE_LEVEL	Ordinal, als metrisch interpretiert	1: sehr selten 2: selten 3: manchmal 4: häufig 5: sehr häufig 999: weiß nicht	Unternehmenssoftware-Schulungen werden auf unterschiedlichen Schwierigkeitsstufen angeboten (Einsteiger, Fortgeschrittene...).	(Scherer/Schaffner 2003, S. 128)
		Angebot verschiedener Lernformen	040	QUALI_METHODE_FORM	Ordinal, als metrisch interpretiert		Gleiche Qualifizierungsthemen werden in unterschiedlichen Formen angeboten, z.B. sowohl als Schulung als auch als PC-Lernprogramm.	(Olfman et al. 2003, S. 79f.), (Blumstengel 1998, S. 216)
		Differenzierung nach Zugriffsart	041	QUALI_METHODE_ZUGRIFF	Ordinal, als metrisch interpretiert		Je nach Zugriffsart gibt es verschiedene Schulungen, z.B. GUI-Anwender, Portal-/Web-Nutzer usw.	(Sein et al. 1998, S. 238)
		Gemeinsame Qualifizierung von Teams	042	QUALI_METHODE_TEAM	Ordinal, als metrisch interpretiert		Kollegen aus einer Fachabteilung oder einem Fachprojekt werden gemeinsam ge-schult/qualifiziert.	(Schenk 2002, S. 226), (Schenk et al. 1997)
		Regelmäßiger Erfahrungsaus-tausch	043	QUALI_METHODE_AUSTAUSCH	Ordinal, als metrisch interpretiert		Es findet ein regelmäßiger Erfahrungsaustausch zu Unternehmenssoftware-Themen statt, z.B. in Communities.	(Scherer/Schaffner 2003, S. 63), (Kirchhöfer 2004, S. 80)
		Qualifizierung durch interne Spezialisten	044	QUALI_METHODE_SPEZIALISTEN	Ordinal, als metrisch interpretiert		Interne Unternehmenssoftware-Spezialisten (z.B. Key User oder Mitglieder des Einführungsteams) führen auch nach Einführungsprojekten interne Trainings durch.	(Bresnahan et al. 2000, S. 342)
	Methodik (Kapitel 3.2.2.4)	Interne Schulungen bei Neueinstellung	045	QUALI_METHODE_NEU_SCHULINT	Nominal dichotom	0: wird nicht angewendet 1: wird angewendet	Welche Unterstützung steht Ihren Anwendern in folgenden Situationen zur Verfügung: Bei der Neueinstellung im Unternehmen: Schulungen (intern)	(Scherer/Schaffner 2003, S. 176), (Michel 2004, S. 26ff.)
		Externe Schulungen bei Neueinstellung	046	QUALI_METHODE_NEU_SCHULEXT	Nominal dichotom		Welche Unterstützung steht Ihren Anwendern in folgenden Situationen zur Verfügung: Bei der Neueinstellung im Unternehmen: Schulungen (extern)	(Scherer/Schaffner 2003, S. 176)
		Handbücher bei Neueinstellung	047	QUALI_METHODE_NEU_MANUAL	Nominal dichotom		Welche Unterstützung steht Ihren Anwendern in folgenden Situationen zur Verfügung: Bei der Neueinstellung im Unternehmen: (Fehler-)Handbücher, Anleitungen	(Scott/Sugar 2004), (Lehnert 1997, S. 462)
		Coaching bei Neueinstellung	048	QUALI_METHODE_NEU_COACHING	Nominal dichotom		Welche Unterstützung steht Ihren Anwendern in folgenden Situationen zur Verfügung: Bei der Neueinstellung im Unternehmen: Coaching	(Mandl et al. 2004, S. 47), (Schüßler 2004, S. 11), (von Arb 1997, S. 190f.), (Bezanson 1995, S. 7)
		Hilfestellung durch Kollegen bei Neueinstellung	049	QUALI_METHODE_NEU_KOLLEGEN	Nominal dichotom		Welche Unterstützung steht Ihren Anwendern in folgenden Situationen zur Verfügung: Bei der Neueinstellung im Unternehmen: Hilfestellung durch Kollegen	(Nelson/Cheney 1987), (Lim et al. 1997)
		E-Learning bei Neueinstellung	050	QUALI_METHODE_NEU_ELEARNING	Nominal dichotom		Welche Unterstützung steht Ihren Anwendern in folgenden Situationen zur Verfügung: Bei der Neueinstellung im Unternehmen: Lernprogram-me am PC	(Sesink 2003, S. 2), (Seufert et al. 2001, S. 13), (Messerschmidt/Grebe 2005, S. 164), (Steinberger/Bajnai)
		Anzahl der Methoden bei Neueinstellung	051	QUALI_METHODE_NEU_GESAMT	Metrisch		= Summe (045:050)	

Bereich	Modellkonstrukt	Indikator/Variablenlabel	Nr.	SPSS-Variablenname	Skalenniveau	Wertebereich	Fragestellung / Ermittlungsvorschrift	Quellen
		Interne Schulungen beim Stellenwechsel	052	QUALI_METHODE_WECHSEL_SCHULINT	Nominal dichotom	0: wird nicht angewendet 1: wird angewendet	Welche Unterstützung steht Ihren Anwendern in folgenden Situationen zur Verfügung: Beim Stellenwechsel: Schulungen (intern)	(Scherer/Schaffner 2003, S. 176), (Michel 2004, S. 26ff.)
		Externe Schulungen beim Stellenwechsel	053	QUALI_METHODE_WECHSEL_SCHULEXT	Nominal dichotom		Welche Unterstützung steht Ihren Anwendern in folgenden Situationen zur Verfügung: Beim Stellenwechsel: Schulungen (extern)	(Scherer/Schaffner 2003, S. 176)
		Handbücher beim Stellenwechsel	054	QUALI_METHODE_WECHSEL_MANUAL	Nominal dichotom		Welche Unterstützung steht Ihren Anwendern in folgenden Situationen zur Verfügung: Beim Stellenwechsel: (Fehler-)Handbücher, Anleitungen	(Scott/Sugar 2004), (Lehnert 1997, S. 462)
		Coaching beim Stellenwechsel	055	QUALI_METHODE_WECHSEL_COACHING	Nominal dichotom		Welche Unterstützung steht Ihren Anwendern in folgenden Situationen zur Verfügung: Beim Stellenwechsel: Coaching	(Mandl et al. 2004, S. 47), (Schüßler 2004, S. 11), (von Arb 1997, S. 190f.), (Bezanson 1995, S. 7)
		Hilfestellung durch Kollegen beim Stellenwechsel	056	QUALI_METHODE_WECHSEL_KOLLEGEN	Nominal dichotom		Welche Unterstützung steht Ihren Anwendern in folgenden Situationen zur Verfügung: Beim Stellenwechsel: Hilfestellung durch Kollegen	(Nelson/Cheney 1987), (Lim et al. 1997)
		E-Learning beim Stellenwechsel	057	QUALI_METHODE_WECHSEL_ELEARNING	Nominal dichotom		Welche Unterstützung steht Ihren Anwendern in folgenden Situationen zur Verfügung: Beim Stellenwechsel: Lernprogramme am PC	(Sesink 2003, S. 2), (Seufert et al. 2001, S. 13), (Messerschmidt/Grebe 2005, S. 164), (Steinberger/Bajnai)
		Anzahl der Methoden beim Stellenwechsel	058	QUALI_METHODE_WECHSEL_GESAMT	Metrisch		= Summe (052:057)	
		Interne Schulungen bei der täglichen Arbeit	059	QUALI_METHODE_ALLTAG_SCHULINT	Nominal dichotom	0: wird nicht angewendet 1: wird angewendet	Welche Unterstützung steht Ihren Anwendern in folgenden Situationen zur Verfügung: Bei der täglichen Arbeit am System: Schulungen (intern)	(Scherer/Schaffner 2003, S. 176), (Michel 2004, S. 26ff.)
		Externe Schulungen bei der täglichen Arbeit	060	QUALI_METHODE_ALLTAG_SCHULEXT	Nominal dichotom		Welche Unterstützung steht Ihren Anwendern in folgenden Situationen zur Verfügung: Bei der täglichen Arbeit am System: Schulungen (extern)	(Scherer/Schaffner 2003, S. 176)
		Handbücher bei der täglichen Arbeit	061	QUALI_METHODE_ALLTAG_MANUAL	Nominal dichotom		Welche Unterstützung steht Ihren Anwendern in folgenden Situationen zur Verfügung: Bei der täglichen Arbeit am System: (Fehler-)Handbücher, Anleitungen	(Scott/Sugar 2004), (Lehnert 1997, S. 462)
		Coaching bei der täglichen Arbeit	062	QUALI_METHODE_ALLTAG_COACHING	Nominal dichotom		Welche Unterstützung steht Ihren Anwendern in folgenden Situationen zur Verfügung: Bei der täglichen Arbeit am System: Coaching	(Mandl et al. 2004, S. 47), (Schüßler 2004, S. 11), (von Arb 1997, S. 190f.), (Bezanson 1995, S. 7)
		Hilfestellung durch Kollegen bei der täglichen Arbeit	063	QUALI_METHODE_ALLTAG_KOLLEGEN	Nominal dichotom		Welche Unterstützung steht Ihren Anwendern in folgenden Situationen zur Verfügung: Bei der täglichen Arbeit am System: Hilfestellung durch Kollegen	(Nelson/Cheney 1987), (Lim et al. 1997)
		E-Learning bei der täglichen Arbeit	064	QUALI_METHODE_ALLTAG_ELEARNING	Nominal dichotom		Welche Unterstützung steht Ihren Anwendern in folgenden Situationen zur Verfügung: Bei der täglichen Arbeit am System: Lernprogramme am PC	(Sesink 2003, S. 2), (Seufert et al. 2001, S. 13), (Messerschmidt/Grebe 2005, S. 164), (Steinberger/Bajnai)
		Anzahl der Methoden bei der täglichen Arbeit	065	QUALI_METHODE_ALLTAG_GESAMT	Metrisch		= Summe (059:064)	

Bereich	Modellkonstrukt	Indikator/Variablenlabel	Nr.	SPSS-Variablenname	Skalenniveau	Wertebereich	Fragestellung / Ermittlungsvorschrift	Quellen
		Interne Schulungen beim Wiederauffrischen	066	QUALI_METHODE_REFRESH_SCHULINT	Nominal dichotom	0: wird nicht angewendet 1: wird angewendet	Welche Unterstützung steht Ihren Anwendern in folgenden Situationen zur Verfügung: bei regelmäßigem Wiederauffrischen der Unternehmenssoftware-Kenntnisse ("Refresher", "Update"): Schulungen (intern)	(Scherer/Schaffner 2003, S. 176), (Michel 2004, S. 26ff.)
		Externe Schulungen beim Wiederauffrischen	067	QUALI_METHODE_REFRESH_SCHULEXT	Nominal dichotom		Welche Unterstützung steht Ihren Anwendern in folgenden Situationen zur Verfügung: bei regelmäßigem Wiederauffrischen der Unternehmenssoftware-Kenntnisse ("Refresher", "Update"): Schulungen (extern)	(Scherer/Schaffner 2003, S. 176)
		Handbücher beim Wiederauffri-schen	068	QUALI_METHODE_REFRESH_MANUAL	Nominal dichotom		Welche Unterstützung steht Ihren Anwendern in folgenden Situationen zur Verfügung: bei regelmäßigem Wiederauffrischen der Unternehmenssoftware-Kenntnisse ("Refresher", "Update"): (Fehler-)Handbücher, Anleitungen	(Scott/Sugar 2004), (Lehnert 1997, S. 462)
		Coaching beim Wiederauffri-schen	069	QUALI_METHODE_REFRESH_COACHING	Nominal dichotom		Welche Unterstützung steht Ihren Anwendern in folgenden Situationen zur Verfügung: bei regelmäßigem Wiederauffrischen der Unternehmenssoftware-Kenntnisse ("Refresher", "Update"): Coaching	(Mandl et al. 2004, S. 47), (Schüßler 2004, S. 11), (von Arb 1997, S. 190f.), (Bezanson 1995, S. 7)
		Hilfestellung durch Kollegen beim Wiederauffrischen	070	QUALI_METHODE_REFRESH_KOLLEGEN	Nominal dichotom		Welche Unterstützung steht Ihren Anwendern in folgenden Situationen zur Verfügung: bei regelmäßigem Wiederauffrischen der Unternehmenssoftware-Kenntnisse ("Refresher", "Update"): Hilfestellung durch Kollegen	(Nelson/Cheney 1987), (Lim et al. 1997)
		E-Learning beim Wiederauffri-schen	071	QUALI_METHODE_REFRESH_ELEARNING	Nominal dichotom		Welche Unterstützung steht Ihren Anwendern in folgenden Situationen zur Verfügung: bei regelmäßigem Wiederauffrischen der Unternehmenssoftware-Kenntnisse ("Refresher", "Update"): Lernprogramme am PC	(Sesink 2003, S. 2), (Seufert et al. 2001, S. 13), (Messerschmidt/Grebe 2005, S. 164), (Steinberger/Bajnai)
		Anzahl der Methoden beim Wiederauffrischen	072	QUALI_METHODE_REFRESH_GESAMT	Metrisch		= Summe (066:071)	
		Interne Schulungen bei Neueinführung der Unterneh-menssoftware	073	QUALI_METHODE_EINFUEHRUNG_SCHULINT	Nominal dichotom	0: wird nicht angewendet 1: wird angewendet	Mit welchen Hilfsmitteln unterstützen Sie üblicherweise die Endanwender in folgenden Situationen: wenn die Unternehmenssoftware in der Abteilung erstmalig eingeführt wird: Schulungen (intern)	(Scherer/Schaffner 2003, S. 176), (Michel 2004, S. 26ff.)
		Externe Schulungen bei Neueinführung der Unterneh-menssoftware	074	QUALI_METHODE_EINFUEHRUNG_SCHULEXT	Nominal dichotom		Mit welchen Hilfsmitteln unterstützen Sie üblicherweise die Endanwender in folgenden Situationen: wenn die Unternehmenssoftware in der Abteilung erstmalig eingeführt wird: Schulungen (extern)	(Scherer/Schaffner 2003, S. 176)
		Handbücher bei Neueinführung der Unternehmenssoftware	075	QUALI_METHODE_EINFUEHRUNG_MANUAL	Nominal dichotom		Mit welchen Hilfsmitteln unterstützen Sie üblicherweise die Endanwender in folgenden Situationen: wenn die Unternehmenssoftware in der Abteilung erstmalig eingeführt wird: (Fehler-)Handbücher, Anleitungen	(Scott/Sugar 2004), (Lehnert 1997, S. 462)
		Coaching bei Neueinführung der Unternehmenssoftware	076	QUALI_METHODE_EINFUEHRUNG_COACHINC	Nominal dichotom		Mit welchen Hilfsmitteln unterstützen Sie üblicherweise die Endanwender in folgenden Situationen: wenn die Unternehmenssoftware in der Abteilung erstmalig eingeführt wird: Coaching	(Mandl et al. 2004, S. 47), (Schüßler 2004, S. 11), (von Arb 1997, S. 190f.), (Bezanson 1995, S. 7)

Bereich	Modellkonstrukt	Indikator/Variablenlabel	Nr.	SPSS-Variablenname	Skalenniveau	Wertebereich	Fragestellung / Ermittlungsvorschrift	Quellen
		Hilfestellung durch Kollegen bei Neueinführung der Unternehmenssoftware	077	QUALI_METHODE_EINFUEHRUNG_KOLLEGEN	Nominal dichotom		Mit welchen Hilfsmitteln unterstützen Sie üblicherweise die Endanwender in folgenden Situationen: wenn die Unternehmenssoftware in der Abteilung erstmalig eingeführt wird: Hilfestellung durch Kollegen	(Nelson/Cheney 1987), (Lim et al. 1997)
		E-Learning bei Neueinführung der Unternehmenssoftware	078	QUALI_METHODE_EINFUEHRUNG_ELEARNING	Nominal dichotom		Mit welchen Hilfsmitteln unterstützen Sie üblicherweise die Endanwender in folgenden Situationen: wenn die Unternehmenssoftware in der Abteilung erstmalig eingeführt wird: Lernprogramme am PC	(Sesink 2003, S. 2), (Seufert et al. 2001, S. 13), (Messerschmidt/Grebe 2005, S. 164), (Steinberger/Bajnai)
		Anzahl der Methoden bei Neueinführung der Unternehmenssoftware	079	QUALI_METHODE_EINFUEHRUNG_GESAMT	Metrisch		= Summe (073:078)	
		Interne Schulungen bei Erweiterung der Unternehmenssoftware	080	QUALI_METHODE_ERWEITERUNG_SCHULINT	Nominal dichotom		Mit welchen Hilfsmitteln unterstützen Sie üblicherweise die Endanwender in folgenden Situationen: wenn die Unternehmenssoftware erweitert wird: Schulungen (intern)	(Scherer/Schaffner 2003, S. 176), (Michel 2004, S. 26ff.)
		Externe Schulungen bei Erweiterung der Unternehmenssoftware	081	QUALI_METHODE_ERWEITERUNG_SCHULEXT	Nominal dichotom		Mit welchen Hilfsmitteln unterstützen Sie üblicherweise die Endanwender in folgenden Situationen: wenn die Unternehmenssoftware erweitert wird: Schulungen (extern)	(Scherer/Schaffner 2003, S. 176)
		Handbücher bei Erweiterung der Unternehmenssoftware	082	QUALI_METHODE_ERWEITERUNG_MANUAL	Nominal dichotom		Mit welchen Hilfsmitteln unterstützen Sie üblicherweise die Endanwender in folgenden Situationen: wenn die Unternehmenssoftware erweitert wird: (Fehler-)Handbücher, Anleitungen	(Scott/Sugar 2004), (Lehnert 1997, S. 462)
		Coaching bei Erweiterung der Unternehmenssoftware	083	QUALI_METHODE_ERWEITERUNG_COACHING	Nominal dichotom	0: wird nicht angewendet 1: wird angewendet	Mit welchen Hilfsmitteln unterstützen Sie üblicherweise die Endanwender in folgenden Situationen: wenn die Unternehmenssoftware erweitert wird: Coaching	(Mandl et al. 2004, S. 47), (Schüßler 2004, S. 11), (von Arb 1997, S. 190f.), (Bezanson 1995, S. 7)
		Hilfestellung durch Kollegen bei Erweiterung der Unternehmenssoftware	084	QUALI_METHODE_ERWEITERUNG_KOLLEGEN	Nominal dichotom		Mit welchen Hilfsmitteln unterstützen Sie üblicherweise die Endanwender in folgenden Situationen: wenn die Unternehmenssoftware erweitert wird: Hilfestellung durch Kollegen	(Nelson/Cheney 1987), (Lim et al. 1997)
		E-Learning bei Erweiterung der Unternehmenssoftware	085	QUALI_METHODE_ERWEITERUNG_ELEARNING	Nominal dichotom		Mit welchen Hilfsmitteln unterstützen Sie üblicherweise die Endanwender in folgenden Situationen: wenn die Unternehmenssoftware erweitert wird: Lernprogramme am PC	(Sesink 2003, S. 2), (Seufert et al. 2001, S. 13), (Messerschmidt/Grebe 2005, S. 164), (Steinberger/Bajnai)
		Anzahl der Methoden bei Erweiterung der Unternehmenssoftware	086	QUALI_METHODE_ERWEITERUNG_GESAMT	Metrisch		= Summe (080:085)	
		Interne Schulungen bei Releasewechseln	087	QUALI_METHODE_RELEASEWECHSEL_SCHULINT	Nominal dichotom	0: wird nicht angewendet 1: wird angewendet	Mit welchen Hilfsmitteln unterstützen Sie üblicherweise die Endanwender in folgenden Situationen: bei Releasewechseln: Schulungen (intern)	(Scherer/Schaffner 2003, S. 176), (Michel 2004, S. 26ff.)
		Externe Schulungen bei Releasewechseln	088	QUALI_METHODE_RELEASEWECHSEL_SCHULEXT	Nominal dichotom		Mit welchen Hilfsmitteln unterstützen Sie üblicherweise die Endanwender in folgenden Situationen: bei Releasewechseln: Schulungen (extern)	(Scherer/Schaffner 2003, S. 176)
		Handbücher bei Releasewechseln	089	QUALI_METHODE_RELEASEWECHSEL_MANUAL	Nominal dichotom		Mit welchen Hilfsmitteln unterstützen Sie üblicherweise die Endanwender in folgenden Situationen: bei Releasewechseln: (Fehler-)Handbücher, Anleitungen	(Scott/Sugar 2004), (Lehnert 1997, S. 462)

Bereich	Modellkonstrukt	Indikator/Variablenlabel	Nr.	SPSS-Variablenname	Skalenniveau	Wertebereich	Fragestellung / Ermittlungsvorschrift	Quellen
		Coaching bei Releasewechseln	090	QUALI_METHODE_RELEASEWECHSEL_COACHING	Nominal dichotom		Mit welchen Hilfsmitteln unterstützen Sie üblicherweise die Endanwender in folgenden Situationen: bei Releasewechseln: Coaching	(Mandl et al. 2004, S. 47), (Schüßler 2004, S. 11), (von Arb 1997, S. 190f.), (Bezanson 1995, S. 7)
		Hilfestellung durch Kollegen bei Releasewechseln	091	QUALI_METHODE_RELEASEWECHSEL_KOLLEGEN	Nominal dichotom		Mit welchen Hilfsmitteln unterstützen Sie üblicherweise die Endanwender in folgenden Situationen: bei Releasewechseln: Hilfestellung durch Kollegen	(Nelson/Cheney 1987), (Lim et al. 1997)
		E-Learning bei Releasewechseln	092	QUALI_METHODE_RELEASEWECHSEL_ELEARNING	Nominal dichotom		Mit welchen Hilfsmitteln unterstützen Sie üblicherweise die Endanwender in folgenden Situationen: bei Releasewechseln: Lernprogramme am PC	(Sesink 2003, S. 2), (Seufert et al. 2001, S. 13), (Messerschmidt/Grebe 2005, S. 164), (Steinberger/Bajnai)
		Anzahl der Methoden bei Releasewechseln	093	QUALI_METHODE_RELEASEWECHSEL_GESAMT	Metrisch		= Summe (087:092)	
		Interne Schulungen bei Funktionserweiterungen	094	QUA-LI_METHODE_FUNKTIONSERWEITERUNG_SCHULINT	Nominal dichotom		Mit welchen Hilfsmitteln unterstützen Sie üblicherweise die Endanwender in folgenden Situationen: wenn neue Berichte, Funktionalitäten oder Transaktionen hinzukommen: Schulungen (intern)	(Scherer/Schaffner 2003, S. 176), (Michel 2004, S. 26ff.)
		Externe Schulungen bei Funktionserweiterungen	095	QUA-LI_METHODE_FUNKTIONSERWEITERUNG_SCHULEXT	Nominal dichotom		Mit welchen Hilfsmitteln unterstützen Sie üblicherweise die Endanwender in folgenden Situationen: wenn neue Berichte, Funktionalitäten oder Transaktionen hinzukommen: Schulungen (extern)	(Scherer/Schaffner 2003, S. 176)
		Handbücher bei Funktionserweiterungen	096	QUA-LI_METHODE_FUNKTIONSERWEITERUNG_MANUAL	Nominal dichotom		Mit welchen Hilfsmitteln unterstützen Sie üblicherweise die Endanwender in folgenden Situationen: wenn neue Berichte, Funktionalitäten oder Transaktionen hinzukommen: (Fehler-)Handbücher, Anleitungen	(Scott/Sugar 2004), (Lehnert 1997, S. 462)
		Coaching bei Funktionserweiterungen	097	QUA-LI_METHODE_FUNKTIONSERWEITERUNG_COACHING	Nominal dichotom	0: wird nicht angewendet 1: wird angewendet	Mit welchen Hilfsmitteln unterstützen Sie üblicherweise die Endanwender in folgenden Situationen: wenn neue Berichte, Funktionalitäten oder Transaktionen hinzukommen: Coaching	(Mandl et al. 2004, S. 47), (Schüßler 2004, S. 11), (von Arb 1997, S. 190f.), (Bezanson 1995, S. 7)
		Hilfestellung durch Kollegen bei Funktionserweiterungen	098	QUA-LI_METHODE_FUNKTIONSERWEITERUNG_KOLLEGEN	Nominal dichotom		Mit welchen Hilfsmitteln unterstützen Sie üblicherweise die Endanwender in folgenden Situationen: wenn neue Berichte, Funktionalitäten oder Transaktionen hinzukommen: Hilfestellung durch Kollegen	(Nelson/Cheney 1987), (Lim et al. 1997)
		E-Learning bei Funktionserweiterungen	099	QUA-LI_METHODE_FUNKTIONSERWEITERUNG_ELEARNIN G	Nominal dichotom		Mit welchen Hilfsmitteln unterstützen Sie üblicherweise die Endanwender in folgenden Situationen: wenn neue Berichte, Funktionalitäten oder Transaktionen hinzukommen: Lernprogramme am PC	(Sesink 2003, S. 2), (Seufert et al. 2001, S. 13), (Messerschmidt/Grebe 2005, S. 164), (Steinberger/Bajnai)
		Anzahl der Methoden bei Funktionserweiterungen	100	QUA-LI_METHODE_FUNKTIONSERWEITERUNG_GESAMT	Metrisch		= Summe (094:099)	
		Anzahl der Anlässe für interne Schulungen	101	QUALI_METHODE_SCHULINT	Metrisch		= 045+052+059+066+073+080+087+094	(Scherer/Schaffner 2003, S. 176), (Michel 2004, S. 26ff.)
		Anzahl der Anlässe für externe Schulungen	102	QUALI_METHODE_SCHULEXT	Metrisch		= 046+053+060+067+074+081+088+095	(Scherer/Schaffner 2003, S. 176)
		Anzahl der Anlässe für Handbücher	103	QUALI_METHODE_MANUAL	Metrisch		= 047+054+061+068+075+082+089+096	(Scott/Sugar 2004), (Lehnert 1997, S. 462)

Bereich	Modellkonstrukt	Indikator/Variablenlabel	Nr	SPSS-Variablenname	Skalenniveau	Wertebereich	Fragestellung / Ermittlungsvorschrift	Quellen
		Anzahl der Anlässe für Coaching	104	QUALI_METHODE_COACHING	Metrisch		= 048+055+062+069+076+083+090+097	(Mandl et al. 2004, S. 47), (Schüßler 2004, S. 11), (von Arb 1997, S. 190f.), (Bezanson 1995, S. 7)
		Anzahl der Anlässe für Hilfestellung durch Kollegen	105	QUALI_METHODE_KOLLEGEN	Metrisch		= 048+055+062+069+076+083+090+097	(Nelson/Cheney 1987), (Lim et al. 1997)
		Anzahl der Anlässe für E-Learning	106	QUALI_METHODE_ELEARNING	Metrisch		= 049+056+063+070+077+084+091+098	(Sesink 2003, S. 2), (Seufert et al. 2001, S. 13), (Messerschmidt/Grebe 2005, S. 164), (Steinberger/Bajnai)
		Methodische Grundausrichtung: Personalisierungsstrategie	107	QUALI_METHODE_PERSONALISIERUNG	Metrisch	0-100%	= Mittelwert (101; 102; 104; 105) / 8 * 100	(Hansen et al. 1999, S. 86), (Wahl 2003, S. 25)
		Methodische Grundausrichtung: Kodifizierungsstrategie	108	QUALI_METHODE_KODIFIZIERUNG	Metrisch	0-100%	= Mittelwert (103; 106) / 8 * 100	(Hansen et al. 1999, S. 88), (Wahl 2003, S. 25)
		Besuch von Tagungen, Vorträgen, Infoveranstaltungen	109	QUALI_METHODE_TAGUNG	Nominal dichotom	0: wird nicht angewendet 1: wird angewendet	Welche sonstigen Hilfsmittel stehen den Anwendern zur Verfügung: Besuch von Tagungen, Vorträgen, Informationsveranstaltungen	(Werner 2006b, S. 2), (BMBF 2004a, S. 51)
		Bücher und Dokumentationen	110	QUALI_METHODE_BÜCHER	Nominal dichotom	0: wird nicht angewendet 1: wird angewendet	Welche sonstigen Hilfsmittel stehen den Anwendern zur Verfügung: Bücher, Dokumentationen auf CD-ROM	
		Simulationen und Videos	111	QUALI_METHODE_SIMULATIONEN	Nominal dichotom	0: wird nicht angewendet 1: wird angewendet	Welche sonstigen Hilfsmittel stehen den Anwendern zur Verfügung: Simulationen, Videos	(Kern 2003), (Hauke et al. 2007)
		Sonstige Methoden	112	QUALI_METHODE_SONST	Nominal	Freitextfeld	Welche sonstigen Hilfsmittel stehen den Anwendern zur Verfügung?	
		Durchschnittliche Anzahl von Methoden je Anlass	113	QUALI_METHODE_GESAMT	Nominal	Freitextfeld	= Mittelwert (051; 058; 065; 072; 079; 086; 093; 100)	
	Strukturen nach Produktivstart (Kapitel 3.2.2.7)	Einsatz von Key Usern	114	QUALI_KEYUSER1	Nominal	0: keine Key User 1: Key User für Unternehmenssoftware 2: Key User für IT 999: weiß nicht	Werden in den Fachabteilungen Ihres Unternehmens Key User eingesetzt?	(Esteves et al. 2002a, S. 12), (Cotterman/Kumar 1989, S. 1313), (Cavanaugh 1992, S. 52)
		Key User Betreuungsrelation	115	QUALI_KEYUSER2	Metrisch		Falls Key User eingesetzt werden: Wie viele Mitarbeiter "betreut" ein Key User ungefähr in den Fachabteilungen?	(Esteves et al. 2002a, S. 12), (Cotterman/Kumar 1989, S. 1313), (Cavanaugh 1992, S. 52)
		Einsatz von Key Usern	116	QUALI_KEYUSER3	Metrisch	1: Key User für Unternehmenssoftware 3: Keine Key User oder Key User für IT 999: weiß nicht	= (Wenn 114 = 0 oder 2, dann 3, ansonsten 114)	(Esteves et al. 2002a, S. 12), (Cotterman/Kumar 1989, S. 1313), (Cavanaugh 1992, S. 52)
		Verfügbarkeit einer Sandbox	117	QUALI_METHODE_SANDBOX	Ordinal	0: keine Sandbox 1: Sandbox während Projekten 2: permanente Sandbox 999: weiß nicht	Steht den Endanwendern ein Sandboxmandant oder -system zur Verfügung?	(Brown/Vessey 2000, S. 27), (McFarland Metzger/Röhrs 2000b, S. 57)
			118	QUALI_METHODE_SANDBOX2	Ordinal	0: keine Sandbox 1: Sandbox 999: weiß nicht	= (Wenn 117 = 0, dann 0, ansonsten 1)	(Brown/Vessey 2000, S. 27), (McFarland Metzger/Röhrs 2000b, S. 57)

Bereich	Modellkonstrukt	Indikator/Variablenlabel	Nr.	SPSS-Variablenname	Skalenniveau	Wertebereich	Fragestellung / Ermittlungsvorschrift	Quellen
Evaluation	Wirtschaftlichkeitsbetrachtung und Evaluation (Kapitel 3.2.2.5)	Wirtschaftlichkeitsermittlung	119	QUALI_EVAL_ROI	Ordinal, als metrisch interpretiert	1: nie 2: sehr selten 3: selten 4: manchmal 5: häufig 6: sehr häufig 888: keine Angabe	Evaluieren Sie Ihre Unternehmenssoftware-Schulungen oder betreiben Sie Qualitätssicherung? Wir versuchen, die Wirtschaftlichkeit von Unternehmenssoftware-Schulungen zu ermitteln, z.B. durch Messung der Geschwindigkeits- oder Qualitätsverbesserungen der geschulten Anwender.	(Krekel/Gnahs 2000, S. 16ff.), (Kirkpatrick 1976)
		Vorgabe von Qualitätsstandards für Externe	120	QUALI_EVAL_QUALITÄT	Ordinal, als metrisch interpretiert		Evaluieren Sie Ihre Unternehmenssoftware - Schulungen oder betreiben Sie Qualitätssicherung? Externen Weiterbildungsanbietern geben wir explizite Qualitätsstandards vor, z.B. DIN/EN/ISO 9004.	(Severing/Stahl 1995), (Hanft et al. 2004), (Fels et al. 2001, S. 27ff.)
		Weitere Evaluationsmethoden	121	QUALI_EVAL_SONST	Nominal	Freitextfeld	Evaluieren Sie Ihre Unternehmenssoftware - Schulungen oder betreiben Sie Qualitätssicherung?	
Nutzen	Expertenbewertung der Qualifizierungsstrategie (Kapitel 3.4)	Gesamtnutzen der Qualifizierungsmaßnahmen	122	QUALI_NUTZEN_GESAMT	Ordinal, als metrisch interpretiert	1: sehr niedrig 2: niedrig 3: mittel 4: hoch 5: sehr hoch 999: weiß nicht	Alles in Allem, wie schätzen Sie den Nutzen der Unternehmenssoftware-Endanwenderqualifizierung in Ihrem Unternehmen ein?	
		Absolute Notwendigkeit von Qualifizierungsmaßnahmen für die Systemnutzung	123	QUALI_NUTZEN_NOTWENDIGKEIT	Ordinal, als metrisch interpretiert	1: stimme überhaupt nicht zu 2: stimme nicht zu 3: teils, teils 4: stimme zu 5: stimme voll und ganz zu 999: Weiß nicht	Unternehmenssoftware-Systeme können überhaupt erst nach Qualifizierungsmaßnahmen genutzt werden. Selbstständige Einarbeitung reicht nicht aus.	(Willumeit 2006b)
		Effizienz von Qualifizierungsmaßnahmen	124	QUALI_NUTZEN_EFFIZIENZ	Ordinal, als metrisch interpretiert		Der Nutzen unserer Unternehmenssoftware-Endanwenderqualifizierung (z.B. weniger Fehleingaben, schnellere Bearbeitung, weniger Help-Desk-Anfragen) überwiegt die Kosten.	(Mohr/Krcmar 2005, S. 14f.)
		Verbesserung des emotionalen Aspektes durch Qualifizierungsmaßnahmen	125	QUALI_NUTZEN_EMOTION	Ordinal, als metrisch interpretiert		Unsere Qualifizierungsmaßnahmen führen dazu, dass die Anwender "lieber" mit Unternehmenssoftware arbeiten als zuvor und das System weniger als "Gegner" ansehen.	(Brown et al. 2002), (Euler 1994, S. 459)
		Neue Ideen durch Qualifizierungsmaßnahmen	126	QUALI_NUTZEN_IDEEN	Ordinal, als metrisch interpretiert		In unseren Qualifizierungsmaßnahmen erhalten Anwender Ideen für effizientere Arbeitsabläufe oder neue Vorgehensweisen.	(Zimmer 1987, S. 173f.)
		Unterstützung organisatorischer Veränderungen durch Qualifizierungsmaßnahmen	127	QUALI_NUTZEN_CHANGE	Ordinal, als metrisch interpretiert		Unsere Unternehmenssoftware-Qualifizierungsmaßnahmen führen zu einer effektiveren Umsetzung organisatorischer Veränderungen, die im Zuge der Software-Einführung notwendig werden.	(Kohnke 2005), (Kohnke/Bungard 2005), (Kohnke et al. 2005), (Kohnke 2006)
		Projekte verlaufen schneller durch Qualifizierungsmaßnahmen	128	QUALI_NUTZEN_PROJEKTDAUER	Ordinal, als metrisch interpretiert		Unsere Unternehmenssoftware-Qualifizierungsmaßnahmen führen dazu, dass Unternehmenssoftware-Projekte schneller verlaufen.	
		Projekte sind kostengünstiger durch Qualifizierungsmaßnahmen	129	QUALI_NUTZEN_PROJEKTKOSTEN	Ordinal, als metrisch interpretiert		Unsere Unternehmenssoftware-Qualifizierungsmaßnahmen führen dazu, dass Unternehmenssoftware-Projekte kostengünstiger verlaufen.	
		Anwender arbeiten nach Qualifizierungsmaßnahmen schneller	130	QUALI_NUTZEN_ARBEITSGESCHWINDIGKEIT	Ordinal, als metrisch interpretiert		Nach Qualifizierungsmaßnahmen arbeiten Endanwender schneller mit der Software.	(Willumeit 2005)
		Anwender machen nach Qualifizierungsmaßnahmen weniger Fehler am System	131	QUALI_NUTZEN_FEHLERRATE	Ordinal, als metrisch interpretiert		Nach Qualifizierungsmaßnahmen machen Endanwender weniger Fehler am System.	(Willumeit 2005)

Bereich	Modellkonstrukt	Indikator/Variablenlabel	Nr.	SPSS-Variablenname	Skalenniveau	Wertebereich	Fragestellung / Ermittlungsvorschrift	Quellen
		Verbesserungspotenziale	132	QUALI_NUTZEN_VERBESSERUNG	Nominal	Freitextfeld	Wodurch könnte die Qualifizierung der Unternehmenssoftware-Anwender verbessert werden?	
Unter-nehmens-daten	Unternehmensgröße (Kapitel 3.3.1.1)	Anzahl Mitarbeiter im Unternehmen	133	UNT_MITARBEITER	Metrisch		Wie viele Mitarbeiter arbeiten in Ihrem Unternehmen?	(Dobischat/Seifert 2001, S. 94), (Statistisches Bundesamt 2005, S. 1014)
		Anzahl Mitarbeiter im Unternehmen (Klassen)	134	UNT_MITARBEITER_KLASSEN	Metrisch	0: 0-9 1: 10-49 2: 50-249 3: 250-499 4: 500-999 5: 1.000 – 9.999 6: 10.000 und mehr	= Errechnet aus 133	
		Jahresumsatz des Unternehmens (in Mio EUR)	135	UNT_UMSATZ	Ordinal	1: unter 2,5 Mio EUR 2: 2,5 – 4,99 Mio EUR 3: 5 – 24,99 Mio EUR 4: 25 – 49,99 Mio EUR 5: 50 – 499,99 Mio EUR 6: über 500 Mio EUR 888: keine Angabe	Wie hoch ist der jährliche Gesamtumsatz Ihres Unternehmens? (in Mio EUR)	
		Tätigkeitsbereich des Unternehmens	135	UNT_GEOGRAFIE1	Nominal	1: Deutschland 2: Europa 3: Welt 4: Sonst 888: keine Angabe	Wo ist Ihr Unternehmen tätig?	
		Tätigkeitsbereich des Unternehmens	137	UNT_GEOGRAFIE2	Nominal	Freitextfeld	Wo ist Ihr Unternehmen tätig?	
	Branche (Kapitel 3.3.1.2)	Branche (WUB WZ 2003)	138	UNT_BRANCHE		1: Land- und Forstwirtschaft; Fischerei (A+B) 2: Verarbeitendes Gewerbe (C+D) 3: Energie- und Wasserversorgung (E) 4: Baugewerbe (F) 5: Groß- und Einzelhandel, Zulieferer (G+H) 6: Verkehr und Nachrichtenübermitt-lung, Logistik (I) 7: Kredit- und Versicherungsgewerbe, Finanzdienstleistungen (J) 8: Wirtschaftliche Dienstleistungen (K) 9: Öffentliche Verwaltung (L+Q) 10: Öffentliche und private Dienstleistungen (M-P)	Welcher Branche würden Sie Ihr Unternehmen zuordnen? Bezogen auf den Tätigkeitsschwer-punkt des Unternehmens	(Statistisches Bundesamt 1999), (Martin/Beherends 1999, S. 8), (Kuckulenz/Meyer 2006, S. 7f.), (Nestler/Kailis 2003), (ZEW 2005, S. 2), (Black/Lynch 1996), (Bassi/McMurrer 2005)

Bereich	Modellkonstrukt	Indikator/Variablenlabel	Nr.	SPSS-Variablenname	Skalenniveau	Wertebereich	Fragestellung / Ermittlungsvorschrift	Quellen
	Betriebliches Leistungsprogramm (Kapitel 3.3.1.4)	Fokus auf Einzelfertigung	139	UNT_PORTFOLIO_EINZELFERTIGUNG	Ordinal, als metrisch interpretiert	1: trifft überhaupt nicht zu 2: trifft nicht zu 3: teils, teils 4: trifft zu 5: trifft voll und ganz zu 888: keine Angabe 999: weiß nicht	Wie lässt sich das Leistungsprogramm Ihres Unternehmens beschreiben (die gefertigten Produkte/Dienstleistungen, das Sortiment)? Unser Leistungsprogramm ist durch überwiegende Einzelfertigung sehr unterschiedlicher Produkte gekennzeichnet.	(Martin/Düll 2000, S. 21), (Grommas 2005), (Ossadnik et al. 2003, S. 39)
		Fokus auf Projektarbeit	140	UNT_PORTFOLIO_PROJEKTARBEIT	Ordinal, als metrisch interpretiert		Wie lässt sich das Leistungsprogramm Ihres Unternehmens beschreiben (die gefertigten Produkte/Dienstleistungen, das Sortiment)? In unserem Leistungsprogramm hat die Projektarbeit eine erhebliche Bedeutung.	
		Zusammensetzung des Leistungsprogramms	141	UNT_PORTFOLIO_LEISTUNG	Nominal	1: Ein-Produkt-Unternehmen 2: Haupt-Produkt-Unternehmen 3: Mehr-Produkt-Unternehmen 4: Handelsunternehmen 888: keine Angabe	Wie setzt sich das Leistungsprogramm zusammen?	
	Ökonomische Situation (Kapitel 3.3.1.3)	Ertragslage im Vergleich zur Branche	142	UNT_ERTRAGSLAGE	Ordinal, als metrisch interpretiert	1: deutlich schlechter 2: schlechter 3: gleich 4: besser 5: deutlich besser 888: keine Angabe	Wie schätzen Sie die Ertragslage Ihres Unternehmens im Vergleich zur gesamten Branche ein?	(Wallenburg/Weber 2006, S. 6), (Bahnmüller/Fischbach 2003, S. 53)
	Qualifikationsniveau (Kapitel 3.3.1.5)	Leitende Angestellte (%)	143	UNT_MIT_LEITEND	Metrisch	0-100%	Wie hoch schätzen Sie den Anteil der verschiedenen Beschäftigtengruppen in Ihrem Unternehmen ein? Leitende Angestellte	(Martin/Düll 2000, S. 29), (BMBF 2003c, S. 118), (Kuckulenz/Meyer 2006, S. 5), (Krömmelbein 2000, S. 144)
		Qualifizierte Angestellte (%)	144	UNT_MIT_QUALIFIZIERT	Metrisch		Wie hoch schätzen Sie den Anteil der verschiedenen Beschäftigtengruppen in Ihrem Unternehmen ein? Qualifizierte Angestellte	
		Einfache Angestellte (%)	145	UNT_MIT_EINFACH	Metrisch		Wie hoch schätzen Sie den Anteil der verschiedenen Beschäftigtengruppen in Ihrem Unternehmen ein? Einfache Angestellte	
		Facharbeiter (%)	146	UNT_MIT_FACH	Metrisch		Wie hoch schätzen Sie den Anteil der verschiedenen Beschäftigtengruppen in Ihrem Unternehmen ein? Facharbeiter	
		An-/Ungelernte (%)	147	UNT_MIT_ANGELERNT	Metrisch		Wie hoch schätzen Sie den Anteil der verschiedenen Beschäftigtengruppen in Ihrem Unternehmen ein? An-/Ungelernte	

Bereich	Modellkonstrukt	Indikator/Variablenlabel	Nr.	SPSS-Variablenname	Skalenniveau	Wertebereich	Fragestellung / Ermittlungsvorschrift	Quellen
Unter-nehmens-software	Hersteller/System (Kapitel 3.3.3.1)	Unternehmenssoftware-Hauptprodukt	148	INST_PRODUKT	Nominal	1: SAP R/3 oder mySAP ERP 2: SAP Business One 3: SAP All-In-One 4: PeopleSoft Enterprise 5: JD Edwards EnterpriseOne (früher: One World) 6: MBS Dynamics AX (früher: Axapta) 7: MBS Dynamics NAV (früher: Navision) 8: Oracle E-Business-Suite 9: Oracle Applications 10: Baan / SSA 11: Siebel CRM 12: Sage KHK 14: ABAS ERP 15: Orderbase ERP 16: Brain AS / MAS90 17: Infor COM 18: PSI Penta 19: Infor XPPS (früher: Brain XPPS) 20: Fertis 21: Schilling Software 22: Hubbuch 23: QAD MFG/PRO 24: Intex DOB 25: H&H ProDoppik 26: iMedOne 27: ABS proAlpha 777: Eigenentwicklung 888: keine Angabe	Welches ist das Unternehmenssoftware-Produkt, das Sie zur Steuerung der meisten Geschäfts-/Unternehmensprozesse einsetzen?	(Trovarit AG 2007b), (Trovarit AG 2004), (AMR Research 2006)
		Releasestand des Unternehmens-software-Hauptprodukts	149	INST_PRODUKT_VERSION	Nominal	Freitextfeld	Aktueller Releasestand	
		Unternehmenssoftwareprodukt (Typ)	150	INST_PRODUKT_TYP	Nominal	1: SAP-Produkt 2: Nicht-SAP-Produkt 3: Eigenentwicklung 888: keine Angabe	= (Wenn 148 in (1, 2, 3) dann 1 Wenn 148 in (4 – 17) dann 2 Wenn 148 in (777) dann 3 Wenn 148 in (888) dann 888)	
		Weitere Unternehmenssoftware-produkte	151	INST_PRODUKT_ZUSATZPRODUKTE	Nominal	Freitextfeld	Sind bei Ihnen noch weitere Unternehmenssoft-ware-Produkte im Einsatz? Falls ja, geben Sie bitte die Produktbezeichnung(en) ein:	
	Diffusionsgrad und Nutzungszweck (Kapitel 3.3.3.3)	SAP FI	152	INST_KOMP_FI	Ordinal	1: produktiv 2: Test/Evaluation 3: nicht untersucht 4: nicht relevant 888: keine Angabe 999: weiß nicht	Welche SAP-Komponenten und -systeme nutzen Sie in Ihrem Unternehmen? FI	(Falk 2002, S. 399), (von Arb 1997, S. 317), (Kohnke et al. 2005, S. 28), (Buxmann/König 1997)
		SAP CO	153	INST_KOMP_CO	Ordinal		Welche SAP-Komponenten und -systeme nutzen Sie in Ihrem Unternehmen? CO	
		SAP MM	154	INST_KOMP_MM	Ordinal		Welche SAP-Komponenten und -systeme nutzen Sie in Ihrem Unternehmen? MM	
		SAP SD	155	INST_KOMP_SD	Ordinal		Welche SAP-Komponenten und -systeme nutzen Sie in Ihrem Unternehmen? SD	
		SAP PP	156	INST_KOMP_PP	Ordinal		Welche SAP-Komponenten und -systeme nutzen Sie in Ihrem Unternehmen? PP	

Bereich	Modellkonstrukt	Indikator/Variablenlabel	Nr.	SPSS-Variablenname	Skalenniveau	Wertebereich	Fragestellung / Ermittlungsvorschrift	Quellen
		SAP WF	157	INST_KOMP_WF	Ordinal		Welche SAP-Komponenten und -systeme nutzen Sie in Ihrem Unternehmen? WF	
		SAP PS	158	INST_KOMP_PS	Ordinal		Welche SAP-Komponenten und -systeme nutzen Sie in Ihrem Unternehmen? PS	
		SAP HR	159	INST_KOMP_HR	Ordinal		Welche SAP-Komponenten und -systeme nutzen Sie in Ihrem Unternehmen? HR	
		SAP SRM	160	INST_KOMP_SRM	Ordinal		Welche SAP-Komponenten und -systeme nutzen Sie in Ihrem Unternehmen? SRM	
		SAP SEM	161	INST_KOMP_SEM	Ordinal		Welche SAP-Komponenten und -systeme nutzen Sie in Ihrem Unternehmen? SEM	
		SAP SCM	162	INST_KOMP_SCM	Ordinal		Welche SAP-Komponenten und -systeme nutzen Sie in Ihrem Unternehmen? SCM	
		SAP CRM	163	INST_KOMP_CRM	Ordinal		Welche SAP-Komponenten und -systeme nutzen Sie in Ihrem Unternehmen? CRM	
		SAP BW	164	INST_KOMP_BW	Ordinal		Welche SAP-Komponenten und -systeme nutzen Sie in Ihrem Unternehmen? BW	
		SAP EP	165	INST_KOMP_EP	Ordinal		Welche SAP-Komponenten und -systeme nutzen Sie in Ihrem Unternehmen? EP	
		SAP XI	166	INST_KOMP_XI	Ordinal		Welche SAP-Komponenten und -systeme nutzen Sie in Ihrem Unternehmen? XI	
		SAP MDM	167	INST_KOMP_MDM	Ordinal		Welche SAP-Komponenten und -systeme nutzen Sie in Ihrem Unternehmen? MDM	
		SAP MI	168	INST_KOMP_MI	Ordinal		Welche SAP-Komponenten und -systeme nutzen Sie in Ihrem Unternehmen? MI	
		SAP XAPPS	169	INST_KOMP_XAPPS	Ordinal		Welche SAP-Komponenten und -systeme nutzen Sie in Ihrem Unternehmen? xApps	
		SAP Duet	170	INST_KOMP_DUET	Ordinal		Welche SAP-Komponenten und -systeme nutzen Sie in Ihrem Unternehmen? Duet (ehemals Mendocino)	
		Anzahl produktiv genutzter ERP-Module	171	INST_KOMP_ANZAHLERPMODULE	Metrisch		= Zählenwenn (152:159; 1)	
		Kerngeschäft des Unternehmens	172	INST_PROZESSE_KERN	Nominal dichotom		Welche Geschäftsprozesse werden in Ihren Unternehmenssoftware-Systemen gesteu-ert/abgebildet? das Kerngeschäft unseres Unternehmens, z.B. Produktion von Gütern oder Dienstleistungen, Beschaffung, Vertrieb usw.	
		Führungsprozesse	173	INST_PROZESSE_FÜHRUNG	Nominal dichotom	0: nicht abgebildet 1: abgebildet	Welche Geschäftsprozesse werden in Ihren Unternehmenssoftware-Systemen gesteu-ert/abgebildet? Führung-/Steuerungsprozesse, z.B. Finanzwesen, Controlling, Personalwirt-schaft usw.	(Mulligan 2002, S. 655)
		Koordinations-/Serviceprozesse	174	INST_PROZESSE_SERVICE	Nominal dichotom		Welche Geschäftsprozesse werden in Ihren Unternehmenssoftware-Systemen gesteu-ert/abgebildet? Interne Koordinations- und Serviceprozesse, z.B. Dienstreisen, Veranstaltungsmanagement, Genehmigungs-workflows, Büromaterialbeschaffung usw.	
		Sonstige Prozesse	175	INST_PROZESSE_SONST	Nominal	Freitextfeld	Welche Geschäftsprozesse werden in Ihren Unternehmenssoftware-Systemen gesteu-ert/abgebildet?	

Bereich	Modellkonstrukt	Indikator/Variablenlabel	Nr.	SPSS-Variablenname	Skalenniveau	Wertebereich	Fragestellung / Ermittlungsvorschrift	Quellen
		Anzahl Unternehmenssoftware-systeme	176	INST_SYSTEME	Metrisch		Wie viele produktive Unternehmenssoftware-Systeme nutzt Ihr Unternehmen ungefähr? (ohne Entwicklungs-, Test- oder Qualitätssicherungs-systeme)	
		Maximale Systemanzahl für Endanwender	177	INST_MAXSYSTEME	Metrisch		Manche Anwender arbeiten mit mehreren Systemen gleichzeitig. Bitte schätzen Sie: Wie viele produktive Systeme nutzt ein Endanwender maximal gleichzeitig?	
	Anwendertypen (Kapitel 3.3.3.2)	Anzahl Endanwender	178	INST_USERCOUNT	Metrisch		Wie viele Endanwender arbeiten auf allen Systemen zusammen? nur Endanwender in den Fachabteilungen; ohne Administratoren, Entwickler usw.	
		Anteil Unternehmenssoftware-Endanwender (%)	179	INST_USERRATIO	Metrisch		= 178 / 133	
		Anteil Poweruser (%)	180	INST_USER_POWER	Metrisch	0-100%	Auf welche Weise greifen diese Endanwender üblicherweise auf die Systeme zu? "Power User" (intensive Nutzung) per graphical user interface	(Willumeit 2004, S. 3), (Scherer/Schaffner 2003, S. 149f.), (Shayo/Olfman 1994, S. 134)
		Anteil normale User (%)	181	INST_USER_NORMAL	Metrisch		Auf welche Weise greifen diese Endanwender üblicherweise auf die Systeme zu? "normale Nutzung" des GUI	
		Anteil Browser-User (%)	182	INST_USER_BROWSER	Metrisch		Auf welche Weise greifen diese Endanwender üblicherweise auf die Systeme zu? über einen Webbrowser, z.B. Portal, ESS (employee self service), MSS (manager self service) o.ä.	
	Berechtigungswesen (Kapitel 3.3.3.6)	Freizügigkeit des Berechtigungs-wesens	183	INST_BERECHTIGUNGEN	Ordinal, als metrisch interpretiert	1: sehr streng 2: streng 3: teils, teils 4: freizügig 5: sehr freizügig 999: weiß nicht	Empfinden Sie Ihr Berechtigungswesen als eher zu freizügig oder als zu streng?	
	Customizinggrad (Kapitel 3.3.3.4)	Umfang an leichten Anpassungsarbeiten	184	INST_CUST_LEICHT	Ordinal, als metrisch interpretiert	1: sehr wenig 2: wenig 3: etwas 4: viel 5: sehr viel 777: Eigenentwicklung 888: keine Angabe 999: weiß nicht	Wie sehr weichen Ihre Systeme vom Auslieferungsstandard ab? Bitte schätzen Sie, wie viele der folgenden Anpassungsarbeiten in Ihrer ERP-Landschaft durchgeführt wurden: "leichte" Anpassungen, z.B. Parametrisierung, Oberflächenanpassungen, benutzerspezifische Einstellungen, neue Berichte	(Brehm et al. 2001), (Schmidt 2006), (Luo/Strong 2004, S. 330)
		Umfang an tief greifenden Anpassungsarbeiten	185	INST_CUST_TIEF	Ordinal, als metrisch interpretiert		Wie sehr weichen Ihre Systeme vom Auslieferungsstandard ab? Bitte schätzen Sie, wie viele der folgenden Anpassungsarbeiten in Ihrer ERP-Landschaft durchgeführt wurden: "tief greifende" Anpassungen, z.B. Code-Modifikationen, User-Exits, Schnittstellen, Eigenentwicklungen	
		Anteil unnötiger Eigenentwick-lungen (%)	186	INST_CUST_UNNÖTIG	Metrisch	0-100%	Häufig stellt sich nach Unternehmenssoftware-Projekten heraus, dass Codeanpassungen nicht notwendig gewesen wären, da der Hersteller-Standard völlig ausgereicht hätte. Wie hoch schätzen Sie den Anteil dieser unnötigen Veränderungen der Original-Software?	
	Alter/Änderungsdynamik (Kapitel 3.3.3.5)	Installationsjahr	187	INST_INSTALLATIONSJAHR	Metrisch		Seit wann ist das größte Unternehmenssoftware-System in Ihrem Unternehmen ungefähr in Nutzung? Gemeint ist das System mit den meisten Usern.	(Parnas 1994, S. 279ff.), (Hatton 2005), (Wiederhold 2006), (Brehm et al. 2001, S. 7), (Eick et al. 2001, S.
		Alter des Hauptsystems (Jahre)	188	INST_ALTER	Metrisch		= 2007 – 187	

Bereich	Modellkonstrukt	Indikator/Variablenlabel	Nr.	SPSS-Variablenname	Skalenniveau	Wertebereich	Fragestellung / Ermittlungsvorschrift	Quellen
		Anzahl Releasewechsel seit Installation	189	INST_RELEASEWECHSEL	Metrisch		Wie viele große Releasewechsel wurden seither bei diesem System durchgeführt?	6)
		Anzahl Releasewechsel pro Jahr	190	INST_ÄNDERUNGSRATE	Metrisch		= 189 / 188	
		Anzahl kleine Projekte	191	CHMT_PROJEKTE_KLEIN	Metrisch		Wie viele Unternehmenssoftware-Projekte wurden in den letzten 3 Jahren schätzungsweise durchgeführt: kleine Projekte (< 2 Mio. EUR, < 6 Monate)	
		Anzahl mittlere Projekte	192	CHMT_PROJEKTE_MITTEL	Metrisch		Wie viele Unternehmenssoftware-Projekte wurden in den letzten 3 Jahren schätzungsweise durchgeführt: mittlere Projekte (< 10 Mio. EUR, < 24 Monate)	
		Anzahl große Projekte	193	CHMT_PROJEKTE_GROSS	Metrisch		Wie viele Unternehmenssoftware-Projekte wurden in den letzten 3 Jahren schätzungsweise durchgeführt: große Projekte (> 10 Mio. EUR, > 24 Monate)	
		Anzahl Projekte gesamt	194	CHMT_PROJEKTE_GESAMT	Metrisch		= 191+192+193	
		Geplante Projekte	195	INST_PROJEKTE	Nominal	Freitextfeld	Welche Unternehmenssoftware-Projekte möchten Sie 2007 starten/durchführen?	
Change Management und Projekte (für andere Untersu-chung)	Change Management	Information der Anwender über den Projektfortschritt	196	CHMT_INFORMATION	Ordinal, als metrisch interpretiert	1: trifft überhaupt nicht zu 2: trifft nicht zu 3: teils, teils 4: trifft zu 5: trifft voll und ganz zu 888: keine Angabe 999: weiß nicht	Die Anwender wurden regelmäßig über den Projektfortschritt informiert.	
		Aufgreifen von Anwender-Feedback	197	CHMT_FEEDBACK	Ordinal, als metrisch interpretiert		Feedback und Verbesserungsvorschläge der Anwender wurden aufgegriffen und umgesetzt.	
		Umsetzen notwendiger Änderungen	198	CHMT_ÄNDERUNGEN	Ordinal, als metrisch interpretiert		Notwendige Änderungen in den täglichen Arbeitsabläufen wurden rechtzeitig umgesetzt.	
		Einsatz von Anwendern als Tester	199	CHMT_TESTER	Ordinal, als metrisch interpretiert		Anwender wurden als Tester der neuen Software eingesetzt.	
	Erfolg der vergangenen Einführungsprojekte	Anteil der zum Go-Live-Termin ausreichend qualifizierten Endanwender	200	CHMT_QUALIFIZIERUNGSQUOTE	Metrisch	0-100%	Wie viel Prozent der betroffenen Endanwender waren schätzungsweise zum Zeitpunkt der Produktivsetzung der Systeme ausreichend qualifiziert?	
		Sicherer Umgang mit der Software nach Systemeinführung	201	CHMT_UMGANG_SICHERHEIT	Ordinal, als metrisch interpretiert	1: trifft überhaupt nicht zu 2: trifft nicht zu 3: teils, teils 4: trifft zu 5: trifft voll und ganz zu 888: keine Angabe 999: weiß nicht	Wie haben sich die Anwender nach der Systemeinführung verhalten: sicherer Umgang mit dem System	
		Akzeptanz der Software nach Systemeinführung	202	CHMT_UMGANG_AKZEPTANZ	Ordinal, als metrisch interpretiert		Wie haben sich die Anwender nach der Systemeinführung verhalten: Akzeptanz und Nutzung des neuen Systems	
Arbeits- und Qualifizie-rungsmarkt	Arbeitsmarktsituation bei ERP-Know-How (Kapitel 3.3.2.1)	Anteil an Neueinstellungen, die von der Unternehmenssoftware gehört haben	203	MARKT_EINSTELLUNG_KENNTNISSE1	Metrisch	0-100%	Bei wie vielen von 100 neueingestellten Mitarbeitern in Fachabteilungen würden Sie die Unternehmenssoftware-Kenntnisse als zufriedenstellend bezeichnen? Wieviele von 100 Neueinstellungen haben zuvor von der Unternehmenssoftware gehört?	(Menez et al. 2001, S. 51ff.), (Martin/Düll 2000, S. 44)
		Anteil an Neueinstellungen, die mit der Oberfläche/Anwendung umgehen können	204	MARKT_EINSTELLUNG_KENNTNISSE2	Metrisch		Bei wie vielen von 100 neueingestellten Mitarbeitern in Fachabteilungen würden Sie die Unternehmenssoftware-Kenntnisse als zufriedenstellend bezeichnen? Wieviele von 100 Neueinstellungen können mit der Anwen-dung/Oberfläche umgehen?	

Bereich	Modellkonstrukt	Indikator/Variablenlabel	Nr.	SPSS-Variablenname	Skalenniveau	Wertebereich	Fragestellung / Ermittlungsvorschrift	Quellen
		Anteil an Neueinstellungen, die die aufgabennotwendigen Transaktionen und Berichte beherrschen	205	MARKT_EINSTELLUNG_KENNTNISSE3	Metrisch		Bei wie vielen von 100 neueingestellten Mitarbeitern in Fachabteilungen würden Sie die Unternehmenssoftware-Kenntnisse als zufriedenstellend bezeichnen? Wieviele von 100 Neueinstellungen beherrschen die für ihre Tätigkeit notwendigen Transaktionen und – Berichte?	
		Fehlende Unternehmenssoftware-Kenntnisse bei Neueinstellungen	206	MARKT_EINSTELLUNG_FEHLENDES	Nominal	Freitextfeld	Welche Unternehmenssoftware-bezogenen Kenntnisse vermissen Sie bei neueingestellten Anwendern am häufigsten?	
	Bewertung externer Qualifizierungs-dienstleistungen (Kapitel 3.3.2.2)	Externer Qualifizierungs-dienstleister: Hersteller	207	EXTDL_TYP_HERSTELLER	Nominal dichotom	0: keine Zusammenar-beit 1: Zusammenarbeit	Wenn Sie Ihre Endanwender von externen Dienstleistern qualifizieren lassen, wer ist das? Der Hersteller der Unternehmenssoftware	(Menez et al. 2001, S. 51ff.), (Trovarit AG 2007a, S. 4), (Eggert/Schmid 2006, S. 53)
		Externer Qualifizierungs-dienstleister: Freiberufliche Trainer	208	EXTDL_TYP_FREIBERUFLER	Nominal dichotom		Wenn Sie Ihre Endanwender von externen Dienstleistern qualifizieren lassen, wer ist das? Freiberufliche Trainer	
		Externer Qualifizierungs-dienstleister: Bildungs-dienstleister/Beratungshaus	209	EXTDL_TYP_BILDUNGSDL	Nominal dichotom		Wenn Sie Ihre Endanwender von externen Dienstleistern qualifizieren lassen, wer ist das? Bildungsdienstleister/Beratungshaus	
		Externer Qualifizierungs-dienstleister: Bildungs-dienstleister/Beratungshaus	210	EXTDL_TYP_BILDUNGSDL_NAME	Nominal	Freitextfeld	Wenn Sie Ihre Endanwender von externen Dienstleistern qualifizieren lassen, wer ist das? Bildungsdienstleister/Beratungshaus	
		Zufriedenheit mit den externen Qualifizierungsdienstleistern	211	EXTDL_ZUFRIEDENHEIT	Ordinal, als metrisch interpretiert	1: sehr unzufrieden 2: unzufrieden 3: teils, teils 4: zufrieden 5: sehr zufrieden 777: wir nutzen keine externen DL 888: keine Angabe	Wie zufrieden sind Sie mit den externen Qualifizierungs-Dienstleistern? Denken Sie an die individuelle Anpassung der Inhalte auf Ihre Arbeitsaufgaben, Aktualität der Inhalte, Qualität der Dozenten und Unterlagen.	
Persönliche Angaben	Persönliche Einschätzung	Wann wird man intuitiv mit Unternehmenssoftware arbeiten?	212	QUALI_AUSBLICK	Ordinal	1: bereits heute 2: in 5 Jahren 3: in 10 Jahren 4: in 20 Jahren 5: nie	Ihre persönliche Einschätzung: Wann wird der "normale" Endanwender ohne vorherige Schulung intuitiv mit Unternehmenssoftware arbeiten können?	
	-	Funktion	213	PERSON_FUNKTION	Nominal	1: Anwendungs-/Modulverantwortlicher 2: Gesamtprojektleiter U'Soft 3: Teilprojektleiter U'Soft 4: Projektmitarbeiter 5: Mitarbeiter im IT-/U'Soft-Support 6: CIO / IT-Leiter 7: Key User 8: Externer Mitarbeiter 9: Sonstiges 888: keine Angabe	Welche Funktion üben Sie aus?	
		Funktion (sonstiges)	214	PERSON_FUNKTION_SONST	Nominal	Freitextfeld	Welche Funktion üben Sie aus?	
		Anrede	215	PERSON_ANREDE	Nominal dichotom	0: Herr 1: Frau 888: keine Angabe	Titel	
		Firmenbezeichnung	216	PERSON_FIRMA	Nominal	Freitextfeld	Firma	

Bereich	Modellkonstrukt	Indikator/Variablenlabel	Nr.	SPSS-Variablenname	Skalenniveau	Wertebereich	Fragestellung / Ermittlungsvorschrift	Quellen
		Akademischer Titel	217	PERSON_AKATITEL	Nominal		Akademischer Titel	
		Vorname	218	PERSON_VORNAME	Nominal		Vorname	
		Nachname	219	PERSON_NACHNAME	Nominal		Nachname	
		Straße	220	PERSON_STRASSE	Nominal		Straße	
		PLZ	221	PERSON_PLZ	Nominal		PLZ	
		Ort	222	PERSON_ORT	Nominal		Ort	
		Land	223	PERSON_LAND	Nominal	1: Deutschland 2: Österreich 3: Schweiz 888: keine Angabe	Land	
		E-Mail-Adresse	224	PERSON_EMAIL	Nominal	Freitextfeld	E-Mail-Adresse	
		Datum der Rückmeldung	225	PERSON_RÜCKMELDUNG	Nominal	Freitextfeld	Rückmeldung der Einzelergebnisse	
		Teilnahme an der Verlosung	226	PERSON_VERLOSUNG	Nominal dichotom	0: nein 1: ja	Möchten Sie an der Verlosung des Apple iPhone teilnehmen und die Umfrageergebnisse und Ihre individuelle Analyse kostenlos zugesandt bekommen?	
		Kontakterlaubnis	227	PERSON_KONTAKTTUM	Nominal	1: ja 2: nein 888: keine Angabe	Darf die TU München im Rahmen zukünftiger Forschungsprojekte mit Ihnen in Kontakt treten?	
	-	Stichprobe	228	PERSON_STICHPROBE	Nominal	1: persönliche Empfehlung 2: Weiterleitung von Vorgesetztem oder von Kollegen 3: XING / OpenBC 4: persönliches postalisches Anschreiben 5: DSAG-Newsletter 6: SAP Education Newsletter 7: Zeitschrift ERP-Management 8: - 9: sonstiges	Wie sind Sie auf diese Umfrage aufmerksam geworden?	
		Kommentare	229	PERSON_KOMMENTARE	Nominal		Haben Sie noch Anmerkungen zur Umfrage?	
		Bezeichnung des Fragebogen-pdfs	230	PERSON_ANTWORTNUMMER	Nominal		Dateiname des Originalfragebogens (pdf)	

Tabelle 15: Modellkonstrukte, Indikatoren und Variablen des Analysemodells (Quelle: Eigene Darstellung)

4 Empirische Analyse

Bei der empirischen Analyse handelt sich neben der Entwicklung des Analysemodells um den zweiten Hauptteil dieser Arbeit. Das Kapitel beschreibt die aktuelle Praxis der Anwenderqualifizierung im Kontext Unternehmenssoftware. Es wird aufgezeigt, auf welche Weise das zuvor entwickelte Analysemodell in einen Fragebogen für IT- und Weiterbildungsverantwortliche umgesetzt wurde und welche Erkenntnisse aus dem Datenmaterial gewonnen werden können.

Nach der Beschreibung der Durchführung der empirischen Erhebung wird die Ermittlung von Grundstrategien der Anwenderqualifizierung mittels Clusteranalyse diskutiert und die identifizierten Grundstrategien inhaltlich charakterisiert. Die Ergebnisse der Clusteranalyse tragen zur Beantwortung von Forschungsfrage 1 bei.

Darauf folgend werden die Gründe für die Wahl bestimmter Grundstrategien analysiert. Abschließend wird eine Nutzenbewertung sowohl aus Sicht der befragten Experten als auch von IT-Anwendern vorgenommen. Beide Analysen helfen, Antworten auf Forschungsfrage 2 zu geben.

4.1 Entwicklung des Erhebungsinstruments

Das Erhebungsinstrument dieser Arbeit ist ein Online-Fragebogen mit „Offline-Rekrutierung" (Fischer 2005, S. 21). Nach PORST (1996, S. 738) ist ein Fragebogen „eine mehr oder weniger standardisierte Zusammenstellung von Fragen, die Personen zur Beantwortung vorgelegt werden mit dem Ziel, deren Antworten zur Überprüfung der den Fragen zugrunde liegenden theoretischen Konzepte und Zusammenhänge zu verwenden." Eine anschauliche Beschreibung der Fragebogenmethodik anhand eines Einzelfallbeispiels findet sich bei KIRCHHOFF ET AL. (2001). Vor- und Nachteile verschiedener Datenerhebungsverfahren sind in PORST (1998) gegenübergestellt.

Die Vorteile von Onlineerhebungen sind vielfältig (Batinic 1997, S. 239; Bosnjak 2003, S. 111): Asynchronität (im Sinne einer zeitunabhängigen Befragungsmöglichkeit), Alokalität, Automatisierbarkeit der Durchführung und Auswertung, Dokumentierbarkeit von Inhalts- und Metadaten als medieninhärentes Merkmal, Flexibilität bei der Operationalisierung von Stimuli und Antwortoptionen (Integration verschiedener Medientypen und Möglichkeiten von dynamischem bzw. adaptivem Testen), Objektivität der Durchführung und Auswertung (keine direkte Interaktion und Reduzierung von Eingabefehlern durch automatische Speicherung), Ökonomie (Zeitersparnis durch schnelle Rückläufe und überflüssige manuelle Eingabe sowie Kostenersparnis durch fehlende Aussendung und Lagerung).

Technisch gesehen, handelt es sich beim Online-Fragebogen um einen mittels HTML konstruierten und auf einem Webserver abgelegten Fragebogen (Fischer 2005, S. 3). Für die Erstellung des Fragebogens wurde mit 2ask (2ask 2006) ein professionelles Hilfsmittel verwendet (vgl. Fischer 2005, S. 16ff.). Abbildung 34 zeigt die Definition einer Tabellen-/Matrizen-/Polaritätenprofil-Frage, deren manuelle Codierung mittels (dynamischem) HTML sehr aufwändig wäre. Mittels vorgefertigter Fragetypen und diversen Customizingmöglichkeiten können in 2ask relativ einfach auch umfangreiche Fragebögen erstellt werden. Die

Gestaltung des Hauptfragebogens dieser Arbeit im 2ask-Tool nahm inkl. technischer Tests ca. 8 Stunden in Anspruch (alle Frageitems und -skalen lagen vollständig ausformuliert vor).

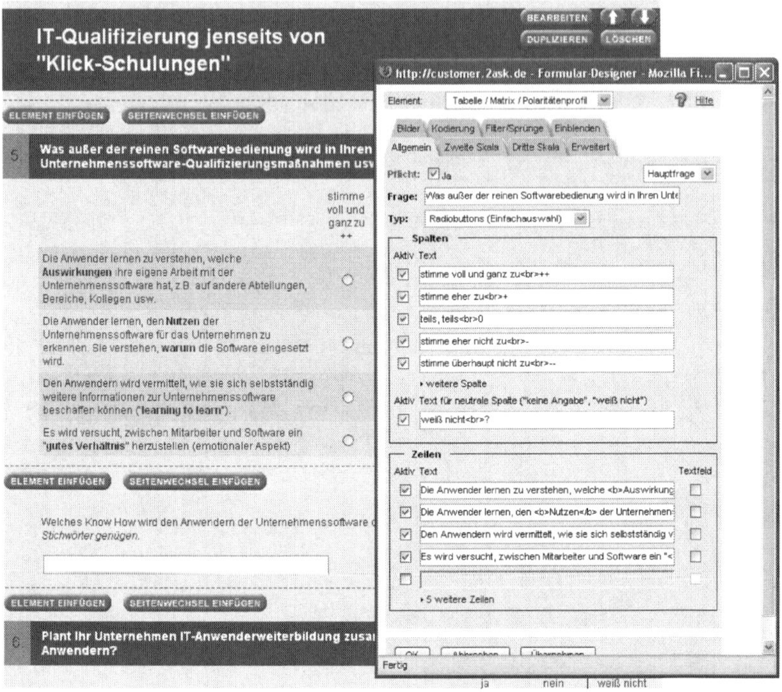

Abbildung 34: Gestaltung eines Online-Fragebogens mit 2ask (Quelle: 2ask)

Beim Aufbau des Fragebogens wurden folgende „Dramaturgie-Grundregeln" weitestgehend berücksichtigt:

- Die erste Frage sollte kein heikles Thema ansprechen, sondern als „Warm-Up-Frage" das Interesse der Befragten wecken. Eine derartige „Eisbrecherfrage" erhöht die Bereitschaft, mit der Befragung fortzufahren (Mayer 2006, S. 94).
- Fragen können die Beantwortung nachfolgender Fragen beeinflussen (Halo-Effekt), denn einerseits wird jede Frage durch andere Fragen in einen ganz bestimmten Sinnzusammenhang gestellt, andererseits bemüht sich der Befragte häufig, seine Antworten konsistent zu halten (Mayer 2006, S. 93). Eine derartige Konstellation ergibt sich z.B. bei der Frage nach den aus Sicht des Befragten anzustrebenden Zielen bei Qualifizierungsmaßnahmen. Folgt darauf unmittelbar eine Frage nach den tatsächlich realisierten Themen und Inhalten, könnte der Befragte seine Antworten „anpassen", selbst wenn die tatsächlichen Themen von den eigentlichen Zielen abweichen. Die beiden Fragen sollten daher nicht unmittelbar aufeinander folgen.

- Demographische Daten zum Befragten, z.B. Name, Position usw. sollten am Ende des Fragebogens platziert werden. Zum einen würde die Platzierung am Anfang des Fragebogens den Befragten zu lange im Unklaren über den eigentlichen Sinn des Fragebogens lassen, andererseits treten gegen Ende eher Ermüdungserscheinungen auf und das Interesse an den Fragen lässt tendenziell nach. Der Befragte ist dann eher bereit, Fragen zu seiner Person zu beantworten (Mayer 2006, S. 93).
- Fragen zum gleichen Themenkreis sollten als ein Themenkomplex abgefragt werden, um Gedankensprünge zu vermeiden. MAYER (2006, S. 93) schlägt mit Bezug auf ATTESLANDER (1991, S. 194) folgenden Ablauf vor: „Dabei kommt das Allgemeine vor dem Besonderen, das Vertraute vor dem Unvertrauten, das Einfache vor dem Komplizierten." Die Themenkomplexe sollten durch Überleitungsfragen eingeleitet werden.
- Aus technischer Perspektive sollten bei Onlinebefragungen die für das Erkenntnisziel der Befragung wichtigsten Fragen möglichst weit vorn platziert werden. Viele Befragungstools für webbasierte Umfragen fangen abgebrochene Fragebögen in sog. „Dropout-Listen" auf. Die Ergebnisse sind somit nicht verloren und können für die Analyse herangezogen werden. Die Ergebnisse sind jedoch mit Vorsicht zu interpretieren und die Vorgehensweisen bei „missing values" sind unbedingt zu beachten (Mayer 2006, S. 105).
- Eine Maximaldauer zur Beantwortung des Fragebogens kann nicht pauschal angegeben werden. Prinzipiell sollte der Fragebogen möglichst kurz gehalten werden, um die Anzahl der Abbrecher zu minimieren. Mit kleinen „Tricks" kann zumindest der Anschein erweckt werden, dass die Befragung schnell erledigt ist.
- SCHNELL ET AL. (1999, S. 324) schlagen mit Blick auf Format und Layout einer schriftlichen Befragung vor, die Seiten großzügig anzulegen und eher weniger als zu viele Fragen auf eine Seite zu setzen. Die dadurch sichtbare schnellere Abarbeitung mehrerer Seiten kann kooperationsfördernder sein als der Eindruck, dass die Befragung nicht vorangeht. Scrollen auf einer Seite wird so weitestgehend vermieden.
- Ein Expertengespräch zur Gestaltung von Onlinebefragungen ergab, dass mehrere große Fragenblöcke (Matrizen) nicht direkt hintereinander erscheinen sollten. Stattdessen sollen sich „große" mit „kleineren" Fragen abwechseln (Ellermann/Hahn 2006).

Abschließend wurde der Fragebogen sowohl am Lehrstuhl als auch bei den Unternehmen der Vorstudie im Rahmen eines Pretests evaluiert. Dabei stellte sich heraus, dass mehr Fragen als Pflichtfragen deklariert werden mussten, um den item-nonresponse (Schnell et al. 2005, S. 306) zu reduzieren. Einige Begriffe mussten deutlicher erklärt werden, z.B. musste in den Antwortoptionen bei der Frage nach Testsystemen/Sandbox explizit der Zusatz „für Endanwender" aufgenommen werden, um Verwechslungen mit Testumgebungen für das Projektteam zu vermeiden. Der „Power User" als Endanwender, der intensiv mit der Software arbeitet, wurde um den Begriff des „Heavy Users" ergänzt. Diese Bezeichnung tauchte im Laufe des Pretests auf. Es zeigte sich außerdem, dass einige der Befragten als externe Mitarbeiter (meistens Berater) für ein Unternehmen tätig sind. Daher wurde diese Kategorie bei der Abfrage der Funktion des Befragten mit aufgenommen.

4.2 Umfragelogistik für das Forschungsprojekt

4.2.1 Angestrebte Grundgesamtheit und Stichprobengewinnung

Die angestrebte Grundgesamtheit (target population) (Schnell et al. 2005, S. 275) der empirischen Erhebung sind alle Unternehmen im deutschsprachigen Raum, die Unternehmenssoftware einsetzen. Zahlen zur Größe der target population liegen nicht vor, zur groben Schätzung können die Selbstauskünfte der großen ERP-Anbieter (siehe Tabelle 12) herangezogen werden: SAP hat weltweit ca. 36.200 Kunden (SAP 2007), davon ca. 5.250 in Deutschland (SAP 2005). Die Sage Group mit Sitz in UK gibt 5,2 Mio. Kunden an, davon 250.000 in Deutschland (Sage Group 2007). Weltweit setzen ca. 352.000 Kunden Business Software von Microsoft Dynamics ein, in Deutschland sind es ca. 14.000 (Microsoft 2007b). 2006 hatte Infor 70.000 ERP-Kunden (Trebilcock 2006). Die Zahlenangaben zum Kundenstamm können jedoch nicht sinnvoll kumuliert werden, da viele Unternehmen mehrere Produkte, auch von verschiedenen Herstellern, einsetzen.

Die Inferenzpopulation ist diejenige Grundgesamtheit, über die auf Basis der vorliegenden Stichprobe tatsächlich Aussagen gemacht werden können (Schnell et al. 2005, S. 272). Ziel ist eine möglichst große Übereinstimmung zwischen angestrebter Grundgesamtheit und Inferenzpopulation, die Gründe für Abweichungen sind jedoch vielfältig: Nichterreichbarkeit, Verweigerung der Teilnahme, technische Probleme beim Ausfüllen des Fragebogens usw.

Eine Vollerhebung, die einer Teilerhebung nicht unbedingt überlegen wäre (keine „Hilfskonstruktion") (von der Lippe/Kladroba 2002), scheidet wegen des zu hohen Aufwandes aus. Daher wurde eine Auswahl getroffen, wobei folgende Tatsachen zur Auswahlgesamtheit (Schnell et al. 2005, S. 271) berücksichtigt werden mussten: Eine Liste der Unternehmen, die Unternehmenssoftware im Einsatz haben („frame"), existiert nicht. Daher wurde auf eine Liste aller deutschen Unternehmen zurückgegriffen. Derartige Unternehmens- und Adresslisten werden kommerziell vertrieben.[74] Bei dieser Vorgehensweise müssen undercoverage-Fehler (in der Liste sind nicht alle Unternehmen enthalten, die Unternehmenssoftware nutzen)

---

[74] Zunächst wurden verschiedene Anbieter von Unternehmensadressdaten hinsichtlich Datenqualität verglichen. Bekannte Anbieter sind Hoppenstedt Firmeninformationen GmbH, Schober Information Services GmbH und Creditreform. Darüber hinaus existiert eine Vielzahl kleinerer Anbieter. Die Anbieter liefern Adressen bestimmter Unternehmen samt Ansprechpartnern, die im Sinne eines „Kaltkontaktes" für Werbezwecke genutzt werden können. Oft werden die Adressinformationen auch zur Pflege und Vervollständigung eigener Kundendaten genutzt. Die Kosten je Kontakt hängen hauptsächlich vom Umfang der im Datensatz enthaltenen Informationen ab (z.B. Branchenzuordnung, Größenklasse, Rechtsform usw.), wobei Rabattstaffeln je nach Adressmenge angewendet werden. Für ein komplettes Firmenprofil inkl. eines Ansprechpartners ist aktuell durchschnittlich 1 Euro zu bezahlen. Bei der Auswahl eines Adressanbieters ist ein wichtiges Qualitätskriterium, auf welche Weise die Datensätze erstellt wurden. Zeichen hoher Qualität ist, dass die Datenfelder einzeln erfragt oder recherchiert werden. Allerdings schließen manche Anbieter einzelne Datenfelder nur statistisch aus anderen Angaben. So wird beispielsweise die Mitarbeiterzahl häufig aus der Rechtsform des Unternehmens, dem Gründungsdatum und dem Stammkapital abgeleitet. Ein weiteres Qualitätsmerkmal ist eine möglichst hohe „Erreichbarkeit" der Zielpersonen, die sich in einer niedrigen Zahl unzustellbarer Anschreiben manifestiert. Der ausgewählte Adressanbieter lieferte die folgenden Angaben pro Unternehmen: Firmen-EBI (Proprietäre Adress-ID des Anbieters), Name/Adresse, PLZ/Ort, Telefon/Fax, generische Firmen-E-Mail, Webseite, Gemeindeschlüssel, Anzahl Beschäftigte, Betriebsgröße (Top-, Groß-, Mittel- und Kleinbetriebe), Umsatzklasse, Rechtsform, Firmenart (Filiale oder Zentrale), Gründungsjahr/-monat, Hauptbranche. Zu den IT-Ansprechpartnern innerhalb des Unternehmens konnten folgende Informationen geliefert werden: Anrede/Titel/Name und Funktion.

und overcoverage-Fehler (die Liste umfasst auch Unternehmen, die keine Unternehmenssoftware im Einsatz haben) einkalkuliert werden (Schnell et al. 2005, S. 271).

Der ausgewählte Adressanbieter kann nach eigenen Angaben 4.168.948 Firmenadressdatensätze liefern (Stand 21.02.2007). 48.580 davon enthalten Angaben zu einem „IT-/Organisationsleiter“, der als Ansprechpartner für die Erhebung notwendig ist. Streng genommen ist eine Zufallsauswahl[75] aus der Grundgesamtheit der Unternehmen notwendig, um in der Analyse die Methoden der Inferenzstatistik anwenden zu können (Porst 1998, S. 9). Nur dies erlaubt eine Verallgemeinerbarkeit der zu treffenden Aussagen über die Stichprobe hinaus.[76] In der vorliegenden Arbeit wurde jedoch ein „bewusstes Auswahlverfahren“ angewendet, das als „cut off Verfahren“ (Konzentrationsprinzip oder Abschneideverfahren) bekannt ist: Es werden diejenigen Elemente der Auswahlgesamtheit ausgewählt, denen eine besondere Bedeutung zukommt. In der vorliegenden Erhebung wurde die Auswahlgesamtheit aller beim Adressdienstleister registrierten Unternehmen mit IT-Ansprechpartnern auf die Unternehmen reduziert, die mehr als 460 Mitarbeiter beschäftigen. Dadurch wurde die Stichprobengröße auf 2.848 Unternehmen reduziert, was auch aus forschungsökonomischen Gesichtspunkten eine sinnvolle Stichprobengröße darstellt. Es handelt sich um einen extremen Fall von Nicht-Proportionalität der Stichprobe mit der Grundgesamtheit und einer bewussten Verletzung der Repräsentativität (von der Lippe/Kladroba 2002, S. 6).

Selektionskriterium beim Adressdienstleister	Anzahl Unternehmen
Deutsche Unternehmen	4.168.948
Deutsche Unternehmen, mit IT-Leiter	48.580
Deutsche Unternehmen > 460 Mitarbeiter	5.391
Deutsche Unternehmen > 460 Mitarbeiter, mit IT-Leiter	2.848

Tabelle 16: Selektionen zur Gewinnung der Stichprobe (Quelle: Eigene Darstellung)

Dieser Nachteil wird deshalb in Kauf genommen, da die Unternehmen dieser cut off Stichprobe zwar nur ca. 6,9% aller registrierten Firmen ausmachen, jedoch einen großen Anteil aller Beschäftigten in Deutschland repräsentieren. In der Betriebsgrößenklasse[77] „500 und mehr Beschäftigte“ waren gemäß der Beschäftigten- und Betriebsstatistik der Bundesagentur für Arbeit insgesamt 5.716.297 Beschäftigte (Stand 31.12.2004) verzeichnet (BIBB 2006). Bei insgesamt 26.381.842 Beschäftigten entspricht dies einem relativen Anteil von ca. 21,6%. Die in der Stichprobe enthaltenen Unternehmen repräsentieren also, bei unterstellter Gleichverteilung von Unternehmen mit und ohne CIO, ca. 12% aller Beschäftigten in deutschen

---

75 Nach von der Lippe/Kladroba (2002, S. 4) kann sogar nur eine durch Zufallsauswahl zustande gekommene Teilgesamtheit als „Stichprobe“ bezeichnet werden.

76 Auf die deskriptive Statistik hat dies jedoch keinen Einfluss, d.h. egal wie eine Teilgesamtheit zustande gekommen ist, können darüber mit Hilfe deskriptiver Methoden Aussagen getroffen werden (von der Lippe/Kladroba 2002, S. 4). Die Autoren betonen, dass „dass eine rein deskriptive Datenanalyse nichts Ehrenrühriges ist. Es spricht außerdem nichts dagegen, dass auch rein verbal sehr vernünftige und wohlbegründete Schlussfolgerungen gezogen werden können. Allerdings ist immer wieder zu beobachten, dass es für viele Autoren offensichtlich wichtig ist, dass ihrer Untersuchung nicht nur das vermeintliche „Gütesiegel“ repräsentativ anhaftet, sondern dass darüber hinaus auch die Aussage „Verwendung der Inferenzstatistik“ ein Qualitätsmerkmal ist.“

77 Zum Unterschied Unternehmen vs. Betrieb siehe Statistisches Bundesamt (2006a).

Betrieben[78]. In der amtlichen Statistik und in der Meinungsforschung wird häufig ähnlich vorgegangen.

Wie sich in der Vorstudie herausstellte, können die im Fragebogen enthaltenen Fragen von Mitarbeitern beantwortet werden, die im Bereich Unternehmenssoftware für den technischen Betrieb, die fachliche Planung oder die Anwenderbetreuung zuständig sind. Bezeichnungen dieser Funktionsträger sind üblicherweise Gesamtprojektleiter/Programm-Manager, Projektleiter, Teilprojektleiter, Projektmitarbeiter, Mitglied des Lenkungsausschusses, Anwendungsverantwortlicher, Modulverantwortlicher (vgl. Kohnke et al. 2005, S. 28). Bei einigen Fragen, die z.B. Personalprozesse betrafen, musste jedoch vermutet werden, dass die benötigten Informationen eher in der Personalabteilung/-entwicklung vorliegen. Um auch diese Daten per Umfrage erheben zu können, hätte man im Anschreiben den primären Ansprechpartner aus der IT um eine interne Weiterleitung des Fragebogens an Mitarbeiter aus dem Personalbereich bitten können. Dies kann als Variante des Schneeballverfahrens betrachtet werden, bei dem die befragten Personen gebeten werden, den Fragebogen selbst zu beantworten und an andere Personen weiterzugeben (Schumann 2006, S. 97f.). Dieser Aufwand für den Befragten birgt jedoch die Gefahr sehr niedriger Rücklaufquoten. Der separate Versand eines zweiten Fragebogens wurde ebenfalls verworfen, da dies einen zu hohen Aufwand für den Umfrageveranstalter bedeutet hätte. Daher wurden die betreffenden Fragen so formuliert, dass sie auch aus Sicht der IT-Mitarbeiter beantwortet werden können.

Beim Kauf der Adressliste konnten je Unternehmen Ansprechpartner („Entscheider") ausgewählt werden, mit denen der Briefkontakt aufgenommen werden kann. So hätte die erste Führungsebene (Inhaber, Vorstand, Geschäftsführer) kontaktiert werden können, doch sind diese Personen insbesondere in größeren Unternehmen schwer erreichbar und außerdem nicht die richtigen Ansprechpartner für die Umfrage. Auf der zweiten Führungsebene konnte der „IT-/Organisationsleiter" (CIO) ausgewählt werden, von dem ebenfalls nicht angenommen werden konnte, dass er sich an der Umfrage beteiligen würde (Zeitrestriktion, mangelnde Detailkenntnisse). Der CIO verfügt jedoch über die entsprechenden Kontakte und Befugnisse, bei Interesse die Umfrage an die richtige Stelle weiterzuleiten. Das Anschreiben wurde daher an den CIO gerichtet und entsprechend formuliert.

Einschränkend muss beachtet werden, dass alle Ergebnisse auf den subjektiven Aussagen der Untersuchungsteilnehmer basieren. Auch wenn die Daten auf der Ebene des gesamten Unternehmens erhoben werden, so spiegeln sie nicht zwangsläufig das Meinungsbild anderer Entscheidungsträger, z.B. Geschäftsleitung, oder von Anwendern im Unternehmen wider.

4.2.2 Kontaktaufnahme und Incentivierung

Als Versandmethode wurde der „klassische" Brief gewählt. Im Gegensatz zu Aufforderungen per E-Mail, an einer Befragung teilzunehmen, sollte der Angeschriebene mehr Seriosität hinter dem Schreiben und der Erhebung vermuten. Es findet also ein bewusster Medienbruch zwischen Online-Fragebogen und Offline-Rekrutierung (Fischer 2005, S. 21) statt. THEOBALD (2000, S. 44ff.) spricht von „gezielter Ansprache in anderen Medien".

---

[78] 2.848 / 5.175 = 55%. 5.716.297 * 55,8% = 3.145.896. 3.145.896 / 26.381.842 = 11,9%. Dieser Wert dürfte eher die untere Grenze darstellen, da davon auszugehen ist, dass Unternehmen mit IT-Leiter tendenziell größer als Unternehmen ohne sind.

Im Direktmarketing stehen „adressierte Werbebriefe" an erster Stelle der eingesetzten Instrumente (Deutscher Direktmarketing Verband e.V. 2002, S. 14). Personen, die keine postalische Werbung wünschen, können sich in sog. „Robinson-Listen" eintragen lassen.[79] Es handelt sich um eine Art „Blacklist" des Deutschen Direkt-Marketing-Verbandes (Bundesbeauftragter für den Datenschutz und die Informationsfreiheit 2004, S. 33). Die Beachtung dieser Listen durch die Werbewirtschaft ist allerdings rein freiwillig. Kritisch zu hinterfragen ist, ob ein unaufgefordertes persönliches Anschreiben für Zwecke der Datenerhebung für Forschungsarbeiten zulässig ist. Gemäß §28, Abs. 4 Bundesdatenschutzgesetz (BDSG) ist die Nutzung personenbezogener Daten für die Erfüllung eigener Geschäftszwecke (d.h. Forschung) zulässig,

> *„[...] wenn es im Interesse einer Forschungseinrichtung zur Durchführung wissenschaftlicher Forschung erforderlich ist, das wissenschaftliche Interesse an der Durchführung des Forschungsvorhabens das Interesse des Betroffenen an dem Ausschluss der Zweckänderung erheblich überwiegt und der Zweck der Forschung auf andere Weise nicht oder nur mit unverhältnismäßigem Aufwand erreicht werden kann." (Bundesbeauftragter für den Datenschutz und die Informationsfreiheit 2004, S. 19, 81f.)*

Daher konnte davon ausgegangen werden, dass das unaufgeforderte Anschreiben der Zielpersonen für Forschungszwecke zulässig ist.

Die Befragten wurden mittels eines Begleitschreibens[80] über wichtige Sachverhalte zur Befragung informiert (Mayer 2006, S. 98). Die Gestaltung des Anschreibens orientierte sich am Vorgehen von WOLF (2006, S. 180f.), das zu einer erfolgreichen Ansprache der Befragungspersonen führte. Dargelegt wurden die Zielsetzung der Untersuchung, die durchführende Institution sowie die Wichtigkeit der Teilnahme des Befragten. Zudem war ein Hinweis auf anonyme Behandlung der Ergebnisse integriert, ebenso der Hinweis auf die Incentives (Göritz 2005; Fischer 2005), wobei diese nicht im Mittelpunkt stehen sollten. Der Übergang vom postalischen Anschreiben zur Internetseite der Befragung wurde durch einen eigens eingerichteten URL (Webadresse) vereinfacht. Da der URL manuell in den Internetbrowser

---

79 „Für den Bereich Fax, E-Mail und SMS gibt es ebenfalls Robinson-Listen, auch wenn eine unangeforderte Werbung außerhalb einer bestehenden Geschäftsbeziehung per Fax, E-Mail und SMS ohnehin als grundsätzlich unzulässig, weil kostenverursachend und belästigend, anzusehen ist" (Bundesbeauftragter für den Datenschutz und die Informationsfreiheit 2004, S. 33).

80 Mit dem Ausdruck und dem Versand der Anschreiben wurde ein spezialisierter Dienstleister beauftragt. PORST (2001) liefert sehr konkrete Hinweise für die Gestaltung des Befragungsmaterials. Es wird vorgeschlagen, das Briefkuvert mit einem (Universitäts-)Logo oder einer Absenderkennung zu versehen, um sich von der normalen Werbepost zu differenzieren. Dazu trage auch die Verwendung von (Sonder-)Briefmarken anstelle von Postwertzeichenstempeln bei. Weder Universitätslogo noch Sonderbriefmarken konnten in dieser Studie verwendet werden, da der Versanddienstleister dies nicht anbot. Aus einer am gleichen Lehrstuhl durchgeführten Umfragestudie zum Thema RFID (Leimeister et al. 2007) wurde der praktisch wertvolle Hinweis übernommen, die Anschreiben an einem Dienstag zu versenden, da dies die Wahrscheinlichkeit erhöht, dass es donnerstags, spätestens freitags auf den Schreibtischen der zu befragenden Personen „landet". Es ist anzunehmen, dass gegen Wochenende tendenziell mehr Zeit für eine Umfrageteilnahme zur Verfügung steht. Auf ein Nachfassen wurde aus mehreren Gründen verzichtet: Zum einen war die Rücklaufquote nach Beendigung des Befragungszeitraums zufrieden stellend, außerdem hätte ein postalisches Nachfassen (Atteslander 2006, S. 281) einen hohen finanziellen Aufwand bedeutet. Ein Nachfassen per E-Mail wäre zwar mit weniger Aufwand zu bewerkstelligen gewesen, jedoch lagen keine persönlichen E-Mail-Adressen der Ansprechpartner vor, sondern nur generische Info-Mail-Adressen der Unternehmen.

eingetippt werden musste, wurde mit www.it-qualifizierungsstudie.de eine möglichst einfache und eingängige Bezeichnung gewählt.[81] Für den Fall, dass dennoch Probleme beim Aufruf der Umfrage auftreten sollten, wurde im Anschreiben auf eine Telefonnummer und E-Mail-Adresse verwiesen, unter der im Bedarfsfalle Hilfestellung gegeben werden konnte. Im Anschreiben war ein eindeutiger Code enthalten, mit dem der Befragte an der Befragung teilnehmen konnte. Die Verwendung der Codes zur Zugangskontrolle hatte mehrere Vorteile (vgl. Theobald 2000, S. 45):

1. Es konnte damit sichergestellt werden, dass einerseits nur die Mitglieder der Stichprobe an der Befragung teilnehmen und andererseits Mehrfachteilnahmen ausgeschlossen werden konnten.
2. Das verwendete Umfragetool 2ask erlaubte es, gezielt nach noch nicht verwendeten Codes zu selektieren. Dadurch würden Nachfassaktionen erleichtert.
3. Der Code ermöglichte den einfachen Rückschluss vom abgegebenen Fragebogen auf das dahinter stehende Unternehmen. Dadurch war es möglich, die Datensätze um Zusatzinformationen zum Unternehmen anzureichern, z.B. Umsatz, Mitarbeiterzahl usw. Diese wichtigen Informationen mussten somit nicht mehr abgefragt werden, was den Umfang des Fragebogens verkürzen half.

Die Befragten erhielten die Möglichkeit, an der Verlosung eines Apple iPhone[82] teilzunehmen. Das iPhone wurde deshalb als Anreiz[83] ausgelobt, weil STADTMEIER/PORST (2005, S. 6) dringend empfehlen, ein für die Zielgruppe attraktives Incentive auszuwählen. Es konnte davon ausgegangen werden, dass „schicke" mobile Kommunikations- und Unterhaltungsgeräte insbesondere bei IT-affinen Personen sehr beliebt sind. Eine Incentivierung kann neben der Steigerung der Rücklaufquote der Erhebungen jedoch auch negativen Einfluss auf die Validität der Erhebung haben, denn die Gefahr von missing items und nicht zu Ende geführten Fragebögen wird erhöht (Göritz 2005, S. 2). Außerdem besteht die Gefahr, dass sich die Stichprobenzusammensetzung verändert. Im Extremfall kann Incentivierung dazu führen, dass intrinsisch motivierte Umfrageteilnehmer der Befragung fernbleiben. Auch die Erhebungsergebnisse können verfälscht werden, wenn beispielsweise Personen den Fragebogen mehrmals ausfüllen (Göritz 2004, 2005).[84] Ein weiterer Motivator zur Umfrageteilnahme kann das Versprechen sein, nach Abschluss der Gesamtstudie die Auswertungsergebnisse zu

---

81 Um häufig gemachte Tippfehler abzufangen, wurde zusätzlich der URL www.itqualifizierungsstudie.de eingerichtet, der ebenfalls auf die Umfrage weiterleitete.

82 Das Produkt war zum Zeitpunkt der Befragung gerade neu am Markt vorgestellt und für Ende 2007 angekündigt.

83 Es ist nicht ausreichend, lediglich auf den Fragebogen hinzuweisen oder potenzielle Teilnehmer anzusprechen (Theobald 2000, S. 49). Um von der Teilnahme überzeugt oder dazu motiviert zu werden, werden häufig Incentives eingesetzt (Theobald 2000, S. 54-59). Dies sind materielle oder nichtmaterielle Anreize für einen Befragungsteilnehmer, an Umfragen, Studien usw. teilzunehmen (Göritz 2005, S. 1; Schumann 2006). Das Spektrum der Anreizmethoden reicht von der Bereitstellung der Umfrageergebnisse und personalisierter Auswertungen über Spenden an wohltätige Vereinigungen bis hin zur Bezahlung des Umfrageteilnehmers für seine Teilnahme. THEOBALD (2000, S. 49) nennt vom Forscher kontrollierbare Motivatoren, die das Antwortverhalten bei schriftlichen (Online-) Befragungen beeinflussen können. Ziel ist es, den „survey nonresponse", also die komplette Enthaltung von der Umfrageteilnahme, zu reduzieren (Rogelberg/Stanton 2007, S. 197).

84 Unter http://www.websm.org werden praktische Hinweise zur Incentivierung gegeben.

versenden (Theobald 2000, S. 59). Daher wurde den Befragungsteilnehmern die Gesamtauswertung der Umfrage sowie ein personalisierter Vergleich der Einzelantworten mit der gesamten Stichprobe zugesagt. Die Ergebnisse sollten nach Abschluss der Erhebung per E-Mail zugesendet werden.

4.2.3 Zusatzstichproben

Um die Hauptstichprobe um weitere Fälle zu ergänzen, wurden Zusatzstichproben in die Erhebung mit einbezogen (siehe Abbildung 35). Die Hauptstichprobe kann über den separaten URL und die dahinterliegende separate Instanz des Fragebogens von den Zusatzstichproben abgegrenzt werden. Die Zusatzstichproben können voneinander über ein Flag, das im Fragebogen abgefragt wird, unterschieden werden.

- Zusatzstichprobe Nr. 2: die deutsche SAP-Anwendergruppe (DSAG) kündigte die Erhebung in ihrem E-Mail-Newsletter 02/2007 an, wodurch theoretisch ca. 20.000 Empfänger Kenntnis von der Umfrage erlangen konnten. Angaben zur Anzahl der tatsächlichen Leser[85] liegen keine vor.
- Zusatzstichprobe Nr. 3: Es wurde die Möglichkeit genutzt, die Erhebung über den Newsletter[86] anzukündigen, den die Weiterbildungsabteilung eines Herstellers von Unternehmenssoftware an registrierte Ansprechpartner versendet. Dieser Newsletter wurde an 61.563 registrierte Abonnenten per E-Mail versendet. Der Versender schätzt, dass davon ca. 21.000 Personen den Newsletter tatsächlich lesen. Der Newsletter wurde am 02.02.2007 per E-Mail im Namen des Herstellers versendet.
- Zusatzstichprobe Nr. 4: In der Ausgabe I/2007 der Fachzeitschrift „ERP-Management" wurde ein Hinweis auf die Umfrage untergebracht. Die Reichweite ist mit 56.700 Lesern angegeben.
- Zusatzstichprobe Nr. 5: die Umfrage wurde in thematisch passenden Diskussionsforen angekündigt: Im Kontaktnetzwerk „XING" (früher OpenBC) konnten als passende Bereiche folgende Gruppen identifiziert werden, in denen die Umfrage gepostet wurde: Human Resources, SAP, Moderne Aus- und Weiterbildungspraxis, Netzwerk der Personalentwickler, Online Lernen, Softwareentwickler, Microsoft Business Solutions Dynamics, Sage Software, IT Training Ausbildung und Zertifizierung, Oracle. Zusätzlich wurde die Umfrage auf der „Competence Site" im Diskussionsforum „ERP-/ERM-Systeme: Allgemein" veröffentlicht. Die Anzahl der in den genannten Foren registrierten Mitglieder wird auf ca. 23.000 geschätzt.
- Zusatzstichprobe Nr. 6: Die Umfrage wurde an persönliche Kontakte in anderen Unternehmen mit der Bitte um Teilnahme weitergeleitet.

---

85 Die Anzahl der Personen, die ein Online-Medium, z.B. E-Mail-Newsletter, tatsächlich aufgerufen haben, kann über die sog. „IVW-Zählpixel" bestimmt werden. „Die Zugriffe auf Webseiten werden mit dem Skalierbaren Zentralen Messsystem (SZM) ermittelt. Das SZM arbeitet mit einem Zählpixel, das auf jeder Seite des gemessenen Angebots eingefügt ist. Über diesen Pixel ermitteln Zähl-Boxen in Echtzeit die Anzahl der von Nutzern abgerufenen Seiten (PageImpressions) sowie die Summe der einzelnen zusammenhängenden Nutzungsvorgänge (Visits). Die Daten der einzelnen Angebote werden in einem zentralen Kollektor zu Monatszahlen aggregiert und von der IVW veröffentlicht." (IVW 2007)

86 Ausgabe Januar/Februar 2007

- Zusatzstichprobe Nr. 7: analog zur Zusatzstichprobe Nr. 3 wurde der Newsletter (Ausgabe März 2007) verwendet, um nochmals auf die Umfrage hinzuweisen.

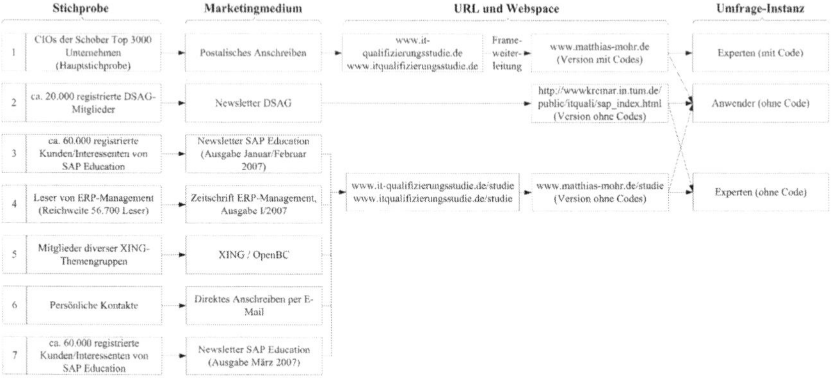

Abbildung 35: Marketing- und Zugangswege zu den Stichproben und Fragebögen (Quelle: Eigene Darstellung)

4.2.4 *Rücklaufkontrolle und Beurteilung der Stichproben*

Bei schriftlichen Umfragen wird üblicherweise mit der Rücklaufquote die Qualität der Ergebnisse beurteilt. THEOBALD (2000, S. 71ff.) geht analog vor, hält jedoch die Definition nur einer Rücklaufquote für unzureichend. Er schlägt vor, durch die Messung der Aufrufe der verschiedenen Teile einer Befragung feinere Betrachtungsmöglichkeiten zu nutzen und berechnet „Selektionsraten" bei onlinegestützten Befragungen. THEOBALD bezieht sich bei seinem Modell auf die Definitionen des Council of American Survey Research Organizations (CASRO) (CASRO 2000).

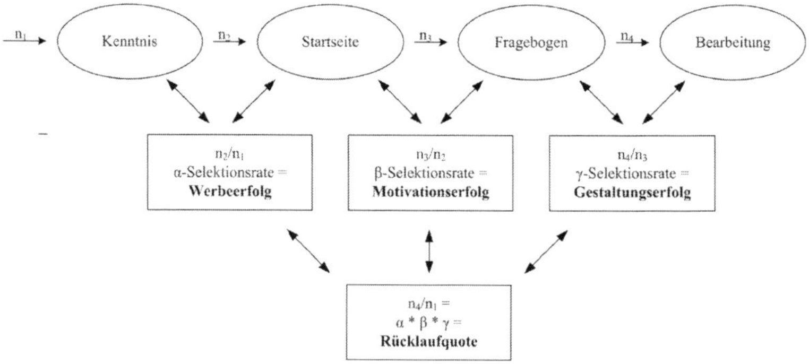

Abbildung 36: Selektionsraten und Rücklaufquote nach Befragungsphasen (Quelle: in Anlehnung an Theobald (2000, S. 72))

Hierbei ist

n_1 Anzahl Personen, die von der Befragung Kenntnis erlangen

n_2 Anzahl Personen, die die Startseite der Befragung aufrufen und sich darüber informieren möchten

n_3 Anzahl Personen, die den Fragebogen aufrufen

n_4 Anzahl Personen, die den Fragebogen bearbeiten und abschicken

α Maßzahl für den Werbeerfolg

β Maßzahl für den Motivationserfolg

γ Maßzahl für den Gestaltungserfolg

Da es sich um eine nicht-zufallsgesteuerte Umfrage handelte, entspricht n_1 dem Umfang der Bruttoteilstichproben. Da die Startseite Bestandteil des eigentlichen Fragebogens war, entspricht ein Aufruf der Startseite (n_2) rein technisch einem Aufruf des Fragebogens (n_3). Damit kann keine sinnvolle β-Selektionsrate bestimmt werden. Da in der Anzahl der aufgerufenen Fragebögen (n_3) auch die Testaufrufe des Umfrageveranstalters enthalten waren, wird n_3 überschätzt und die γ-Selektionsrate (Gestaltungserfolg) unterschätzt. Tabelle 17 stellt die Erfolgskennzahlen je Teilstichprobe dar.

Teilstichprobe	Kenntnis (n_1)	Aufrufe (n_2=n_3)	Antworten (n_4)	Werbeerfolg (α-Selektionsrate)	Gestaltungserfolg (γ-Selektionsrate)	Rücklauf (n_4/n_1)
1: Postalisches Direktanschreiben	2.848	122	91	4,28 %	74,59 %	3,19 %
6: Persönliche Kontakte	105	79	30	75,24 %	37,97 %	28,57 %
Persönliche Kontaktaufnahme	**2.953**	**201**	**121**	**6,81 %**	**60,20 %**	**4,09 %**
2: DSAG-Newsletter	ca. 20.000	238	66	1,19 %	27,73 %	0,33 %
3: SAP Education Newsletter Januar/Februar 07	ca. 21.000	5	0	0,02 %	0,00 %	0,00 %
5: XING/ OpenBC und Foren	ca. 23.000	173	28	0,75 %	16,18 %	0,12 %
7: SAP Education Newsletter März 07	ca. 21.000[87]	10	6	0,05 %	60,00 %	0,03 %
4: ERP-Management	ca. 57.000	0	0	0,00 %	-	0,00 %
Sonstiges, int. Weiterleitung, keine Angabe	-	-	10	-	-	-
Nicht-persönliche Kontaktaufnahme	**ca. 121.000**	**426**	**110**	**0,35 %**	**25,82 %**	**0,09 %**
Gesamt	**ca. 123.953**	**627**	**231**	**0,51 %**	**36,84 %**	**0,18 %**

Tabelle 17: Selektionsraten der Teilstichproben der Befragung (Quelle: Eigene Darstellung)

Differenziert man nach der Art der Kontaktaufnahme, lässt sich feststellen, dass die persönliche Kontaktaufnahme einen besseren Werbe- und Gestaltungserfolg aufweist als die anonymen Werbemittel. Das postalische Direktanschreiben weist mit ca. 4,3% einen durchschnittlichen Werbeerfolg, mit 74,6% jedoch einen sehr guten Gestaltungserfolg auf. Dies bedeutet, dass, sobald sich einer der Angeschriebenen dazu entschlossen hat, an der Befragung teilzunehmen, kaum Abbrüche zu verzeichnen sind. Einen relativ hohen Werbe- und Gestaltungserfolg weist auch die Kontaktaufnahme mit potenziellen Umfrageteilnehmern aus dem Geschäftspartnerumfeld des Umfrageveranstalters auf. Dies beruht höchstwahrscheinlich auf dem Motiv, „einen Gefallen“ tun zu wollen.

Die anonymen Ankündigungen, meist per Newsletter, zeigten einen äußerst geringen Werbeerfolg. Dies könnte, insb. bei Teilstichprobe 3, an der ungünstigen Platzierung der Ankündigung ganz am Ende des Newsletters gelegen haben. Auch die Ankündigung in der Zeitschrift „ERP-Management“ zeigte nicht die erhoffte Wirkung. Positiv hingegen ist lediglich die

[87] Die Teilstichprobe Nr. 7 stimmt mit Nr. 3 überein und wird daher in der Summe nicht doppelt berücksichtigt.

Ankündigung mittels DSAG-Newsletter einzuschätzen. Der Gestaltungserfolg der anonymen Wege ist ebenfalls geringer als bei der persönlichen Kontaktaufnahme. Dies bedeutet, dass der Anteil der Abbrecher höher ist.

Insgesamt wurden 231 Antworten abgegeben, nachdem der Fragebogen 627 Mal aufgerufen worden war. Der Gestaltungserfolg von ca. 37% ist in Anbetracht des sehr zeitaufwändigen Fragebogens als sehr zufrieden stellend einzuschätzen: Das 5%-getrimmte Mittel der Ausfülldauer beträgt 30,6 Minuten, was deutlich über den im Begleitschreiben angegebenen 20 Minuten liegt. Zwischen den verschiedenen Teilstichproben ist kein signifikanter Unterschied in der Bearbeitungszeit festzustellen.

Abbildung 37 stellt den zeitlichen Verlauf der Fragebogenrückläufer dar. Es ist erkennbar, dass der Rücklauf insbesondere durch das postalische Anschreiben und den DSAG-Newsletter befördert wurde. Ca. vier Wochen nach diesen beiden großen Werbeaktionen ist eine Sättigung im Antwortverhalten zu erkennen.

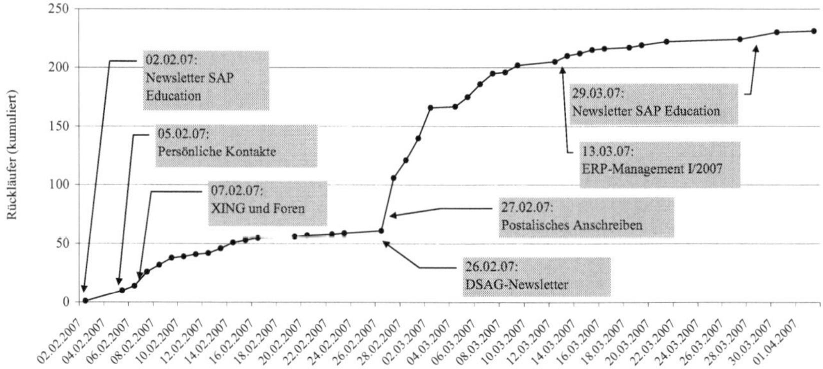

Abbildung 37: Zeitliche Verteilung der Rückläufer (kumulierte Werte) (Quelle: Eigene Darstellung)

Dass sich das Antwortverhalten der persönlich angeschriebenen Personen von dem derjenigen unterscheidet, die per Newsletter „anonym" zur Befragung aufgefordert wurden, wird in Abbildung 38 deutlich. Die Antworten der Briefempfänger (linke Seite) wurden relativ gleichmäßig verteilt abgegeben, wenn auch mit abnehmender Antwortrate. Dies zeigt sich in einem relativ flachen Verlauf der Kurve. Die letzten Antworten trafen drei Wochen nach Versand ein. Die Empfänger des DSAG-Newsletters hingegen antworteten relativ zügig nach Erhalt der Nachricht (rechte Seite). Das unterschiedliche Antwortverhalten ist nachvollziehbar: Während Papier „geduldig" ist und durchaus mehrere Tage auf seine Bearbeitung warten kann, wird ein Newsletter schneller gelesen und verarbeitet. Außerdem tritt beim Newsletter kein Medienbruch zwischen Anschreiben und Fragebogen auf, wie dies beim Brief der Fall ist. Das gleiche Antwortverhalten haben MENEZ ET AL. (2001, S. 14) in ihrer Studie beobachtet, die ein ähnliches Untersuchungsdesign aufweist wie die vorliegende Arbeit.

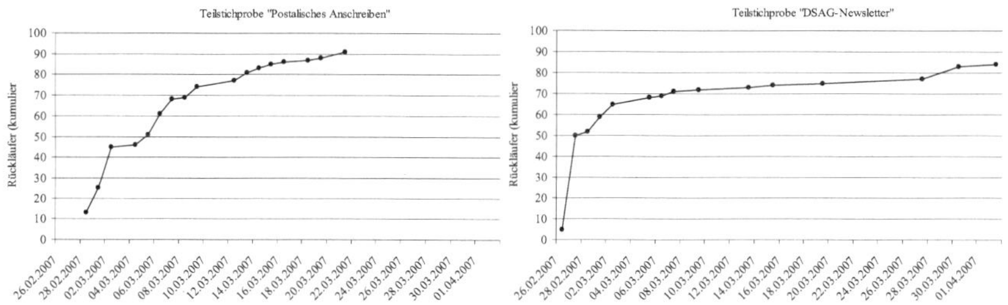

Abbildung 38: Vergleich der zeitlichen Verteilung der Rückläufer (kumulierte Werte) des postalischen Anschreibens und des DSAG-Newsletters (Quelle: Eigene Darstellung)

4.3 Analyseprozess

4.3.1 Datenaufbereitung

Eine quantitative Analyse der Umfragedaten setzt eine ganz bestimmte Struktur voraus. Diese sicherzustellen ist Aufgabe der Datenaufbereitung (Schnell et al. 2005, S. 423). Grundlage für die grundlegenden statistischen Analysen mit SPSS ist das Vorliegen der erhobenen Daten als Matrix, deren Zeilen jeweils eine Untersuchungseinheit, d.h. ein Anwenderunternehmen, und deren Spalten eine Variable, z.B. die Antworten auf eine Frage darstellen (Schnell et al. 2005, S. 423; Eckstein 2004). Das Tool 2ask, mit dem der Onlinefragebogen erstellt und betrieben wurde, erzeugt als Output sowohl Microsoft Excel als auch SPSS-Dateien, die o.g. Anforderungen genügen. Hauptvorteil der elektronischen Umfragedurchführung mit 2ask war, dass eine manuelle Vercodung der gewonnenen Fragebogenergebnisse entfallen konnte, wie sie bei Papierfragebögen notwendig ist (Schnell et al. 2005, S. 430f.). Grund dafür ist, dass bereits im Fragebogendesign der vorläufige Codeplan berücksichtigt werden kann.[88]

Im Rahmen der Datenbereinigung wurden Konsistenz- und Plausibilitätskontrollen[89] mit dem Datenset durchgeführt (Atteslander 2006, S. 281ff.; Schnell et al. 2005, S. 436ff.), die nicht schon während der Datenerhebung berücksichtigt wurden. Die Kontrollen wurden unter

88 Da sich jedoch die verschiedenen Fragebogeninstanzen im Aufbau und der Codierung der Variablen geringfügig voneinander unterschieden, wurden die Ergebnis-Datensets zunächst in Microsoft Excel umcodiert. Ziel war es, alle Datensets mit dem Codeplan in Übereinstimmung zu bringen. Die Umcodierung beanspruchte ca. eine Mannwoche Arbeit. Abschließend wurden die umcodierten Ergebnisse in SPSS überführt.

89 Der erste Schritt bestand in der Eliminierung von drei ungültigen Datensätzen (zwei Antworten wurden gelöscht, da es sich nicht um Unternehmenssoftware-Anwenderunternehmen, sondern um freiberufliche Ein-Mann-Berater handelte, die fälschlicherweise angaben, das betreffende ERP-System selbst einzusetzen. Tatsächlich wurde „nur" Beratung zu diesem Produkt durchgeführt. Ein weiterer Fragebogen wurde gelöscht, da er von einem falschen, d.h. nicht im Thema kompetenten, Ansprechpartner erzeugt wurde. Anzeichen dafür waren häufige „weiß nicht" Antworten, Leerfelder und entsprechende Kommentare in den Freitextfeldern). Im zweiten Schritt mussten 16 Antworten konsolidiert werden, die sich auf insgesamt 8 Unternehmen bezogen. Die doppelten Datensätze resultierten aus der Tatsache, dass bei der Erhebung nicht sichergestellt werden konnte, dass pro Unternehmen genau eine Person antwortete. Bei der Konsolidierung wurden die Antworten desjenigen Datensatzes verwendet, der vom augenscheinlich „kompetenteren" Umfrageteilnehmer stammte, d.h. wo weniger missing values auftraten. Traten dennoch missing values auf, wurden die Antworten des anderen Datensatzes übernommen. Die Konsolidierung wurde nur bei identischen Unternehmen vorgenommen, nicht bei verschiedenen Unternehmen innerhalb des gleichen Konzerns. Auf diese Weise wurden 8 Antworten gelöscht.

Zuhilfenahme der Geschäftsberichte der teilnehmenden Unternehmen (sofern namentlich bekannt), Informationen auf den Webseiten und persönlichen Nachfragen bei den Umfrageteilnehmern vorgenommen. Von den 231 abgegebenen Fragebögen mussten 11 aus dem Datenset entfernt werden, so dass *220 Fälle* für die weitere Analyse zur Verfügung standen. Abschließend wurden die auf einer Ordinalskala gemessenen Variablen so umkodiert, dass der höchste Wert stets die „beste, wichtigste, größte" Ausprägung bezeichnet. Dies war beim Fragebogendesign versäumt worden, daher war jetzt eine „Spiegelung" der Merkmalsausprägungen notwendig. Dies erleichtert die Lesbarkeit von Diagrammen.

Die aufbereiteten Umfrageergebnisse, bestehend aus 220 Fällen und 223 Variablen, wurden mit Hilfe der Statistiksoftware SPSS (statistical package for the social sciences (Eckstein 2004, S. 2), verwendete Version: 14.0.1) quantitativ ausgewertet. SPSS ist eine in den Sozialwissenschaften weit verbreitete Standardsoftware und besteht aus einem Basismodul mit den gängigsten statistischen Prozeduren und diversen Zusatzmodulen, z.B. für Zeitreihenanalysen oder Data Mining Verfahren.

4.3.2 Beschreibung der Stichprobe

Das Vorgehen bei der Stichprobengewinnung hat dazu geführt, dass Unternehmen, die keine Unternehmenssoftware im Einsatz haben, von vornherein ausgeschlossen waren. Tabelle 18 stellt die Stichprobe nach Beschäftigtengrößenklassen und Branchen gegliedert dar. Hinsichtlich der Branchenverteilung wurde in der Stichprobe eine breite Streuung realisiert. Die aus anderen Untersuchungen als weiterbildungsaktiv geltenden Branchen wie z.B. Kredit- und Versicherungsgewerbe und EDV/IT sind in der Stichprobe überrepräsentiert[90], was sich mit einer zu diesem Thema stärker ausgeprägten Antwortbereitschaft erklären lässt. Auch Unternehmen aus verarbeitendem Gewerbe und Fahrzeug- und Maschinenbau sind in der Stichprobe überdurchschnittlich stark vertreten.

		Beschäftigtengrößenklassen								
		10-49	50-249	250-499	500-999	1.000-9.999	10.000+	o.A.	abs.	%
Branchen / WUB	Verarbeitendes Gewerbe (WZ03 C+D)	1	2	7	32	35	18	0	**95**	**43,2**
	Energie- und Wasserversorgung (WZ03 E)	0	1	0	2	10	0	0	**13**	**5,9**
	Baugewerbe (WZ03 F)	0	0	1	1	0	0	0	**2**	**0,9**
	Groß-/Einzelhandel (WZ03 G+H)	0	0	0	5	5	3	0	**13**	**5,9**
	Verkehr und Nachrichtenübermittlung (WZ03 I)	0	0	0	1	7	3	0	**11**	**5,0**
	Kredit- und Versicherungsgewerbe (WZ03 J)	0	0	0	4	6	3	0	**13**	**5,9**
	Wirtschaftliche Dienstleistungen (WZ03 K)	9	10	4	10	12	4	2	**51**	**23,2**
	Öffentliche Verwaltung (WZ03 L+Q)	0	0	0	3	7	4	0	**14**	**6,4**
	Öffentliche und private Dienstleistungen (WZ03 M-P)	0	0	0	1	7	0	0	**8**	**3,6**
	abs.	**10**	**13**	**12**	**59**	**89**	**35**	**2**	**220**	**100**
	%	**4,5**	**5,9**	**5,5**	**26,8**	**40,5**	**15,9**	**0,9**		

Tabelle 18: Stichprobe der Umfrage nach Wirtschaftsunterbereichen (WUB) gemäß WZ2003 und nach Beschäftigtengrößenklassen (Quelle: Eigene Darstellung)

90 Der Vergleich der Branchenverteilung zwischen Stichprobe und Grundgesamtheit (Bundesdurchschnitt) ist aufgrund der vielfältigen Operationalisierungen und Klassifizierungen schwierig. Zur groben Abschätzung können die Daten aus dem Unternehmensregister herangezogen werden (Statistisches Bundesamt 2006b, S. 484): Der Anteil von Unternehmen aus dem Kredit- und Versicherungsgewerbe betrug zum 31.12.2005 ca. 1,4%, der des verarbeitenden Gewerbes ca. 8,8%.

4.3.3 *Verwendete statistische Verfahren*

Für die nachfolgenden Datenanalysen sind verschiedene Typen von Zusammenhangsanalysen[91] zentral. Die hierzu verwendeten statistischen Methoden und ihre wichtigsten Kennzahlen werden im Folgenden kurz beschrieben. Eine detaillierte Beschreibung findet sich beispielsweise in BACKHAUS (2006) und BROSIUS (1998). Die Wahl einer bestimmten Methode zur Zusammenhangsanalyse richtet sich nach dem Skalenniveau der beteiligten Variablen, ist also rein methodisch und nicht fachlich begründet.

		Variable 2	
		Metrisches Skalenniveau	Nominales Skalenniveau
Variable 1	Metrisches Skalenniveau	Korrelationsanalyse (D)	Diskriminanzanalyse (C)
	Nominales Skalenniveau	Einfaktorielle Varianzanalyse (B)	Chi-Quadrat-Test (A)

Tabelle 19: In der Arbeit verwendete statistische Verfahren (Quelle: Backhaus (2006, S. 8), modifiziert)

Um die Stärke des Zusammenhangs zweier Variablen zu bestimmen, kann ein Korrelationskoeffizient (Wertebereich zwischen -1 und +1) bestimmt werden, der allerdings darauf beschränkt ist, lineare Zusammenhänge aufzuzeigen. Daher kann auch bei einem Koeffizienten von 0 ein perfekter, jedoch nicht linearer Zusammenhang vorliegen (Brosius 1998, S. 497). Daher sollten als Ergänzung die Werte in einem Diagramm gegeneinander aufgetragen werden, um insbesondere die Form eines möglichen Zusammenhangs zu erkennen. Zur Interpretation von Korrelationskoeffizienten schlägt BROSIUS (1998, S. 503) folgende Einteilung vor:

Betrag des Korrelationskoeffizienten	Mögliche Interpretation
0	Keine Korrelation
über 0 bis 0,2	Sehr schwache Korrelation
0,2 bis 0,4	Schwache Korrelation
0,4 bis 0,6	Mittlere Korrelation
0,6 bis 0,8	Starke Korrelation
0,8 bis unter 1	Sehr starke Korrelation
1	Perfekte Korrelation

Tabelle 20: Interpretationsvorschläge für Korrelationskoeffizienten (Quelle: Brosius (1998, S. 503))

- Um den Zusammenhang zwischen zwei kategorialen Variablen (Fall A) zu analysieren, ist der Chi-Quadrat-Test eine übliche Methode (Brosius 1998, S. 402ff.). Er baut auf einer Kreuztabelle auf und vergleicht Abweichungen zwischen den beobachteten und den (bei unterstellter Unabhängigkeit der Variablen) erwarteten[92] Zellinhalten. Sind, vereinfacht ausgedrückt, diese Abweichungen sehr hoch, kann von einem statistischen Zusammenhang der beiden Variablen ausgegangen werden. Das Prüfmaß Chi-Quadrat errechnet sich nach Formel 1, wobei $\hat{n}_{ij}$ für die erwarteten Häufigkeiten in Zeile i, Spalte j steht. Mit Chi-Quadrat und dem Freiheitsgrad der Kreuztabelle (Zeilenanzahl – 1 mal Spaltenanzahl – 1) lässt sich im Rahmen eines Signifikanztest die Irrtumswahrscheinlichkeit bestimmen. Die erwarteten Häufigkeiten sollten in jeder Zelle mindestens 5 betragen.

---

91 Alternative Bezeichnungen je nach Quelle: Assoziations-, Kontingenz- oder Korrelationsanalysen (Kromrey 2006, S. 474)

92 Die erwarteten Werte können über die Randhäufigkeiten ermittelt werden.

$$\chi^2 = \sum_{i=1}^{n}\sum_{j=1}^{m}\frac{(n_{ij} - \hat{n}_{ij})^2}{\hat{n}_{ij}}$$

Formel 1: Chi-Quadrat (Quelle: Brosius (1998, S. 404))

Um die Stärke des Zusammenhangs zwischen zwei nominal skalierten Variablen zu messen, kann Cramer's V berechnet werden.[93] Dieses Chi-Quadrat-basierte Zusammenhangsmaß nimmt Werte zwischen 0 und 1 an und berechnet sich nach Formel 2. k bezeichnet das Minimum aus Spalten- und Zeilenanzahl.

$$V = \sqrt{\frac{\chi^2}{N(k-1)}}$$

Formel 2: Cramer's V (Quelle: Brosius (1998, S. 412))

- Soll der Zusammenhang zwischen einer unabhängigen kategorialen und einer abhängigen metrischen Variablen (Fall B) untersucht werden, eignet sich die einfaktorielle Varianzanalyse, die auch Anova (analysis of variance) genannt wird (Brosius 1998, S. 479ff.). Diese dem t-Test ähnliche Methode testet, ob sich die Mittelwerte der Gruppen voneinander unterscheiden. Dazu wird der in Formel 3 beschriebene F-Wert berechnet. QSZ, die „Quadratsumme zwischen den Gruppen", misst die Streuung der Gruppenmittelwerte um den Mittelwert der gesamten Stichprobe. QSI bezeichnet die „Quadratsumme innerhalb der Gruppen" und gibt an, wie sehr die einzelnen Werte in den Gruppen um den jeweiligen Gruppenmittelwert streuen. Hierbei bezeichnet k die Anzahl der Gruppen und N die Anzahl der Fälle. Da die Zufallsverteilung von F bekannt ist, kann daraus die Irrtumswahrscheinlichkeit errechnet werden, mit der die Nullhypothese der Mittelwertgleichheit verworfen werden kann.

$$F = \frac{\sum_{i=1}^{k} N_i \cdot (\overline{X}_i - \overline{X})^2}{\sum_{i=1}^{k} (N_i - 1) \cdot S_i^2} = \frac{\frac{QSZ}{k-1}}{\frac{QSI}{N-k}}$$

Formel 3: F-Wert (Quelle: Brosius (1998, S. 484))

Da die Anova nicht ermittelt, welche der untersuchten Gruppen sich voneinander unterscheiden, bieten sich im Nachgang (post hoc) multiple Vergleichstests (Brosius 1998, S. 485ff.) an. Der auf der F-Verteilung basierende Scheffé-Test führt gemeinsame paarweise Vergleiche gleichzeitig für alle möglichen paarweisen Kombinationen der Mittelwerte durch. Gegenüber den anderen Tests weist er einen Mittelwertunterschied erst bei einer größeren Differenz als signifikant aus (Brosius 1998, S. 491), er ist daher als „konservativ" zu bezeichnen. Der Scheffé-Test setzt Varianzgleichheit der Cluster voraus, die z.B. mit dem Levene-Test ermittelt werden kann. Varianzgleichheit bedeutet, dass die Varianz der abhängigen Variable in allen Clustern/Gruppen gleich ist (Brosius 1998, S. 465f.).

93 Als Zusammenhangsmaß für ordinal skalierte kategoriale Variablen kann Kendall's Tau verwendet werden, das in BROSIUS (1998, S. 416f.) beschrieben wird.

Beim Levene-Test kann Varianzgleichheit dann angenommen werden, wenn die beim Testergebnis ausgewiesene Irrtumswahrscheinlichkeit der Nullhypothese „Varianzgleichheit" ausreichend hoch ist (Brosius 1998, S. 466). Der Tamhane-Test ist ebenfalls ein Test zum multiplen Vergleich von Mittelwerten. Im Vergleich zum Scheffé-Test ist er allerdings für Gruppenvergleiche bei ungleichen Varianzen ausgelegt (Brosius 1998, S. 492). Wie der Scheffé-Test ist er auch eher konservativ.

Der Koeffizient Eta η ist als Zusammenhangsmaß für den Fall geeignet, dass die abhängige Variable Intervallskalenniveau besitzt, während die unabhängige Variable nominal- oder ordinalskaliert ist. Das quadrierte η^2 misst den Teil der Streuung in der abhängigen Variablen, der durch die unabhängige Variable erklärt werden kann (Brosius 1998, S. 453). Dabei muss der Zusammenhang zwischen den Variablen nicht linear sein. Eta unterscheidet zwischen abhängiger und unabhängiger Variable.

Bei im Rahmen dieser Arbeit durchgeführten Varianzanalysen werden die Prüfgröße $F(df_1, df_2)$, die Irrtumswahrscheinlichkeit p sowie η^2 angegeben. df_1 entspricht dem Freiheitsgrad zwischen den Gruppen, df_2 dem Freiheitsgrad innerhalb der Gruppen.

- Zur Untersuchung des Zusammenhangs zwischen einer kategorialen abhängigen und unabhängigen metrischen Variablen (Fall C) ist die Diskriminanzanalyse ein geeignetes Mittel (Brosius 1998, S. 591). Als Bedingung zur Anwendbarkeit der Diskriminanzanalyse wird gefordert, dass mindestens ein unabhängiges Merkmal vorhanden ist, das intervallskaliert ist. Weitere Bedingungen listet KRAFT (2000, S. 3) auf. Die Diskriminanzanalyse wird genauer im Rahmen der Gütebewertung einer Clusteranalyse beschrieben, daher werden an dieser Stelle die zentralen Kennzahlen zur Beurteilung der Güte einer Diskriminanzanalyse vorgestellt:

1. In den fallweisen Statistiken wird die durch die Diskriminanzfunktion vorhergesagte abhängige Variable (Gruppe) mit der tatsächlichen verglichen. Die Höhe des Anteils der korrekt klassifizierten Fälle ist ein erstes Gütekriterium (Brosius 1998, S. 598).
2. Der Eigenwert einer Diskriminanzfunktion (Brosius 1998, S. 601), der sowohl hinsichtlich Berechnung als auch Funktion dem F-Wert der Varianzanalyse sehr ähnlich ist, berechnet sich aus dem Quotienten QSZ / QSI. Die Diskriminanzanalyse strebt einen möglichst hohen Eigenwert an, d.h. das Verhältnis aus Streuung zwischen den Gruppen und Streuung innerhalb der Gruppen soll möglichst hoch sein.
3. Der kanonische Korrelationskoeffizient misst die Stärke des Zusammenhangs und kann mit Eta verglichen werden. Seine Werte liegen zwischen 0 und 1.
4. $$\text{Kanonischer Korrelationskoeffizient} = \sqrt{\frac{Eigenwert}{1 + Eigenwert}}$$

Formel 4: Kanonischer Korrelationskoeffizient (Quelle: Brosius (1998, S. 602))

5. Wilk's Lambda λ, das sich als 1 – Kanonischer Korrelationskoeffizient berechnet, gibt ebenfalls die Stärke des Zusammenhangs an. Im Zusammenhang mit Diskriminanzanalysen stellt es den häufiger betrachteten Wert dar (Brosius 1998, S. 602). Wilk's Lambda lässt sich in ein Chi-Quadrat-Maß überführen, mit dessen Hilfe ein

Signifikanztest durchgeführt werden kann, der testet, ob ein Unterschied in den Gruppenmittelwerten vorhanden ist.

- In der Zusammenhangsanalyse zweier metrischer Variablen (Fall D) ist der Pearson'sche Korrelationskoeffizient am gebräuchlichsten, um einen linearen Zusammenhang in einer Maßzahl auszudrücken (Brosius 1998, S. 501). Voraussetzung für seine Anwendbarkeit ist, dass beide Variablen mindestens Intervallskalenniveau aufweisen. Der mit r bezeichnete Koeffizient berechnet sich nach folgender Formel 5:

$$r_{XY} = \frac{\frac{1}{N-1} \cdot \sum_{i=1}^{N} (X_i - \overline{X}) \cdot (Y_i - \overline{Y})}{\sqrt{\frac{1}{N-1} \cdot \sum_{i=1}^{N} (X_i - \overline{X})^2} \cdot \sqrt{\frac{1}{N-1} \cdot \sum_{i=1}^{N} (Y_i - \overline{Y})^2}} = \frac{\operatorname{cov}(X,Y)}{\sqrt{Var(X)} \cdot \sqrt{Var(Y)}}$$

Formel 5: Korrelationskoeffizient nach Pearson (Quelle: Brosius (1998, S. 501))

Wenn die Variablen die Voraussetzungen für den Pearson'schen Korrelationskoeffizienten (Intervallskalenniveau und für die Gültigkeit von Hypothesentests Normalverteilung in der Grundgesamtheit) nicht erfüllen, kann die Stärke des Zusammenhangs zwischen den Variablen durch Rangkorrelationskoeffizienten gemessen werden (Brosius 1998, S. 505). Ein in diesem Kontext häufig verwendeter Korrelationskoeffizient ist Spearman's Rho. Er wird ähnlich wie Pearsons Korrelationskoeffizient berechnet, allerdings werden nicht die Variablenwerte, sondern deren Rangwerte betrachtet.

Der Forscher interessiert sich dafür, ob die in den Umfragedaten entdeckten Effekte oder Zusammenhänge „bedeutsam“ sind. Der dafür häufig verwendete Begriff der Signifikanz ist jedoch problematisch, denn er suggeriert seiner wörtlichen Bedeutung nach eine inhaltliche, fachliche Bedeutsamkeit, eine praktische Relevanz. Genau dies sagt die Signifikanz, genauer die statistische Signifikanz, jedoch nicht aus (Lind 2005, S. 2; Sedlmeier 1996). Vielmehr ist die statistische Signifikanz ein Maß für den Informationsgehalt eines Ereignisses oder einer Messung (Test) in dem Sinne, dass Unterschiede oder Zusammenhänge dann statistisch signifikant sind, wenn die Wahrscheinlichkeit gering ist, dass sie durch Zufall zustande gekommen sind. Üblicherweise verwendete Signifikanzniveaus (eigentlich: Maximalwerte für die Irrtumswahrscheinlichkeit bei der Zurückweisung der Nullhypothese) sind 5%, 1% und 0,1%. Allerdings werden (v.a. in der Marktforschung) auch 10%, sogar 20% akzeptiert (z.B. Bauer 2002, S. 27f.; Dannenberg 2006, S. 27). DOUCOULIAGOS/SGRO (2000) verwenden in ihrer Untersuchung der Renditen von Weiterbildung ebenfalls 10%, 5% und 1% Niveaus. In der medizinischen Forschung sind sogar noch höhere Niveaus nicht unüblich. In den nachfolgend vorgestellten Analysen werden grundsätzlich zweiseitige Signifikanztests durchgeführt, da diese dann zu empfehlen sind, wenn aus der Theorie heraus noch keine Vorinformation über die Richtung des potenziellen Zusammenhangs zwischen den Variablen vorliegt (Brosius 1998, S. 511). Statistische Signifikanz ist ein notwendiges, aber kein hinreichendes Kriterium für praktisch relevante Ergebnisse. Effektstärken sind ein Maß für die Größe eines Effektes oder eines Zusammenhangs (Rost 2003) und liefern im Gegensatz zur statistischen Signifikanz eine inhaltliche Beurteilung des entdeckten Sachverhaltes. Daher wird im weiteren Verlauf der Arbeit versucht, bei der Analyse der Ergebnisse sowohl auf Signifikanz als auch Effektstärke einzugehen.

4.4 Grundtypen von Qualifizierungsstrategien

In Forschungsfrage 1 wurde die Identifizierung und Charakterisierung unterschiedlicher Typen von Qualifizierungsstrategien im Kontext Unternehmenssoftware als Erkenntnisziel formuliert. In diesem Kapitel sollen daher Unterschiede und Gemeinsamkeiten der Untersuchungseinheiten im Hinblick auf die praktizierten Qualifizierungsaktivitäten herausgearbeitet werden. Dies soll in der Zusammenfassung und Typisierung ähnlicher Unternehmen aus der Stichprobe münden.

4.4.1 Typisierung der Qualifizierungsstrategien mittels Clusteranalyse

Das geeignete methodische Mittel zur empirischen Typisierung von Untersuchungseinheiten ist die Clusteranalyse (Lengfeld 2003, S. 2). Darunter wird eine Vielzahl unterschiedlicher strukturenentdeckender, multivariater Analyseverfahren zur Gruppenbildung zusammengefasst. Ziel ist es stets, aus einer heterogenen Gesamtheit von Objekten möglichst homogene Teilmengen zu identifizieren (Backhaus et al. 2006, S. 490ff.; Wiedenbeck/Züll 2001, S. 2; Eckstein 2004; Deichsel/Trampisch 1985; Bacher 1996; Bülow 1996). Die große Variationsbreite clusteranalytischer Verfahren erschwert dem Anwender die Auswahl. Es soll gleich zu Beginn dieses Kapitels darauf hingewiesen werden, dass selbst innerhalb einzelner Methoden die Manipulationsspielräume für den Forscher außerordentlich groß sind und Veränderungen in der Wahl des Proximitätsmaßes oder des verwendeten Fusionierungsalgorithmus zu nicht vorhersagbaren Ergebnissen führen können (Bülow 1996, S. 46). BÜLOW (1996, S. 25f.) stellt die Schritte dar, die zur Durchführung einer Clusteranalyse notwendig sind:[94]

1. Präzisierung der Fragestellung
2. Auswahl der Variablen, die in die Clusterung eingehen sollen
3. Aufbereitung der Daten, evtl. Skalenkonversionen, Standardisierungen usw.
4. Festlegung der angemessenen Proximitätsmaße zur Messung der (Un-)Ähnlichkeit
5. Auswahl eines geeigneten Fusionierungsalgorithmus zur Gruppenbestimmung
6. Technische Durchführung, i.d.R. mit Hilfe eines Computerprogramms
7. Analyse und Bewertung der Ergebnisse
8. Interpretation der Ergebnisse

BACHER (1996, S. 4f.) unterscheidet zwischen unvollständigen, deterministischen und probabilistischen Clusteranalyseverfahren. Die unvollständigen Verfahren (auch geometrische Verfahren genannt) führen zu einer räumlichen Darstellung der Klassifikationsobjekte und der Anwender bestimmt quasi durch „Hinsehen" die Cluster. Dies hat den Vorteil hoher Anschaulichkeit, ist aber nur in maximal dreidimensionalen Räumen und bei wenigen Klassifikationsobjekten anwendbar. Bei den im Folgenden verwendeten deterministischen Verfahren wird die gesuchte Klassifikation berechnet und die Klassifikationsobjekte werden mit einer Wahrscheinlichkeit von 1 einem oder mehreren Clustern zugeordnet. Probabilistische Verfahren ordnen die Klassifikationsobjekte mit einer zwischen 0 und 1 liegenden Wahrscheinlichkeit den Clustern zu.

---

[94] BACKHAUS (2006, S. 492) schlägt die selbe Vorgehensweise vor, fasst jedoch einige Schritte zusammen.

4.4.1.1 Auswahl und Aufbereitung der Variablen für die Klassifizierung

Nach der Präzisierung der Fragestellung, die sich unmittelbar aus Forschungsfrage 1 ergibt, müssen die Beschreibungsmerkmale ausgewählt werden, die in die Clusteranalyse einbezogen werden sollen. Prinzipiell kommen dafür alle Variablen in Frage, die sich auf die Einzelentscheidungen des Analysemodells beziehen. Die dort beschriebenen Maßnahmen, Aktivitäten und Strukturen machen in ihrer Gesamtheit die Qualifizierungsstrategie im Kontext Unternehmenssoftware aus. Die Herausforderung besteht jedoch darin, einen Kompromiss zwischen Detailliertheit und Generalisierbarkeit zu finden (vgl. Bäumer 1997, S. 155). Einerseits soll die Variablenstruktur umfangreich genug sein, um inhaltlich relevante und differenzierte Aussagen über die Qualifizierungsstrategien treffen zu können, andererseits soll sie grob genug sein, damit sich überhaupt homogene Gruppen identifizieren lassen können. Es ist also wenig sinnvoll, alle Variablen in die Clusteranalyse einzubeziehen, vielmehr muss eine Auswahl getroffen werden (Bacher 1996, S. 409).

Während sich die einschlägige Literatur auf die Beschreibung der eigentlichen Klassifizierung und der dahinter stehenden Algorithmen konzentriert, finden sich kaum Hinweise darauf, welche Variablen sinnvollerweise in die Analyse einbezogen werden sollen. ECKSTEIN (2004, S. 324) empfiehlt, „problemadäquate“ Clustermerkmale zu verwenden, DEICHSEL/TRAMPISCH (1985, S. 11) sprechen von „sachlich relevanten“ Merkmalen und auch BACKHAUS (2006, S. 549) rät, diejenigen Variablen einzubeziehen, die aus theoretischer Sicht „relevant“ sind. Da die Auswahl von Clustervariablen immer eine subjektiv geleitete Entscheidung ist, wird empfohlen, die Auswahl möglichst intersubjektiv nachvollziehbar zu beschreiben. Im Folgenden soll BÄUMERS (1997, S. 155f.) Argumentation gefolgt werden, die er in seiner Arbeit zur empirischen Ermittlung von Weiterbildungstypen dargelegt hat. Er sieht eine Auswahl der Variablen nach ihrer ökonomischen Relevanz zwar als theoretisch sinnvoll, jedoch als praktisch nicht umsetzbar an, da kaum objektiv festgestellt werden kann, welches die ökonomisch relevanten Parameter eines Qualifizierungssystems sind. Daher schlägt er vor, in die Klassifizierung diejenigen Regelungen einzubeziehen, die er als „vorgelagert“ bezeichnet. Dabei unterstellt er, dass es qualifizierungsbezogene Regelungstatbestände gibt („vorgelagert“), die andere („nachgelagerte“) erst ermöglichen. Er bezieht sich dabei auf KUBICEKS (1975) Unterscheidung zwischen Einführungs- und Ausführungsentscheidungen. Danach werden Entscheidungen z.B. über das Ausmaß der Anwenderqualifizierung getroffen, bevor konkrete Kurse geplant werden.

KUBICEKS (1975) Vorschlag folgend, werden die „Eckpfeiler“ und unternehmenskulturimmanenten Grundeinstellungen bezüglich der Qualifizierungsstrategie als Grundlage für die Clusterbildung herangezogen:

1. Organisatorische Zuständigkeit
2. Höhe der Investitionen
3. Inhaltliche Grundausrichtung
4. Methodische Grundausrichtung

Die übrigen Regelungen werden zwar nicht in die Klassifizierung einbezogen, kommen aber in einem zweiten Schritt als typenbeschreibende Variablen (Bäumer 1997, S. 156) zum Einsatz.

Da die Datenlage bei den Fragen nach den zur Verfügung stehenden Budgets relativ schlecht ausfiel, wurden als Maß für die Investitionshöhen die zeitlichen Weiterbildungsumfänge je Anwender herangezogen.[95] Die organisatorische Zuständigkeit wurde ursprünglich über eine nominalskalierte Variable mit mehreren Ausprägungen gemessen, daher wurde diese in vier binäre Hilfsvariablen zerlegt: Da für eine Clusteranalyse alle Variablen das gleiche Skalenniveau aufweisen müssen, mussten alle Clustervariablen in binäre umkodiert werden (Backhaus et al. 2006, S. 508).[96] Im Falle der Investitionshöhen wurden vier, in den anderen Fällen je zwei Binärvariablen je Ursprungsvariable erzeugt, indem gleich große Klassen erzeugt wurden. Die gleichen Klassengrößen wurden die Errechnung der Quartilsgrenzen hergestellt. Dadurch gingen im Endeffekt je Regelungsbereich (organisatorische Zuständigkeit, Investitionshöhe, inhaltliche und methodische Grundausrichtung) gleich viele Variable in die Analyse ein. Dadurch konnte die gewünschte Ausgewogenheit sichergestellt werden. Dieses Vorgehen erhöhte insgesamt die Anzahl der in die Clusteranalyse einbezogenen Variablen. Der durch die Transformation in das niedrigere Skalenniveau entstehende Informationsverlust wurde in Kauf genommen. Tabelle 21 enthält die in die Clusteranalyse einbezogenen Variablen.

Modellbereich	Originalvariablen	Original-Operationalisierung/ Skala	Binärvariablen für die Clusteranalyse
Organisatorische Zuständigkeit	Zentrale organisatorische Zuständigkeit für Planung und Organisation (QUALI_ORGA_BEREICH_IT, QUALI_ORGA_BEREICH_PERSONAL)	Nominal	CLST_ORGA_IT CLST_ORGA_PERSONAL CLST_ORGA_FACHBEREICH CLST_ORGA_SONST
Höhe der Investitionen	Investitionen in Schulungen und sonstige Maßnahmen [in Tagen je Anwender] (QUALI_TAGE_GESAMT)	Metrisch (0-45)	CLST_INV_1 CLST_INV_2 CLST_INV_3 CLST_INV_4
Inhaltliche Grundausrichtung	Bedeutung der mitarbeiterorientierten Qualifizierung[97] (QUALI_MENGE_MITARBEITERORIENTIERT)	Ordinal (1-5)	CLST_INH_MIT_1 CLST_INH_MIT_2
	Bedeutung der technik-/systemorientierten Qualifizierung (QUALI_MENGE_TECHNIKORIENTIERT)	Ordinal (1-5)	CLST_INH_TEC_1 CLST_INH_TEC_2
Methodische Grundausrichtung	Personalisierungsstrategie (QUALI_METHODE_PERSONALISIERUNG)	Metrisch (0-100)	CLST_MET_PER_1 CLST_MET_PER_2
	Kodifizierungsstrategie (QUALI_METHODE_KODIFIZIERUNG)	Metrisch (0-100)	CLST_MET_KOD_1 CLST_MET_KOD_2

Tabelle 21: In die Clusteranalyse einbezogene Variablen (Quelle: Eigene Darstellung)

4.4.1.2 Durchführung der Clusteranalyse

Bei der Gruppenbildung unterscheidet man üblicherweise zwischen zwei Konstruktionsverfahren. Einerseits gibt es die hierarchischen Klassifikationsverfahren zur Gruppierung von Objekten, die von der „feinsten" Einteilung in einzelne Objekte bis zur „gröbsten" Gruppierung reicht, welche dann alle Objekte der Gesamtheit enthält. Zwischen diesen beiden Extremen ist eine Gruppierung als Lösung des Clusterungsproblems zu wählen. Innerhalb der

[95] Siehe hierzu Kapitel 4.4.2.1.2

[96] Eine andere Möglichkeit wäre die Verwendung des Mittelwertes der (getrennt berechneten) Proximitätsmaße für binäre und für metrische Variablen gewesen (Backhaus et al. 2006, S. 508). Alternativ wäre auch die Verwendung der Two-Step-Clusteranalyse-Prozedur von SPSS möglich gewesen.

[97] Bei drei Fällen lagen für die Werte der inhaltlichen Grundausrichtungen keine Werte vor. Diese Werte in den beiden Clustervariablen wurden durch die Stichprobenmittelwerte ersetzt (vgl. Backhaus et al. 2006, S. 554), damit die drei Unternehmen nicht aus der Analyse ausgeschlossen werden mussten.

hierarchischen Klassifikationsverfahren kommt den agglomerativen Verfahren eine hohe praktische Bedeutung zu (Eckstein 2004, S. 325). Sie werden dann eingesetzt, wenn es, wie in der vorliegenden Erhebung mit 220 Fällen, eine überschaubare Menge von Objekten zu klassifizieren gilt und man keinerlei Vorstellung über die Clusterstruktur der Objekte besitzt. Man geht von der feinsten Partitionierung einelementiger Cluster (d.h. je Cluster genau ein Unternehmen) aus und fügt schrittweise die sich jeweils am stärksten ähnelnden Objekte zusammen. Beim hierarchisch-divisiven Klassifikationsverfahren wird der umgekehrte Weg eingeschlagen. Nachteil der hierarchischen Verfahren ist die erhöhte Anfälligkeit gegenüber Ausreißern, Fehlspezifikationen der Variablen und sonstigen Fehlereinflüssen. Verfahren der anderen Kategorie, die partitionierenden Verfahren, liefern eine Einteilung in Gruppen, die „entsprechend einem globalen Maß optimale Homogenität unter allen Gruppierungen mit einer vorgegebenen Anzahl von Clustern aufweisen" (Wiedenbeck/Züll 2001, S. 2).

Die Auswahl eines geeigneten Clusterverfahrens ist eine „heikle Angelegenheit", da letztlich nicht klar ist, wonach eigentlich gesucht wird. Denn mit der Wahl ist bereits das Resultat der Clusterung vorgezeichnet (Bülow 1996, S. 31f.). Im Folgenden wird dem Vorschlag von BÜLOW (1996, S. 32) gefolgt, der die Vorteile mehrerer Algorithmen verbindet: Im ersten Schritt wird mit einem hierarchisch-agglomerativen Verfahren die Clusteranzahl bestimmt und eine Anfangspartition erzeugt. In einem zweiten Schritt wird die Gruppierung mit der k-means-Methode verbessert. Diese zweistufige Vorgehensweise scheint angebracht zu sein, da sich eine hierarchische Clusteranalyse dann anbietet, wenn man für eine Objektmenge im Vorfeld einer Clusteranalyse keinerlei Kenntnisse über die Anzahl homogener Cluster hat (Eckstein 2004, S. 325). Außerdem kann der Prozess der Gruppenbildung einfach grafisch nachvollzogen und veranschaulicht werden (Dendrogramme). Der häufig angeführte Nachteil, dass die Berechnung der Proximitätsmaße sehr zeitaufwändig ist, wird durch die Verwendung der Statistiksoftware SPSS reduziert. Wird dann im zweiten Schritt die gefundene Anfangsclusterung durch das nicht-hierarchische k-means-Verfahren modifiziert, kann dessen Stärke ausgenutzt werden, nämlich eine nachträgliche Umklassifizierung von Unternehmen aus einem Cluster in ein anderes.

In der Clusteranalyse soll die Ähnlichkeit/Unähnlichkeit der untersuchten Qualifizierungsstrategien in einer einzigen Größe (Proximitätsmaß) numerisch ausgedrückt werden. Die Literatur führt eine Fülle von Proximitätsmaßen auf, die größtenteils in den gängigen Statistiksoftwareprogrammen implementiert sind (Wiedenbeck/Züll 2001, S. 2). Aus den in BACKHAUS (2006, S. 494ff.), BACHER (1996, S. 198ff.) und BROSIUS (1998, S. 681ff.) vorgestellten Maßen soll im Folgenden die quadrierte euklidische Distanz verwendet werden.[98]

---

98 Zur Begründung: Bei binären Variablen werden zur Messung der Distanz zwischen zwei Objekten stets die Wertepaare der beiden Objekte betrachtet. Dabei sind nur vier unterschiedliche Wertekombinationen möglich, die mit den Werten a (Eigenschaft bei beiden Objekten erfüllt), b und c (Eigenschaft bei je 1 Objekt erfüllt) und d (Eigenschaft bei beiden Objekten nicht erfüllt) bezeichnet werden (Brosius 1998, S. 681). Nach BACKHAUS (2006, S. 500f.) kann nicht allgemeingültig gesagt werden, welches Proximitätsmaß im Rahmen einer empirischen Analyse verwendet werden soll. Wenn allerdings das Vorhandensein einer Eigenschaft nicht dieselbe Aussagekraft für die Clusterung hat wie das Nichtvorhandensein der Eigenschaft (dies ist bei den Variablen in Tabelle 21 anzunehmen), so ist Ähnlichkeitsmaßen der Vorzug zu geben, die im Zähler nicht alle Übereinstimmungen (d.h. a, aber nicht d) berücksichtigen (Bacher 1996, S. 206). Analog sollte das Distanzmaß d nicht im Nenner führen. Daher bietet sich in diesem Fall die quadrierte euklidische Distanz an.

Im nächsten Schritt wird der Fusionierungsalgorithmus festgelegt, der bestimmt, auf welche Weise die Unternehmen auf Basis der ermittelten Distanzen zu Clustern zusammengesetzt werden. Aus den in der Praxis gängigen Verfahren (Eckstein 2004, S. 330; Backhaus et al. 2006, S. 511; Wiedenbeck/Züll 2001, S. 8f.) wird das Wardsche Verfahren („Ward's Method", auch „Error-sum-of-squares" oder „Minimum-Varianz-Methode") herangezogen, denn es begünstigt eine gleichmäßige Besetzung der Gruppen (Wiedenbeck/Züll 2001, S. 9; Bacher 1996; Bülow 1996). Das Ward-Verfahren eignet sich besonders gut, um die geeignete Anzahl der Cluster festzulegen. Dieses sehr häufig eingesetzte Verfahren legt als Fusionskriterium fest, dass die Binnenvarianz der Gruppierungen minimal wächst. Die optimale Zuordnung der Objekte zu diesen k Clustern erfolgt anschließend mit der k-means-Methode (Bülow 1996, S. 33) durch Umklassifizierung.

Da ein hierarchisch-agglomeratives Clusterungsverfahren verwendet wird, bildet zu Beginn der Fusionierung jedes der n=220 Unternehmen eine eigene Gruppe. Im ersten Schritt werden die beiden Unternehmen zusammengefasst, die sich im Hinblick auf ihre Qualifizierungsstrategie am ähnlichsten im Sinne des Proximitätsmaßes sind. Dieser Vorgang wird solange wiederholt, bis alle Unternehmen zu einer einzigen Gruppe zusammengefasst sind. Im Zuge der Fusionierung sind insgesamt f = n-1 = 219 Schritte notwendig, um die gröbste Partitionierung zu erreichen (vgl. Eckstein 2004, S. 333). Für jeden Schritt wird in der Fusionierungstabelle in Tabelle 186 aufgeführt, wie hoch der Heterogenitätszuwachs, gemessen als Fehlerquadratsumme, ist (Spalte „Koeffizienten").

Welche Clusteranzahl zwischen 1 und 220 die „richtige" ist, kann nicht objektiv beantwortet werden und in der Regel hat der Forscher keine sachlogisch begründbaren Vorstellungen von der Gruppenanzahl (Backhaus et al. 2006, S. 534). BACKHAUS rät daher, sich an statistischen Kriterien zu orientieren und nicht an sachlogischen. Das Elbow-Kriterium bietet eine derartige Entscheidungshilfe, gemäß derer diejenige Clusteranzahl ausgewählt werden soll, nach der der Heterogenitätszuwachs besonders hoch ist (Eckstein 2004, S. 335). Der Heterogenitätszuwachs wird aus Tabelle 186 entnommen und in Abbildung 39 dargestellt. Er steigt von 220 (Fusionierungsstufe 0) 1 Cluster (Fusionierungsstufe 219) stetig an. Ein Knick („Elbow") ist beim Übergang von vier zu drei Clustern und beim Übergang von zwei zu einem Cluster zu erkennen.

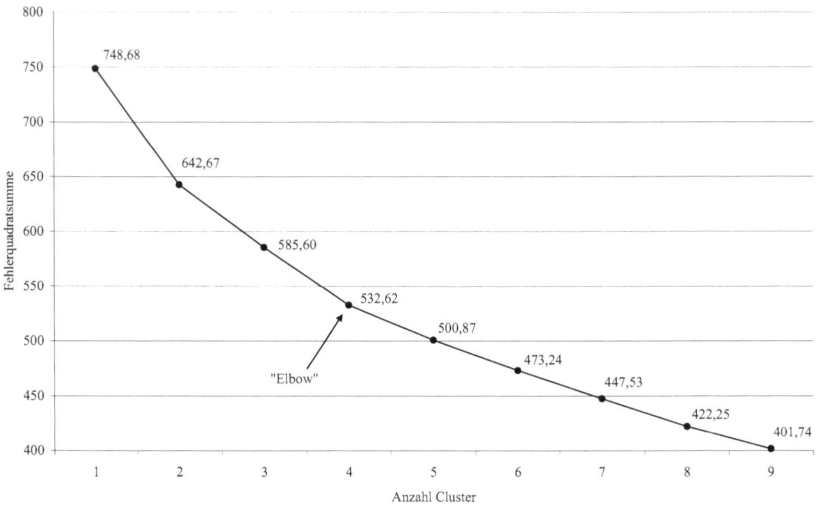

Abbildung 39: Bestimmung der Clusteranzahl mit dem Elbow-Kriterium (n=220)

Im Folgenden wird dem Elbow-Vorschlag gefolgt und davon ausgegangen, dass die 4-Cluster-Lösung „gut" ist. Der Knick zwischen zwei und einem Cluster wird nicht weiter berücksichtigt, da an dieser Stelle grundsätzlich ein großer Heterogenitätszuwachs stattfindet.

Das hier verwendete agglomerative Clusterverfahren hat den Nachteil, dass Objekte, wenn sie einmal einer Klasse zugeordnet sind, nicht wieder umsortiert werden können, auch wenn sich im Verlauf der Klassifikation eine günstigere Zuordnung zu Klassen ergeben würde (Bülow 1996, S. 36). Daher wird zur Optimierung des Ergebnisses mit der k-means-Methode[99] ein nicht-hierarchisches Clusterverfahren eingesetzt. Der Algorithmus teilt die 220 Unternehmen so auf die Cluster auf, dass die Summe der Varianzen innerhalb der Cluster minimal wird. Anders als beim Ward-Verfahren werden hier lediglich die Distanzen zwischen den Objekten/Clustermittelpunkten bestimmt und minimiert, eine Gewichtung mit der Anzahl Fälle pro Cluster findet nicht statt. Ein Objekt wird demjenigen Cluster zugeordnet, zu dessen Zentroid (Mittelpunkt) es den geringsten Abstand besitzt (Bülow 1996, S. 36).

Ein Problem von k-means-Verfahren ist die Vorgabe der Anzahl der Cluster, wozu Vorinformationen notwendig sind. Diese können aus vorgeschalteten hierarchisch-agglomerativen Verfahren stammen, d.h. wir entscheiden uns für die 4-Cluster-Lösung. Vor Durchführung der Rechnungen müssen außerdem die vier Cluster-Zentroide bestimmt werden. Tabelle 187 im Anhang stellt als Ergebnis des Ward-Verfahrens die Mittelwerte der einbezogenen Clustervariablen je Cluster dar. Diese Daten dienen im zweiten Schritt der Analyse als Ausgangspunkte (Zentroiden).

---

[99] k steht für die Anzahl der Cluster, „means" für die Orientierung an den Clustermittelpunkten (Bülow 1996, S. 36).

Um die Objekte zu klassifizieren, werden die euklidischen Distanzen zwischen den Unternehmen und jedem (vorläufigen) Clustermittelpunkt berechnet. Jedes Unternehmen wird nun demjenigen Cluster zugeordnet, zu dem es den geringsten Abstand (d.h. die größte Ähnlichkeit) besitzt. Durch diese Gruppierung der Unternehmen um die ursprünglichen Mittelpunkte werden sich die Clusterzentren etwas verschieben. Dieser Prozess wird solange wiederholt, bis keine weitere Veränderung in den Clusterzentren auftritt oder eine vorgegebene Iterationsgrenze erreicht ist. Im vorliegenden Fall waren 3 Iterationen notwendig, bis eine stabile Lösung erreicht wurde (siehe Tabelle 188). 30 der 220 Fälle wurden umklassifiziert, d.h. haben nach der k-means-Clusterung eine andere Gruppenzugehörigkeit erhalten als nach der Ward-Clusterung.

Zusammenfassend lässt sich die durchgeführte Clusterung wie folgt beschreiben:

Eigenschaft		Ausprägung
Vorbereitung der Fälle	einbezogene Variablen	Binärvariablen aus Tabelle 21
	einbezogene Fälle	alle (kein Filter)
	Sortierung des Datenset	aufsteigend nach LFDNUMMER
Schritt 1	Clustermethode	Ward-Methode (hierarchisches Verfahren)
	Proximitätsmaß	quadrierte euklidische Distanz (binär)
	Ausgewählte Clusteranzahl	4
Schritt 2	Vorgabe Clusteranzahl	4
	Clustermethode	k-means (Clusterzentrenanalyse)
	Proximitätsmaß	quadrierte euklidische Distanz (binär)
	Methode	Iterieren (10x) und klassifizieren
	Anfangswerte für Clusterzentren	Gruppenmittelwerte nach der Ward-Clusterung[100]

Tabelle 22: Kurzbeschreibung der Clusteranalyse (Quelle: Eigene Darstellung)

4.4.1.3 Bewertung der Clusterung

Mit der Fehlerquadratsumme als Kennzahl der Heterogenität wurde ein erstes Gütekriterium zur Bewertung der Clusterung verwendet. Nun soll die gewonnene Clusterung anhand einer Diskriminanzanalyse (Deichsel/Trampisch 1985, S. 57ff.; Brosius 1998) eingehender untersucht werden. Ziel einer Diskriminanzanalyse ist es, die Werte einer abhängigen nominal oder ordinal skalierten Variablen (hier: die Gruppenzugehörigkeit) durch die Werte einer oder mehrerer unabhängiger Variablen (hier: die Clustervariablen) erklärt werden (Brosius 1998, S. 591). Die Diskriminanzanalyse gehört wie die Clusteranalyse zu den Klassifikationsverfahren, doch es besteht ein wichtiger Unterschied: Bei der Clusteranalyse ist die Gruppenzugehörigkeit unbekannt und es wird versucht, diese zu bestimmen. Dagegen sind bei einer Diskriminanzanalyse die Gruppenzugehörigkeiten bekannt, und man will die Gruppenunterschiede untersuchen oder neue Objekte in die bekannten Gruppen einordnen. Die beiden Methoden ergänzen sich insofern, als mit Hilfe der Diskriminanzanalyse die von einer zuvor durchgeführten Clusteranalyse erzeugten Gruppen näher untersucht werden können. Die Diskriminanzanalyse ersetzt die fehlende konfirmatorische Komponente der Clusteranalyse (Wiedenbeck/Züll 2001, S. 17).

Die Diskriminanzanalyse wird mit den in Tabelle 21 vorgestellten Binärvariablen in einem Schritt durchgeführt, als Gruppierungsvariable dient die Variable, welche die Clusterzugehö-

---

100 Um die exakten Gruppenmittelwerte (hier: 4 Dezimalstellen) als Anfangswerte der Clusterzentren verwenden zu können, müssen die (eigentlich binären) Clustervariablen mit 4 Dezimalstellen definiert werden. Ansonsten würden die eingelesenen Werte auf 0 oder 1 gerundet und somit praktisch wertlos.

rigkeit nach Anwendung des k-means-Verfahrens repräsentiert. Der genaue Ablauf der Diskriminanzanalyse ist im Anhang dargestellt. Abbildung 40 stellt die ermittelten Cluster dar, indem die Werte der drei Diskriminanzfunktionen für alle 220 Unternehmen in einem dreidimensionalen Streu-/Punktdiagramm visualisiert werden. Es wurden drei Diskriminanzfunktionen ermittelt, da vier Cluster unterschieden werden müssen und die Anzahl der Funktionen stets um 1 niedriger als die Gruppenanzahl ist (Brosius 1998, S. 613).

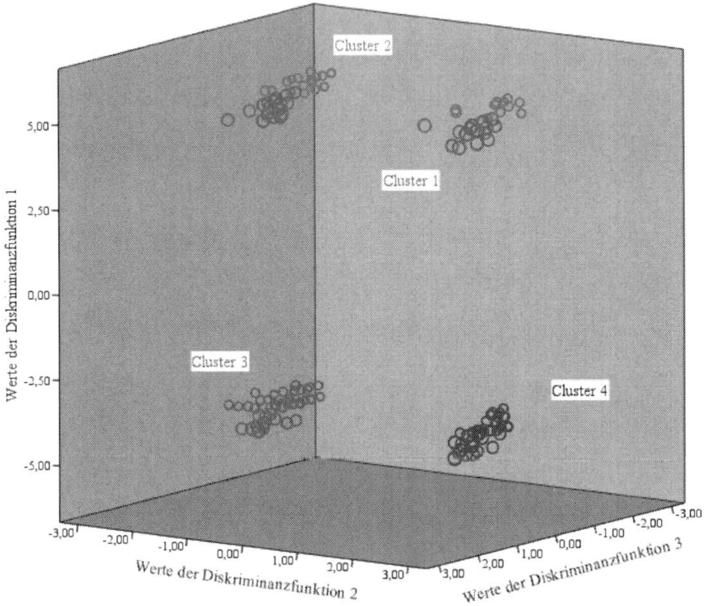

Abbildung 40: Grafische Darstellung der Cluster anhand der Diskriminanzfunktionen (n=220)

Zur Gütebeurteilung der Diskriminanzanalyse wurden Eigenwerte, kanonische Korrelationskoeffizienten und Wilk's Lambda der Diskriminanzfunktionen (vgl. Brosius 1998, S. 601ff.) errechnet und im Anhang aufgeführt. Es zeigt sich, dass insbesondere die erste Funktion mit einem kanonischen Korrelationskoeffizienten von 0,975 (Eigenwert: 19,6) einen außerordentlich hohen Erklärungsgehalt aufweist. Als weiteres Gütekriterium kann festgestellt werden, dass 98,6% der Fälle der Stichprobe (entspricht 217 der 220 Fälle) durch die Diskriminanzfunktionen korrekt den vier Clustern zugeordnet werden konnten, was auf eine hohe Qualität der 4-Cluster-Lösung hindeutet. Die drei durch das k-means-Verfahren dem Cluster 1 zugeordneten Unternehmen (in Abbildung 40 links unten als grüne Kringel erkennbar) wurden nachträglich manuell dem Cluster 3 zugeordnet.[101] Die relevante Stichprobe verringerte sich somit nicht.

[101] Alternativ hätten diese „falsch" klassifizierten Fälle von den weiteren Analysen ausgeschlossen werden können, wie BÄUMER (1997, S. 163f.) argumentierte.

Wie in den nächsten Kapiteln deutlich werden wird, weisen neben den Clustervariablen eine Reihe anderer Variablen signifikante Unterschiede zwischen den vier Clustern auf, d.h. die Grundstrategien unterscheiden sich hinsichtlich vieler Merkmale voneinander. Dieses Phänomen wird als Anzeichen für eine „gute“ Clusterung gedeutet.

Abbildung 41 macht deutlich, dass die Gruppen in ihrer zahlenmäßigen Besetzung relativ gleichmäßig sind, wobei Cluster 3 zulasten Cluster 2 etwas größer ausfällt. Die relativ gleichmäßige Aufteilung der Unternehmen auf die vier Gruppen wurde durch die Verwendung des Ward-Verfahrens als Fusionierungsalgorithmus begünstigt. Weiterhin ist in den fallweisen Statistiken je Unternehmen in Tabelle 197 im Anhang ersichtlich, dass die Wahrscheinlichkeiten für die Eingruppierung der Unternehmen in das wahrscheinlichste („höchste“) Cluster zwischen 87,1% und 100% liegen. Die maximale Wahrscheinlichkeit für eine Eingruppierung in das zweitwahrscheinlichste Cluster liegt bei lediglich 12,9%. Diese Werte deuten darauf hin, dass die Klassifikation relativ stabil ist.

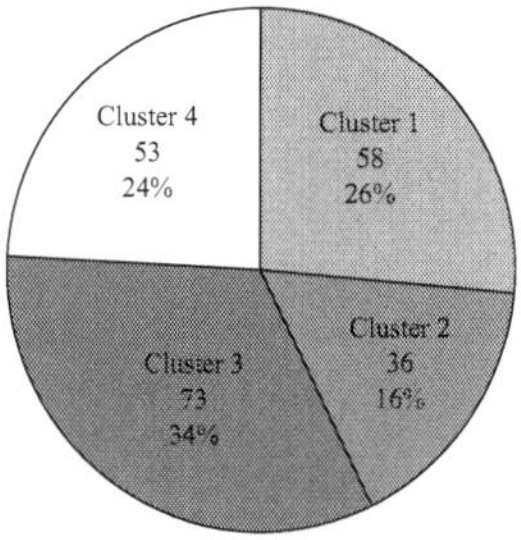

Abbildung 41: Aufteilung der Stichprobe nach Clustern (n=220)

Die Ergebnisse der Diskriminanzanalyse sind neben der Beurteilung der Clusterung für die Klassifikation neuer Fälle von Nutzen, d.h. für die Clusterzuordnung von Unternehmen, die nicht Element der ursprünglichen Stichprobe sind. Diese Eigenschaft wird bei der Beurteilung der Cluster durch die Endanwender relevant werden. Hier werden Unternehmen, die im Rahmen einer anderen Erhebung untersucht wurden, den vier Grundstrategien zugeordnet.

Kritisch muss angemerkt werden, dass eine Clusteranalyse eine Aneinanderreihung vieler mehr oder weniger willkürlicher Entscheidungen des Forschers ist (Schnell et al. 2005, S. 464; Lengfeld 2003) und kaum von „dem“ Ergebnis gesprochen werden kann. Häufig wird die Kritik geäußert, dass die Clusteranalyse Typen erzwingt, auch wenn keine vorhanden sind. KIESER (1993) hat dies drastisch formuliert: „Statistische Verfahren, die Muster ausfindig machen sollen, spüren solche meist auch auf, und eine plausible Interpretation findet sich allemal“. Die vorgebrachte Kritik wird zur Kenntnis genommen und daher entsprechend vorsichtig mit den Ergebnissen umgegangen. Sowohl die Auswahl der Variablen, des Proximitätsmaßes, des Fusionierungsalgorithmus als auch die Festlegung der Clusteranzahl wurden möglichst ausführlich erläutert und gerechtfertigt.

4.4.2 *Charakterisierung der Grundstrategien*

Im folgenden Kapitel sollen die ermittelten Cluster von Qualifizierungsstrategien (Grundstrategien) charakterisiert und voneinander abgegrenzt werden. Dabei sollen die Hauptunterschiede der Qualifizierungsmerkmale im Mittelpunkt stehen. Die statistische Differenzierung der Cluster stützt sich auf die bereits beschriebenen Zusammenhangsanalysen.

Bevor die Grundstrategien ausführlich hinsichtlich ihrer einzelnen Elemente charakterisiert werden, soll ein erster zusammenfassender Überblick über die Gestalt der Cluster gegeben werden. Auf diese Weise erhält der Leser eine erste Ahnung von den Grundstrategien, die dann im Laufe des nachfolgenden Beschreibungsprozesses Schritt für Schritt Gestalt annehmen werden (vgl. Bäumer 1997, S. 170). Es wird also das Ergebnis dieses Kapitels vorweggenommen mit dem Ziel, dem Leser die Interpretation der nachfolgenden Einzelbefunde zu erleichtern.

Cluster 1 (n_1=58 (26%) - „rudimentär“): Das wichtigste Merkmal dieser IT-Qualifizierungsstrategie ist ihr rudimentärer und sparsamer Ausbaustand. Die dezentralen Fachbereiche werden kaum in die Planungsprozesse involviert, das gesamte Investitionsvolumen in das IT-bezogene Know-how der Anwender ist relativ gering. Auf wichtige Qualifizierungsinhalte wie Integrationswissen u.ä. wird nur in Ansätzen Wert gelegt. Weder ausgeprägten Wissensvermittlungsstrategien, Methodenvarietät noch einer Evaluation/ Wirtschaftlichkeitsermittlung wird Bedeutung beigemessen. Die rudimentäre Grundstrategie ist weder in den Augen der IT- und Personalverantwortlichen noch der Endanwender effektiv.

Cluster 2 (n_2=36 (16%) – „mitarbeiterzentrisch-fürsorgend“): Bei der mitarbeiterzentrisch-fürsorgenden IT-Qualifizierung ist die IT-Abteilung üblicherweise nicht hauptverantwortlich. Das gesamte Qualifizierungsvolumen je Mitarbeiter ist ebenso wie die sonstigen für Planung und Organisation der Qualifizierung bereitgestellten Mittel vergleichsweise am höchsten. Strategie 2 stellt damit das genaue Gegenstück zur rudimentären Grundstrategie dar. Unternehmen aus Cluster 2 qualifizieren vor allem dann, wenn es aus Sicht des einzelnen Mitarbeiters notwendig ist und weniger dann, wenn es bestimmte IT-Projekte oder Änderungen in der Systemlandschaft erfordern. Der Formalisierungsgrad ist relativ hoch. Allerdings legen Unternehmen dieser Gruppe den geringsten Wert auf zentrale Qualifizierungsthemen wie Integrationswissen, Hilfe zur Selbsthilfe und das grundlegende Verständnis des Einsatzes von Unternehmenssoftware. Aus Sicht der Experten und der Anwender stiftet diese Art von IT-Qualifizierung einen vergleichsweise geringen Nutzen.

Cluster 3 (n_3=73 (34%) – „IT-/User-orientiert“): Die IT-/User-orientierte Qualifizierungsstrategie ist durch eine hohe Verantwortlichkeit der IT bei gleichzeitiger Einbeziehung der Fachbereiche gekennzeichnet. Das Investitionsvolumen in das Anwender Know-how ist zwar leicht überdurchschnittlich, jedoch geringer als bei Strategie 2 und 4. Besonders hervorzuheben ist bei dieser Art der Anwenderqualifizierung, dass den zentralen Themen wie Integrationswissen, Hilfe zur Selbsthilfe und Verständnis für den Einsatz der Unternehmenssoftware am meisten Bedeutung beigemessen wird. Außerdem sind sowohl ein durchdachter Methodenmix sowie die Durchführung von Wirtschaftlichkeitsermittlungen Kennzeichen dieser Grundstrategie. Im Vergleich zu den anderen Clustern wird den Qualifizierungsstrukturen nach Produktivstart wie z.B. Key User und der Verfügbarkeit einer Testumgebung hohe Bedeutung beigemessen. Die IT-/User-orientierte Qualifizierungsstrategie wird vor allem von den IT- und PA/PE-Verantwortlichen als die effektivste eingeschätzt. In den Augen der Anwender ist ihr Nutzen jedoch niedrig.

Cluster 4 (n_4=53 (24%) – „technikorientiert"): Unternehmen dieser Grundstrategie sind vor allem durch die stark anforderungsorientierte Anwenderqualifizierung gekennzeichnet. IT-Wissen wird hier vor allem dann vermittelt, wenn es aus Sicht eines konkreten IT-Projektes notwendig ist. Die Investitionshöhe ist nach der mitarbeiterzentrisch-fürsorgenden Qualifizierung die zweithöchste. Der Planungsprozess ist relativ gering formalisiert. Aufgrund der starken Nachfrageorientierung und Kurzfristigkeit der Qualifizierungsanlässe wird aus methodischer Sicht kaum kodifiziert, sondern eher Wert auf die flexible persönliche Wissensvermittlung gelegt. Aus Sicht der Experten, vor allem jedoch aus Anwenderperspektive, ist der wahrgenommene Nutzen der technikorientierten Grundstrategie sehr hoch.

4.4.2.1 Vergleich der aufbauorganisatorischen Regelungen

4.4.2.1.1 Institutionalisierung und organisatorische Verankerung

Ob und wie viele Mitarbeiter an zentraler Stelle für Planung und Organisation von Qualifizierungsmaßnahmen im Kontext Unternehmenssoftware zuständig sind, kann als Hinweis darauf verstanden werden, wie wichtig die Personalentwicklung in diesem Themenfeld für das Unternehmen ist. Während im Durchschnitt 3,4 Mitarbeiter je Unternehmen dafür vorgesehen sind, zeigt die Differenzierung nach Grundstrategien, dass die Typen 2 („mitarbeiterzentrisch") und 3 („IT-/User-orientiert") überdurchschnittlich viele Personalressourcen für diese Aufgabe eingeplant haben. Demgegenüber sind die Unternehmen der Cluster 1 („rudimentär") und 4 („technikorientiert") hier eher zurückhaltend. Bei Grundstrategie 1 kann dies auf die allgemeine „Sparsamkeit" bei der Anwenderqualifizierung, bei Grundstrategie 4 auf die Tatsache zurückgeführt werden, dass hier eher ad hoc und IT-getrieben weitergebildet wird. Die Gruppenunterschiede geben nähere Aufschlüsse über die vier Grundmuster, obwohl kein statistisch signifikanter Unterschied erkennbar ist[102].

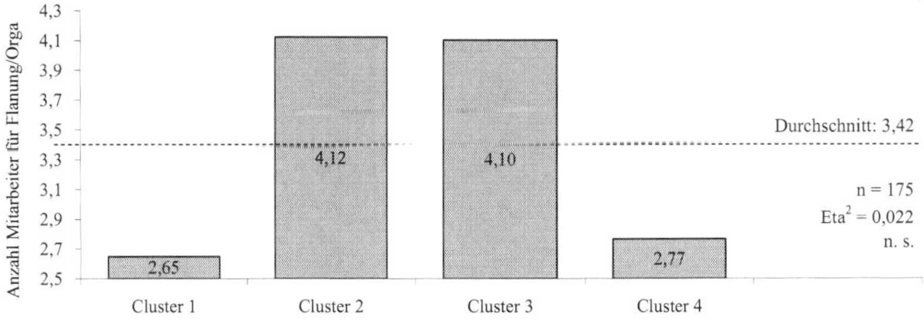

Abbildung 42: Anzahl Mitarbeiter für zentrale Qualifizierungsplanung und -organisation (n=175)

Bei der Betrachtung der organisatorischen Zuständigkeiten für die Planung und Organisation der Endanwenderweiterbildung im Kontext Unternehmenssoftware ist insbesondere das „Spannungsverhältnis" IT- vs. Personalbereich von Interesse. IT-nahe Abteilungen wie z.B.

102 $F(3;171) = 1{,}491$, $p=0{,}219$

ein Kompetenzcenter Unternehmenssoftware wurden als „IT" klassifiziert. Zwar ergab die Erhebung in vielen Fällen, dass auch die Fachabteilungen involviert sind, doch ist davon auszugehen, dass dies fast immer der Fall ist, denn die Bedarfe werden im Regelfall dezentral in den Fachabteilungen erhoben und geplant. Im Folgenden steht vielmehr die zentrale Verantwortung für Qualifizierung im Kontext Unternehmenssoftware im Vordergrund.

Abbildung 43 zeigt, dass in ca. einem Drittel der Unternehmen die Verantwortung für die IT-Qualifizierung bei der IT liegt, in einem weiteren Drittel bei der Personal(entwicklungs-) abteilung. Laut MOLL (1994, S. 136f.) spricht für eine Ansiedlung innerhalb der IT, dass so der Abstimmungs- und Kommunikationsaufwand in Grenzen gehalten werden kann.

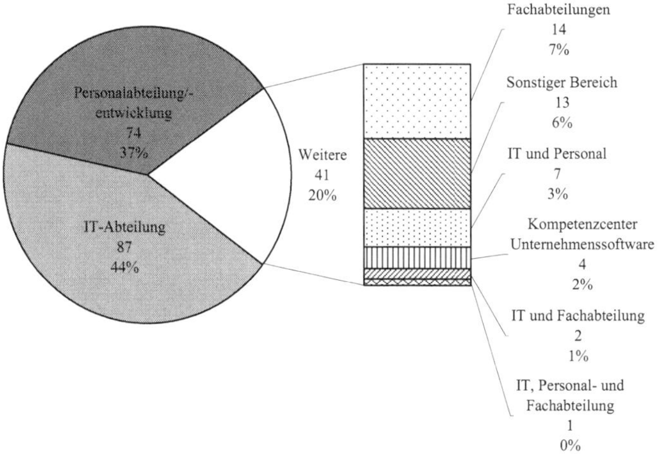

Abbildung 43: Organisatorische Zuständigkeit für Planung und Organisation der Anwenderqualifizierung (n=202)

Vergleicht man die Strategien/Cluster dahingehend, welche organisatorischen Einheiten der Unternehmen maßgeblich für die Planung und Organisation der Endanwenderqualifizierung verantwortlich sind, so sticht Grundstrategie 2 insofern hervor, als dass hier nur in ca. einem Viertel der Fälle die IT-Abteilung zuständig ist. Dies deckt sich mit der Charakterisierung als eher mitarbeiter- denn IT-/User-zentriert. Im Gesamtdurchschnitt der Stichprobe dieser Erhebung ist dies bei 47,7% der Unternehmen der Fall.

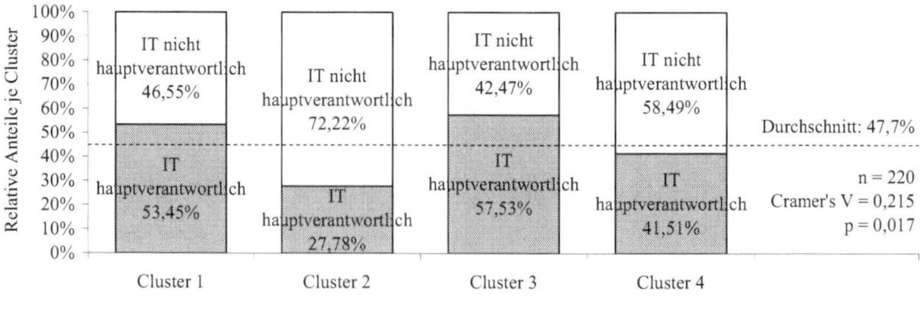

Abbildung 44: Verantwortlichkeit der IT-Abteilungen bei der Qualifizierungsplanung (n=220)

Ein Chi-Quadrat-Unabhängigkeitstest zwischen Clusterzugehörigkeit und Zuständigkeit der IT-Abteilung bei Planung und Organisation ergab einen auf dem 5%-Niveau statistisch signifikanten Zusammenhang[103]. Allerdings ist die Stärke des Zusammenhangs bei einem Cramer's V von 0,215 relativ schwach.

Wird analog geprüft, ob die Personal(entwicklungs-)abteilung die zentrale Planung und Organisation von Qualifizierungsmaßnahmen für die Anwender von Unternehmenssoftware innehat, ergibt sich das in Abbildung 45 dargestellte Bild. Auch hier sticht Cluster 2 hervor, in dem bei 47,2% der Unternehmen die Personalabteilung in die Weiterbildungsplanung einbezogen ist. Allerdings ergibt der Chi-Quadrat-Unabhängigkeitstest zwischen Clusterzugehörigkeit und Beteiligung der Personalabteilung bei Planung und Organisation keinen statistisch signifikanten Zusammenhang[104].

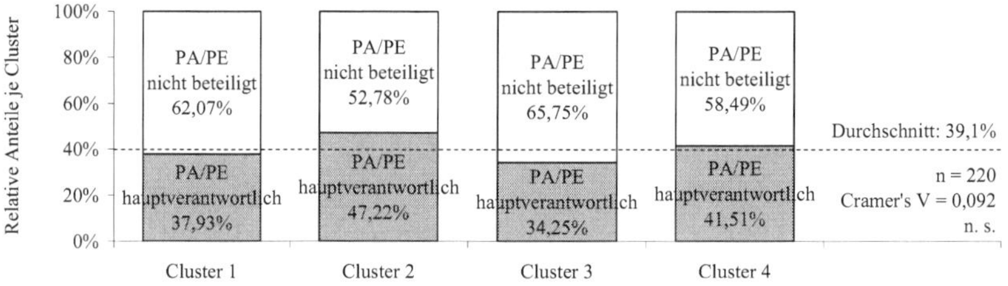

Abbildung 45: Verantwortlichkeit der PA/PE-Abteilungen bei der Qualifizierungsplanung (n=220)

Zwar wurde bereits erwähnt, dass die Fachbereiche prinzipiell immer in irgendeiner Weise Bedarfsquellen für Anwenderqualifizierung darstellen. Als maßgeblich für Planung und Organisation von Anwenderqualifizierung zuständig wurden sie jedoch, erwartungsgemäß, von nur einem kleinen Anteil der befragten Unternehmen (8,2%) bezeichnet. Interessant ist die Unterscheidung der vier Cluster, die darauf hindeutet, dass in Cluster 1 von einer kaum ausgeprägten Partizipation der dezentralen Fachbereiche gesprochen werden kann, wie Abbildung 46 zeigt. Hier erwähnte lediglich eines der 58 Unternehmen im Cluster die Fachbereiche als relevanten Akteur bei der Qualifizierungsplanung. Ein statistisch signifikanter Zusammenhang liegt vor[105].

103 Der Chi-Quadrat-Wert (nach Pearson) beträgt 10,139 bei 3 Freiheitsgraden. Die Irrtumswahrscheinlichkeit liegt bei 0,017.

104 $\chi^2 = 1{,}822$, df=3, p=0,597

105 $\chi^2 = 6{,}207$, df=3, p=0,102

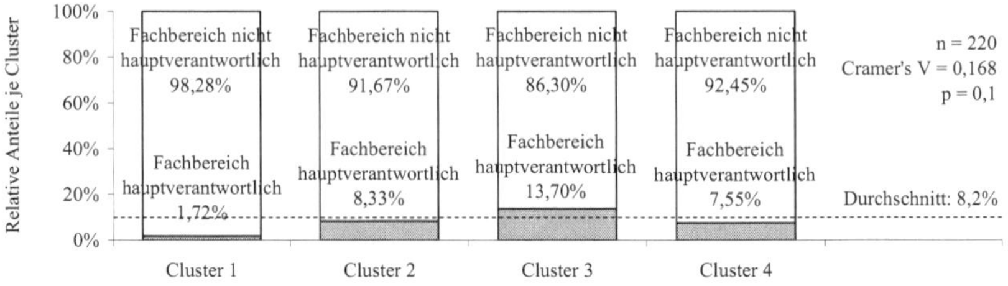

Abbildung 46: Verantwortlichkeit der Fachabteilungen bei der Qualifizierungsplanung (n=220)

4.4.2.1.2 Investitionshöhen

Die Datenqualität bei den Fragen nach den Budgets fiel relativ schlecht aus, denn viele Befragte haben hier keine Angaben gemacht. Klar erkennbare Ausreißer wurden bereits bei der Aufbereitung der Daten eliminiert, was zu einer weiteren Erhöhung der missing values geführt hat. Die spärliche Datenlage führt dazu, dass sich die zwischen den Clustern existierenden Unterschiede kaum auf die Grundgesamtheit übertragen lassen, d.h. dass keine statistische Signifikanz nachgewiesen werden kann. Dies war auch ein wichtiges Argument dagegen, diese Variablen in die Clusteranalyse mit aufzunehmen, obwohl es sich um zentrale Eigenschaften der Qualifizierungsstrategien handelte. Bei der Erhebung des Anteils an Projektbudget, der für Anwenderqualifizierung aufgewendet wird, war der Rücklauf mit 97 Antworten am besten. Es stellte sich heraus, dass die befragten Unternehmen durchschnittlich ca. 8% des Projektbudgets für diesen Zweck einplanen. Diese Werte stimmen ungefähr mit anderen Studien überein (vgl. Scott/Sugar 2004, S. 3211). Abbildung 47 stellt die Unterschiede der vier Cluster dar, wobei sich Cluster 2 erwartungsgemäß mit ca. 12% als am großzügigsten und Cluster 1 mit ca. 7% als am sparsamsten darstellt.

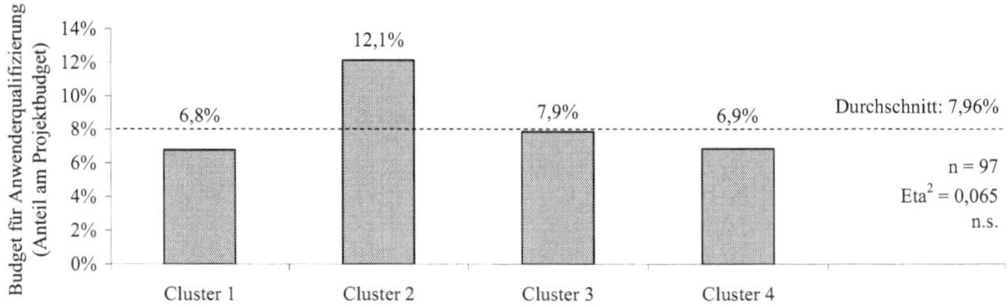

Abbildung 47: Budgets für Anwenderqualifizierung (n=97)

Untermauert wird dieser Unterschied durch die verschiedenen Höhen der Budgets, die die zentrale Personalentwicklung für Unternehmenssoftwarequalifizierung bereitstellt[106]. Hier hebt sich Grundstrategie 2 mit durchschnittlich 26,8% des gesamten Weiterbildungsbudgets mehr als deutlich von den anderen Unternehmen ab. Die Bezeichnung „mitarbeiterzentrisch-fürsorgend“ scheint unter diesem Aspekt gerechtfertigt. Insgesamt stehen im Durchschnitt 9,8% zur Verfügung.

---

106 $F(3;67) = 4{,}530$, $p=0{,}006$

Da die Budgets nicht zu einem validen Vergleich der Investitionshöhen herangezogen werden können, werden in Abbildung 48 die zeitlichen Ressourcen verglichen, die je Anwender und Jahr in die Qualifizierung zu Unternehmenssoftwarethemen gesteckt werden. Der zeitliche Aufwand wird im weiteren Verlauf der Arbeit als Indikator für die Investitionshöhen der Unternehmen verwendet, denn das Verhältnis von direkten Weiterbildungskosten (z.B. Kursgebühren, Unterlagen, Honorare) zu indirekten Kosten (Opportunitätskosten durch Weiterbildung während der Arbeitszeit) ist relativ stabil: Je nach Studie beträgt der Anteil der direkten Kosten zwischen 45% und zwei Dritteln der Gesamtkosten für Weiterbildung (Dohmen/Hoi 2004, S. 54).

Insgesamt bilden sich die Anwender der Unternehmen in der Stichprobe ca. 7,6 Tage pro Jahr zum Thema Unternehmenssoftware weiter. Davon entfallen durchschnittlich 3,3 Tage auf Schulungen und ca. 4,3 Tage auf sonstige Qualifizierungsmaßnahmen, insbesondere nichtformeller Art. Diese Mengen, die ausschließlich auf Qualifizierung im Kontext Unternehmenssoftware entfallen, erscheinen vergleichsweise hoch: Nach WERNER (2006a, S. 2f.) verbrachte im Jahr 2004 jeder Mitarbeiter in deutschen Unternehmen durchschnittlich 65 Stunden mit Weiterbildung. Davon entfielen 24 Stunden pro Jahr auf Lehr- und Informationsveranstaltungen, geschätzte 41 Stunden auf Lernen im Rahmen der Arbeit und auf das Studium von Fachmedien. Aus Tabelle 23 wird ersichtlich, dass Anwender von Unternehmenssoftware überdurchschnittlich viel Weiterbildung konsumieren[107].

Zeitaufwand [Std.]	Gesamter Weiterbildungsumfang 2004 (Quelle: WERNER (2006a))	Qualifizierung im Kontext Unternehmenssoftware 2007 (Quelle: empirische Erhebung)
Seminare/Schulungen	24 Std. / Jahr und Mitarbeiter	26,4 Std. / Jahr und Anwender
Sonstige informelle Maßnahmen	41 Std. / Jahr und Mitarbeiter	34,4 Std. / Jahr und Anwender
Gesamt	65 Std. / Jahr und Mitarbeiter	60,8 Std. / Jahr und Anwender

Tabelle 23: Vergleich der Weiterbildungsumfänge (Quelle: Eigene Darstellung)

Nach DOHMEN/GÜNZEL (2007, S. 30ff) weist die non-formale deutsche Fort- und Weiterbildung einen jährlichen Durchschnitt von 10 Stunden im Jahr auf.[108] Der Vergleich mit nonformaler Qualifizierung zeigt, dass in das Know-how von IT-Anwendern vergleichsweise viel investiert wird. Dies wurde im persönlichen Gespräch mit IT-Verantwortlichen auch bestätigt (Mohr 2007). Nach ihrer Meinung besteht keine Knappheit hinsichtlich Budgets. Ähnliches gilt auch für IT-Fachkräfte: FÄHNRICH (2002, S. 22) schlägt vor, Mitarbeiter „in der Softwaretechnik" (d.h. IT-Fachkräfte) ca. 2-3 Wochen pro Jahr weiterzubilden. MENEZ ET AL. (2001, S. 72) haben in ihrer Studie unter 182 Unternehmen der IT-Branche eine Fortbildungshöhe der IT-Fachkräfte zwischen 3 und 7 Tagen pro Jahr ermittelt. Nach HEIDECKER (2003, S. 265f.) beträgt der durchschnittliche Trainingsaufwand pro Jahr und (neuem) Mitarbeiter zwischen 35 und 97 Stunden, was bei 8 Stunden/Tag zwischen 4,3 und 12,1 Tagen entspricht.

Es fällt auf, dass die rudimentäre Grundstrategie 1 deutlich hinter den anderen drei Typen zurückbleibt. Bei durchschnittlich 7,6 Tagen pro Jahr, die ein Endanwender in Schulungen und sonstige Qualifizierungsmaßnahmen investiert, sind es bei Grundstrategie 1 lediglich 5

[107] 8 Stunden / Tag

[108] Im internationalen Vergleich liegen Dänemark (23 Std./Jahr), Schweiz und Frankreich (jeweils ca. 18 Std./Jahr) an der Spitze. Dies stellt jedoch nur einen sehr groben Mittelwert dar. Die Weiterbildungsbeteiligung variiert je nach Bildungsstand und Erwerbsstatus stark (Dohmen/Günzel 2007, S. 30ff.).

Tage. Die anderen Typen sind durch leicht überdurchschnittliche Weiterbildungsvolumen gekennzeichnet.

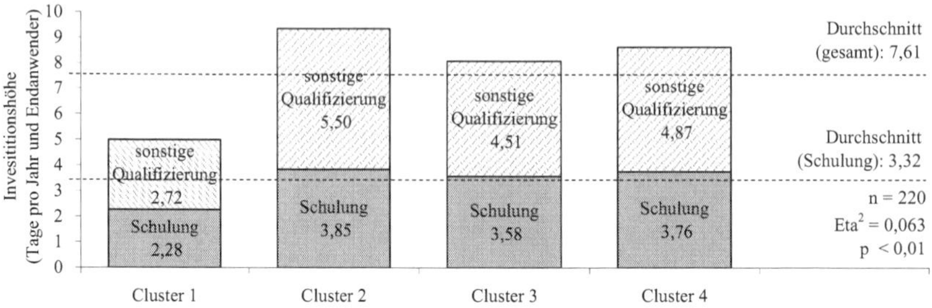

Abbildung 48: Investitionen in die Endanwenderqualifizierung (n=220)

Die zum Mittelwertvergleich durchgeführte Varianzanalyse zeigt, dass sich die Cluster auf dem 5%-Niveau signifikant voneinander unterscheiden. Dies gilt sowohl beim gesamten Qualifizierungsvolumen[109] als auch beim Schulungsvolumen[110] und bei sonstigen Qualifizierungsmaßnahmen[111] wie z.B. E-Learning, Coaching usw. Der post-hoc durchgeführte Vergleichstest nach Tamhane[112] bestätigt, dass sich Cluster 1 im Qualifizierungsvolumen signifikant (5%-Niveau) von den anderen Clustern unterscheidet.

4.4.2.2 Vergleich der ablauforganisatorischen Regelungen

4.4.2.2.1 Bedeutung der Qualifizierungsanlässe

Beim Analysemodell wurden die zentralen Auslöser von Qualifizierungsbedarfen und -maßnahmen als „Lernauslöser" (Schott 2003, S. 90) vorgestellt, wobei zwischen technologieinduzierten und mitarbeiterzentrierten Qualifizierungsanlässen differenziert wurde. Es handelt sich um Situationen, aufgrund derer bestimmte Qualifizierungsmaßnahmen für Anwender von Unternehmenssoftware ausgelöst werden. Sie stellen mithin Begründungen für Weiterbildung dar. Bei einer Gesamtbetrachtung der Lernauslöser fällt zunächst auf, dass mit den acht vorgegebenen Situationen/Triggern das gesamte Spektrum insgesamt sehr gut erfasst wurde (vgl. Tabelle 51). Bei der Operationalisierung der Anlässe mit Hilfe einer Ratingskala ist wichtig zu beachten, dass es sich um die relative Bedeutung der einzelnen Lernauslöser zueinander handelt. Rückschlüsse auf die absolute Bedeutung im Sinne von Höhe der Investitionen sind nicht ableitbar.

Als wichtigste Gründe, einen Anwender zu qualifizieren, wurden die initiale Einführung der Software sowie die Einstellung eines Mitarbeiters im Unternehmen genannt. Eine Übersicht über die Bedeutung aller betrachteten Lernauslöser findet sich in Tabelle 50 im Anhang.

109 F(3; 216) = 4,849, p=0,003

110 F(3; 216) = 3,274, p=0,022

111 F(3; 216) = 4,354, p=0,005

112 Der Tamhane-Test wurde hier anstelle der Scheffé-Prozedur angewandt, da die Varianzen der vier Cluster nicht homogen sind (Levenestatistik).

Es wird deutlich, dass das regelmäßige Wiederauffrischen der Anwenderkenntnisse ohne konkreten Treiber insgesamt als sehr unwichtig eingestuft wurde. Dies war in den Expertengesprächen der Vorstudie so nicht erkennbar.

> *„So Fresh-ups? Also, was [...]wir gemerkt haben, ist, dass wir doch ab und zu noch mal Prozesse nachschulen mussten. [...] Wir mussten den Leuten noch mal genau den Hintergrund erklären für das, was sie dort machen, wenn sie das erfassen, was das für Folgen hat." (ALPHA 2006c)*

Eine unerwartet geringe Bedeutung wurde von den befragten Experten dem Lernen in der täglichen Arbeit am Softwaresystem beigemessen. Dies steht im Gegensatz zur Aufmerksamkeit, die dem informellen Lernen in der IT in der aktuellen Diskussion entgegengebracht wird (BMBF 2002; Fraunhofer Institut für Software- und Systemtechnik 2005; Rohs/Mattauch 2001). Allerdings ist die betrachtete Zielgruppe hier die der IT-Fachkräfte und bezieht nicht den Endanwender in die Betrachtung mit ein. Zwar stellen auch SCHERER/SCHAFFNER (2003, S. 176ff.) fest, dass Klassenzimmerschulung und Learning-on-the job die im betrieblichen Umfeld am häufigsten zum Einsatz kommenden Lehrmethoden sind, doch konnte dies in der Studie nicht bestätigt werden.

Eine Differenzierung nach Clustern führt zu einer weiteren deutlichen Schärfung der bisherigen Bilder der Cluster. Es zeigt sich, dass die Gruppenunterschiede sowohl hinsichtlich der Bedeutung der technologieinduzierten Anlässe[113] als auch der mitarbeiterorientierten Anlässe[114] statistisch hochsignifikant sind[115]:

- Technologieinduzierte Anlässe: Der Scheffé-Test und eine Prüfung auf homogene Untergruppen ergibt eine Dreiteilung: Cluster 1 am unteren Ende der Skala legt kaum Wert auf Qualifizierung bei dieser Art von Situationen. Cluster 2 misst eine leicht unterdurchschnittliche Bedeutung bei, während Cluster 3 („IT- und anwenderorientiert") und vor allem 4 („technikorientiert") sehr großen Wert darauf legen, die Anwender bei zentralen Ereignissen im Lebenszyklus der Software entsprechend weiterzubilden.
- Mitarbeiterorientierte Anlässe: Der Scheffé-Test eröffnet, dass sich das Cluster 1 hoch signifikant von allen anderen Gruppen unterscheidet. Der Blick auf die Statistiken zeigt, dass in Unternehmen dieser Gruppe Anlässe wie Neueinstellung, Stellenwechsel usw. eine deutlich geringere Rolle für die Anwenderweiterbildung spielen als in den anderen drei Gruppen. Dies fügt sich gut in das Bild des rudimentären Qualifizierungstypus ein.

Der bisher gewonnene Eindruck von Cluster 2 als eher mitarbeiter- und weniger technologieorientiert wird weiter geschärft, denn es ist eine klare Betonung der mitarbeiterorientierten Anlässe zulasten der IT-induzierten zu erkennen[116]: Die Unternehmen dieses Clusters richten ihre Qualifizierungsanstrengungen vorwiegend an den jeweiligen Bedürfnissen des einzelnen Mitarbeiters aus und weniger an den Erfordernissen der IT. Alle anderen Cluster bilden ihre

---

113 $F(3;216) = 123{,}740$, $p<0{,}001$

114 $F(3;216) = 34{,}006$, $p<0{,}001$

115 Dies ist nicht verwunderlich, denn die Lernauslöser wurden als Trennmerkmale in der Clusteranalyse verwendet.

116 Der T-Test für gepaarte Stichproben (Brosius 1998, S. 467) ergab in Cluster 2 signifikante Unterschiede (5%-Niveau) zwischen der Zustimmung zu mitarbeiter- und technologiebedingten Qualifizierungsanlässen (T=2,345, df=34, p=0,025).

Mitarbeiter eher dann weiter, wenn es aus Sicht des Softwaresystems erforderlich ist.[117] Insgesamt zeigt sich also, dass die Cluster sehr deutlich unterscheiden, ob sie eher dann qualifizieren, wenn es der einzelne Mitarbeiter „erfordert“ oder wenn es aus IT-Sicht notwendig ist. Tabelle 24 fasst die Bedeutung der Qualifizierungsanlässe und die Gruppen- und Mittelwertvergleiche zusammen.

	Gesamt	Cluster 1	Cluster 2	Cluster 3	Cluster 4	Gruppenunterschiede
Technologieinduzierte Anlässe	3,48	2,83	3,05	3,87	3,93	**
Mitarbeiterorientierte Anlässe	2,96	2,51	3,23	3,15	3,03	**
Mittelwertvergleich (T-Test für gepaarte Stichproben)	**	**	*	**	**	

Tabelle 24: Qualifizierungsanlässe (** Unterschied signifikant auf 1%-Niveau; * Unterschied signifikant auf 5%-Niveau)

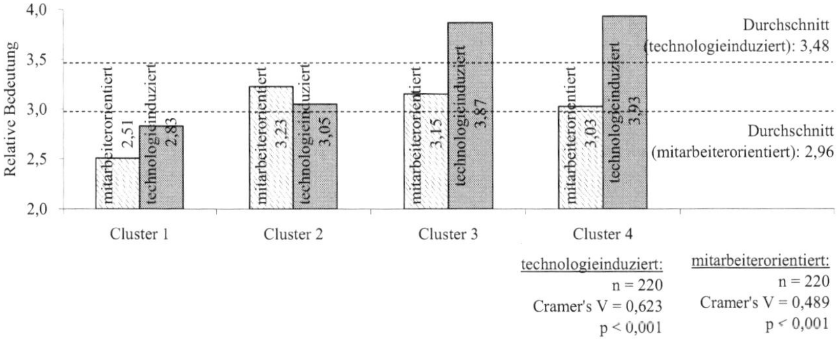

Abbildung 49: Qualifizierungsanlässe (n=220)

In Abbildung 50 sind die einzelnen Lernauslöser und deren Bedeutung für die Unternehmen der vier Cluster detailliert dargestellt. Die Cluster unterscheiden sich nicht nur, wie oben dargestellt, hinsichtlich der inhaltlichen Grundausrichtung, sondern bei allen aufgeführten Einzelanlässen statistisch hoch signifikant voneinander: Die Irrtumswahrscheinlichkeiten für die Zurückweisung der Nullhypothese (Mittelwertgleichheit) bei den mehrfach durchgeführten Varianzanalysen sind stets kleiner als 0,1%. Lediglich bei der Neueinstellung von Mitarbeitern unterscheiden sich die Cluster auf dem 5%-Niveau.

117 Cluster 1: T=-5,209, df=57, p<0,001; Cluster 3: T=-14,414, df=71, p<0,001; Cluster 4: T=-11,695, df=52, p<0,001.

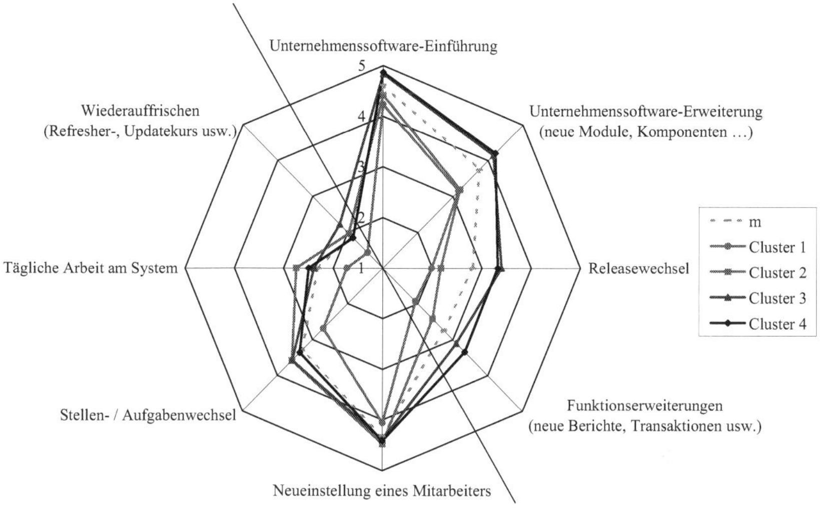

Abbildung 50: Qualifizierungsanlässe/Lernauslöser (n=220)

Wie bereits erläutert wurde, ist es wegen der Problematik des Vergessens und aus Sicht des organisationalen Lernens wünschenswert, möglichst viele Anwender zeitnah vor dem Einführungstermin der Software zu qualifizieren (vgl. „just in time knowledge transfer" (Kroemmergaard/Rose 2002, S. 199)). Dies stellt große Anforderungen an die Schulungslogistik, vor allem bei umfassenden Einführungsprojekten.

4.4.2.2.2 Qualifizierungsplanung

Um das Vorgehen bei der Planung der künftigen Qualifizierungsbedarfe abschätzen zu können, wurden einige diesbezügliche Regelungen abgefragt. Die Ergebnisse und ein Quervergleich zwischen den Clustern werden im Folgenden vorgestellt.

Bei der Frage, ob die IT-Qualifizierung der Anwender ein Bestandteil von regelmäßig stattfindenden Jahresgesprächen und Zielvereinbarungen ist, ergab sich eine relativ klare Zweiteilung: 57,1% der Unternehmen bejahten die Frage, während 42,9% sie verneinten. Eine Differenzierung nach Clustern liefert kein substanziell anderes Bild, denn die Unterschiede sind sehr gering. Eine Differenzierungslinie lässt sich allenfalls zwischen den eher unabhängig von den Fachbereichen planenden Unternehmen der Cluster 1 und 4 einerseits und den eher partizipativ agierenden Clustern 2 und 3 andererseits feststellen. Es lässt sich kein statistischer Zusammenhang zwischen Clusterzugehörigkeit und Einbeziehung von IT-Anwenderqualifizierung in die persönlichen Mitarbeitergespräche feststellen.[118]

[118] χ^2 (Pearson) = 2,218, df=3, p=0,528

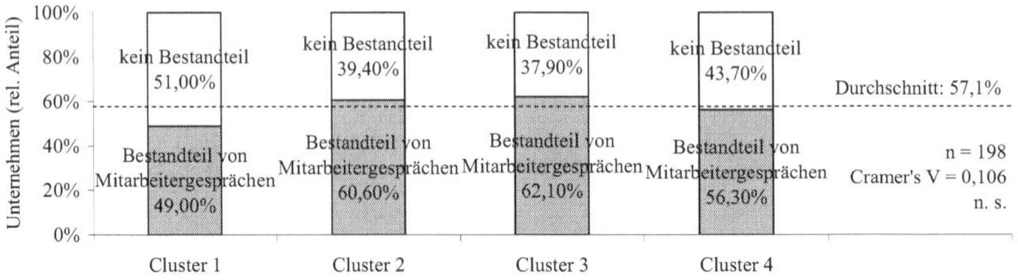

Abbildung 51: IT-Qualifizierung als Bestandteil von Mitarbeitergesprächen (n=198)

Das eben skizzierte Bild wird durch die Frage weiter geschärft, ob IT-Qualifizierung Gehaltserhöhungen oder Beförderungen begünstigt. Dies behaupten ca. 10,6% der befragten Unternehmen. Die große Mehrheit (89,4%) misst der Komponente IT-Qualifizierung allerdings keine große Bedeutung bei der Karriereplanung der Mitarbeiter bei. Dies entspricht EULERS (1994, S. 441) Feststellung, wonach es sich im Bereich der informationstechnischen Weiterbildung im Normalfall um Anpassungs- und nicht um Aufstiegsweiterbildung handelt. Zwischen den vier Grundstrategien bestehen diesbezüglich keine signifikanten Unterschiede.[119] Auch hier lässt sich lediglich in der Stichprobe ein leichter Unterschied zwischen Cluster 1 und 4 (eher unabhängig von den dezentralen Bereichen planend) einerseits und Cluster 2 und 3 (eher partizipativ) andererseits erkennen.

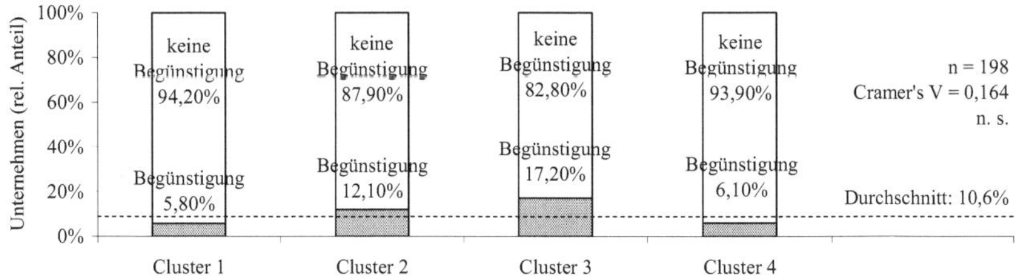

Abbildung 52: Begünstigung von Beförderungen und Gehaltserhöhungen durch IT-Qualifizierung (n=198)

Weiterhin wurde ermittelt, wie vorausschauend die Qualifizierungsplanung betrieben wird. Dass die IT-Abteilung Unternehmenssoftware-Anwenderschulungen für das nächste Jahr („mittelfristig") im Voraus plant, z.B. zusammen mit der Unternehmenssoftware-Projektvorschau, gaben durchschnittlich 53,9% der befragten Unternehmen an. Ein Vergleich der vier Grundstrategien kann das bisherige Bild von Cluster 3 als vorausschauend und strukturiert vorgehend weiter bestärken. Auch bei Cluster 1 erhärtet sich der „Verdacht", dass die Anwenderqualifizierung eher rudimentär ausgeprägt ist. Cluster 4 schält sich zunehmend als extrem technikorientiert heraus.

119 χ^2 (Pearson) = 5,326, df=3, p=0,149

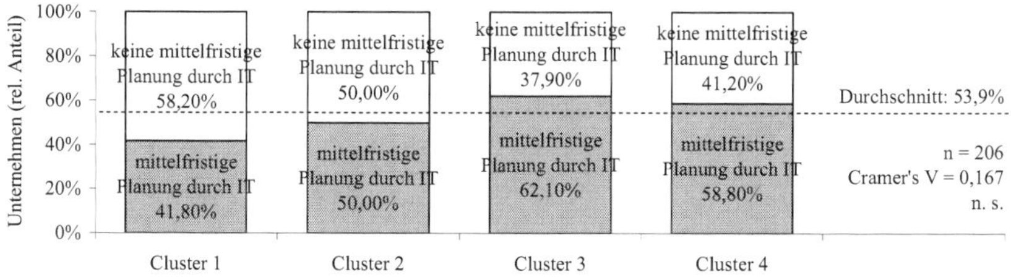

Abbildung 53: Mittelfristplanung durch IT-Abteilung (n=206)

Insgesamt stimmten 32,3% der Stichprobe der Aussage zu, dass die Personalentwicklung Unternehmenssoftware-Anwenderschulungen für das nächste Jahr im Voraus plant. Zwischen den vier Clustern bestehen zwar erkennbare Unterschiede, die die zuvor getroffenen Hypothesen über den Charakter der vier Grundstrategien stärken. Gleichwohl sind diese eher zufällig, d.h. statistisch nicht signifikant.[120] Vor allem Cluster 4 tritt als Unternehmenstypus auf, der die Anwenderqualifizierung kaum vorausschauend plant. Überraschenderweise zeigt sich Cluster 1 als überdurchschnittlich planvoll.

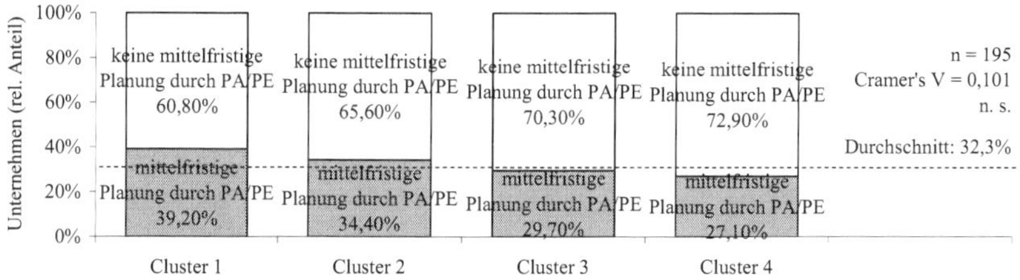

Abbildung 54: Mittelfristplanung durch PA/PE-Abteilung (n=195)

Als ein möglicher Indikator dafür, wie stark die Weiterbildungsplanung formalisiert und standardisiert ist, wurde das Vorhandensein eines Verzeichnisses (Katalog) für Endanwender vorgestellt. Es stellte sich heraus, dass durchschnittlich ca. 41,3% der Unternehmen ihren Mitarbeitern ein derartiges Angebot zur Verfügung stellen, das zudem konkrete Angebote für Veranstaltungen und sonstige Qualifizierungsangebote zum Themenfeld Unternehmenssoftware enthält. Weitere 14,4% gaben an, einen Weiterbildungskatalog im Unternehmen zu führen, allerdings ohne speziell auf Endanwender von Unternehmenssoftware zugeschnittene Schulungsangebote. Insgesamt sehen sich die Mitarbeiter also in etwas mehr als der Hälfte der Unternehmen einem standardisierten Qualifizierungsangebot gegenüber.

Im Vergleich der Grundstrategien tritt Cluster 4 insofern in Erscheinung, da hier von einem relativ wenig formalisierten und standardisierten Angebot ausgegangen werden muss. Den Mitarbeitern liegen in den wenigsten Fällen Hinweise über Weiterbildungsmöglichkeiten, v.a. auch zu Unternehmenssoftwarethemen, vor. Ein auf die Grundgesamtheit übertragbarer

---

120 χ^2 (Pearson) = 1,975, df=3, p=0,578

Unterschied zwischen den Clustern ist nicht festzustellen.[121] Allerdings verstärkt sich bei Cluster 3 dennoch das Bild des gut organisierten Qualifizierungstypus. Bei Cluster 2 festigt sich ebenfalls der Eindruck einer umfassenden und intensiven Personalentwicklungsstrategie im Unternehmen, nicht nur in Bezug auf IT/Unternehmenssoftware.

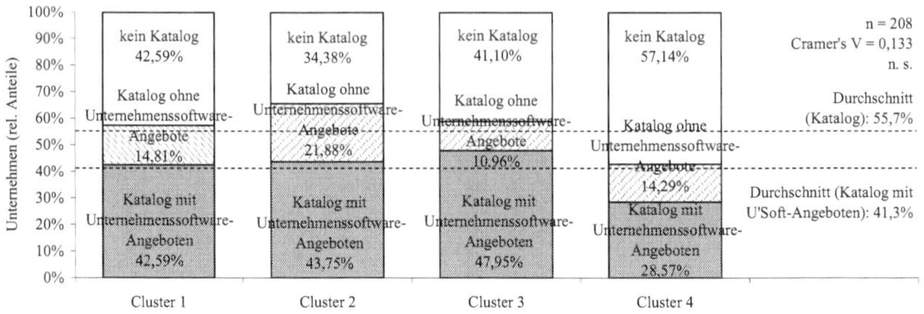

Abbildung 55: Existenz von Qualifizierungskatalogen (n=208)

Es wurde dargelegt, dass eine möglichst zeitnahe Qualifizierung der Anwender (in Bezug auf den Zeitpunkt der tatsächlichen Nutzung) zwar wünschenswert ist, doch für die Schulungslogistik mit ihren üblicherweise knappen Ressourcen eine große Herausforderung darstellt. Durchschnittlich gaben die befragten Unternehmen an, einen knappen Monat (3,3 Wochen) vor der tatsächlichen Systemnutzung die Qualifizierungsmaßnahmen durchzuführen. Die Unternehmen mit einer eher rudimentär ausgeprägten Qualifizierungsstrategie (Cluster 1) halten mit durchschnittlich 3,54 Wochen den größten Abstand ein, während das „aufwändigste" Cluster 2 versucht, seine Mitarbeiter erst knappe drei Wochen vor Nutzungsbeginn auf den notwendigen Wissensstand zu bringen, um den Wissensverfall durch Vergessen aufgrund Nichtanwendbarkeit zu minimieren. Der (allerdings geringe) Unterschied zwischen den Clustern ist gut nachvollziehbar, da die Kosten für eine konzentrierte Schulungsstaffel höher sind als wenn kein Zeitdruck herrscht. Der Unterschied zwischen den Clustern ist allerdings nicht statistisch signifikant[122].

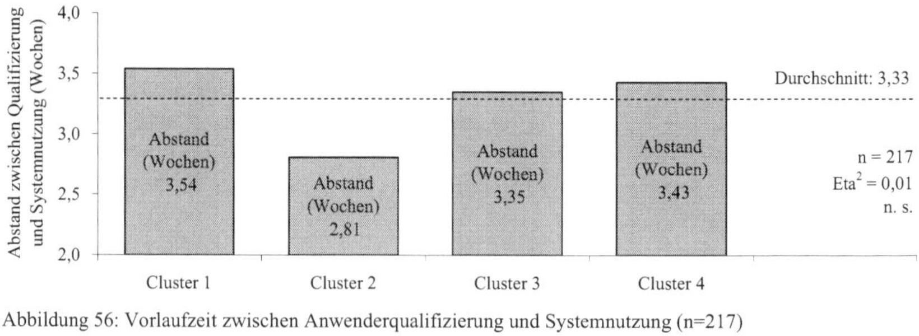

Abbildung 56: Vorlaufzeit zwischen Anwenderqualifizierung und Systemnutzung (n=217)

121 $\chi^2 = 7{,}358$, df= 6, p=0,289

122 F(3; 214) = 0,752, p=0,522

4.4.2.2.3 *Inhaltliche Fokussierung*

Für eine strukturierte Annäherung an die in Qualifizierungsmaßnahmen adressierten Inhalte wurde das Modell von SEIN ET AL. (1999) vorgestellt, das die sechs Stufen („knowledge levels") von Wissen darstellt, das in ERP-Trainings vermittelt werden kann, wobei die sechste Ebene die umfassendste Wissensebene darstellt (Coulson et al. 2003, S. 87f.). In der empirischen Erhebung wurden gezielt die Stufen sechs („learning to learn"), fünf („reason to use") und vier („big picture") abgefragt. Die Befragten sollten angeben, wie stark die entsprechenden Inhalte in typischen Qualifizierungsmaßnahmen im Kontext Unternehmenssoftware behandelt werden. Die Stufen eins bis drei wurden nicht abgefragt, da davon auszugehen war, dass diese in allen Maßnahmen bereits vorkommen (Coulson et al. 2003, S. 88; Wheatley 2000; Sein et al. 1999; Olfman et al. 2001). Die Erhebung zielte also darauf ab herauszufinden, inwiefern die Anstrengungen der befragten Unternehmen über Handhabungs- und Prozesstraining hinausgehen.

Ebene vier des SEINSCHEN Modells, also die Vermittlung des Gesamtzusammenhangs („big picture") der Unternehmenssoftware für den Endanwender, wird entgegen den Behauptungen aus der Literatur von den befragten Unternehmen relativ stark berücksichtigt: Auf der Ratingskala von 1 (lehne stark ab) bis 5 (stimme stark zu) ergab sich ein Mittelwert von 3,57. Dies deckt sich mit der Forderung vieler Betriebsvereinbarungen zur Anwenderqualifizierung bei ERP-Einführungen („Groborientierung auch über „benachbarte" Arbeitsgebiete" (Amtsblatt Schleswig-Holstein 2006)). Der Gruppenvergleich liefert eine statistisch hochsignifikante[123] und auch betragsmäßig deutliche Differenzierung. Die stark auf den einzelnen Mitarbeiter ausgerichtete Grundstrategie 2 misst der Vermittlung von Zusammenhangswissen innerhalb des Unternehmens vergleichsweise wenig Bedeutung bei. In Cluster 3 als IT- und User-orientierten Qualifizierungstypus hingegen ist dieser Aspekt mit einem Mittelwert von fast 4 ein fester Bestandteil der Qualifizierungsmaßnahmen. Auch das Bild der Unternehmen, die Grundstrategie 4 verfolgen, verdichtet sich zu einem, wo die Technologie und ihr reibungsloses Funktionieren im Zusammenspiel aller Anwender wichtig sind.

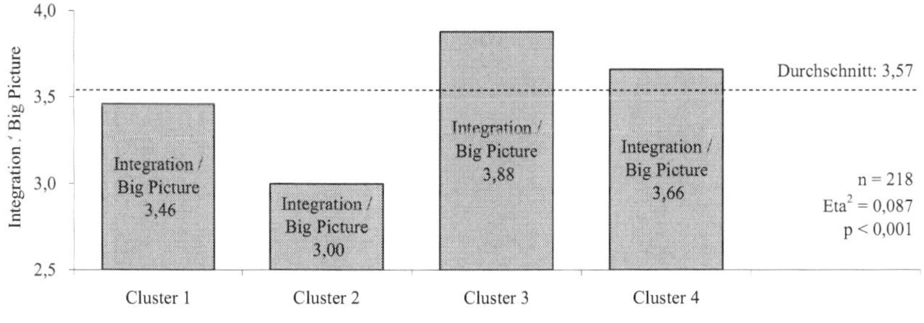

Abbildung 57: Integration / „Big Picture" als Qualifizierungsfokus (n=218)

Ebene fünf im SEINSCHEN Modell, also die Verdeutlichung, warum die Unternehmenssoftware überhaupt eingesetzt wird und welchen Nutzen diese stiftet („reason to use"), wird in den Qualifizierungsmaßnahmen der befragten Unternehmen mit einem Mittelwert von 3,41

123 $F(3; 215) = 6{,}869$, $p<0{,}001$

mittelstark berücksichtigt. Der Gruppenvergleich liefert einen Unterschied, der zwar knapp unterhalb der 5%-Signifikanzschwelle zurückbleibt[124], aber dennoch hilft, das Bild der Cluster weiter zu schärfen. So präsentiert sich Cluster 3 als am ehesten effektivitätsorientiert. Seine Unternehmen versuchen, dem Anwender in den Qualifizierungsmaßnahmen nahe zu bringen, warum die Technologie überhaupt eingesetzt wird. Cluster 2 hingegen bestätigt sein Bild eines eher mitarbeiter- statt nutzerorientierten Weiterbildungstypus. Diese Differenzierung ist entscheidend, legt sie doch ein komplett unterschiedliches Bild der Zielgruppe „Anwender" zugrunde.

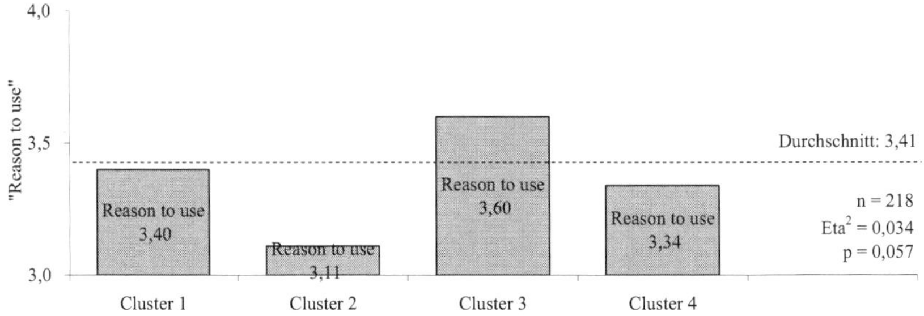

Abbildung 58: Nutzensichtbarkeit („Reason to use") als Qualifizierungsfokus (n=218)

Das in den letzten Ausführungen formulierte Bild der vier Grundtypen wird durch die Betrachtung von Ebene sechs im Knowledge Level Modell vervollständigt. Danach gefragt, inwieweit die Anwender befähigt werden, sich selbstständig im Kontext Unternehmenssoftware weiterzubilden („learning to learn"), ergab sich mit 3,15 insgesamt eine eher verhaltene Zustimmung. Bei der Betrachtung der Gruppenunterschiede ergab sich eine statistisch signifikante Differenzierung[125], auch hier sticht Cluster 3 positiv hervor, da dort am ehesten das Metalernen implementiert ist. Cluster 2 erweckt den Anschein, als würden die Mitarbeiter zwar umfassend weitergebildet, jedoch eher „top-down" und ohne Anspruch an Eigeninitiative.

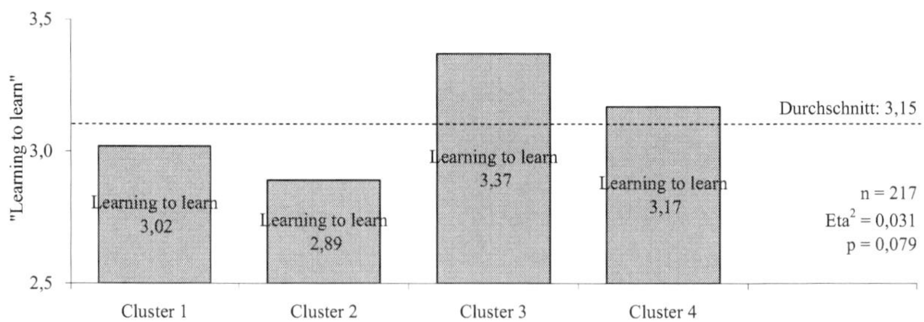

Abbildung 59: „Learning to Learn" als Qualifizierungsfokus (n=217)

---

124 F(3; 215) = 2,540, p=0,057

125 F(3; 214) = 2,295, p=0,079

In den Gesprächen der Vorstudie wurde ein gutes affektives Verhältnis zwischen Anwender und verwendeter Technologie als zentraler inhaltlicher Bestandteil von Qualifizierungsmaßnahmen identifiziert. Dieser Aspekt wurde zusammen mit den eben dargelegten Knowledge Levels abgefragt, und insgesamt ergab sich mit einem Mittelwert von 3,42 die zweithöchste Zustimmung unter den vier inhaltlichen Blöcken. Die ermittelten Clusterunterschiede sind eher zufällig denn systematisch[126], passen aber in das bisher ermittelte Bild. So zielen die Qualifizierungsmaßnahmen der Unternehmen in Cluster 1 („rudimentär") und Cluster 2 („mitarbeiterzentrisch") unterdurchschnittlich stark darauf ab, emotionale Barrieren zwischen dem Anwender und der Software zu reduzieren. Cluster 3 bestätigt sich wiederum als am deutlichsten IT-Anwenderorientiert. Der Befund zu Cluster 4 passt nicht so recht in das Bild eines technikorientierten Weiterbildungstypus. Er könnte jedoch auch dahingehend interpretiert werden, dass die Software unter allen Umständen vom Anwender akzeptiert wird.

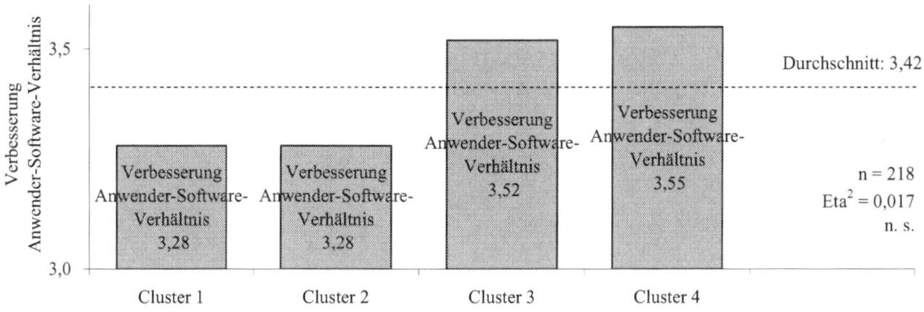

Abbildung 60: Verbesserung des Anwender-Software-Verhältnisses als Qualifizierungsfokus (n=218)

Insgesamt sind die über die reine Softwarebedienung hinausgehenden Qualifizierungsinhalte nur mittelmäßig in den Weiterbildungsmaßnahmen der befragten Unternehmen verankert. Zwischen den vier Grundtypen sind Unterschiede erkennbar, die die Profile der Cluster weiter schärfen. So präsentiert sich der „rudimentäre" Qualifizierungstypus 1 als Gruppe von Unternehmen, in deren Qualifizierungsmaßnahmen Themen wie „big picture", „reason to use", „learning to learn" und die Verbesserung des Anwender-Technologie-Verhältnisses auf der emotionalen Ebene unterdurchschnittlich stark betont werden. Sehr erstaunlich ist, dass die genannten Themen beim mitarbeiterorientierten und als „fürsorgend" charakterisierten Qualifizierungstypus 2 fast durchgehend schwächer ausgeprägt sind als beim rudimentären Typ 1. Der aufgrund der zuvor gemachten Befunde als eher großzügig eingeschätzte Typ 2 verpasst es trotz seines großen Aufwandes anscheinend, diese wichtigen Themen in seinen Weiterbildungsmaßnahmen zu implementieren. Die als „IT- und anwenderorientiert bezeichnete Grundstrategie 3 macht hinsichtlich der zentralen Qualifizierungsthemen das beste Bild, indem die Unternehmen dieser Gruppe fast alle Themen vergleichsweise intensiv behandeln. Cluster 4 wird seinem stark technikzentrischen Qualifizierungsprofil gerecht, da zwar einerseits Wert auf ein positives Anwender-Software-Verhältnis gelegt wird, andererseits jedoch Aspekte wie die Verdeutlichung des eigentlichen Systemnutzens kürzer kommen als in den anderen Gruppen.

126 $F(3; 215) = 1,227$, $p=0,301$

Einschränkend muss hinzugefügt werden, dass die ermittelten Gruppenunterschiede relativ gering sind, was durch die niedrigen Eta^2-Werte ausgedrückt wird. Diese geben an, welcher Anteil der Varianz des metrischen Merkmals (hier: des inhaltlichen Fokus) durch die Clusterzugehörigkeit erklärt wird.

4.4.2.2.4 Methodische Grundausrichtung und Wissenstransferstrategien

Beim Aufbau des Analysemodells wurden Methoden beschrieben, die in der Anwenderweiterbildung zu Unternehmenssoftware zum Einsatz kommen können. Tabelle 62 im Anhang liefert einen Gesamtüberblick darüber, welche dieser Methoden von den in der Expertenbefragung untersuchten Unternehmen bevorzugt werden.

Im ersten Schritt soll untersucht werden, welche der Methoden bei der Anwenderqualifizierung am häufigsten zum Einsatz kommen, unabhängig von Qualifizierungsanlässen. Dazu werden die Antworten über die vorgegebenen Qualifizierungsanlässe hinweg aggregiert und verglichen, wie Tabelle 63 im Anhang zeigt. Das Ergebnis ist in Abbildung 61 dargestellt. Bei der Interpretation muss beachtet werden, dass die Einsatzhäufigkeit (y-Achse) durch die relative Häufigkeit der Qualifizierungsanlässe gemessen wird, bei denen die jeweilige Methode zum Einsatz kommt. Der Maximalwert 100% wird erreicht, wenn alle acht im Analysemodell berücksichtigten Ereignisse im Lebenszyklus der Software oder des Anwenders durch die Methode unterstützt werden. Dies bedeutet, dass aus der Einsatzhäufigkeit nicht auf die tatsächliche „Menge" einer bestimmten Methode geschlossen werden kann. Eine derartige Herleitung lässt das Design der Erhebung nicht zu. Die hier zugrunde liegende Einsatzhäufigkeit stellt jedoch einen Näherungswert dar.

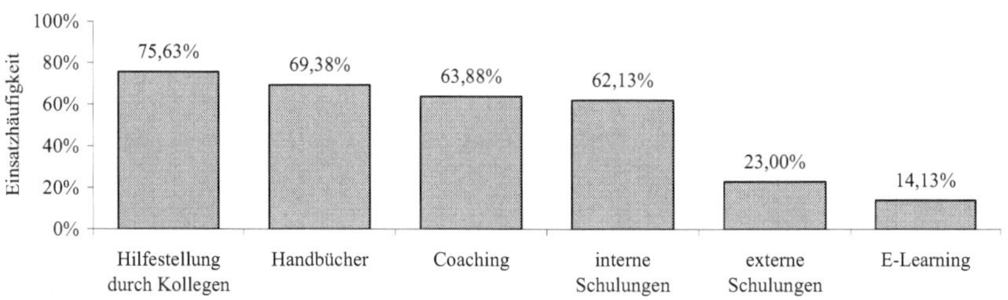

Abbildung 61: Methoden (n=220)

Die Analyse zeigt deutliche Unterschiede in der Präferenz der befragten Unternehmen hinsichtlich der zum Einsatz kommenden methodischen Instrumente. Externe Anwenderschulungen und E-Learning-basierte Qualifizierungsmaßnahmen liegen mit Mittelwerten unter 25% (der Anlässe) deutlich am unteren Ende der Skala. Demgegenüber können die Hilfe durch Kollegen, Handbücher/Anleitungen, Coaching durch Experten und interne Schulungen als die bevorzugten methodischen Hilfsmittel in der Anwenderweiterbildung zu Unternehmenssoftware bezeichnet werden. Sie werden durchschnittlich in mindestens 60% diskutierten Situationen angewendet.

Dass E-Learning eher verhalten eingesetzt wird, führen viele IT-Verantwortliche auf den fehlenden sozialen Aspekt zurück: Sie messen dem Kontakt mit anderen Anwendern eine sehr wichtige Funktion von Schulungen bei (Mohr 2007). Die insgesamt sehr selten zum Einsatz kommenden E-Learning-Werkzeuge sind am ehesten bei der Einstellung eines neuen Mitarbeiters von Bedeutung: Hier setzen immerhin 22% der Unternehmen der Stichprobe auf die IT-gestützte Wissensvermittlung.

> *„E-Learning [...] könnte ich mir gar nicht vorstellen. Warum? Weil ich das Gefühl habe, dass du bei SAP jemanden brauchst, da kommen während der Schulung viele Fragen auf [...]" (ALPHA 2006c).*

Das gleiche Bild zeigt sich bei externen Schulungen für Unternehmenssoftwareanwender: Wenn überhaupt, dann werden sie bei der Neueinstellung eines Mitarbeiters in Anspruch genommen (in 48% der befragten Unternehmen).

Eine alternative Analysemöglichkeit ergibt sich, wenn je typischer Situation (vgl. Tabelle 4) untersucht wird, welches die präferierte methodische Unterstützung ist. Das Ergebnis zeigt Tabelle 25, wobei jeweils die am häufigsten und zweithäufigsten genannte Methode aufgeführt ist.

Anlass		Häufigste Methode	Zweithäufigste Methode
Mitarbeiterzentrierte Anlässe	Neueinstellung im Unternehmen	Hilfe durch Kollegen	Interne Schulungen
	Stellen-/Aufgabenwechsel	Hilfe durch Kollegen	Handbücher
	Tägliche Arbeit	Hilfe durch Kollegen	Handbücher
	Regelmäßiges Wiederauffrischen	Hilfe durch Kollegen	Handbücher
Technologieorientierte Anlässe	Initiale Unternehmenssoftware-Einführung	Interne Schulungen	Handbücher
	Erweiterungsprojekte	Interne Schulungen	Handbücher
	Releasewechsel	Coaching	Interne Schulungen
	Funktionserweiterungen	Hilfe durch Kollegen	Coaching

Tabelle 25: Meistverwendete Methoden je Qualifizierungsanlass (Quelle: Eigene Darstellung)

Es ist offensichtlich, dass bei den „größeren" durch die Software bedingten Qualifizierungsanlässen vorwiegend auf interne Schulungsmaßnahmen und Coaching gesetzt wird. Demgegenüber scheint der einzelne Anwender, der außerhalb von IT-Projekten Weiterbildungsbedarf äußert, auf die Hilfe seiner Kollegen oder das Durcharbeiten von Handbüchern angewiesen zu sein. Ähnliches gilt für die „kleineren" Funktionserweiterungen in der Software, z.B. wenn ein neuer Report entwickelt wurde.

Laut PETERßEN (1999, S. 23) ist ein Methodenmix, d.h. der Einsatz unterschiedlicher didaktischer Instrumente, in jedem Unterricht sinnvoll. Dadurch kann auf unterschiedliche Lernstile, Lernmotivationen, Lerninteressen, Wissensgebiete und Kontexte eingegangen werden (Flechsing 1996, S. 4f.). Um die Berücksichtigung des Methodenmix bei den befragten Unternehmen zu überprüfen, wurde ermittelt, wie viele unterschiedliche didaktische Methoden je Qualifizierungsanlass zum Einsatz kommen. Tabelle 26 stellt die Durchschnittswerte dar. Es wird deutlich, dass je Anlass ca. 3 verschiedene Methoden zum Einsatz kommen, wobei bei Neueinstellungen mit fast 4, beim Wiederauffrischen mit gut 2 Methoden die Extremfälle gekennzeichnet sind.

Qualifizierungsanlass	Cluster 1	Cluster 2	Cluster 3	Cluster 4	Durchschnitt
Anzahl der Methoden bei der täglichen Arbeit	2,59	2,69	3,19	2,13	2,70
Anzahl der Methoden bei Erweiterung der Unternehmenssoftware	3,12	3,06	3,88	2,75	3,27
Anzahl der Methoden bei Funktionserweiterungen	2,34	2,06	3,07	1,96	2,45
Anzahl der Methoden bei Neueinführung der Unternehmenssoftware	3,50	3,42	4,26	3,26	3,68
Anzahl der Methoden bei Neueinstellung	3,52	3,89	4,48	3,74	**3,95**
Anzahl der Methoden bei Releasewechseln	2,78	2,31	3,56	2,53	2,90
Anzahl der Methoden beim Stellenwechsel	3,05	3,33	4,12	2,85	3,40
Anzahl der Methoden beim Wiederauffrischen	1,93	2,36	3,08	1,62	2,31
Durchschnitt	2,85	2,89	**3,71**	2,61	3,08

Tabelle 26: Methodenmix

Bei allen acht Anlässen zeigten sich zwischen den Clustern statistisch hoch signifikante Unterschiede[127]. Cluster 3 weist im Mittel die größte, Cluster 4 die niedrigste Methodenvielfalt auf. In der Erhebung wurde darüber hinaus direkt abgefragt, in welchem Ausmaß unterschiedliche Lernformen zum Einsatz kommen. Auch bei dieser Kontrollfrage stellt sich Cluster 3 als am meisten, Cluster 4 als am wenigsten abwechslungsfreudig hinsichtlich der Qualifizierungsmethodik dar[128]. Das Ausmaß der Methodenvielfalt ist in Abbildung 62 als Linie dargestellt und auf der Sekundärachse abgetragen.[129]

Wechselt man von der Betrachtung der einzelnen Methoden auf die Ebene der methodischen Grundausrichtung, können die befragten Unternehmen hinsichtlich ihrer Wissenstransferstrategie analysiert werden. Es wurde eine Einteilung in Kodifizierungs- und Personalisierungsstrategie vorgeschlagen, denen die einzelnen Methoden zugeordnet wurden. Die beiden Strategien schließen sich nicht gegenseitig aus, sondern können parallel verfolgt werden.

Die Analyse der Fragebögen ergab, dass die befragten Unternehmen durchschnittlich zu ca. 42% eine Kodifizierungs- und zu ca. 56% eine Personalisierungsstrategie in der Anwenderqualifizierung zu Unternehmenssoftware implementiert haben. Dies bedeutet, dass über alle 220 untersuchten Unternehmen hinweg in 42% der Qualifizierungssituationen (Anlässe) Methoden zum Einsatz kommen, in deren Mittelpunkt (elektronische) Dokumente stehen. Dies sind im Rahmen dieser Untersuchung Handbücher/Anleitungen und E-Learning-Materialien[130]. In durchschnittlich 56% der untersuchten Qualifizierungsanlässe wenden die befragten Unternehmen Methoden an, die sich auf die persönliche Wissensvermittlung konzentrieren, d.h. Schulungen (intern/extern), Unterstützung durch Kollegen und Coaching[131]. Die Gesamtaussage, dass die persönliche Betreuung der Softwareanwender bevorzugt wird, ist auch bei der Einzelbetrachtung der Methoden (vgl. Abbildung 61) zu erkennen.

Differenziert man die Wissenstransferstrategien nach den vier Clustern, so zeigen sich einige Unterschiede, die zum bisher gewonnenen Bild der vier Gruppen beitragen.

---

127 Die acht durchgeführten Varianzanalysen zeigten jeweils Mittelwertunterschiede mit einer Irrtumswahrscheinlichkeit $p<0,001$.

128 Die Clusterunterschiede sind mit $F(3; 213) = 4,303$, $p<0,01$ statistisch signifikant.

129 Die Zahlen geben an, wie viele verschiedene Methoden durchschnittlich je Qualifizierungsanlass zum Einsatz kommen.

130 Die 42% ergeben sich aus dem Durchschnitt der beiden erwähnten Methoden.

131 Die 56% ergeben sich aus dem Durchschnitt der vier erwähnten Methoden.

- Personalisierungsstrategie[132]: Cluster 3, das bisher als sehr anwenderorientiert charakterisiert wurde, setzt unter allen Unternehmen am häufigsten persönliche Qualifizierungsmethoden ein. Am wenigsten, nämlich ca. in der Hälfte aller Anlässe, setzen die Unternehmen der Gruppen 1 und 2 auf persönliche Qualifizierungsmaßnahmen. Während dies beim als rudimentär qualifizierenden bezeichneten Cluster 1 unmittelbar nachvollziehbar ist, passt dies zunächst nicht in das Bild des mitarbeiterorientiert-fürsorgenden Clusters 2.
- Kodifizierungsstrategie[133]: Cluster 3 weist die höchste Verbreitung von dokumentenorientierten Qualifizierungsmethoden auf. Cluster 4, bisher als technikorientiert beschrieben, weist die am schwächsten ausgeprägte Kodifizierungsstrategie unter allen Gruppen auf: In nur gut 21% aller Qualifizierungsanlässe kommen Handbücher/Anleitungen und E-Learnings zum Einsatz. Cluster 1 liegt mit ca. 41% knapp unter, Cluster 2 mit ca. 43% knapp über dem Durchschnitt von ca. 42%.

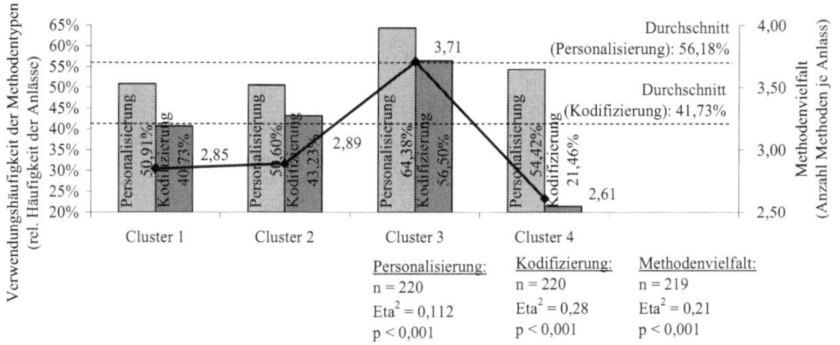

Abbildung 62: Wissenstransferstrategien und Methodenvielfalt je Cluster (n=219)

Die Befunde zu Cluster 1 passen in das Bild, das sich aufgrund der bisherigen Ergebnisse entwickelt hat: Die dort gruppierten Unternehmen verfolgen eine rudimentäre, fast schon sparsame Anwenderqualifizierungsstrategie. Dies spiegelt sich in unterdurchschnittlichem Einsatz sowohl persönlicher als auch dokumentenbasierter Unterstützungsmaßnahmen wider. Zudem müssen die Anwender mit relativ wenigen verschiedenen didaktischen Methoden auskommen, verschiedene Lernstile haben also kaum die Möglichkeit, die für sie passende Vermittlungsart zu wählen.

Cluster 2 wurde bisher als die am stärksten mitarbeiterzentrierte und „fürsorgende" Gruppe von Unternehmen charakterisiert. Die Tatsache, dass die persönliche Wissensvermittlung in diesem Cluster keine gewichtige Rolle spielt, scheint dem zu widersprechen. Zwei Argumente zeigen, warum der empirische Befund dennoch zum Wesen des Clusters passt: Erstens darf von der Bedeutung methodischer Instrumente nicht auf den Umfang des Weiterbildungsengagements geschlossen werden. Dieser ist in Cluster 2 nämlich nachweislich höher als in den

132 Die Cluster unterscheiden sich statistisch hoch signifikant voneinander ($F(3; 216) = 9{,}052$, $p<0{,}001$). Der post-hoc durchgeführte Scheffé-Test (wg. Varianzhomogenität) ergab, dass sich Cluster 3 von allen anderen Clustern abhebt.

133 Die Cluster unterscheiden sich statistisch hoch signifikant voneinander ($F(3; 216) = 27{,}938$, $p<0{,}001$). Der post-hoc durchgeführte Tamhane-Test (wg. Varianzinhomogenität) ergab eine Dreiteilung in Cluster 1 und 2 vs. 3 vs. 4.

anderen Gruppen. Zweitens wurde ermittelt, dass sich Cluster 2 durch eine unterdurchschnittliche Betonung der technologieinduzierten, gleichzeitig durch eine stark überdurchschnittliche Betonung der mitarbeiterorientierten Qualifizierungsanlässe auszeichnet, d.h. Unternehmen dieser Gruppe bilden vorwiegend dann weiter, wenn aus Sicht des einzelnen Anwenders Bedarf besteht. Weiterhin ist anzunehmen, dass die in diesen Situationen (Neueinstellung, Stellenwechsel, regelmäßiges Wiederauffrischen usw.) relevanten Weiterbildungsinhalte wie z.B. Einführung in die Systemnutzung, Berechtigungen, Oberflächen usw. relativ konstant und daher leichter explizier- und kodifizierbar sind. Dieser größere Anteil an standardisierbaren PE-Inhalten wiederum könnte erklären, warum es nicht notwendig ist, in großem Umfang flexible und individuell „anpassbare“ Coaches, Dozenten und sonstige Experten für die Anwenderqualifizierung einzusetzen. Diese Vermutung kann gleichermaßen erklären, warum in Cluster 2 der Kodifizierungsstrategie überdurchschnittlich viel Bedeutung beigemessen wird.

Cluster 3 weist den höchsten Nutzungsgrad von sowohl personifizierten als auch kodifizierten Maßnahmen auf. Beide Arten der Wissensvermittlung sind überdurchschnittlich ausgeprägt und die Anwender „genießen“ einen umfangreichen Methodenmix (vgl. auch die „Blended Learning“ Diskussion (Köhne 2005)). Dies fügt sich stimmig in das Bild des hochgradig IT-/User-orientierten Typus ein.

Die Anwender in Unternehmen aus dem 4. Cluster („technikorientiert“) werden mit der geringsten Vielfalt methodischer Instrumente qualifiziert. Kodifizierte Anleitungen werden kaum eingesetzt, dagegen setzt dieser Unternehmenstypus fast ausschließlich auf die Instruktion durch Dozenten, Fachkollegen und Coaches. Cluster 4 stellt in methodischer Hinsicht das Spiegelbild zu Cluster 2 dar, denn hier wird hauptsächlich dann weitergebildet, wenn es aus Sicht der eingesetzten Technologie einen konkreten Anlass gibt, also z.B. bei Erweiterungen, Releasewechseln usw. Dies erklärt, spiegelbildlich zu Cluster 2, warum die flexiblen persönlichen Maßnahmen eher zum Einsatz kommen als die relativ „trägen“ (Sesink 2003, S. 10), weil nur aufwändig zu aktualisierenden Anleitungen und E-Learnings. Die dahinter stehende Vermutung ist, dass eine Kodifizierungsstrategie in der Anwenderqualifizierung mit der hohen Änderungsgeschwindigkeit stets aktuell zu haltender IT- und systembezogener Inhalte nur schwer Schritt halten kann.

Zur inhaltlichen Beschreibung von Cluster 2 („mitarbeiterzentrisch-fürsorgend“) und Cluster 4 („technikorientiert“) wurde die Hypothese aufgestellt, dass die Wissensvermittlungsstrategie mit der Häufigkeit von mitarbeiter- oder technologieorientierten Qualifizierungsanlässen zusammenhängt. Um dies statistisch weiter zu untermauern, wurde eine Korrelationsanalyse zwischen der inhaltlichen (mitarbeiter- vs. technikorientierte Anlässe) und methodischen (Kodifizierung vs. Personalisierung) Grundausrichtung der Cluster durchgeführt. Um das Bild der Cluster 2 und 4 gezielt schärfen zu können, wurden nur diese beiden Subgruppen in die Analyse einbezogen. Tabelle 27 stellt die Korrelationen (Pearson) dar.

	Mitarbeiterorientierte Anlässe	Technikorientierte Anlässe	Personalisierungs-strategie	Kodifizierungs-strategie
Mitarbeiterorientierte Anlässe	1	-0,085	0,054	**0,274****
Technikorientierte Anlässe		1	0,050	**-0,428****
Personalisierungsstrategie			1	-0,001
Kodifizierungsstrategie				1

Tabelle 27: Zusammenhang zwischen inhaltlicher und methodischer Grundausrichtung (Cluster 2 und 4) (n=89)

Interessant und für die Charakterisierung der Cluster 2 und 4 äußerst wertvoll sind die beiden statistisch hochsignifikanten Zusammenhänge zwischen der Verfolgung einer Kodifizierungsstrategie und den beiden Gruppen von Auslösern der Anwenderqualifizierung. Es zeigt sich deutlich, dass eher dann auf dokumentenbasierte Weiterbildungsmethoden gesetzt wird, wenn der einzelne Mitarbeiter als Auslöser für Weiterbildungsmaßnahmen im Mittelpunkt steht. Gleichzeitig wird Kodifizierung umso eher bevorzugt, je weniger technologieinduzierte Anlässe berücksichtigt werden. Dass die o.g. Korrelationen überhaupt ermittelt werden konnten, erstaunt nicht, da es sich bei allen vier Sachverhalten um Clustervariablen (siehe Tabelle 21) handelte. Die Höhe der Korrelationskoeffizienten allerdings ist ein Indiz für einen deutlichen inhaltlichen Zusammenhang.

4.4.2.2.5 Evaluation und Wirtschaftlichkeitsermittlung

Im Analysemodell wurde ausführlich dargelegt, über welche Möglichkeiten das betriebliche Bildungscontrolling verfügt, um den pädagogischen und ökonomischen Nutzen von IT-Qualifizierungsmaßnahmen zu ermitteln. Gleichzeitig wurde dargelegt, welche Probleme einer umfassenden Evaluation, v.a. hinsichtlich einer ökonomischen Betrachtung, entgegenstehen.

Die Ergebnisse dieser Arbeit bestätigen die erwarteten Verhaltensweisen. Dass Fragebögen, Gespräche und direktes Feedback nach Schulungen Usus sind, zeigen die vielfältigen Antworten in Tabelle 72. Tabelle 71 im Anhang zeigt, dass selten versucht wird, die Wirtschaftlichkeit von Unternehmenssoftware-Schulungen zu ermitteln, z.B. durch Messung der Geschwindigkeits- oder Qualitätsverbesserungen der geschulten Anwender. Ca. 82,3% der befragten Unternehmen führen maximal „manchmal" eine derartige Ebenen-4/5-Evaluation durch, davon ca. 32 Prozentpunkte sogar „nie". Die Befunde decken sich mit denen von KOHNKE (2006, S. 52), der in seiner empirischen Erhebung bei SAP-nutzenden Unternehmen herausfand, dass ca. 42% der befragten Unternehmen ihre Trainingsaktivitäten evaluiert haben und davon auch überzeugt sind. 26% bekundeten ihr Interesse an derartigen Nutzenmessungen. Demgegenüber stehen 10% der Befragten, die in ihren Projekten Evaluationen durchgeführt haben, davon jedoch nicht überzeugt sind. 23% sprachen sich sogar gegen Evaluationsmaßnahmen aus. EULER (1994, S. 462f.) erklärt derartige Befunde damit, dass die berufliche Weiterbildung weitgehend eigenständig ist gegenüber öffentlichen Vorgaben. Daher besitzen die Lernerfolgskontrolle sowie Zertifizierungsprüfungen nicht den Stellenwert wie etwa im Bereich der beruflichen Erstausbildung.

Die Differenzierung nach Clustern ergab einen statistisch signifikanten[134] Gruppenunterschied hinsichtlich der Wirtschaftlichkeitsermittlung bei Weiterbildungsmaßnahmen, der das bisher gewonnene Bild der Unternehmenstypen weiter festigt. Im rudimentär-sparsamen Cluster 1 führen über 42% der Unternehmen nie Wirtschaftlichkeitsermittlungen durch und kein einziges Unternehmen dieser Gruppe führt sie „sehr häufig" durch. Am meisten Wert auf eine ökonomische Evaluation legt nicht, wie man vermuten könnte, das am stärksten personalwirtschaftlich ausgerichtete zweite Cluster, sondern Cluster 3. Hier führen immerhin fast 44% der Unternehmen „manchmal" bis „sehr häufig" Wirtschaftlichkeitsermittlungen durch. Das

[134] $F(3; 211) = 4{,}089$, $p=0{,}008$

technikorientierte Cluster 4 hat, wie zu erwarten war, kaum ökonomische Evaluation in seiner Qualifizierungsstrategie verankert. Abbildung 63 stellt die Gruppenmittelwerte[135] dar.

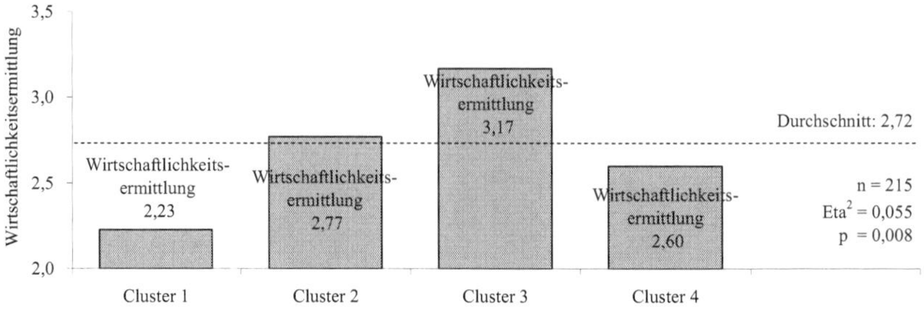

Abbildung 63: Wirtschaftlichkeitsermittlung (n=215)

Lediglich zwei der untersuchten Unternehmen gaben an, den Nutzen der Anwenderqualifizierung durch IT-Unterstützung (vgl. Simon et al. 2004) abzuschätzen (vgl. Tabelle 72): Ein Unternehmen zieht das interne Ticketsystem zu Rate und wertet die dort eingestellten Rückfragen der Anwender aus. Das andere Unternehmen überprüft gezielt die im System vorhandene Datenqualität und versucht, daraus Rückschlüsse auf eine Verbesserung der Anwenderkenntnisse durch Weiterbildungsmaßnahmen zu ziehen.

4.4.2.2.6 Key User

Die zentrale Betreuung der Endanwender durch Kollegen vor Ort, sog. Key User, wurde bei der Vorstellung des Analysemodells als Element einer Qualifizierungsstrategie erkannt. Hierbei wurde, SCHERERS (2003, S. 341ff.) Argumentation folgend, davon ausgegangen, dass es sich um eine Methode zur „nachsorgenden" Qualifizierung der Endanwender handelt, ergänzend zu Schulungen und sonstigen Weiterbildungsmaßnahmen.

Abbildung 64 lässt vermuten, dass es sich bei Key Usern um eine Art komplementäre Qualifizierungsmaßnahme handelt: Ausgerechnet die bisher als weniger weiterbildungsaktiv charakterisierten Grundstrategien 1 und 4 weisen ein überdurchschnittliches Engagement auf, was den Einsatz von Key Usern betrifft. Der Unterschied ist besonders deutlich bei speziell für Fragen zur Unternehmenssoftware eingesetzten Key Usern.[136]

Aufgrund dieser Tatsache wurde in einer Nebenrechnung, unabhängig von der Clusterung der Unternehmen, der Zusammenhang zwischen dem Weiterbildungsvolumen und der Tatsache untersucht, ob speziell für Unternehmenssoftware vorgesehene Ansprechpartner aktiv sind. Die hierzu durchgeführte Anova ergab einen auf dem 5%-Niveau signifikanten Unterschied[137]: Im Falle von Key Usern für Fragen zur Unternehmenssoftware werden im Durchschnitt 6,9 Qualifizierungstage pro Jahr und Anwender absolviert. Im Gegensatz dazu sind ca.

[135] Im Gegensatz zu allen anderen Ratingskalen wurde hier ein Bereich von 1 (nie) bis 6 (sehr häufig) zugrunde gelegt.

[136] Der Unterschied ist zwar inhaltlich, jedoch nicht statistisch signifikant: χ^2 =5,205, df=3, p=0,157.

[137] F(1; 216) = 4,038, p=0,046. Der Unterschied ist auch bei den sonstigen Qualifizierungsmaßnahmen signifikant (F(1;216) = 3,969, p=0,048), allerdings nicht bei den Schulungen (F(1;216) = 2,338, p=0,128).

8,7 Tage pro Anwender zu investieren, wenn keine derartigen spezialisierten Key User zur Verfügung stehen. Aus diesen Erkenntnissen kann geschlossen werden, dass es sich bei Key Usern um eine substitutive Qualifizierungsmethode für ERP-Themen handelt, die helfen kann, das „klassische“ Weiterbildungsvolumen zu reduzieren. Etwas plastisch formuliert, „rechnen“ sich Key User, indem andere Maßnahmen geringer ausfallen können.

Wenn man den Blick auf die Betreuungsrelation richtet, also die Anzahl Endanwender, die von einem Key User betreut werden, so fällt auf, dass sich die Bandbreite mit 3-125 Endusern pro Key User im „normalen Rahmen“ bewegt: Vergleicht man die Werte mit den Benchmarks der GARTNER GROUP (Scherer/Schaffner 2003, S. 348), kann die Betreuungsquote in allen Clustern durchgehend „anspruchsvolle und umfassende Ansprüche“ abdecken und „Innovationen ermöglichen“. Durchschnittlich wenden sich ca. 26 Mitarbeiter an einen gemeinsamen Ansprechpartner vor Ort in der Fachabteilung.

Die Betrachtung der einzelnen Grundstrategien relativiert die eingangs festgestellte Widersprüchlichkeit, was den Einsatz von Key Usern angeht: Während bei der mitarbeiterorientierten, fürsorgenden Grundstrategie 2 (ca. 23 Anwender pro Ansprechpartner) das Betreuungsverhältnis am besten ausfällt, teilen sich bei den IT-ausgerichteten Grundstrategien 3 und 4 jeweils ca. 25 Anwender einen Ansprechpartner, bei der „sparsamen“ Grundstrategie 1 sind es sogar ca. 30 Anwender. Die Gruppenunterschiede sind statistisch nicht signifikant[138].

	Cluster 1	Cluster 2	Cluster 3	Cluster 4	Gesamt
Durchschnittliche Betreuungsquote	29,2 : 1	23,0 : 1	24,9 : 1	25,3 : 1	25,8 : 1
Beste Betreuungsquote	5 : 1	4 : 1	3 : 1	3 : 1	3 : 1
Schlechteste Betreuungsquote	125 : 1	60 : 1	110 : 1	100 : 1	125 : 1

Tabelle 28: Key User Betreuungsquoten (Anzahl Key User pro Anwender)

Abbildung 64 stellt die Art der Key User Institutionalisierung vergleichend gegenüber (Balken, gemessen auf der Primärskala auf der linken Seite). Als Linie dargestellt, zeigt die durchschnittliche Betreuungsquote, wie viele Endanwender sich an einen gemeinsamen Ansprechpartner wenden müssen. Um die für den Anwender günstigste Relation oben und die „schlechteste“ unten darzustellen, wurde die Sekundärskala (rechte Seite) umgekehrt.

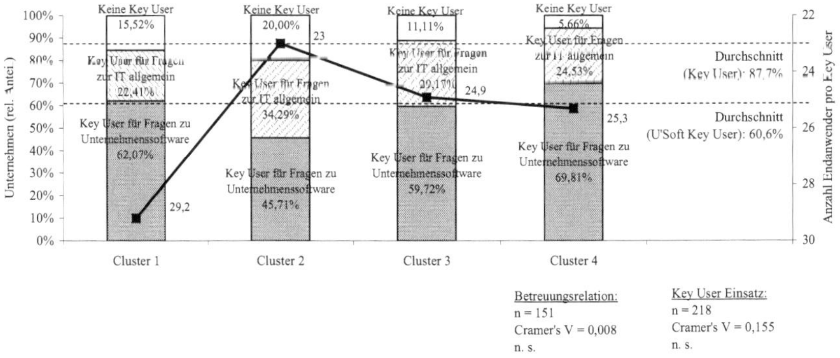

Abbildung 64: Key User – Institutionalisierung und Betreuungsquoten (n=151)

138 F(3; 147) = 0,373, p=0,773.

4.4.2.2.7 Spiel-/Testumgebung

Ergänzend zur Key User Betreuung wurde im Analysemodell das Vorhandensein einer Sandboxumgebung als Element einer „nachsorgenden" Qualifizierung der Endanwender diskutiert.

Tabelle 60 zeigt, dass 88,6% der befragten Unternehmen ihren Anwendern eine solche Umgebung bereitstellen, in der gefahrlos Einstellungen getestet werden können. Bei 59,1% handelt es sich um eine permanent zur Verfügung stehende Unterstützung, 29,5% richten Sandboxmandanten oder –systeme nur während Unternehmenssoftwareprojekten ein. Lediglich 11,4% bieten keine Sandboxumgebung an. KOHNKE (2005, S. 133) ermittelte ähnliche Werte: In seiner Untersuchung zu Verbreitung und Stellenwert von Change Management im Rahmen von SAP-Projekten gaben ca. 70% der befragten Unternehmen an, „Übungsmöglichkeiten für die Endanwender" zu schaffen.

Eine Differenzierung nach Clustern verdeutlicht, dass das Vorhandensein einer Sandboxumgebung zwischen den Grundstrategien variiert. Der für die Prüfung der Unabhängigkeit durchgeführte Chi-Quadrat-Test ergab, dass mit einer Irrtumswahrscheinlichkeit von 3,9% ein Zusammenhang zwischen Grundstrategie und Zurverfügungstellung einer Sandboxumgebung besteht.[139, 140]

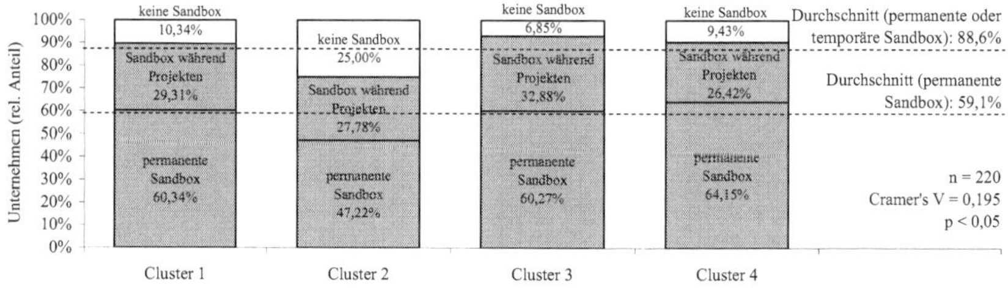

Abbildung 65: Sandboxumgebung für Endanwender (n=220)

Die deskriptive Betrachtung deckt auf, dass sich Cluster 2 deutlich von den anderen Gruppen abhebt. Während im Durchschnitt ca. 11,4% der befragten Unternehmen ihren Anwendern keine Spielumgebung anbieten, sind es in der „mitarbeiterzentrisch-fürsorgenden" Gruppe 2 bereits 25%. Vor allem der Anteil der Unternehmen, welche eine permanente Sandbox zur Verfügung stellen, ist in Cluster 2 mit ca. 47% deutlich geringer als der Durchschnitt (ca. 59%). Die Befunde decken sich nicht mit dem bisher beschriebenen Bild von Cluster 2, das als sehr weiterbildungsaktiv und mitarbeiterzentriert beschrieben wurde. Die relativ unterentwickelte Nutzung von Test- und Spielumgebungen könnte dadurch erklärt werden, dass in

---

139 $\chi^2 = 8{,}379$, df=3, $p<0{,}05$, Cramer's V = 0,195. Zwar weist 1 Zelle eine erwartete Häufigkeit < 5 auf, was als Verletzung der Voraussetzungen für den Chi-Quadrat-Test gilt, jedoch wird diese Forderung oft abgeschwächt formuliert, und es wird gefordert, dass maximal 20% der Zellen eine erwartete Häufigkeit < 5 haben dürfen (Brosius 1998, S. 406f.).

140 Zur Vereinfachung wurden permanente und temporäre Sandbox zusammengefasst. Zwischen Clusterzugehörigkeit und den ursprünglichen Ausprägungen (keine, temporäre, permanente Sandbox) konnte kein systematischer Zusammenhang festgestellt werden: $\chi^2 = 9{,}036$, df=6, p=0,172

Cluster 2 die Hauptverantwortlichkeit für die Anwenderqualifizierung eher bei der PA/PE-Abteilung als bei der IT liegt.

4.4.3 Reifegrade der Qualifizierungsstrategien

Nach einem Vergleich der Grundstrategien untereinander wird im Folgenden das absolute Niveau, d.h. der Ausbaustand der vier Vorgehensweisen näher betrachtet. Rein quantitativ betrachtet, ist festzuhalten, dass vergleichsweise hohe Investitionen in die Anwenderqualifizierung im Kontext Unternehmenssoftware fließen. Im Durchschnitt bildet sich jeder Anwender ca. 7,6 Tage pro Jahr in diesem Bereich weiter, was im Vergleich mit der durchschnittlichen gesamten Weiterbildungsbeteiligung (stellvertretend siehe Werner 2006a) relativ hoch erscheint.

Um den Ausbaustand der Qualifizierungsstrategien qualitativ beurteilen zu können, wird auf das Konzept des „Reifegrades" Bezug genommen, das aus der Softwareentwicklung bekannt ist und auf den Bereich des Personalmanagements übertragen wurde.[141] Das Reifegradmodell „People Capability Maturity Model" (P-CMM) umfasst Personalmanagement, Wissensmanagement und Organisationsentwicklung (Braband 2006). Es ist ursprünglich für die Abbildung und Verbesserung des Personalmanagements in der Softwareentwicklung entwickelt worden, bezieht sich laut CARNEGIE MELLON SOFTWARE ENGINEERING INSTITUTE (2001, S. 3) dennoch auf das gesamte Personalmanagement: „The People Capability Maturity Model (People CMM) is a roadmap for implementing workforce practices that continuously improve the capability of an organization's workforce."

Abbildung 66 stellt die fünf Reifegrade („maturity levels") des P-CMM sowie die Prozessaspekte („process areas") dar, deren erfolgreiche Implementierung zum Erreichen des jeweiligen Reifegrades beiträgt. Derzeit gilt laut BRABAND (2006, S. 6) der Reifegrad 3 bereits als exzellent. Bezogen auf die Weiterbildung sind die Reifegrade durch folgende Eigenschaften geprägt (Braband 2006, S. 7):

- Reifegrad 1 ist durch geringe Mitarbeiterbindung und hohe Fluktuation gekennzeichnet, Mitarbeiterführung und –entwicklung werden nicht systematisch durchgeführt und sind daher unstrukturiert und nicht wiederholbar.
- In Unternehmen des Reifegrades 2 haben alle Mitarbeiter die Fähigkeiten, ihre Arbeit anforderungsgerecht zu erfüllen. Angemessene Weiterentwicklungsmöglichkeiten sind vorhanden, die benötigten Qualifizierungsmaßnahmen werden identifiziert.
- Bei Reifegrad 3 werden Mitarbeiterkompetenzen in Übereinstimmung mit der Geschäftsstrategie und den Zielen der Organisation gezielt gefördert („Strategisches Kompetenzmanagement"). Kompetenzen werden auch mit Blick auf den zukünftigen Bedarf aufgebaut.

---

[141] Seit 1986 hat das Software Engineering Institute (SEI) der Carnegie Mellon University verschiedene Reifegradmodelle zur Prozessoptimierung entwickelt, die für die Systementwicklung, insbesondere die Softwareentwicklung, konzipiert wurden (Carnegie Mellon SEI 2001). Diese Modelle sind unter dem Namen Capability Maturity Model (CMM) mittlerweile weit verbreitet und allgemein anerkannt (Braband 2006, S. 6). „Der Aufbau aller Reifegradmodelle des SEI ist gleich: Für ein bestimmtes Gebiet werden ausgewählte Prozessaspekte einem von fünf Reifegraden zugeordnet. Um einen spezifischen Reifegrad zu erreichen, muss eine Organisation in einer intensiven, unabhängigen Begutachtung Kriterien für alle Prozessaspekte des zugehörigen Reifegrads erfüllen" (Braband 2006, S. 6). Einen Überblick über Reifegradmodelle liefern AHLEMANN ET AL. (2005).

Möglichkeiten zum Wissensaustausch, persönliche Entwicklungspläne, Teamentwicklung usw. sind vorhanden. Kenntnisse und Fähigkeiten werden systematisch analysiert.

- Ab Reifegrad 4 wird eine strikt quantitative Steuerung der Personal(entwicklungs-) Prozesse verlangt, um diese vorhersagbar und besser steuerbar zu machen. Mentoren unterstützen Individuen und Teams in ihrer Weiterentwicklung.
- Auf Reifegradstufe 5 werden individuelle Programme zur kontinuierlichen Verbesserung von Kompetenzen und Fähigkeiten aufgelegt.

Maturity Level	Focus	Process areas
Level 5: Optimizing	Continuously improve and align personal, workgroup, and organizational capability	- Continuous Workforce Innovation Organizational Performance Alignment - Continuous Capability Improvement
Level 4: Predictable	Empower and integrate workforce competencies and manage performance quantitatively	- Mentoring - Organizational Capability Management - Competency-Based Assets - Empowered Workgroups - Competency Integration
Level 3: Defined	Develop workforce competencies and workgroups, and align with business strategy and objectives	- Participatory Culture - Workgroup Development - Competency-Based Practices - Career Development - Competency Development - Workforce Planning - Competency Analysis
Level 2: Managed	Managers take responsibility for managing and developing their people	- Compensation - Training and Development - Performance Management - Work Environment - Communication and Coordination - Staffing
Level 1: Initial	Workforce practices applied inconsistently	

Abbildung 66: Stufen und Praktiken des P-CMM (Quelle: Carnegie Mellon SEI (2001, S. 50))

P-CMM ist ein Rahmenwerk, das sich an das Personalmanagement des gesamten Unternehmens richtet. Dennoch werden im Folgenden die im P-CMM vorgeschlagenen Praktiken mit dem Teilbereich der IT-Anwenderqualifizierung im Kontext Unternehmenssoftware verglichen. Dabei zeigt sich, dass die empirisch ermittelten Grundstrategien einen relativ geringen Reifegrad aufweisen.

- Dass Reifegrad 2 erreicht werden kann, ist insbesondere bei Grundstrategie 1 („rudimentär") fraglich. Der geringe Institutionalisierungsgrad der IT-Anwenderqualifizierung sowie die vergleichsweise geringen Personalressourcen für Planungs- und Organisationsaufgaben lassen unsicher erscheinen, ob das zentrale Ziel „Training and Development practices are institutionalized to ensure they are performed as managed processes" (Carnegie Mellon SEI 2001, S. 208) erreicht werden kann. Der Expertenumfrage ist zu entnehmen, dass in den anderen drei Grundstrategien zumindest die für die tägliche Arbeit notwendigen Trainingsmaßnahmen bereitgestellt werden, so dass in diesen Fällen Reifegrad 2 erreichbar ist.
- Reifegrad 3 erfordert unter anderem die systematische Kompetenzanalyse (Carnegie Mellon SEI 2001, S. 245), die laut Experteninterviews in keiner der Grundstrategien stark

ausgeprägt ist, zumindest was Unternehmenssoftware-Kenntnisse betrifft. Ähnliches gilt für die mittelfristige Qualifizierungsplanung (Carnegie Mellon SEI 2001, S. 267).

- Reifegrad 4 kann mit den vier identifizierten Grundstrategien nur schwer erreicht werden, denn eine quantitative Steuerung im Sinne einer Messbarmachung von Kompetenzen und Qualifizierungserfolgen im Sinne des Bildungscontrollings wird kaum praktiziert. Dies ist allerdings nicht als Besonderheit der IT-Anwenderqualifizierung zu sehen, sondern vielmehr eine generelle Ablehnung von Bildungscontrollingmaßnahmen.

Aus der Tatsache, dass die Grundstrategien (als Mittelwert der im jeweiligen Cluster befindlichen Unternehmen) einen relativ geringen Reifegrad vorweisen, darf nicht auf das einzelne Unternehmen geschlossen werden. Es ist denkbar, dass in Einzelfällen höhere P-CMM-Level erreichbar sind.

4.4.4 Zusammenfassung

In diesem Kapitel konnten mittels einer zweistufigen Clusteranalyse vier Grundstrategien identifiziert werden, nach denen Unternehmen ihre Anwender im Gebrauch von Unternehmenssoftware qualifizieren. Die aus den 220 untersuchten Unternehmen empirisch ermittelten Grundstrategien wurden auf Basis der grundlegenden Eigenschaften Organisation, Investitionshöhe, inhaltliche und methodische Grundausrichtung der Anwenderqualifizierung gewonnen.

Insgesamt tätigen die untersuchten Unternehmen im Vergleich zur gesamten Weiterbildungsaktivität deutscher Unternehmen hohe Investitionen in das Anwender Know-how, dennoch ist der Ausbaustand in qualitativer Hinsicht als niedrig zu bezeichnen. Die Grundstrategien unterscheiden sich hinsichtlich ihrer Aufbau- und Ablauforganisation im Bereich der IT-Anwenderweiterbildung. Bei den meisten Vergleichskriterien fällt dieser Unterschied statistisch signifikant aus und kann daher zur typenbildenden Charakterisierung der Cluster verwendet werden. Einige andere Unterschiede sind nicht signifikant, können jedoch ergänzend zur Illustration hinzugezogen werden.

Relativierend muss angemerkt werden, dass mit den vier vorgestellten Grundstrategien das Spektrum möglicher IT-Anwenderqualifizierungsmuster nicht ausgeschöpft sein muss (vgl. Bäumer 1997, S. 171). So könnten außerhalb der Stichprobe, deren Auswahlverfahren auf große Unternehmen abzielte, andere Unternehmen vorzufinden sein, die gänzlich auf die Qualifizierung ihrer Anwender verzichten. Ebenso sind hier nicht erfasste Fälle denkbar, wo die Unternehmen die Verantwortung für die Weiterbildung komplett ihren Mitarbeitern aufbürden.

In Abbildung 67 sind die Clusterprofile grafisch dargestellt, um ein komprimiertes Bild der Grundstrategien zu vermitteln. Enthalten sind die Clustermittelwerte sowohl der Clustervariablen als auch anderer typenbeschreibender Variablen. Um verschieden skalierte Variablen vergleichbar zu machen, wurden die standardisierten z-Werte mit Mittelwert 0 und Standardabweichung 1 (Brosius 1998, S. 364) auf der y-Achse abgetragen.

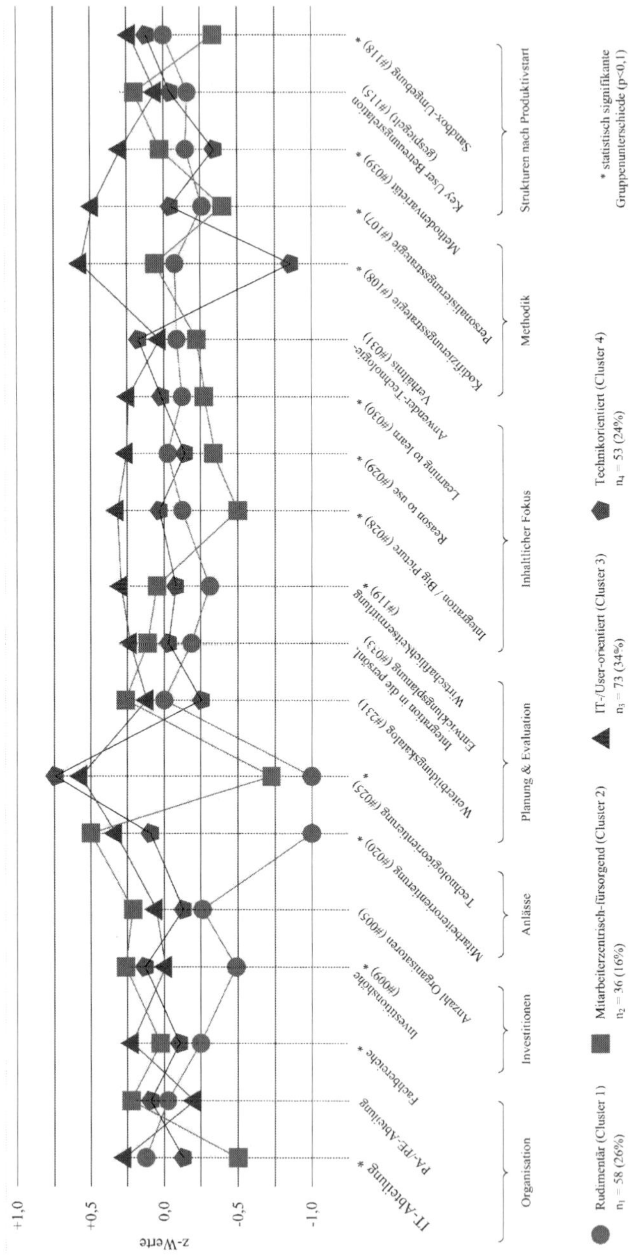

Abbildung 67: Grafische Darstellung der Clusterprofile (n=220)

4.5 Begründungsansätze zur Wahl der Qualifizierungsstrategien

In Kapitel 3.3 wurden potenzielle Begründungsansätze vorgestellt, mit denen die Wahl einer bestimmten Qualifizierungsstrategie sachlogisch erklärt werden könnte. Ziel dieses Kapitels ist es, auf Basis statistischer Methoden herauszufinden, ob ein empirischer Zusammenhang zwischen den im Analysemodell berücksichtigten Begründungen/Rahmenbedingungen und der Wahl einer der vier Grundstrategien erkennbar ist.

Nach der Durchführung der Zusammenhangstests stellte sich heraus, dass zwischen keiner potenziellen Begründungsdimension und der Wahl einer der vier Grundstrategien ein statistischer Zusammenhang erkennbar ist. Die Nullhypothesen der hierzu durchgeführten Tests konnten nicht zurückgewiesen werden, d.h. es sind keine „Effekte" beobachtbar. Dies bedeutet, dass keine der berücksichtigten Rahmenbedingungen *systematisch* eine bestimmte Grundstrategie in der Anwenderqualifizierung begünstigt oder behindert. Vielmehr ist davon auszugehen, dass die identifizierten Grundstrategien durch alle Branchen, Größenkategorien, Systemtypen usw. hinweg gleichermaßen vorkommen. Dennoch werden im Folgenden die Ausprägungen der Rahmenbedingungen in den Unternehmen der vier Grundstrategien deskriptiv, auf die Stichprobe der Untersuchung bezogen, dargestellt. Die Interpretation muss also auf die Stichprobe der 220 Unternehmen beschränkt bleiben und darf nicht verallgemeinert werden.

Da keine Gesamtstrategie (als Bündel von Einzelentscheidungen) durch die im Analysemodell berücksichtigten Rahmenbedingungen erklärt werden kann, wird ermittelt, welche der *Einzel*entscheidungen in der IT-Anwenderqualifizierung von den vorgestellten Rahmenbedingungen abhängen. Es sei an dieser Stelle nochmals darauf hingewiesen, dass aufgrund des Designs dieser Studie lediglich angenommen werden kann, dass ein Einfluss vorherrscht. Ein Kausalzusammenhang zwischen Rahmenbedingungen und Entscheidungsvariablen wird zwar unterstellt, er kann jedoch nicht nachgewiesen werden. Aufgrund des ex-post-facto-Designs dieser Erhebung wurden alle Variablen gleichzeitig erhoben, daher ist keine Zeitdifferenz zwischen den angenommenen Ursachen und deren Wirkungen festzustellen, was ein notwendiges Kriterium für kausale Zusammenhänge ist (Schnell et al. 2005, S. 232f.). Dies entspricht allerdings, BÄUMER (1997, S. 226) folgend, dem hier zugrunde gelegten Verständnis von Weiterbildung und Qualifizierung als einem „betrieblichen Handlungsfeld, in dem Gestaltungsspielräume existieren und eben nicht alles determiniert ist."

Alle im Analysemodell berücksichtigten Rahmenbedingungen (Begründungsdimensionen) weisen mit einer oder mehreren Einzelentscheidungen in der IT-Anwenderqualifizierung signifikante Zusammenhänge auf.[142] In den folgenden Unterkapiteln werden diese Zusammenhänge näher erläutert, da sie, wenn auch in unterschiedlicher Intensität, systematisch sind.

4.5.1 Unternehmensinterne Faktoren

4.5.1.1 Unternehmensgröße

In Tabelle 29 ist die Verteilung der verschiedenen Unternehmensgrößenklassen auf die vier Grundstrategien (Cluster) dargestellt. Dargestellt sind die Residuen, d.h. die Differenzen

[142] Das Alter der Unternehmenssoftware steht indirekt über die Änderungsdynamik in Zusammenhang mit Weiterbildungsentscheidungen.

zwischen den tatsächlichen und den (bei unterstellter Unabhängigkeit der beiden Variablen) erwarteten Werten. KROMREY (2006, S. 480ff.) schlägt diese Methode zur Messung einer Assoziation unter dem Namen „Abweichung von der statistischen Unabhängigkeit" vor. Ein positiver Residuumswert bedeutet, dass überzufällig („unerwartet") viele Unternehmen der jeweiligen Größenkategorie in einem bestimmten Cluster anzutreffen sind[143], daher wurden hohe positive Werte fett markiert. Obwohl der Chi-Quadrat-Test, der ebenfalls auf den Residualwerten basiert, keinen systematischen Zusammenhang aufdecken konnte, hilft die Tabelle dennoch bei der groben Charakterisierung der Cluster hinsichtlich Unternehmensgrößen. So zeigt sich, dass Grundstrategie 1 (rudimentär) und 2 (mitarbeiterzentrisch-fürsorgend) eher von kleinen bis mittleren Unternehmen verfolgt werden. Dagegen werden die IT-/User-orientierte Strategie 3 und die technikorientierte Strategie 4 tendenziell von großen bis sehr großen Unternehmen umgesetzt.

Anzahl Mitarbeiter	Cluster 1	Cluster 2	Cluster 3	Cluster 4
10-49	0,3	**1,4**	- 1,3	- 0,4
50-249	**1,5**	- 0,1	0,6	- 2,1
250-499	- 2,2	**1,1**	**2,0**	- 0,9
500-999	**2,3**	- 0,5	- 3,8	**1,9**
1.000-9.999	- 0,7	- 2,3	0,2	**2,8**
10.000 und mehr	- 1,3	0,4	**2,3**	- 1,3

Tabelle 29: Zusammenhang zwischen Unternehmensgröße und Grundstrategie (n=212) (Residuen)

Zwischen der Größe des Unternehmens, gemessen in der Anzahl seiner Mitarbeiter, und der personellen Ausstattung für die Planung und Organisation von Anwenderqualifizierungsmaßnahmen im Kontext Unternehmenssoftware („Organisatoren") besteht ein systematischer Zusammenhang[144]. In Abbildung 68 wird deutlich, dass die Anzahl der mit den Planungs- und Organisationsaufgaben befassten Mitarbeitern (je 1.000 Mitarbeiter) mit der Unternehmensgröße abnimmt. Die Werte liegen zwischen knapp 60 und 0,3 Organisatoren je 1.000 Mitarbeitern. Das Mittel der Stichprobe liegt bei 6,3 Mitarbeitern je 1.000 Mitarbeitern. Der Spearman'sche Rangkorrelationskoeffizient ist mit einem Wert von -0,717 relativ hoch (signifikant auf 0,1%-Niveau). Diese Befunde verdeutlichen, dass mit steigender Unternehmensgröße weniger Organisatoren pro Mitarbeiter zur Verfügung stehen. Vergleiche mit anderen Studien (nicht auf IT-Weiterbildung bezogen) liefern sehr unterschiedliche Referenzwerte. So ermittelte WEBER (1985, S. 117) 0,6 Mitarbeiter, MAISBERGER & PARTNER (1993, S. 40) 4-5 Mitarbeiter und BÄUMER (1997, S. 175) einen Durchschnitt von 2,2 Mitarbeitern je 1.000 Mitarbeitern. Die Degression könnte durch Skaleneffekte bei den Planungs- und Steuerungsaufgaben der Weiterbildung erklärt werden. Der Bedarf an hierfür zuständigen Mitarbeitern wächst nicht proportional zur Mitarbeiterzahl des Unternehmens, denn ein gewisser „Grundstock" kann gleichermaßen für wenige wie für relativ viele Mitarbeiter Seminare planen usw. Vielmehr scheint eine sprungfixe Abhängigkeit plausibler (vgl. Hutzschenreuter 2005, S. 579), die sich z.B. nach der Anzahl der Standorte oder Unternehmensbereiche richtet.

143 Beispiel: Der Wert von 2,3 im Cluster 3 bei Unternehmen mit 10.000 und mehr Mitarbeitern bedeutet, dass 2,3 Unternehmen mehr in diesem Cluster enthalten sind, als es gemäß der Gestalt der gesamten Stichprobe eigentlich sein „dürften".

144 $F(5; 161) = 83{,}094$, $p<0{,}001$

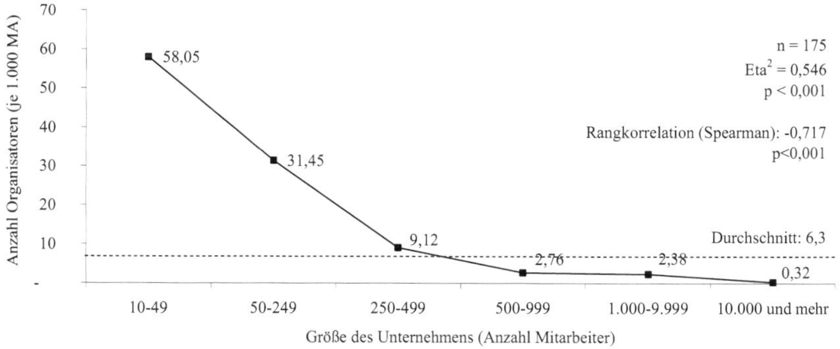

Abbildung 68: Zusammenhang zwischen Unternehmensgröße und Anzahl Organisatoren (n=175)

Es ist von Interesse, ob Unternehmen unterschiedlicher Größe verschieden viel in die Qualifizierung ihrer Unternehmenssoftware-Anwender investieren. Dazu wurde die Stichprobe in drei Gruppen[145] eingeteilt und deren durchschnittliche Anzahl Weiterbildungstage pro Anwender und Jahr verglichen. Abbildung 69 zeigt, dass es, entgegen der Erwartung, die kleineren Unternehmen mit weniger als 210 Mitarbeitern sind, die ihre Anwender am häufigsten weiterbilden. Diese Gruppe, die 22 Unternehmen der Stichprobe enthält, weist eine durchschnittliche Weiterbildungsmenge von ca. 11 Tagen pro Jahr und Anwender auf. Die 113 Unternehmen umfassende Gruppe der großen Unternehmen (ab 1.050 Mitarbeitern) weist die zweithöchste Investitionshöhe auf (fast 8 Tage pro Jahr und Anwender). Am wenigsten investieren die mittelgroßen Unternehmen, deren Mitarbeiterzahl zwischen 210 und 1.050 liegt. Sie investieren lediglich 6,4 Tage pro Jahr und Anwender und liegen damit unter dem Durchschnitt von 7,5 Tagen. Die mittels Varianzanalyse ermittelten Gruppenunterschiede sind signifikant auf dem 5%-Niveau. Einen ähnlichen Zusammenhang zwischen Weiterbildungstagen und Unternehmensgröße haben MENEZ ET AL. (2001, S. 72f.) bei IT-Fachkräften entdeckt: Auch dort waren es die Unternehmen mittlerer Größe, die weniger in die Weiterbildung der Mitarbeiter investierten als die ganz großen und die sehr kleinen Unternehmen. Aufgrund unterschiedlich definierter Klassengrenzen sind die Ergebnisse allerdings nur eingeschränkt vergleichbar.

145 Die Segmentierung wurde durch eine vorgeschaltete CHAID-Analyse vorgeschlagen, um eine signifikante Trennung zu erhalten. Ergebnis der Analyse waren 3 Gruppen.

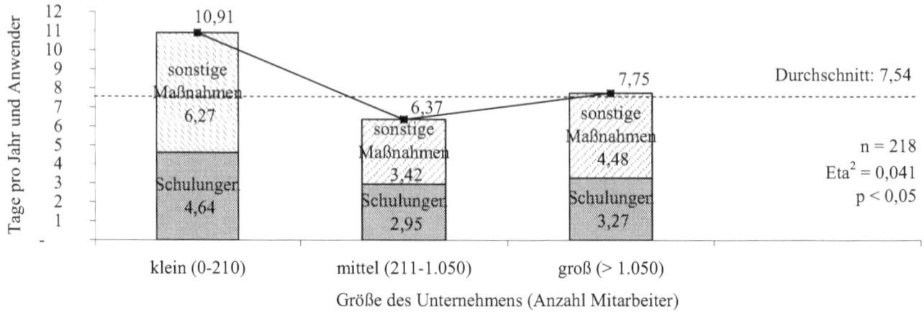

Abbildung 69: Zusammenhang zwischen Unternehmensgröße und Investitionshöhe (n=218)

Betrachtet man die einzelnen Qualifizierungsanlässe, so fällt auf, dass zwischen der Unternehmensgröße und der relativen Menge an Qualifizierung bei Erweiterungen der Unternehmenssoftware (z.B. neue Module, Teilsysteme usw.) eine schwache positive Beziehung[146] besteht. Dies bedeutet, dass in größeren Unternehmen bei derartigen Erweiterungen der Anwendungslandschaft mehr in Anwenderqualifizierung investiert wird als in kleineren Unternehmen. Dies kann dadurch erklärt werden, dass in kleinen Unternehmen derartige Erweiterungen seltener vorkommen, da nur einzelne Module oder Grundsysteme benötigt werden. Auch bei Releasewechseln qualifizieren große Unternehmen mehr als kleine, was durch den Korrelationskoeffizienten von r=0,139 (Spearman) ausgedrückt wird.[147] Diese Erkenntnisse erwecken den Anschein, dass Unternehmen verschiedener Größenordnungen grundsätzlich unterschiedliche Qualifizierungsmuster aufweisen, was den zeitlichen Verlauf betrifft:

- Kleinere Unternehmen qualifizieren bei der erstmaligen Einführung der Unternehmenssoftware besonders intensiv, legen danach jedoch tendenziell weniger Wert auf die fortführende, kontinuierliche Anwenderweiterbildung.
- Größere Unternehmen investieren nicht nur bei der Softwareeinführung, sondern vor allem in weiteren Phasen des Systemlebenszyklus (Releasewechsel, Erweiterungen/Zusatzmodule usw.).

Key User werden eher in größeren Unternehmen eingesetzt als in kleineren. Der dazu durchgeführte Chi-Quadrat-Test ergab einen hochsignifikanten Zusammenhang[148] zwischen der Unternehmensgröße (in Klassen) und der Tatsache, ob Key User eingesetzt werden oder nicht. Dabei spielte keine Rolle, ob die Key User als spezielle Ansprechpartner für die Unternehmenssoftware oder für Fragen zur IT allgemein zur Verfügung stehen. Abbildung 70 veranschaulicht den insgesamt doch erkennbaren positiven Zusammenhang. Dieser Befund könnte durch den höheren Formalisierungsgrad in großen Unternehmen erklärt werden.

---

146 Pearson'scher Korrelationskoeffizient: r=0,140 (5%-Niveau)

147 Signifikant auf 5%-Niveau

148 Chi-Quadrat = 24,565, df=5, p<0,001, Cramer's V = 0,336

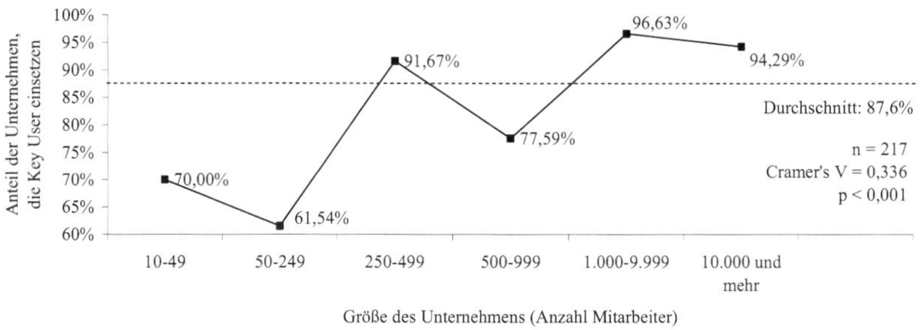

Abbildung 70: Zusammenhang zwischen Unternehmensgröße und dem Einsatz von Key Usern (n=217)

Lenkt man den Blick auf die Betreuungsrelation, also die Anzahl der Anwender, für die ein Key User „zuständig" ist, zeigt sich, dass die Versorgung der Anwender in den kleineren Unternehmen „besser" zu sein scheint, wenn man rein quantitativ argumentiert. Der Rangkorrelationskoeffizient von 0,294 (signifikant auf 0,1%-Niveau) legt die Vermutung nahe, dass es einen systematischen, positiven Zusammenhang zwischen Unternehmensgröße und der Betreuungsrelation gibt[149]: Während sich in Unternehmen bis 500 Mitarbeiter maximal 20 Anwender einen gemeinsamen Ansprechpartner „teilen" müssen, sind es in den größeren Unternehmen durchschnittlich bis zu über 33. Dieses Phänomen könnte man sich dadurch erklären, dass in großen Unternehmen tendenziell größere organisatorische Einheiten existieren, für die formale Ansprechpartner definiert werden.

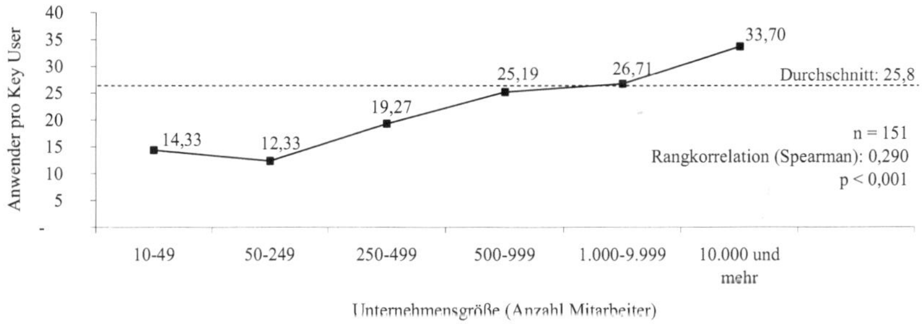

Abbildung 71: Zusammenhang zwischen Unternehmensgröße und Key User Betreuungsrelation (n=151)

Die gemeinsame Qualifizierung von zusammengehörenden Arbeitsgruppen/Teams wurde bei der Modellentwicklung als ein wichtiges Element des organisationalen Lernens vorgestellt. Insgesamt erfährt dieser inhaltliche Aspekt mit Werten zwischen 3,46 und 4,56 eine relativ große Zustimmung. Unternehmen verschiedener Größenordnungen unterscheiden sich signifikant[150] voneinander. Blendet man die Gruppe der 13 Unternehmen mit 50-249 Mitarbeitern aus, ist ein leicht negativer Zusammenhang zu erkennen. Dieser wird durch den Rangkorrelationskoeffizienten von -0,135 (5%-Niveau) untermauert. Das bedeutet, dass in größeren

149 Der Zusammenhang wird unterstellt, wenngleich die Varianzanalyse keine signifikanten Gruppenunterschiede ermitteln konnte.

150 F(5; 210) = 3,257, p=0,007

Unternehmen Teams seltener als zusammengehörige Gruppe geschult werden als in kleineren Unternehmen. Diese Erkenntnis widerspricht zunächst der Vermutung, dass es in größeren Unternehmen mit tendenziell mehr Vertretungspersonal einfacher ist, komplette Teams für die Zeit einer Weiterbildungsmaßnahme aus dem operativen Geschäft herauszulösen.

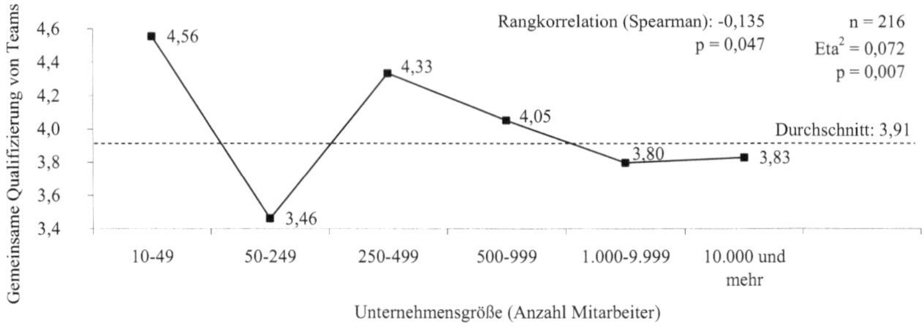

Abbildung 72: Zusammenhang zwischen Unternehmensgröße und der gemeinsamen IT-Qualifizierung von Teams (n=216)

Die Unternehmen der Stichprobe bieten ihren Anwendern relativ wenige Möglichkeiten, denselben qualifizierungsrelevanten Themenbereich im Kontext Unternehmenssoftware auf mehrere verschiedene Weisen zu erlernen (Lernformen). Durchschnittlich lag die Zustimmung zu dieser methodischen Vorgehensweise bei lediglich 2 auf der Ratingskala von 1 bis 5, wobei 5 die höchste Zustimmung bedeutet. Stellt man die Unternehmensgrößenkategorien vergleichend gegenüber, so zeigt sich ein positiver Zusammenhang, der durch eine Korrelation von 0,154 (5%-Niveau) nach Spearman statistisch untermauert wird. Der Vergleich der Gruppenmittelwerte in Abbildung 73 zeigt, dass es eher die großen Unternehmen sind, die ihren Anwendern ein diversifiziertes Methodenspektrum anbieten (können). Dies ist leicht einzusehen, da sich kleine Unternehmen kaum aufwändige und abwechslungsreiche Qualifizierungsmethoden leisten können und die Wissensvermittlung im Normalfall auf eine bis wenige unterschiedliche Wege beschränkt bleiben muss. Besonders ausgeprägt scheint der Unterschied zwischen den verschiedenen Unternehmensgrößen bei der Qualifizierung in der täglichen operativen Arbeit zu sein, denn hier bieten die großen Unternehmen signifikant mehr Lernformen/-methoden an als die kleineren.[151]

---

151 Dies spiegelt sich in einer Spearman-Korrelation von r=0,144 (5%-Niveau) zwischen Unternehmensgröße (Klassen) und „Anzahl der Methoden bei der täglichen Arbeit“ wider.

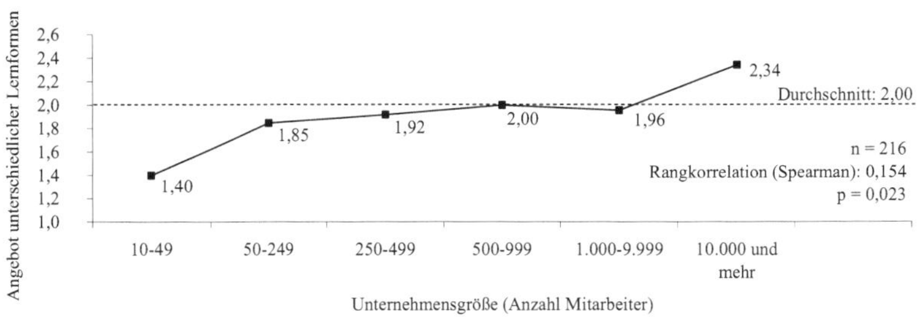

Abbildung 73: Zusammenhang zwischen Unternehmensgröße und dem Angebot unterschiedlicher Lernformen (n=216)

Zur Qualitätssicherung in der IT-Anwenderqualifizierung gehört es, externen Bildungsdienstleistern und Trainern bestimmte Qualitätsstandards vorzugeben. Diese Bildungscontrollingmaßnahme (stellvertretend siehe Gnahs/Krekel 1999; Gerlich 1999) wird mit einer durchschnittlichen Zustimmung von 2,65 praktiziert. Eine Differenzierung nach Unternehmensgröße zeigt zudem, dass es insbesondere die sehr großen und weniger die sehr kleinen Unternehmen sind, die ihre individuellen Bildungsstandards auf diese Weise etablieren. Diese unterschiedliche Vorgehensweise ist unmittelbar einsichtig, denn mit der Größe des Unternehmens wächst auch seine Verhandlungsposition auf den Märkten. Ein großes Unternehmen mit mehreren tausend Mitarbeitern und Anwendern kann auf dem Markt für Weiterbildungsleistungen seine Ansprüche und Vorstellungen um einiges leichter durchsetzen.

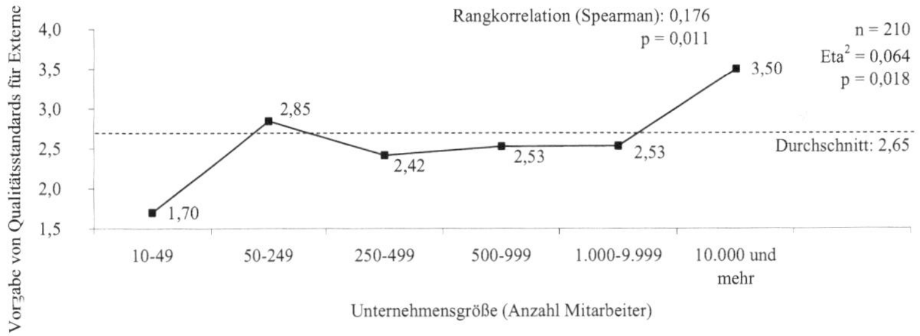

Abbildung 74: Zusammenhang zwischen Unternehmensgröße und der Vorgabe von Qualitätsstandards für Externe (n=210)

Betrachtet man anstelle der gesamten Mitarbeiterzahl die Anzahl der Unternehmenssoftware-Anwender, so ist eine signifikante positive Korrelation mit dem Ausmaß zu erkennen, in dem Kodifizierungsstrategien zur Anwenderqualifizierung verfolgt werden. Unter Kodifizierungsstrategien wurde, im Gegensatz zur personalisierten Wissensvermittlung, die Explizierung und zentrale Speicherung unternehmenssoftwarebezogenen Wissens verstanden. Beispielhafte Lernmedien sind E-Learning-Produkte, Handbücher, Anleitungen usw. Der Korrelationskoeffizient von 0,167 (p=0,014) ist ein Indiz dafür, dass mit steigender Größe der Anwenderschaft eher derartige Medien zur Anwenderqualifizierung zum Einsatz kommen.

Dieser Befund kann durch die Überlegungen von TRITTMANN/MELLIS (1999) zur Aufwandsbetrachtung beim Wissenstransfer nachvollzogen werden. Bei der schriftlichen, d.h. kodifizierten Weitergabe von (IT-)Wissen besteht die Aufgabe des dokumentierenden Experten zunächst darin, sein Wissen für andere verständlich aufzubereiten, zu explizieren. Dabei handelt es sich um eine fixe, d.h. vom Umfang der späteren Verwendung unabhängigen Aufwandsgröße, die in Abbildung 75 durch die waagrechte gestrichelte Linie dargestellt ist. In diesem Fall wird quasi „auf Vorrat" dokumentiert. Der persönliche, mündliche Wissenstransfer (schräge Linie) hingegen erfordert zwar keine fixen Aufwände, doch entsteht bei jeder Nachfrage erneut ein gewisser variabler Aufwand. Offenbar existiert ein Break-Even-Punkt, d.h. ab einer gewissen Menge an Wissensnachfrage lohnt sich aus ökonomischer Sicht die Kodifizierungsstrategie (vgl. Trittmann/Mellis 1999). Ähnlich argumentiert HUTZSCHENREUTER (2005, S. 581) in seinem kostentheoretisch ausgerichteten Vergleich zwischen E-Learning und klassischen Seminaren mit Hilfe von Indifferenzbedingungen.

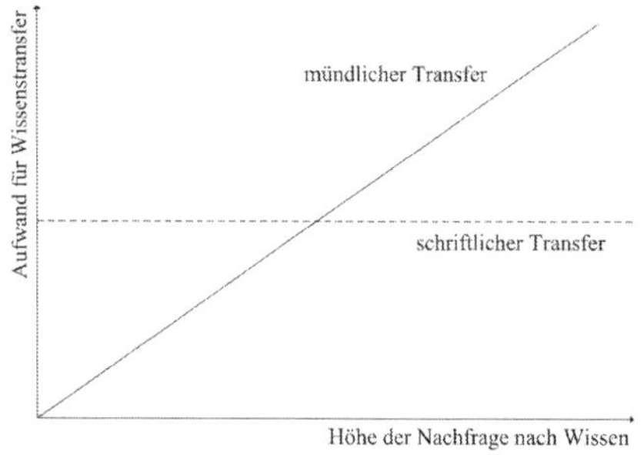

Abbildung 75: Aufwandsvergleich der Wissenstransferformen aus Expertensicht (Quelle: Trittmann/Mellis (1999))

Im Gegenzug wäre eine negative Korrelation zwischen Anzahl der Endanwender und der Verfolgung von Personalisierungsstrategien zu erwarten gewesen, die jedoch im Datenset nicht nachgewiesen werden konnte.[152]

Abbildung 76 fasst die Zusammenhänge zwischen Unternehmensgröße und Einzelentscheidungen der Anwenderqualifizierung zusammen.

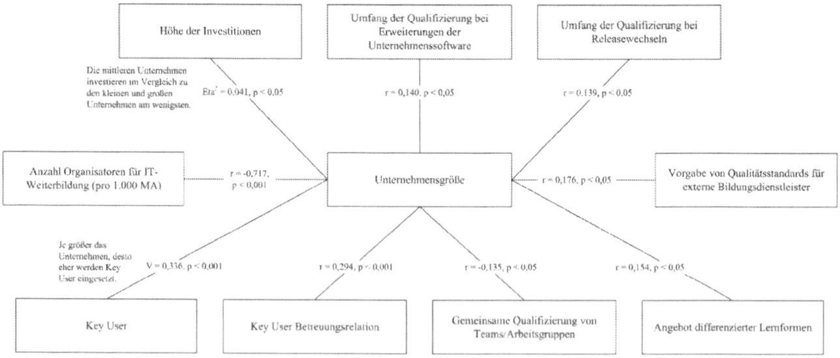

Abbildung 76: Einfluss der Unternehmensgröße

152 r=0,057, n.s.

4.5.1.2 Branche

Bei der Analyse der durch die Branchenzugehörigkeit erklärbaren Verhaltensweisen musste zunächst die Baubranche (Wirtschaftsunterbereich F nach WZ03) ausgeschlossen werden, da in dieser Gruppe nur zwei Unternehmen enthalten waren. Zufällig zustande gekommene Werte hätten die Interpretation der Gruppenvergleiche erschwert. Es lässt sich feststellen, dass diese Branche einen tendenziell geringen Ausbaustand der IT-Anwenderqualifizierung aufweist.

Tabelle 30 stellt die Residualverteilung der verschiedenen Branchen auf die vier Grundstrategien (Cluster) dar. Das verarbeitende Gewerbe ist überdurchschnittlich häufig in Cluster 4 anzutreffen (technikorientierte Qualifizierungsstrategie), das Dienstleistungsgewerbe hingegen eher im mitarbeiterzentrisch-fürsorgenden Cluster 2. Die restlichen Residualwerte sind relativ niedrig, d.h. der Zusammenhang zwischen Branchen- und Clusterzugehörigkeit ist eher schwach ausgeprägt.

	Cluster 1	Cluster 2	Cluster 3	Cluster 4
Verarbeitendes Gewerbe, z.B. Textil, Nahrungsmittel, Druck, Elektronik, Automobil, Maschinenbau (WZ03 C+D)	-2,0	-5,5	-1,5	**9,1**
Energie- und Wasserversorgung (WZ03 E)	1,6	-1,1	1,7	-2,1
Groß-/Einzelhandel, Zulieferer (WZ03 G+H)	-0,4	-0,1	0,7	-0,1
Verkehr und Nachrichtenübermittlung, Logistik (WZ03 I)	1,1	0,2	-1,7	0,4
Kredit- und Versicherungsgewerbe, Finanzdienstleistungen (WZ03 J)	1,6	0,9	-2,3	-0,1
Wirtschaftliche Dienstleistungen, z.B. Beratung, Forschung, IT (WZ03 K)	-0,4	**3,7**	1,1	-4,3
Öffentliche Verwaltung, z.B. Krankenkasse, Behörden (WZ03 L+Q)	-1,7	1,7	0,4	-0,4
Öffentliche und private Dienstleistungen (ohne öffentliche Verwaltung) (WZ03 M-P)	0,9	0,7	0,3	-1,9

Tabelle 30: Zusammenhang zwischen Branche und Grundstrategie (n=218)

Die acht in der Stichprobe enthaltenen Branchen (ohne Bau) weisen einen signifikanten Unterschied[153] in der Anzahl der für die zentrale Planung und Organisation von IT-Anwenderqualifizierungsmaßnahmen zuständigen Personen (je 1.000 Mitarbeiter) auf. Posthoc wurde ein Tamhane-Test durchgeführt, da Varianzinhomogenität zwischen den Branchen vorlag[154]. Dieser Test ergab, dass sich Unternehmen, die den Bereichen wirtschaftliche Dienstleistungen, z.B. Beratung, Forschung, IT usw. angehören (entspricht dem Wirtschaftsunterbereich K der WZ2003-Klassifikation), deutlich mehr Mitarbeiter für die Planungsaufgaben einsetzen als die anderen Branchen/Wirtschaftsbereiche. Abbildung 77 stellt die Zahlenverhältnisse dar.

Dieser Befund deckt sich mit den bekannten Erkenntnissen, dass Dienstleistungsunternehmen generell ein besser ausgebautes Weiterbildungsmanagement aufweisen als andere Unternehmen. Allerdings weisen Unternehmen aus der Kredit-/Versicherungsbranche hier einen relativ niedrigen Wert auf, der sich nicht mit den Erkenntnissen anderer Studien deckt (vgl. Bäumer 1997, S. 233).

153 $F(7; 160) = 4{,}497$, $p<0{,}001$. 7 Ausreißer wurden von der Analyse ausgeschlossen.

154 Levene-Statistik = 8,583, $df_1=7$, $df_2=160$, $p<0{,}001$

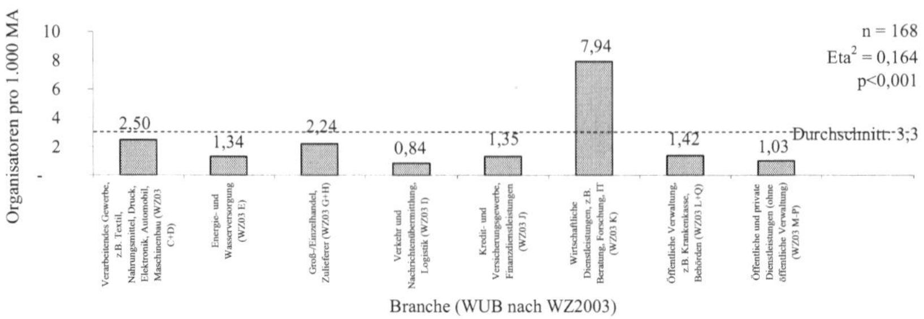

Abbildung 77: Zusammenhang zwischen Branche und Anzahl Organisatoren (pro 1.000 MA) (n=168)

Ein weiterer signifikanter Unterschied[155] zwischen den Branchen ist bei der Key User Betreuungsrelation zu erkennen, d.h. der Anzahl der Anwender, die von einem fachlichen Ansprechpartner in den Abteilungen unterstützt werden. Während die durchschnittliche Quote (Anwender pro Key User) bei ca. 26 liegt, müssen sich in Unternehmen der öffentlichen Verwaltung (WZ03 L+Q) und bei öffentlichen und privaten Dienstleistungen (WZ03 M-P) ca. 45 Anwender einen Key User „teilen“ (vgl. Abbildung 78).

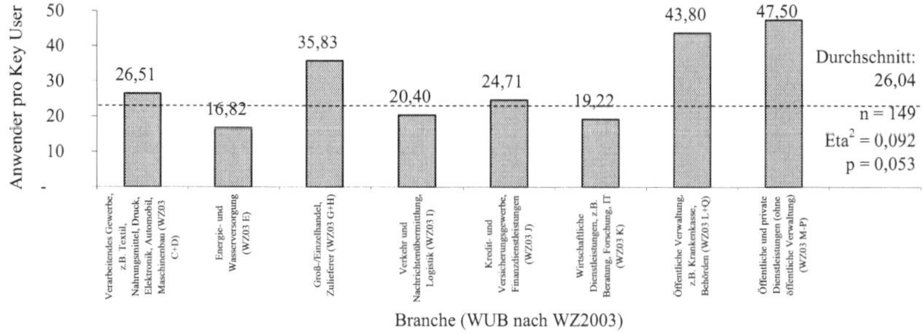

Abbildung 78: Zusammenhang zwischen Branche und Key User Betreuungsrelation (n=149)

Abbildung 79 stellt anschaulich dar, dass sich die Unternehmen der verschiedenen Branchen im Ausmaß unterscheiden[156], in dem sie ihre Anwender bei „mitarbeiterorientierten“ Anlässen (z.B. bei der Einstellung, bei einem Stellenwechsel usw.) zu Unternehmenssoftwarethemen qualifizieren. Es ist erkennbar, dass Unternehmen der öffentlichen Verwaltung und aus privaten Dienstleistungsunternehmen hier den vergleichsweise stärksten Fokus setzen. Bei den Unternehmen der öffentlichen Verwaltung überrascht dieser Befund deshalb nicht, weil von vergleichsweise stark formalisierten und standardisierten Einarbeitungs- und Karriereprozessen ausgegangen werden kann, in welche die (IT-) Weiterbildungsaktivitäten integriert sind.

---

155 F(7; 141) = 2,047, p=0,053. 2 Ausreißer wurden von der Analyse ausgeschlossen.

156 F(7; 210) = 2,126, p=0,042

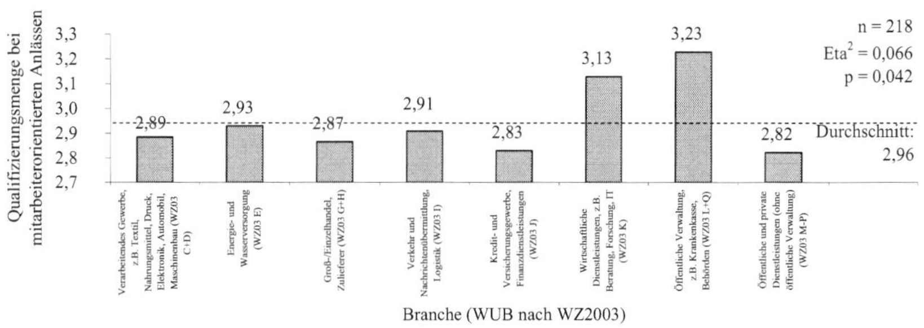

Abbildung 79: Zusammenhang zwischen Branche und mitarbeiterorientierter Qualifizierung (n=218)

Ein signifikanter[157], jedoch betragsmäßig nicht großer Unterschied lässt sich in der Menge an Qualifizierung feststellen, die bei der initialen Einführung der Unternehmenssoftware investiert wird oder wurde. Hier treten vor allem die Unternehmen der öffentlichen Verwaltung in den Vordergrund (vgl. Abbildung 80).

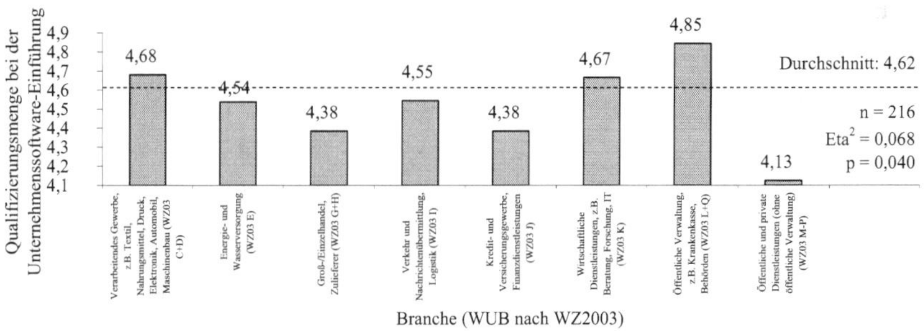

Abbildung 80: Zusammenhang zwischen Branche und Qualifizierungsmenge bei der Unternehmenssoftware-Einführung (n=216)

Insgesamt verneinten die befragten Experten deutlich die Frage, ob IT-Qualifizierung Gehaltserhöhungen oder Beförderungen begünstige: Lediglich 21 von 196 Unternehmen gaben an, dies zu praktizieren; dies entspricht ca. 11%. Differenziert man diesen Aspekt der Einbindung von Weiterbildung in die persönlichen Karrierepfade des Mitarbeiters nach Branchen, so wird ein signifikanter[158] Unterschied deutlich. Die Analyse ergab, dass insbesondere bei Energie- und Wasserversorgern und privaten Dienstleistungsunternehmen die persönliche Karriere zumindest zu einem Teil von IT-Weiterbildung abhängt. Abbildung 81 stellt die Branchenunterschiede dar.

---

157 F(7; 208) = 2,153, p=0,040

158 Chi-Quadrat = 18,636, df=7, p=0,009

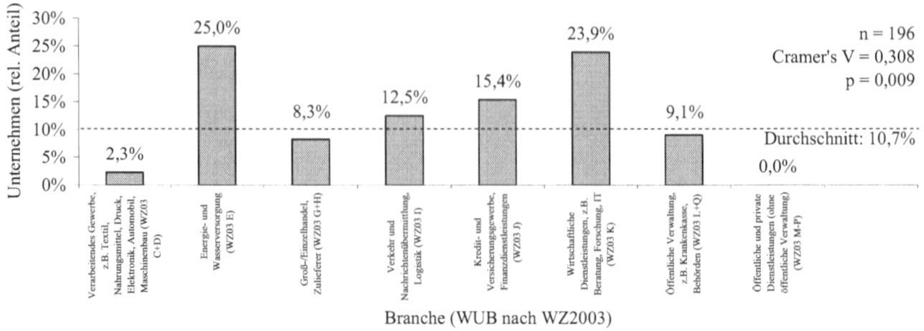

Abbildung 81: Zusammenhang zwischen Branche und Einfluss von IT-Qualifizierung auf Beförderungen und Gehaltserhöhungen (n=196)

Ergänzend sei noch auf den Zusammenhang zwischen Branche und eingesetzter Unternehmenssoftware hingewiesen. Im Datenmaterial konnte nicht nachgewiesen werden, dass Unternehmen bestimmter Branchen bevorzugt SAP, andere kommerzielle Produkte oder Eigenentwicklungen einsetzen.[159] Dies deckt sich mit den Aussagen von PEREIRA (1999, S. 40) und BRANDT (2004, S. 11), wonach die Produkte von SAP bei den Global 500 Unternehmen durch viele Branchen hinweg im Einsatz sind. Zwar variiert der Anteil je nach Branche, doch ist kein systematischer Zusammenhang zu erkennen (Abbildung 82).

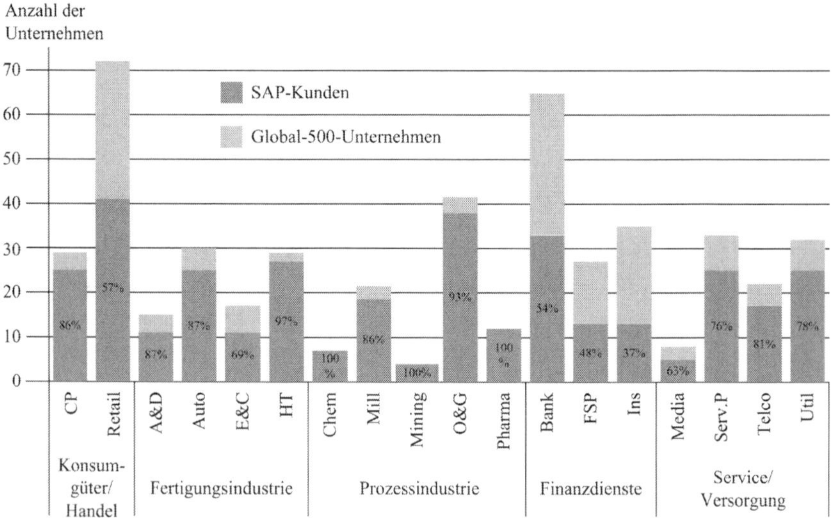

Abbildung 82: SAP-Kunden unter den Global 500 Unternehmen (Quelle: Brandt (2004, S. 11))

Abbildung 83 fasst die Zusammenhänge zwischen Branche und Einzelentscheidungen in der Anwenderqualifizierung zusammen.

159 Chi-Quadrat = 14,734, df=16, p=0,544

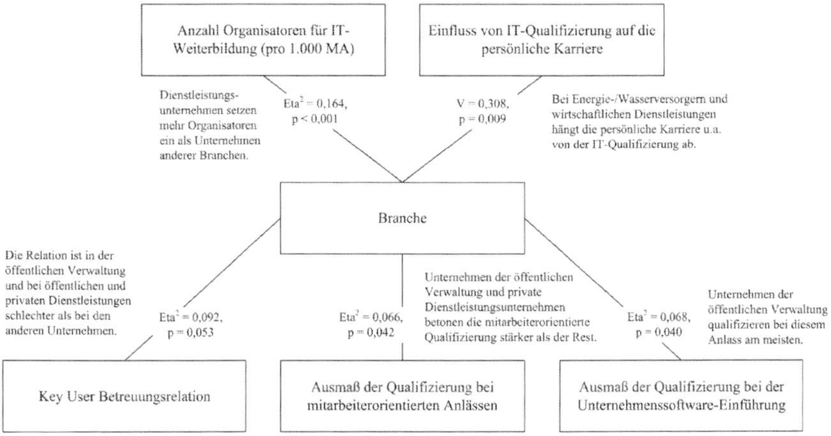

Abbildung 83: Einfluss der Branche

4.5.1.3 Qualifikationsniveau der Mitarbeiter

Für die Erfassung des Qualifikationsniveaus der Mitarbeiter der befragten Unternehmen wurden die prozentualen Anteile fünf verschiedener Qualifikationsstufen abgefragt. Um für die weiteren Analysen eine einzelne Maßgröße zur Verfügung zu haben, wurde aus den Einzelwerten ein Index[160] errechnet. Die Indexberechnung wurde anstelle einer Faktorenanalyse vorgenommen, da eine unterschiedliche Gewichtung[161] der Niveaus durchgeführt werden sollte und da a priori bekannt war, dass die fünf Variablen inhaltlich zusammenhängen (Brosius 1998). Der entstandene Index umfasst einen Wertebereich von 1 (niedriges Qualifikationsniveau) bis 5 (höchstes Qualifikationsniveau).

---

160 Nach Kromrey (2006, S. 183ff.) bietet sich in diesem Fall ein Index deshalb an, weil angenommen wurde, dass die einzelnen Anteile der Qualifikationsniveaus den Begriff „gesamtes Qualifikationsniveau" nur teilweise abbilden. Die Indexbildung ist zulässig, weil die Korrelationen zwischen den 5 Einzelindikatoren alle positiv sind und weil die Korrelationen der Einzelindikatoren mit dem Index das gleiche Vorzeichen aufweisen.

161 In die Indexberechnung ging der Anteil der leitenden Angestellten mit der Gewichtung 5 ein, qualifizierte Angestellte mit 4, einfache Angestellte mit 3, Facharbeiter mit 2 und An-/Ungelernte mit einfacher Gewichtung.

Abbildung 84 zeigt anschaulich, dass die Unternehmen aus Cluster 2 im Durchschnitt das höchste Qualifikationsniveau vorweisen können, während es in Cluster 1 das niedrigste ist. Die Unterschiede sind zwar nicht signifikant[162], doch helfen sie, insbesondere das Bild der mitarbeiterzentrisch-fürsorgenden (Cluster 2) und der rudimentären (Cluster 1) Qualifizierungsstrategien als die beiden Extrempunkte hinsichtlich Investitionshöhen zu schärfen: Obwohl oder gerade weil das durchschnittliche Niveau in Cluster 1 das vergleichsweise niedrigste ist, wird hier zudem am wenigsten in das Anwender-Know-how investiert. Genau umgekehrt, doch analog verhält es sich in Cluster 2.

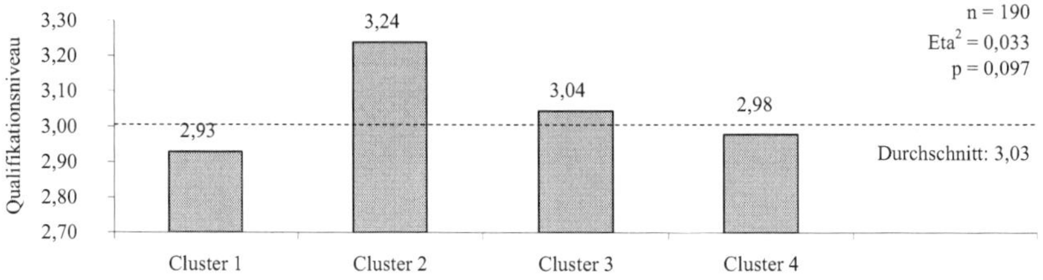

Abbildung 84: Zusammenhang zwischen Qualifikationsniveau und Clusterzugehörigkeit (n=190)

Der statistische Zusammenhang zwischen dem Qualifikationsniveau und der Höhe der Investitionen, die in die Anwenderqualifizierung gesteckt werden, kann über Pearson-Korrelationskoeffizienten ausgedrückt werden, da es sich in beiden Fällen um metrische Variable handelt. Abbildung 85 stellt die Zusammenhänge dar und verdeutlicht, dass sowohl bei Schulungen, sonstigen Qualifizierungsmaßnahmen und beim Volumen insgesamt schwache lineare Zusammenhänge vorliegen. Bei den sonstigen Maßnahmen ist der Zusammenhang allerdings nicht signifikant. Inhaltlich betrachtet, stellt der positive Zusammenhang ein interessantes Phänomen dar: Je höher qualifiziert der Mitarbeiterstamm des Unternehmens ist, desto umfangreicher fällt die Anwenderqualifizierung im Bereich Unternehmenssoftware aus.

Ein Grund für dieses Phänomen könnte die vom BMBF (2006c, S. 126) als „Matthäus-Prinzip" bezeichnete Tatsache sein, dass höher qualifizierte Mitarbeiter mehr Weiterbildung nachfragen, unabhängig vom Themengebiet. In fast allen Studien, die die Determinanten für Weiterbildungsbeteiligung erforscht haben, stellt sich heraus, dass höhere Fähigkeiten, Kenntnisse und höherer Berufsstatus zu einer höheren Weiterbildungsbeteiligung führen. EULER (1994, S. 442) stellt fest, dass bestehende Polarisierungstendenzen durch Weiterbildung weiter verstärkt werden. Aus bildungspolitischer Sicht bedeutet dies allerdings, dass sich die Lücke zwischen hoch und niedrig qualifizierten Arbeitskräften weiter öffnet (Blundell et al. 1999, S. 9f.). Insofern wäre dieser Befund eine Bestätigung dafür, dass der bekannte Zusammenhang „wer da hat, dem wird gegeben" auch im Falle der IT-Weiterbildung gilt.

---

162 F(3; 186) = 2,135, p=0,097

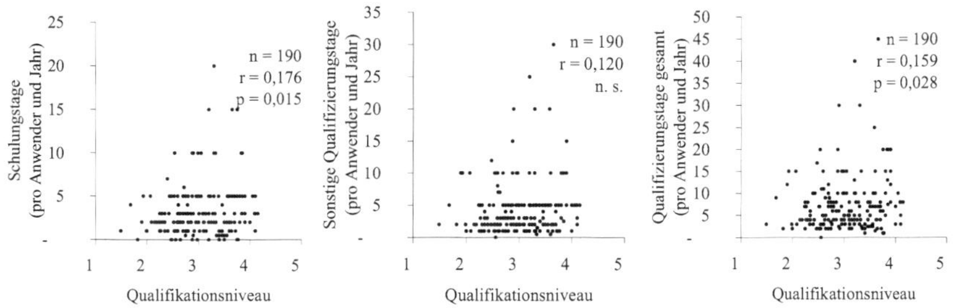

Abbildung 85: Zusammenhang zwischen Qualifikationsniveau und Investitionshöhe (n=190)

Betrachtet man die einzelnen Anlässe, zu denen ein Anwender im Bereich Unternehmenssoftware weitergebildet wird, so besteht zwischen folgenden Ereignissen und dem mittleren Qualifikationsniveau der Belegschaft ein schwacher, signifikanter Zusammenhang (Pearson-Korrelationskoeffizient):

- Neueinstellung ($r=0,235$, $p<0,001$)
- Wiederauffrischen ($r=0,243$, $p<0,001$)
- Mitarbeiterorientierte Anlässe (Durchschnitt) ($r=0,271$, $p<0,001$)
- Einführung der Unternehmenssoftware ($r=0,161$, $p=0,028$)

Zusammenfassend zeigt sich, dass insbesondere bei Stationen im Lebenszyklus der Mitarbeiter dann mehr qualifiziert wird, wenn das Qualifikationsniveau sowieso schon größer ist. Dies könnte darauf zurückzuführen sein, dass der Karrierepfad von höher Qualifizierten standardmäßig mit Möglichkeiten der fachlichen und persönlichen Weiterbildung versehen ist.

Ein weiterer Zusammenhang konnte zwischen dem Qualifikationsniveau und dem zeitlichen Abstand zwischen Qualifizierung und tatsächlicher Nutzung der Unternehmenssoftware festgestellt werden. Der Zusammenhang ist relativ schwach ($r=-0,165$), doch signifikant ($p=0,024$). Der negative Korrelationskoeffizient besagt, dass mit steigendem mittlerem Qualifikationsniveau eines Unternehmens der Abstand zwischen den Weiterbildungsveranstaltungen und der tatsächlichen Nutzung der Unternehmenssoftware abnimmt. Man hätte umgekehrt erwarten können, dass der Abstand mit sinkendem Qualifikationsniveau abnimmt: Mitarbeitern, die das Lernen weniger gewohnt sind, kann man lange Transferzeiten zwischen Lern- und Funktionsfeld weniger zumuten als den lerngewohnten Höherqualifizierten. Ähnlich unerwartet zeigt sich der positive Zusammenhang zwischen dem Qualifikationsniveau und der methodischen Vielfalt beim regelmäßigen, täglichen Erlernen der Unternehmenssoftware. Auch dieser Zusammenhang ist schwach ($r=0,158$), doch signifikant ($p=0,029$). Beide Phänomene, kürzerer zeitlicher Abstand und höhere methodische Vielfalt bei höherqualifizierter Belegschaft, fügen sich in das bereits erwähnte „Matthäus-Phänomen“ ein, nach dem für die Weiterbildung der sowieso höher Qualifizierten mehr Aufwand betrieben wird (BMBF 2006c; Blundell et al. 1999).

Eine Diskriminanzanalyse ergab einen statistisch signifikanten Zusammenhang[163] zwischen dem Qualifikationsniveau der Belegschaft und der Tatsache, ob den Anwendern ein Testbett in Form eines „Sandbox"-Systems zur Verfügung gestellt wird. Der Zusammenhang ist allerdings mit einem Wert von 0,148 als schwach einzustufen. Während die Unternehmen mit einem höheren Niveau (3,25) keine Sandbox zur Verfügung stellen, stellen Unternehmen mit einem niedrigeren Niveau (2,95) permanent oder zumindest temporär ein solches Testbett bereit.

Abbildung 86 fasst die Zusammenhänge zwischen Qualifikationsniveau und Einzelentscheidungen in der Anwenderqualifizierung zusammen.

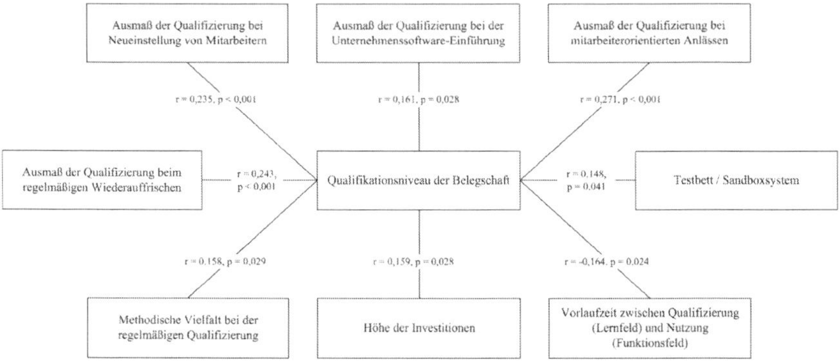

Abbildung 86: Einfluss des Qualifikationsniveaus

4.5.1.4 Ökonomische Situation des Unternehmens

Die ökonomische Situation des Unternehmens wurde als eine mögliche Determinante für Entscheidungen im Bereich der IT-Anwenderweiterbildung vorgestellt.

Tabelle 31 stellt dar, dass sich in Cluster 2 und 3 eher diejenigen Unternehmen befinden, denen es (nach subjektiver Einschätzung der Befragten) im Vergleich zur gesamten Branche besser geht. Im Gegenzug sind in Cluster 4 überdurchschnittlich viele Unternehmen vertreten, die ihre ökonomische Situation eher schlechter einschätzen als die ihrer Mitbewerber. Bei Cluster 1 ist keine eindeutige Richtung festzustellen. Die insgesamt relativ niedrigen Residualwerte machen jedoch deutlich, dass nicht von einer signifikanten Abhängigkeit der Clusterzugehörigkeit von der ökonomischen Situation ausgegangen werden darf.

Relative ökonomische Situation	Cluster 1	Cluster 2	Cluster 3	Cluster 4
deutlich schlechter	-	-	-	-
schlechter	- 0,2	0,1	- 1,1	**1,2**
gleich	- 0,3	- 2,2	**1,1**	**1,4**
besser	- 0,0	**4,5**	- 1,8	- 2,7
deutlich besser	0,5	- 2,3	**1,8**	0,1

Tabelle 31: Zusammenhang zwischen ökonomischer Situation und Clusterzugehörigkeit (n=201) (Residuen)

163 Wilk's Lambda $\lambda = 0{,}978$, p=0,041

Eine Korrelationsanalyse deckt einen leichten statistischen Zusammenhang zwischen dem ökonomischen Erfolg des Unternehmens[164] und der Höhe der Investitionen in die Anwenderqualifizierung im Kontext Unternehmenssoftware auf: Der Korrelationskoeffizient von 0,150 (p=0,033) deutet darauf hin, dass leistungsstärkere Unternehmen tendenziell mehr Ressourcen für die Anwenderqualifizierung bereitstellen (können). Auch mit der Anzahl der Schulungstage besteht eine signifikante Korrelation[165]. Es scheint, dass insbesondere beim regelmäßigen Wiederauffrischen der Kenntnisse besser gestellte Unternehmen großzügiger agieren können als Unternehmen, deren ökonomische Situation im Vergleich zur Branche relativ schlecht eingeschätzt wird.[166] Anders als in der bildungsökonomischen Diskussion, bei der Investitionen in das Humankapital als ein Grund für höheren betriebswirtschaftlichen Erfolg angesehen werden, wird hier die entgegengesetzte Sichtweise eingenommen: Je leistungsstärker ein Unternehmen in wirtschaftlicher Hinsicht ist, desto eher können Weiterbildungsinvestitionen getätigt werden.

Bezogen auf den Inhalt der Qualifizierungsmaßnahmen hat sich in der statistischen Analyse der Fragebögen herausgestellt, dass ökonomisch leistungsfähigere Unternehmen den Integrationsaspekt stärker betonen. Im Korrelationskoeffizienten von r=0,190 (p=0,007) spiegelt sich wider, dass es einen, wenn auch nur geringen, Zusammenhang zwischen der Ertragslage im Vergleich zu den Mitbewerbern und dem Ausmaß gibt, in dem Anwender von Unternehmenssoftware Wissen erwerben, welches über den individuellen Arbeitsplatz und die Arbeitsaufgabe hinausgeht. Die Kenntnis über abteilungs- und unternehmensweite Zusammenhänge und ihre Verankerung in der Unternehmenssoftware wird in leistungsfähigeren Unternehmen eher vermittelt als in leistungsschwächeren. Dieser Befund verwundert insofern nicht, als die Vermittlung dieses über die reine Systemhandhabung und Aufgabenbewältigung hinausgehenden Wissens zusätzlichen (Zeit-)aufwand erfordert, den sich nicht jedes Unternehmen leisten kann. Ein zweiter signifikanter Zusammenhang[167] konnte zwischen der ökonomischen Situation und dem Ausmaß entdeckt werden, in dem den Anwendern der Unternehmenssoftware der „reason to use" vermittelt wird. Dabei handelt es sich um die Hintergründe, warum die Anwender ihre fachlichen Aufgaben überhaupt mit dem System erledigen müssen und welcher übergeordnete „Geschäftsnutzen" damit erreicht werden soll.

In methodischer Hinsicht zeigen sich die Unternehmen in besserer relativer Ertragslage eher dazu geneigt, einen regelmäßigen Erfahrungsaustausch zwischen den Anwendern zu fördern. Die signifikante Korrelation (r=0,147, p=0,038) deutet schwach an, dass diese Unternehmen austauschfördernde Maßnahmen wie Communities, Lernstätten usw. eher einsetzen als Unternehmen mit einer schlechteren Gesamtsituation. Ähnlich verhält es sich bei der Qualifizierung durch die eigenen „Spezialisten", d.h. ehemaligen Projektmitarbeiter oder Key User. Auch diese Art interner Qualifizierung wird eher[168] von ertragsstarken Unternehmen verfolgt als von ertragsschwachen.

---

164 Erhoben als subjektive Einschätzung der befragten Experten; relativ zur gesamten Branche

165 r=0,147, p=0,038

166 r=0,158, p=0,028

167 r=0,173, p=0,014

168 r=0,143, p=0,043

Wirtschaftlichkeitsbetrachtungen bei Anwenderqualifizierungsmaßnahmen sollen z.B. dabei helfen, die Effizienz der Veranstaltungen zu erhöhen. Daher könnte man erwarten, dass es insbesondere Unternehmen in schlechter ökonomischer Situation sind, welche derartige Evaluationen durchführen. Nach MARTIN/DÜLL (2000, S. 21) wird nämlich der Zwang zur Ökonomisierung stärker, wenn ein Unternehmen unter wirtschaftlichen Druck gerät. Eine Korrelationsanalyse zeigt allerdings, dass sich die Unternehmen der Studie genau entgegengesetzt verhalten: Der Pearson-Koeffizient von 0,178 (p=0,012) deutet darauf hin, dass es eher die leistungsstarken Anwenderunternehmen sind, die ihre Qualifizierungsmaßnahmen genauer „unter die Lupe" nehmen. Bezieht man die durch die Analysen entstehenden Kosten (v.a. für die Datenerhebung) (Medovic 2006) mit in die Betrachtung ein, so wird schnell ersichtlich, dass nicht alle Unternehmen diesen Aufwand stemmen können.

Vergleicht man Unternehmen in unterschiedlicher ökonomischer Situation (Ertragslage), so gibt eine Diskriminanzanalyse den Blick darauf frei, dass ertragsstarke Unternehmen IT-Qualifizierung eher in Jahresgespräche und Zielvereinbarungen mit ihren Mitarbeitern aufnehmen als weniger ertragsschwächere Unternehmen. Der Zusammenhang ist mit einem Korrelationskoeffizienten von 0,140 schwach, doch signifikant, d.h. nicht zufällig.[169] Ein Zusammenhang zwischen Ertragslage und der Tatsache, ob IT-Qualifizierung Beförderungen oder Gehaltserhöhungen begünstigt, konnte nicht nachgewiesen werden.[170]

Abbildung 87 stellt die Zusammenhänge zwischen der ökonomischen Situation des Unternehmens (Ertragslage relativ zur Branche) und den Einzelentscheidungen in der Anwenderqualifizierung dar.

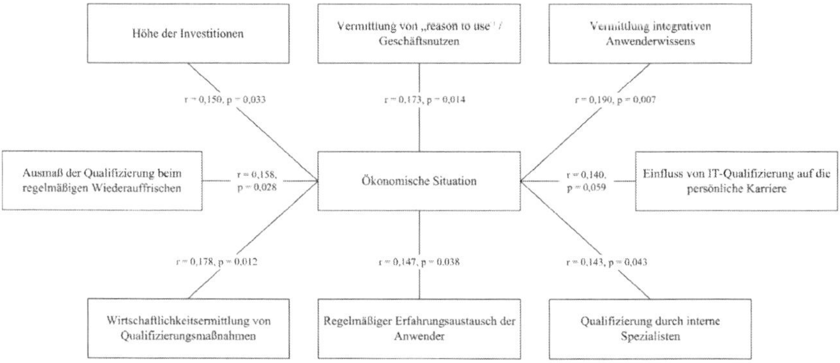

Abbildung 87: Einfluss der ökonomischen Situation

4.5.1.5 Betriebliches Leistungsprogramm

Dass die Art des betrieblichen Leistungsprogramms, d.h. die Transformation von Vor- in Marktleistungen, Einfluss auf die zu treffenden IT-Qualifizierungsentscheidungen haben könnte, wurde im Analysemodell berücksichtigt. Zur Charakterisierung des Leistungsprogramms wurden der Diversifikationsgrad als Maß für die Komplexität der Produkt-Markt-

[169] Wilk's Lambda $\lambda = 0{,}980$, p=0,059

[170] Wilk's Lambda $\lambda = 0{,}986$, n.s.

Beziehungen, die Bedeutung der Projektarbeit als Maß für die soziale Interaktion im Unternehmen und die Unterscheidung zwischen Massen- und Individualfertigung vorgeschlagen.

Da die Datenlage beim Diversifikationsgrad am besten ist, wird dieser im Folgenden näher untersucht. Die relativ niedrigen Residualwerte in Tabelle 32 machen deutlich, dass sich die verschiedenen Diversifikationsgrade Ein-, Haupt- und Mehrproduktunternehmen relativ gleichmäßig auf die vier Cluster verteilen und lediglich geringe Abweichungen von den erwarteten Häufigkeiten vorliegen (fett markiert). Allenfalls wird die bisherige Charakterisierung der Unternehmensumwelt um die Erkenntnis ergänzt, dass insbesondere die dienstleistungsorientierten Unternehmen des Clusters 2 ein zentrales Dienstleistungsprodukt anbieten. Die Daten zu Cluster 3 bestätigen das Bild der dort zugeordneten Unternehmen als etwas stärker diversifiziert.

	Cluster 1	Cluster 2	Cluster 3	Cluster 4
Ein-Produkt-Unternehmen	-0,9	**2,6**	-1,0	-0,6
Haupt-Produkt-Unternehmen	**2,2**	-0,9	0,5	-1,8
Mehr-Produkt-Unternehmen	-0,4	-1,3	**1,6**	0,1
(Handelsunternehmen)	-0,9	-0,4	-1,0	**2,4**

Tabelle 32: Zusammenhang zwischen Diversifikationsgrad und Clusterzugehörigkeit (Residuen) (n=211)

Eine Rangkorrelationsanalyse, welche den Zusammenhang zwischen Diversifikationsgrad und Höhe der Investitionen in die Anwenderqualifizierung untersuchte, ergab kein klares Bild. Während auf der einen Seite in höher diversifizierten Unternehmen mehr Schulungstage aufgewendet wurden, nahm die Höhe der sonstigen Qualifizierungsmaßnahmen ab. Insgesamt ist eine leicht negative Korrelation (r=-0,024) festzustellen. Allerdings bleiben die Effekte auf die Stichprobe beschränkt, da sie keine statistische Signifikanz aufweisen.

Allenfalls bei der Qualifizierungsmenge bei der täglichen Arbeit am System zeigte sich eine systematische Abhängigkeit vom Diversifikationsgrad. Mit r=-0,143 (p=0,048) scheinen die stärker diversifizierten Unternehmen bei diesem Lernanlass weniger in das Know-how ihrer Anwender zu investieren als die Unternehmen, die nur ein oder sehr wenige Produkte in ihrem Portfolio haben.

Eine zweite signifikante Abhängigkeit ist zwischen Diversifikationsgrad und dem Ausmaß festzustellen, in dem externen Bildungsdienstleistern konkrete Qualitätsstandards vorgegeben werden können: Je mehr verschiedene Produkte im Angebotsportfolio enthalten sind, desto größer scheint die Verhandlungsmacht auf dem Markt für Bildungsdienstleistungen zu sein. Der Zusammenhang ist mit r=0,176 relativ gering, doch signifikant (p=0,016).

Unterschiedlich diversifizierte Unternehmen unterscheiden sich darüber hinaus signifikant[171] in der Tatsache, ob Key User für die Endanwenderunterstützung zum Einsatz kommen oder nicht. Während die Mehrproduktunternehmen überdurchschnittlich häufig Key User einsetzen, setzen überdurchschnittlich viele Hauptproduktunternehmen dieses methodische Instrument zur dezentralen Anwenderbetreuung nicht ein.

Das Ausmaß, in welchem in den befragten Unternehmen Projektarbeit verrichtet wird, scheint mit der Tatsache zusammenzuhängen, ob IT-Weiterbildung Gehaltserhöhungen oder Beförde-

171 Chi-Quadrat = 5,925, df=2, p=0,052, Cramer's V = 0,175

rungen der Mitarbeiter begünstigt. Die Diskriminanzanalyse ergab einen signifikanten[172], mit einem Korrelationskoeffizienten von 0,187 schwachen Zusammenhang. Während in Unternehmen mit stärkerer Betonung der Projektarbeit der Einfluss der IT-Weiterbildung auf die persönliche Karriere gegeben ist, scheint dies in Unternehmen, welche Projektarbeit weniger stark betonen, nicht der Fall zu sein. Dieser Befund ist intuitiv nachvollziehbar, wenn man davon ausgeht, dass projektartig agierende Organisationen von Grund auf einen partizipativen Mitarbeiterführungsstil pflegen, der sich eben auch in der (IT-)Weiterbildung niederschlägt.

Ist die Projektarbeit im Unternehmen stark ausgeprägt, kommen überdurchschnittlich häufig „neue" Medien wie z.B. Simulationen oder Planspiele zur Anwenderweiterbildung im Kontext Unternehmenssoftware zum Einsatz. Eine Diskriminanzanalyse ergab einen signifikanten[173], jedoch schwachen (r=0,135) Zusammenhang. Dieser Befund ist nachvollziehbar, da mit Planspielen komplexe Entscheidungssituationen im gesamten Unternehmen oder Teilen davon risikofrei trainiert werden können (Hauke et al. 2007), die für die reale Projektarbeit von großer Bedeutung sind.

Abbildung 88 fasst die Zusammenhänge zwischen dem betrieblichen Leistungsprogramm und den Einzelentscheidungen der Anwenderqualifizierung zusammen. Es ist zu beachten, dass die Indikatoren Diversifikationsgrad und Ausmaß der Projektarbeit zusammengefasst dargestellt werden.

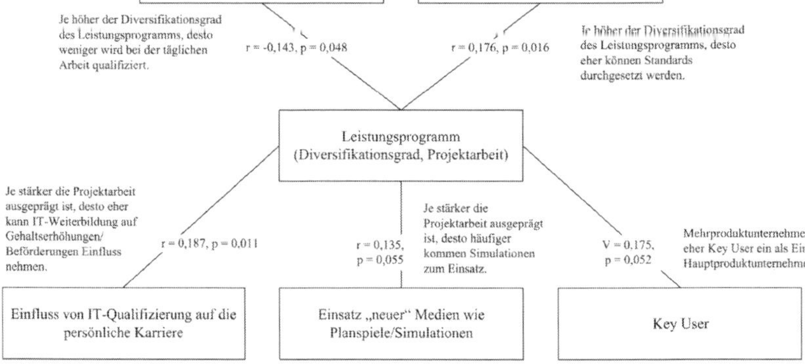

Abbildung 88: Einfluss des betrieblichen Leistungsprogramms

4.5.2 Unternehmensexterne Faktoren

4.5.2.1 Unternehmenssoftware-Know-how auf dem Arbeitsmarkt

Die qualitative und quantitative Verfügbarkeit des benötigten Unternehmenssoftware Know-hows bei potenziellen Mitarbeitern wurde im Analysemodell als ein möglicher Einflussfaktor auf die verfolgte Qualifizierungsstrategie diskutiert.

---

172 Wilk's Lambda λ = 0,965, p=0,011

173 Wilk's Lambda λ = 0,982, p=0,055

In der Erhebung sollte grob zwischen drei verschiedenen Stufen des Know-hows differenziert werden können. Daher wurden die Befragten gebeten zu schätzen, welche Anteile neu in ihrem Unternehmen eingestellter Mitarbeiter über folgende drei Arten unternehmenssoftwarebezogenen Wissens verfügen:

- Die Zahlen bei „Level 1“ geben die relativen Anteile an neueingestellten Mitarbeitern an, welche zuvor von Unternehmenssoftware gehört haben und denen das Konzept nicht gänzlich fremd ist. Im Durchschnitt gehen die befragten IT- und Personalexperten von einer Quote von ca. 61,4% aus.
- „Level 2“ korrespondiert mit allgemeinem Handhabungs- und Bedienungswissen über die eingesetzte Unternehmenssoftware, welches zunehmend in der schulischen und universitären Ausbildung erworben werden kann (Mohr et al. 2007a; Mohr et al. 2007b). Die Experten schätzen, dass ca. 42% ihrer neuen Mitarbeiter mit derartigem Wissen ausgestattet sind.
- Die höchste Stufe („Level 3“) stellt konkretes, aufgabenbezogenes Handhabungs- und Hintergrundwissen der Anwender dar. Die befragten Experten gehen davon aus, dass ca. 28% ihrer Neueinstellungen bereits die wichtigsten Transaktionen, Reports usw. beherrschen, die sie für ihre zukünftige Tätigkeit benötigen.

Insgesamt ist zu konstatieren, dass ein überraschend hoher Anteil neuer Mitarbeiter mit Unternehmenssoftwarekenntnissen ausgestattet ist. Es handelt sich keineswegs mehr um ein Alleinstellungsmerkmal der Bewerber, wie dies noch vor einigen Jahren der Fall gewesen sein mag. Insbesondere die hohen Quoten bei Level 2 und Level 3 Kenntnissen könnten das Verdienst der beruflichen und universitären Ausbildungsinstitute sein, welche in den vergangenen Jahren sukzessive entsprechende Kurse in ihre Curricula integriert haben.

Abbildung 89 verdeutlicht, dass neueingestellte Mitarbeiter aus Sicht der Unternehmen der Cluster 3 und 4 durchgehend mehr unternehmenssoftwarespezifisches Know-how vorweisen können als bei Unternehmen der ersten beiden Cluster. Da sich alle Unternehmen dem gleichen Arbeitsmarkt gegenüber sehen, könnten die Unterschiede auf eine unterschiedliche Wahrnehmung der Verantwortlichen oder ein gezielt unterschiedliches Vorgehen bei der Rekrutierung zurückzuführen sein. Die zweite Vermutung könnte darauf hindeuten, dass Unternehmenssoftwarefähigkeiten in den Clustern 3 und 4 höhere Bedeutung haben als in den anderen und dass daher neue Mitarbeiter entsprechend anders selektiert werden. Diese These wird gestützt durch die Befunde zum Nutzungszweck der Software und zur Durchdringung der verschiedenen Funktionsbereiche des Unternehmens. Danach setzen die Unternehmen der Cluster 3 und 4 die Unternehmenssoftware sehr breit, d.h. mit fast allen verfügbaren Modulen ein, die Unternehmen in Cluster 1 und 2 hingegen eher selektiv und zurückhaltend.

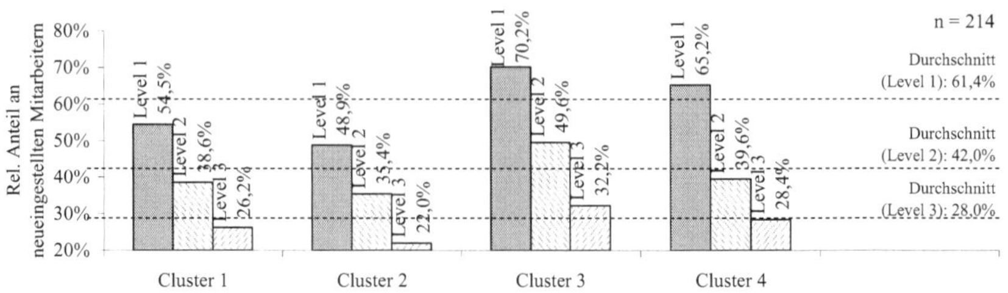

Abbildung 89: Zusammenhang zwischen Unternehmenssoftware-Know-how von Neueinstellungen und Clusterzugehörigkeit (n=214)

Um für nachfolgende Zusammenhangsanalysen eine einzelne Variable zur Verfügung zu haben, die das Kenntnisniveau auf dem externen Arbeitsmarkt darstellt, wurde ein Indexwert errechnet.[174] Der Index umfasst einen Wertebereich von 0 (keine Kenntnisse) bis 5 (sehr hohe Kenntnisse).

Die in Abbildung 90 dargestellten metrischen Korrelationen machen deutlich, dass mit r=0,205 (p=0,021) lediglich zwischen der Bewertung des extern verfügbaren Unternehmenssoftware Know-hows und der Höhe der Investitionen in Schulungen ein einigermaßen ausgeprägter Zusammenhang auszumachen ist. Weder mit den sonstigen Qualifizierungsmaßnahmen noch mit den Gesamtinvestitionen ist eine signifikante Assoziation zu erkennen. Je besser also die Kenntnisse potenzieller Bewerber oder von neuen Mitarbeitern eingeschätzt werden, desto mehr Schulungen werden im Rahmen der Anwenderweiterbildung durchgeführt.

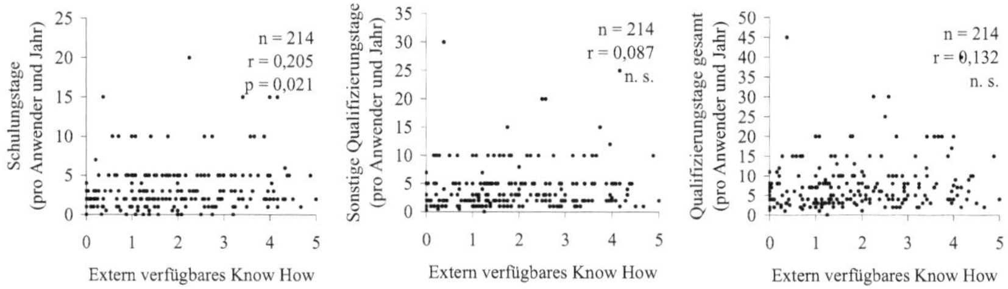

Abbildung 90: Zusammenhang zwischen der Bewertung des extern verfügbaren Unternehmenssoftware Know-hows und Investitionshöhen (n=214)

Dieses Mehr an Qualifizierungsinvestitionen kommt vor allem bei technikorientierten Anlässen zum Vorschein: Sowohl durchschnittlich (r=0,150, p=0,028), als auch konkret bei Releasewechseln (r=0,167, p=0,015) investieren diejenigen Unternehmen mehr in das Unternehmenssoftware Know-how ihrer Anwender, die den Wissensstand ihrer neu eingestiegenen Mitarbeiter höher einschätzen. Auch und vor allem in methodischer Hinsicht bieten diese

174 Level 1 Kenntnisse gingen mit einfacher, Level 2 Kenntnisse mit zweifacher und Level 3 Kenntnisse mit dreifacher Gewichtung in den Index ein. Anschließend wurde der Index auf den Wertebereich 1 bis 5 normiert. Der Index korreliert mit allen drei Originalvariablen mit r=0,522, r=0,382 und r=0,637 (jeweils p<0,001).

Unternehmen ihren Anwendern ein differenzierteres Angebot: Das gleiche Weiterbildungsthema wird in mehr unterschiedlichen Schwierigkeitsstufen angeboten, um auf verschiedene Lerntypen/-stufen einzugehen (r=0,197, p=0,004). Bei Neueinstellung (r=0,180, p=0,008), Stellenwechsel (r=0,166, p=0,015), Erweiterungsprojekten der Unternehmenssoftware (r=0,137, p=0,046), Releasewechseln (r=0,189, p=0,005) und im Durchschnitt (r=0,186, p=0,006) werden signifikant mehr unterschiedliche didaktische Methoden verwendet als in Unternehmen, die in Bezug auf unternehmenssoftwarebezogene Kenntnisse einen schlechter ausgebildeten Arbeitsmarkt wahrnehmen. Sowohl Personalisierungs- (r=0,160, p=0,019) als auch Kodifizierungsstrategien (r=0,137, p=0,046) sind deutlicher ausgeprägt. Lediglich bei der Frage nach der zeitlichen Positionierung von Qualifizierungsmaßnahmen muten diese Unternehmen ihren Anwendern eine größere Vorlaufzeit zwischen Qualifizierung und tatsächlicher Nutzung der Software zu (r=0,159, p=0,021).

Zusammenfassend lässt sich den Befunden entnehmen, dass Unternehmen, die das unternehmenssoftwarebezogene Know-how zukünftiger Mitarbeiter höher einschätzen, zum einen quantitativ als auch methodisch größere Anstrengungen in der internen IT-Weiterbildung unternehmen. Die Befunde können analog zu den Ergebnissen aus der Analyse des internen Qualifikationsniveaus der Belegschaft interpretiert werden, d.h. auch für das extern vorgefundene oder wahrgenommene Anwender-Know-how scheint zu gelten: „Wer da hat, dem wird gegeben" (BMBF 2006c, S. 126).

Gehen die Unternehmen von einem besser ausgebildeten Arbeitsmarkt aus, sind sie eher geneigt, Wirtschaftlichkeitsuntersuchungen in der IT-Weiterbildung anzustellen (r=0,149, p=0,032) und externen Bildungsdienstleistern konkrete Qualitätsvorgaben zu machen (r=0,220, p=0,002).

Abbildung 91 stellt die Zusammenhänge dar, die zwischen der Beurteilung des Unternehmenssoftware Know-hows bei potenziellen neuen Mitarbeitern und der Anwenderqualifizierung identifiziert wurden.

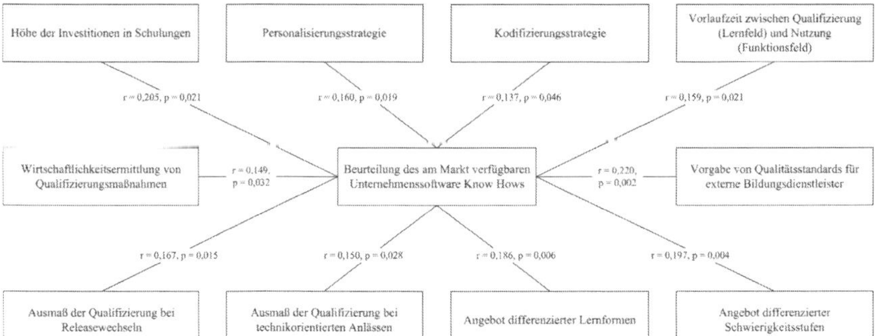

Abbildung 91: Einfluss der Beurteilung des extern verfügbaren Know-hows

4.5.2.2 *Bewertung externer Qualifizierungsdienstleister*

Bei der Beschreibung des Analysemodells wurde in Betracht gezogen, dass die Zufriedenheit mit externen Qualifizierungsdienstleistungen einen Einfluss auf die eigene Anwenderqualifizierungsstrategie haben könnte. Insbesondere auf die Frage, ob eher die interne (d.h. durch eigenes Personal) oder die externe Weiterbildung (d.h. Beschaffung auf dem Markt) präferiert wird, könnte von dieser Rahmenbedingung abhängen.

Von den 220 befragten Unternehmen gab mit 186 Nennungen der Großteil an, mit externen Dienstleistern zusammenzuarbeiten, was die Anwenderqualifizierung betrifft; dies entspricht 84,5%. Die restlichen 34 (15,5%) nutzen keine externen Dienstleister. 129 (59%) arbeiten mit dem Hersteller der Unternehmenssoftware zusammenzuarbeiten, 88 (40%) mit freiberuflichen Trainern und 73 (33%) setzen auf Beratungshäuser oder Bildungsdienstleister. Mehrfachnennungen waren möglich. Wie Abbildung 92 zeigt, ist der Anteil der Unternehmen, die mit Externen zusammenarbeiten, im technikorientierten Cluster 4 am höchsten (92%), wohingegen im rudimentär qualifizierenden Cluster 1 lediglich 71% der Unternehmen dies praktizieren.

Was die Zufriedenheit mit den externen Partnern betrifft, so ist bei einem Durchschnitt von 3,71 eine relativ hohe Bewertung festzustellen. Abbildung 92 stellt die clusterbezogenen Unterschiede in der Zufriedenheit dar. Während die Unternehmen in Cluster 2 und 1 die Leistung der externen Dienstleister überdurchschnittlich gut bewerten, sind die Unternehmen der Cluster 4 und 3 weniger zufrieden. Die Unterschiede sind nicht signifikant.[175]

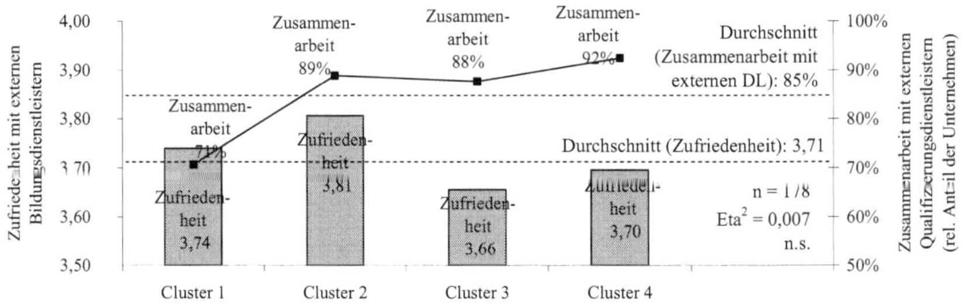

Abbildung 92: Zusammenhang zwischen Zufriedenheit mit externen Dienstleistern und Clusterzugehörigkeit (n=178)

Der Grad der Zufriedenheit mit den externen Dienstleistern weist interessante Zusammenhänge mit der Anwenderqualifizierung auf. Je zufriedener das Unternehmen ist, desto weniger werden den Externen konkrete Qualitätsstandards vorgegeben. Dieser mit r=-0,177 (p=0,020) leichte, doch signifikante Zusammenhang ist unmittelbar einleuchtend. Schließlich kann davon ausgegangen werden, dass es bei guter Qualität des Lieferanten seltener notwendig ist, derartige Qualitätssicherungsmaßnahmen einzuleiten.

Unternehmen, die mit ihren externen Qualifizierungsdienstleistern zufriedener sind, budgetieren im Durchschnitt weniger für Anwenderschulungen in Unternehmenssoftwareprojekten. Zwar machten nur 81 Unternehmen hierzu Angaben, dennoch ist der Zusammenhang statistisch signifikant (p=0,035) und relativ ausgeprägt (r=-0,235). Die Höhe der Investitionen in die Anwenderqualifizierung korreliert zwar ebenfalls schwach negativ mit der Zufriedenheit, doch ist dieser Zusammenhang nicht systematisch. Auch die Höhe der Weiterbildungsbudgets in der zentralen Personalentwicklung und in den Fachabteilungen nimmt mit steigender

175 $F(3; 174) = 0,389$, $p=0,761$, $Eta^2 = 0,007$

Zufriedenheit mit externen Dienstleistern leicht ab, doch auch hier konnte keine Signifikanz nachgewiesen werden. Dieses Phänomen könnte dadurch erklärt werden, dass die „besser" bewerteten Qualifizierungsdienstleister effizienter arbeiten.

Die Zufriedenheit mit den externen Bildungsdienstleistern scheint laut Diskriminanzanalyse einen signifikanten Einfluss[176] auf die Tatsache zu haben, ob den Anwendern ein strukturiertes, formales Weiterbildungsangebot zu Unternehmenssoftwarethemen vorliegt. Es liegt ein mit einem Korrelationskoeffizienten von 0,259 schwacher Zusammenhang vor. Die deskriptive Analyse bringt eine Zweiteilung der Vorgehensweisen zu Tage, die gut nachvollziehbar sind: Die zufriedeneren Unternehmen bieten entweder gar kein Weiterbildungsverzeichnis oder eines mit Unternehmenssoftwarespezifischen Angeboten an, während die unzufriedeneren Kunden zwar ein Verzeichnis haben, jedoch ohne unternehmenssoftwarespezifische Inhalte.

Abbildung 93 stellt die Zusammenhänge zwischen der Bewertung von externen Bildungsdienstleistern (im Sinne von Zufriedenheit) und Einzelentscheidungen in der Anwenderweiterbildung dar.

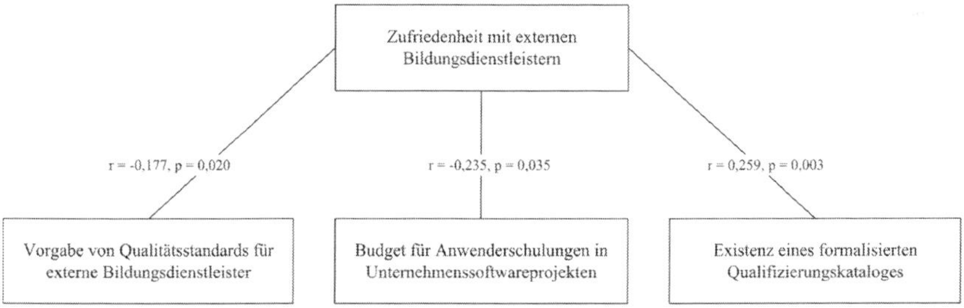

Abbildung 93: Einfluss der Bewertung externer Bildungsdienstleister

4.5.3 Unternehmenssoftware

4.5.3.1 Unternehmenssoftware-Hersteller/-Systeme

Die Vielzahl der in der Stichprobe genannten Unternehmenssoftwareprodukte wurde bereits in der deskriptiven Analyse verdichtet auf die Gruppen SAP-Produkt, andere Standardsoftware-Produkte und Eigenentwicklung. SAP-Produkte wie SAP R/3, mySAP ERP und andere wurden von 161 Unternehmen eingesetzt, andere Standardsoftwareprodukte (z.B. Infor XPPS, MBS Dynamics NAV, Oracle Applications, Sage KHK, QAD MFG/PRO und weitere) von 31 Unternehmen. 19 Unternehmen verwendeten eine eigenentwickelte Software zur betriebswirtschaftlichen Steuerung ihrer Prozesse.

Tabelle 33 zeigt, dass in der Stichprobe die SAP-nutzenden Unternehmen überdurchschnittlich häufig die IT-/User-orientierte Qualifizierungsstrategie 3 verfolgen. Dagegen ist bei Nutzern anderer kommerziell erhältlicher Produkte überzufällig häufig Grundstrategie 2 oder

[176] Wilk's Lambda $\lambda = 0,933$, p=0,003

4 anzutreffen. Bei den Unternehmenssoftwareprodukten der Unternehmen in Cluster 1 und 2 handelt es sich überdurchschnittlich häufig um Eigenentwicklungen.[177]

Unternehmenssoftware (Hersteller)	Cluster 1	Cluster 2	Cluster 3	Cluster 4
SAP-Produkt	-2,0	-4,4	**6,1**	0,3
Andere Standardsoftware	0,9	**3,3**	-5,6	**1,4**
Eigenentwicklung	**1,0**	**1,1**	-0,5	-1,7

Tabelle 33: Zusammenhang zwischen Unternehmenssoftware und Clusterzugehörigkeit (Residuen) (n=211)

In der Höhe der Investitionen für die Anwenderqualifizierung, ausgedrückt durch die Anzahl der gesamten Qualifizierungstage pro Jahr und Anwender, ist zwar ein Unterschied zwischen den drei Softwaretypen festzustellen, dieser ist jedoch nicht statistisch signifikant[178], d.h. der Unterschied kann von der Stichprobe der 220 Unternehmen nicht auf die Grundgesamtheit übertragen werden und die nachfolgenden Interpretationen sind mit Vorsicht zu lesen. Abbildung 94 hilft dennoch zu verdeutlichen, dass es nicht, wie in der unternehmerischen Praxis oft zu hören, die „großen" SAP-Installationen sind, welche am meisten Qualifizierungsaufwand erfordern. Diese Erkenntnisse decken sich mit den Aussagen, die zum Einfluss der Unternehmensgröße auf den Umfang der Anwenderqualifizierung getroffen wurden. Bereits in diesen Zusammenhang wurde deutlich, dass es eher die kleinen Unternehmen sind, die am meisten in das IT-Know-how ihrer Anwender investieren.

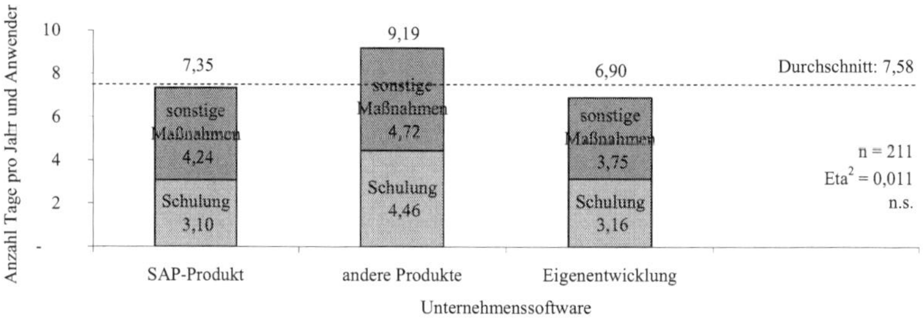

Abbildung 94: Zusammenhang zwischen Hersteller der Unternehmenssoftware und Investitionshöhe (n=211)

Als einer der Anlässe, Endanwender zu qualifizieren, wurden Funktionserweiterungen in der Unternehmenssoftware diskutiert. Dabei handelt es sich, im Gegensatz zu Einführungsprojekten und Releasewechseln, um relativ kleine, überschaubare Änderungen im Unternehmenssoftwaresystem, die üblicherweise über Change Requests initiiert werden. Beispiele dafür sind die Zurverfügungstellung neuer Berichte oder neue Funktionen/Transaktionen. Vergleicht man die drei Typen von Unternehmenssoftware hinsichtlich der Qualifizierungsmenge bei Funktionserweiterungen, so wird ein signifikanter[179] Unterschied deutlich. In Abbildung 95 lässt sich erkennen, dass bei SAP-Produkten deutlich mehr Anwenderqualifizierung vorgenommen wird als bei den anderen Typen. Der Unterschied könnte auf den in der Software liegenden Grund zurückzuführen sein, dass bei SAP-Produkten auch scheinbar kleine

177 An dieser Stelle sei noch einmal auf die Interpretation der in der Tabelle dargestellten Residuen hingewiesen: Es ist keineswegs der Fall, dass Anwender von Nicht-SAP-Standardsoftware nicht Grundstrategie 3 verfolgen; auf immerhin 5 Unternehmen trifft dies zu. Allerdings wären ca. 11 Unternehmen „normal".

178 $F(2; 208) = 1{,}138$, $p=0{,}322$

179 $F(2; 206) = 3{,}567$, $p=0{,}030$

Veränderungen einen relativ hohen Qualifizierungsbedarf auf Seiten der Nutzer generieren, beispielsweise aufgrund des hohen Integrationsgrades. Eine andere Erklärung könnte in den internen Change Request Prozessen zu finden sein, die in großen (eher SAP nutzenden) Unternehmen tendenziell formalisierter ausgeprägt sind. Hier ist davon auszugehen, dass selbst kleinere Modifikationen in der Softwarelandschaft von Qualifizierungs- oder zumindest Dokumentationsaktivitäten flankiert sind oder zumindest sein sollten.

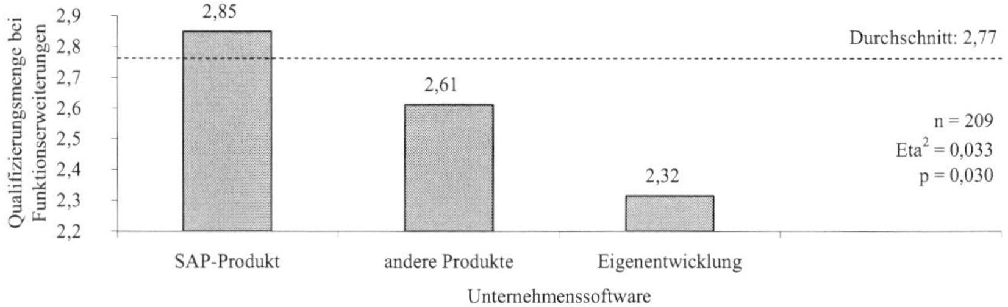

Abbildung 95: Zusammenhang zwischen Unternehmenssoftware und der Qualifizierungsmenge bei Funktionserweiterungen (n=209)

Zusammenfassend kann also lediglich bei kleineren funktionalen Erweiterungen der Software der Aussage der TROVARIT AG (2007a, S. 8) zugestimmt werden, wonach größere ERP-Installationen einen „[...] höheren Aufwand im Hinblick auf [...] (End-) Anwenderbetreuung [...]“ bedingen.

Wie bereits bei der deskriptiven Analyse der Qualifizierungsbudgets erwähnt wurde, ist hier die Datenlage vergleichsweise schlecht, da ein Großteil der Befragten keine Angaben machte oder machen konnte. Dennoch konnte ein signifikanter Unterschied[180] zwischen den drei Unternehmenssoftwaretypen identifiziert werden, was das Budget angeht, das die zentralen Personalentwicklungsabteilungen für die Anwenderschulungen zur Unternehmenssoftware zur Verfügung stellen. Abbildung 96 lässt erkennen, dass Unternehmen, die Eigenentwicklungen im Einsatz haben, an dieser Stelle deutlich mehr Budget einplanen als die Nutzer von SAP und anderen als Standardsoftware erhältlichen Unternehmenssoftwareprodukten.

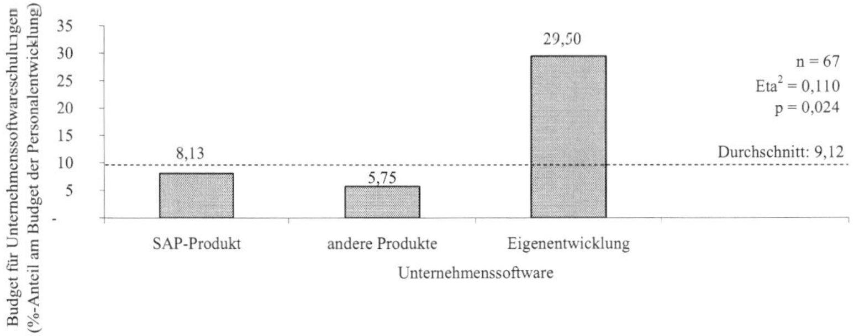

Abbildung 96: Zusammenhang zwischen Unternehmenssoftware und Budget in der Personalentwicklung (n=67)

180 $F(2; 64) = 3{,}968$, $p=0{,}024$

Eine Varianzanalyse ergab, dass sich die drei Gruppen von Unternehmen, die unterschiedliche Typen von Unternehmenssoftwareprodukten einsetzen, dahingehend signifikant[181] unterscheiden, ob sie ihren Anwendern integratives, abteilungs- und funktionsübergreifendes Wissen vermitteln. Der inhaltliche Fokus „Integration" wird je nach eingesetztem Produkt durchaus sehr unterschiedlich gesetzt, wie Abbildung 97 darstellt. Unternehmen, die SAP-Produkte im Einsatz haben, betonen in ihren Anwenderqualifizierungsmaßnahmen den integrativen Aspekt deutlicher als Unternehmen, die Produkte anderer Hersteller verwenden. Auch bei Eigenentwicklungen wird den Anwendern Wissen über übergreifende Zusammenhänge nahe gebracht. Diese Befunde legen den Schluss nahe, dass sich die Anwenderunternehmen der Komplexität der umfangreichen SAP-Applikationen ebenso bewusst sind wie der Tatsache, dass sich der Nutzen der Software insbesondere dann einstellt, wenn alle Nutzer möglichst reibungslos zusammenarbeiten und sich der Konsequenzen ihres eigenen Handelns an anderen Stellen im soziotechnischen System „Unternehmenssoftware" gegenwärtig sind.

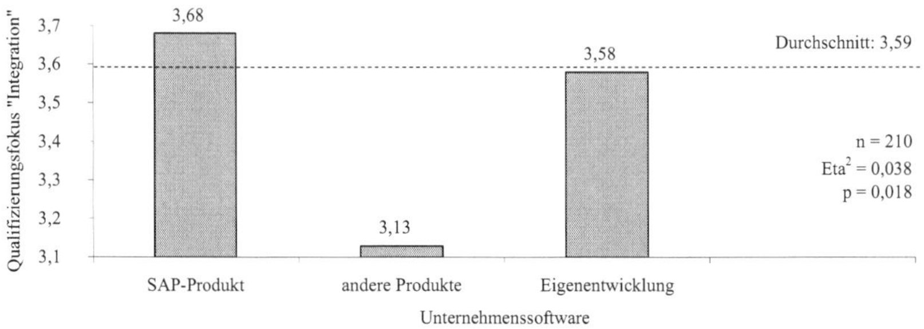

Abbildung 97: Zusammenhang zwischen Unternehmenssoftware und Qualifizierungsfokus „Integration" (n=210)

Bei der Ermittlung der Wirtschaftlichkeit von IT-Anwenderqualifizierungsmaßnahmen handelt es sich gemäß PHILLIPS (2005) um die höchste Ebene der Evaluation. Sie liefert zwar den meisten Informationsgehalt, ist jedoch sehr aufwändig und lohnt sich daher nicht unter allen Umständen. Insgesamt stimmten die befragten Experten auf einer sechsstufigen Ratingskala mit einem Mittelwert von 2,69 zu, derartige Messungen durchzuführen. Die Differenzierung nach den drei Typen von Unternehmenssoftwareprodukten zeigt, dass die Wirtschaftlichkeit der Qualifizierungsmaßnahmen bei der Nutzung von kommerziellen Unternehmenssoftwareprodukten wie SAP und anderen Herstellern unterdurchschnittlich häufig durchgeführt wird. Demgegenüber stellen sich die Unternehmen, die selbst entwickelte Unternehmenssoftware nutzen, genau konträr[182] dar: Sie gaben mit durchschnittlich 3,68 an, derartige Evaluationsmaßnahmen durchzuführen. Die Gruppenunterschiede sind sowohl statistisch signifikant[183] als auch betragsmäßig deutlich. Dieser Befund überrascht insofern etwas, als sich Wirtschaftlichkeitsermittlungen eher bei großen Qualifizierungsprojekten lohnen. Es liegt allerdings kein Anhaltspunkt dafür vor, dass bei Eigenentwicklungen um-

181 F(2; 207) = 4,082, p=0,018

182 Der post-hoc durchgeführte Scheffé-Test ergab, dass sich die Eigenentwicklungen signifikant von den beiden anderen Gruppen unterscheiden.

183 F(2; 203) = 4,402, p=0,013

fangreichere Qualifizierungsprojekte notwendig sind als bei der Einführung fremdbeschaffter, kommerzieller Produkte. Ein Grund für die unterschiedliche Vorgehensweise könnte darin liegen, dass die interne Eigenentwicklung von Software einem strengeren Kostenkalkül (Projektcontrolling) unterliegt als die Einführung einer Standardsoftware und in diesem Zusammenhang auch die entsprechenden Qualifizierungsmaßnahmen genauer „unter die Lupe" genommen werden. Hierfür lagen allerdings keine gesicherten Quellen vor.

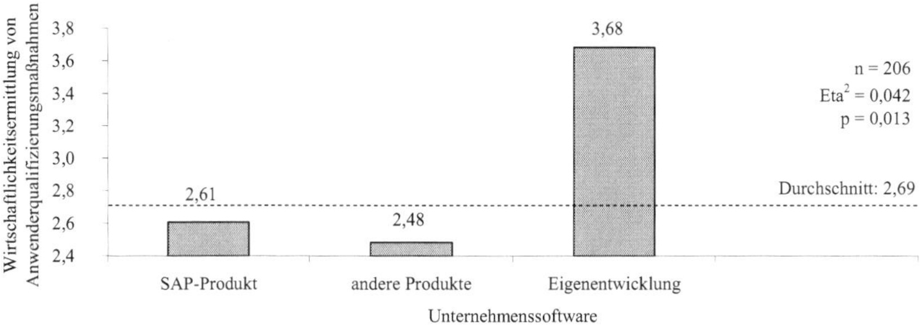

Abbildung 98: Zusammenhang zwischen Unternehmenssoftware und der Wirtschaftlichkeitsermittlung von Qualifizierungsmaßnahmen (n=206)

Hinsichtlich der Frage, ob Key User prinzipiell eingesetzt werden oder nicht, unterscheiden sich die Unternehmen, die unterschiedliche Unternehmenssoftwareprodukte einsetzen, nicht. Allerdings konnte ein systematischer Unterschied bei der Tatsache herausgefunden werden, ob Key User speziell für Unternehmenssoftware-Belange zur Verfügung stehen oder nicht. Während SAP-nutzende Unternehmen dies überdurchschnittlich häufig praktizieren, sieht es bei Nutzern anderer kommerzieller Produkte oder eigenentwickelter Software anders aus. Hier kommen eher keine Key User oder allgemeine Ansprechpartner für IT-Fragen zum Einsatz. Der im Chi-Quadrat-Test ermittelte Gruppenunterschied ist signifikant auf dem 5%-Niveau.[184]

In Abbildung 99 sind die Zusammenhänge zwischen dem Typ der verwendeten Unternehmenssoftware (SAP vs. andere Anbieter vs. Eigenentwicklung) und Einzelentscheidungen in der Anwenderqualifizierung dargestellt.

[184] Chi-Quadrat = 7,611, df=2, p=0,022, Cramer's V = 0,190

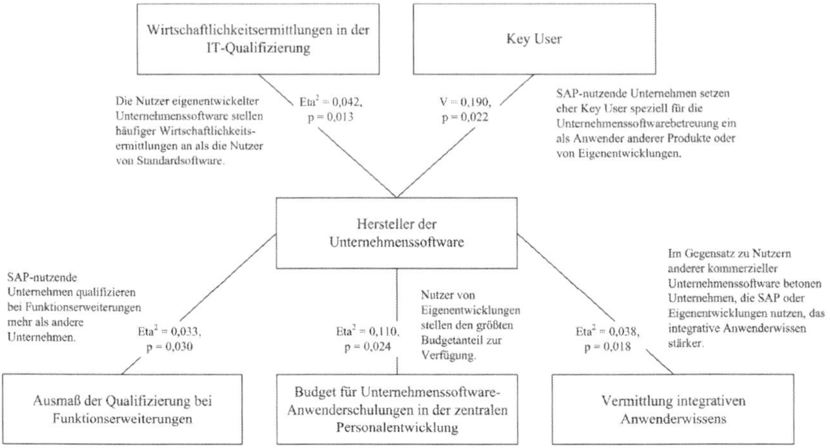

Abbildung 99: Einfluss des Herstellers der Unternehmenssoftware

4.5.3.2 Customizinggrad der Unternehmenssoftware

Das Ausmaß der technischen Abweichung der eingesetzten Unternehmenssoftware vom Auslieferungsstand wurde in der Studie durch die Experteneinschätzung der Höhe von „leichten" und „tief greifenden" Veränderungen operationalisiert. Unter leichten Veränderungen werden z.B. Oberflächenanpassungen und die Gestaltung von Berichten verstanden, zu den tief greifenden gehören Veränderungen des Quellcodes (Modifikationen) und eigenentwickelte Programme. Bei dieser Klassifikation wurde auf die Vorarbeiten von BREHM ET AL. (2001) Bezug genommen.

Tabelle 34 zeigt, in welchen Clustern überdurchschnittlich viel oder wenig tief greifende Customizingaktivitäten vorgenommen wurden. Aus der kreuztabellarischen Darstellung ist allerdings kaum eine Regelmäßigkeit erkennbar.

Umfang tief greifenden Customizings	Cluster 1	Cluster 2	Cluster 3	Cluster 4
sehr wenig	**2,6**	-0,8	-1,8	-0,0
wenig	-3,0	-0,5	1,3	**2,2**
etwas	**1,7**	-1,7	-0,2	0,2
viel	**2,6**	**6,1**	-1,9	-6,8
sehr viel	-3,9	-3,1	**2,6**	**4,5**

Tabelle 34: Zusammenhang zwischen Customizing und Clusterzugehörigkeit (n=199) (Residuen)

Die Zusammenhangsanalysen haben gezeigt, dass der Umfang tief greifender Customizingaktivitäten positiv mit der Höhe der IT-Anwenderqualifizierung korreliert (n=199):[185]

- mit dem Umfang an Schulungen: r=0,122, n.s.
- mit dem Umfang an sonstigen Qualifizierungsmaßnahmen: r=0,181, p=0,011
- mit dem Umfang an Qualifizierung insgesamt: r=0,174, p=0,014

185 Bei „leichten" Customizingaktivitäten konnten zwar auch positive Korrelationen mit der Höhe der Qualifizierung festgestellt werden, jedoch sind die Effekte schwächer und statistisch nicht signifikant.

Dies bedeutet, dass Anwender in Unternehmen, deren Unternehmenssoftware stärker verändert ist, einen höheren Qualifizierungsumfang vorweisen. Dieser Befund widerspricht der Hypothese von BREHM ET AL. (2001), wonach ein höherer Customizinggrad die „Passung" zwischen Anwender und Arbeitsaufgabe einerseits und der Software andererseits verbessert und dadurch den Bedarf an Weiterbildung/Schulung verringern sollte:

> *„[...] tailoring increases the degree of feature-function fit between the ERP system and the organization, which is likely to result in an easier "implementation" in human terms - lower resistance, reduced training needs, less organizational adaptation - as well as in greater business success" (Brehm et al. 2001, S. 7).*

Im Gegenteil scheint es eher so zu sein, dass die Veränderung der Software mehr Weiterbildungsmaßnahmen erforderlich macht. Die aufwandsreduzierenden Effekte, die das Customizing durch die „Annäherung" der Software an die Arbeitsrealität der Anwender verursacht, scheinen durch gegenläufige Tendenzen überkompensiert zu werden. Dabei könnte es sich beispielsweise um eine kompliziertere Handhabung der Software handeln, die aus der Abweichung vom Herstellerstandard resultiert. Dafür spricht, dass der o.g. positive Zusammenhang beim regelmäßigen Wiederauffrischen[186] und bei nachträglichen Funktionserweiterungen[187] am deutlichsten ausgeprägt ist. Ebenso wäre denkbar, dass die Verantwortlichen bei der Anwendung von Software „von der Stange", d.h. mit minimalen Anpassungen (irrtümlicherweise) davon ausgehen, dass Qualifizierungsanstrengungen nicht oder nur in geringem Maße notwendig seien. Hier würde es sich also mehr um ein Wahrnehmungsproblem als um rationale Entscheidungen handeln: Begriffe wie „Standardsoftware", COTS (commercial off the shelf) (vgl. Vogt 2002) usw. könnten fälschlicherweise eine einfache, sofortige Anwendung der Software ohne Einarbeitung/Schulung suggerieren.

Abbildung 100 stellt die Zusammenhänge zwischen dem Ausmaß (tief greifenden) technischen Customizings und Einzelentscheidungen in der Anwenderqualifizierung dar.

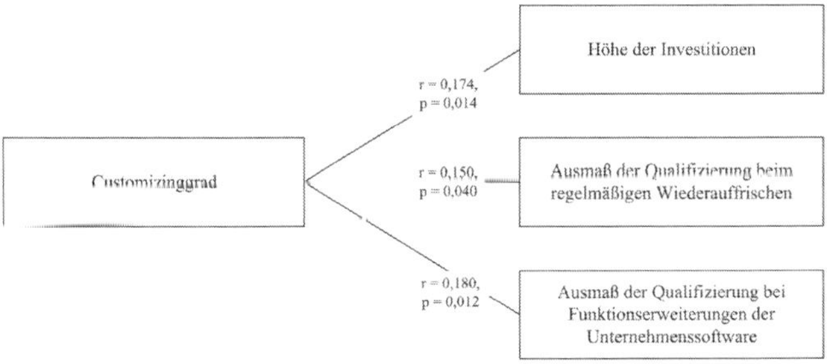

Abbildung 100: Einfluss des Customizinggrades

4.5.3.3 Alter und Änderungsdynamik der Unternehmenssoftware

Aus dem Alter des Hauptsystems und der Anzahl der seit Installation durchgeführten Releasewechsel konnte die durchschnittliche Anzahl Releasewechsel pro Jahr errechnet werden. Dies wird als Maß für die Änderungsdynamik der Software aufgefasst.

186 r=0,150, p=0,040

187 r=0,180, p=0,012

Abbildung 101 zeigt, dass das durchschnittliche Alter der eingesetzten Unternehmenssoftwaresysteme (graue Balken) durchschnittlich 9,4 Jahre beträgt, wobei die Software bei den Unternehmen in Cluster 3 am längsten im Einsatz sind. Die durch die schwarze Linie dargestellte durchschnittliche jährliche Anzahl an Releasewechseln (als Maß für die Änderungsdynamik der Systemlandschaft) beträgt im Mittel 0,30 und weist zwischen den Clustern kaum Unterschiede auf. Das heißt, dass ca. alle drei Jahre ein Releasewechsel vorgenommen wird.

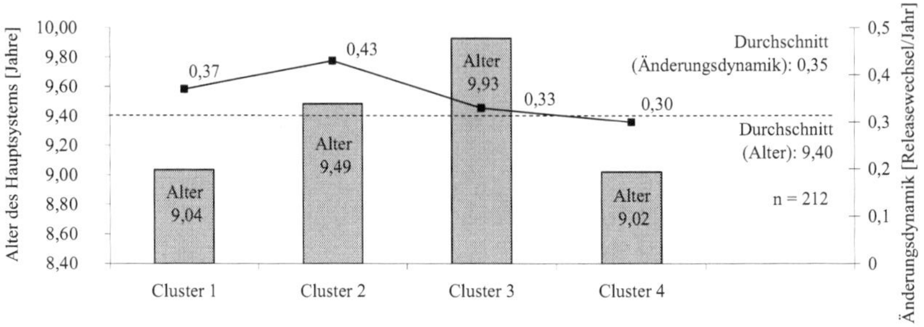

Abbildung 101: Zusammenhang zwischen Alter und Änderungsdynamik der Unternehmenssoftware und Clusterzugehörigkeit (n=212)

Das Alter der Unternehmenssoftware (Hauptsystem) weist mit keiner Einzelentscheidung in der Anwenderqualifizierung einen systematischen Zusammenhang auf. Dies deutet darauf hin, dass mit „alten" Softwaresystemen in der Praxis nicht systematisch anders umgegangen wird als mit „jungen", was die Anwenderqualifizierung betrifft.

Zwischen der Änderungsdynamik und der gesamten Qualifizierungsmenge pro Jahr und Anwender (Maß für die Investitionshöhe) konnte kein systematischer Zusammenhang festgestellt werden. Er ist zwar schwach positiv, doch nicht signifikant. Intuitiv hätte man vermuten können, dass sich ein deutlicherer positiver Zusammenhang zeigt. Interessanterweise nimmt aber der Umfang an Weiterbildung, die bei Erweiterungen der Unternehmenssoftware (also z.B. der Einführung neuer Module oder Zusatzsysteme) getätigt wird, mit zunehmender Änderungsdynamik ab. Der Korrelationskoeffizient von -0,140 (p=0,044) deutet schwach an, dass bei derartigen Erweiterungsinvestitionen in die bestehende Unternehmenssoftwarelandschaft dann weniger in die Anwenderweiterbildung investiert werden muss, wenn die Systeme immer relativ aktuell gehalten werden, was sich durch häufige Releasewechsel manifestiert.

Mit der Anzahl der Qualifizierungsanlässe, bei welchen die eigenen Kollegen unterstützend tätig sein können, weist die Änderungsdynamik eine negative Korrelation (r=-0,161, p=0,020) auf: Je seltener Releasewechsel durchgeführt werden, desto eher können die Kollegen bei Fragen zur Unternehmenssoftware zur Verfügung stehen. Dies ist unmittelbar einsichtig, da man kaum davon ausgehen kann, dass „normale" Kollegen aus der Fachabteilung stets ausreichend Zeit finden, sich mit den Änderungen auseinanderzusetzen, die aus häufigen Releasewechseln resultieren. Ein ähnliches Phänomen ist beim Einsatz von Key Usern, also dediziert in den Fachbereichen unterstützend tätige Ansprechpartner, zu beobachten: Zwischen der Änderungsdynamik und dem Einsatz von Key Usern besteht ein signifikanter Zusammenhang[188], der jedoch mit einem Korrelationskoeffizienten von 0,157 schwach ist. Es ist zu beobachten, dass in Unternehmen, die häufiger Releasewechsel bei ihrer Unternehmenssoftware durchführen, keine oder nur „allgemeine IT" Key User zum Einsatz kommen. Dagegen ist in Unternehmen, die vergleichsweise länger bei einem bestimmten Releasestand bleiben, der Einsatz von speziellen Unternehmenssoftware-Ansprechpartnern zu beobachten.

Abbildung 102 stellt die Zusammenhänge zwischen Änderungsdynamik der Unternehmenssoftware und Einzelentscheidungen in der Anwenderweiterbildung dar.

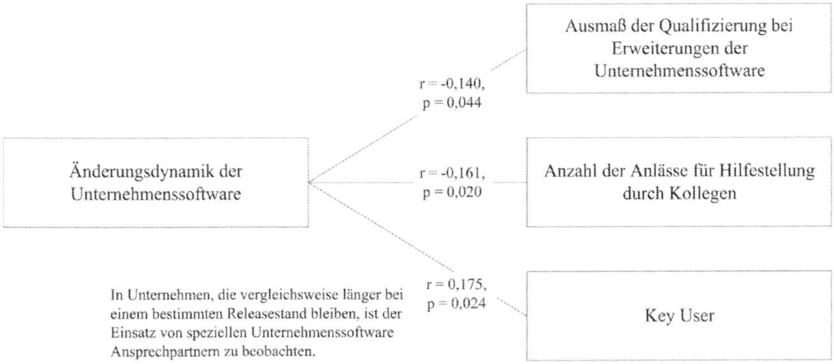

Abbildung 102: Einfluss der Änderungsdynamik

4.5.3.4 Anwendertypen

Für die Erfassung der mengenmäßigen Anteile der verschiedenen Endanwendertypen in den befragten Unternehmen wurden die prozentualen Anteile dreier verschiedener User-Typen (Power User, „normaler User" und gelegentlicher User) abgefragt. Um für die weiteren Analysen einen einzelnen Indikator zur Verfügung zu haben, wurde aus den Einzelwerten ein Index[189] errechnet. Die Indexberechnung wurde anstelle einer Faktorenanalyse vorgenommen, da a priori bekannt war, dass die drei Variablen inhaltlich zusammenhängen (Brosius 1998). Der entstandene Index umfasst einen Wertebereich von 1 (nur gelegentliche Nutzer) bis 5 (nur Power User).

Abbildung 103 lässt erkennen, dass in den Unternehmen mit mitarbeiterzentrisch-fürsorgender IT-Weiterbildung ein größerer Anteil an „Heavy Usern" arbeitet als in Cluster 1 und 4. Das IT-/User-zentrierte Cluster 3 liegt mit einem Anwendermix-Indikator von 3,04 nahe am Durchschnitt von 3,03. Diese rein für die Stichprobe gültigen Aussagen können jedoch nicht auf die Grundgesamtheit übertragen werden, da keine Signifikanz[190] vorliegt.

---

188 Wilk's Lambda $\lambda = 0{,}975$, p=0,024

189 In die Indexberechnung ging der Anteil der Power User mit der Gewichtung 5 ein, normale Anwender mit 3 und gelegentliche Anwender mit einfacher Gewichtung.

190 $F(3; 207) = 0{,}775$, p=0,509, $Eta^2 = 0{,}011$

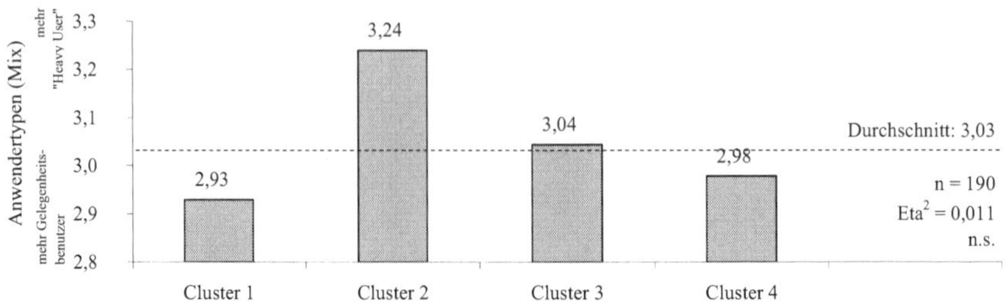

Abbildung 103: Zusammenhang zwischen Anwendertypen und Clusterzugehörigkeit (n=190)

Korrelationsanalysen zeigen, dass zwischen dem Index für die Anwendertypen und der Menge an Anwenderqualifizierung, die bei Erweiterungen der Unternehmenssoftware (d.h. neue Module oder Teilsysteme) ein leicht negativer Zusammenhang besteht. Der Korrelationskoeffizient von -0,145 (p=0,036) deutet darauf hin, dass in Unternehmen, in denen ein größerer Anteil von Power/Heavy Usern vorzufinden ist, bei Erweiterungen der Unternehmenssoftwarelandschaft weniger in die Anwenderweiterbildung investiert wird als in Unternehmen, in denen eher Gelegenheitsnutzer arbeiten. Umgekehrt betrachtet, scheint ein großer Anteil an Gelegenheitsbenutzern erhöhte Investitionen in die Qualifizierung zu erfordern, wenn die Systemlandschaft erweitert wird. Dies ist nicht unmittelbar nachzuvollziehen, denn man kann davon ausgehen, dass Anwender, die sowieso nur indirekt und weniger häufig mit den Anwendungssystemen arbeiten, von Erweiterungen „ihres" Werkzeuges weniger stark betroffen sind. Man könnte jedoch umgekehrt argumentieren, dass es sich bei den indirekten Gelegenheitsnutzern häufig um Führungskräfte des höheren Managements handelt, denen aufgrund ihrer hierarchischen Position mehr Qualifizierung angeboten wird als hierarchisch „niedrigeren" Mitarbeitern. Dieser Zusammenhang wurde bereits bei der Analyse des Einflusses des Qualifikationsniveaus diskutiert.

Der „Anwendertypen-Mix" korreliert außerdem signifikant mit dem Ausmaß, in welchem der Qualifizierungsfokus „Nutzensichtbarkeit" verfolgt wird, d.h. inwiefern in Qualifizierungsmaßnahmen Wert darauf gelegt wird, den Anwendern die Hintergründe nahe zu bringen, warum die Software im Unternehmen eingesetzt wird („reason to use"). Mit r=0,166 (p=0,016) deutet das Ergebnis der Korrelationsanalyse schwach an, dass diese relativ hohe Ebene des Sein'schen Modells eher in Unternehmen Berücksichtigung findet, in denen die Anwender das System nicht nur gelegentlich, sondern regelmäßig und umfassend nutzen.

Je größer der Anteil der Power User am Anwenderstamm der Unternehmenssoftware ist, desto weniger wahrscheinlich ist es, dass die Anwender durch eigene, interne Spezialisten qualifiziert werden. Der Korrelationskoeffizient von -0,173 (p=0,012) deutet diesen Zusammenhang an. Dies ist einzusehen, wenn man davon ausgeht, dass umso mehr externes Know-how benötigt wird, je umfassender und tief greifender die Nutzung der Software ist. Anders formuliert: je mehr Gelegenheitsnutzer mit vergleichsweise einfachen Nutzungsmustern in der Anwenderschaft sind, desto einfacher fällt es internen Mitarbeitern, diesen das nötige Handhabungswissen zu vermitteln. Allerdings könnte ebenso umgekehrt argumentiert werden: Je komplexer und individueller die Nutzungsmuster der Anwender, desto weniger kann ein externer Dozent qualifizierend einwirken, da er die Besonderheiten des jeweiligen Systems nicht kennen kann. Insofern ist zwar empirisch ein systematischer Zusammenhang erkennbar, der jedoch nicht zweifelsfrei erklärt werden kann. Ein ähnliches Phänomen ist bei der Analyse der Key User Entscheidung ersichtlich: Je größer der Anteil der Power User am Anwenderstamm der Unternehmenssoftware ist, desto unwahrscheinlicher ist es, dass Key User eingesetzt werden. Die hierzu durchgeführte Diskriminanzanalyse weist einen signifikanten[191], mit einem Korrelationskoeffizienten von 0,166 schwachen Zusammenhang zwischen der Anwenderzusammensetzung und der Entscheidung über Key User aus.

Abbildung 104 fasst die Zusammenhänge zwischen der Zusammensetzung der Anwenderschaft und Einzelentscheidungen in der Anwenderqualifizierung zusammen.

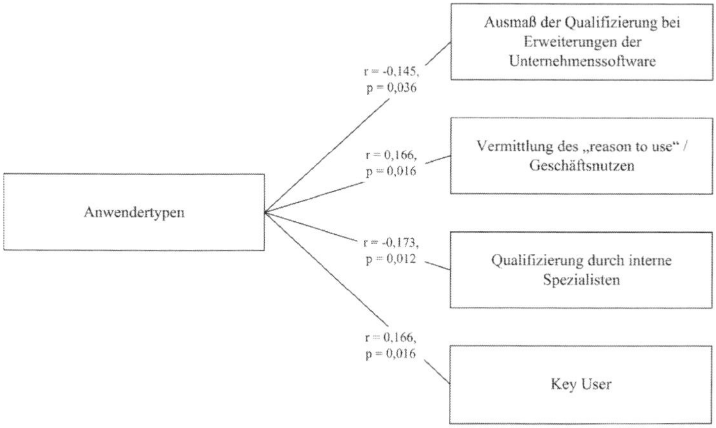

Abbildung 104: Einfluss der Anwendertypen

4.5.3.5 *Diffusionsgrad und Nutzungszweck*

Bei der Entwicklung des Analysemodells wurde diskutiert, welchen Einfluss der Diffusions-/Nutzungsgrad der Unternehmenssoftware auf das benötigte Qualifikationsniveau der Mitarbeiter und damit indirekt auf die Qualifizierungsstrategie haben könnte.

Es wurde vorgeschlagen, den Diffusionsgrad über die Anzahl der produktiv genutzten Module der Unternehmenssoftware zu messen. Hierzu hatten die Befragten, in deren Unternehmen ein SAP-Produkt im Einsatz ist, im Fragebogen die Möglichkeit, je Modul FI, CO, MM, SD, PP, WF, PS und HR anzugeben, ob es produktiv genutzt wird. Daraus konnte die Gesamtanzahl der produktiven Module ermittelt werden. Die Antworten der 146 Unternehmen[192] sind in Abbildung 105 dargestellt. Durchschnittlich nutzen die befragten Unternehmen ca. 5,9 Module produktiv, was sich fast exakt mit den Erkenntnissen von BUXMANN (1997) und VON ARB (1997) deckt.

---

[191] Wilk's Lambda $\lambda = 0{,}972$, p=0,016

[192] Von den 161 Unternehmen mit SAP-Unternehmenssoftware wurden 2 SAP All-In-One Nutzer sowie 13 Unternehmen ausgeschlossen, die keine Angaben zu den Modulen machten.

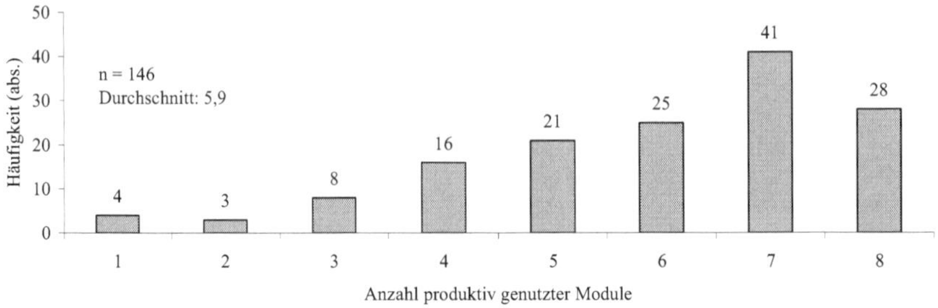

Abbildung 105: Anzahl produktiv genutzter SAP-Module (n=146)

Die folgenden beiden Tabellen geben Aufschluss darüber, welche Module/Komponenten des Kern-ERP-Systems (Tabelle 35) und welche weiteren Systeme (Tabelle 36) bei den Unternehmen der Stichprobe im Einsatz sind. Die Module/Systeme sind absteigend nach der Anzahl der produktiven Installationen sortiert. Es zeigt sich, dass Finanzwesen und Controlling am häufigsten eingesetzt werden.

	FI	CO	MM	HR	SD	PP	WF	PS
produktiv	141	139	128	117	114	79	75	71
Test/Evaluation	1	1	2	4	3	6	18	3
noch nicht untersucht	0	0	1	1	1	1	7	15
nicht relevant	1	1	4	12	10	30	13	22
keine Angabe	18	20	26	27	33	45	48	50

Tabelle 35: Eingesetzte Module (Kern-ERP-System) (n=161)

	BW	Portal	CRM	XI	SRM	SEM	SCM	MI	xApps	MDM	Duet
produktiv	83	46	43	34	27	26	25	11	10	6	2
Test/Evaluation	16	26	14	22	8	5	6	12	9	12	2
noch nicht untersucht	11	19	16	19	21	26	19	27	22	28	31
nicht relevant	7	13	19	13	22	21	26	25	22	25	30
keine Angabe	44	57	69	73	83	83	85	86	98	90	96

Tabelle 36: Eingesetzte weitere Systeme (n=161)

Abbildung 106 stellt dar, dass die Anzahl der produktiv genutzten SAP-Module zwischen den vier Clustern leicht schwankt. Während es im mitarbeiterzentrisch-fürsorgenden Cluster 2 durchschnittlich lediglich ca. 5 Module sind, setzen die Unternehmen der Gruppen 3 und 4 über 6 Module produktiv ein. Die Unterschiede sind signifikant.[193]

193 $F(3; 216) = 5{,}775$, $p=0{,}001$, $Eta^2 = 0{,}074$

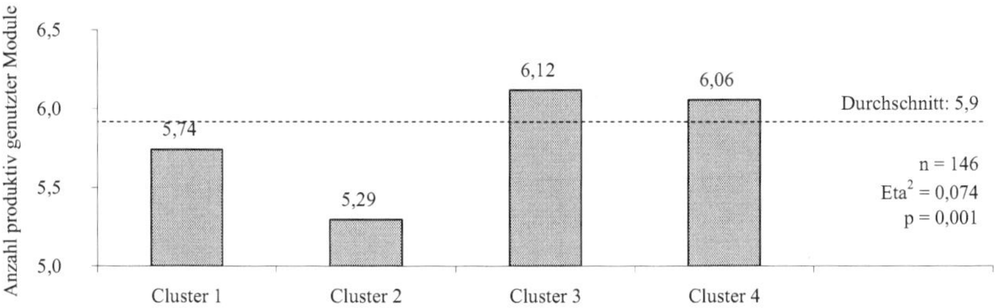

Abbildung 106: Zusammenhang zwischen Anzahl produktiv genutzter Module und Clusterzugehörigkeit (n=146)

Der Diffusionsgrad weist eine schwache positive Korrelation mit der Menge an Qualifizierung auf, die bei einem Stellen- oder Aufgabenwechsel eines Mitarbeiters aufgewendet wird. Der Korrelationskoeffizient von r=0,198 (p=0,017) deutet darauf hin, dass mit steigender Anzahl produktiv genutzter SAP-Module[194] mehr Qualifizierungsaufwand bei den Anwendern anfällt, wenn sie ihre Stelle oder Aufgabe wechseln. Dies ist unmittelbar einsichtig, da die Wahrscheinlichkeit hoch ist, mit einem anderen der vielen im Einsatz befindlichen Module in Berührung zu kommen. Wird dagegen nur ein kleiner Teil der ERP-Funktionalitäten genutzt, kann das diesbezügliche Wissen eher „mitgenommen" werden und die Qualifizierungsmaßnahmen können geringer ausfallen. Dies widerspricht folgender Aussage von ALPHA:

> *„[...] Sind solche SAP-Qualifikationen übertragbar, z.B. auf eine andere Aufgabe, oder eine andere Abteilung, oder sogar auf andere Unternehmen? - Natürlich nicht alle Kenntnisse, aber das Grundgerüst auf jeden Fall. Ich habe dann auch einen ganz anderen Überblick, wie SAP funktioniert, und brauche nur noch die spezifischen Kenntnisse von dieser Abteilung, wo ich jetzt bin. [...] Dass natürlich in jeder Abteilung andere Prozesse ablaufen, andere Transaktionen benutzt werden, andere Felder ausgefüllt werden müssen, das ist selbstverständlich." (ALPHA 2006a)*

Ein weiterer systematischer Zusammenhang konnte zwischen dem Diffusionsgrad und der Menge an Qualifizierung aufgedeckt werden, die ein Anwender bei seiner täglichen Arbeit mit der Software aufwendet. Unter diesem Lernanlass wurde bei der Vorstellung des Analysemodells das nicht-intentionale, d.h. beiläufige Lernen (mit der Software selbst als Lernmedium) verstanden. Der ermittelte Pearson-Korrelationskoeffizient in Höhe von -0,183 (p=0,028) ist zwar nicht sehr hoch, doch signifikant. Er deutet an, dass beiläufiges Lernen umso schwieriger oder unwahrscheinlicher wird, je umfangreicher die Software im Unternehmen eingesetzt wird. Je mehr Module produktiv verwendet werden und je komplexer die daraus resultierenden Schnittstellen und Querverbindungen ausfallen, desto weniger scheint ein Anwender selbstständig das notwendige Know-how aufbauen zu können.

Darüber hinaus hätte man erwarten können, einen positiven Zusammenhang mit der gesamten Menge an Qualifizierung und dem Diffusionsgrad der Unternehmenssoftware zu entdecken. Man kann schließlich davon ausgehen, dass mit höherer Nutzungsintensität und größerer

---

194 Hier wird nur die Subgruppe „SAP-Nutzer" mit mindestens 1 Modul betrachtet.

Verbreitung und Verzahnung der Software in den betrieblichen Abläufen sich scheinbar kleine Anwenderfehler sehr schnell verbreiten und eventuell das ganze Unternehmen betreffen (Hitt et al. 2002, S. 17). Diesen negativen Skaleneffekten könnte man mit besserem Anwender Know-how zu begegnen versuchen.

Zwischen dem Diffusionsgrad der Software und der Vorgehensweise beim Einsatz von Key Usern ist eine hochsignifikante Assoziation[195] festzustellen, die per Diskriminanzanalyse ermittelt wurde. Mit einem Koeffizienten von 0,243 korrelieren die beiden Sachverhalte leicht. Die deskriptive Analyse der Daten zeigt, dass in Unternehmen, die vergleichsweise viele Module produktiv im Einsatz haben, häufiger Key User speziell für Fragen zur Unternehmenssoftware anzutreffen sind als in Unternehmen, die einen relativ geringen Diffusionsgrad der ERP-Software aufweisen. Dort werden entweder keine oder allgemeine IT-bezogene Key User eingesetzt. Es scheint so zu sein, dass die dezentralen Ansprechpartner in den Fachabteilungen dann besonders nutzenstiftend sind, wenn es um modul- und arbeitsbereichsübergreifende Fragestellungen geht. Diese Vermutung wird dadurch untermauert, dass zwischen der Anzahl der genutzten Module und dem inhaltlichen Fokus auf Integrationsthemen in Schulungen ein signifikanter Zusammenhang (r=0,162, p=0,017) besteht. Abbildung 107 stellt die Zusammenhänge dar.

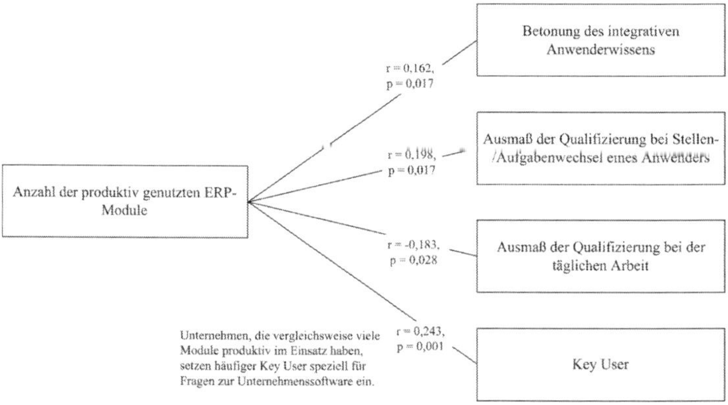

Abbildung 107: Einfluss des Diffusionsgrades auf die Anwenderweiterbildung (Quelle: Eigene Darstellung)

Systematische Zusammenhänge zwischen dem Einsatz einzelner Module/Systeme und qualifizierungsrelevanten Entscheidungen konnten keine ermittelt werden.

Betrachtet man, abseits der Qualifizierungsstrategie, den Zusammenhang zwischen dem Diffusionsgrad der Unternehmenssoftware und dem Qualifikationsniveau, so ist Erstaunliches festzustellen: Der Diffusionsgrad korreliert negativ mit dem Anteil der höher Qualifizierten und positiv mit dem Anteil der niedrig Qualifizierten an der Gesamtbelegschaft, wie Tabelle 37 zeigt. Das heißt, dass in Unternehmen mit mehr höher qualifizierten Mitarbeitern tendenziell weniger Module eingesetzt werden als in Unternehmen mit einem größeren Anteil Geringqualifizierter.

195 Wilk's Lambda $\lambda = 0{,}941$, p=0,001

	Leitende Angestellte	Qualifizierte Angestellte	Einfache Angestellte	Facharbeiter	An-/Ungelernte
Anzahl produktiv genutzter ERP-Module	r = -0,142 n.s.	r = -0,257 ** p = 0,003	r = -0,045 n.s.	r = 0,280 ** p = 0,001	r = 0,188 * p = 0,031

Tabelle 37: Korrelation zwischen Diffusionsgrad und Qualifikationsniveau (n=146)

Dieser Befund widerspricht den von FALK (2002, S. 406) getroffenen Aussagen zum skill biased technological change, wonach zwischen dem Anteil an hoch qualifizierten Arbeitskräften und dem Einsatz von IuK-Technologien eine Komplementarität besteht. Die Interpretation in Richtung einer Kausalität ist freilich offen, d.h. sowohl könnte der hohe Diffusionsgrad der Software eine Ursache für eine gute Humankapitalausstattung sein, da die effiziente Nutzung ein gewisses Bildungsniveau erfordert, als auch ihr Resultat.

Lenkt man den Blick darauf, welche Art von Geschäftsprozessen mit den eben vorgestellten Modulen unterstützt werden, so zeigt Tabelle 38, dass es insbesondere das Kerngeschäft, d.h. die Produktion von Gütern oder Dienstleistungen, und die ergänzenden Führungsprozesse, z.B. Finanz- und Personalwesen, sind, welche mit Hilfe der Unternehmenssoftware abgebildet werden. Ca. die Hälfte der befragten Unternehmen nutzt die Software dazu, Serviceprozesse wie beispielsweise Dienstreisen o.ä. zu vereinfachen.

	abgebildet	nicht abgebildet
Kernprozesse	186 (84,5%)	34 (15,5%)
Führungsprozesse	181 (82,3%)	39 (17,7%)
Serviceprozesse	104 (47,3%)	116 (52,7%)

Tabelle 38: Nutzungszweck der Unternehmenssoftware (n=220)

Eine Zusammenhangsanalyse (Varianzanalyse) zeigt, dass zwischen der Tatsache, ob die Kerngeschäftsprozesse mit Hilfe der Unternehmenssoftware abgebildet werden, und der Durchführung von Wirtschaftlichkeitsberechnungen in der Anwenderweiterbildung ein signifikanter Zusammenhang[196] besteht: Während Unternehmen, die die Kerngeschäftsprozesse über die Unternehmenssoftware abwickeln, auf der Skala von 1 (nie) bis 6 (sehr häufig) durchschnittlich mit 2,86 zustimmen, ist es bei den restlichen Unternehmen lediglich ein Durchschnitt von 1,94. Dies bedeutet, dass eher dann nach Effizienz gefragt wird, wenn die unternehmenszentralen Geschäftsprozesse Gegenstand der Abbildung in der Software sind.

Unternehmen, die mit Hilfe der Unternehmenssoftware Führungsprozesse abbilden, vermitteln ihren Anwendern eher integratives Zusammenhangswissen („Qualifizierungsfokus Integration“) als Unternehmen, die dies nicht tun. Die hierzu durchgeführte Varianzanalyse liefert einen signifikanten Unterschied[197]. Während Unternehmen, die die unterstützenden Aufgaben wie Personal- und Rechnungswesen über ihre Unternehmenssoftware steuern, mit einer durchschnittlichen Zustimmung von 3,65 den Qualifizierungsfokus „Integration“ verfolgen, ist es bei den restlichen Unternehmen lediglich 3,21. Dieser Unterschied ist unmittelbar einleuchtend, denn es sind gerade die Module wie Finanzwesen und Controlling, die auf eine nahtlose Integration mit den anderen, vorgelagerten Modulen wie Materialwirtschaft, Vertrieb oder Produktion angewiesen sind, da der Großteil ihrer Bewegungsdaten/Buchungen von dort (aus den operativen Geschäftsvorfällen) stammt.

---

196 $F(1; 213) = 9{,}940$, $p=0{,}002$, $Eta^2 = 0{,}045$

197 $F(1; 217) = 6{,}277$, $p=0{,}013$, $Eta^2 = 0{,}028$

Zwei weitere signifikante Zusammenhänge sollen kurz angesprochen werden: Werden in der verwendeten Unternehmenssoftware Sekundärprozesse (Führungsprozesse) abgebildet, so stehen mit durchschnittlich 5 Weiterbildungsorganisatoren pro 1.000 Mitarbeiter signifikant[198] weniger zur Verfügung, als bei den Unternehmen, die ihre Führungsprozesse auf andere Weise steuern. Bei den letztgenannten 30 Unternehmen sind es durchschnittlich ca. 13 Organisatoren pro 1.000 Mitarbeiter. Dieser Effekt ist höchstwahrscheinlich darauf zurückzuführen, dass Unternehmen, welche die Führungsprozesse zentral über die Unternehmenssoftware steuern, im Mittel größer (ca. 10.000 MA) sind und daher über relativ weniger Weiterbildungsorganisatoren verfügen als die anderen Unternehmen, deren durchschnittliche Mitarbeiterzahl bei ca. 5.500 liegt. Ähnlich könnten die Unterschiede in der Methodenvielfalt bei Neueinstellung von Mitarbeitern erklärt werden.[199] Auch der signifikante[200] Unterschied in der Praxis, einen formalen Weiterbildungskatalog für Anwender bereitzustellen, könnte auf diese Größenunterschiede zurückzuführen sein: Während Unternehmen, deren Sekundärprozesse mit Hilfe der Unternehmenssoftware abgebildet werden, überdurchschnittlich häufig einen Katalog mit oder ohne unternehmenssoftwarespezifische Themen pflegen und anbieten, sind es bei den restlichen Unternehmen eher wenige, die ihr Qualifizierungsangebot auf diese formale Weise kommunizieren.

Höchst bemerkenswerte Unterschiede konnten zwischen den 104 Unternehmen, die mit Hilfe ihrer Unternehmenssoftware interne Koordinations- und Serviceprozesse abbilden, und den 116 Unternehmen, welche dies nicht tun, festgestellt werden. Die Unterschiede sind statistisch signifikant und beziehen sich durchgehend auf die methodische Ausgestaltung. Zusammenfassend kann konstatiert werden, dass die erste Gruppe konsequent mehr methodische Vielfalt aufweist als die zweite Gruppe. Tabelle 39 stellt die Unterschiede und deren Stärke samt Signifikanz[201] dar.

Methodische Einzelentscheidung	Abbildung interner Service-/Koordinationsprozesse	Keine Abbildung interner Service-/Koordinationsprozesse	Eta^2
Angebot verschiedener Schwierigkeitsstufen	3,25	2,81	0,037**
Angebot verschiedener Lernformen	2,23	1,78	0,050**
Qualifizierung durch interne Spezialisten	3,61	3,11	0,047**
Methodenanzahl bei Neueinstellung	4,25	3,68	0,045**
Methodenanzahl bei Stellenwechsel	3,71	3,13	0,044**
Methodenanzahl bei der täglichen Arbeit	2,88	2,53	0,023*
Methodenanzahl beim Wiederauffrischen	2,55	2,09	0,026*
Methodenanzahl bei Releasewechseln	3,09	2,73	0,018*
Methodenanzahl bei Erweiterungsprojekten	3,48	3,09	0,026*
Methodenanzahl bei Funktionserweiterungen	2,65	2,26	0,028*
Durchschnittliche Methodenanzahl je Anlass	3,30	2,88	0,044**
Anzahl der Anlässe für Coaching	5,63	4,66	0,029*
Anzahl der Anlässe für E-Learning	1,71	0,60	0,056***
Personalisierungsstrategie	58,98	53,66	0,022*
Kodifizierungsstrategie	47,11	36,90	0,042**

Tabelle 39: Methodische Differenzierung hinsichtlich Service-/Koordinationsprozessen (n=220)

198 $F(1; 174) = 5{,}654$, $p=0{,}019$, $Eta^2 = 0{,}031$

199 Werden Führungsprozesse abgebildet, kommen durchschnittlich 4,05 Methoden zum Einsatz, im anderen Fall sind es 3,49. Der Unterschied ist betragsmäßig eher gering, jedoch statistisch signifikant: $F(1; 218) = 5{,}790$, $p=0{,}017$, $Eta^2 = 0{,}026$

200 Chi-Quadrat = 6,451, df=2, p=0,040, Cramer's V = 0,176

201 Signifikanzniveaus: *** 0,1%-Niveau, ** 1%-Niveau, * 5%-Niveau

Ohne auf Ursachenforschung für die einzelnen Unterschiede gehen zu wollen, bleibt dennoch interessant, warum die Abbildung vergleichsweise „nebensächlicher“ Sachverhalte wie Dienstreisen, Veranstaltungsmanagement, Genehmigungsworkflows, Büromaterialbeschaffung usw. in der betrachteten Unternehmenssoftware systematisch mit einer deutlich elaborierteren methodischen Herangehensweise verknüpft ist. Keine andere der im Analysemodell berücksichtigten Rahmenbedingungen trennt die Einzelentscheidungen in der Anwenderqualifizierung so deutlich wie diese. Eine mögliche Erklärung könnte darin zu finden sein, dass die genannten Serviceprozesse von einem höheren Anteil der Mitarbeiter des Unternehmens über die Unternehmenssoftware erledigt werden müssen, während die DV-technische Abbildung der eigentlichen Kern- und Führungsprozesse einer kleineren Anwendergruppe vorbehalten bleibt (in der Tat weisen Unternehmen, die die internen Service-/Koordinationsprozesse über die Unternehmenssoftware abbilden, mit ca. 57% ein größeres Endanwender-Mitarbeiter-Verhältnis auf als die anderen Unternehmen (39%); der Gesamtdurchschnitt liegt bei 47,8%). Geht man weiter davon aus, dass die gesamte Anwenderschaft hinsichtlich Lerntypen und -präferenzen heterogen ist, so wird einsichtig, warum in diesem Fall ein breites Methodenspektrum angebracht ist. Ergänzend stellen Unternehmen, deren Serviceprozesse mit Hilfe der Unternehmenssoftware gesteuert werden, häufiger einen formalen Weiterbildungskatalog für ihre Anwender bereit als die anderen Unternehmen. Der Unterschied ist signifikant[202].

Hinsichtlich des Ausmaßes, in dem Wirtschaftlichkeits- und Qualitätskontrollen in der IT-Anwenderweiterbildung angestellt werden, unterscheiden sich diejenigen Unternehmen, welche die internen Koordinations- und Serviceprozesse mit der Unternehmenssoftware abbilden, von denen, die dies nicht tun:

- Hinsichtlich der Durchführung von Level 5 Wirtschaftlichkeitsermittlungen in der Weiterbildung besteht ein signifikanter[203] Unterschied: Während die erstgenannten Unternehmen dieser Praktik mit durchschnittlich 3,02 zustimmen, beträgt die Zustimmung unter den Unternehmen der zweiten Gruppe durchschnittlich 2,44.
- Unternehmen der ersten Gruppe stimmen mit 3,05 der Aussage zu, externen Bildungsdienstleistern konkrete Qualitätsstandards vorzugeben, während die Zustimmung bei Unternehmen der zweiten Gruppe bei 2,28 liegt. Der Unterschied ist ebenfalls signifikant.[204]

Beide Befunde könnten analog zu den methodischen Unterschieden dadurch erklärt werden, dass in der erstgenannten Gruppe ein höherer Anteil von Endanwendern an der Gesamtmitarbeiterzahl zu verzeichnen ist, was Maßnahmen zur Qualitätssicherung und –kontrolle erst rentabel erscheinen lässt.

Abbildung 108 fasst die möglichen Einflüsse auf die Anwenderweiterbildung zusammen, die die unterschiedlichen Typen von in der Unternehmenssoftware abgebildeten Geschäftsprozessen haben können.

---

202 Chi-Quadrat = 6,771, df=2, p=0,034, Cramer's V = 0,180

203 F(1; 213) = 7,460, p=0,007

204 F(1; 209) = 12,582, p<0,001, $Eta^2 = 0,057$

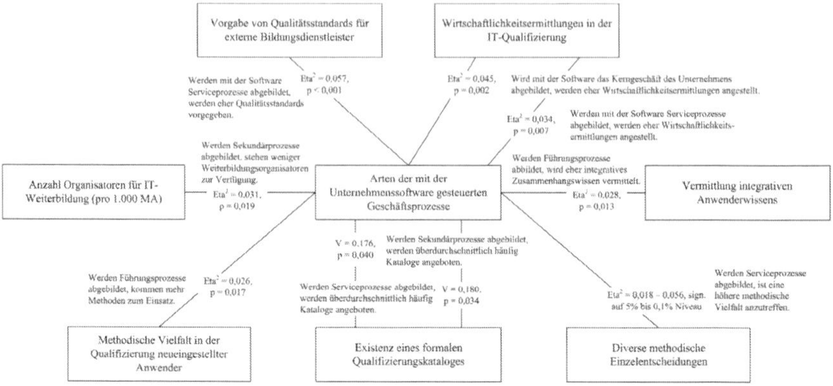

Abbildung 108: Einfluss der mit der Unternehmenssoftware abgebildeten Geschäftsprozesse

4.5.3.6 Berechtigungswesen

Bei der Formulierung des Analysemodells wurde die Möglichkeit in Betracht gezogen, dass die Ausgestaltung des Berechtigungswesens im Unternehmenssoftwaresystem einen Einfluss auf die Beteiligung an IT-Weiterbildungsmaßnahmen haben könnte.

Es hat sich herausgestellt, dass die befragten Experten mit einer durchschnittlichen Zustimmung von 3,87 auf der Fünferskala davon ausgehen, dass die ihren Anwendern erteilten Berechtigungen deren Aufgaben angemessen sind. Abbildung 109 stellt die verschiedenen Vorgehensweisen in den vier Grundstrategien dar. Der relativ hohe Wert der Unternehmen in Cluster 1 (rudimentäre IT-Qualifizierung) zeigt ein vergleichsweise freizügiges Berechtigungswesen ohne nennenswerte Einschränkungen an. Dies deckt sich mit dem Bild dieser als weniger investitionsbereit, ja fast „sparsam" charakterisierten Unternehmen, denn die Etablierung und laufende Pflege im Rahmen einer Berechtigungsverwaltung ist relativ aufwändig. Dass es sich in Cluster 1 um tendenziell kleinere bis mittlere Unternehmen handelt, rundet dieses Bild ab. Auf der anderen Seite des Spektrums offenbaren sich die Unternehmen des mitarbeiterzentrisch-fürsorgenden Clusters 2 als diejenigen, welche vergleichsweise strenge Regelungen in Bezug auf Systemberechtigungen umsetzen. Gleichwohl handelt es sich auch hier um kleine bis mittlere Unternehmen. Die Clusterunterschiede sind nicht signifikant.[205]

205 $F(3; 216) = 0{,}712$, $p=0{,}546$, $Eta^2 = 0{,}010$

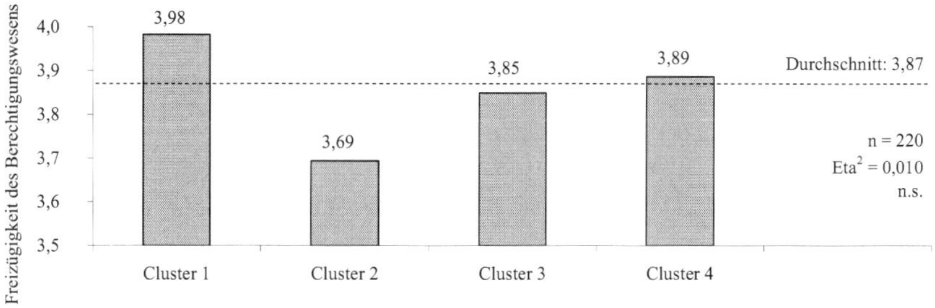

Abbildung 109: Zusammenhang zwischen Berechtigungswesen und Clusterzugehörigkeit (n=220)

Zwischen der Freizügigkeit des Berechtigungswesens und der unternehmenssoftwarebezogenen Qualifizierungsmenge bei Neueinstellungen von Mitarbeitern besteht ein schwacher signifikanter Zusammenhang. Der Korrelationskoeffizient von r=0,143 (p=0,036) könnte ein Indiz dafür sein, dass in diesen Unternehmen der ausführliche Erstkontakt des neuen Mitarbeiters mit der Software dann als besonders wichtig erachtet wird, wenn das Spektrum an Berechtigungen insgesamt relativ umfangreich ist. Werden umgekehrt die Möglichkeiten der Anwender durch eine relativ restriktive Handhabung der Berechtigungen beschränkt, scheint die Qualifizierung beim Eintritt des Mitarbeiters ins Unternehmen etwas geringer ausfallen zu können.

Ein weiterer, jedoch vom Effekt ebenfalls schwacher Zusammenhang konnte zwischen der Freizügigkeit des Berechtigungswesens und dem Qualifizierungsfokus „Integration" gefunden werden. Die Vermittlung integrativen, abteilungs- und funktionsübergreifenden Zusammenhangswissens korreliert mit r=0,135 (p=0,046) positiv mit der Tatsache, dass die Anwender relativ umfangreiche Rechte für die Arbeit im System haben. Dies ist unmittelbar verständlich, da man davon ausgehen kann, dass weit reichende Rechte mit einem relativ breiten Nutzungsspektrum in den verschiedenen Modulen der Unternehmenssoftware einhergeht. Deren effektive Nutzung wiederum hängt vom Zusammenhangsverständnis der Anwender ab.

Abschließend sei kurz auf den Zusammenhang zwischen Berechtigungswesen und der methodischen Vielfalt bei der Neueinführung der Software hingewiesen. Je umfangreicher die Anwenderrechte, desto mehr unterschiedliche Methoden kommen bei diesem Anlass zum Einsatz.[206]

Abbildung 110 stellt die Zusammenhänge zwischen der Ausgestaltung des Berechtigungswesens und der Anwenderqualifizierung dar.

[206] r=0,159 (p=0,018)

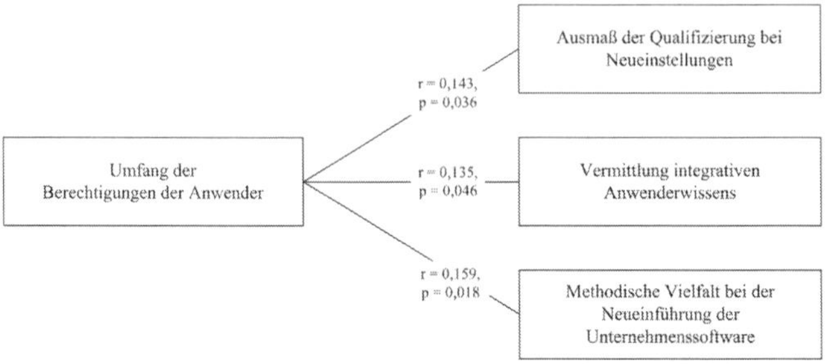

Abbildung 110: Einfluss des Berechtigungswesens

4.5.4 *Zusammenfassung*

Tabelle 40 hilft, die typischen Rahmenbedingungen auf einen Blick zu erfassen, in denen sich die Unternehmen der vier Grundstrategien bewegen. „Typisch“ ist jedoch insofern sehr vorsichtig zu interpretieren, als keiner der skizzierten Zusammenhänge statistisch signifikant ist, d.h. nur für die Stichprobe der 220 untersuchten Unternehmen gilt.

Bereich	Rahmenbedingung	Cluster 1 („rudimentär“)	Cluster 2 („mitarbeiterzentrisch-fürsorgend“)	Cluster 3 („IT-/User-orientiert“)	Cluster 4 („technikorientiert“
Unternehmensinterne Faktoren	Unternehmensgröße	Klein bis mittel	Klein bis mittel	Mittel bis groß	Mittel bis groß
	Branche	-	Dienstleistungen	-	Verarbeitendes Gewerbe
	Qualifikationsniveau	Sehr niedrig	Sehr hoch	Hoch	Niedrig
	Relative ökonomische Situation	-	Besser als Branche	Gleich bis besser als Branche	Schlechter als Branche
	Leistungsprogramm	Etwas diversifiziert	Kaum diversifiziert	Diversifiziert	-
Unternehmensexterne Faktoren	Unternehmenssoftware Know-how auf dem Arbeitsmarkt	Niedrig	Niedrig	Hoch	Hoch
	Zufriedenheit mit externen Qualifizierungsdienstleistern	Hoch	Sehr hoch	Niedrig	Niedrig
Unternehmenssoftware	Unternehmenssoftwareprodukt	Eigenentwicklung	Eigenentwicklung, andere Produkte	SAP	Andere Produkte
	Diffusionsgrad (Anzahl Module)	Niedrig	Sehr niedrig	Sehr hoch	Sehr hoch
	Customizing	Wenig	-	Viel	-
	Alter	Jung	Mittel	Alt	Jung
	Änderungsdynamik	-	Hoch	-	-
	Berechtigungswesen	Freizügig	Streng	Mittel	Mittel

Tabelle 40: Beschreibung der Rahmenbedingungen der Grundstrategien (Quelle: Eigene Darstellung)

Zunächst ist festzuhalten, dass die Wahl einer der vier ermittelten Grundstrategien der Anwenderqualifizierung nicht systematisch von den berücksichtigten Rahmenbedingungen abhängt. Vielmehr kommen sie bei allen untersuchten Branchen, Größenordnungen, Softwareprodukten usw. einigermaßen gleichmäßig vor. Dies könnte darauf hindeuten, dass das Analysemodell nicht umfangreich genug ist und dass daher wichtige Einflussfaktoren unberücksichtigt blieben. Es wäre ein Ansatzpunkt für zukünftige empirische Untersuchungen, andere potenzielle Einflussfaktoren zu analysieren. Eine andere mögliche Begründung für dieses Ergebnis ist das von BÄUMER (1997, S. 226) formulierte Verständnis von Weiterbildung und Qualifizierung als einem „betrieblichen Handlungsfeld, in dem Gestaltungsspielräume existieren und eben nicht alles determiniert ist." Eventuell liegen die Determinanten weniger in offensichtlichen Eigenschaften des Unternehmens oder der zugrundeliegenden Technologie, sondern vielmehr in subjektiven Einstellungen der verantwortlichen Akteure.

Gegen diese These spricht allerdings das Hauptergebnis dieses Kapitels, das aus einer Vielzahl einzelner systematischer Zusammenhänge zwischen Rahmenbedingungen und Einzelentscheidungen in der Anwenderqualifizierung besteht. Wenn auch nicht ganze Strategien von Einflussfaktoren stimuliert werden, so sind doch bei vielen Einzelentscheidungen signifikante Zusammenhänge mit den Determinanten zu erkennen, die ein gewisses Grundmuster deutlich machen. Darunter fügen sich einige, insbesondere die Befunde zum Einfluss der unternehmensinternen Faktoren, in bisherige Forschungsarbeiten ein. Andere, insbesondere die aus der Betrachtung der technologischen Faktoren gewonnenen Erkenntnisse, weisen einen gewissen Neuigkeitsgrad auf. Sie eröffnen einen ersten Einblick in die Wechselwirkungen zwischen konkreten Eigenschaften von Technologie und organisatorischen Praktiken der Anwenderweiterbildung. Die wichtigsten Zusammenhänge sind in der Zusammenfassung der empirischen Analyse kurz dargestellt, um Wiederholungen zu vermeiden.

Scheinbar sehen sich die Unternehmen einer gewissen Freiheit in der Entscheidung gegenüber, einen bestimmten Weg bei der Anwenderqualifizierung zu Unternehmenssoftware einzuschlagen. Es ist keine Vorbestimmtheit aufgrund äußerer, innerer oder technologischer Eckdaten zu erkennen. Daher erscheint es im nächsten Schritt sinnvoll, die Grundstrategien bewertend gegenüberzustellen (Nutzenbetrachtung), um den Verantwortlichen eine Entscheidungshilfe zu geben.

4.6 Bewertung der Grundstrategien

In diesem Kapitel werden die Nutzeneinschätzungen der befragten Experten zur IT-Anwenderqualifizierung vorgestellt. Ergänzend werden die Ergebnisse der IT-Anwenderzufriedenheitsstudie 2007 vorgestellt, in deren Rahmen Endanwender die Qualifizierungspraktiken ihres Unternehmens bewerten konnten. Aus beiden Sichtweisen, Experten und Anwender, werden folgende Bewertungen vorgenommen:

- gesamte Bewertung der IT-Qualifizierung
- Bewertung je Grundstrategie (Cluster)
- Analyse der „besten" Praktiken

4.6.1 Bewertung durch Experten

Bei der Erstellung des Analysemodells wurde diskutiert, wie sich die Grundstrategien der Anwenderqualifizierung durch Expertenschätzungen des Nutzens bewerten lassen.

Der Gesamtnutzen der in den Unternehmen verfolgten Anwenderqualifizierungsstrategien wird von den Befragten insgesamt als relativ hoch eingestuft. Auf der zugrunde liegenden Fünfer-Ratingskala von 1 (sehr niedrig) bis 5 (sehr hoch) ergab sich ein Mittelwert von 3,69, wobei 212 der 220 Unternehmen Angaben machten. Der Modalwert, also die am häufigsten (105 Nennungen) vorkommende Ausprägung, lag bei 4 (hoch). Ergänzend zur strukturierten Abfrage des subjektiv wahrgenommenen Nutzens der Qualifizierungsstrategie wurden die Experten danach gefragt, wo sie besonderes Verbesserungspotenzial sähen. Es stellte sich heraus (siehe Tabelle 91 im Anhang), dass folgende Themenbereiche Anlass zur Verbesserung geben:

Kategorie Verbesserungsvorschläge	Anzahl Verbesserungsvorschläge
Methodik	28
Regelmäßige Qualifizierung, Refreshs und Updates	14
Inhalte/Themen	12
Bedarfsermittlung	12
Sonstiges	10
Dokumentation/Unterlagen	7
Organisation	7
Ressourcen/Budget	7
Anwender/Mitarbeiter	7
Unterstützung durch Management	4
Software	2

Tabelle 41: Expertenvorschläge zur Verbesserung der Qualifizierungsstrategie (Kategorien)

Die meisten Anmerkungen stammen aus dem Themenfeld der Qualifizierungsmethodik, das aus Sicht der befragten Experten somit einiges Verbesserungspotenzial birgt. Vor allem E-Learning samt diverser Ausprägungen wie CBT-Programme, Videos, Webinare[207] wird häufig angeführt. Aufgrund der Tatsache, dass die neuen Technologien einerseits hier genannt, andererseits jedoch zum jetzigen Zeitpunkt kaum zur Anwenderqualifizierung eingesetzt werden, ist anzunehmen, dass die Verantwortlichen zwar grundsätzlich interessiert sind, sich mit einer fundierten Bewertung jedoch noch schwer tun.

Ebenfalls als verbesserungswürdig wird das Thema „regelmäßige Qualifizierung" eingestuft. Die Expertenvorschläge reichen von häufigeren Nachschulungen, Auffrischungsschulungen, Updateschulungen über Jour Fixes bis hin zum Vorschlag, die IT-Anwenderqualifizierung noch fester in den Einarbeitungsplänen neuer Mitarbeiter zu verankern. Der aktuelle Ist-Zustand diesbezüglich ist eher ernüchternd: der Lernanlass „regelmäßige Qualifizierung ohne konkreten Auslöser" wurde von den Verantwortlichen als am unwichtigsten unter allen möglichen Lernanlässen eingestuft (vgl. Tabelle 50 im Anhang).

4.6.1.1 Clusterbewertung

Sehr aufschlussreich ist die Differenzierung der Gesamtbewertung nach Clustern, also Grundstrategien, die in Abbildung 111 durch die grauen Balken dargestellt ist. Die mittels einfaktorieller Varianzanalyse ermittelten Gruppenunterschiede sind statistisch hoch signifikant[208] und betragsmäßig deutlich. Cluster 3 (IT-/User-orientiert) weist mit einem durchschnittlichen Scoring von 4,04 den höchsten Gesamtnutzen auf, gefolgt von Cluster 4 (technikorientiert). Beide Cluster liegen über dem Durchschnitt. Deutlich darunter liegt das rudimentär qualifizierende Cluster 1 und Cluster 2 (mitarbeiterzentrisch-fürsorgend), das am schlechtesten eingeschätzt wurde. Bemerkenswert ist in diesem Zusammenhang, dass diejenigen Unternehmen, die am meisten Ressourcen in die Anwenderqualifizierung investieren (Cluster 2), von den eigenen Experten am schlechtesten bewertet werden. Ein hoher Aufwand in der Anwenderqualifizierung bedeutet anscheinend nicht automatisch einen hohen Nutzen. Dass das „spar-

207 Ein Webinar ist laut WIKIPEDIA „ein Seminar, das über das World Wide Web gehalten wird. Im Gegensatz zum Webcast, bei dem die Information nur in einer Richtung übertragen wird, ist ein Webinar interaktiv ausgelegt und ermöglicht beidseitige Kommunikation zwischen Vortragendem und Publikum."

208 $F(3; 208) = 8{,}438$, $p<0{,}001$

same“ Cluster 1 ebenfalls relativ schlecht bewertet wird, ist dagegen einfacher nachvollziehbar.

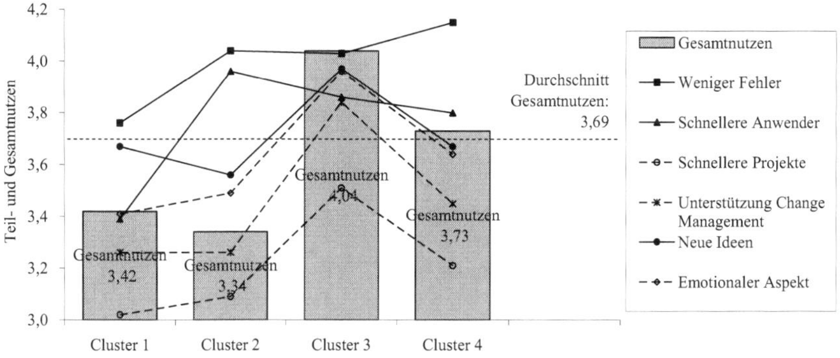

Abbildung 111: Teil- und Gesamtnutzen der Qualifizierungsstrategien (Expertensicht)

Die Teilnutzen sind in Abbildung 111 als Linien dargestellt. Es handelt sich um einzeln abgefragte Teilnutzen, die definitorisch nicht mit dem Gesamtnutzen zusammenhängen. Dennoch korreliert der Gesamtnutzen empirisch signifikant mit allen anderen Teilnutzen mit einem Pearson-Korrelationskoeffizienten zwischen 0,139 und 0,439 (vgl. Tabelle 89 im Anhang).

Analog zur Gesamteinschätzung werden auch die Teilnutzen von den befragten Experten insgesamt relativ hoch eingeschätzt und bewegen sich zwischen 3,1 und 3,9 (auf der Fünferskala). Bemerkenswert ist hierbei, dass die Teilnutzen der Anwenderqualifizierung, die sich in der täglichen Arbeit äußern (durchgehende Linien), d.h. Geschwindigkeitssteigerungen, Fehlerreduktionen, neue Ideen für Arbeitsabläufe, durchgehend höher eingeschätzt werden als die Vorteile, die in Unternehmenssoftwareprojekten realisiert werden (gestrichelte Linien), d.h. Unterstützung des Change Managements, Verkürzung von IT-Projektdauern, Verbesserung des Anwender-Software-Verhältnisses). Scheinbar sind die befragten Experten der Ansicht, dass Anwenderqualifizierung eher in der täglichen Arbeit der User als bei Projekten „Früchte“ trägt.

Die Differenzierung nach Clustern liefert ein ähnliches Bild wie bei der Gesamtbewertung: Cluster 1 wird in nahezu allen Aspekten am schlechtesten eingeschätzt, Cluster 3 und 4 fast durchgehend am besten. Hervorzuheben ist, dass Cluster 2 zwar durchschnittlich relativ schlecht bewertet wird, doch hier die Schere zwischen Projekt- und „Alltagsnutzen“ am weitesten offen ist: Während die Qualifizierungsmaßnahmen der Unternehmen dieser Gruppe die IT bei ihren Projekten relativ schwach unterstützt, werden die einzelnen User bei ihrer täglichen Arbeit relativ gut unterstützt. Insbesondere tragen die diversen Maßnahmen dazu bei, dass weniger Fehler am System gemacht werden und die Arbeit schneller erledigt werden kann. Lediglich die Förderung der Kreativität hinsichtlich neuer, evtl. effizienterer Abläufe wird nicht besonders gut unterstützt. Die Clusterunterschiede sind bei fast allen Aspekten signifikant.

Wird ergänzend analysiert, inwiefern die vier Grundstrategien von den Experten als effizient eingeschätzt werden, zeigt sich eine deutliche Differenzierung. Am effizientesten (4,06) qualifizieren Unternehmen aus Cluster 3 ihre Anwender, d.h. das Verhältnis von bewertetem Bildungsoutput zu den aufgewendeten Mitteln ist hier am größten (vgl. Mohr/Krcmar 2005, S. 14f.). Am zweitbesten wird Cluster 1 (3,94) eingeschätzt. Beide Cluster liegen über dem Durchschnitt von 3,90. Darunter liegen Cluster 4 (3,84) und Cluster 2 mit einer mittleren Bewertung von 3,63. Diese Ergebnisse müssen allerdings mit Vorsicht verwendet werden, denn die Gruppenunterschiede sind nicht signifikant[209]. Als Gesamteindruck lässt sich festhalten, dass die Unternehmen aus Cluster 3 (IT-/User-orientiert) und 1 (rudimentär) zwar komplett unterschiedliche Strategien verfolgen, doch ihre Mittel insgesamt sehr wirtschaftlich zur Unterstützung der Endanwender einzusetzen verstehen. Die Unternehmen aus den Gruppen 4 und 2 haben zwar die größten Ressourcen zur Verfügung, setzen diese nach Ansicht der Verantwortlichen jedoch nicht wirtschaftlich ein. Anschaulich formuliert: „Viel hilft nicht viel."

4.6.1.2 Prädiktoren erfolgreicher Anwenderqualifizierung

Ist man daran interessiert, welche der vier Grundstrategien gemäß eines vorgegebenen Bewertungsmaßstabes die beste ist, so gab das vorige Kapitel Aufschluss hierüber. Vorteil dieser Betrachtungsweise ist, dass die vier identifizierten Grundstrategien als Ganzes bewertet und verglichen werden. Es wird dabei Rücksicht auf die Tatsache genommen, dass diese Bündel empirisch beobachtbar sind, d.h. nachweislich in den Unternehmen der Stichprobe praktiziert werden (vgl. Lengfeld 2003).

Eine andere Frage ist die Suche nach den „besten" Einzelentscheidungen, unabhängig von der Clusterzuordnung. Gesucht sind also diejenigen Einzelentscheidungen in der Anwenderqualifizierung, die zu einer (hinsichtlich vorzugebender Zielgrößen) optimalen Gesamtstrategie führen. In dieser Sichtweise wird die Existenz der identifizierten Cluster ausgeblendet und versucht, die „beste" Vorgehensweise der Anwenderqualifizierung zu finden, die in der Stichprobe enthalten ist. Grundannahme ist, dass das einzelne Unternehmen Gestaltungsfreiheit in der Anwenderqualifizierung besitzt und jeden Teilaspekt autonom verändern kann. Über die Gültigkeit dieser Grundannahme kann diskutiert werden.

Im Folgenden werden Entscheidungsbäume als methodisches Hilfsmittel zur Konstruktion erfolgversprechender Strategien, genauer: zur Trennung der „besten" von den „schlechtesten" Strategien, vorgestellt.

Entscheidungsbaumverfahren dienen u.a. der Klassifikation von Objekten und können, wie auch die Clusteranalyse und die neuronalen Netze, zu den Data Mining Werkzeugen gerechnet werden (Baltes-Götz 2004, S. 4). Es sollen bislang unbekannte Strukturen in komplexen Datensätzen (semi-)automatisch aufgedeckt werden. Entscheidungsbäume sind rekursive Partitionierungsverfahren. Andere gebräuchliche Klassifikationsansätze sind parametrische Verfahren (lineare Regression, allgemeine lineare Regression, logistische Regression und Diskriminanzanalyse) und nicht-parametrische Verfahren (neuronale Netze, genetische Algorithmen und k-nächster-Nachbar) (Fractal 2003, S. 3). Der Vorteil der Entscheidungsbäume gegenüber Methoden der künstlichen Intelligenz liegt darin, dass die Klassifikations-

209 $F(3; 206) = 1{,}693$, $p=0{,}170$

regeln direkt aus dem Entscheidungsbaum abgelesen werden können, also transparent sind (Grob/Bensberg 1999). Dadurch können Entscheidungsbäume relativ einfach angewendet werden (Fractal 2003, S. 9): „Classification trees can be represented as a set of rules in almost plain English". Als Nachteile von Entscheidungsbäumen werden der große Daten- und Zeitbedarf bei der Modellerstellung angeführt. Außerdem können manche Techniken (z.B. CART, QUEST) lediglich binäre Bäume erzeugen (Fractal 2003, S. 9).

Das Produkt SPSS AnswerTree[210] verfügt über mehrere Algorithmen zum Aufbau baumartig strukturierter Klassifikationssysteme aufgrund einer Entwicklungsstichprobe, die später auf neue Fälle angewendet werden können (Baltes-Götz 2004, S. 4; SPSS Inc. 1999). Mit diesen explorativen Analysemethoden werden Populationssegmente gesucht (definiert durch Ausprägungskombinationen der beteiligten Prädiktor-, also Vorhersagevariablen), die bezüglich eines vorgegebenen Kriteriums (Zielgröße, z.B. Nutzen) intern möglichst homogen und untereinander möglichst heterogen sind. Diese Optimalitätseigenschaft bezüglich eines vorgegebenen Kriteriums unterscheidet die Ergebnisse der Klassifikationen von den Ergebnissen einer Clusteranalyse, wie sie z.B. in Kapitel 4.4.1 durchgeführt wurde (Baltes-Götz 2004, S. 4). Bei der Clusteranalyse sind die Cluster zwar auch intern möglichst homogen und untereinander möglichst verschieden, doch gilt dies bezüglich aller einbezogenen Clustervariablen. Im Folgenden werden die Algorithmen zum Aufbau eines Entscheidungsbaumes vorgestellt, die in SPSS AnswerTree enthalten sind (Baltes-Götz 2004, S. 6):

- Der CHAID-Algorithmus (Chi-squared Automatic Interaction Detection) entwickelt ein baumartiges Klassifikationssystem, aus dessen Verzweigungspunkten beliebig viele Äste entspringen können, es handelt sich also nicht um einen Binärbaum. Der Algorithmus besteht aus einer Sequenz von Zusammenfassungen und Zerlegungen. Diese werden gesteuert durch die Ergebnisse von Assoziationsanalysen, in denen jeweils der Zusammenhang eines Kriteriums (Zielgröße, z.B. Gesamtnutzen der Qualifizierung) mit einem Prädiktor (z.B. Anzahl Schulungstage) beurteilt wird. Das Maß für die Bestimmung der „besten" Prädiktoren ist die Signifikanz der Assoziation: je signifikanter (bzgl. p-Level), desto „besser" ist der Prädiktor. Neben dem klassischen CHAID-Algorithmus existiert die „exhaustive" Variante (Biggs et al. 1991), die alle bei einem Prädiktor möglichen Zerlegungen auf eine möglichst signifikante Assoziation mit der Zielgröße untersucht. Diese Variante arbeitet also gründlicher, weist jedoch eine etwas längere Verarbeitungszeit auf.

- C&RT oder CART (Classification and Regression Trees) steuert die Segmentierung nicht durch Assoziations-Signifikanztests, sondern durch die Minimierung von Inhomogenitätsmaßen (Breimann et al. 1984). CART ist CHAID vorzuziehen, wenn auch metrische Prädiktoren vorliegen. CART erzeugt im Gegensatz zu CHAID stets binäre Bäume.

- QUEST (Quick, Unbiased, Efficient, Statistical Tree) erzeugt wie CART einen Binärbaum (Loh/Shih 1997). Im Gegensatz zu CHAID und CART sind die Entscheidungen über die Wahl eines Prädiktors und die Wahl eines Trennwertes zur Aufteilung der Stichprobe voneinander getrennt. QUEST sollte vor allem dann angewendet werden, wenn die abhängige Variable (Kriterium) kategorial ist (SPSS Inc. 1999, S. 5).

[210] Siehe http://www.spss.com/answertree. Zum Einsatz in dieser Arbeit kam die Version 3.1

Die Interpretation eines mittels AnswerTree erzeugten CHAID-Entscheidungsbaums wird anhand Abbildung 112 kurz erläutert. Die Anzahl der Qualifizierungstage ist im Beispiel die Kriteriumsvariable, d.h. Zielgröße, für welche die besten Prädiktoren, also Vorhersagevariablen gesucht werden. Als Prädiktoren wurden alle Variablen aus dem Datenset ausgewählt, die die Rahmenbedingungen, d.h. Begründungsdimensionen in der Anwenderqualifizierung abbilden[211]. Mit dem Algorithmus soll herausgefunden werden, von welchen Rahmenbedingungen die Anzahl der pro Anwender investierten Qualifizierungstage am stärksten abhängt, was also der beste[212] Prädiktor ist. Im Beispiel kristallisiert sich der Jahresumsatz des Unternehmens als die beste Vorhersagevariable heraus, weil diese mit ca. 1,05% mit der geringsten Irrtumswahrscheinlichkeit behaftet ist. Der CHAID-Algorithmus spaltet die Stichprobe in zwei Knoten auf, die sich signifikant in der Anzahl der Qualifizierungstage unterscheiden: Knoten 1 enthält 102 Unternehmen, die im Schnitt 9,1 Tage qualifizieren, die 118 Unternehmen in Knoten 2 investieren durchschnittlich 6,3 Tage pro Jahr. Der Algorithmus spaltet die Knoten so lange weiter auf, bis ein Abbruchkriterium erfüllt ist, z.B. keine signifikanten Prädiktoren mehr gefunden werden oder eine Mindestgröße von Knoten nicht mehr eingehalten werden kann.

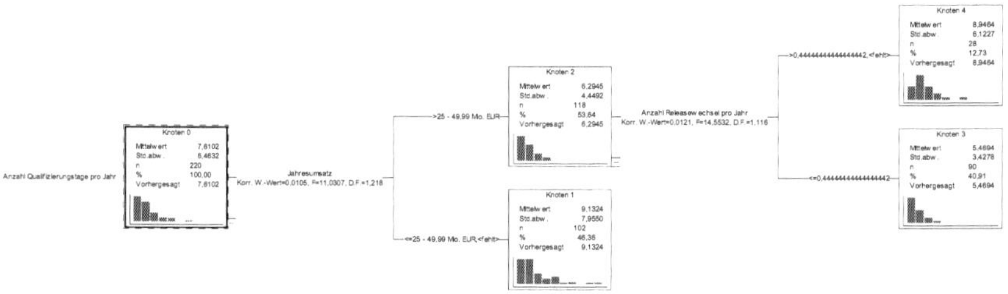

Abbildung 112: CHAID-Entscheidungsbaum (Beispiel)

Der CHAID-Algorithmus wird im Folgenden auf den von den befragten Experten wahrgenommenen Gesamtnutzen angewandt, den sie der Anwenderqualifizierung im Kontext Unternehmenssoftware zuschreiben. Der Gesamtnutzen ist demnach die Kriteriumsvariable, d.h. Zielgröße, für welche die besten Prädiktoren, also Vorhersagevariablen gesucht werden. Als Prädiktoren kommen alle 115 Variablen in Frage, die die Einzelentscheidungen in der Anwenderqualifizierung abbilden[213]. Mit dem Verfahren soll herausgefunden werden, von welchen Einzelmaßnahmen der Gesamterfolg der Qualifizierungsstrategie am stärksten abhängt. Relativierend ist an dieser Stelle zu erwähnen, dass daraus zwar ein statistischer Zusammenhang, aber keine Kausalkette abgeleitet werden kann.

Als Algorithmus für den Aufbau des Entscheidungsbaumes wird exhaustive CHAID gewählt, da das Ergebnis somit nicht auf Binärbäume beschränkt bleibt. Die exhaustive Variante kann verwendet werden, da die Rechenzeit bei den 212[214] analysierten Datensätzen kaum länger ist

211 Ohne Freitextvariablen

212 „Gut ist ein Prädiktor dann, wenn er eine signifikante Assoziation mit dem Kriterium nachweist (z.B. p-Level kleiner als 0,05). Unter den guten Prädiktoren wird derjenige mit dem kleinsten p-Level im Assoziationstest zum Besten gekürt." (Baltes-Götz 2004, S. 5)

213 Ohne Freitextvariablen

214 Bei 8 der 220 Fälle wurde keine Angabe zum Gesamtnutzen gemacht.

als bei der klassischen Variante. Auf die Validierung des Baumes wird verzichtet, d.h. alle 212 Datensätze wirken als Elemente der Trainingsstichprobe beim Aufbau des Baumes mit. Der entstehende Baum wird auf eine maximale Tiefe von 5 Ebenen beschränkt. Als Mindestanzahl von Fällen in den Hauptknoten wird 50 festgelegt, d.h. ein Knoten darf nur dann weiter aufgeteilt werden, wenn er mindestens 50 Unternehmen enthält. Die Mindestanzahl von Fällen in den Unterknoten wird mit 25 festgelegt, d.h. durch die Segmentierung darf kein Knoten entstehen, der weniger als 25 Unternehmen enthält. Dadurch wird sichergestellt, dass in der endgültigen Lösung keine Segmente auftauchen, die weniger als ca. 10% der Stichprobe umfassen. Die Bonferroni-Anpassung (Biggs et al. 1991, S. 52) wird verwendet, um die errechneten Irrtumswahrscheinlichkeiten an die Tatsache der Klassenzusammenfassungen anzupassen. Als Signifikanzniveaugrenze wird ein Alpha von 10% festgelegt, das für die Aufteilung von Knoten, die Vereinigung von Prädiktorkategorien, die Chi-Quadrat-Tests und die Bonferroni-Anpassung gültig ist. Die Grenze wurde bewusst relativ niedrig angesetzt.

Der resultierende Entscheidungsbaum ist in Abbildung 113 dargestellt. Es ist zu beachten, dass die Gestalt des Baumes ganz entscheidend durch die o.g. Parameter gesteuert wird, d.h. es kann, wie bei der Clusteranalyse auch, nicht von „der" Lösung gesprochen werden.

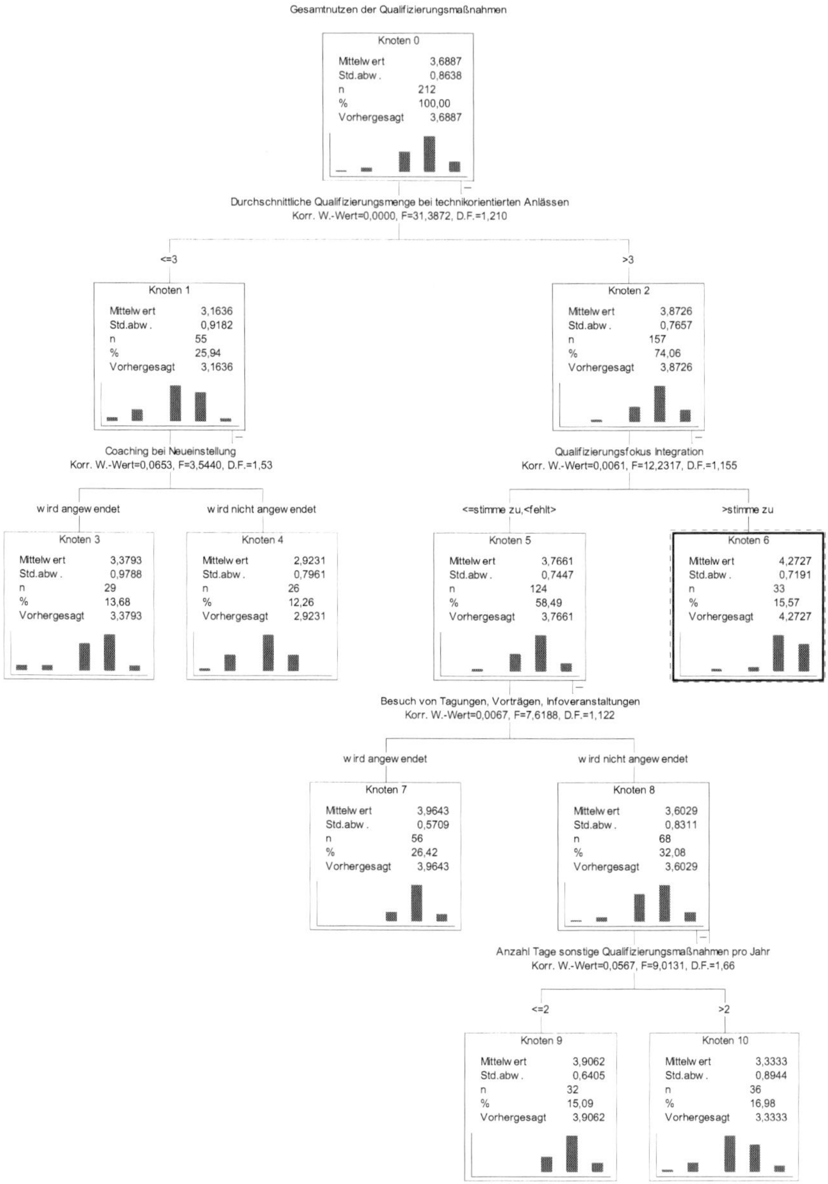

Abbildung 113: Entscheidungsbaum zur Analyse des Gesamtnutzens der Anwenderqualifizierung (n=212)

Als wesentlicher Unterschied zu einer Clusteranalyse liefert der CHAID-Algorithmus eine Rangordnung der generierten Segmente (Knoten), die in der „Gewinnübersicht" in Abbildung 114 dargestellt ist.

Gewinnübersicht								
Zielvariable: Gesamtnutzen der Qualifizierungsmaßnahmen								
Knotenweise					Kumulative Statistiken			
Knoten	Knoten: Anzahl	Knoten: %	Profit	Index (%)	Knoten: Anzahl	Knoten: %	Profit	Index (%)
6	33	15,6	4,27	115,8	33	15,6	4,27	115,8
7	56	26,4	3,96	107,5	89	42,0	4,08	110,6
9	32	15,1	3,91	105,9	121	57,1	4,03	109,3
3	29	13,7	3,38	91,6	150	70,8	3,91	105,9
10	36	17,0	3,33	90,4	186	87,7	3,80	102,9
4	26	12,3	2,92	79,2	212	100,0	3,69	100,0

Abbildung 114: Gewinnübersicht der CHAID-Analyse

Baumdarstellung und Gewinnübersicht zusammen liefern wichtige Informationen über die zugrunde liegende Stichprobe, die wie folgt zu interpretieren sind: In der „besten" Teilpopulation, die durch Knoten 6 repräsentiert wird, beträgt der Mittelwert des Gesamtnutzens 4,27 (auf der Skala von 1 bis 5, wobei 5 den höchsten Nutzen darstellt). Dies ist in der Spalte „Profit" abzulesen. 33 der 212 Unternehmen wurden in dieses Segment eingeordnet („Knoten: Anzahl"), was 15,6% entspricht („Knoten:%"). Der Gesamtnutzen der Anwenderqualifizierung der Unternehmen in Knoten 6 liegt 15,8 Prozentpunkte über dem Durchschnitt der gesamten Stichprobe („Index(%)"). Somit ist ersichtlich, dass die Knoten 6, 7 und 9 überdurchschnittlich gut bewertet sind, die Knoten 3, 10 und 4 dagegen unterdurchschnittlich. Das „schlechteste" Segment (Knoten 4) umfasst 26 Unternehmen, die durchschnittliche Nutzenbewertung liegt hier bei 2,92.

Neben diesen Nutzeninformationen liefert der Entscheidungsbaum wichtige qualitative Ergebnisse. Die durchschnittliche Qualifizierungsmenge bei technikorientierten Anlässen wird vom Algorithmus als bester unter allen 115 potenziellen Prädiktoren ermittelt. Dies bedeutet, dass der Zusammenhang zwischen dieser Variable und dem Gesamtnutzen der Qualifizierung die geringste Irrtumswahrscheinlichkeit aufweist und die Variable daher als die „beste Vorhersage" für einen hohen oder niedrigen Nutzen bezeichnet werden kann. Der Chi-Quadrat-Test ergab einen F-Wert von 31,38 bei 1 und 210 Freiheitsgraden (D.F.). Für den Test wurde die durchschnittliche Qualifizierungsmenge in die beiden Bereiche „<=3" und „>3" aufgeteilt, da dadurch die höchste Assoziation generiert werden konnte. Dieser Manipulation aufgrund einer Rekodierung und der damit einhergehenden artifiziellen p-Level-Schrumpfung wurde mit der Bonferroni-Adjustierung begegnet. Die korrigierte Irrtumswahrscheinlichkeit ist im Baumdiagramm mit 0,000002371 angegeben.

Betrachtet man die weitere Aufteilung des 2. Segments, so wird der „Qualifizierungsfokus Integration" als nächstbester Prädiktor ausgewiesen. Er trennt das Segment Nr. 6 vom Rest ab: Diejenigen Unternehmen innerhalb von Segment 2, die diesem zentralen Weiterbildungsinhalt die höchste Priorität beimessen (5 auf der Ratingskala von 1 bis 5), können mit einem durchschnittlichen Rating von 4,27 den höchsten Gesamtnutzen in ihrer Anwenderqualifizierung aufweisen. Insgesamt befinden sich 33 Unternehmen in diesem bestbewerteten Segment, was ca. 15,5% der Stichprobe entspricht.

Zusammenfassend lässt sich feststellen, dass sich die Unternehmen, die den höchsten Nutzen in der Anwenderqualifizierung im Kontext Unternehmenssoftware aufweisen, durch folgende Vorgehensweisen auszeichnen:

a) Hohe Bedeutung der Qualifizierung bei technikorientierten Anlässen (Einführungs- und Updateprojekte, Releasewechsel, Einführung neuer Funktionalitäten und Berichte usw.)

   „Bilde den Anwender dann weiter, wenn es die Software erfordert."

b) Starke Betonung des Qualifizierungsfokus „Integration", d.h. integratives Anwenderwissen und Verständnis überfunktionaler Zusammenhänge

   „Zeige dem Anwender nicht, was er selbst, sondern was seine Kollegen können müssen."

Dieser Befund deckt sich mit den Ergebnissen der Bewertung der vier Cluster: Die beiden bestbewerteten Grundstrategien 3 („IT-/User-orientiert") und 4 („technikorientiert") weisen sowohl bei der Bedeutung der technologieinduzierten Qualifizierung als auch beim Qualifizierungsfokus „Integration / Big Picture" die jeweils höchsten Ausprägungen im Vergleich zu den restlichen Clustern auf. Zur Kontrolle wurde der Entscheidungsbaum mit dem klassischen CHAID-Algorithmus und dem CART-Algorithmus[215] nochmals erzeugt. In beiden Fällen ergaben sich ebenfalls die beiden oben beschriebenen Variablen als die zwei besten Prädiktoren. Relativierend muss hinzugefügt werden, dass die erste Bedingung vom Großteil der Unternehmen der Stichprobe (157 – ca. 75%) erfüllt wird. Der zweite Aspekt, die Behandlung überfunktionaler Zusammenhänge, wird hingegen von deutlich weniger Unternehmen betont.

Die Prädiktoren dürfen nicht als Garant für eine erfolgreiche Anwenderqualifizierung missverstanden werden. Es handelt sich um notwendige, nicht aber hinreichende Bedingungen für hohen Nutzen (analog zur Argumentation von Kohnke 2005, S. 61). Dies bedeutet, dass die Betonung der technikorientierten Anlässe und die Fokussierung auf das integrative Anwenderwissen zwar wichtige Bausteine einer effektiven Qualifizierungsstrategie sind, jedoch nicht alleine. Neben der Identifikation der beiden Variablen als die besten Indizien einer erfolgreichen Anwenderqualifizierung lassen sich aus dem Entscheidungsbaum auch Implikationen auf einer abstrakteren Ebene ableiten:

a) Dass die Bedeutung der technikorientierten Anlässe der beste Prädiktor ist, zeigt, dass einer Entscheidung über die verschiedenen Qualifizierungsanlässe (Trigger) die höchste Priorität beizumessen ist. Die Frage, wann ein Anwender zu qualifizieren ist, scheint also der entscheidende Indikator für Erfolg oder Misserfolg der Anwenderqualifizierung zu sein.

b) In zweiter Linie ist es eine Frage der inhaltlichen Qualifizierungsplanung, deren „richtige" Ausgestaltung hohen Nutzen verspricht.

Diese Betrachtungsweise zeigt, dass andere, in Theorie und Praxis häufig als wichtig erachtete Entscheidungen, nicht die große Bedeutung zu haben scheinen. Beispielsweise stützen die Ergebnisse der Nutzenanalyse die These SCHIERMANNS (2001, S. 29), wonach der Diskussion über die richtige Methodik im Gegensatz zum richtigen Inhalt „zu viel" Aufmerksamkeit entgegengebracht wird. In Zukunft sollte die Frage der Lernformen zumindest nicht komplett von der Frage getrennt werden, wann welche Lerninhalte erworben werden sollen.

---

215 Mindeständerung in der Inhomogenität: 0,0001

4.6.2 Bewertung durch Anwender

Zur Erhebung der Einschätzungen der IT-Anwender bezüglich der IT-Qualifizierung wurde eine empirische Studie zur IT-Anwenderzufriedenheit um das Thema „IT-Anwenderqualifizierung“ angereichert, die im Zeitraum März-Juli 2007, also kurz nach der Expertenbefragung, stattfand.[216] Die Einschätzung der Anwender zur IT-Qualifizierung wurde bewusst im Rahmen einer thematisch breiteren, separaten Befragung untersucht und nicht in denselben Unternehmen wie in der Expertenbefragung. Dieses Vorgehen birgt den großen Vorteil, dass die Anwenderzufriedenheit bei qualifizierungsbezogenen Aspekten im direkten Vergleich mit anderen Leistungen der IT-Bereiche untersucht werden kann. Zudem wäre der Aufwand, der durch eine Umfrageaktion auf Seiten der Umfrageteilnehmer entsteht, alleine mit der Themenstellung „IT-Qualifizierung“ nicht zu rechtfertigen gewesen und es hätte damit gerechnet werden müssen, dass kaum Unternehmen zur Teilnahme bereit gewesen wären. Hinzu kommt weiterer Organisationsaufwand aufgrund diverser interner Genehmigungsprozesse, z.B. mit dem Betriebsrat. Stattdessen konnte davon ausgegangen werden, dass genügend Unternehmen an der Untersuchung der IT-Anwenderzufriedenheit insgesamt interessiert sind.

Die Anwendersicht wird im Rahmen dieser Arbeit für die Bewertung der praktizierten Qualifizierungsstrategie herangezogen. Daher werden Design, Durchführungslogistik und Ergebnisse der zur empirischen Erhebung der Anwendersicht notwendigen Studie hier und nicht, wie bei der Expertenuntersuchung, in separaten Kapiteln beschrieben.

4.6.2.1 Design der IT-Anwenderzufriedenheitsstudie

Unter dem Titel „IT-Anwenderzufriedenheit 2007“ führte der Lehrstuhl für Wirtschaftsinformatik der Technischen Universität München zusammen mit dem Managermagazin „CIO“[217] und der Beratungsgesellschaft „business group munich GmbH & Co. KG“[218] eine Umfrage unter IT-Anwendern durch. Ziel der Erhebung war es herauszufinden, wie Enduser die Leistungen der eigenen IT-Abteilung beurteilen und wo sie Probleme und Verbesserungspotenziale sehen (Lebold 2007; Teichmann 2007a). Die Umfrage umfasste die Themenbereiche IT-Ausstattung (Hardware, Software), User Help Desk und Hotline, Kommunikation und Zusammenarbeit mit der IT-Abteilung und IT-Anwenderqualifizierung.

Untersucht wurde die IT-Anwenderqualifizierung allgemein, also nicht mit Schwerpunkt Unternehmenssoftware, was bei der Interpretation der Ergebnisse einschränkend berücksichtigt werden muss. Dies ergab sich aus der bereits angesprochenen Notwendigkeit, das Thema der Befragung breit zu fassen, um eine hohe Rücklaufquote zu erzielen. Diese Vorgehensweise erschien zulässig, da unterstellt wurde, dass die allgemeinen Ergebnisse zur IT-Anwenderqualifizierung auf den konkreten Fall Unternehmenssoftware übertragen werden konnten. Außerdem wurde in einer einleitenden Frage gezielt nach der Anwenderzufriedenheit mit Office- und Unternehmenssoftware gefragt. Der zu erwartende Halo-Effekt führt dazu, dass die nachfolgenden Fragen zur Anwenderqualifizierung im Sinnzusammenhang mit diesen beiden Anwendungstypen stehen (Mayer 2006, S. 93).

---

216 Der Feldzugang zu den IT-Anwendern der Unternehmen der Stichprobe der Hauptuntersuchung dieser Arbeit war nicht mehr möglich.

217 http://www.cio.de

218 http://bgm-gmbh.de

Der Komplex der Qualifizierung wurde hierbei als eine mögliche Determinante für die Anwenderzufriedenheit mit der IT insgesamt betrachtet (vgl. Harrison/Rainer 1996; Pancer et al. 1992). Im Gegensatz zur Umfrage unter den IT-/Weiterbildungsverantwortlichen (Experten), bei der jeweils gesamte Unternehmen als Nutzer von Unternehmenssoftware die Untersuchungseinheiten waren, war dies bei der IT-Anwenderzufriedenheitsstudie anders: Der einzelne Anwender war sowohl Erhebungs- als auch Untersuchungseinheit, denn es interessierte die Zufriedenheit jedes einzelnen Befragten mit der IT.

Tabelle 42 stellt die 21 Items der Anwenderzufriedenheitsumfrage dar.

Bereich	Modellkonstrukt	Indikator/ Variablenlabel	SPSS-Variablen-name	Skalen-niveau	Wertebereich	Fragestellung / Ermittlungsvor-schrift
IT-Gesamtzufriedenheit	Gesamtzufriedenheit mit der IT	Zufriedenheit mit IT	v_1	Ordinal, als metrisch interpretiert	1: unzufrieden 2: weniger zufrieden 3: zufrieden 4: sehr zufrieden 5: vollkommen zufrieden 999: weiß nicht	Denken Sie einmal an die IT-Abteilung und ihre Leistungen in Ihrem Unternehmen. Wie zufrieden sind Sie damit?
Kommunikation und Zusammenarbeit	Regelung der Zuständigkeiten und Ansprechpartner innerhalb der IT	Ich weiß, an wen ich mich wenden kann, wenn ich Fragen zum Thema IT habe	v_22	Ordinal, als metrisch interpretiert	1: stimme nicht zu 2: stimme weniger zu 3: teils, teils 4: stimme zu 5: stimme vollkommen zu 888: keine Angabe 999: weiß nicht	Ich weiß, an wen ich mich wenden kann, wenn ich Fragen zum Thema IT habe
	Rückmeldung bei Problembearbeitungsprozessen	Wenn die Lösung meines Problems länger dauert, werde ich von der IT auf dem Laufenden gehalten	v_23			Wenn die Lösung meines Problems länger dauert, werde ich von der IT auf dem Laufenden gehalten
	Verständnis für die Arbeit der Fachabteilungen	Die Mitarbeiter unserer IT-Abteilung haben Verständnis für meine Anforderungen und kennen unsere Geschäftsprozesse	v_24			Die Mitarbeiter unserer IT-Abteilung haben Verständnis für meine Anforderungen und kennen unsere Geschäftsprozesse
	Wertschätzung durch die IT	Ich fühle mich mit meinem Anliegen von den Mitarbeitern unserer IT-Abteilung ernst genommen	v_28			Ich fühle mich mit meinem Anliegen von den Mitarbeitern unserer IT-Abteilung ernst genommen
Zufriedenheit mit der Hardware	Zufriedenheit mit den Druckern	Drucker	v_11	Ordinal, als metrisch interpretiert	1: unzufrieden 2: weniger zufrieden 3: zufrieden 4: sehr zufrieden 5: vollkommen zufrieden 888: keine Angabe 999: weiß nicht	Wie zufrieden sind Sie mit der Hardware-Ausstattung Ihres eigenen Arbeitsplatzes? Drucker
	Zufriedenheit mit den Monitoren	Monitor	v_13			Wie zufrieden sind Sie mit der Hardware-Ausstattung Ihres eigenen Arbeitsplatzes? Monitor
	Zufriedenheit mit Rechner/Laptop	Rechner / Laptop	v_14			Wie zufrieden sind Sie mit der Hardware-Ausstattung Ihres eigenen Arbeitsplatzes? Rechner / Laptop
Zufriedenheit mit der Software	Zufriedenheit mit Office-Anwendungen	Office-Anwendungen (z.B. Word, Excel, Open Office...)	v_49	Ordinal, als metrisch interpretiert	1: unzufrieden 2: weniger zufrieden 3: zufrieden 4: sehr zufrieden 5: vollkommen zufrieden 888: keine Angabe 999: weiß nicht	Und wie zufrieden sind Sie mit der Software-Ausstattung Ihres eigenen Arbeitsplatzes? Office-Anwendungen (z.B. Word, Excel, Open Office...)
	Zufriedenheit mit Business-Applikationen	Business-Applikationen (z.B. SAP, CAD-Systeme...)	v_50			Und wie zufrieden sind Sie mit der Software-Ausstattung Ihres eigenen Arbeitsplatzes? Business-Applikationen (z.B. SAP, CAD-Systeme...)
	Zufriedenheit mit mobilen Lösungen	Mobile Lösungen / Einwahl ins Firmen-Netz bei Reisetätigkeiten	v_51			Und wie zufrieden sind Sie mit der Software-Ausstattung Ihres eigenen Arbeitsplatzes? Mobile Lösungen / Einwahl ins Firmen-Netz bei Reisetätigkeiten
Zufriedenheit mit Support	Zufriedenheit mit Hotline / IT-Service-Desk	Zufriedenheit mit Hotline / IT-Service-Desk	v_19	Ordinal, als metrisch interpretiert	1: unzufrieden 2: weniger zufrieden 3: zufrieden 4: sehr zufrieden 5: vollkommen zufrieden 888: keine Angabe 999: weiß nicht	Wie zufrieden sind Sie mit der Betreuung durch Ihre Hotline/IT-Service-Desk und deren Hilfestellung bei Problemen?
Zufriedenheit mit der IT-Anwender-Qualifizierung	Zufriedenheit mit dem IT-Schulungsangebot	Schulungsangebot (Auswahl von Kursen und Seminaren)	v_30	Ordinal, als metrisch interpretiert	1: unzufrieden 2: weniger zufrieden 3: zufrieden 4: sehr zufrieden 5: vollkommen	Wie zufrieden sind Sie mit dem IT-Qualifizierungsangebot und den IT-Schulungen in Ihrem Unternehmen? Schulungsangebot (Auswahl von Kursen und Seminaren)

Bereich	Modellkonstrukt	Indikator/ Variablenlabel	SPSS-Variablenname	Skalenniveau	Wertebereich	Fragestellung / Ermittlungsvorschrift
	Zufriedenheit mit der IT-Schulungsqualität	Schulungsqualität (Didaktik, Unterlagen usw.)	v_31		zufrieden 888: keine Angabe 999: weiß nicht	Wie zufrieden sind Sie mit dem IT-Qualifizierungsangebot und den IT-Schulungen in Ihrem Unternehmen? Schulungsqualität (Didaktik, Unterlagen usw.)
	Einschätzung des Nutzens der Schulungsmaßnahmen	Nutzen der Schulungsmaßnahmen (effektiveres Arbeiten, Fehlerreduktion, Praxisnähe usw.)	v_32			Wie zufrieden sind Sie mit dem IT-Qualifizierungsangebot und den IT-Schulungen in Ihrem Unternehmen? Nutzen der Schulungsmaßnahmen (effektiveres Arbeiten, Fehlerreduktion, Praxisnähe usw.)
	Zufriedenheit mit der Qualifizierung zum Themenbereich „IT-Sicherheit"	Informationen und Schulungen zum Thema IT-Sicherheit	v_34			Wie zufrieden sind Sie mit dem IT-Qualifizierungsangebot und den IT-Schulungen in Ihrem Unternehmen? Informationen und Schulungen zum Thema IT-Sicherheit
Erfolgsbeitrag	Erfolgsbeitrag der IT-Abteilung	Spezifischer Erfolgsbeitrag der IT-Abteilung	v_37	Ordinal, als metrisch interpretiert	1: sehr gering 2: gering 3: teils, teils 4: hoch 5: sehr hoch 888: keine Angabe 999: weiß nicht	Jeder Unternehmensbereich leistet seinen ganz spezifischen Beitrag zum unternehmerischen Erfolg. Wie hoch würden Sie persönlich den Beitrag der IT-Abteilung zum unternehmerischen Erfolg Ihres Unternehmens einschätzen?
Verbesserungs-potenziale	Verbesserungsvorschläge für die IT-Abteilung	Drei Verbesserungs-vorschläge	v_26	Freitextfeld		Als Zusammenfassung dieser Befragung: Welche drei Dinge möchten Sie der IT gerne mit auf den Weg geben, damit Sie zukünftig noch effektiver zusammen arbeiten können?
Daten zur Person	Hierarchieebene	Hierarchieebene	v_27	Ordinal	1: Oberes Management 2: Mittleres Management 3: Mitarbeiter 888: keine Angabe	Welcher Führungsebene gehören Sie an?
	Alter	Alter	v_42	Ordinal	1: < 20 2: 20-29 3: 30-39 4: 40-49 5: 50-59 6: 60+ 888: keine Angabe	Wie alt sind Sie?
	IT-Affinität	Einstellung zu IT	v_43	Ordinal	1: Informationstechnik ist für mich ein notwendiges Übel; ich mache nur das Nötigste damit 2: Informationstechnik ist für mich ein unverzichtbares Werkzeug mit Vor- und Nachteilen 3: Ich arbeite gerne und engagiert mit Informationstechnik und beschäftige mich auch privat damit 888: keine Angabe	Wie würden Sie Ihre persönliche Einstellung zur IT beschreiben? Welche der nachfolgenden Aussagen trifft für Sie persönlich am stärksten zu?

Tabelle 42: Konstrukte und Variablen der IT-Anwenderzufriedenheitsstudie

Der Fragebogen zur Studie wurde in Zusammenarbeit mit CIO und bgm erstellt und getestet. Aus dem Aufbau von Tabelle 42 ist ersichtlich, dass es sich bei der Anwenderbefragung um einen „schlanken" Fragebogen mit relativ wenigen (21) und kurz gehaltenen Fragen handelt. Dieses Design wurde, im Gegensatz zur Expertenbefragung, bewusst gewählt, um einen sehr großen Stichprobenumfang zu erhalten. Ziel war es, mindestens 10.000 Anwender zur Teilnahme zu bewegen. ZILCH (2006) empfiehlt, nicht mehr als 10 Services oder Komponenten von den Befragten bewerten zu lassen. Wie sich später zeigen wird, führten die 21 Fragen jedoch zu deutlich weniger Erfassungsaufwand[219] als erwartet, so dass dies nicht problematisch zu sehen ist.

219 Mit 5,8 Minuten pro Fragebogen lag die Bearbeitungszeit deutlich unter von Experten formulierten Höchstgrenzen (10-15 Minuten) (Zilch 2006).

4.6.2.2 Umfragelogistik für die Anwenderzufriedenheitsstudie

Die angestrebte Grundgesamtheit (target population) (Schnell et al. 2005, S. 275) der empirischen Erhebung sind alle IT-Anwender in Unternehmen im deutschsprachigen Raum. Genaue Zahlen zur Größe der target population liegen nicht vor. Grob geschätzt können in Deutschland Stand 2001 ca. 18 Mio. Menschen als „IT-Endanwender" bezeichnet werden (Dostal 2001). Der Zugang zu den Anwendern wurde nicht direkt, sondern über einen zentralen Ansprechpartner, üblicherweise aus der IT-Abteilung der teilnehmenden Unternehmen, hergestellt. Dieser kümmerte sich um das interne Marketing der Umfrage und evtl. notwendige Abstimmungen, z.B. mit dem Betriebsrat. Die Unternehmen wurden durch direkte Ansprache und durch Werbung auf der Webseite des CIO-Magazins zur Teilnahme bewegt. Es handelt sich also, wie bei der Expertenuntersuchung, um eine willkürliche Stichprobe („convenience sample"), von der streng genommen durch inferenzstatistische Verfahren keine Rückschlüsse auf die Grundgesamtheit der IT-Anwender gezogen werden dürfen (Schumann 2006, S. 97).

Die webfähige Version des Fragebogens wurde durch das CIO-Magazin gehostet und den Befragten per Webbrowser zugänglich gemacht (IDG 2007b). Die an der Befragung teilnehmenden Unternehmen wiesen im Intranet per unternehmensspezifischem Link auf den Fragebogen hin. So konnte sichergestellt werden, dass die Fragebögen dem korrekten Unternehmen zugeordnet wurden.

Die Befragung und eine unternehmensspezifische Auswertung der Fragebögen wurden für die Unternehmen kostenlos durchgeführt, sofern sich mehr als 30 Anwender an der Erhebung beteiligten. In Einzelfällen wurde der Wunsch geäußert, detailliertere Analysen, z.B. nach Werken oder Sparten, zu erhalten. Der Zusatzaufwand wurde in diesem Fall in Rechnung gestellt. Als weiterer Anreiz, an der Befragung teilzunehmen, wurde für die 10 besten Unternehmen der „Customer Care Award" ausgelobt. Es wurde davon ausgegangen, dass diese nicht-monetäre Auszeichnung für das interne Marketing der IT-Abteilung wertvoll ist. Incentives für die teilnehmenden Mitarbeiter wurden nicht vergeben. In dieser Hinsicht unterscheidet sich die Anwenderstudie deutlich von der Expertenbefragung. Unternehmen, deren Umfrageergebnisse vergleichsweise schlecht ausfallen, wurde eine Anonymisierung ihrer Ergebnisse zugesagt. Ungeachtet der Ergebnisse pro Unternehmen flossen alle abgegebenen Fragebögen nach einer Plausibilitätsprüfung in das Gesamtergebnis ein.

4.6.2.3 Rücklaufkontrolle und Beschreibung der Stichprobe

Im Rahmen der Anwenderzufriedenheitsstudie wurden insgesamt ca. 76.857 Anwender aus 60 Unternehmen von der Befragung in Kenntnis gesetzt, indem sie persönlich oder per Intranet darauf aufmerksam gemacht wurden.

Um die Qualität von Umfragedesign und –logistik beurteilen zu können, wurden die Rücklauf- und Selektionsraten ermittelt, die THEOBALD (2000, S. 72) vorschlägt. Analog zur Expertenumfrage wurden folgende Kennzahlen ermittelt: die Anzahl der Personen, die von der Umfrage in Kenntnis gesetzt wurden (n_1), die Startseite aufgerufen haben (n_2), den Fragebogen angefangen haben (n_3) und die Befragung zu Ende durchgeführt haben (n_4). Damit können die in Tabelle 43 dargestellten detaillierten Erfolgsgrößen zur Umfrage errechnet werden (Werbe-, Motivations-, Gestaltungserfolg und Rücklaufquote). Zusätzlich zu den

Werten für die gesamte Befragung sind die besten und schlechtesten Selektionsraten, bezogen auf ein einzelnes Teilnehmerunternehmen, angegeben.

Kennzahl	Gesamt	Beste Quoten	Schlechteste Quoten
Anzahl Personen, die von der Umfrage in Kenntnis gesetzt wurden (n_1)	76.857	-	-
Anzahl Personen, die die Start-/Introseite geöffnet haben (n_2)	28.633	-	-
Anzahl Personen, die die Beantwortung des Fragebogens begonnen haben (n_3)	24.279	-	-
Anzahl ausgefüllter und abgegebener Fragebögen/Antworten (n_4)	17.780	-	-
Werbeerfolg (α-Selektionsrate = n_2/n_1)	37,25 %	100,00 %	2,81 %
Motivationserfolg (β-Selektionsrate = n_3/n_2)	84,79 %	100,00 %	58,04 %
Gestaltungserfolg (γ-Selektionsrate = n_4/n_3)	73,23 %	87,40 %	49,30 %
Rücklauf ($\alpha * \beta * \gamma = n_4/n_1$)	23,13 %	85,70 %	1,80 %

Tabelle 43: Selektionsraten der Anwenderzufriedenheitsbefragung (Quelle: Eigene Darstellung) (n=60)

Der Werbeerfolg gibt Auskunft darüber, wie gut die angeschriebenen Mitarbeiter dazu „geworben“ werden konnten, sich zumindest über die Befragung zu informieren. Der Wert von 37% scheint im Vergleich zu den 6,81% der Expertenbefragung[220] außerordentlich gut zu sein. Das bedeutet, dass ca. jeder Dritte über die Umfrage in Kenntnis gesetzte Anwender die Startseite der Umfrage geöffnet hat. Das Thema der Befragung scheint für die Anwender von großem Interesse zu sein (oder die Anwender wurden mit bestimmten Mitteln zur Teilnahme bewegt). Der Motivationserfolg von 85% scheint ebenfalls sehr hoch zu sein. Er spiegelt die Tatsache wider, dass fast jeder von der Startseite zur eigentlichen Befragung weitergeklickt hat und untermauert den Werbeerfolg zusätzlich. Vergleichswerte aus der Expertenbefragung liegen keine vor. Der Gestaltungserfolg in Höhe von 73% ist vergleichbar mit dem der Expertenbefragung (60%). Er stellt die Tatsache dar, dass 27% (100%-73%) den Fragebogen an irgendeiner Stelle abgebrochen haben (Abbruchquote). Verglichen mit dem umfangreichen Fragebogen der Expertenbefragung, dessen Beantwortung ca. 30 Minuten erforderte, scheinen die 27% Abbrecher für einen Sechs-Minuten-Fragebogen relativ hoch zu sein. Dies könnte auf ein schlechtes Design des Fragebogens zurückzuführen sein. Andererseits wurde ohne Incentivierung gearbeitet, so dass Abbrüche leichter nachvollziehbar erscheinen als bei der Expertenbefragung. Die gesamte Rücklaufquote von 23% ist als sehr hoch zu bezeichnen, bedeutet es doch, dass beinahe jeder Vierte von der Befragung in Kenntnis gesetzte Mitarbeiter einen Fragebogen ausgefüllt hat.

Eine Differenzierung der Erfolgsquoten nach teilnehmenden Unternehmen offenbarte eine hohe Spannweite: Der Werbeerfolg bewegte sich zwischen 3% und 100%, der Motivationserfolg zwischen 58% und 100% und der Gestaltungserfolg nahm Werte zwischen 49% und 87% an. Die Abbruchquoten schwankten zwischen 13% und 51%. Laut Marktforschungsabteilung des CIO-Magazins können die Varianzen nicht alleine durch die vereinzelt aufgetretenen technischen Probleme (z.B. durch Pop-Up-Blocker) erklärt werden. Zwei Erklärungsversuche wurden angestellt, um zu überprüfen, ob ein Zusammenhang zwischen dem Antwortverhalten der Anwender und potenziellen inhaltlichen Ursachen vorliegt:

- Zwischen der Unternehmensgröße und der Rücklaufquote (n_4/n_1) besteht ein mittelstarker Zusammenhang (r=-0,500, 1%-Niveau), d.h. je größer das Unternehmen, desto schlechter

220 Hier wurden lediglich die Teilstichproben zum Vergleich herangezogen, die mittels persönlicher Kontaktaufnahme, d.h. nicht über Newsletter, Zeitschriften usw. informiert wurden.

die Rücklaufquote. Auch zwischen Unternehmensgröße und Werbeerfolg α ist ein ähnliches Phänomen zu beobachten (r=-0,473, 1%-Niveau).

- Eine weitere Korrelationsanalyse ergab, dass die Rücklaufquote mit r=0,290 (5%-Niveau) schwach mit dem Erfolgsbeitrag korreliert, welcher der IT zugeschrieben wird. Dies könnte man dadurch erklären, dass die höhere Wertschätzung der IT zu einer höheren Bereitschaft führt, an IT-bezogenen Umfragen teilzunehmen. Da allerdings auch der entgegengesetzte Effekt nachvollziehbar wäre (es antworten diejenigen, die „Dampf ablassen" wollen, weil sie ein konkretes Anliegen haben), muss die Erklärung für die Korrelation etwas weiter gefasst werden: „Mitarbeiter sind dann zufrieden, wenn die Rahmenbedingungen im Unternehmen positiv bewertet werden. Je zufriedener ein Mitarbeiter mit seinem Unternehmen ist [...], desto höher die Bereitschaft, an solchen unternehmensinternen Umfragen teilzunehmen. Und ich denke auch, (die Wertschätzung der) IT ist eine ganz entscheidende Rahmenbedingung, welche die Mitarbeiterzufriedenheit beeinflusst, weil heutzutage (in vielen Branchen) der Umgang mit IT ganz maßgeblich den Arbeitstag prägt" (Teichmann 2007b).

Um die Skalen der Anwenderbefragung mit denen der Expertenbefragung vergleichbar zu machen, wurden die Werte durch eine automatische Umkodierung und Umbenennung gespiegelt. Im Rahmen der Plausibilitätsprüfung auf stereotype Antwortmuster innerhalb der abgegebenen Fragebögen wurden 760 Fälle als ungültig deklariert und von der weiteren Analyse ausgeschlossen. Dies entspricht ca. 4,3% der abgegebenen Fragebögen. 17.020 Fälle verblieben als gültig in der Stichprobe. Als ungültig wurde ein Fall dann klassifiziert, wenn bei 16 oder 17 der 17 Hauptfragen keine Angabe gemacht wurde. Der Grenzwert wurde deshalb relativ niedrig gewählt, um nicht allzu viele Fälle ausschließen zu müssen. Denn auch aus der Tatsache, dass ein Befragter zu gewissen Fragen keine Angabe macht, können Rückschlüsse gezogen werden.

Abbildung 115 zeigt eine komprimierte Gliederung der Umfrageteilnehmer nach Hierarchieebene, Alter und Einstellung zur IT. Mit 73% stammt der Großteil der Befragten aus der Gruppe der Mitarbeiter. 21% gaben an, aus dem mittleren Management zu stammen und lediglich 4% der befragten Anwender ordnen sich dem oberen Management zu. Der Großteil der Befragten stammt aus den Altersklassen 30-39 und 40-49 Jahre. Ein etwas kleinerer Teil stammt aus den Altersklassen 20-29 und 50-59 Jahre. Die wenigsten Befragten sind entweder sehr jung (jünger als 20) oder stammen aus der obersten Altersklasse (älter als 60). Insofern repräsentiert die Stichprobe vor allem die Mitarbeiter der mittleren Altersklassen. Ca. die Hälfte der Befragten (ca. 49%) sieht in Informationstechnik ein unverzichtbares Werkzeug mit Vor- und Nachteilen. Die andere Hälfte (ca. 48%) versteht IT als ein Werkzeug, mit dem sie gerne und engagiert arbeiten und womit sie sich auch privat beschäftigen. Lediglich ein sehr kleiner Anteil der befragten Anwender (ca. 2%) fasst IT als ein notwendiges Übel auf, mit dem nur das Nötigste erledigt wird. Insgesamt kann die gewonnene Stichprobe als relativ IT-affin bezeichnet werden.

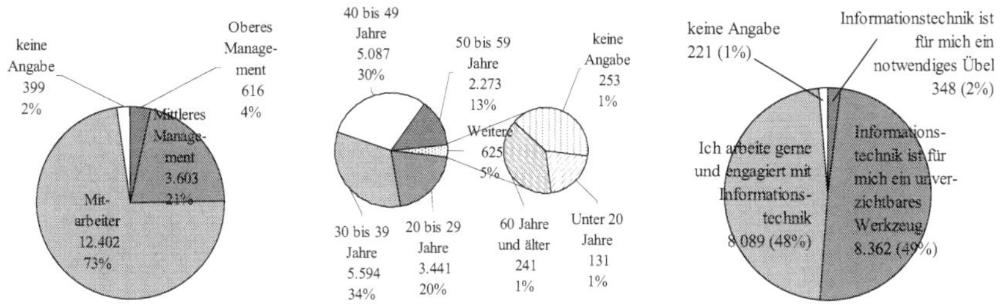

Abbildung 115: Anwender nach Hierarchieebene, Alter und IT-Affinität

Betrachtet man die drei Personeneigenschaften jeweils paarweise, so stellt man folgende Zusammenhänge fest:

- Je höher ein Befragter in der Führungshierarchie steht, desto weniger IT-affin ist er und desto eher betrachtet er Informationstechnik als notwendiges Übel. Der Zusammenhang (Spearman-Rho-Korrelationskoeffizient für zwei ordinalskalierte Variablen, vgl. BROSIUS (1998, S. 505ff.)) ist zwar signifikant auf dem 5%-Niveau, mit einem Koeffizienten von r=0,016 jedoch sehr schwach.
- Je höher ein Befragter in der Führungshierarchie steht, desto älter ist er (r=0,247, p<0,01). Diese hochsignifikante Rangkorrelation ist unmittelbar einsichtig, da Führungspositionen häufig erst mit gewisser Lebens- und Berufserfahrung übernommen werden können.
- Je älter ein Befragter, desto weniger IT-affin ist er („digital immigrants"). Der Zusammenhang ist mit r=0,031 sehr schwach (signifikant auf 1%-Niveau).

Die Anwenderfragebögen stammen aus insgesamt 60 Unternehmen, die an der Umfrage teilgenommen haben. Tabelle 44 stellt die Unternehmen nach WZ2003-Wirtschaftsunterbereich und Größenklasse dar, wobei die Angaben die Anzahlen an Unternehmen darstellen und sich nicht auf die Anwenderzahlen beziehen. Hinsichtlich der Branchengliederung ist die Anwenderbefragung vergleichbar mit der Stichprobe der Expertenbefragung, in beiden Fällen sind Unternehmen des verarbeitenden Gewerbes und der wirtschaftlichen Dienstleistungen wie z.B. Beratung stark vertreten. Bei der Anwenderbefragung ist ein etwas größerer Anteil an Handelsunternehmen erkennbar. Hinsichtlich der Größenverteilung unterscheiden sich die beiden Erhebungen leicht: Während bei der Expertenbefragung, bedingt durch das Auswahlverfahren, vor allem größere Unternehmen ab 1.000 Mitarbeiter sowie sehr große mit mehr als 10.000 Mitarbeitern vertreten sind, liegt der Schwerpunkt bei der Anwenderbefragung auf mittleren bis großen Unternehmen. In der Größenkategorie 10.000+ ist kein einziges Unternehmen enthalten.

		Beschäftigtengrößenklassen								
		10-49	50-249	250-499	500-999	1.000-9.999	10.000 +	o.A.	**abs.**	**%**
Branchen / WUB	Verarbeitendes Gewerbe (WZ03 C+D)	0	3	6	7	6	0	1	**23**	**38,3**
	Energie- und Wasserversorgung (WZ03 E)	0	1	0	2	1	0	0	**4**	**6,7**
	Baugewerbe (WZ03 F)	0	2	0	0	0	0	0	**2**	**3,3**
	Groß-/Einzelhandel (WZ03 G+H)	0	3	2	2	2	0	0	**9**	**15,0**
	Verkehr und Nachrichtenübermittlung (WZ03 I)	0	0	0	1	0	0	0	**1**	**1,7**
	Kredit- und Versicherungsgewerbe	0	0	1	2	1	0	0	**4**	**6,7**

	Beschäftigtengrößenklassen								
	10-49	50-249	250-499	500-999	1.000-9.999	10.000 +	o.A.	abs.	%
(WZ03 J)									
Wirtschaftliche Dienstleistungen (WZ03 K)	1	1	2	1	2	0	0	**7**	**11,7**
Öffentliche Verwaltung (WZ03 L+Q)	0	2	0	1	1	0	0	**4**	**6,7**
Öffentliche und private Dienstleistungen (WZ03 M-P)	0	2	0	1	3	0	0	**6**	**10,0**
abs.	**1**	**14**	**11**	**17**	**16**	**0**	**1**	**60**	**100**
%	**1,7**	**23,3**	**18,3**	**28,3**	**26,6**	**0,0**	**1,7**	**100**	

Tabelle 44: Unternehmen der Anwenderzufriedenheitsstudie nach WUB und Größenklassen (Quelle: Eigene Darstellung)

4.6.2.4 Analyse der Anwenderzufriedenheit im Bereich IT-Qualifizierung

Die Anwender wurden nach ihrer Zufriedenheit in den Bereichen Kommunikation und Zusammenarbeit, Hardware, Software, Support und IT-Qualifizierung gefragt. In Abbildung 116 sind, oben beginnend und absteigend sortiert, die durchschnittlichen Zufriedenheiten je Aspekt aufgetragen. Zwischen 10.545 und 16.871 gültigen Antworten sind in die Mittelwertberechnung eingegangen. Am zufriedensten sind die befragten Anwender mit der Regelung von Zuständigkeiten und der Benennung konkreter Ansprechpartner innerhalb der IT-Abteilung. Mit einem Mittelwert von 3,87 auf der Ratingskala von 1 bis 5 gibt dieser Tatbestand am wenigsten Anlass zur Kritik. Auch mit der lokalen Ausstattung mit Office-Anwendungen sind die Befragten sehr zufrieden (3,84). In der gesamten Umfrage ist eine relativ hohe Zufriedenheit der Anwender festzustellen, die nicht erwartet wurde. Diese könnte auf das Phänomen der sozialen Erwünschtheit zurückzuführen sein. Schließlich war es war allen Teilnehmern bewusst, dass es sich bei der Erhebung um einen breit angelegten Benchmark handelte und eine negative Bewertung der IT-Abteilung ein schlechtes Licht auf ihr eigenes Unternehmen wirft (IDG 2007a). ZILCH (2006) berichtet, dass bei IT-Zufriedenheitsbefragungen häufig schlechtere Ergebnisse befürchtet werden, als sich tatsächlich einstellen. Eine andere Erklärung könnte der sehr geringe Anteil (348 Personen – ca. 2%) in der Stichprobe sein, der IT als „notwendiges Übel“ betrachtet: Dass hauptsächlich der IT gegenüber aufgeschlossene Mitarbeiter an der Befragung teilgenommen haben, könnte ein Indiz für einen Bias (systematischer Messfehler) sein.

Für diese Arbeit besonders aufschlussreich ist ein Blick auf das untere Ende der Liste (links oben, grau hinterlegt): Alle vier abgefragten Aspekte, welche die IT-Qualifizierung betreffen (Qualität, Nutzen, Angebot und das Spezialthema IT-Sicherheit) wurden unter allen Fragen mit Abstand am schlechtesten bewertet (Ellermann 2007). Die durchschnittlichen Zufriedenheitswerte liegen durchgehend unter 3 (zufrieden). Dies bedeutet, dass die Anwender mit der in ihrem Unternehmen praktizierten Anwenderqualifizierung im Vergleich zu anderen Leistungen der IT wie Software, Hardware, Support usw. am unzufriedensten sind. Dieser Befund kann als ex-post-Legitimation dieser Arbeit verstanden werden.

Abbildung 116 zeigt außerdem, dass die befragten Anwender mit Business-Applikationen (3,44) deutlich unzufriedener sind als mit Office-Anwendungen (3,84). Dieses signifikante Ergebnis könnte unter anderem auf die „mandatoriness“ (Brown et al. 2002) zurückzuführen sein, d.h. den faktischen Zwang, Unternehmenssoftware für die Aufgabenbewältigung einsetzen zu müssen.

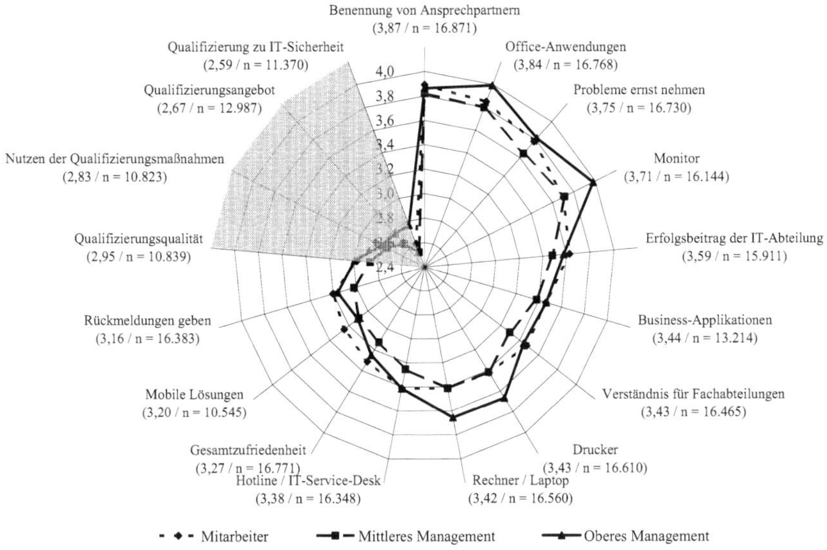

Abbildung 116: Anwenderzufriedenheit (Durchschnitte) (n=10.535)

Da durchgehend mit ähnlich konstruierten fünfstufigen Ratingskalen gemessen wurde, kann man die durchschnittliche Einschätzung des Nutzens der IT-Qualifizierung durch Anwender und Experten gut miteinander vergleichen. Am auffallendsten ist, dass die Anwender den Nutzen deutlich niedriger (2,83) einschätzen als die Experten (3,69). Die Differenz in Höhe fast eines gesamten Bewertungspunktes zeigt klar, dass die Anwender deutlich unzufriedener mit den Qualifizierungsmaßnahmen sind als die Experten.

Auffallend ist weiterhin, dass ein relativ kleiner Anteil der befragten Anwender überhaupt Angaben zu den Fragen zur IT-Qualifizierung gemacht hat: Von den 17.020 Befragten machten lediglich 10.839 (63,7%) Angaben zur Schulungsqualität, 10.823 (63,6%) zum Nutzen und 12.987 (76,3%) zum IT-Schulungsangebot. Diese im Vergleich zu den anderen Fragen auffallend hohen item-nonresponse-Raten[221] könnten darauf zurückzuführen sein, dass das Qualifizierungsangebot nur bei wenigen Anwendern überhaupt bekannt ist. Stellvertretend sollen folgende Kommentare angeführt werden: „Ein Schulungsangebot gibt es aus meiner Sicht de facto nicht", „Schulungen werden meines Wissens nicht angeboten" (IDG 2007c). STAUSS spricht von „geringer Angebotsevidenz", d.h. Kenntnis der internen Kunden hinsichtlich Art, Umfang und Qualität des internen Dienstleistungsangebots.

Die Befragten hatten durch eine Freitextfrage die Möglichkeit, unstrukturierte Kommentare und Verbesserungsvorschläge an die IT-Abteilung abzugeben:

---

221 Die Raten liegen bei den anderen Fragen zwischen 77,6% und 99,1%. Lediglich die Frage nach der Zufriedenheit mit mobilen Lösungen konnte von nur 62% der Befragten beantwortet werden.

Als Zusammenfassung dieser Befragung: Welche drei Dinge möchten Sie der IT gerne mit auf den Weg geben, damit Sie zukünftig noch effektiver zusammen arbeiten können?

Die Antworten von 28 Unternehmen[222] wurden mit Hilfe des QDA-Tools Atlas.ti aufbereitet und analysiert. Im Laufe der Analyse wurde ein Codeschema entwickelt, dessen Elementen sich alle abgegebenen Kommentare zuordnen ließen (siehe Abbildung 117). Relativierend muss angemerkt werden, dass ein Codeschema stets eine subjektive Sicht auf das zugrunde liegende Datenmaterial darstellt und bei anderen Kodierern anders aussehen könnte (Seidel 2006, S. 13ff.). Insgesamt wurden 42 Codes generiert, auf die alle 8.113 Kommentare reduziert werden konnten.[223]

In Abbildung 117 ist erkennbar, dass der Aspekt „Verbesserung der Qualifizierung für Anwender“ (blau markiert) einer der meistgenannten Kritikpunkte der IT-Anwender ist. Der Wert von 550 in der Spalte „Grounded“ bedeutet, dass insgesamt 550 Kommentare diesbezüglich abgegeben wurden. Damit sind folgende Aspekte die Top 5 Problempunkte aus Sicht der Anwender:

1. Erreichbarkeit der IT und des Help Desk
2. Aktualität der Hard- und Software
3. *Anwenderqualifizierung*
4. Kompetenz/Verständnis der IT-Abteilung/-Mitarbeiter für die Geschäftsprozesse und Anforderungen der (internen) Kunden
5. allgemeine Kompetenz der IT-Mitarbeiter

Diese aus der qualitativen Datenanalyse gewonnene Erkenntnis stützt die Analyse der standardisierten Fragen. Dort wurde bereits die Feststellung getroffen, dass die befragten Anwender in ihrer Qualifizierung zu IT-Themen das größte Problem sehen (s.o.). Dieses Beispiel zeigt, dass sich quantitative und qualitative Datenanalysemethoden sehr gut kombinieren lassen und die Aussagen gegenseitig stützen können. Allerdings können sich die qualitativ und die quantitativ erhobenen Daten, zumindest auf den ersten Blick, auch widersprechen, wie das Beispiel „Office-Anwendungen“ zeigt. In der standardisierten Frage nach der Zufriedenheit mit den Office-Anwendungen ergab sich mit 3,84 ein sehr hoher mittlerer Zufriedenheitswert. Bei den offenen Kommentaren der Befragten kristallisierte sich allerdings mit 578 Nennungen das Thema „Soft-/Hardware auf dem neuesten Stand halten“ als einer der größten Kritikpunkte heraus. In solchen Fällen muss durch die Betrachtung der einzelnen Kommentare genauer analysiert werden, ob es sich tatsächlich um einen Widerspruch handelt. Im konkreten Fall ist eher davon auszugehen, dass die Anwender an der Funktionalität und Zuverlässigkeit der Office-Anwendungen nichts auszusetzen haben. Stattdessen deuten die Einzelkommentare einerseits auf den Wunsch nach aktueller Hardware, z.B. Flachbildschirme, PDA-Unterstützung und Laptops hin. Andererseits wünschen sie sich „moderne“ Anwendun-

222 Die Auswertung wurde teils vom Autor dieser Arbeit, teils von der Unternehmensberatung bgm durchgeführt. Nur der erstgenannte verwendete Atlas.ti.

223 Das resultierende Quotation-Code-Verhältnis beträgt 1:193,2, d.h. durchschnittlich repräsentiert ein Code fast 200 Originalkommentare aus den Fragebögen. Es ist anzunehmen, dass die Anzahl der Codes mit zusätzlichen Unternehmen nicht weiter anwachsen wird, denn ab einer gewissen Menge analysierter Kommentare stabilisiert sich Umfang und Bezeichnung der Codes.

gen wie Remotezugriff von unterwegs, UMTS-Unterstützung, Spracherkennungssoftware usw. (IDG 2007d). Das zugrunde liegende Phänomen könnte sein, dass zwar bei standardisierten Fragen lediglich ein kleiner Anteil der Befragten unzufrieden ist, dieser jedoch „richtig unzufrieden", was sich dann in den offenen Fragen durch deutliche Kritik äußert.

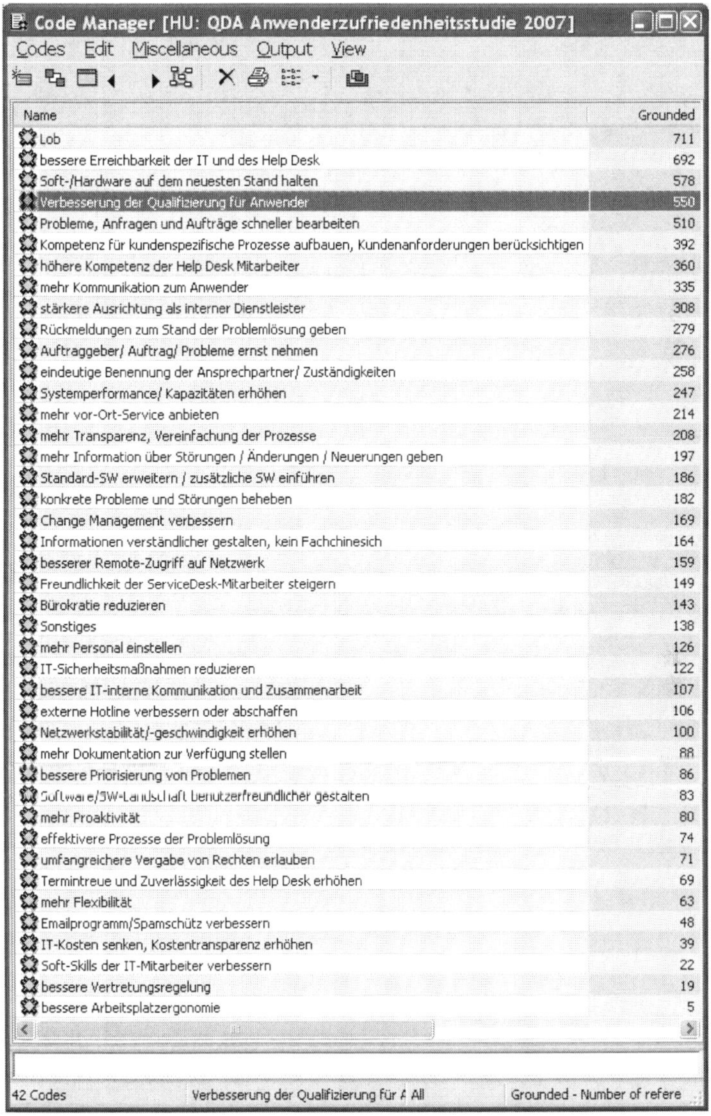

Name	Grounded
Lob	711
bessere Erreichbarkeit der IT und des Help Desk	692
Soft-/Hardware auf dem neuesten Stand halten	578
Verbesserung der Qualifizierung für Anwender	550
Probleme, Anfragen und Aufträge schneller bearbeiten	510
Kompetenz für kundenspezifische Prozesse aufbauen, Kundenanforderungen berücksichtigen	392
höhere Kompetenz der Help Desk Mitarbeiter	360
mehr Kommunikation zum Anwender	335
stärkere Ausrichtung als interner Dienstleister	308
Rückmeldungen zum Stand der Problemlösung geben	279
Auftraggeber/ Auftrag/ Probleme ernst nehmen	276
eindeutige Benennung der Ansprechpartner/ Zuständigkeiten	258
Systemperformance/ Kapazitäten erhöhen	247
mehr vor-Ort-Service anbieten	214
mehr Transparenz, Vereinfachung der Prozesse	208
mehr Information über Störungen / Änderungen / Neuerungen geben	197
Standard-SW erweitern / zusätzliche SW einführen	186
konkrete Probleme und Störungen beheben	182
Change Management verbessern	169
Informationen verständlicher gestalten, kein Fachchinesich	164
besserer Remote-Zugriff auf Netzwerk	159
Freundlichkeit der ServiceDesk-Mitarbeiter steigern	149
Bürokratie reduzieren	143
Sonstiges	138
mehr Personal einstellen	126
IT-Sicherheitsmaßnahmen reduzieren	122
bessere IT-interne Kommunikation und Zusammenarbeit	107
externe Hotline verbessern oder abschaffen	106
Netzwerkstabilität/-geschwindigkeit erhöhen	100
mehr Dokumentation zur Verfügung stellen	88
bessere Priorisierung von Problemen	86
Software/SW-Landschaft benutzerfreundlicher gestalten	83
mehr Proaktivität	80
effektivere Prozesse der Problemlösung	74
umfangreichere Vergabe von Rechten erlauben	71
Termintreue und Zuverlässigkeit des Help Desk erhöhen	69
mehr Flexibilität	63
Emailprogramm/Spamschütz verbessern	48
IT-Kosten senken, Kostentransparenz erhöhen	39
Soft-Skills der IT-Mitarbeiter verbessern	22
bessere Vertretungsregelung	19
bessere Arbeitsplatzergonomie	5

Abbildung 117: Resultierendes Codeschema (QDA-Auswertung) der Freitextkommentare der IT-Anwenderzufriedenheitsstudie

Im Folgenden werden auszugsweise Originalkommentare aus der Anwenderbefragung vorgestellt, um einen möglichst realitätsnahen Eindruck von den Wünschen und Befindlichkeiten der IT-Anwender zu vermitteln.

Der Großteil der Kommentare zur Anwenderqualifizierung bezieht sich auf Office- und Unternehmenssoftware-Qualifizierung. Dies scheinen die beiden wichtigsten Softwaregruppen für die Befragten zu sein (IDG 2007c):

„Trainings zu Basis Officepaketen anbieten"

„Schulungsmaßnahmen anbieten auf dem Gebiet SAP BW"

„Die Schulungen für SAP müssen besser werden, das Programm ist sehr umfangreich, deshalb sollte gezielter und effektiver geschult werden. Die Schulungen für alle anderen Anwendungen sind sehr gut."

„Schulungen für Business-Anwendungen (z.B. SAP)"

„Schulungsangebot könnte ausgebaut werden, z.B. im Bereich SAP"

„SAP-, EXCEL-Tool- und Prozessschulungen fehlen teilweise völlig, müssten regelmäßig für neue Mitarbeiter als class-room-training angeboten werden."

„Ich wüsste gerne, wie Axapta funktioniert, z.B. durch Kurse. Ich verliere zu viel Zeit damit"

„Schulung auf ERP System"

„Schulungen direkt für einzelne Bereiche, vor allem SAP Anwendungen werden zu gering angeboten."

„SAP Grundschulung, was kann SAP, wofür wird es eingesetzt."

„Aufbau von Workshops, z.B. SAP/CO - Workshop etc => -Betroffene als Beteiligte der IT"

Sehr interessant sind Kommentare zur organisatorischen Verantwortlichkeit beim Thema IT-Anwenderqualifizierung. Viele der Befragten sehen hier nicht die IT-Abteilung in der Pflicht, allerdings wird aus den Antworten nicht klar deutlich, wer stattdessen verantwortlich sein sollte. Es kann allerdings angenommen werden, dass die Befragten Qualifizierung weniger als ihre eigene „Holschuld" sehen, sondern vielmehr einer zentralen Weiterbildungsabteilung:

„Einziges elementares Manko: Schulungsmaßnahmen sind nicht befriedigend - allerdings sehe ich hier die IT-Abteilung nicht so sehr in der Verantwortung"

„Die Schulung, die ich bekomme, ist meist nicht von der IT, denn sie ist schlecht."

„mehr Anwenderschulungen (nicht Aufgabe von IT)"

„Frage nach der Hol- und Bringschuld bei fehlenden IT-Kenntnissen - wann muss ich mir was selbst beibringen, wann sollte IT mir etwas beibringen, mehr Angebote zur Schulung, bin kein Autodidakt und lerne lieber in der Gruppe"

„Die IT sollte mehr Einfluss nehmen, dass notwendige Schulungen einzelner MA für spezielle Software auf deren Wunsch möglich sind und nicht durch den Vorgesetzten abgeblockt werden, (z.B. Excel, Notes usw.)"

Der überwiegende Teil der Kommentare enthält Kritik zum Umfang und zum prinzipiellen Vorhandensein eines IT-Qualifizierungsangebots. Manche Kommentare lassen vermuten, dass äußerst rudimentäre Qualifizierungsangebote vorherrschen. Sehr häufig wird bemängelt, dass die Informationsversorgung über Schulungsangebote unzureichend oder nicht existent ist. Dieser Befund könnte der Hauptgrund für die relativ hohen item-nonresponse-Raten bei den Fragen zur IT-Qualifizierung sein. Während die Verantwortlichen in der IT- oder Personalabteilung aus ihrer Sicht Qualifizierungsangebote zur Verfügung stellen, nehmen die Anwender kein adäquates Angebot wahr. Es handelt sich um die von STAUSS formulierte „fehlende Angebotsevidenz".

„Von Ihren Schulungsangeboten erfahre ich heute durch Ihre Befragung überhaupt das erst mal - vielleicht könnten Sie das künftig besser bekannt machen. „

„größeres Schulungsangebot für Anwender"

„Mehr Anwender-Schulungen wären hilfreich."

„IT-Schulungsangebote anbieten. Dies nicht nur auf Anfrage."

„Falls es Schulungen gibt, bitte um Information"

„Das Thema Schulung könnte mehr forciert werden."

„Ohne richtige Schulungen läuft nix. Also mal n paar Mäuse für die MA ausgeben!"

„ich würde gerne über Fortbildungen aktiv informiert werden (z.B. per Email-Verteiler)"

„Das Schulungsangebot ist miserabel! Schulungen erfolgen i. d. R lediglich durch Eigeninitiative (bei Fremdanbietern). Inhouseschulungen - von denen ich sehr viel halte - werden in einem sehr geringen Umfang angeboten."

In manchen Fragebögen formulieren die Befragten konkrete Verbesserungsvorschläge zur inhaltlichen Ausgestaltung der Qualifizierungsmaßnahmen. So ist immer wieder der Wunsch zu lesen, dass Tipps und Tricks für den effizienten Umgang mit den Softwareanwendungen vermittelt werden.

„Höheres Verständnis der Anwender für grundlegende IT Zusammenhänge. (Aktuell: Die Technik wird rasant komplexer; das allgemeine Grundlagenverständnis sinkt zunehmend.)"

„IT Schulungen zur Selbsthilfe"

„Ich fände es gut, wenn seitens IT - sowas wie Tips und Tricks - zu Excel - Word - PowerPoint - wie es in Fachzeitschriften oder so ähnlich angeboten wird auch interessierten anderen Nutzern zur Verfügung gestellt wird"

„offensiver Schulungen anbieten, die sich ergeben aus Problemstellungen die sich aus der Betreuung der Anrufer zeigen. (z.B. Fehlbedienungen reduzieren etc.)"

„IT Schulungen anbieten bzw. besser kommunizieren; Tipps und Tricks ausbauen"

„weg von "Learning by Searching" hin zu spezifischen Schulungen"

Auch die mangelnde Ausrichtung der Qualifizierungsmaßnahmen auf die jeweilige Anwendergruppe gibt Anlass zur Kritik. Insbesondere wird gefordert, auf nicht IT-affine Endanwender besser einzugehen:

„IT- Schulungen mehr auf den Anwender abstimmen"

„Schulungsangebote für ganz normale User"

„die beste Ausstattung nützt wenig, wenn die Anwender, die einen anderen Beruf erlernt haben und auch hobbymässig keine Computerfreaks sind, nicht geschult werden."

„Zum Thema SAP-Schulung: Habe eine Schulung mitgemacht. Die hat mir aber nichts gebracht. Zu viel Stoff auf einmal. Liegt wohl aber auch daran, dass ich SAP nur gelegentlich verwende und kein "heavy user" bin."

„Indiv. Schulungen - auf den einzelnen eingehen und keine pauschal Seminare (Es gibt Stärkere und Schwächere)"

„Überhaupt einmal Schulungen für fortgeschrittene User anbieten."

„Schulung in SAP, ggf. auch unkomplizierten Zugang zu SAP für nicht tägliche Nutzer (Kosten?!)"

Die Befragten geben darüber hinaus Vorschläge zur besseren methodischen Ausgestaltung der Anwenderqualifizierung. Es deutet viel darauf hin, dass die Anwender eine deutliche Präferenz für persönlich durchgeführte Schulungen und professionell aufbereitete Unterlagen haben. E-Learning wird von vielen Befragten eher kritisch gesehen.

„schwer zu sagen, da ich lieber eine menschliche Hilfestellung neben mir möchte, der mir am Computer alles zeigt, was für mich eine große Erleichterung im Arbeitsablauf darstellt!! Und nicht durch Zufall und Experimentieren dahintersteigt!!! Zeitaufwand ist zu groß für mich!!!"

„mehr praktische Einschulungen durch Profis"

„Kurzbedienungsanleitung zu Unternehmensspezifischen Programmen mit "Hotkeys", Tastenkombinationen etc und Programmaufbau"

„Schulung: Gewünscht sind Lehrende, die nicht mit ihrem Wissen protzen, sondern die Lernenden step by step weiter bringen und auch wiederholen."

„Bei Einführung neuer Programme nicht davon ausgehen, dass sich der Mitarbeiter im Selbsttraining in neue Anwendung problemlos einarbeiten kann -> Führt zu Ineffizienzen, die man über z.B. Schulung in Telco verhindern kann"

„Keine Online-Schulungen mehr, sonder Präsenzveranstaltungen"

„Nur ein Ding: Die Schulungen sind in der Regel gut, aber angesichts eines gewissen Zeitdrucks fällt die planvolle Einarbeitung in "neue Anwendungen" vorhandener Software oder auch Einarbeitung weitere Programme zuweilen hinten runter und es wird im Prozess der Arbeit gelernt. Das geht in der Regel ganz gut, könnte aber ungeheuer effektiv sein, wenn es eine Person gäbe, welche die [...]-Software und vor allem ihre Anwendungen und Tücken im Detail kennt und bei Problemen helfen könnte. (Nicht als Alternative zu Selbstlern-Software, Programm-Hilfe etc. sondern als Ergänzung). Schick wäre auch die Möglichkeit, relativ kurzfristig Schulungen im Arbeitsbereich, in der Arbeitsgruppe etc. durchzuführen. (Angeblich kennt der/die durchschnittliche Nutzer/ gerade mal 20% der Möglichkeiten einer Software.)"

„Vernünftige Schulungsangebote und nicht nur "Multiplikatorenschulung". Das reicht nie aus!"

„"Eye-to-Eye"-Schulung oder reine Schulungsunterlagen statt: WEB-Schulungen"

„bei Einführung neuer Software bzw. Releasewechseln professionelle / extern durchgeführte Schulungstermine für alle betroffenen Mitarbeiter statt der heute praktizierten "Multiplikator-Schulungen" bzw. des einfachen Versendens einer pdf-Anleitung an Stelle einer Schulung"

„Unterlagen zum Nachlesen, damit man manche Probleme auch selbst lösen kann"

Das Thema „zeitliche Gestaltung" wird ebenfalls adressiert. Dabei steht die regelmäßige Qualifizierung der Anwender im Vordergrund.

„Eine riesengroße Bitte an unsere Führungsetage (Geschäftsführung/Verkaufsleitung): das Kennen lernen unseres "Buches mit den sieben Siegeln" (unser Arbeitsprogramm in den Filialen) würde viel einfacher und effizienter klappen, wenn Neueinsteiger nicht in der Filiale im Rahmen des normalen Geschäftsbetriebs eingeschult würden, sondern in der ersten Arbeitswoche einen Intensivkurs am POS absolvieren könnten."

„regelmäßige Schulungen der Mitarbeiter"

„IT-Wissen kurz und prägnant aufbereiten für Auffrischungs-Fachveranstaltungen (2-3 Std. max. pro Halbjahr"

„Ohne Schulung und Einweisung sind EDV Programme nutzlos. Nicht nur Programme brauchen ein Update, sondern auch langjährige Nutzer einer Anwendung."

„Schulungen für alle anbieten, nicht nur für neue Leute"

„Schulungen, auch außerhalb der Arbeitszeit"

„Schulungsangebote ergänzen mit darauf folgenden, kurzen Workshops für die Zeit nach den ersten Erfahrungen mit der eingesetzten Software"

Dass auch scheinbar „kleine" Änderungen in der Software einen großen Bedarf an Qualifizierung der Anwender implizieren und daher einen wichtigen Trigger darstellen, zeigen die folgenden Kommentare. Insbesondere bei Releasewechseln wichtiger Anwendungen wünschen sich die Befragten mehr Unterstützung. Doch auch die Ersteinführung neuer Anwendungen soll den Befragten zufolge besser durch Qualifizierungsmaßnahmen flankiert werden.

„Nicht jede Programmänderung ist für uns nachzuvollziehen und stellt mitunter einen höheren Zeitaufwand dar (weil umständliche Handhabe)"

„Bei Einführung neuerer Versionen (z.B. Word) sollte eine kurze Einweisung erfolgen."

„Schulung von Systemänderungen - gezielt - dann muss nicht jeder alles ausprobieren..."

„Niveaugerechte Schulung über des Arbeitspakets (HW&SW). 2 Wiederholungskurse bei Release-Wechsel oder Updates"

„Bei Einführung neuer Software, gezielte Schulungen oder Einweisungen anbieten. Evtl. auch über E-Learning."

„Mehr Schulungsangebote für uns Anwender (besonders bei System- oder Programmupdates)"

„Die Neueinführung von Software sollte immer von ausführlichen Schulungen begleitet werden."

„bei neuer Software ist man doch sehr allein gelassen und muss sich unnötig lange mit der Handhabung aufhalten"

„Die Einführung neuer Anwendungen sollte besser durch Schulungen unterstützt werden und nicht jedem selbst die Durcharbeitung irgendwelcher seitenweiser Anweisungen überlassen werden (die werden im Zweifel nie gelesen!)"

4.6.2.5 Differenzierung der Zufriedenheit nach Anwendercharakteristika

Dass es im Hinblick auf die Analyse von Weiterbildungsprozessen von Interesse ist, soziodemographische Merkmale der Mitarbeiter genauer zu untersuchen, bestätigen KUCKULENZ/MEYER (2006, S. 5):

„Die Personalstruktur mit ihren Merkmalen Qualifikationsniveau, berufliche Stellung und soziodemographische Faktoren hat bei der Weiterbildungsentscheidung der Firma eine ambivalente Funktion: sie ist einerseits Ergebnis und andererseits Determinante der betrieblichen Weiterbildungsaktivitäten." (Kuckulenz/Meyer 2006, S. 5)

Aus diesem Grund werden im Folgenden die Ergebnisse der Anwenderzufriedenheitsbefragung nach Alter, IT-Affinität und Hierarchieebene der befragten Anwender differenziert.

4.6.2.5.1 Alter

Abbildung 118 verdeutlicht, dass IT-spezifische Weiterbildungsmaßnahmen bei älteren Mitarbeitern deutlich weniger verbreitet sind als bei jüngeren. Neben der insgesamt geringeren Computernutzung unter älteren Beschäftigten können die altersbedingten Unterschiede darauf zurückzuführen sein, dass sich Weiterbildungsmaßnahmen als Investitionen in das Wissen der Mitarbeiter wegen der kürzeren Zeitspanne bis zur Rente weniger auszahlen, zumindest aus Sicht der Unternehmen. FALK (2002, S. 5 f.) unterstellt zudem, dass ältere Mitarbeiter eher dazu neigen, an gewohnten Arbeitsabläufen festzuhalten und daher weniger bereit sind, sich in neue Techniken wie IT einzuarbeiten. Insgesamt steigen die IT-Weiterbildungsaktivitäten mit der Größe der Unternehmen deutlich an (ZEW 2005, S. 4).[224]

---

[224] Zur Differenzierung der IT-Weiterbildungsaktivität zwischen alten und neuen Bundesländern siehe (BMBF 2006a, S. 267).

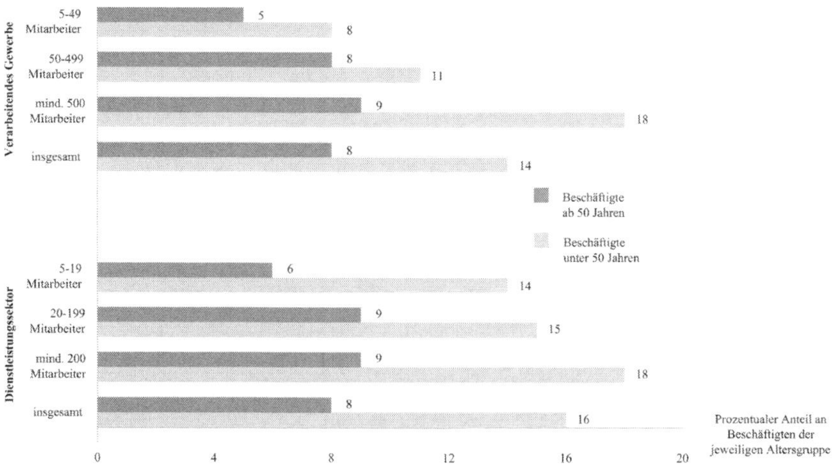

Lesehilfe: In Dienstleistungsunternehmen mit mehr als 200 Beschäftigten haben im Jahr 2003 neun Prozent der Beschäftigten im Alter ab 50 Jahren an IT-spezifischer Weiterbildung teilgenommen. Von den jüngeren Beschäftigten (im Alter von weniger als 50 Jahren) sind es in diesen Unternehmen 18 Prozent.

Abbildung 118: IT-Weiterbildung nach Altersgruppen (Quelle: Zentrum für Europäische Wirtschaftsforschung GmbH (2005, S. 4))

Differenziert man die Zufriedenheit der befragten Anwender mit IT-Qualifizierungsangebot, -qualität und -nutzen hinsichtlich des Alters der Befragten, so ist ein interessanter Zusammenhang zu erkennen. Eine Rangkorrelationsanalyse erbringt zwar statistisch hochsignifikante, jedoch von der Effektgröße her sehr schwache Zusammenhänge hervor.[225] Aufschlussreicher ist die Durchführung einer einfaktoriellen Varianzanalyse (Anova). Die Gruppenunterschiede sind sowohl beim Qualifizierungsangebot[226] als auch bei der Schulungsqualität[227] als auch beim wahrgenommenen Nutzen[228] hoch signifikant, vom Effekt her deutlich und lassen sich in Form einer U-Kurve darstellen (Abbildung 119). Es ist deutlich erkennbar, dass die „Altersrandgruppen", d.h. die sehr jungen und die sehr alten Anwender, die Anwenderqualifizierung durchgehend deutlich positiver beurteilen als die mittleren Altersgruppen (30-59 Jahre). Dieser nicht-lineare Zusammenhang ist der Grund dafür, warum die Rangkorrelationsanalyse keinen ausgeprägten Effekt ermitteln konnte.

225 Alter mit Schulungsangebot: -0,018, Alter mit Schulungsqualität: -0,047, Alter mit Schulungsnutzen: -0,059. Alle Zusammenhänge sind signifikant mindestens auf dem 1%-Niveau.

226 $F(5; 12821)=17,76$, $p<0,001$

227 $F(5; 10700)=14,92$, $p<0,001$

228 $F(5; 10694)=22,63$, $p<0,001$

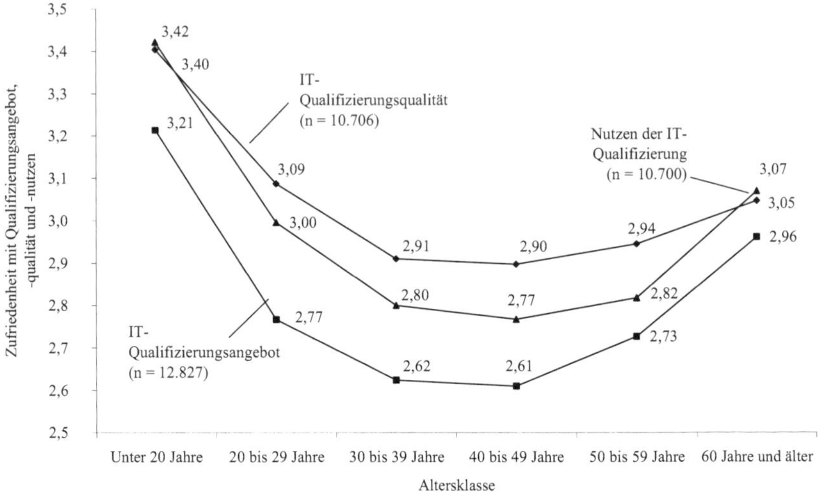

Abbildung 119: Zufriedenheit mit der IT-Qualifizierung in Abhängigkeit vom Alter (n=10.700)

Erklärungsversuche können einige unternommen werden: So kann man davon ausgehen, dass sehr junge Mitarbeiter, die im Normalfall noch nicht lange im Berufsleben stehen, sich evtl. nicht trauen, deutliche Kritik zu äußern und daher vorgeben, zufriedener zu sein. Dieser Erklärungsansatz trägt selbstverständlich nicht bei den älteren, reiferen Mitarbeitern. Die hohe Zufriedenheit dieser Altersgruppe könnte darauf zurückzuführen sein, dass sie gelassener mit den betrieblichen Umständen umzugehen verstehen: Nach GELDERMANN (2005) setzt mit zunehmendem Alter eine gewisse Beharrungstendenz/Saturierung ein, die sich in höherer Zufriedenheit mit der erreichten Karrierestufe äußert. Da IT-Weiterbildungsmaßnahmen bei der Altersgruppe ab 50 weniger verbreitet sind (ZEW 2005, S. 4), könnte auch ein Bias bei der Datenerhebung die Ursache für die positive Bewertung sein (nur diejenigen haben an der Befragung teilgenommen, die überdurchschnittlich IT-affin und lernbereit sind). Ein anderer Erklärungsansatz könnte der höhere Erfolgs- oder Umsatzdruck sein, dem Führungskräfte des mittleren Managements ausgesetzt sind.

4.6.2.5.2 IT-Affinität

Differenziert man die Zufriedenheit der Anwender mit der IT-Qualifizierung nach der Einstellung der Befragten zur IT (IT-Affinität), so ist ebenfalls ein interessanter Zusammenhang zu erkennen: Je IT-affiner ein Anwender ist, desto zufriedener ist er mit der Qualität und dem Nutzen der Qualifizierungsmaßnahmen. Der durch den Spearman'schen Rangkorrelationskoeffizienten ausgedrückte Zusammenhang beträgt in beiden Fällen 0,036 mit einem Signifikanzniveau von 1%, ist also als sehr schwach zu bezeichnen. Eine zur Ergänzung der Befunde durchgeführte Varianzanalyse bringt weitere Erkenntnisse über die Zusammenhänge: Die Bewertung von Qualifizierungsqualität und –nutzen unterscheidet sich zwischen den drei Gruppen von IT-Affinität („notwendiges Übel“, „unverzichtbares Werkzeug“ und „man beschäftigt sich gerne damit“) statistisch hoch signifikant[229]. Zusammenfassend lässt sich feststellen, dass, je positiver ein Anwender zur Informationstechnik eingestellt ist, desto zufriedener er mit der Qualität und dem resultierenden Nutzen der Qualifizierungsmaßnahmen ist. Sehr erstaunlich ist, dass sich die Bewertung des Schulungsangebotes völlig anders verhält: Zwischen ihr und der IT-Affinität besteht weder ein korrelativer Zusammenhang noch konnte die Varianzanalyse einen signifikanten Gruppenunterschied feststellen[230]. Dies bedeutet, dass sich die Bewertung des Qualifizierungsangebotes nicht auf die persönliche Einstellung der Befragten zur IT zurückführen oder gar erklären lässt. Die Befragten sind durchweg mit dem Angebot eher unzufrieden. Abbildung 120 stellt die Zusammenhänge dar.

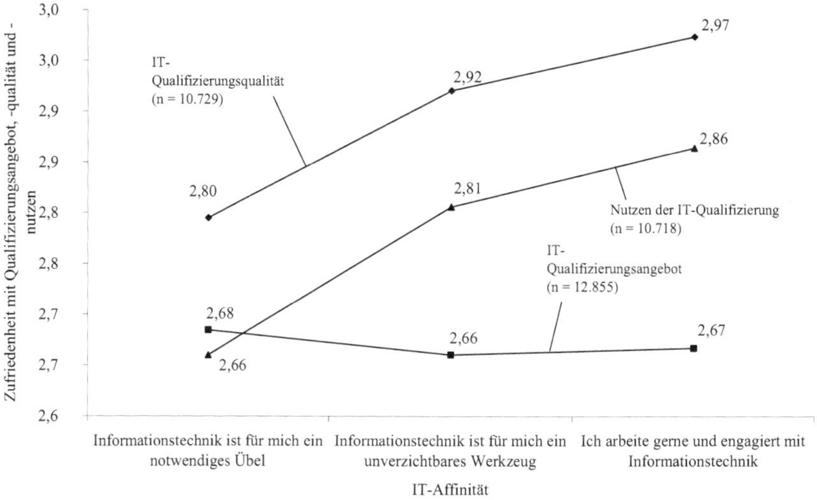

Abbildung 120: Zufriedenheit mit der IT-Qualifizierung in Abhängigkeit von der IT-Affinität (n=10.718)

4.6.2.5.3 Hierarchieebene

Differenziert man die Zufriedenheit der Anwender mit der IT-Qualifizierung nach der Hierarchieebene (Führungsebene) der Befragten, so ist ersichtlich, dass das mittlere Management durchgehend am unzufriedensten ist, und zwar sowohl mit Qualifizierungsangebot, -qualität und –nutzen.[231] Eine Varianzanalyse zur Untersuchung der Gruppenunterschiede ergab, dass sich die drei Hierarchieebenen hinsichtlich aller Bewertungsaspekte signifikant unterscheiden.[232] Die post-hoc durchgeführte Scheffé-Prozedur zeigte, dass es insbesondere das mittlere

229 IT-Affinität mit Qualifizierungsqualität: $F(2; 10726) = 6{,}142$, $p=0{,}002$; IT-Affinität mit Qualifizierungsnutzen: $F(2; 10715) = 7{,}651$, $p<0{,}001$.

230 $F(2; 12852) = 0{,}111$, $p=0{,}895$

231 Der korrelative Zusammenhang gemäß Spearman beträgt $r= -0{,}039$ mit der Qualifizierungsqualität und $r= -0{,}041$ mit dem Qualifizierungsnutzen. Beide Korrelationen sind signifikant auf dem 1%-Niveau.

232 Hiearchieebene mit Qualifizierungsangebot: $F(2; 12705) = 2{,}735$, $p=0{,}065$; Hierarchieebene mit Qualifizierungsqualität: $F(2; 10601) = 12{,}874$, $p<0{,}001$; Hierarchieebene mit Qualifizierungsnutzen: $F(2; 10594) = 9{,}626$, $p<0{,}001$.

Management ist, dessen Zufriedenheitswerte sich signifikant von denen der anderen Führungsebenen unterscheiden.

Dieser Befund deckt sich mit den zuvor gemachten Erkenntnissen zur Abhängigkeit der Anwenderzufriedenheit vom Alter der Befragten. Nimmt man an, dass es vor allem Mitarbeiter mittleren (höheren) Alters sind, die Positionen des mittleren (höheren) Managements innehaben, so zeigen beide Kurven die eher kritische Haltung im mittleren Alters- und Hierarchiebereich sowie die tendenziell höhere Zufriedenheit in den Randbereichen.

Als möglicher Erklärungsversuch sei an dieser Stelle nochmals der höhere Erfolgs- oder Umsatzdruck genannt, dem Führungskräfte des mittleren Managements ausgesetzt sind. Dass das mittlere Management der IT und der IT-Qualifizierung kritischer gegenübersteht als Mitarbeiter und oberes Management, könnte laut KRCMAR auch an folgenden Tatsachen liegen: Das obere Management ist eine „VIP-Betreuung" durch die IT gewöhnt, die sich beispielsweise in besserer Arbeitsplatzausstattung und schnelleren Reaktionszeiten äußert. Das mittlere Management nimmt diese Ungleichbehandlung wahr. Auf der anderen Seite sind die „normalen" Mitarbeiter in ihren Arbeitsprozessen eingeschliffen, arrangieren sich mit dem Servicelevel der IT und haben keinen Grund für Unzufriedenheit.

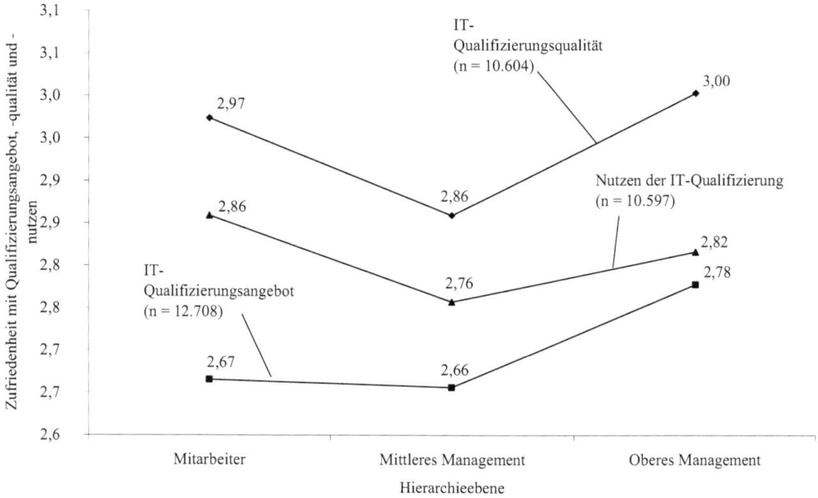

Abbildung 121: Zufriedenheit mit der IT-Qualifizierung in Abhängigkeit von der Hierarchieebene (n=10.597)

4.6.2.6 Bewertung der Cluster

Nachdem im vorangegangenen Kapitel die Zufriedenheit aller befragten Anwender mit der IT-Qualifizierung analysiert wurde, sollen in diesem Kapitel die im Hauptteil der Arbeit identifizierten Grundstrategien aus Anwendersicht bewertet werden. Dadurch wird das Urteil der Experten ergänzt.

4.6.2.6.1 Verknüpfung von Anwender- und Expertenbefragung

Die Verbindung der Anwenderstudie mit der Haupterhebung unter den Experten wird durch eine Einordnung der Unternehmen der IT-Anwenderzufriedenheitsstudie, denen die befragten Anwender angehörten, in die bestehenden vier Cluster geschaffen. Dadurch können die Ergebnisse der Erhebung auf Anwenderebene den Erkenntnissen der Haupterhebung (auf Unternehmensebene) gegenübergestellt werden.

Im ersten Schritt wurden dazu die Unternehmen der IT-Anwenderzufriedenheitsstudie gebeten, in einem Onlinefragebogen Angaben zu Organisation, Investitionshöhe, inhaltlicher und methodischer Grundausrichtung in der Anwenderqualifizierung zu Unternehmenssoftware zu machen.[233] Diese Daten entsprechen den Clustervariablen, die für die ursprüngliche Gruppierung verwendet wurden. Die Abfrage dieser für die Klassifikation benötigten Angaben dauerte ca. 2 Minuten pro Unternehmen.

Aus diesen Angaben konnte mit Hilfe der kanonischen Diskriminanzfunktionen der Diskriminanzanalyse eine Einordnung in das „passende" Cluster erfolgen. Dazu wurden je neuem Unternehmen die Werte der binären Clustervariablen[234] und je Cluster die Werte von Fishers linearen Diskriminanzfunktionen errechnet (Brosius 1998, S. 633). Das Unternehmen wurde demjenigen Cluster zugeordnet, dessen Funktionswert der höchste ist. Durch diese systematische Vorgehensweise konnte eine konzeptuelle Vergleichbarkeit der beiden Erhebungen sichergestellt werden. Zudem ist sowohl der Erhebungszeitraum als auch die methodische Herangehensweise der beiden Erhebungen vergleichbar, wie Abbildung 122 darstellt. Zu bemängeln ist, dass sich die Kodierung einiger Ratingskalen, wenngleich die Äquidistanzbedingung der Items eingehalten wurde, zwischen den beiden Erhebungen unterscheidet.

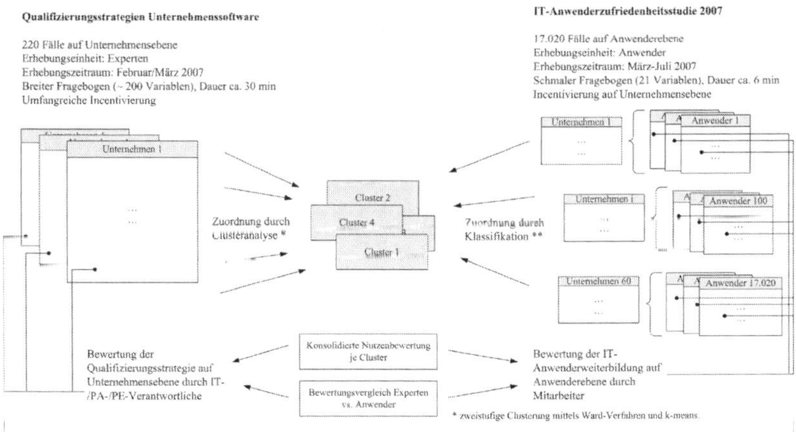

Abbildung 122: Verknüpfung der Anwender- und Expertenbefragung (Quelle: Eigene Darstellung)

---

233 Die Daten wurden mittels eines Onlinefragebogens erhoben.

234 Die Quartils- und Medianwerte (als Grenzwerte für die Zuordnung) wurden aus den Angaben der 25 zusätzlichen Unternehmen neu errechnet. Dies erschien sinnvoll, weil die Struktur der Stichprobe der Anwenderbefragung von der der Expertenbefragung abwich, v.a. hinsichtlich der Unternehmensgrößen.

Die eben beschriebene Clusterzuordnung der Unternehmen der Anwenderzufriedenheitsbefragung führte zu folgenden Ergebnissen: Insgesamt machten 28[235] der 60 teilnehmenden Unternehmen die für eine Zuordnung erforderlichen Angaben, weitere 5 Unternehmen nahmen sowohl an der Experten- als auch an der Anwenderbefragung teil, daher war ihre Clusterzugehörigkeit bereits bekannt. Insgesamt standen also die Anwenderfragebögen von 33 Unternehmen zur Verfügung, die einem Cluster zugeordnet waren. Tabelle 45 stellt die Verteilung von Unternehmen und Fragebögen auf die vier Cluster dar.

Cluster	Unternehmen (abs.)	Unternehmen (%)	Fragebögen (abs.)	Fragebögen (%)
(1) rudimentär	5	15,2 %	1.870	22,2 %
(2) mitarbeiterzentrisch-fürsorgend	6	18,2 %	1.251	14,9 %
(3) IT-/User-orientiert	13	39,4 %	3.707	44,1 %
(4) technikzentriert	9	27,3 %	1.585	18,8 %
Gesamt	33	100,0 %	8.413	100,0 %

Tabelle 45: Stichprobenaufteilung nach Clustern (n=33)

Die Verteilung entspricht in etwa der Clusterung der Expertenbefragung (vgl. Abbildung 41). Den 33 Unternehmen sind die Einzelfragebögen von 8.413 Anwendern zugeordnet, was ca. 49,4% der gesamten Stichprobe (17.020) entspricht. Somit kann ca. die Hälfte der Fälle der Anwenderzufriedenheitsstudie für die Bewertung der vier Grundstrategien verwendet werden.

Tabelle 46 stellt die wichtigsten Kennzahlen der beiden im Rahmen dieser Arbeit durchgeführten Erhebungen einander gegenüber. Die Errechnung des Gesamtaufwandes für die Befragten soll dafür sensibilisieren, dass insbesondere breit angelegte Umfragen einen enormen Zeitaufwand für die teilnehmenden Unternehmen bedeuten, auch wenn jeder einzelne Fragebogen relativ schnell ausgefüllt ist. So nahm die Anwenderbefragung ca. 1 komplettes Mannjahr in Anspruch, wobei nur die reinen Ausfüllzeiten aufsummiert wurden und andere Aufwände unberücksichtigt bleiben.

	Anwenderbefragung	Expertenbefragung
Erhebungsfokus	Anwenderzufriedenheit	Qualifizierungsstrategien
Methode	Webbasierter Kurzfragebogen (21 Variablen)	Webbasierter ausführlicher Fragebogen (~ 200 Variablen)
Erhebungszeitraum	März-Juli 2007	Februar-März 2007
Erhebungsobjekt	IT-Anwender	Experten (IT, PA/PE)
Untersuchungsobjekt	IT-Anwender	Unternehmen
Incentivierung	Auf Unternehmensebene	Auf Teilnehmerebene
Gewinnung der Stichprobe	Nachfassmarketing nach Konferenz, Werbung über Webseite	Anschreiben über Adressverteiler, persönliche Kontakte, Foren
Stichprobenumfang (gültige Fälle)	17.020 Anwender	220 Unternehmen
Branchenschwerpunkte	Verarbeitendes Gewerbe, Handel, Wirtschaftliche Dienstleistungen	Verarbeitendes Gewerbe, Wirtschaftliche Dienstleistungen
Größenverteilung	Mittlere bis große Unternehmen	Große bis sehr große Unternehmen
Durchschnittliche Antwortdauer	5,8 Minuten	30,6 Minuten
Gesamtaufwand für das Feld[236]	214,8 Arbeitstage (5,8 min/Fall * 17.780 Fälle) (entspricht etwas mehr als 1 Mannjahr)	14,7 Arbeitstage (30,6 min/Fall * 231 Fälle)

Tabelle 46: Kennzahlen zur Anwender- und Expertenbefragung

235 Stand 27.07.2007

236 Nur reine Ausfülldauer der Fragebögen. Arbeitstag: 8 Stunden.

4.6.2.6.2 Bewertung der Cluster

Um die Bewertung der Anwender für jedes der vier Cluster separat vornehmen und miteinander vergleichen zu können, bietet sich die Varianzanalyse an. Da nicht alle Befragten Angaben zum Thema IT-Qualifizierung machten, können für die Clusterbewertung lediglich zwischen 5.449 und 6.501 Fragebögen verwendet werden.

Der Gruppenvergleich mittels Varianzanalyse in Abbildung 123 zeigt, dass das rudimentär qualifizierende Cluster 1 am schlechtesten bewertet wird. Die 1.059 dem Cluster 1 zugeordneten Anwender bewerteten den Nutzen der IT-Qualifizierung im Durchschnitt mit 2,65 auf der Ratingskala von 1 bis 5. Die 750 Anwender, deren Unternehmen Grundstrategie 2 („mitarbeiterzentrisch-fürsorgend") verfolgen, gaben im Mittel eine Zufriedenheit von 2,79 an. Damit wird Cluster 2 am zweitschlechtesten bewertet. Die 2.515 Anwender, deren Unternehmen eine IT-/User-orientierte Qualifizierungsstrategie (Cluster 3) verfolgen, bewerteten den Nutzen der IT-Qualifizierung im Durchschnitt mit 2,81 und wiesen sie damit als die zweitbeste aus, allerdings nur geringfügig besser als Strategie 2. Mit einer durchschnittlichen Zufriedenheit von 3,07 wurde das Cluster 4 bewertet. Die technikorientierte Qualifizierungsstrategie wurde von den 1.142 zugeordneten Anwendern somit als die beste der vier Grundstrategien ausgewiesen. Die ermittelten Gruppenunterschiede sind statistisch signifikant[237].

Der post-hoc durchgeführte Tamhane-Test zeigt, dass sich drei Gruppen voneinander unterscheiden lassen: Cluster 1 am unteren Ende der Bewertungsskala, Cluster 2 und 3 in der Mitte und Cluster 4 als das am besten bewertete Cluster. Die drei Gruppen unterscheiden sich signifikant auf dem 5%-Niveau. Abbildung 123 stellt die Ergebnisse dar.

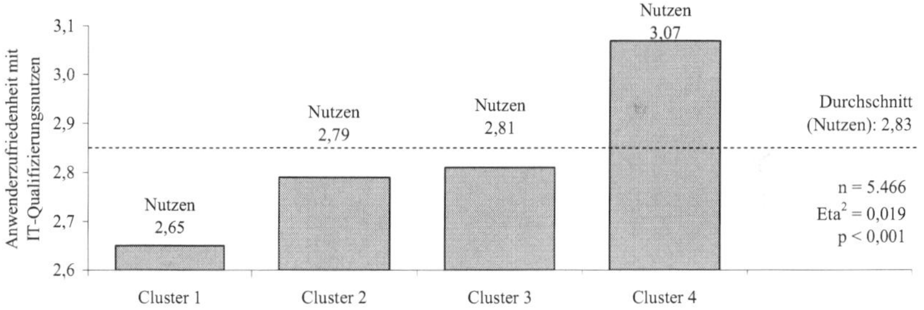

Abbildung 123: Nutzenbewertung der Grundstrategien durch die Anwender (n=5.466)

Der Mittelwertvergleich hinsichtlich der Anwenderzufriedenheit mit dem Qualifizierungsangebot und der –qualität (Abbildung 124) liefert annähernd die gleichen Ergebnisse wie die Betrachtung des Nutzens. Auch hier stellt sich Cluster 1 als das am schlechtesten bewertete heraus. Grundstrategie 2 und 3 werden mittelmäßig bewertet (dicht beieinander) und Grundstrategie 4 wird von den Befragten am besten bewertet. Die Gruppenunterschiede sind sowohl beim Qualifizierungsangebot[238] als auch bei der Qualität[239] signifikant. Der Tamhane-Test bestätigt auch hier die Dreiteilung der Bewertungsniveaus.

[237] $F(3; 5462) = 34{,}991$, $Eta^2 = 0{,}019$, $p<0{,}001$

[238] $F(3; 6497) = 43{,}023$, $Eta^2 = 0{,}019$, $p<0{,}001$

[239] $F(3; 5445) = 40{,}352$, $Eta^2 = 0{,}022$, $p<0{,}001$

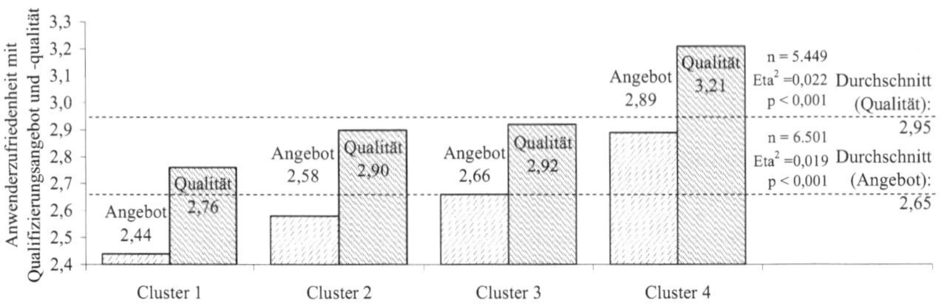

Abbildung 124: Bewertung von Qualifizierungsangebot und -qualität durch die Anwender (n=5.449)

4.6.3 Zusammenfassung

Abbildung 125 fasst wahrgenommenen Gesamtnutzen aus Sicht von Experten (x-Achse) und Anwendern (y-Achse) und die Investitionshöhen (Blasendurchmesser) der vier Grundstrategien zusammen. Es ist klar erkennbar, dass die beiden Grundstrategien 3 (IT-/User-orientiert) und 4 (technikorientiert) sowohl aus Sicht von Experten als auch von Anwendern besser bewertet werden als die rudimentäre Qualifizierungsstrategie 1 und die mitarbeiterzentrisch-fürsorgende Qualifizierung, wie sie Unternehmen der Gruppe 2 durchführen. Wenn Experten- und Anwendernutzen als die einzigen Zielgrößen definiert werden (Werners 2006, S. 3.13), handelt es sich bei Strategie 3 und 4 um dominante Alternativen.

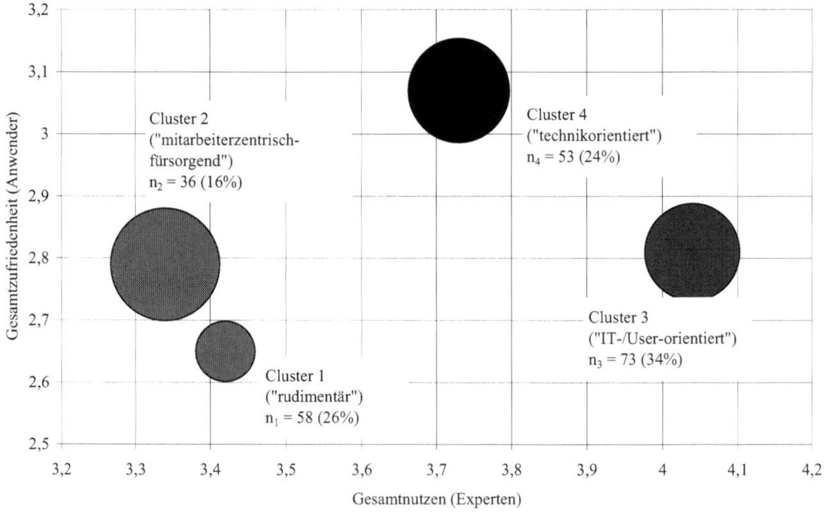

Abbildung 125: Gesamtbewertung der Grundstrategien (wahrgenommener Nutzen und Investitionshöhen)

Im Folgenden werden die vier IT-Qualifizierungsstrategien näher charakterisiert und mit den allgemeinen Weiterbildungsstrategien von BÄUMER (1997) verglichen. Es wird deutlich, dass zwischen den Eigenschaften innerhalb der Strategien ein logischer Zusammenhang erkennbar ist, was als Anzeichen der internen Konsistenz jeder Grundstrategie gedeutet werden kann.

Das heißt, dass die Strategien zwar voneinander verschieden sind, jedoch in sich „technisch" zusammenpassen und einer gewissen Binnenlogik folgen (vgl. Kieser 1993, S. 191; Bäumer 1997, S. 279).

- Aus ökonomischer Sicht besonders unvorteilhaft stellt sich Grundstrategie 2 dar, da die Unternehmen dieses Typs zwar am meisten in die IT-Weiterbildung ihrer Anwender investieren, jedoch nur äußerst geringen Nutzen daraus ziehen. In dieser Hinsicht sind sich Experten und Anwender einig. Die von den Experten eingeschätzte Effizienz ist dementsprechend ebenfalls sehr gering. Es scheint, dass hier falsch investiert wird. Grundstrategie 2 weist eine gewisse Ähnlichkeit auf mit dem von BÄUMER (1997) charakterisierten „ressourcenbasierten Weiterbildungsmanagement". Dieses in hohem Maße institutionalisierte Weiterbildungsmanagement ist an langfristiger Planung orientiert und verfolgt eine stark an Mitarbeiterressourcen ausgerichtete Politik (Bäumer 1997, S. 283). Zum Teil werden in der Weiterbildung überschüssige Potenziale vermittelt. Hervorstechendstes Merkmal dieses Typus ist, dass die Durchführung der Qualifizierung nicht nur anforderungsorientiert, d.h. an der Arbeit mit der Software, erfolgt, sondern auf den Ressourcen der Mitarbeiter aufbaut und darauf abzielt, diese anforderungsunabhängig zu verbessern und auch für betriebliche Veränderungen nutzbar zu machen (Bäumer 1997, S. 170).

- Ebenfalls sehr geringen Nutzen aus der Anwenderqualifizierung ziehen Unternehmen des Grundtypus 1 („rudimentär"). Sowohl Experten als auch Anwender schätzen den Nutzen sehr gering ein. Da allerdings im Vergleich zu den anderen Grundstrategien am wenigsten in die Qualifizierung investiert wird, ist die wahrgenommene Effizienz relativ hoch. In diesem Falle scheint zu wenig investiert zu werden. Die rudimentäre IT-Qualifizierungsstrategie entspricht zu weiten Teilen dem von BÄUMER (1997, S. 284) beschriebenen „rudimentären Weiterbildungsmanagement". Es ist wenig institutionalisiert, erfolgt weitgehend ungeplant und kurzfristig und scheint vordergründig defizitär zu sein. Planungsrunden, Potenzialanalysen und auch Erfolgskontrollen werden als überflüssig angesehen. Die Weiterbildung in Unternehmen dieses Typus wird konsequent auf einem niedrigen Niveau gehalten.

- Grundstrategie 3 („IT-/User-orientiert") ist aus Sicht der Experten am effektivsten. Gleichzeitig tätigen die Unternehmen dieser Gruppe nur leicht überdurchschnittliche Investitionen in das IT Know-how ihrer Anwender, dementsprechend wird auch die Effizienz sehr hoch eingeschätzt. Aus Sicht der Anwender stiftet die Qualifizierung allerdings nur geringfügig mehr Nutzen als bei Cluster 2, das von den Experten wiederum am schlechtesten bewertet wurde. Zusammenfassend scheint Grundstrategie 3 die aus Sicht der Experten (IT, PA/PE) richtige Vorgehensweise zu sein. Die IT-/User-orientierte IT-Qualifizierungsstrategie weist ähnliche Merkmale auf wie die von BÄUMER (1997, S. 284) beschriebene „strategieunterstützende Weiterbildung". Unternehmen dieses Typus verfügen über ein in hohem Maße institutionalisiertes und professionalisiertes Weiterbildungsmanagement, sind mit relativ hohem Budget ausgestattet und legen Wert auf eine langfristige und mit der Unternehmensstrategie integrierte Weiterbildungsplanung.

- Qualifizierungsstrategie 4 („technikorientiert") ist die von den IT-Anwendern präferierte Vorgehensweise. Auch aus Sicht der Experten ist diese Vorgehensweise relativ wirkungsvoll. Allerdings weisen die Unternehmen dieser Gruppe das zweithöchste Investitionsvolumen in der IT-Anwenderweiterbildung auf. Grundstrategie 4 scheint die aus Anwendersicht richtige Vorgehensweise in der IT-Qualifizierung zu sein. Die technikorientierte IT-Qualifizierungsstrategie weist einige Ähnlichkeiten mit BÄUMERS (1997, S. 170) „nachgefragt-dienstleistender Weiterbildung" auf, denn diese ist in erster Linie durch ihre anforderungsorientierte Art der Weiterbildungsplanung gekennzeichnet: Immer dann, wenn Bedarf in den dezentralen Einheiten entsteht, wird Weiterbildung nachgefragt. Die BÄUMER'SCHE Charakterisierung korrespondiert mit der Tatsache, dass im Bereich der IT den technologieinduzierten Qualifizierungsanlässen (Trigger) die größte Bedeutung zukommt: Qualifizierung findet dann statt, wenn es aus Sicht der Unternehmenssoftwaresysteme und –projekte notwendig erscheint. Längerfristige, formalisierte Qualifizierungsangebote sind in diesen Unternehmen eher selten anzutreffen.

Die Bewertung der beiden letztgenannten dominanten Grundstrategien lässt sich mit einfachen Worten folgendermaßen ausdrücken:

„Wähle Strategie 3 (IT-/User-orientiert) dann, wenn du die IT glücklich machen willst. Willst Du die Anwender glücklich machen, orientiere dich an Strategie 4 (technikorientiert)".

4.7 Zusammenfassung

In diesem Kapitel wurde das im vorangegangenen Kapitel entwickelte Analysemodell empirisch angewendet. Im Rahmen einer Expertenbefragung bei 220 Unternehmen aus dem deutschsprachigen Raum konnte deren Vorgehensweise bei der Qualifizierung ihrer Anwender von Unternehmenssoftware detailliert untersucht werden.

Zunächst wurde die Umsetzung des Modells in einen Fragebogen sowie die notwendige Umfragelogistik beschrieben. Es wurde gezeigt, dass eine sorgfältige Entwicklung des Erhebungsinstrumentes notwendig ist. Außerdem mussten ausreichend Zeit und finanzielle Mittel in die Selektion und Ansprache der Zielgruppe investiert werden, um genügend Rücklauf in sehr guter Qualität zu erhalten.

Mittels Clusteranalyse konnten die in der Stichprobe vorgefundenen Handlungsmuster auf vier Grundstrategien (Cluster) verdichtet werden, was zur Beantwortung von Forschungsfrage 1 beitrug. Neben einer rudimentär qualifizierenden Strategie konnte im Laufe des Analyseprozesses eine mitarbeiterzentrisch-fürsorgende Anwenderqualifizierung identifiziert werden. Als weitere Grundmuster kristallisierten sich eine IT-/User-orientierte sowie eine technikorientierte Anwenderqualifizierung heraus. Die vier Grundstrategien unterscheiden sich sowohl hinsichtlich Investitionshöhen, organisatorischer Ausgestaltung sowie inhaltlichem und methodischem Fokus. Die gefundene Clusterung ist aufgrund der Methodik eine mögliche von vielen unterschiedlichen empirischen Typisierungen, dennoch ist die Lösung als zuverlässig zu bewerten.

- Obwohl sich die vier Grundstrategien hinsichtlich Investitionshöhen in der Anwenderweiterbildung deutlich unterscheiden, bewegen sich alle auf einem hohen Niveau, wie Vergleiche mit Weiterbildungsstatistiken sowie die Einschätzungen von IT-Verantwortlichen (Mohr 2007) zeigen. Qualitativ betrachtet, ist jedoch von einem relativ geringen Ausbaustand der Anwenderqualifizierung auszugehen. Somit ist anzunehmen, dass die Unzufriedenheit der Anwender nicht mit der Strategie „höher, schneller, weiter" beseitigt werden kann.

- Im Gegensatz zu IT-Fachkräften, bei denen eine verstärkte arbeitsprozessintegrierte Qualifizierung zu beobachten ist, scheint dies bei den Anwendern nicht der Fall zu sein. Hier dominieren die „klassischen" Weiterbildungsformen, wobei je nach Grundstrategie der Kodifizierung oder der Personalisierung der Wissensvermittlung mehr Bedeutung beigemessen wird.

Zur Beantwortung von Forschungsfrage 2 wurden Zusammenhangsanalysen zwischen potenziellen Einflussfaktoren und der Wahl bestimmter Grundstrategien durchgeführt. Dabei zeigte sich, dass die Verfolgung einer bestimmten Grundstrategie keiner systematischen Regelmäßigkeit folgt, die im Analysemodell berücksichtigt wurde. Vielmehr sind die vier Grundstrategien bei den Unternehmen der Stichprobe gleichermaßen vorzufinden. Dies könnte darauf hindeuten, dass entweder das Analysemodell nicht die „richtigen" Determinanten enthält oder dass es tatsächlich keine objektiv festzustellenden Einflussfaktoren gibt, welche eine bestimmte Strategie stimulieren oder begrenzen. Vielmehr könnte das Qualifizierungsgeschehen in den individuellen und nicht immer intersubjektiv nachvollziehbaren Präferenzen der Weiterbildungsverantwortlichen begründet sein. Allerdings weisen einige der untersuchten Einflussfaktoren mit bestimmten Einzelentscheidungen in der Anwenderqualifizierung systematische Zusammenhänge auf. Einige Zusammenhänge decken sich mit früheren Untersuchungen zur Weiterbildung, andere widersprechen bisherigen Erkenntnissen oder sind kontraintuitiv:

- Es sind nicht die „kleinen", sondern die Unternehmen mittlerer Größenordnung, welche im Vergleich zu den kleineren und größeren Unternehmen am wenigsten in die IT-Anwenderqualifizierung investieren. Auch die Betreuungsrelation durch Key User ist in kleinen Unternehmen deutlich günstiger (aus Sicht der Anwender) als in großen Unternehmen. Zudem können Teams desto eher gemeinsam an Weiterbildungsmaßnahmen teilnehmen, je kleiner das Unternehmen ist.

- Unternehmen in schlechterer ökonomischer Gesamtsituation sind weniger bereit, Wirtschaftlichkeitsuntersuchungen in der IT-Anwenderweiterbildung anzustellen, obwohl dadurch Effizienzgewinne erhofft werden.

- Nutzer eigenentwickelter Unternehmenssoftware oder von Nicht-SAP-Standardsoftware investieren weniger in die Anwenderqualifizierung als SAP Nutzer. Ist eine Eigenentwicklung im Einsatz, stellt allerdings die Personalentwicklung deutlich mehr Qualifizierungsbudget zur Verfügung als in den anderen Fällen. Sind SAP-Produkte oder Eigenentwicklungen im Einsatz, wird signifikant mehr Wert auf integratives Anwenderwissen gelegt als im Falle anderer Standardsoftware. Nutzer von Eigenentwicklungen sind deutlich eher geneigt, Wirtschaftlichkeitsermittlungen in der Anwenderqualifizierung anzustellen.

- Je stärker die eingesetzte Unternehmenssoftware an die individuellen Bedürfnisse des Unternehmens angepasst ist (Customizing), desto mehr wird in die Anwenderweiterbildung investiert. Customizing erhöht also nicht die Passung zwischen Software und Arbeitsaufgabe der Anwender, wie es BREHM ET AL. (2001) erwartet haben.

- Je schneller sich die Unternehmenssoftware durch Releasewechsel weiterentwickelt (Änderungsdynamik), desto weniger können die Anwender durch die internen Kollegen sowie durch Key User unterstützt werden.

- Je mehr Power User sich unter den Anwendern befinden, desto weniger wird bei Erweiterungen der Unternehmenssoftware qualifiziert.
- Je mehr Module der Unternehmenssoftware produktiv im Unternehmen genutzt werden, desto umfangreicher fällt die Anwenderqualifizierung im Falle eines Stellen- oder Aufgabenwechsels eines Mitarbeiters aus.
- Werden mit der Unternehmenssoftware interne Service- und Koordinationsprozesse wie z.B. Dienstreisen usw. abgebildet, weist die Anwenderqualifizierung eine deutlich größere methodische Vielfalt auf.

Ein Großteil der untersuchten Einflussfaktoren erwies sich jedoch als irrelevant für die Vorgehensweisen in der IT-Anwenderqualifizierung. Es ist als wichtiges Ergebnis dieser Arbeit zu werten, diese Einflussfaktoren „auszusortieren" und dadurch den Realitätsausschnitt für zukünftige Erhebungen zu verdichten.

Anschließend wurde eine Nutzenbetrachtung der Grundstrategien auf zwei Ebenen durchgeführt: Zunächst wurden die 220 Experten aus IT- und Personalbereichen nach dem Nutzen gefragt, den sie ihrer Strategie beimessen. In einem zweiten Schritt wurden Endanwender als die Nachfrager von IT-Qualifizierungsmaßnahmen nach ihrer Zufriedenheit (als Proxy für den Nutzen) befragt. Für die Anwenderbefragung wurde eine IT-Anwenderzufriedenheitsstudie um das Thema IT-Qualifizierung erweitert. Ca. 17.000 Anwender gaben ihre Zufriedenheitseinschätzungen und konkrete Verbesserungsvorschläge ab.

- Die vergleichende Gegenüberstellung der beiden Erhebungen machte deutlich, dass die Experten signifikant höheren Nutzen in der IT-Qualifizierung sehen als die Anwender. Die von den Experten formulierten Verbesserungspotenziale liegen vor allem im Bereich der Qualifizierungsmethodik, jedoch werden auch die Regelmäßigkeit der Anwenderqualifizierung sowie die inhaltliche Ausgestaltung als verbesserungswürdig eingestuft.
- Nicht nur relativ zum Expertenurteil, sondern auch im Vergleich mit anderen Leistungen der IT-Abteilung (z.B. Soft- und Hardwareausstattung, Helpdesk usw.) stellte sich die IT-Anwenderqualifizierung als der mit Abstand größte Kritikpunkt aus Sicht der Anwender heraus. Sie erachten vor allem die interne Kommunikation des Qualifizierungsangebots als ausbaufähig. Einem Großteil der Anwender ist nicht einmal bewusst, dass derartige Angebote existieren. Die scheinbar zu geringe Angebotsevidenz erfordert verstärkte Maßnahmen im internen IT-Marketing.
- In den Augen der Experten stiftet die IT-/User-orientierte Qualifizierungsstrategie (Cluster 3) den mit Abstand höchsten Nutzen, gefolgt von der technikorientierten (Cluster 4) und der rudimentären Qualifizierungsstrategie (Cluster 1). Den geringsten Nutzen sehen die Experten in der mitarbeiterzentrisch-fürsorgenden IT-Qualifizierung (Cluster 2), obwohl diese die höchsten Investitionsvolumina aufweist. Die Anwender hingegen messen der technikorientierten Strategie den mit Abstand höchsten Nutzen bei, gefolgt von der IT-/User-orientierten, der mitarbeiterzentrisch-fürsorgenden und der rudimentären Strategie. Damit ergibt sich zwischen den beiden dominanten Alternativen 3 und 4 ein Trade-Off: Je nach Präferenz der IT-/Weiterbildungsverantwortlichen kann eine eher anwenderorientierte Qualifizierung (Strategie 4) oder IT-orientierte Qualifizierung (Strategie 3) eingeschlagen werden.

- Unabhängig von der Clusterung stellte sich heraus, dass die Qualifizierungsmenge bei technikorientierten Anlässen der beste Prädiktor ist, um effektive von nicht effektiven Strategien zu trennen. Dies bedeutet, dass diejenigen Unternehmen, die bei Unternehmenssoftwareprojekten, Releasewechseln, Funktionserweiterungen usw. am umfangreichsten qualifizieren, insgesamt den höchsten Nutzen in der IT-Anwenderweiterbildung aufweisen. Dies bedeutet jedoch auch, dass die eher personalorientierten Weiterbildungsmaßnahmen, die im Rahmen von Einstellung und Versetzung stattfinden sowie regelmäßige Qualifizierungsmaßnahmen nicht erfolgsentscheidend sind. Als nächstbester Anhaltspunkt für eine effektive Anwenderqualifizierung stellte sich der inhaltliche Fokus des Integrationswissens heraus, d.h. der Aufbau von Zusammenhangswissen über Abteilungs- und Funktionsgrenzen hinweg („Big Picture"). Dass derartiges Wissen bei hochintegrierter „mandated technology" essentiell ist, verwundert nicht, konnte durch diese Arbeit jedoch empirisch nachgewiesen werden. Im Umkehrschluss bedeutet diese Analyse, dass nicht die Fragen der didaktischen oder methodischen Ausgestaltung primär über Erfolg oder Misserfolg der Anwenderqualifizierung entscheiden, sondern „der richtige Zeitpunkt und die richtigen Inhalte".
- Unter den verschiedenen Altersgruppen der Anwender konnten deutliche Unterschiede in der Zufriedenheit mit der IT-Qualifizierung festgestellt werden: Während sich die mittleren Altersgruppen (30-59 Jahre) am kritischsten äußerten, scheinen die jungen (bis 29) und die älteren (ab 60) zufriedener zu sein („U-Kurve"). Dies widerspricht bisherigen Studien, nach denen ältere Mitarbeiter der IT und ihren Leistungen kritischer und unzufriedener gegenüberstehen als jüngere. Das mittlere Management ist im Vergleich zu „normalen" Mitarbeitern und oberen Führungskräften signifikant unzufriedener, was die Anwenderqualifizierung in der IT betrifft. Letztlich konnte auch nachgewiesen werden, dass die IT-Affinität, also die persönliche Einstellung zur IT, eine Determinante für die Bewertung der IT-Qualifizierungsmaßnahmen ist: Anwender, die eine positivere Einstellung zur Arbeit mit Informationstechnologie haben, äußern sich zufriedener als diejenigen, für die IT ein notwendiges Übel zur Erledigung der Aufgaben ist.

Im Kontext der Nutzenbewertung ist es wichtig zu betonen, dass es sich um den von den befragten Personen wahrgenommenen Nutzen handelt. Nutzenmessungen nach dem Verständnis des Bildungscontrollings wurden keine vorgenommen.

5 Fazit und Ausblick

5.1 Zusammenfassung der Arbeit

Die Arbeit mit Unternehmenssoftware zur Steuerung betrieblicher Abläufe ist für viele Mitarbeiter inzwischen der Normalfall. Obwohl für eine effektive und effiziente Softwarenutzung hohe Investitionen in die Qualifizierung der Anwender getätigt werden, ist eine systematische Vorgehensweise bei der Organisation und Durchführung von Qualifizierungsmaßnahmen bislang selten. Ein Grund dafür wird in fehlenden empirischen Vergleichsdaten zu Aufbau- und Ablauforganisation in der IT-Anwenderqualifizierung gesehen. Die vorliegende Arbeit soll diese Lücke schließen, indem auf Basis explorativer Untersuchungen unter 220 IT- und Personalexperten und ca. 17.000 IT-Anwendern Grundstrategien der Anwenderqualifizierung identifiziert, Gründe für ihre Wahl gesucht und Nutzenbetrachtungen angestellt werden.

Nach einer Zusammenfassung der Begriffsdefinitionen und dem aktuellen Stand der relevanten Forschungsfelder wird ein Analysemodell als Struktur für die empirische Untersuchung unter IT- und Personalentwicklungsverantwortlichen entwickelt. Es wird aus der Weiterbildungs- und IT-Literatur sowie aus den Erkenntnissen aus 11 Experteninterviews mit Personal- und IT-Verantwortlichen abgeleitet. Das Analysemodell bildet die relevanten Strukturen der Aufbau- und Ablauforganisation in der Anwenderqualifizierung ab. Als Einflussfaktoren für die Wahl einer Qualifizierungsstrategie werden unternehmensinterne Faktoren, die eingesetzte Unternehmenssoftwaretechnologie sowie Umweltfaktoren im Modell berücksichtigt.

Nach der Operationalisierung der Modellbestandteile werden sie in einen Fragebogen umgesetzt, der sich an Verantwortliche aus den Bereichen IT/Unternehmenssoftware und Personalentwicklung richtet. Mittels mehrstufiger Clusteranalyse werden vier Grundstrategien herausgearbeitet, nach denen die Unternehmen vorgehen (Forschungsfrage 1):

- rudimentär
- mitarbeiterzentrisch-fürsorgend
- IT-/User-orientiert
- technikorientiert

Durch Assoziationsanalysen werden diejenigen Einflussfaktoren identifiziert, die systematisch ganz bestimmte Vorgehensweisen in der Anwenderqualifizierung begünstigen. Es stellt sich heraus, dass die Einflussfaktoren zwar keine der vier Grundstrategien systematisch begünstigen, sehr wohl jedoch eine Vielzahl der Einzelentscheidungen (Forschungsfrage 2).

Eine Nutzenanalyse ergibt, dass die rudimentäre und die mitarbeiterzentrisch-fürsorgende Strategie sowohl aus Experten- als auch Anwendersicht am uneffektivsten sind. Die IT-/User-orientierte Strategie weist aus IT-Strategiesicht den höchsten Nutzen auf, während die Anwender die technikorientierte Strategie am effektivsten einschätzen. Eine Entscheidungsbaumanalyse weist den Qualifizierungsumfang bei technikorientierten Anlässen sowie die Vermittlung integrativen Anwenderwissens als die besten Prädiktoren für eine erfolgreiche Anwenderqualifizierung aus. Die Differenzierung nach Anwendercharakteristika zeigt, dass es die Mitarbeiter des mittleren Managements und der mittleren Altersklassen sind, welche am unzufriedensten mit der betrieblichen IT-Qualifizierung sind.

5.2 Limitationen der Erhebungen

In der vorliegenden Arbeit wurden zwei quantitative Querschnittserhebungen durchgeführt. Ziel war es, einen möglichst repräsentativen Überblick über die aktuelle Praxis der IT-Anwenderqualifizierung zu bekommen. Dabei wurde bewusst vom konkreten Einzelfall des Unternehmens und des Anwenders abstrahiert, um stattdessen eine „Helikopterperspektive" einnehmen zu können. Diese Vorgehensweise führt dazu, dass die gewonnenen Erkenntnisse gewissen Limitationen unterliegen.

- Das dem behavioristischen Forschungsparadigma zugrunde liegende Ziel in der Wirtschaftsinformatik besteht darin, Verhalten und Auswirkungen von existierenden Informationssystemen auf Organisationen zu analysieren (Wilde/Hess 2006, S. 3). Dass dementsprechend die konstruktiven Elemente und Handlungsanweisungen für die Praxis in den Hintergrund treten mussten, wurde bewusst in Kauf genommen.
- Zunächst müssen sich beide Erhebungen, ebenso wie die Vorstudie, der Grundsatzkritik aussetzen, dass es sich stets um convenience samples handelt, d.h. willkürlich konstruierte Stichproben.[240] Streng genommen, sind diese aus statistischer Sicht „wertlos", da durch inferenzstatistische Verfahren keine Rückschlüsse auf die Grundgesamtheit gezogen werden können (Schumann 2006, S. 97). Allerdings musste hier pragmatisch abgewägt werden zwischen methodischer Exaktheit und praktischer Durchführbarkeit einer empirischen Erhebung. Die beiden Stichprobenumfänge (220 Experten und > 17.000 Anwender) sind jedoch im Vergleich mit anderen Untersuchungen als relativ groß zu bezeichnen.
- Die Datenanalyse wurde fast durchgehend mit Hilfe quantitativ-statistischer Methoden vorgenommen. Ergebnis war, ein Querschnittsbild über alle Stichprobenteilnehmer hinweg zu erhalten. Die notwendige standardisierte Datenerhebung führte dazu, dass in Kauf genommen werden musste, dass qualitative Feinheiten einzelner Unternehmen und Anwender unberücksichtigt blieben. Für weitere Forschungsarbeiten zur IT-Anwenderqualifizierung wären andere methodische Herangehensweisen denkbar, beispielsweise die Methode der kritischen Ereignisse (critical incident technique – CIT). Anwender würden nach besonders positiven und besonders negativen Ereignissen im Zusammenhang mit der betrieblichen IT-Qualifizierung gefragt. Diese Methode hätte den Vorteil, dass daraus schneller konkrete Handlungsempfehlungen (dos und don'ts) abgeleitet werden könnten.
- Alle erhobenen Daten basieren auf den Selbsteinschätzungen der Befragten. Da diese sich eventuell fehlerhaft erinnern oder sogar lügen können, kann ein so genannter Rater Bias nicht ausgeschlossen werden (vgl. Püttgen/Roe, S. 164). Insbesondere Projektleiter können dazu neigen, bei Projekterfolg den eigenen Beitrag zu überschätzen und Situationseinflüsse zu unterschätzen (bei Misserfolg gilt das Umgekehrte).
- Die Erhebung des Nutzens der IT-Anwenderqualifizierung erfolgte sowohl bei den Experten als auch den Anwendern durch die direkte Abfrage der persönlichen Wahrnehmung,

[240] Die 220 Unternehmen der Expertenbefragung kamen zumindest teilweise durch eine Zufallsstichprobe zustande.

d.h. Einschätzung. Nutzenmessungen nach dem Verständnis des Bildungscontrollings wurden nicht durchgeführt. Damit setzt man sich bewusst dem Vorwurf der Willkürlichkeit aus. Allerdings sind Expertenschätzungen in der Praxis ein probates Mittel der Bewertung von Maßnahmen.

- Die Stärken der durch Zusammenhangsanalysen ermittelten Korrelationen bewegen sich oft im Bereich „schwach" bis „mittel". Allerdings wurden im Sinne einer notwendigen Bedingung für inhaltliche Signifikanz grundsätzlich nur statistisch signifikante, d.h. nicht zufällig in der Stichprobe vorgefundene Zusammenhänge betrachtet und weiter verwendet.
- Der Einfluss von Drittvariablen auf die festgestellten Zusammenhänge wurde nicht gezielt untersucht (Schnell et al. 2005, S. 233ff.). Denkbar wäre die Untersuchung antezedierender Drittvariable, welche sowohl der unabhängigen als auch der abhängigen Variable zeitlich vorausgehen. Die Folge sind Scheinkorrelationen. Auch intervenierende Variable, die zeitlich zwischen abhängiger und unabhängiger Variable auftreten, sind denkbar. Schließlich könnten auch verdeckte Beziehungen übersehen worden sein, welche es durch die Hinzunahme einer Drittvariablen in Erscheinung treten würden. In der gezielten Berücksichtigung von Drittvariablen in Analysemodellen und deren statistischer Aufdeckung, z.B. durch Strukturgleichungsmodelle (Schnell et al. 2005, S. 236), steckt Potenzial für zukünftige Forschungsarbeiten. Die Vernachlässigung wird damit begründet, dass es sich um eine explorative Untersuchung handelte mit dem Ziel, zunächst möglichst viele potenzielle Zusammenhänge herauszuarbeiten. Sie könnten in detaillierteren Studien nochmals bestätigt oder verworfen werden.
- Aufgrund der Querschnittsbetrachtung könnten Qualifizierungsanlässe unbeachtet geblieben sein, die im Einzelfall wichtig sind. So ist beispielsweise eine unternehmensweite ISO-Zertifizierung ein zwar seltener, für das betreffende Unternehmen jedoch mit immensen Anstrengungen verbundener Auslöser für Weiterbildungsmaßnahmen.

Speziell für die Expertenerhebung ergeben sich folgende Kritikpunkte:

- In der Expertenbefragung haben viele der Befragten eine hohe Position innerhalb ihres Unternehmens inne. So sind 120 der 220 Teilnehmer CIOs, IT-Leiter sowie in der Rolle eines Anwendungs- oder Modulverantwortlichen. Dabei könnte es zu verzerrten Einschätzungen aufgrund der Entfernung der Befragten vom Tagesgeschehen der Anwender gekommen sein. Der Kontakt zu diesem Personenkreis war dennoch wichtig, um an die benötigten Informationen zu gelangen.
- Eine weitere Limitation ergibt sich dadurch, dass die Fragen nicht auf ein ganz bestimmtes Qualifizierungs- oder Softwareeinführungsprojekt bezogen waren, sondern auf die generelle Vorgehensweise im Unternehmen in einem gewissen Zeitraum. Zum einen könnte es den Befragten schwer gefallen sein, eine Bewertung über einen Zeitraum von drei Jahren abzugeben. Zum anderen ist es möglich, dass die Teilnehmer der Umfrage noch keine drei Jahre in ihrer aktuellen Position beschäftigt waren oder erst zu ihrem Unternehmen gewechselt sind. Beides kann zu Fehleinschätzungen oder Verzerrungen führen.
- Zudem war die Expertenumfrage nicht auf ein bestimmtes Unternehmenssoftwaresystem bezogen, sondern auf die gesamte Unternehmenssoftwarelandschaft. Weil es den Teilnehmern nicht möglich war, ihre Angaben nach mehreren unterschiedlichen Systemen zu

differenzieren, blieb ihnen nichts anders übrig, als Durchschnittswerte über alle Systeme hinweg zu bilden. Dies könnte wiederum zu Verzerrungen der Angaben geführt haben.

- Die zur empirischen Typisierung der Qualifizierungsstrategien durchgeführte Clusteranalyse ist eine Aneinanderreihung vieler mehr oder weniger willkürlicher Entscheidungen des Forschers (Schnell et al. 2005, S. 464; Lengfeld 2003), daher kann kaum von „dem" Ergebnis gesprochen werden. Der grundsätzlichen Kritik an diesem statistischen Verfahren kann nicht widersprochen werden. Allerdings hilft die genaue Darlegung der Auswahl der Clustervariablen, des Proximitätsmaßes, des Fusionierungsalgorithmus als auch der Bestimmung der Clusteranzahl, die gewonnenen Ergebnisse intersubjektiv nachvollziehbar zu machen.

Für die Interpretation der Ergebnisse der Anwenderbefragung ist von besonderer Bedeutung, dass hier die extrem hohe Stichprobengröße (~ 17.000) im Vordergrund stand.

- Der Fragebogen musste unter allen Umständen klein gehalten werden, um eine hohe Rücklaufquote zu realisieren. Dies führte dazu, dass zum (nachträglich eingebauten) Themenkomplex der Anwenderqualifizierung lediglich drei Fragen plus die Kommentare der Freitextfrage zugelassen waren.
- Da das Design der Befragung in enger Abstimmung mit den Partnern CIO und BGM erfolgte, mussten einige Kompromisse eingegangen werden. So setzte sich zwar die fünfstufige Ratingskala bei den standardisierten Fragen durch, doch wurden die Skalenbeschriftungen anders gewählt als bei der Expertenbefragung, die sich fast durchweg an den gängigen Allbus-Skalen (vgl. Prüfer et al. 2003) orientierte. Die Zufriedenheiten wurden mit [vollkommen zufrieden; sehr zufrieden; zufrieden[241]; unzufrieden; vollkommen unzufrieden] gemessen, womit die mittlere Kategorie tendenziell positiver zu interpretieren ist. Diese „positive Skalenverschiebung" könnte zu einer Beeinflussung der Antworttendenzen der befragten Anwender geführt haben.[242]
- Obwohl von Experten geraten wird, Zufriedenheit immer gemeinsam mit der Wichtigkeit eines IT-Service oder einer Komponente aus Sicht des Anwenders zu erheben (Zilch 2006), wurde dies bei der Anwenderzufriedenheitsbefragung unterlassen. Nur durch diese Gewichtung ist es möglich, konkrete Handlungsempfehlungen zu formulieren.

Die Verbindung von Experten- und Anwenderbefragung erfolgte über die nachträgliche Klassifizierung der Unternehmen der zweiten Studie mittels Diskriminanzfunktionen. Dazu wurden diejenigen Variablen erhoben, die für die Klassifizierung notwendig waren, d.h. die Clustervariablen. Da es sich dabei nur um sehr wenige Merkmale handelte, ist die Verbindung der beiden Umfragen relativ „schwach" und für Verzerrungen anfällig. Zwar ist der Vergleich der beiden Erhebungen aufgrund ähnlicher methodischer Vorgehensweise prinzipiell gegeben, doch unterscheiden sich die beiden Stichproben hinsichtlich der Größenkategorien der teilnehmenden Unternehmen: Während die befragten Experten ihre Angaben zu großen bis sehr großen Unternehmen machten, beurteilten die Anwender die Qualifizierungspraxis in mittleren bis großen Unternehmen.

---

241 „zufrieden" ist zu interpretieren als „na ja, ich habe mich damit abgefunden"

242 Mindestens ein teilnehmendes Unternehmen hatte aus diesem Grund Verständnisschwierigkeiten mit ihren Ergebnissen.

5.3 Implikationen für die Praxis

Aufgrund der in der Arbeit festgestellten Defizite ergeben sich folgende Verbesserungspotenziale für die Praxis der Anwenderqualifizierung in der IT:

- „Altruistische IT-Schulungen“: In der Nutzenbetrachtung der Qualifizierungsstrategien stellte sich die Vermittlung integrativen Anwenderwissens als entscheidender Erfolgsfaktor heraus. Erfolgreiche Unternehmen zeichnen sich u.a. dadurch aus, dass sie ihren Anwendern neben der reinen Funktionsweise des Systems und der Abbildung für sie relevanter Geschäftsprozesse auch vermitteln, von welchen vorgelagerten Stellen sie abhängen und welche nachgelagerten Stellen von ihren Aktionen im System und deren Qualität abhängen. „Mandated technology“ (Brown et al. 2002) sollte den Anwendern nach dem Motto „schule nicht, was der Anwender selbst, sondern was seine Kollegen wissen müssen“ nahe gebracht werden.

- „Viel hilft nicht viel“: Die Clusteranalyse sowie die nachfolgende Nutzenbetrachtung haben gezeigt, dass die Investitionshöhen in das IT-Anwender-Know-how ausreichend sind. Die Unternehmen, die überdurchschnittlich viel investieren, verfolgen nicht automatisch die beste Strategie.

- Verbesserung des internen IT-Weiterbildungsmarketing: Aufgrund der Tatsache, dass viele Anwender überhaupt kein Qualifizierungsangebot wahrnehmen, dieses aber nachweislich existiert, scheint Verbesserungsbedarf in der Kommunikation zwischen IT-Abteilung und den Anwendern zu bestehen. Die fehlende Klarheit über bestehende Personalentwicklungsmöglichkeiten wurde als ein Hauptgrund für die signifikant schlechtere Beurteilung von IT-Qualifizierungsmaßnahmen im Vergleich zu anderen Leistungen der IT ausgemacht. Diese Aufgabe könnte durch einen Funktionsträger wahrgenommen werden, welcher sich analog zum extern ausgerichteten IT Marketing Manager (BMBF 2002, S. 115) um die interne Vermarktung der Leistungen der IT kümmert.

- Bessere Verzahnung betrieblicher IT-Weiterbildung und der IT-Ausbildung in Hochschulen und berufsbildenden Schulen: Unter Experten gibt es Stimmen, dass Hochschulen und Unternehmen in der Weiterbildung verstärkt zusammenarbeiten sollen (Werner 2006b, S. 17). Darunter kann neben institutioneller und organisatorischer Kooperation auch die bessere inhaltliche Abstimmung zwischen Hochschul- und Schulausbildung und den praktischen betrieblichen Anforderungen, beispielsweise bei IT-Kenntnissen, verstanden werden. Trotz der berechtigten Forderung nach Autonomie von Forschung und Lehre, insbesondere im Hochschulbereich, sollten sich die IT-bezogenen Curricula an den praktischen Notwendigkeiten von Fachkräften und „normalen“ Anwendern orientieren. Als Beispiel sei das Engagement der Firma SAP im Rahmen ihres University Alliance (UA) Programms genannt (Schrader 2005; Mohr et al. 2006; Krcmar et al. 2006; Mohr et al. 2007b; Schrader et al. 2007). Durch die Vermittlung von SAP-Kompetenzen können Personalverantwortliche damit rechnen, dass Berufseinsteiger bereits ein gewisses Maß an SAP-Handhabungswissen und die grundlegenden Konzepte mitbringen, die hinter dem Rückgrat moderner Unternehmen stehen. Dass die Eigenheiten einzelner Unternehmen in der Primärausbildung zu Unternehmenssoftwaresystemen nicht berücksichtigt werden können, ist dennoch unstrittig. Einen Überblick über die Einbindung von SAP in die Curricula liefern Mohr (2007a; 2007b) und Rosemann (2004).

- Berücksichtigung der mittleren Altersklassen und des mittleren Managements: In der Anwenderbefragung äußerten sich sowohl die mittleren Altersklassen (ca. zwischen 30 und 50 Jahren) als auch das mittlere Management am unzufriedensten mit der IT-Anwenderqualifizierung. Als ein Grund wurde der höhere Erfolgs- und Zeitdruck dieser Personengruppen vermutet. Um die Zufriedenheit zu steigern, könnten extrem komprimierte Weiterbildungsveranstaltungen ein probates Mittel sein, die die Teilnehmer so kurz wie möglich aus ihrem operativen Geschäft fernhalten.

5.4 Implikationen für die Forschung

Im Anschluss an die Arbeit ergeben sich eine Reihe weiterer Fragen und Aufgaben, die für zukünftige Forschungsarbeiten als verfolgenswert angesehen werden:

- Umsetzung der Ergebnisse in ein didaktisches Konzept: Die aus den beiden Umfragen gewonnenen Erkenntnisse sollten in ein didaktisches Konzept umgesetzt werden, in dem konkrete Handlungsempfehlungen ausgesprochen werden.
- Ergänzung des Analysemodells um weitere Einflussfaktoren: Die im Analysemodell berücksichtigten Einflussfaktoren konnten die Wahl einer Grundstrategie nicht erklären. In zukünftigen Untersuchungen sollten daher weitere Einflussfaktoren systematisch geprüft werden.
- Neue Medien in der Anwenderweiterbildung: Um integratives Anwenderwissen und die Funktionsweise komplexer Systeme wie Unternehmenssoftware besser vermitteln zu können, könnten Simulationen als Lernmedium hilfreich sein. Sowohl die befragten Experten als auch die Anwender stehen E-Learning-Werkzeugen eher skeptisch gegenüber. Allerdings zeigen die Ergebnisse des BMBF-Programms „Neue Medien in der beruflichen Bildung“ (BMBF 2007b, S. 16), dass IT-Fachkräfte technische Prozesse mit Hilfe von Simulationssoftware erlernen können. Analog könnte in der Anwenderqualifizierung zu Unternehmenssoftware vorgegangen werden.
- Konzeption eines ganzheitlichen Bildungscontrollings: Bisherige Bildungscontrollingansätze scheiterten u.a. an der Isolierung der durch Qualifizierungsmaßnahmen bedingten Effekte (Mohr/Krcmar 2005). Eventuell liegt eine Chance darin, anstelle der kostenrechnerischen Beurteilung von Einzelmaßnahmen Gesamtstrategien der Einführung und Nutzung von Informationssystemen zu bewerten. Bezogen auf betriebswirtschaftliche Unternehmenssoftware müssten neben den Entscheidungen über die Weiterbildung auch Entscheidungen über IT-Investitionen sowie über organisatorische Reorganisationsmaßnahmen (Markus 2004) in die Betrachtung einbezogen werden, wie in Abbildung 126 dargestellt. Bereits Bloom et al. (2004, S. 22) haben nachgewiesen, dass zwischen IT-Investitionen, organisationalen Veränderungen und dem Qualifikationsniveau eine Komplementarität besteht: „[...] organizational change, ICT and skills are all mutually complementary. When firms change one (typically investment in ICT), they tend to reorganize and upskill.“

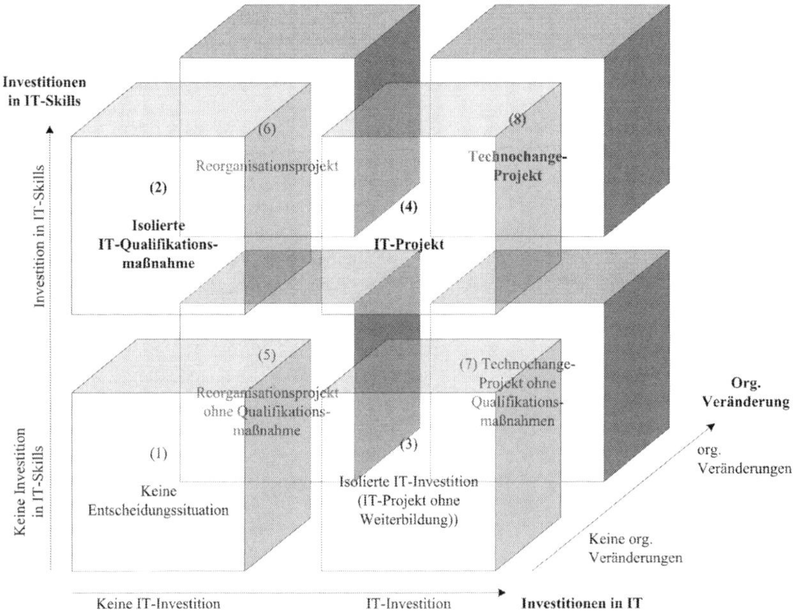

Abbildung 126: Verbund- vs. Einzelentscheidung in der IT-Weiterbildung (Quelle: Eigene Darstellung)

Literaturverzeichnis

2ask (2006): Leitfaden für die Erstellung eines Fragebogens.

Adl-Amini, B. (1993): Systematik der Unterrichtsmethode. In: Unterrichtsmethode in Theorie und Forschung: Bilanz und Perspektiven. Hrsg.: Adl-Amini, B.; Schulze, T.; Terhart, E. Beltz, Weinheim, Basel 1993.

Aggeler, B. (2006): Ein Stiefkind: Die Wirkungsmessung von Veranstaltungen. http://www.convention-net.de/objects/de/magazin/Weiterbildung_ROI.pdf, zugegriffen am 20.05.2006.

Ahlemann, F.; Schroeder, C.; Teuteberg, F. (2005): Kompetenz- und Reifegradmodelle für das Projektmanagement (Arbeitsbericht Nr. 1), 2005.

Al-Mashari, M.; Al-Mudimigh, A.; Zairi, M. (2003): Enterprise resource planning: A taxonomy of critical factors. In: European Journal of Operational Research, Vol. 146 (2003) Nr. 2, S. 352-364.

ALPHA (2006a): SAP-Qualifizierung bei ALPHA. Gespräch mit der Koordinatorin der SAP-Weiterbildung. In Mohr, M. (Ed.), *Experteninterviews*. München.

ALPHA (2006b): SAP-Qualifizierung bei ALPHA. Gespräch mit der lokalen Anwenderbetreuung Einkauf. In Mohr, M. (Ed.), *Experteninterviews*. München.

ALPHA (2006c): SAP-Qualifizierung bei ALPHA. Gespräch mit einem ehemaligen Projektleiter einer SAP-Einführung. In Mohr, M. (Ed.), *Experteninterviews*. München.

ALPHA (2006d): SAP-Qualifizierung bei ALPHA. Gespräch mit einer SAP-Anwenderin. In Mohr, M. (Ed.), *Experteninterviews*. München.

Ammenwerth, E. (2003): Die Bewertung von Informationssystemen des Gesundheitswesens. Beiträge für ein umfassendes Informationsmanagement. Habilitationsschrift, Private Universität für Medizinische Informatik und Technik Tirol 2003.

Ammermüller, A.; Dohmen, D. (2004): Private und soziale Erträge von Bildungsinvestitionen (FiBS-Forum Nr. 21), 2004.

Amoako-Gyampah, K.; Salam, A.F. (2003): An extension of the technology acceptance model in an ERP implementation environment. In: Information & Management, (2003).

AMR Research (2006): Enterprise Resource Planning Software Will Grow to $29 Billion in 2006. Pressemitteilung.

Amtsblatt Schleswig-Holstein (2006): Vereinbarung nach § 59 Mitbestimmungsgesetz Schleswig-Holstein (MBG Schl.-H.) über den Einsatz von SAP R/3 als Verfahren zur integrierten Ressourcensteuerung und den Einsatz einer Kosten- und Leistungsrechnung (VB SAP/KLR) Gl.Nr. 632.3. Fundstelle: Amtsbl. Schl.-H. 2006 S. 1551. In Schleswig-Holstein, F. (Ed.),(S. 1551).

Anderson, C.; Brennan, M.; Dankens, A.-S. (2002): Top 15 worldwide IT education and training providers in 2001, 2002.

Arthur, W.; Bennet, W.; Edens, P.; Bell, S.T. (2003): Effectiveness of Training in Organizations: A Meta-Analysis of Design and Evaluation Features. In: Journal of Applied Psychology, Vol. 88 (2003) Nr. 2, S. 234-245.

Askenäs, L.; Westelius, A. (2000): Five roles of an information system: a social constructionist approach to analyzing the use of ERP systems. Paper presented at the ICIS, Brisbane, Australia, S. 426-434.

Atteslander, P. (1991): Methoden der empirischen Sozialforschung, Erich Schmidt Verlag, Berlin 1991.

Atteslander, P. (2006): Methoden der empirischen Sozialforschung. (11. Aufl.), Erich Schmidt Verlag, Berlin 2006.

Bacher, J. (1996): Clusteranalyse. (2. Aufl.), Oldenbourg, München, Wien 1996.

Backhaus, K.; Erichson, B.; Plinke, W.; Weiber, R. (2006): Multivariate Analysemethoden. Eine anwendungsorientierte Einführung (Vol. 11), Springer 2006.

Bahnmüller, R.; Bispinck, R.; Schmidt, W. (1993): Betriebliche Weiterbildung und Tarifvertrag. Eine Studie über Probleme qualitativer Tarifpolitik in der Metallindustrie. In: Schriftenreihe Industrielle Beziehungen. Band 6. Hrsg.: Müller-Jentsch. Mering, München 1993.

Bahnmüller, R.; Fischbach, S. (2003): Qualifizierung und Weiterbildung in Baden-Württemberg. Berufliches und betriebliches Weiterbildungsverhalten und erste Erfahrungen mit dem Qualifizierungstarifvertrag für die Metall- und Elektroindustrie Zwischenbericht des Projektes „Implementierung, Anwendung und Wirkungen des Qualifizierungstarifvertrags für die Metall- und Elektroindustrie Baden-Württembergs".

Bailey, J.E.; Pearson, S.W. (1983): Development of a Tool for Measuring and Analyzing Computer User Satisfaction. In: Management Science, Vol. 29 (1983) Nr. 5, S. 530-545.

Bajwa, D.S.; Garcia, J.E.; Mooney, T. (2004): An integrative framework for the assimilation of Enterprise Resource Planning Systems: Phases, Antecedents, and Outcomes. In: Journal of Computer Information Systems, Vol. Spring 2004 (2004), S. 81-90.

Balschun, B.; Vock, R. (2006): Potenziale und Bedarfe zur Nutzung des IT-Weiterbildungssystems. Eine empirische Studie zur Entwicklung des IT-Weiterbildungssystems aus Sicht von Betrieben und IT-Fachkräften (Wissenschaftliche Diskussionspapiere Nr. 85). BIBB, 2006.

Baltes-Götz, B. (2004): Entscheidungsbaumanalyse mit AnswerTree 3.1.

Barki, H.; Hartwick, J. (1989): Rethinking the Concept of User Involvement. In: MIS Quarterly, Vol. 13 (1989) Nr. 1, S. 53-63.

Baroudi, J.J.; Olson, M.H.; Ives, B. (1986): An empirical study of the Impact of User Involvement on System Usage and Information Satisfaction. In: communications of the ACM, Vol. 29 (1986) Nr. 3, S. 232-238.

Bartholomew, D. (1997): Trains, dogs, and computers. In: Industry Week, Vol. 246 (1997) Nr. 20, S. 42.

Bassi, L.J.; McMurrer, D.P. (2003a): A Capital Investment, 2003a.

Bassi, L.J.; McMurrer, D.P. (2003b): How's your return on people? In: Harvard Business Review, (2003b), S. 18.

Bassi, L.J.; McMurrer, D.P. (2005): The Business Benefits of Skills, 2005.

Bassi, L.J.; Plott, C. (2002): Above the Bottom Line. In: Training & Development, (2002).

Bates, R. (2004): A critical analysis of evaluation practice: the Kirkpatrick model and the principle of beneficence. In: Evaluation and Program Planning, Vol. 27 (2004), S. 341-347.

Batinic, B. (1997): Internet für Psychologen, Hogrefe 1997.

Bauer, M. (2002): Wie erfolgreich ist Controlling in der Praxis – und vor allem warum? Konzept und Realität des Controlling in deutschen Unternehmen - Ergebnisse einer umfassenden empirischen Untersuchung.

Baukrowitz, A.; Boes, A.; Eckhardt, B. (2005): Software als Arbeit gestalten. Konzeptionelle Neuorientierung der Aus- und Weiterbildung von Computerspezialisten, 2005.

Bäumer, J. (1997): Weiterbildungsmanagement: eine empirische Analyse deutscher Unternehmen, Rainer Hampp Verlag, Mering 1997.

Beatty, R.C.; Williams, C.D. (2006): ERP II: Best practices for successfully implementing an ERP upgrade. In: Communications of the ACM, Vol. 49 (2006) Nr. 3, S. 105-109.

Becker, J. (1992): Marketing-Konzeption: Grundlagen des strategischen Marketing-Managements. (4. Aufl.), Vahlen, München 1992.

Bellmann, M.; Krcmar, H.; Sommerlatte, T. (Hrsg.) (2002): Praxishandbuch Wissensmanagement (1. Aufl.). Symposion, Düsseldorf 2002.

Bernecker, M. (2000): Bildungsmarketing. In: GdWZ, Vol. 3 (2000), S. 127-129.

Berthold, N.; Stettes, O. (2002): Die betriebliche Weiterbildung im organisatorischen Wandel (Wirtschaftswissenschaftliche Beiträge Nr. 59). Universität Würzburg, 2002.

Besozzi, C.; Zehnpfennig, H. (1976): Methodologische Probleme der Indexbildung. In: Techniken der empirischen Sozialforschung. Hrsg.: Koolwijk, J.V.; Wieken-Mayser, M. München 1976, S. 9-55.

BETA (2006a): SAP-Qualifizierung bei BETA. Gespräch mit dem zentralen SAP-Schulungsverantwortlichen und PS-Modulverantwortlichen. In Mohr, M. (Ed.), *Experteninterviews*. München.

BETA (2006b): SAP-Qualifizierung bei BETA. Gespräch mit der Fachgebietsleiterin Personalentwicklung. In Mohr, M. (Ed.), *Experteninterviews*. München.

Bezanson, W.R. (1995): Performance Support: Online, Integrated Documentation and Training.

BIBB (2001): wbmonitor. http://www.bibb.de/de/11920.htm, zugegriffen am 19.05.2006.

BIBB (2005): Informations- und kommunikationstechnische Qualifikationen in der Aus- und Weiterbildung unter besonderer Berücksichtigung der IKT-Branche (KIBB-Expertenanfrage Nr.), 2005.

BIBB (2006): Beschäftigte und Auszubildende nach Betriebsgrößenklassen.

Biggs, D.; De Ville, B.; Suen, E. (1991): A method of choosing multiway partitions for classification and decision trees. In: Journal of Applied Statistics, Vol. 18 (1991) Nr. 1, S. 49-62.

Bingi, P.; Sharma, M.K.; Godla, J.K. (1999): Critical Issues Affecting an ERP Implementation. In: Information Systems Management, Vol. 16 (1999) Nr. 3, S. 7-14.

BIT; FORBA; FORBIT (1996a): Integration als Organisationsaufgabe. In: SAP, Arbeit, Management. Hrsg. Vieweg & Sohn Verlagsgesellschaft, Braunschweig/Wiesbaden 1996a, S. 64-67.

BIT; FORBA; FORBIT (1996b): Qualifizierung. In: SAP, Arbeit, Management. Hrsg. Vieweg & Sohn Verlagsgesellschaft, Braunschweig/Wiesbaden 1996b, S. 80-86.

BITKOM (2005): BITKOM kritisiert geplante Abschreibungsregeln für betriebliche Software (Presseinformation Nr.), 2005.

Black, S.E.; Lynch, L.M. (1996): Human-capital investments and productivity. In: American Economic Review, Vol. 86 (1996) Nr. 2, S. 263-267.

Bloom, N.; Conway, N.; Mole, K.; Möslein, K.; Neely, A.; Frost, C. (2004): Solving the skills gap. Summary Report from the AIM/CIHE Management Research Forum. aim, 2004.

Blumstengel, A. (1998): Entwicklung hypermedialer Lernsysteme. Doctoral Thesis, Universität Paderborn 1998.

Blundell, R.; Dearden, L.; Meghir, C.; Sianesi, B. (1999): Human Capital Investment: The Returns from Education and Training to the Individual, the Firm and the Economy. In: Fiscal Studies, Vol. 20 (1999) Nr. 1, S. 1-23.

BMBF (2001): Das informelle Lernen. Die internationale Erschließung einer bisher vernachlässigten Grundform menschlichen Lernens für das lebenslange Lernen aller, 2001.

BMBF (2002): IT-Weiterbildung mit System, 2002.

BMBF (2003a): Berufsbildungsbericht 2003, 2003a.

BMBF (2003b): Indikatorisierung der Empfehlungen des Forum Bildung. Ein exemplarischer Versuch unter Berücksichtigung der bildungsbezogenen Indikatorenforschung und -entwicklung. Bundesministerium für Bildung und Forschung (BMBF), 2003b.

BMBF (2003c): Konzeptionelle Grundlagen für einen Nationalen Bildungsbericht – Berufliche Bildung und Weiterbildung/Lebenslanges Lernen, 2003c.

BMBF (2004a): Berichtssystem Weiterbildung VIII. Integrierter Gesamtbericht zur Weiterbildungssituation in Deutschland, 2004a.

BMBF (2004b): Berufsbildungsbericht 2004, 2004b.

BMBF (2004c): Expertisen zu den konzeptionellen Grundlagen für einen Nationalen Bildungsbericht - Berufliche Bildung und Weiterbildung/Lebenslanges Lernen, 2004c.

BMBF (2004d): Weiterbildungspass mit Zertifizierung informellen Lernens. Machbarkeitsstudie im Rahmen des BLK-Verbundprojektes, 2004d.

BMBF (2005a): Berichtssystem Weiterbildung IX. Ergebnisse der Repräsentativbefragung zur Weiterbildungssituation in Deutschland, 2005a.

BMBF (2005b): Berufsbildungsbericht 2005, 2005b.

BMBF (2005c): Grund- und Strukturdaten 2005.

BMBF (2006a): Berichtssystem Weiterbildung IX. Integrierter Gesamtbericht zur Weiterbildungssituation in Deutschland, 2006a.

BMBF (2006b): Berufsbildungsbericht 2006, 2006b.

BMBF (2006c): Bildung in Deutschland. Ein indikatorengestützter Bericht mit einer Analyse zu Bildung und Migration, 2006c.

BMBF (2007a): Informations- und Kommunikationstechnologien in Deutschland: Innovationsindikatoren zur IuK-Wirtschaft und Einsatz von IuK als Querschnittstechnologie (Studien zum deutschen Innovationssystem Nr. 19-2007), 2007a.

BMBF (2007b): Neue Medien in der beruflichen Bildung. Digitale Medien eröffnen der beruflichen Aus- und Weiterbildung neue Chancen.

Bolt, M.A.; Killough, L.N.; Koh, H.C. (2001): Testing the interaction effects of task complexity in computer training using the social cognitive model. In: Decision Sciences, Vol. 32 (2001) Nr. 1, S. 1-20.

Boonstra, A. (2005): Information systems as redistributors of power (Research Report Nr. 05AX), 2005.

Bortz, J.; Döring, N. (2005): Forschungsmethoden und Evaluation für Human- und Sozialwissenschaftler. (3 (Nachdruck). Aufl.), Springer Verlag, Berlin u.a. 2005.

Bosnjak, M. (2003): Web-basierte Fragebogenuntersuchungen - Methodische Möglichkeiten, aktuelle Themen und Erweiterungen. In: Online Erhebungen. Tagungsberichte Band 7. Hrsg. ADM, ASI, Statistisches Bundesamt, Bonn 2003, S. 109-133.

Bostrom, R.P.; Olfman, L.; Sein, M.K. (1990): The Importance of Learning Style in End-User Training. In: MIS Quarterly, (1990), S. 101-119.

Braband, J. (2006): Kompetenzmanagement nach People CMM in der Eisenbahnindustrie. In: Signal + Draht, Vol. 98 (2006) Nr. 3, S. 6-8.

Bradford, M.; Florin, J. (2003): Examining the role of innovation diffusion factors on the implementation success of enterprise resource planning systems. In: International Journal of Accounting Information Systems, Vol. 4 (2003) Nr. 3, S. 205-225.

Brandt, W. (2004): Die SAP am internationalen Kapitalmarkt. Erfahrungen und Herausforderungen. Vortrag auf der 7. Jahreskonferenz Deutscher Investor Relations Kreis.

Brehm, L.; Heinzl, A.; Markus, M.L. (2001): Tailoring ERP Systems: A Spectrum of Choices and their Implications. Paper presented at the 34th Hawaii International Conference on System Sciences, Hawaii.

Breimann, L.; Friedman, J.H.; Olshen, R.A.; Stone, C.J. (1984): Classification and regression trees, Wadsworth, Belmont, CA 1984.

Bresnahan, T.F.; Brynjolfsson, E.; Hitt, L. (2000): Information Technology, workplace organization, and the demand for skilled labor: Firm-level evidence. In: The Quarterly Journal of Economics, Vol. 117 (2000) Nr. 1, S. 339-376.

Brosius, F. (1998): SPSS 8. Professionelle Statistik unter Windows. (1. Aufl.), International Thomson Publishing 1998.

Brown; Massey; Montoya-Weiss; Burkman (2002): Do I really have to? User acceptance of mandated technology. In: European Journal of Information Systems, Vol. 11 (2002) Nr. 4, S. 283-295.

Brown, C.V.; Vessey, I. (1999): ERP implementation approaches: toward a contingency framework. Paper presented at the ICIS, Charlotte, North Carolina, United States, S. 411-416.

Brown, C.V.; Vessey, I. (2000): Nibco's "Big Bang". Paper presented at the ICIS 2000.

Büchter, K.; Goltz, M. (2001): Arbeitsintegrierte Qualifizierung in Klein- und Mittelbetrieben. Theoretische Überlegungen und empirische Ergebnisse. In: Literatur- und Forschungsreport Weiterbildung. Hrsg.: Nuissl, E.; Schiersmann, C.; Siebert, H. 2001, S. 78-96.

Bülow, R. (1996): Faktoren- und Clusteranalyse. Zwei multivariate statistische Analyseverfahren am Beispiel der Hauptkomponentenanalyse, des Clusterverfahrens nach Ward und der K-Means-Methode (Diskussionspapier Nr. 96-5). Ruhr-Universität Bochum, 1996.

Bundesagentur für Arbeit (2004): Leitfaden ERP-Berufe. Aufgaben, Qualifikation, Arbeitsmarkt, 2004.

Bundesagentur für Arbeit (2006): KURSNET. http://infobub.arbeitsagentur.de/kurs/index.jsp, zugegriffen am 12.01.2006.

Bundesamt für Sicherheit in der Informationstechnik (2006): IT-Grundschutz-Kataloge.

Bundesbeauftragter für den Datenschutz und die Informationsfreiheit (2004): Bundesdatenschutzgesetz. Text und Erläuterung (BFD-INFO Nr. 1), 2004.

Bundesministerium der Finanzen (2005): Bilanzsteuerrechtliche Beurteilung von Aufwendungen zur Einführung eines betriebswirtschaftlichen Softwaresystems (ERP-Software). BMF, 2005.

Bundesministerium der Verteidigung (2005): Das Organisationsprojekt SASPF. http://www.bmvg.de/portal/a/bmvg/sicherheitspolitik/transformation?yw_contentURL =/C1256F1200608B1B/W26C3EAY900INFODE/content.jsp, zugegriffen am 01.08.2006.

Bungard, W. (2005): Einführung unternehmensweiter Standard-Software-Pakete: Eine gefährliche Gratwanderung zwischen wirtschaftlichem Höhenflug und existenzbedrohendem Absturz. In: Mannheimer Beiträge zur Wirtschafts- und Organisationspsychologie, Vol. 20 (2005) Nr. 1, S. 3-8.

Burns, M. (2006): Accounting & ERP Survey 2006. In: camagazine, Vol. September 2006 (2006), S. 14-16.

Busch, A.; Dangelmaier, W.; Pape, U.; Rüther, M. (2003): Marktspiegel Supply Chain Management Systeme, Gabler 2003.

Buttler, G. (1996): Ein einfaches Verfahren zur Identifikation von Ausreißern bei multivariaten Daten (Diskussionspapier Nr. 9/1996), 1996.

Buxmann, P.; König, W. (1997): Empirische Ergebnisse zum Einsatz der betrieblichen Standardsoftware SAP R/3. In: Wirtschaftsinformatik, Vol. 39 (1997) Nr. 4, S. 331-338.

Cannawurf, R.A.G. (2005): Trainings-Transfer: Eine Langzeitstudie der zugrunde liegenden Prozesse. Dissertation, Justus Liebig-Universität Gießen 2005.

Carnegie Mellon SEI (2001): People Capability Maturity Model (P-CMM). Version 2.0. Carnegie Mellon Software Engineering Institute (SEI).

Carroll, J.M.; Rosson, M.B. (1995): Managing Evaluation Goals for Training. In: Communications of the ACM, Vol. 38 (1995) Nr. 7, S. 40-48.

CASRO (2000): Council of American Survey Research Organizations. http://www.casro.org/, zugegriffen am 24.02.2007.

Cavanaugh, J. (1992): Cost effective training options. Paper presented at the 20th annual ACM SIGUCCS conference on User services, Cleveland, Ohio, United States, S. 51-54.

CEDEFOP (1998): Berufsbildung (Europäische Zeitschrift Nr.), 1998.

Chang, S.-I. (2004): ERP Life Cycle Implementation, Management and Support: Implications for Practice and Research. Paper presented at the 37th HICSS, Hawaii, S. 1-10.

CIPD (2006): Latest Trends in Learning, Training and Development. Reflections on the 2006 learning and development survey, 2006.

Compeau, D.R.; Higgins, C.A. (1995): Application of Social Cognitive Theory to Training for Computer Skills. In: Information Systems Research, Vol. 6 (1995) Nr. 2, S. 118-.

Cooper, R.B.; Zmud, R.W. (1990): Information technology implementation research: A technological diffusion approach. In: Management Science, Vol. 36 (1990) Nr. 2, S. 123-139.

Cotterman, W.W.; Kumar, K. (1989): User cube: a taxonomy of end users. In: Communications of the ACM, Vol. 32 (1989) Nr. 11, S. 1313-1320.

Coulson, T.; Shayo, C.; Olfman, L.; Rohm, T. (2003): ERP Training Strategies: Conceptual Training and the Formation of accurate mental models. Paper presented at the SIGMIS Conference 2003, Philadelphia, Pennsylvania, USA, S. 87-97.

Cyert, R.M.; March, J.G. (1963): A behavioural theory of the firm, Prentice-Hall 1963.

Dannenberg, H. (2006): Die Verlustverteilung des unternehmerischen Forderungsausfallrisikos. Eine simulationsbasierte Modellierung (IWH-Diskussionspapier Nr. 10), 2006.

Daum, M.; Leimeister, J.M.; Krcmar, H. (2002): Community Engineering im Gesundheitswesen: Mobile virtuelle Gemeinschaften für Krebspatienten - Das Projekt COSMOS. In: Virtuelle Organisationen und Neuen Medien 2002. Hrsg.: Engelien, M.; Homann, J. Josef Eul Verlag, Lohmar, Köln 2002, S. 471-487.

Davenport, T.H. (1998): Putting the Enterprise into the Enterprise System. In: Harvard Business Review, Vol. July-August 1998 (1998), S. 121-131.

Davis, F.D. (1989): Perceived Usefulness, Perceived Ease of Use, and User Acceptance of Information Technology. In: MIS Quarterly, Vol. 13 (1989) Nr. 3, S. 318-340.

Davis, J. (1998): Scooping up vanilla ERP. In: InfoWorld, Vol. 20 (1998) Nr. 47, S. 1-3.

Decker, F. (1995): Bildungsmanagement für eine neue Praxis. Lernprozesse erfolgreich gestalten, pädagogisch und betriebswirtschaftlich führen, budgetieren und finanzieren, AOL-Verlag, Lichtenau 1995.

Dehnbostel, P.; Holz, H.; Novak, H. (Hrsg.) (1992): Lernen für die Zukunft durch verstärktes Lernen am Arbeitsplatz. Dezentrale Aus- und Weiterbildungskonzepte in der Praxis (1. Aufl.). Berlin 1992.

Dehning, B.; Richardson, V.J. (2002): Returns on Investments in Information Technology: A Research Synthesis. In: Journal of Information Systems, Vol. 16 (2002) Nr. 1, S. 7-30.

Deichsel, G.; Trampisch, H.J. (1985): Clusteranalyse und Diskriminanzanalyse, Gustav Fischer Verlag 1985.

DELTA (2006a): SAP-Qualifizierung bei DELTA. Gespräch mit der Koordinatorin des IT-Mitarbeiter-Ressourcenmanagements. In Mohr, M. (Ed.), *Experteninterviews*. München.

DELTA (2006b): SAP-Qualifizierung bei DELTA. Gespräch mit einem Generalunternehmer des Kundenmanagements in der IT. In Mohr, M. (Ed.), *Experteninterviews*. München.

DELTA (2006c): SAP-Qualifizierung bei DELTA. Gespräch mit einem Mitarbeiter der zentralen Personalentwicklung. In Mohr, M. (Ed.), *Experteninterviews*. München.

Deutsche Gesellschaft für Personalführung e.V. (2006): Neue Ansätze der Personalentwicklung für kleine und mittelständische Unternehmen. Anregungen aus Wissenschaft und Praxis. (Praxispapiere Nr. 6/2006), 2006.

Deutscher Direktmarketing Verband e.V. (2002): Direktmarketing ist Chefsache. Stellenwert und Positionierung des Direktmarketing im Unternehmen. Eine Studie von TNS EMNID im Auftrag des Deutschen Direktmarketing Verbandes e.V.

Die Wirtschaft (2007): SAP Marktführer bei CRM, ERP und SCM.

Diedrich, A. (1988): Effizienz betrieblicher Weiterbildung, Wirtschaftsverlag Bachem, Köln 1988.

Dietsche, B.; Nuissl, E.; Pehl, K. (2001): Machbarkeitsstudie "Weiterbildungstrendbericht". Endbericht zum Projekt "Machbarkeitsstudie zur Etablierung eines regelmäßigen Weiterbildungstrendberichts". DIE, 2001.

Diettrich, A.; Kohl, M.; Molzberger, G. (2005): Kompetenzorientierte Prüfungen und Zertifizierungen in der Berufsbildung – Zum Umsetzungsstand in der IT-Aus- und -weiterbildung, 2005.

Dilger, A. (1999): Betriebsratstypen und Personalfluktuation. Eine empirische Untersuchung mit Daten des NIFA-Panels (Wirtschaftswissenschaftliche Diskussionspapiere Nr. 5/99). Ernst-Moritz-Arndt-Universität Greifswald. Rechts- und Staatswissenschaftliche Fakultät, 1999.

Dinkelbach, W. (2002): Nutzwertanalyse. In: Handwörterbuch Unternehmensrechnung und Controlling. Hrsg.: Küpper, H.-U.; Wagenhofer, A., 4 (Aufl.). Schäffer-Poeschel, Stuttgart 2002, S. 1312-1318.

DIPF (2006): InfoWeb Weiterbildung. http://www.iwwb.de, zugegriffen am 10.05.2006.

Dobischat, R.; Seifert, H. (2001): Betriebliche Weiterbildung und Arbeitszeitkonten. In: WSI Mitteilungen, Vol. 2 (2001), S. 92-101.

Dohmen, D. (2004): Finanzierung lebenslangen Lernens von der Kita bis zur Weiterbildung (FiBS-Forum Nr. 22). FiBS, 2004.

Dohmen, D. (2005a): Costs and Financing of eLearning (FiBS-Forum Nr. 28), 2005a.

Dohmen, D. (2005b): Deutschlands Bildungssystem im internationalen Vergleich vor dem Hintergrund der technologischen Leistungsfähigkeit Deutschlands (FiBS-Forum Nr. 24), 2005b.

Dohmen, D.; Günzel, J. (2007): Deutschlands Bildungssystem im internationalen Vergleich vor dem Hintergrund der technologischen Leistungsfähigkeit Deutschlands (FiBS-Forum Nr. 37). FiBS, 2007.

Dohmen, D.; Hoi, M. (2004): Bildungsausgaben in Deutschland. Eine erweiterte Konzeption des Bildungsbudgets (FiBS-Forum Nr. 20). FiBS, 2004.

Dohmen, D.; Klemm, K.; Weiß, M. (Hrsg.) (2004): Bildungsfinanzierung in Deutschland. Grundbegriff, Rahmendaten und Verteilungsmuster Aufl.). Frankfurt a.M. 2004.

Doll, W.J.; Torkzadeh, G. (1988): The measurement of end-user computing satisfaction. In: MIS Quarterly, Vol. 12 (1988), S. 259-274.

Dostal, W. (2001): Der IT-Arbeitsmarkt - heute und morgen. In: IT-Personal/IT-Training. Hrsg.: Katzsch, R.M. 2001, S. 7-21.

Dostal, W. (2002): IT-Arbeitsmarkt. Chancen am Ende des Booms (Kurzbericht Nr. 19). Bundesanstalt für Arbeit, 2002.

Dostal, W. (2004): IT-Beschäftigung: Stagnation. In: Informatik-Spektrum, (2004), S. 433-440.

Dostal, W. (2005): IT-Beschäftigung als Frühindikator neuer Arbeitsformen? Vortrag auf der Tagung Informatisierung der Arbeit – Gesellschaft im Umbruch, 2005.

Doucouliagos, C.; Sgro, P. (2000): Enterprise Return on a Training Investment, NCVER Ltd. 2000.

du Voitel, D.; Roventa, P. (2002): Mit Wissen wachsen - Strategisches Management von intellektuellem Kapital. In: Perspektiven der Strategischen Unternehmensführung. Hrsg.: Ringelstetter; Henzler; Mirow. Wiesbaden 2002, S. 307-329.

e-Skills UK (2003): e-Skills UK Bulletin, 2003.

Eckstein, P.P. (2004): Angewandte Statistik mit SPSS. (4. Aufl.) 2004.

Economist (2006): Foresight 2020. Economic, industry and corporate trends. The Economist Intelligence Unit, 2006.

Economist (2007): Effectiveness of Technology - Does new technology add to the quality of education? , *Online-Debatte.*

Eggert, S.; Schmid, S. (2006): Marktüberblick zum Support- und Schulungsspektrum von ERP-Anbietern. In: ERP Management, Vol. 2 (2006), S. 52-63.

Eick, S.G.; Graves, T.L.; Karr, A.F.; Marron, J.S.; Mockus, A. (2001): Does Code Decay? Assessing the Evidence from Change Management Data. In: IEEE Transactions on Software Engineering, Vol. 27 (2001) Nr. 1, S. 1-12.

Ellermann, H. (2007): Customer-Care-Umfrage 2007: Unternehmen haben in punkto IT-Weiterbildung ihrer Mitarbeiter Nachholbedarf.

Ellermann, H.; Hahn, U. (2006): Vorbereitung einer Leserbefragung im CIO-Magazin. München.

Ellis, C.D. (2002): Peer-to-peer technology training: Changing methods for changing times. In: Action Research Exchange, Vol. 1 (2002) Nr. 2.

Eriksson, I.V. (1990): Educating End-Users to make more effective use of information systems. In: End-User Training. Hrsg.: Gattiker, U.E. de Gruyter, 1990, S. 59-101.

Eseryel, D. (2002): Approaches to Evaluation of Training: Theory & Practice. In: Educational Technology & Society, Vol. 5 (2002) Nr. 2, S. 93-98.

Esteves, J.; Pastor, J. (2000): Towards the Unification of Critical Success Factors for ERP Implementations. Paper presented at the 10th annual BIT Conference, Manchester, S. 44 ff.

Esteves, J.; Pastor, J. (2001): ERP Systems Research: An annotated bibliography. In: Communications of the ACM, Vol. 7 (2001) Nr. 8.

Esteves, J.; Pastor, J.; Casanovas, J. (2002a): A framework proposal for monitoring and evaluating training in ERP implementation projects (Technical Research Report Nr.), 2002a.

Esteves, J.; Pastor, J.; Casanovas, J. (2002b): Measuring sustained management support in ERP implementation projects: a GQM approach. Paper presented at the Americas Conference on Information Systems, S. 1381-1389.

Euler, D. (1994): Didaktik einer sozio-informationstechnischen Bildung. (2. Aufl.), Botermann & Botermann Verlag, Köln 1994.

Europäische Kommission (2002): Europäische Sozialstatistik. Erhebung über die betriebliche Weiterbildung (CVTS2), Europäische Gemeinschaften 2002.

Europäische Kommission (2003): Study on the measurement of intangible assets and associated reporting practices. Presentation at the DG Enterprise Workshop on "The intangible economy", 2003.

Europäische Kommission (2004a): E-Skills for Europe: Towards 2010 and Beyond, 2004a.

Europäische Kommission (2004b): Eurostat Jahrbuch 2004. Der statistische Wegweiser durch Europa 2004b.

Evans, J.S. (1991): Strategic Flexibility for High Technology Manoevres: A Conceptional Framework. In: Journal of Management Studies, Vol. 28 (1991) Nr. 1, S. 69-78.

Fähnrich, K.-P. (2002): Software-Management. 5. Vorlesung: Personal. Folien zur Lehrveranstaltung.

Falk, M. (2002): Diffusion der Informations- und Kommunikationstechnologien und die Qualifikationsstruktur der Arbeitskräfte. In: Mitteilungen aus der Arbeitsmarkt- und Berufsforschung, Vol. 35 (2002) Nr. 3, S. 397-410.

Farmer, J. (2006): AD-HOC. Eine Methodik zur Entwicklung von virtuellen Lern-Arbeitsumgebungen. Dissertation, TU Graz 2006.

Faulstich, P. (2005): Weiterbildungsforschung. In: Handbuch der Berufsbildungsforschung. Hrsg.: Rauner, F. Bielefeld 2005, S. 223-231.

Faulstich, P.; Vespermann, P. (2003): Zertifizierung von Weiterbildung am Beispiel von Angeboten im IT-Bereich (58), 2003.

Fels, G.; Heinze, R.G.; Pfarr, H.; Schmid, G.; Streeck, W. (2001): Gute Praxis in der betrieblichen Weiterbildung. Bericht der Benchmarking-Gruppe des Bündnisses für Arbeit, Ausbildung und Wettbewerbsfähigkeit, 2001.

Felter, J. (2002): Training: Key to Effective Enterprise Resource Planning Implementation. University of Maryland, 2002.

Fischer, M. (2005): Möglichkeiten sozialwissenschaftlicher Surveys im Internet (Hefte zur Bildungs- und Hochschulforschung Nr. 46). Arbeitsgruppe Hochschulforschung, Universität Konstanz, 2005.

Flechsing, K.-H. (1996): Kleines Handbuch didaktischer Modelle, Neuland, Eichenzell 1996.

Forneck, H.J. (1990): Entwicklungstendenzen und Problemlinien der Didaktik der Informatik. In: Beiträge zur Didaktik der Informatik. Hrsg.: G., C.; Forneck, H.J.; Goorhuis, H. Diesterweg/Sauerländer, Frankfurt/Main 1990, S. 18-53.

Forrester Research (2004): SAP Customer Competence Center.

Fractal (2003): Comparative Analysis of Classification Techniques.

Fraunhofer Institut für Software- und Systemtechnik (2005): Die Arbeitsprozessorientierte Weiterbildung. Ein Konzept für die Integration von Arbeiten und Lernen im IT-Weiterbildungssystem.

Fredrich, B. (2003): Wissensmanagement und Weiterbildungsmanagement. Gestaltungs- und Kombinationsansätze im Rahmen einer lernenden Organisation 2003.

Freeman, P.; Aspray, W. (1999): The Supply of Information Technology Workers in the United States (Study Nr.). Computing Research Association (CRA), 1999.

Freiberger, U. (1988): Standardsoftware – Didaktische Hilfen, Zentralstelle für Computer im Unterricht, Augsburg 1988.

Friedrichs, J. (1977): Methoden empirischer Sozialforschung, Reinbek 1977.

Friese, S. (2004a): Anwendungsmöglichkeiten und Einsatzfelder für Atlas.ti. Lernmodul 1 des Einführungskurses.

Friese, S. (2004b): Die Atlas.ti-Suchmaschine - das Query-Tool. Lernmodul 7 des Einführungskurses.

Galetta, D.F.; Lederer, A.L. (1989): Some cautions on the measurement of user information satisfaction. In: Decision Sciences, Vol. 20 (1989) Nr. 3, S. 419-434.

Galletta, D.F.; Ahuja, M.; Hartman, A.; Teo, T.; Peace, G.A. (1995): Social influence and end-user training. In: Communications of the ACM, Vol. 38 (1995) Nr. 7, S. 70-79.

Gallivan, M.J.; Spitler, V.K.; Koufaris, M. (2005): Does Information Technology Training Really Matter? A Social Information Processing Analysis of Coworkers' Influence on IT Usage in the Workplace. In: Journal of Management Information Systems, Vol. 22 (2005) Nr. 1, S. 153-192.

GAMMA (2006a): SAP-Qualifizierung bei GAMMA. Gespräch mit dem Leiter IT-Trainings und der E-Learning-Verantwortlichen. In Mohr, M. (Ed.), *Experteninterviews*. München.

GAMMA (2006b): SAP-Qualifizierung bei GAMMA. Gespräch mit einer Mitarbeiterin des SAP Customer Competence Center. In Mohr, M. (Ed.), *Experteninterviews*. München.

Gärtner, D. (2003): Bildungscontrolling – ein Instrument der Personalentwicklung in wissenschaftlichen Bibliotheken, Humboldt-Universität zu Berlin 2003.

Gash, D.C.; Kossek, E.E. (1990): Understanding End-User Training as a Lever in Organizational Strategy and Change. In: End-User Training. Hrsg.: Gattiker, U.E. de Gruyter, Berlin 1990, S. 229-254.

Geldermann, B. (2005): Weiterbildung für die Älteren im Betrieb. In: Wettbewerbsfähig mit alternden Belegschaften. Hrsg.: Loebe, H.; Severing, E. Bielefeld 2005, S. 69-79.

Gerlach, K.; Jirjahn, U. (1998): Determinanten betrieblicher Weiterbildungsaktivitäten: Eine empirische Untersuchung mit den Daten des Hannoveraner Firmenpanels. In: Qualifikation, Weiterbildung und Arbeitsmarkterfolg (Vol. 31). Hrsg.: Pfeiffer, F.; Pohlmeier, W. Nomos, Baden-Baden 1998, S. 311-337.

Gerlich, P. (1999): Controlling von Bildung, Evaluation oder Bildungs-Controlling?, Rainer Hampp Verlag, München 1999.

Gillies, J.-M. (2004): Schwierige Geschäfte. In: McKinsey Wissen, Vol. 8 (2004).

Gmür, M.; Thommen, J.-P. (2006): Human Resource Management, Zürich 2006.

Gnahs, D.; Krekel, E.M. (1999): Betriebliches Bildungscontrolling in Theorie und Praxis: Begriffsabgrenzung und Forschungsstand. In: Bildungscontrolling - ein Konzept zur Optimierung der betrieblichen Weiterbildungsarbeit. Hrsg.: Krekel, E.M.; Bötel, C. W. Bertelsmann Verlag, Bielefeld 1999, S. 13-33.

Gómez, J.M.; Kassem, G.; Rautenstrauch, C.; Melato, M. (2003): Analysis of User's Behaviour in Very Large Business Application Systems with Methods of the Web Usage Mining. A Case Study on SAP® R/3®. Paper presented at the AWIC (Advances in Web Intelligence: First International AtlanticWeb Intelligence Conference), Madrid, Spain, S. 329-338.

Goodhue, D.L. (1995): Understanding user evaluations of information systems. In: Management Science, Vol. 41 (1995) Nr. 12, S. 1827-1844.

Göritz, A.S. (2004): The impact of material incentives on response quantity, response quality, sample composition, survey outcome, and cost in online access panels. In: International Journal of Market Research, Vol. 46 (2004) Nr. 3, S. 327-345.

Göritz, A.S. (2005): Incentives in Web-based Studies. What to Consider and How to Decide (WebSM Guide Nr. 2). WebSM, 2005.

Grabski, B.; Günther, S.; Herden, S.; Krüger, L.; Rautenstrauch, C.; Zwanziger, A. (2007): Very Large Business Applications.

Graf, A. (2001): Lebenszyklusorientierte Personalentwicklung. In: io-management, Vol. 3 (2001), S. 24-31.

Graf, J. (2004): Weiterbildungsszene Deutschland 2004. Studie über den deutschen Weiterbildungsmarkt, managerSeminare Verlags GmbH, Bonn 2004.

Grob, H.L.; Bensberg, F. (1999): Das Data-Mining-Konzept (Arbeitsbericht Nr. 8). Universität Münster, 1999.

Grob, H.L.; Volck, S. (1995): Abbildung von Geschäftsprozessen mit ereignisgesteuerten Prozeßketten. In: WIST, Vol. 11 (1995), S. 604-608.

Grommas, D. (2005): Interne Budgetierung in öffentlichen Verwaltungen und Betrieben. Ausgewählte Ergebnisse der empirischen Erhebung.

Große-Wilde, J. (2006): Bestandsaufnahme zum Einsatz simulativer Methoden für die Entscheidungsunterstützung im Supply Chain Management (Forwin-Bericht Nr. FWN-2006-002), 2006.

Grünewald, U.; Moraal, D. (2003): Zur Leistungsfähigkeit der betrieblichen Weiterbildung in Deutschland. Ergebnisse der zweiten europäischen Weiterbildungerhebung (Studien zum deutschen Innovationssystem Nr. 4-2003), 2003.

Grünewald, U.; Moraal, D.; Schönfeld, G. (Hrsg.) (2003): Betriebliche Weiterbildung in Deutschland und Europa Aufl.). W. Bertelsmann Verlag GmbH & Co. KG, Bielefeld 2003.

Gupta, S.; Bostrom, R.P. (2006): End-User Training Methods: What we know, need to know. Paper presented at the SIGMIS-CPR, Claremont, USA, S. 172-182.

Häberle, O.; Ebner, W.; Krcmar, H. (2004): CIO-Circle - The Case of an interorganizational Community of Practice for IT-Managers. Paper presented at the Multikonferenz Wirtschaftsinformatik (MKWI) 2004, Berlin, S. 292-305.

Häcker, H.; Stapf, K.-H. (Hrsg.) (1998): Dorsch Psychologisches Wörterbuch (13. Aufl.). Huber Verlag, Bern 1998.

Hackmann, J. (2005): Helpdesks binden die Kollegenhilfe ein. In: Computerwoche, (2005).

Hanft, A.; Müskens, W.; Muckel, P. (2004): Zertifizierung und Nachweis von IT-Kompetenzen. Arbeitsgemeinschaft betriebliche Weiterbildungsforschung e.V., 2004.

Hansen, H.R.; Neumann, G. (2005): Wirtschaftsinformatik 1. Grundlagen und Anwendungen. (9. Aufl.), Lucius & Lucius, Stuttgart 2005.

Hansen, M.T.; Nohria, N.; Tierney, T. (1999): Wie managen Sie das Wissen in Ihrem Unternehmen? In: Harvard Business Manager, Vol. 21 (1999) Nr. 5, S. 85-96.

Harhoff, D. (2001): e-Learning in der Weiterbildung. Ein Benchmarking deutscher Unternehmen Ergebnisse einer Befragung der C-Dax-Unternehmen in Deutschland. Kurzfassung. München: Institut für Innovationsforschung und Technologiemanagement, Ludwig-Maximilians-Universität.

Harp, C.; Satzinger, J.; Taylor, S. (1997): Many paths to learning software. In: Training & Development, Vol. 51 (1997) Nr. 5, S. 81-84.

Harrison, A.W.; Rainer, R.K. (1996): A general measure of user computing satisfaction. In: Computers in Human Behavior, Vol. 12 (1996), S. 79-92.

Hatton, L. (2005): How accurately do engineers predict software maintenance tasks? CISM, University of Kingston, 2005.

Hauke, R.; Baume, M.; Krcmar, H. (2007): Kategorisierung von Planspielen. Entwicklung eines übergreifenden Strukturschemas zur Einordnung und Abgrenzung von Planspielen (Arbeitspapier Nr. 19). TUM, 2007.

Heeg, F.-J.; Hornung, V. (1987): Die Ermittlung von Qualifikationsanforderungen an kaufmännische Sachbearbeiter unter besonderer Berücksichtigung anwendungsbezogener EDV-Kenntnisse. In: Zeitschrift für Wirtschafts- und Berufspädagogik, Vol. 7 (1987), S. 618-628.

Heeg, F.-J.; Jäger, C. (1995): Konzeption und Einführung einer Bildungscontrolling-Systematik. In: Bildungs-Controlling. Hrsg.: von Landsberg, G.; Weiss, R., 2 (Aufl.). Schäffer-Poeschel, Stuttgart 1995, S. 341-377.

Heidecker, M. (2003): Wertorientiertes Human Capital Management, Gabler, Wiesbaden 2003.

Heller, K.A. (2006): Hochbegabtenförderung im Lichte der aktuellen Hochbegabungs- und Expertiseforschung: Pädagogische und bildungspolitische Erfordernisse – Teil 2. In: Labyrinth, Vol. 88 (2006), S. 4-11.

Hennermann, F. (2001): Betriebswirtschaftliche Wissenspakete als Informationsträger der Softwareadaption. Themenorientierte Adaptionsstrategie entsprechend der unternehmensspezifischen Softwareumgebung. Dissertation, Bayerische Julius-Maximilians-Universität Würzburg 2001.

Hentze, J. (1991): Personalwirtschaftslehre 1. (5. Aufl.), Bern, Stuttgart 1991.

Hinterhuber, H.; Promberger, K.; Piazolo, F. (2006): Usability Testing von ERP-Systemen (Working Paper Nr. 29/2006). Leopold-Franzens-Universität, 2006.

Hitt, L.; Wu, D.J.; Zhou, X. (2002): Investment in Enterprise Resource Planning: Business Impact and Productivity Measures. In: Journal of Management Information Systems, Vol. 19 (2002) Nr. 1, S. 71-98.

Hofstetter, H.; Lünendonk, T.; Streicher, H. (1985): Betriebliche Weiterbildung in Deutschland. In: Personal, Mensch und Arbeit, Vol. 1 (1985).

Hong, K.-K.; Kim, Y.-G. (2001): The critical success factors for ERP implementation: an organizational fit perspective. In: Information & Management, Vol. 40 (2001) Nr. 1, S. 25-40.

Huber, H. (1999): Die Bewertung des Nutzens von IV-Anwendungen. In: IV-Controlling aktuell: Leistungsprozesse, Wirtschaftlichkeit, Organisation. Hrsg.: Dobschütz, L.v.; Baumöl, U.; Jung, R. Gabler, 1999, S. 107-122.

Hubwieser, P. (2001): Didaktik der Informatik. Grundlagen, Konzepte, Beispiele, Springer, Berlin 2001.

Hufgard, A. (1994a): Betriebswirtschaftliche Softwarebibliotheken und Adaption, Vahlen, München 1994a.

Hufgard, A. (1994b): Customizing und Adaption von Standardsoftware. In: Betriebswirtschaftliche Softwarebibliotheken und Adaption. Hrsg.: Hufgard, A. München 1994b.

Huitt, W. (2004): Bloom et al.'s Taxonomy of the Cognitive Domain. http://chiron.valdosta.edu/whuitt/col/cogsys/bloom.html, zugegriffen am 11.04.2006.

Hulpia, H.; Valcke, M. (2004): The Use of Performance Indicators in a School Improvement Policy: The Theoretical and Empirical Context. In: Evaluation and Research in Education, Vol. 18 (2004) Nr. 1&2, S. 102-119.

Hutzschenreuter, T. (2005): Zur Wahl der Realisierungsformen für Qualifizierungsmaßnahmen. In: Zeitschrift für Betriebswirtschaft, Vol. 75 (2005) Nr. 6, S. 573-593.

i2s GmbH (2002): Engpass Qualifizierung. Studie zur Praxis der SAP-Qualifizierung in deutschsprachigen Unternehmen und Übersicht über den SAP-Trainingsmarkt.

IDG (2007a): Die IT ist besser als ihr Ruf. Ergebnisse der Customer-Care-Umfrage 2007. Sonderveröffentlichung des CIO-Magazins.

IDG (2007b): Fragebogen zur IT-Anwenderzufriedenheitsstudie.

IDG (2007c): IT-Anwenderzufriedenheitsstudie 2007. Freitextantworten zum Themenkomplex "IT-Anwenderqualifizierung".

IDG (2007d): IT-Anwenderzufriedenheitsstudie 2007. Vollständige Liste aller Freitextantworten.

IG Metall (2002): Betriebliche Weiterbildung – systematisch organisieren und gestalten. Eine Handlungshilfe für die Betriebsratsarbeit.

IHK-Akademie München/Westerham (2005): Umfrage zur betrieblichen Weiterbildung der bayerischen Industrie- und Handelskammern. Teilauswertung IHK für München und Oberbayern.

IHK (2003): „Acht Fragen zur Weiterbildung". Ergebnisse einer Blitzumfrage der IHK-Akademie.

International Labour Organization (1988): International Standard Classification of Occupations (ISCO). http://www.ilo.org/public/english/support/publ/textre.htm#b115, zugegriffen am 18.01.2006.

Inversini, S. (2005): Wirkungsvolles Change Management in Abhängigkeit von situativen Anforderungen. Organisationale Veränderungsprozesse im Spannungsfeld von betrieblichen Voraussetzungen und Umweltanforderungen unter Berücksichtigung der wirtschaftlichen, organisationsbezogenen und qualifikatorischen Erfolgskriterien. Dissertation, Universität Potsdam 2005.

Ives, B.; Olson, M.H.; Baroudi, J.J. (1983): The measurement of user information satisfaction. In: communications of the ACM, Vol. 26 (1983) Nr. 10, S. 785-793.

IVW (2007): Informationsgemeinschaft zur Feststellung der Verbreitung von Werbeträgern e.V. http://www.ivw.eu/, zugegriffen am 06.03.2007.

Johnson, R.D.; Marakas, G.M. (2000): Research Report: The role of behavioral modeling in computer skills acquisition. Toward refinement of the model. In: Information Systems Research, Vol. 11 (2000) Nr. 4, S. 402-417.

Kailer, N. (1996): Controlling in der Weiterbildung. In: Ökonomie betrieblicher Bildungsarbeit. Qualität - Kosten - Evaluierung - Finanzierung. Hrsg.: Münch, J. Erich Schmidt Verlag, Berlin 1996, S. 233-250.

Kanwischer, D. (2005): Experteninterviews. Die Erhebung, Verwaltung und Dekonstruktion von Expertenwissen.

Karuppan, C.M. (2000): Training Super Users in Large Health Care Facilities. In: Journal of Information Technology Management, Vol. 11 (2000) Nr. 3-4, S. 21-28.

Kemper, H.-G.; Janke, A. (2002): Wissensmanagement. Ein organisatorischer Ansatz und seine technische Umsetzung (Arbeitsbericht Nr. 1/2002). Universität Stuttgart, 2002.

Kern, M. (2003): Planspiele im Internet – Netzbasierte Lernarrangements zur Vermittlung betriebswirtschaftlicher Kompetenz, DUV, Wiesbaden 2003.

Kieser, A. (1993): Organisationstheorien, Stuttgart, Berlin, Köln 1993.

Kirchhöfer, D. (2004): Lernkultur Kompetenzentwicklung. Begriffliche Grundlagen.

Kirchhoff, S.; Kuhnt, S.; Lipp, P.; Schlawin, S. (2001): Der Fragebogen. Datenbasis, Konstruktion und Auswertung. (2. Aufl.), Leske+Budrich, Opladen 2001.

Kirkpatrick, D.L. (1976): Evaluation of Training. In: Training and development handbook: A guide to human resource development. Hrsg.: Craig, R.L. McGraw Hill, New York 1976.

Klaus, H.; Rosemann, M.; Gable, G. (2000): What is ERP ? In: Information Systems Frontiers, Vol. 2 (2000) Nr. 2, S. 141-162.

Kneissl, K. (2006): Enterprise Resource Planning Software: Der Einfluss der Usability auf die Total Cost of Ownership. Diploma Thesis, Leopold-Franzens-Universität 2006.

Köhne, S. (2005): Didaktischer Ansatz für das Blended Learning: Konzeption und Anwendung von Educational Patterns. Dissertation, Universität Hohenheim 2005.

Kohnke, O. (2005): Change Management als strategischer Erfolgsfaktor bei ERP-Implementierungsprojekten. In: Mannheimer Beiträge zur Wirtschafts- und Organisationspsychologie, Vol. 20 (2005) Nr. 1, S. 14-25.

Kohnke, O. (2006): The Human Side of SAP Implementations: How Effective Change Management Works. Results of an European Study 2006.

Kohnke, O.; Bungard, W. (Hrsg.) (2005): SAP-Einführung mit Change Management (1. Aufl.). Wiesbaden 2005.

Kohnke, O.; Bungard, W.; Madukanya, V. (2005): Change Management im Rahmen von SAP-Implementierungsprojekten. Eine empirische Studie. In: Mannheimer Beiträge zur Wirtschafts- und Organisationspsychologie, Vol. 20 (2005) Nr. 1, S. 26-39.

Kraft, R. (2000): Diskriminanzanalyse. Biometrische und Ökonometrische Methoden.

Krcmar, H. (2003): Informationsmanagement. (3. Aufl.), Springer-Verlag, Berlin, Heidelberg, New York 2003.

Krcmar, H. (2005): Informationsmanagement. (4. Aufl.), Springer-Verlag, Berlin, Heidelberg, New York 2005.

Krcmar, H.; Rautenstrauch, C.; Wittges, H.; Schrader, H. (Hrsg.) (2006): Wirtschaftsinformatik-Ausbildung mit SAP-Software (1. Aufl.). Eul-Verlag, 2006.

Kreidenweis, H.; Steincke, W. (2006): Wissensmanagement, Nomos, Baden-Baden 2006.

Krekel, E.M.; Gnahs, D. (2000): Bildungscontrolling in Deutschland: Ansätze, Stellenwert und Perspektiven. In: Bedarfsanalyse, Nutzenbewertung und Benchmarking: Zentrale Elemente des Bildungscontrollings. Hrsg.: Bötel, C.; Krekel, E.M. W. Bertelsmann Verlag, Bielefeld 2000, S. 11-20.

Kremers, M.; van Dissel, H. (2000): ERP system migrations. In: Communications of the ACM, Vol. 43 (2000) Nr. 4, S. 53-56.

Krings, U.; Mohr, B. (2004): Individualisierung der Weiterbildung - eine Chance für Unternehmen? In: Berufsbildung, Vol. 2004 (2004).

Kroemmergaard, P.; Rose, J. (2002): Managerial Competences for ERP Journeys. In: Information Systems Frontiers, Vol. 4 (2002) Nr. 2, S. 119-211.

Krömmelbein, S. (2000): Bedeutung der Telearbeit für Beschäftigung und Arbeitsmarkt am Beispiel der Region Rhein-Main aus betrieblicher Sicht (Mitteilungen aus der Arbeitsmarkt- und Berufsforschung Nr. 1 (33. Jg. / 2000)), 2000.

Kromrey, H. (2002): Empirische Sozialforschung. (10. Aufl.), UTB für Wissenschaft, Opladen 2002.

Kromrey, H. (2006): Empirische Sozialforschung. (11. Aufl.), UTB für Wissenschaft, Opladen 2006.

Kubicek, H. (1975): Informationstechnologie und organisatorische Regelungen. Konzeptionelle Grundlagen einer empirischen Theorie der organisatorischen Gestaltung des Benutzerbereichs in computergestützten Informationssystemen 1975.

Kuckulenz, A.; Meyer, J. (2006): Die Entscheidung über betriebliche Weiterbildungsinvestitionen. Eine empirische Analyse mit dem Mannheimer Innovationspanel (Discussion Paper Nr. 06-089). ZEW, 2006.

Kühnlein, G. (1997): "Verbetrieblichung" von Weiterbildung als Zukunftstrend? In: Zeitschrift für Arbeitsforschung, Arbeitsgestaltung und Arbeitspolitik, Vol. 3 (1997).

Kunz, M. (2004): Functional Size eMeasurement: Konzeption und prototypische Realisierung einer eLearning-Umgebung für die funktionale Größenmessung. Diploma Thesis, Otto-von-Guericke-Universität Magdeburg 2004.

Kupferschmidt, F.; Wigger, B. (2005): Öffentliche versus private Finanzierung der Hochschulbildung: Effzienz- und Verteilungsaspekte. In: Perspektiven der Wirtschaftspolitik, (2005).

Küpper, H.-U. (1997): Controlling. (2. Aufl.) 1997.

Küpper, H.-U.; Weber, J. (1995): Grundbegriffe des Controlling, Schäffer-Poeschel, Stuttgart 1995.

Kuwan, H. (2005): Empirische Untersuchung der Wirkungen von Weiterbildungstests auf den deutschen Weiterbildungsmarkt. Integrierter Gesamtbericht. Sozialwissenschaftliche Forschung und Beratung München, 2005.

LAC (2005a): LAC Business 2005 (Leseranalyse Computerpresse) Präsentation, 2005a.

LAC (2005b): LAC Business 2005 (Leseranalyse Computerpresse) Tabellenband, 2005b.

LAC (2005c): Leseranalyse Computerpresse. http://www.lac.de/, zugegriffen am 15.03.2006.

Latimer, D. (2002): The cost of IT staff turnover. In: Educause Center for Applied Research, Vol. 2002 (2002) Nr. 4.

Lebold, K. (2007): CIOs kümmern sich zu wenig um die Zufriedenheit von IT-Anwendern. *innovations report*.

Léger, P.-M.; Robert, J.; Babin, G.; Pellerin, R.; Wagner, B. (2007): ERP Simulation Game. Participant's Guide.

Lehnert, U. (1997): Der EDV-Trainer: EDV-Lehrveranstaltungen planen - EDV-Handlungswissen vermitteln. Lehr- und Handbuch für Trainer, Ausbilder, Instruktoren, Berufsschullehrer, Volkshochschuldozenten, Mitarbeiter des Benutzerservices, Trainer von EDV-Trainern. (4. Aufl.), Oldenbourg, München 1997.

Leimeister, J.M. (2005): Virtuelle Communities für Patienten : Bedarfsgerechte Entwicklung, Einführung und Betrieb. (1. Aufl. Aufl.), Dt. Univ.-Verl., Wiesbaden 2005.

Leimeister, J.M.; Knebel, U.; Krcmar, H. (2007): RFID as enabler for the boundless real-time organisation: empirical insights from Germany. In: Int. J. Networking and Virtual Organisations, Vol. 4 (2007) Nr. 1, S. 45-64.

Leimstoll, U. (2005): Einflussfaktoren für Business-Software. In: Netzguide Business-Software. Hrsg.: Meyer, H. Netzmedien AG, Basel 2005, S. 10-14.

Lengfeld, H. (2003): Klassifikation durch Clusteranalyse. Vom Nutzen standardisierter Typisierungsverfahren in der soziologischen Organisationsforschung. Vortrag zur Frühjahrstagung 2003 der AG Organisationssoziologie in der Deutschen Gesellschaft für Soziologie.

Leonard, A. (2003): Focusing on maturity levels for the effective management of end users involved in software project teams. In: South African Journal of Business Management, Vol. 35 (2003) Nr. 1, S. 17-25.

Levitt, B.; March, J.G. (1988): Organizational Learning. In: Annual Review of Sociology, Vol. 14 (1988), S. 319-340.

Lim, K.H.; Ward, L.M.; Benbasat, I. (1997): An Empirical Study of Computer System Learning: Comparison of Co-Discovery and Self-Discovery Methods. In: Information Systems Research, Vol. 8 (1997) Nr. 3, S. 254-272.

Lind, G. (2005): Effektstärken: Statistische versus praktische und theoretische Bedeutsamkeit. Manuskript zum Vortrag.

Loh, W.Y.; Shih, Y.S. (1997): Split selection methods for classification trees. In: Statistica Sinica, Vol. 7 (1997), S. 815-840.

Loos, P.D.P.; Fettke, P. (2001): Aspekte des Wissensmanagements in der Software-Entwicklung am Beispiel von V-Modell und Extreme Programming (Working Papers of the Research Group Information Systems & Management Nr. 2), 2001.

Lucas, H.C.j. (1975): Performance and the Use of Information Systems. In: Management Science, Vol. 21 (1975) Nr. 8, S. 908-919.

Lünendonk GmbH (2005): Führende Anbieter beruflicher Weiterbildung in Deutschland 2005.

Luo, W.; Strong, D.M. (2004): A Framework for Evaluating ERP Implementation Choices. In: IEEE Transactions on Engineering Management, Vol. 51 (2004) Nr. 3, S. 322-333.

Macharzina, K. (1999): Unternehmensführung: Das internationale Managementwissen. Konzepte - Methoden - Praxis. (3. Aufl.), Gabler, Wiesbaden 1999.

Mahapatra, R.K.; Lai, V.S. (1999): Evaluation of intranet-based end-user training, 1999.

Maier, M.; Pfeiffer, F.; Pohlmeier, W. (2004): Returns to Education and Individual Heterogeneity (Discussion Paper Nr. 04-34), 2004.

Maisberger & Partner (1993): Weiterbildung/Personalentwicklung in deutschen Unternehmen und Behörden. Planung, Wirtschaftlichkeit und Kontrolle, München 1993.

Mandl, H.; Kopp, B.; Dvorak, S. (2004): Aktuelle theoretische Ansätze und empirische Befunde im Bereich der Lehr-Lern-Forschung – Schwerpunkt Erwachsenenbildung –. DIE, 2004.

Markus, M.L. (2004): Technochange management: Using IT to drive organizational change. In: Journal of Information Technology, Vol. 19 (2004), S. 4-20.

Markus, M.L.; Benjamin, R.I. (1996): Change Agentry - the next IS frontier. In: MIS Quarterly, (1996).

Martin, A.; Beherends, T. (1999): Die Empirische Erforschung des Weiterbildungsverhaltens von Unternehmen (Schriften aus dem Institut für Mittelstandsforschung Nr. 11). Universität Lüneburg, 1999.

Martin, A.; Düll, H. (2000): Betriebliche Weiterbildung und Arbeitsmarktsituation. Qualifizierungsmaßnahmen im Lichte organisationstheoretischer Ansätze und empirischer Datenanalyse (Schriften aus dem Institut für Mittelstandsforschung Nr. 12), 2000.

Mayer, H. (2004): Interview und schriftliche Befragung. (2. Aufl.), Oldenbourg, München 2004.

Mayer, H. (2006): Interview und schriftliche Befragung. (3. Aufl.), Oldenbourg, München 2006.

Maynard, D.C.; Hakel, M.D. (1997): Effects of objective and subjective task complexity on performance. In: Human Performance, Vol. 10 (1997) Nr. 4, S. 303-330.

McFarland Metzger, S.; Röhrs, S. (2000a): Die R/3-Systemlandschaft. In: SAP R/3 Änderungs- und Transportmanagement. Hrsg. Galileo Press GmbH, Bonn 2000a, S. 57-93.

McFarland Metzger, S.; Röhrs, S. (2000b): SAP R/3 Änderungs- und Transportmanagement, Galileo Press GmbH, Bonn 2000b.

McLean, E.R. (1979): End users as application developers. In: MIS Quarterly, Vol. 3 (1979) Nr. 4, S. 37-46.

Medovic, M. (2006): ROI in der IT-Weiterbildung: Marktstudie zu Software, Tools und Methoden für die Ermittlung des ökonomischen Erfolgs. Interdisziplinäres Projekt, Technische Universität München 2006.

Meier, C. (2005): Ansätze für das Controlling betrieblicher Weiterbildung. In: Bildungscontrolling im E-Learning. Hrsg. Springer, Berlin 2005, S. 55-64.

Menez, R.; Munder, I.; Töpsch, K. (2001): Qualifizierung und Personaleinsatz in der IT-Branche. Auswertung der Online-Studie BIT-S (Befragung von IT-Unternehmen in der Region Stuttgart) (Arbeitsbericht Nr. 200). Akademie für Technikfolgenabschätzung in Baden-Württemberg, 2001.

Merk, R. (1992): Weiterbildungsmanagement, Luchterhand, Neuwied 1992.

Mertens, P. (Hrsg.) (1997): Lexikon der Wirtschaftsinformatik (3. Aufl.). Springer, 1997.

Messerschmidt, R.; Grebe, R. (2005): Zwischen visionärer Euphorie und praktischer Ernüchterung. Informations- und Bildungstechnologien der vergangenen fünfzig Jahre (QUEM-report Schriften zur beruflichen Weiterbildung Nr. 91). QUEM, 2005.

Meta Group (2003): Gaining Continuous Value From ERP Through a Comprehensive, Continuous Education Strategy (White Paper Nr. 800-945-META [6382]). META Group, 2003.

Meyer, A. (2001): Kundenorientierung, Kundenzufriedenheit, Kundenbindung. Erkenntnisse aus Sicht von Forschung und Lehre. In: Kundenmonitor Deutschland. Qualität und Kundenorientierung. Kundenorientierung als Basis für Wettbewerbsvorteile. Hrsg. Deutsche PostWorld Net. Deutsche Post Consult GmbH. Market Research Service Center, 2001, S. 34-44.

Meyer, W. (2004): Indikatorenentwicklung: Eine praxisorientierte Einführung (Arbeitspapier 10 Nr.). Universität des Saarlandes, 2004.

Michel, L. (2004): Status quo und Zukunftsperspektiven von E-Learning in Deutschland (Expertise Nr.), 2004.

Microsoft (2007a): Erläuterung von Standardbegriffen bei Microsoft Software Updates.

Microsoft (2007b): Microsoft Dynamics Kundenreferenzen. http://www.microsoft.com/germany/dynamics/kundenreferenzen/default.mspx, zugegriffen am 03.04.2007.

Mingers, J. (2005): Information, Knowledge and Truth: A Polyvalent View (Working Paper Nr. 77). Kent Business School, 2005.

Mintzberg, H. (1978): Patterns in Strategy Formation. In: Management Science, Vol. 24 (1978) Nr. 9, S. 934-948.

Mintzberg, H.; McHugh, A. (1985): Strategy Formation in an Adhocracy. In: Administrative Science Quarterly, Vol. 30 (1985) Nr. 2, S. 160-197.

Mirani, R.; King, W.R. (1994): Impacts of End-user and Information Center Characteristics on Enduser Computing Support. In: Journal of Management Information Systems, Vol. 11 (1994) Nr. 1, S. 141-166.

Mohr, M. (2007): Customer Care Conference 2007: Round-Table zur IT-Weiterbildung. Düsseldorf.

Mohr, M.; Ebner, W.; Wittges, H.; Krcmar, H.; Schrader, H. (2007a): Unternehmens-software-Ausbildung an deutschen Hochschulen und Schulen. Ergebnisse der 3. UCC-Bildungsbedarfsanalyse 2007 (Studie Nr. 8). TU München, 2007a.

Mohr, M.; Krcmar, H. (2005): Bildungscontrolling: State of the Art und Bedeutung für die IT-Qualifizierung (Arbeitspapier Nr. 16). Technische Universität München, 2005.

Mohr, M.; Wittges, H.; Krcmar, H.; Schrader, H. (2007b): Gut ausgestattet. In: Personal, Vol. 07-08 (2007b), S. 63-65.

Mohr, M.; Wittges, H.; Nicolescu, V.; Krcmar, H.; Schrader, H. (2006): Einbindung und Motivation informeller Multiplikatoren im IT-Training am Beispiel Education Service Providing. In: Wirtschaftsinformatik-Ausbildung mit SAP-Software. Reader zum Track der Multikonferenz Wirtschaftsinformatik 2006 in Passau. Hrsg.: Krcmar, H.; Rautenstrauch, C.; Wittges, H.; Schrader, H. EUL-Verlag, Passau 2006, S. 1-22.

Moll, K.-R. (1994): Schulung und Beratung für Anwendungssysteme. In: Informatik-Management. Hrsg. Springer Verlag, 1994, S. 129-138.

Monk, E.; Wagner, B. (2006): Concepts in Enterprise Resource Planning, Thomson 2006.

Mudra, P. (2004): Weiterbildung. Studie zum Stand und der Weiterentwicklung der betrieblichen Weiterbildung (Studie Nr.). FH Ludwigshafen, 2004.

Mulligan, P. (2002): Specification of a capability-based IT classification framework. In: Information & Management, Vol. 39 (2002), S. 647-658.

Nah, F.F.-H.; Lau, J.L.-S.; Kuang, J. (2001): Critical factors for successful implementation of enterprise systems. In: Business Process Management Journal, Vol. 7 (2001) Nr. 3, S. 285-296.

Nelson, R.R.; Cheney, P.H. (1987): Training End Users. An exploratory Study. In: MIS Quarterly, Vol. 11 (1987) Nr. 4, S. 547-559.

Nestler, K.; Kailis, E. (2003): Arbeitszeitaufwand für betriebliche Weiterbildung in Europa, 2003.

Niedereichholz, J.; Reske, J. (2005): Probleme bei der Einführung von Standardsoftware. In: SAP-Einführung mit Change Management. Hrsg.: Kohnke, O.; Bungard, W. Gabler, 2005, S. 75-85.

Nielsen, J. (1993): Usability Engineering, Morgan Kaufmann, San Francisco 1993.

Nienhüser, W.; Magnus, M. (2003): Die wissenschaftliche Bearbeitung personalwirtschaftlicher Problemstellungen. Eine Einführung (Essener Beiträge zur Personalforschung Nr. 2), 2003.

Nonaka, I. (1994): A dynamic theory of organizational knowledge creation. In: Organization Science, Vol. 5 (1994) Nr. 1, S. 14-37.

Nonaka, I.; Takeuchi, H. (1997): Die Organisation des Wissens, Frankfurt 1997.

O'Leary, D.E. (2000): Training. In: Enterprise Resource Planning Systems. Hrsg. Cambridge University Press, Cambridge 2000, S. 186-191.

Ohmann, C.; Boy, O.; Yang, Q. (1997): A systematic approach to the assessment of user satisfaction with health care systems: constructs, models and instruments. Paper presented at the Medical Informatics Europe '97, Amsterdam, S. 781-785.

Olfman, L.; Bostrom, R.P.; Sein, M.K. (2001): Training with a business focus: A Best Practice. In: Bitworld, (2001).

Olfman, L.; Bostrom, R.P.; Sein, M.K. (2003): A Best-Practice Based Model for Information Technology Learning Strategy Formulation. Paper presented at the SIGMIS 2003, Philadelphia, S. 75-86.

Olfman, L.; Mandviwalla, M. (1994): Conceptual versus procedural software training for graphical user interfaces: A longitudinal field experiment. In: MIS Quarterly, Vol. 18 (1994) Nr. 4, S. 405-427.

Orthey, F.M. (2005): Wie sich Unternehmen durch Lernen verändern. Habilitation, Universität Bielefeld 2005.

Ossadnik, W.; Barklage, D.; van Lengerich, E. (2003): Abschlussbericht zum Forschungsprojekt "Controlling mittelständischer Unternehmen in der Region Osnabrück-Emsland".

Pancer, S.M.; George, M.; Gebotys, R.J. (1992): Understanding and predicting attitudes towards computers. In: Computers in Human Behavior, Vol. 8 (1992) Nr. 2-3, S. 211-222.

Parnas, D.L. (1994): Software Aging. Paper presented at the 16th international conference on Software engineering, Sorrento, Italy, S. 279-287.

Parr, A.N.; Shanks, D.G. (2000): A Taxonomy of ERP Implementation Approaches. Paper presented at the 33rd Hawaii International Conference on System Sciences, Hawaii.

Patterson, P.; Putz, B.J. (1998): Why new IT systems don't pay off. In: Training, (1998).

Pawlowski, P.; Bäumer, J. (1996): Betriebliche Weiterbildung. Management von Qualifikation und Wissen, C.H. Beck, München 1996.

Pech, U. (2001): Bildungscontrolling: Deskription, Klassifikation, Identitäten und Disparitäten, Shaker, Aachen 2001.

Pereira, R.E. (1999): Resource View Theory Analysis of SAP as a Source of Competitive Advantage for Firms. In: The Database for Advances in Information Systems, Vol. 30 (1999) Nr. 1, S. 38-46.

Peters, P. (2005): Wertgetriebenes Change Management für ERP-Einführungen. In: SAP-Einführung mit Change Management. Hrsg.: Kohnke, O.; Bungard, W. Gabler, 2005, S. 63-73.

Peterßen, W.H. (1999): Kleines Methoden-Lexikon. (2. Aufl.), Oldenbourg Schulbuchverlag 1999.

Pfeiffer, S. (2003): SAP R/3 & Co. Integrierte Betriebswirtschaftliche Systeme als stille Helferlein des Lego-Kapitalismus. In: FIfF-Kommunikation, Vol. 03/2003 (2003), S. 9-13.

Phillips, J.J.; Schirmer, F.C. (2005): Return on Investment in der Personalentwicklung. Der 5-Stufen-Evaluationsprozess, Springer 2005.

Picot, A.; Reichwald, R.; Wigand, R.T. (2003): Die grenzenlose Unternehmung. (5. Aufl.), Gabler, Wiesbaden 2003.

Pieler, D. (2000): Weiterbildungscontrolling, Gabler, Wiesbaden 2000.

Pilshofer, B. (2001): Wie erstelle ich einen Fragebogen? Ein Leitfaden für die Praxis.

Plant, R.; Willcocks, L.P. (2006): Critical success factors in international ERP implementations: A case research approach (Working Paper Nr. 145), 2006.

Pohlmeier, W. (2004): Bildungsrenditen (Paper zum Vortrag Nr.). Universität Konstanz, 2004.

Porst, R. (1996): Fragebogenerstellung. In: Kontaktlinguistik - Contact Linguistics - Linguistique de contact. Ein internationales Handbuch zeitgenössischer Forschung. Hrsg.: Goebl, H.; Nelde, P.H.; Starý, Z.; Wölck, W. De Gruyter, Berlin, New York 1996, S. 737-744.

Porst, R. (1998): Im Vorfeld der Befragung: Planung, Fragebogenentwicklung, Pretesting (ZUMA-Arbeitsbericht Nr. 98/02). ZUMA, 1998.

Porst, R. (2001): Wie man die Rücklaufquote bei postalischen Befragungen erhöht (ZUMA How-to-Reihe Nr. 9). ZUMA, 2001.

Preece, D. (1995): Organizations and technical change: Strategy, objectives and involvement, Routledge, London 1995.

Preisner, K. (2003): Bildungscontrolling: Individuumorientierte Konzeption zur verbesserten Koordination des betrieblichen Weiterbildungssystems. Fallstudien zur Bewertung des Weiterbildungssystems. Dissertation, Universität der Bundeswehr München 2003.

Probst, G.; Büchel, B. (1998): Organisationales Lernen, Wiesbaden 1998.

Prüfer, P.; Vazanski, L.; Wystup, D. (2003): Antwortskalen im ALLBUS und ISSP. Eine Sammlung (ZUMA-Methodenbericht Nr. 2003/11). ZUMA, 2003.

Püttgen, C.; Roe, R.A. Change-Management-Praktiken und SAP-Implementierungserfolg. Eine empirische Studie mit SAP-Projektleitern. In: SAP-Einführung mit Change Management. Konzepte, Erfahrungen und Gestaltungsempfehlungen. Hrsg.: Kohnke, O.; Bungard, W. Gabler.

Rainer, R.K.; Harrison, A.W. (1993): Toward development of the end user computing contruct in a university setting. In: Decision Sciences, Vol. 24 (1993), S. 1187-1202.

Rashid, M.A.; Hossain, L.; Patrick, J.D. (2002): The Evolution of ERP Systems: A Historical Perspective. In: Enterprise Resource Planning: Global Opportunities and Challenges. Hrsg. Idea Group Inc., 2002.

Reglin, T. (2004): Welche Infrastruktur benötigt eLearning? In: E-Learning: Virtuelle Kompetenzzentren und Online-Communities zur Unterstützung arbeitsplatznahen Lernens. Hrsg.: Hahne, K.; Zinke, G. Bielefeld 2004, S. 125-142.

Reglin, T.; Speck, C. (2003): Zur Kosten-Nutzen-Analyse von eLearning. In: Leitfaden E-Learning. Hrsg.: Prechtl, C. VMB e.V., München 2003, S. 221-235.

Reichwald, R. (1993): Die Wirtschaftlichkeit im Spannungsfeld von Theorie und Praxis (Arbeitsbericht Nr. 1). Technische Universität München, 1993.

Rockart, J.F.; Flannery, L.S. (1983): The Management of End User Computing. In: Communications of the ACM, Vol. 26 (1983) Nr. 10, S. 776-784.

Rogelberg, S.G.; Stanton, J.M. (2007): Understanding and Dealing With Organizational Survey Nonresponse.

Rohs, M.; Mattauch, W. (2001): Konzeptionelle Grundlagen der arbeitsprozessorientierten Weiterbildung in der IT-Branche. Fraunhofer Institut für Software- und Systemtechnik, 2001.

Rolf, A. (2005): Informationstechnologien in Organisationen und Gesellschaft. Die Veränderungen von Arbeitsabläufen anhand von Beispielen. In: Medienpädagogik "Wissensgesellschaft". Hrsg.: Kübler, H.-D.; Elling, E. Bonn 2005.

Rosemann, M. (2004): The Integration of SAP Solutions in the Curricula - Outcomes of a Global Survey (Survey Nr.). Queensland University of Technology, 2004.

Rost, J. (2003): Zeitgeist und Moden empirischer Analysemethoden. In: Forum Qualitative Sozialforschung, Vol. 4 (2003) Nr. 2.

Rudolph, S.; Taranovych, Y.; Förster, C.; Krcmar, H. (2005): Coaching über das Internet - Bedarfsgerechte Entwicklung und Evaluation der webbasierten Projekt-Coaching-Plattform WebCo@ch. Paper presented at the Virtuelle Organisation und Neue Medien 2005, Dresden.

Sage Group (2007): Sage Group Unternehmenspräsentation.

Santhanam, R.; Sein, M.K. (1994): Improving End-user Proficiency: Effects of Conceptual Training and Nature of Interaction. In: Information Systems Research, Vol. 5 (1994) Nr. 4, S. 378-399.

SAP (2005): SAP im Mittelstand. Vortrag auf dem 4. Metall-Tag.

SAP (2007): SAP. Daten & Fakten. http://www.sap.com/germany/company/press/daten.epx, zugegriffen am 03.04.2007.

SAP AG (2005): Bundeswehr (Success Story Nr.), 2005.

Sass, J.; Sengenberger, W.; Weltz, F. (1974): Weiterbildung und betriebliche Arbeitskräftepolitik. Eine industriesoziologische Analyse, Köln, Frankfurt 1974.

Scheer, A.-W. (1998): Wirtschaftsinformatik. Referenzmodelle für industrielle Geschäftsprozesse. Studienausgabe. (2. Aufl.), Springer 1998.

Scheithe, P. (2004): Vom "Hey Joe-Prinzip" zum professionellen IT-Service: BASF IT Services optimiert Servicequalität mittels ITIL-Standard. In: Information Management & Consulting, Vol. 19 (2004) Nr. 1, S. 52-54.

Schenk, B. (2002): Telekooperationsdidaktik, Deutscher Universitäts-Verlag GmbH, Wiesbaden 2002.

Schenk, B.; Dahm, H.; Sonje, D. (1997): Die Bedeutung sozialer Netzwerke bei der Diffusion neuer Kommunikationstechniken. In: Kolner Zeitschrift für Soziologie und Sozialpsychologie, Vol. 49 (1997) Nr. 1, S. 35-52.

Scherer, E.; Schaffner, D. (2003): SAP-Training. Konzeption, Planung und Realisierung, Galileo Press 2003.

Schiede, C. (2003): Wettbewerbs- & Branchen-Struktur-Analyse. Der Coachingmarkt im deutschsprachingen Raum. *Coaching-Magazin.*

Schiersmann, C.; Iller, C.; Remmele, H. (2001): Aktuelle Ergebnisse zur betrieblichen Weiterbildungsforschung. In: Literatur- und Forschungsreport Weiterbildung. Hrsg.: Nuissl, E.; Schiersmann, C.; Siebert, H. 2001, S. 8-36.

Schlaffke, W.; Weiß, R. (1989): Erste Ergebnisse der Repräsentativ-Untersuchung: Kosten und Strukturen der betrieblichen Weiterbildung. Pressekonferenz am 4. Oktober 1989. Bonn.

Schmidt, L. (2006): Technologie als Prozess. Eine empirische Untersuchung organisatorischer Technologiegestaltung am Beispiel von Unternehmenssoftware. Dissertation, Freie Universität Berlin 2006.

Schnell, R.; Hill, P.B.; Esser, E. (1999): Methoden der empirischen Sozialforschung (Vol. 6), Oldenbourg Verlag 1999.

Schnell, R.; Hill, P.B.; Esser, E. (2005): Methoden der empirischen Sozialforschung (Vol. 7), Oldenbourg Verlag 2005.

Scholz, C. (2000): Personalarbeit im IT-Bereich: Erfolgskritische Aktionsfelder. In: Wirtschaftsinformatik, Vol. 42 (2000) Nr. Sonderheft, S. 14-23.

Scholz, R.W.; Mieg, H.A.; Weber, O. (2003): Wirtschaftliche und organisationale Entscheidungen (Working Paper Nr. 36). ETH Zürich, 2003.

Schott, M. (2003): Zielgerichtetes Lernen für fundamentalen Unternehmenswandel. Ein Modell und Gestaltungsempfehlungen. Dissertation, Hamburger Universität für Wirtschaft und Politik 2003.

Schrader, H. (2005): Früh übt sich. User Group Meeting des University-Alliances-Programms in Magdeburg. In: SAP Info, Vol. 132 (2005).

Schrader, H.; Rautenstrauch, C.; Krcmar, H. (2007): Schalten und Walten im Namen der Lehre. In: SAP Info, Vol. 146 (2007), S. 24-25.

Schubert, U. (2006): IT-Schulungskonzept für einen Präzisionstechnologieproduzenten: Bildungsbedarfsanalyse, Durchführungsplanung und Erfolgsmessung. Diploma Thesis, Fernuniversität in Hagen 2006.

Schulze, J. (2006): Bedienbare Software ist kein Zufall. In: SAP Info, (2006).

Schumann, S. (2006): Repräsentative Umfrage. Praxisorientierte Einführung in empirische Methoden und statistische Analyseverfahren. (4. Aufl.), Oldenbourg, München 2006.

Schüppel, J. (1996): Wissensmanagement: Organisatorisches Lernen im Spannungsfeld von Wissens- und Lernbarrieren, Wiesbaden 1996.

Schüßler, I. (2004): Lernwirkungen neuer Lernformen (QUEM-Materialien Nr. 55), 2004.

Schwandner, G.A. (2002): Strategiebildung im Softwaregeschäft: Entwurf eines integrierten, ressourcen- und kompetenzenbasierten Planungsprozesses. Dissertation, Rheinisch-Westfälische Technische Hochschule Aachen 2002.

Schwarzer, B.; Krcmar, H. (1999): Wirtschaftsinformatik. Grundzüge der betrieblichen Datenverarbeitung. (2. Aufl.), Schäffer-Poeschel, Stuttgart 1999.

Schwetz, W. (2004): CRM in Deutschland. In: callcenterprofi, Vol. 03/2004 (2004), S. 42-45.

Scott, J.E. (2005): Post-implementation usability of ERP training manuals: The user's perspective. In: Information Systems Management, Vol. 22 (2005) Nr. 2, S. 67-77.

Scott, J.E.; Sugar, D. (2004): Perceived Usability of ERP Training Manuals. Paper presented at the AMCIS, New York, S. 3211-3215.

Sedlmeier, P. (1996): Jenseits des Signifikanztest-Rituals: Ergänzungen und Alternativen. In: Methods of Psychological Research Online, Vol. 1 (1996) Nr. 4, S. 41-63.

See Pui Ng, C.; Gable, G.; Chan, T. (2002): An ERP-client benefit-oriented maintenance taxonomy. In: Journal of Systems and Software, Vol. 64 (2002), S. 87-109.

Seeber, G.; König, M.; König, W.; Martin, C.; Molter, M.; Philipsen, S.; Sand, G.; Schmid, S.; Schmitt, E.; Stalter, V.; Wallberg, J.; Amberger, M.; Bauer, M.; Bernatz, S.; Beutelt, M.; Breutmann, A.; Feller, K.; Feß, S.; Fritz, S.; Giehrl, B.; Havelka, K.; Hermwille, K.; Hillenbrand, S.; Ilginer, S. (2005): Betriebliche Weiterbildung in Rheinland-Pfalz. Eine Analyse der Daten des IAB-Panels für 2001 (Schriften der Wissenschaftlichen Hochschule Lahr Nr. 6), 2005.

Seidel, B. (2004): Das NetWeaver-Projekt steht erst am Anfang. In: Computerzeitung, Vol. 32 (2004), S. 16.

Seidel, J.V. (2006): Qualitative Data Analysis.

Sein, M.K.; Bostrom, R.P.; Olfman, L. (1987): Training end users to compute: cognitive, motivational and social issues. In: INFOR, Vol. 25 (1987) Nr. 3, S. 236-255.

Sein, M.K.; Bostrom, R.P.; Olfman, L. (1998): Re-conceptualizing IT training for the workforce of the future. Paper presented at the ACM SIGCPR conference on Computer personnel research, Boston, Massachusetts, United States, S. 233-241.

Sein, M.K.; Bostrom, R.P.; Olfman, L. (1999): Rethinking end-user training strategy: applying a hierarchical knowledge-level model. In: Journal of End User Computing, Vol. 11 (1999) Nr. 1, S. 32-39.

Seminar DMC (2006): Die aktuelle Situation in der Aus- und Weiterbildung, 2006.

Sesink, W. (2003): Grenzen des E-Learning.

Seufert, S.; Back, A.; Häusler, M.; Berger, S. (2001): E-Learning - Weiterbildung im Internet, SmartBooks Publishing AG 2001.

Severing, E. (1999): Personalförderung durch Lernen im Arbeitsprozeß. In: Personalförderung im Unternehmen – Bildung, qualifizierende Arbeit und Netzwerke für das 21. Jahrhundert. Hrsg. Rüegger, Zürich 1999, S. 65-76.

Severing, E.; Stahl, T. (1995): Qualitätssicherung in der betrieblichen Weiterbildung - Fallstudien aus Europa. In: Grundlagen der Weiterbildung, Vol. 3 (1995).

Shang, S.; Seddon, P.B. (2000): A Comprehensive Framework for Classifying the Benefits of ERP Systems. Paper presented at the AMCIS, S. 1005-1014.

Shayo, C.; Olfman, L. (1994): A three dimensional view and research agenda for the study of transfer of skills gained from formal end-user software training. Paper presented at the 1994 computer personnel research conference on Reinventing IS : managing information technology in changing organizations, Alexandria, Virginia, United States, S. 133-141.

Shehab, E.M.; Sharp, M.W.; Supramaniam, L.; Spedding, T.A. (2004): Enterprise Resource Planning. An integrative view. In: Business Process Management Journal, Vol. 10 (2004) Nr. 4, S. 359-386.

Siegel, D. (1999): Skill-biased technological change. Evidence from a firm-level survey, 1999.

Simon, B.; Kieslinger, B.; Loepfe, D.; Schmidt, G. (2004): Stand der IT-Unterstützung von Bildungscontrollingprozessen. Wirtschaftsuniversität Wien, 2004.

Simon, S.J.; Werner, J.M. (1996): Computer training through behaviour modeling, self-paced, and instructional approaches: A field experiment. In: Journal of Applied Psychology, Vol. 81 (1996) Nr. 6, S. 648-659.

Somers, T.M.; Nelson, K.G. (2001): The Impact of Critical Success Factors across the Stages of Enterprise Resource Planning Implementations. Paper presented at the Hawaii International Conference on System Sciences, Hawaii.

Somers, T.M.; Nelson, K.G. (2002): A taxonomy of players and activities across the ERP project life cycle. In: Information & Management, Vol. 41 (2002) Nr. 3, S. 257-278.

Somers, T.M.; Nelson, K.G. (2004): A taxonomy of players and activities across the ERP project life cycle. In: Information & Management, Vol. 41 (2004) Nr. 3, S. 257-278.

Spence, M. (1973): Job Market Signaling. In: The Quarterly Journal of Economics, Vol. 87 (1973) Nr. 3, S. 355-374.

Spitz, A. (2004): Are Skill Requirements in the Workplace Rising? Stylized Facts and Evidence on Skill-Biased Technological Change. ZEW, 2004.

SPSS Inc. (1999): AnswerTree Algorithm Summary.

Stadtmüller, S.; Porst, R. (2005): Zum Einsatz von Incentives bei postalischen Befragungen (ZUMA How-to-Reihe Nr. 14). ZUMA, 2005.

Statistisches Bundesamt (1999): Klassifikation der Wirtschaftszweige. Ausgabe 1993 (WZ 93).

Statistisches Bundesamt (2004a): Datenreport 2004, Bonn 2004a.

Statistisches Bundesamt (2004b): Klassifikation der Wirtschaftszweige, Ausgabe 2003 (WZ 2003). Fassung für den Mikrozensus. Auflistung nach Wirtschaftsabschnitten, -unterabschnitten, -abteilungen und -gruppen. In: Bevölkerung und Erwerbstätigkeit. Fachserie 1. Hrsg. Metzler-Poeschel, Stuttgart 2004b, S. 402-408.

Statistisches Bundesamt (2004c): Statistisches Jahrbuch für die Bundesrepublik Deutschland, Wiesbaden 2004c.

Statistisches Bundesamt (2005): Zweite Europäische Erhebung zur beruflichen Weiterbildung (CVTS2). Methodik und erste Ergebnisse, 2005.

Statistisches Bundesamt (2006a): Methodische Grundlagen, Definitionen und Qualität des statistischen Unternehmensregisters. http://www.statistikportal.de/Statistik-Portal/de_entMethDef.asp, zugegriffen am 09.02.2007.

Statistisches Bundesamt (2006b): Statistisches Jahrbuch 2006 (Inland).

Stauss, B. (1999): Kundenzufriedenheit. In: Marketing ZFP, Vol. 21 (1999) Nr. 1, S. 5-24.

Stein, B.; Konrad-Klein, J. (2005): Mit SAP gut arbeiten. Von Tipps und Tricks bis zum Ergo-Projekt.

Steinberger, C.; Bajnai, J. Ist computergestütztes Lernen effizient für die ERPAusbildung einsetzbar ? In.

Steiner, V.; Lauer, C. (2000): Private Erträge von Bildungsinvestitionen in Deutschland, 2000.

Stoi, R. (2003): Management und Controlling von Intangibles. Die unternehmerische Herausforderung des 21. Jahrhunderts. In: Studium & Praxis, Vol. 1 (2003).

Straka, G.A. (2001): Selbstgesteuertes Lernen in der beruflichen Weiterbildung - ein Selbstläufer? In: Literatur- und Forschungsreport Weiterbildung, Vol. 48 (2001), S. 37-50.

Stufflebeam, D.L. (2000): The CIPP model for evaluation. In: Evaluation Models. Hrsg.: Stufflebeam, D.L.; Madaus, G.F.; Kellaghan, T. Kluwer, Boston 2000, S. 279-317.

Sumner, M. (1999): Critical success factors in enterprise wide information management systems projects. Paper presented at the AMCIS, Milwaukee, S. 232-234.

Sun, H.; Zang, P. (2005): The Role of Affect in Information Systems Research: A Critical Survey and a Research Model. In: Human-Computer Interaction in Management Information Systems. Hrsg.: Galletta, D.F.; Zang, P. Sharpe Inc., 2005.

Svelby, K.-E. (2005): Methods for measuring intangible assets. www.svelby.com/articles/IntangibleMethods.htm, zugegriffen am 28.11.2005.

Teichmann, M. (2007a): Hinweisblatt zur IT-Anwenderzufriedenheitsstudie.

Teichmann, M. (2007b): IT-Anwenderzufriedenheitsstudie 2007. Diskussion über die Interpretation der Rücklaufquoten. In Mohr, M. (Ed.). München.

Theobald, A. (2000): Das World Wide Web als Befragungsinstrument, Deutscher Universitäts-Verlag, Wiesbaden 2000.

Tholen, H.; Winter, H.; Zschörner, H. (1979): Erfassung und Analyse von Strukturen und Prozessen der betrieblichen Erwachsenenbildung (Projektbericht).

Thome, R. (1990): Wirtschaftliche Informationsverarbeitung, Vahlen, München 1990.

Topi, H.; Lucas, W.; Babaian, T. (2005): Identifying usability issues with an ERP implementation. Paper presented at the ICEIS, S. 128-133.

Trebilcock, B. (2006): Infor Accelerates Strategy, Increases Global Market Share With New Acquisitions.

Trittmann, R.; Mellis, W. (1999): Ökonomische Gestaltung des Wissenstransfers. In: Industrie-Management, Vol. 6 (1999), S. 64-68.

Troßmann, E. (1998): Investition, Lucius & Lucius, Stuttgart 1998.

Trovarit AG (2004): ERP-Systeme im Maschinen- und Anlagenbau. Marktüberblick, Projekte und Anwenderzufriedenheit (White Paper Nr.), 2004.

Trovarit AG (2007a): Anwender-Zufriedenheit ERP / Business Software Deutschland 2006/2007. Management Summary.

Trovarit AG (2007b): Liste aktueller ERP-Systeme und -Hersteller.

U.S. Department of Commerce (2003): Education and Training for the Information Technology Workforce, 2003.

U.S. General Accounting Office (2004a): Information Technology Training Can Be Enhanced by Greater Use of Leading Practices (Study Nr. 04-791), 2004a.

U.S. General Accounting Office (2004b): Information Technology Training. Practices of leading private-sector companies (Study Nr. 03-390), 2004b.

Umble, E.J.; Haft, R.R.; Umble, M.M. (2003): Enterprise resource planning: Implementation procedures and critical success factors. In: European Journal of Operational Research, Vol. 146 (2003) Nr. 2, S. 241-257.

Unesco (2006): International Standard Classification of Education (ISCED 1997).

Universität Düsseldorf (2005): Branchen- und Produktklassifikationen.

Vanini, S. (1999): Halbwertszeit von technologischem Wissen: Meßkonzepte und Implikationen für die Technologieplanung, Verlag Dr. Kovac, Kiel 1999.

Vock, R.; Balschun, B. (2004): Übersicht über die offiziellen Statistiken der beruflichen Aus- und Weiterbildung, 2004.

Vock, R.; Balschun, B.; Pforr, Y. (2006): Wie entwickeln Betriebe ihr IT-Fachpersonal - und welche Möglichkeiten bieten sich dabei dem IT-Weiterbildungssystem? BIBB, 2006.

Vogt, C. (2002): Intractable ERP: a comprehensive analysis of failed enterprise-resource-planning projects. In: ACM SIGSOFT Software Engineering Notes, Vol. 27 (2002) Nr. 2, S. 62-68.

von Arb, R.C. (1997): Vorgehensweisen und Erfahrungen bei der Einführung von Enterprise-Management-Systemen dargestellt am Beispiel von SAP R/3. Dissertation, Universität Bern 1997.

von der Lippe, P.; Kladroba, A. (2002): Repräsentativität von Stichproben. In: Marketing, Vol. 24 (2002), S. 227-238.

Voss, M. (2006a): Standardsoftwarebasiertes Projektcontrolling für parallele Rechnungslegung bei langfristiger Auftragsfertigung. Dissertation, Universität Passau 2006a.

Voss, S. (2006b): Modellierung von Standardsoftwaresystemen aus didaktischer Sicht. Dissertation, Technische Universität München 2006b.

Wahl, M. (2003): Wissensmanagement im Lebenszyklus von ERP-Systemen. Explorative Untersuchung und Entwicklung eines Gestaltungskonzeptes für SAP R/3-Projekte, Deutscher Universitäts-Verlag, München 2003.

Wallenburg, C.M.; Weber, J. (2006): Ursache-Wirkungsbeziehungen der Balanced Scorecard - Empirische Erkenntnisse zu ihrer Existenz (WHU-Forschungspapier Nr. 109). WHU, 2006.

Weber, W. (1985): Betriebliche Weiterbildung (Empirische Analyse betrieblicher und individueller Entscheidungen über Weiterbildung), Poeschel, Stuttgart 1985.

Weiss, M. (2004): Skill-biased technological change: Is there a hope for the unskilled? (Discussion Paper Nr. 45-2004), 2004.

Weiß, R. (1990): Die 26-Mrd.-Investition. Kosten und Strukturen betrieblicher Weiterbildung, 1990.

Welti, N. (1999): Successful SAP R/3 Implementation, Addison-Wesley 1999.

Wenzel-Däfler, H. (2001): Reverse Business Engineering. Dissertation, Universität Hamburg 2001.

Werner, D. (2006a): Betriebliche Weiterbildung: Ein Tausender pro Mitarbeiter. Anlage zu Pressemitteilung Nr. 7/2006 des Instituts der deutschen Wirtschaft Köln, 2006a.

Werner, D. (2006b): Trends und Kosten der betrieblichen Weiterbildung. Ergebnisse der IW-Weiterbildungserhebung 2005 (IW Trends Nr. 1/2006), 2006b.

Werners, B. (2006): Entscheidungs- und Informationstheorie. Skript zur Lehrveranstaltung.

West Trax und Experton Group (2006): Verschwendung bei SAP-Installationen. Wo liegen versteckte Einsparpotenziale? Benchmarking Studie 2005/2006.

Wheatley, M. (2000): ERP Training Stinks. In: CIO, (2000).

Wiedenbeck, M.; Züll, C. (2001): Klassifikation mit Clusteranalyse: Grundlegende Techniken hierarchischer und K-means-Verfahren (ZUMA How-to-Reihe Nr. 10). ZUMA, 2001.

Wiederhold, G. (2006): What is Software worth? , 2006.

Wilde, T.; Hess, T. (2006): Methodenspektrum der Wirtschaftsinformatik: Überblick und Portfoliobildung (Arbeitsbericht Nr. 02/2006). LMU München, 2006.

Wilde, T.; Hess, T. (2007): Forschungsmethoden der Wirtschaftsinformatik. Eine empirische Untersuchung. In: Wirtschaftsinformatik, Vol. 49 (2007) Nr. 4, S. 280-287.

Williams, S.W. (2001): The Effectiveness of subject matter experts as technical trainers. In: Human Resource Development Quarterly, Vol. 12 (2001) Nr. 1, S. 91-97.

Willumeit, A. (2004): SAP Education. Segmentation of Markets and Customers, 2004.

Willumeit, A. (2005): Measuring ROI of an Education Program for SAP R/3 Users at a Telco company. Business Case, 2005.

Willumeit, A. (2006a): Experteninterview zur Zukunft der IT-Weiterbildung mit Andreas Willumeit, Director Strategic Field Enablement - Education, Field Services - Solution Management, SAP Deutschland AG & Co. KG. Walldorf.

Willumeit, A. (2006b): Lohnt sich IT-Training? In Mohr, M. (Ed.), *Experteninterviews*. Garching bei München.

Willumeit, A. (2006c): SAP Education. Presentation at the SAPPHIRE, Paris., 2006c.

Winter, H.; Tholen, H. (1983): Schwerpunkte zukunftsorientierter Weiterbildung (Beiträge zur Gesellschafts- und Bildungspolitik Nr. 90), 1983.

Wirtschaftsministerium Baden-Württemberg (2005): Weiterbildung in Baden-Württemberg. Ergebnisse der repräsentativen Erhebung 2004 im Rahmen des Berichtssystems Weiterbildung. Kurzfassung, 2005.

Wittenberg, R. (2005): Einführung in die sozialwissenschaftlichen Methoden und ihre Anwendung in empirischen Untersuchungen I (Arbeits- und Diskussionspapiere Nr. 2005-1). Friedrich-Alexander-Universität Erlangen-Nürnberg, Wirtschafts- und Sozialwissenschaftliche Fakultät, Sozialwissenschaftliches Institut, Lehrstuhl für Soziologie und Empirische Sozialforschung, 2005.

Wittwer, W. (2001): Biographieorientierte Kompetenzentwicklung in der betrieblichen Weiterbildung. In: Literatur- und Forschungsreport Weiterbildung. Hrsg.: Nuissl, E.; Schiersmann, C.; Siebert, H. 2001.

Wolf, M. (2006): Ökonomische Erfolgsfaktoren privater Fernsehveranstalter, Verlag Reinhard Fischer, München 2006.

Wright, P.M. (2003): Next generation SHRM research: From covariation to causation (Working paper Nr. 03-01). Center for advanced human resource studies, 2003.

Zarnekow, R.; Brenner, W. (2005): Distribution of cost over the application lifecycle. A multi-case study. Paper presented at the ECIS, Regensburg.

ZEW (2001): IKT-Fachkräftemangel und Qualifikationsbedarf. Empirische Analysen für das Verarbeitende Gewerbe und ausgewählte Dienstleistungssektoren in Deutschland (Endbericht Nr. 333/60360166). Zentrum für Europäische Wirtschaftsforschung GmbH, 2001.

ZEW (2005): IKT-Report. Internet bestimmt den Geschäftsalltag. Zentrum für Europäische Wirtschaftsforschung GmbH, 2005.

Zilch, A. (2006): Vereinbarte Zufriedenheit. *InformationWeek.*

Zimmer, G. (1987): Nutzung von Software in Büros, Vorschläge zur veruflichen Weiterbildung. In: Berufsbildung in Wissenschaft und Praxis, Vol. 6 (1987), S. 171-175.

Zütphen, T.; Siek, M. (2002): Zufriedenheit, Loyalität und Bindung. Drei Seiten derselben Medaille?

Anhang

Deskriptive Analyse der Expertenbefragung

Im Folgenden wird für die Umfrageergebnisse je Frage/Thema eine kategoriale oder metrische Verteilungsanalyse durchgeführt (vgl. Eckstein 2004, S. 55ff.). Wenn möglich, wird als Lagemaß das arithmetische Mittel und als Streuungsmaße die Standardabweichung sowie Maximum und Minimum angegeben.

Das Sortierfeld ist mit * gekennzeichnet.

Qualifizierungsmengen und –anlässe

Qualifizierungsmengen

Fragetext	Wie viele Tage pro Jahr investiert ein Endanwender in Schulungen und in sonstige Qualifizierungsmaßnahmen zur Unternehmenssoftware?
Fragetyp	Geschlossene Frage
Variablen	QUALI_TAGE_SCHULUNG, QUALI_TAGE_SONST, QUALI_TAGE_GESAMT

Tabelle 47: Qualifizierungsmengen (Metadaten)

	N	Minimum	Maximum	Mittelwert	Standardabweichung
Schulungstage pro Jahr	220	,0	20,0	3,325	3,0517
Tage sonstige Qualifizierungsmaßnahmen pro Jahr	220	,0	30,0	4,285	4,1668
Qualifizierungstage gesamt pro Jahr	220	,0	45,0	7,610	6,4632

Tabelle 48: Qualifizierungsmengen (Deskriptive Statistiken)

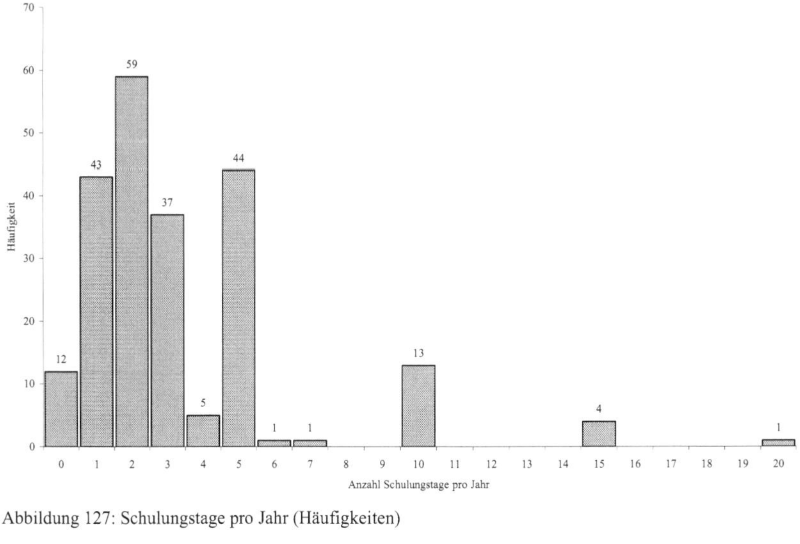

Abbildung 127: Schulungstage pro Jahr (Häufigkeiten)

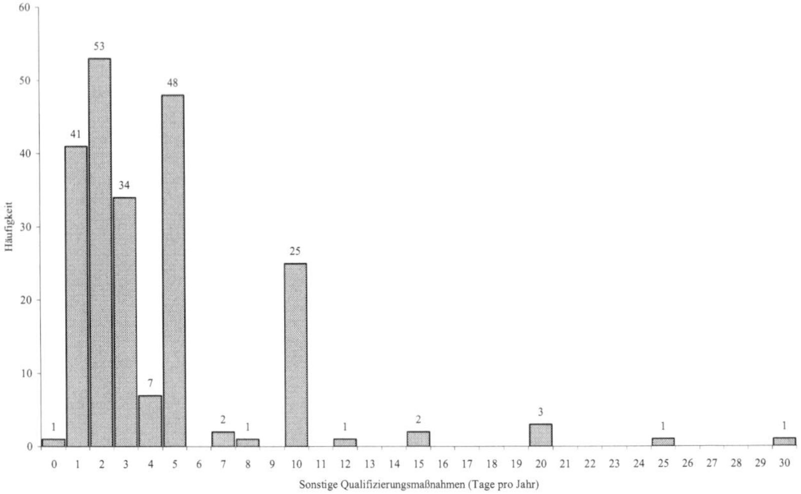

Abbildung 128: Tage sonstige Qualifizierungsmaßnahmen pro Jahr (Häufigkeiten)

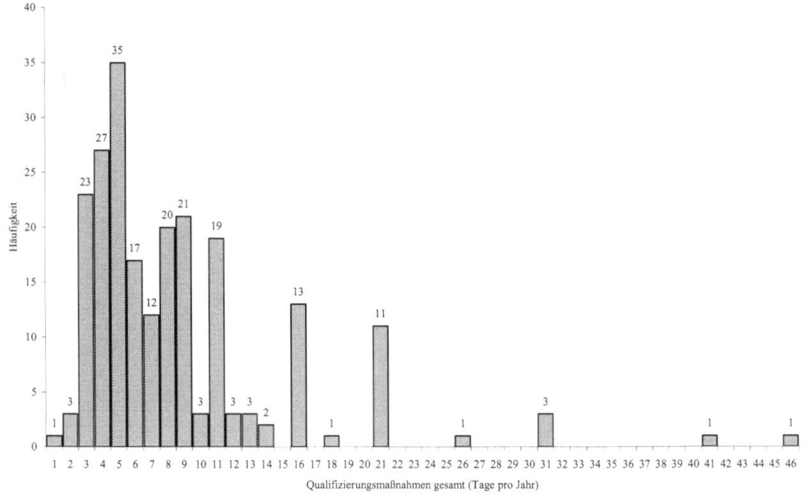

Abbildung 129: Tage Qualifizierungsmaßnahmen gesamt pro Jahr (Häufigkeiten)

Qualifizierungsanlässe

Fragetext	Wie verteilen sich diese Tage (Schulungen und sonstige Qualifizierungsmaßnahmen) auf folgende typische Situationen?
Fragetyp	Halboffen, Ratingskala (1: sehr wenig, 5: sehr viel)
Variablen	QUALI_MENGE_NEUEINSTELLUNG, QUALI_MENGE_STELLENWECHSEL, QUALI_MENGE_ALLTAG, QUALI_MENGE_REFRESH, QUALI_MENGE_EINFÜHRUNG, QUALI_MENGE_ERWEITERUNG, QUALI_MENGE_RELEASEWECHSEL, QUALI_MENGE_FUNKTIONSERWEITERUNG, QUALI_MENGE_SONST1, QUALI_MENGE_SONST2

Tabelle 49: Qualifizierungsanlässe und -mengen (Metadaten)

	N	Minimum	Maximum	Mittelwert*	Standardabweichung
Qualifizierungsmenge bei der Unternehmenssoftware-Einführung	218	3	5	4,62	,566
Qualifizierungsmenge bei Neueinstellung	216	2	5	4,32	,751
Qualifizierungsmenge bei der Unternehmenssoftware-Erweiterung	218	1	5	3,75	,816
Qualifizierungsmenge bei Stellenwechsel	217	1	5	3,30	,849
Qualifizierungsmenge bei Releasewechseln	219	1	5	2,81	1,004
Qualifizierungsmenge bei Funktionserweiterungen	218	1	5	2,74	,910
Qualifizierungsmenge bei der Arbeit am System	216	1	5	2,30	,973
Qualifizierungsmenge bei sonstigen Anlässen	20	1	5	2,30	1,129
Qualifizierungsmenge beim Wiederauffrischen	208	1	4	1,89	,847

Tabelle 50: Qualifizierungsanlässe und -mengen (Deskriptive Statistiken)

Sonstiger Qualifizierungsanlass	Qualifizierungsmenge*	N
Rollouts	Sehr viel (5)	1
Geschäftsfelderweiterung	Viel (4)	1
Nachschulungen bei erkennbaren Fehlerhäufungen	Mittel (3)	1
Umorganisation mit neuen Zuständigkeiten	Mittel (3)	1
Restrukturierungsmaßnahmen	Mittel (3)	1
[Bei] besonderen geschäftlichen Kampagnen	Mittel (3)	1
Konzernabschluss	Mittel (3)	1
nach Problembehebungen	Wenig (2)	1

Tabelle 51: Qualifizierungsanlässe und -mengen (Freitextnennungen)

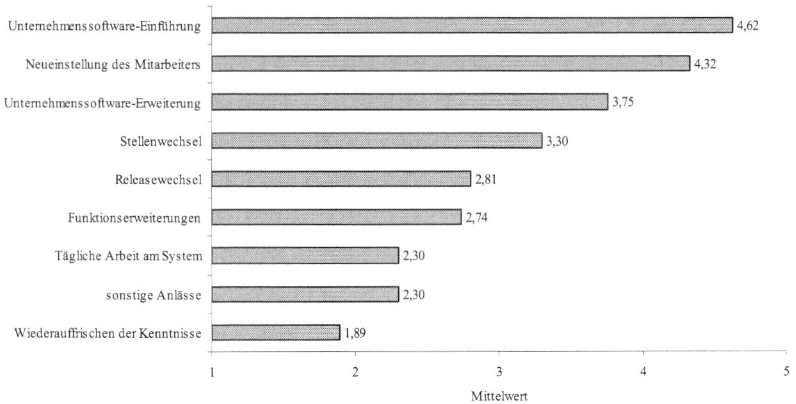

Abbildung 130: Qualifizierungsanlässe und –mengen (Diagramm)

Qualifizierungsfokus

Fragetext	Was außer der reinen Softwarebedienung wird den Unternehmenssoftwareanwendern in Ihrem Unternehmen in Schulungen usw. vermittelt?
Fragetyp	Halboffen, Ratingskala (1: stimme stark zu, 5: stimme überhaupt nicht zu)
Variablen	QUALI_FOKUS_INTEGRATION, QUALI_FOKUS_NUTZEN, QUALI_FOKUS_SELBSTSTÄNDIGKEIT, QUALI_FOKUS_EMOTION, QUALI_FOKUS_SONST

Tabelle 52: Qualifizierungsfokus (Metadaten)

	N	Minimum	Maximum	Mittelwert	Standardabweichung
Integration: Die Anwender lernen zu verstehen, welche Auswirkungen ihre eigene Arbeit am System hat, z.B. auf andere Abteilungen, Bereiche, Kollegen usw.	219	1	5	3,57	1,017
Gutes Verhältnis zur Software: Es wird versucht, zwischen Mitarbeiter und System ein "gutes Verhältnis" herzustellen (emotionaler Aspekt)	219	1	5	3,42	,966
Nutzensichtbarkeit: Die Anwender lernen, den Nutzen der Software für das Unternehmen zu erkennen. Sie verstehen, warum die Unternehmenssoftware eingesetzt wird.	219	1	5	3,41	,911
Selbstständigkeit: Den Anwendern wird vermittelt, wie sie sich selbstständig weitere Informationen zum System beschaffen können ("learning to learn").	218	1	5	3,15	1,016

Tabelle 53: Qualifizierungsfokus (Deskriptive Statistiken)

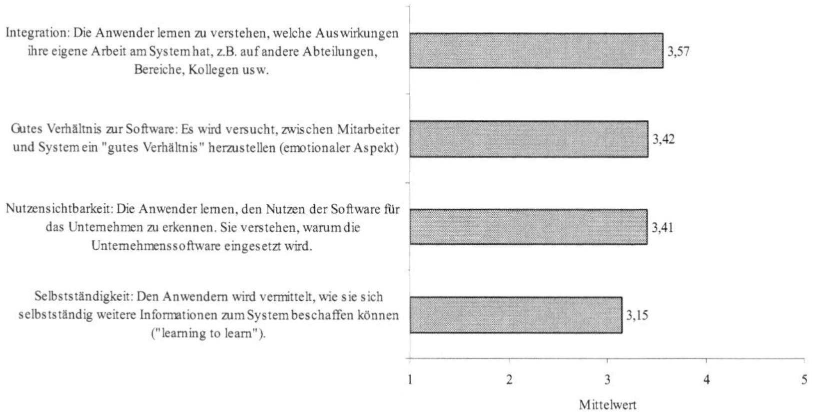

Abbildung 131: Qualifizierungsfokus (Diagramm)

Kategorien	Qualifizierungsfokus (Freitextnennungen)
Oberfläche und Systemgrundlagen	"Look and Feel" Nutzen der Hilfefunktionen gängige Begriffe Grundlagen Troubleshooting Überblick über die gesamte Funktionalität Handling IT-Umgang Technologiewechsel oft PC- und / oder Betriebssystemgrundlagen optimaler Umgang mit der Software Tipps und Tricks Strukturierte Annäherung
Integration und Schnittstellen	Abteilungsübergreifende Arbeitsabläufe Arbeiten in integrierten Systemen betriebswirtschaftliche Zusammenhänge, Werteflüsse

	Darstellung der kompletten Prozessketten Denken in Prozessen Zusammenwirken verschiedener Systeme (Schnittstellenbedeutung) Integration mit anderen Modulen Prozessabläufe Prozessdenken Prozessverständnis Schnittstellen Prozesswissen (5x) Wenn möglich Schnittstellenabhängigkeiten Wissen über den ganzheitlichen Prozess
Abläufe und Organisatorisches	an wen Sie sich wenden können Kontakte zu Keyusern Erfahrungsaustausch Ablauf Organisation Erreichbarkeit des Service-Desk Ansprechpartner in anderen Bereichen gewünschte Nutzungsintensität gewünschte Standardeingaben begleitende Prozesse Projekthintergründe (warum, wer, was, Zeitraum) Hotline Arbeitsorganisation Change Management Wo bekommt man Hilfe? Wie sind die rechtlichen Grundlagen? Zentrale Support-Abteilung als Ansprechpartner Ziele des Unternehmens Zusammenspiel von IT und Prozess(en)
Betriebswirtschaftliche Grundkenntnisse	auch betriebswirtschaftliches Know How Betriebswirtschaft, Logistik, Reporting betriebswirtschaftlich Betriebswirtschaftliche Prozesse Business Process Know How Business Prozesse Geschäftsprozess-Darstellung und Modellierung, Wissensmanagement Hintergrundbasiswissen Wirtschaftlicher Background
Fach- und Branchenkenntnisse	Branchenkenntnis Masterdata fachliche Interpretation der angezeigten Daten fachliches Know-How zum jeweiligen Geschäftsprozess Fachwissen (z. B. zu Personalwirtschaft) Organisationsspezifika für den jeweiligen Bereich Business Rules warenwirtschaftliche Abläufe
Datenqualität	Die Wichtigkeit der Qualität der Daten Datenqualität Standardisierung; globale Anwendung der Software Qualitätsgrundsätze Datenhaltung
Sonstiges	leider kaum Zusätzliches, Schulungsabhängig NKF-Grundlagenwissen mat.-rechtl. Auslöser selbstbewusstsein, weiterentwickeln Sicherheitsbewußtsein Verantwortung

Tabelle 54: Qualifizierungsfokus (Freitextnennungen)

Bedarfsanalyse und Planung

Fragetext	Diverse
Fragetyp	Geschlossen, Ja/Nein
Variablen	QUALI_PLANUNG_JAHRESGESPRÄCH, QUALI_PLANUNG_GEHALT, QUALI_PLANUNG_IT, QUALI_PLANUNG_PERSONAL

Tabelle 55: Bedarfsanalyse und Planung (Metadaten)

Planungsmethode	Ja		Nein			Gesamt	
IT-Qualifizierung ist Bestandteil von Jahresgesprächen und Zielvereinbarungen.	113	57,1%	85	42,9%	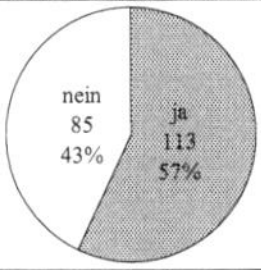	198	100,0%
IT-Qualifizierung begünstigt Gehaltserhöhungen oder Beförderungen.	21	10,6%	177	89,4%	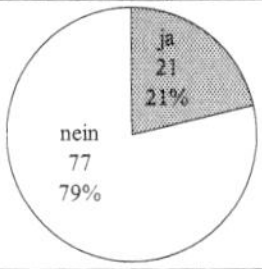	198	100,0%
Die IT-Abteilung plant Unternehmenssoftware-Anwenderschulungen für das nächste Jahr im Voraus, z.B. zusammen mit der Unternehmenssoftware-Projektvorschau.	111	53,9%	95	46,1%	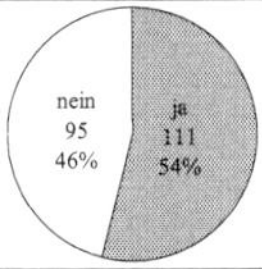	206	100,0%
Die Personalentwicklung plant Unternehmenssoftware-Anwenderschulungen für das nächste Jahr im Voraus.	63	32,3%	132	67,7%	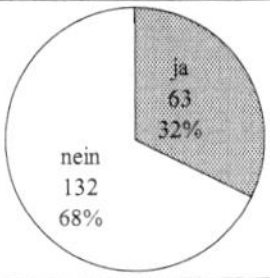	195	100,0%

Tabelle 56: Bedarfsanalyse und Planung (Häufigkeiten und Diagramme)

Organisationales Lernen

Fragetext	Diverse
Fragetyp	Geschlossen, Ratingskala (1: sehr häufig, 5: sehr selten)
Variablen	QUALI_METHODE_LEVEL, QUALI_METHODE_FORM, QUALI_METHODE_ZUGRIFF, QUALI_METHODE_TEAM, QUALI_METHODE_AUSTAUSCH, QUALI_METHODE_SPEZIALISTEN

Tabelle 57: Organisationales Lernen (Metadaten)

	N	Minimum	Maximum	Mittelwert	Standardabweichung
Kollegen aus einer Fachabteilung oder einem Fachprojekt (Teams) werden gemeinsam geschult/qualifiziert.	218	1	5	3,92	,844
Interne Unternehmenssoftware-Spezialisten (z.B. Key User oder Mitglieder des Einführungsteams) führen auch nach Einführungsprojekten interne Trainings durch.	217	1	5	3,35	1,137
Unternehmenssoftware-Schulungen werden auf unterschiedlichen Schwierigkeitsstufen angeboten (Einsteiger, Fortgeschrittene...).	218	1	5	3,02	1,148
Je nach Zugriffsart gibt es verschiedene Schulungen, z.B. GUI-Anwender, Portal-/Web-Nutzer usw.	217	1	5	2,70	1,166
Es findet ein regelmäßiger Erfahrungsaustausch zu Unternehmenssoftware-Themen statt, z.B. in Communities.	217	1	5	2,43	1,153
Gleiche Qualifizierungsthemen werden in unterschiedlichen Formen angeboten, z.B. sowohl als Schulung als auch als PC-Lernprogramm.	217	1	5	2,00	1,016

Tabelle 58: Organisationales Lernen (Deskriptive Statistiken)

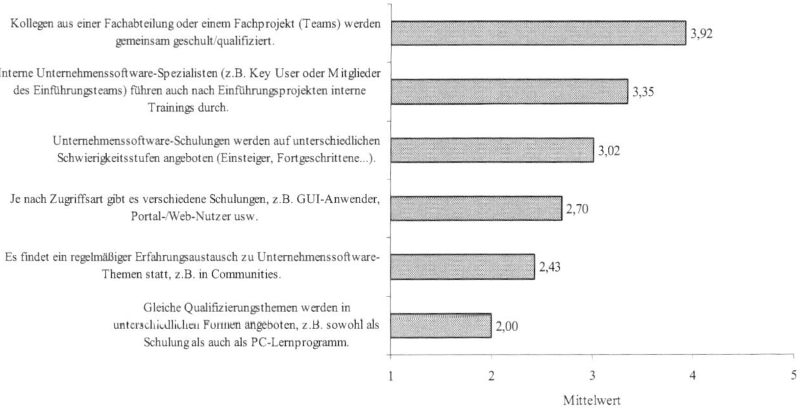

Abbildung 132: Organisationales Lernen (Diagramm)

Sandbox-System oder -Mandant

Fragetext	Steht den Endanwendern ein Sandboxmandant oder –system zur Verfügung?
Fragetyp	Geschlossen, Mehrfachauswahl
Variablen	QUALI_METHODE_SANDBOX

Tabelle 59: Sandbox (Metadaten)

		Häufigkeit	Prozent	Gültige Prozente
Gültig	Permanente Sandbox	130	59,1	59,1
	Sandbox während Projekten	65	29,5	29,5
	Keine Sandbox	25	11,4	11,4
	Gesamt	220	100,0	100,0

Tabelle 60: Sandbox (Häufigkeiten)

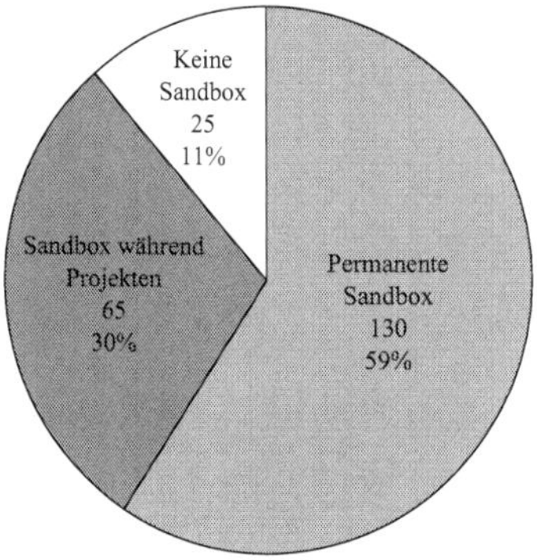

Abbildung 133: Sandbox (Häufigkeiten)

Qualifizierungsmethoden

Zentrale Methoden der Qualifizierung

Fragetext	Welche Unterstützung steht den Anwendern in folgenden Situationen zur Verfügung?
Fragetyp	Geschlossen, Ja/Nein
Variablen	QUALI_METHODE_NEU_SCHULINT, QUALI_METHODE_NEU_SCHULEXT, QUALI_METHODE_NEU_MANUAL, QUALI_METHODE_NEU_COACHING, QUALI_METHODE_NEU_KOLLEGEN, QUALI_METHODE_NEU_ELEARNING, QUALI_METHODE_WECHSEL_SCHULINT, QUALI_METHODE_WECHSEL_SCHULEXT, QUALI_METHODE_WECHSEL_MANUAL, QUALI_METHODE_WECHSEL_COACHING, QUALI_METHODE_WECHSEL_KOLLEGEN, QUALI_METHODE_WECHSEL_ELEARNING, QUALI_METHODE_ALLTAG_SCHULINT, QUALI_METHODE_ALLTAG_SCHULEXT, QUALI_METHODE_ALLTAG_MANUAL, QUALI_METHODE_ALLTAG_COACHING, QUALI_METHODE_ALLTAG_KOLLEGEN, QUALI_METHODE_ALLTAG_ELEARNING, QUALI_METHODE_REFRESH_SCHULINT, QUALI_METHODE_REFRESH_SCHULEXT, QUALI_METHODE_ REFRESH_MANUAL, QUALI_METHODE_ REFRESH_COACHING, QUALI_METHODE_ REFRESH_KOLLEGEN, QUALI_METHODE_ REFRESH_ELEARNING, QUALI_METHODE_EINFUEHRUNG_SCHULINT, QUALI_METHODE_EINFUEHRUNG_SCHULEXT, QUALI_METHODE_EINFUEHRUNG_MANUAL, QUALI_METHODE_EINFUEHRUNG_COACHING, QUALI_METHODE_EINFUEHRUNG_KOLLEGEN, QUALI_METHODE_EINFUEHRUNG_ELEARNING, QUALI_METHODE_ERWEITERUNG_SCHULINT, QUALI_METHODE_ERWEITERUNG_SCHULEXT, QUALI_METHODE_ERWEITERUNG_MANUAL, QUALI_METHODE_ERWEITERUNG_COACHING, QUALI_METHODE_ERWEITERUNG_KOLLEGEN, QUALI_METHODE_ERWEITERUNG_ELEARNING, QUALI_METHODE_RELEASEWECHSEL_SCHULINT, QUALI_METHODE_RELEASEWECHSEL_SCHULEXT, QUALI_METHODE_RELEASEWECHSEL_MANUAL, QUALI_METHODE_RELEASEWECHSEL_COACHING, QUALI_METHODE_RELEASEWECHSEL_KOLLEGEN, QUALI_METHODE_RELEASEWECHSEL_ELEARNING, QUALI_METHODE_FUNKTIONSERWEITERUNG_SCHULINT, QUALI_METHODE_FUNKTIONSERWEITERUNG_SCHULEXT, QUALI_METHODE_FUNKTIONSERWEITERUNG_MANUAL, QUALI_METHODE_FUNKTIONSERWEITERUNG_COACHING, QUALI_METHODE_FUNKTIONSERWEITERUNG_KOLLEGEN, QUALI_METHODE_FUNKTIONSERWEITERUNG_ELEARNING

Tabelle 61: Zentrale Methoden (Metadaten)

	Interne Schulungen	Externe Schulungen	Handbücher	Coaching	Hilfe durch Kollegen	E-Learning
Neueinstellung im Unternehmen	Ja: 182 (82,7%) Nein: 38 (17,3%) 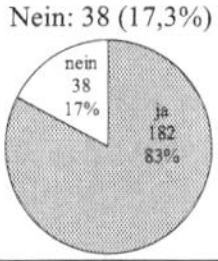	Ja: 105 (47,7%) Nein: 115 (52,3%) 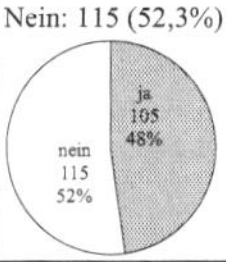	Ja: 181 (82,3%) Nein: 39 (17,7%) 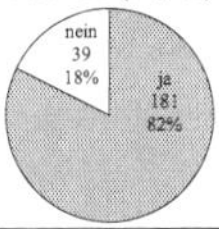	Ja: 150 (68,2%) Nein: 70 (31,8%) 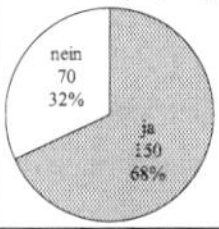	Ja: 203 (92,3%) Nein: 17 (7,7%) 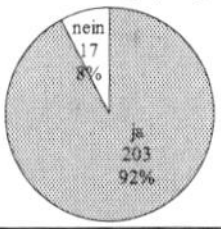	Ja: 48 (21,8%) Nein: 172 (78,2%) 
Stellenwechsel, Neue Aufgabe	Ja: 138 (62,7%) Nein: 82 (37,3%) 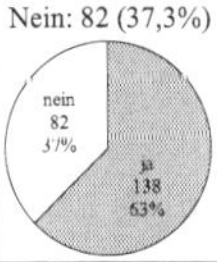	Ja: 65 (29,5%) Nein: 155 (70,5%) 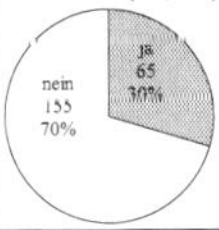	Ja: 172 (78,2%) Nein: 48 (21,8%) 	Ja: 140 (63,6%) Nein: 80 (36,4%) 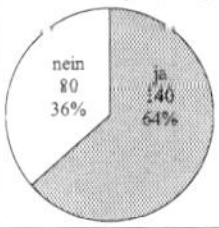	Ja: 197 (89,5%) Nein: 23 (10,5%) 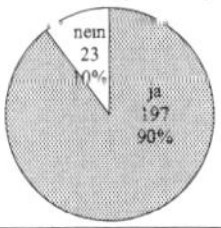	Ja: 37 (16,8%) Nein: 183 (83,2%) 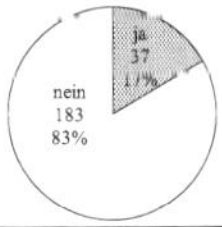
Tägliche Arbeit am System	Ja: 49 (22,3%) Nein: 171 (77,7%) 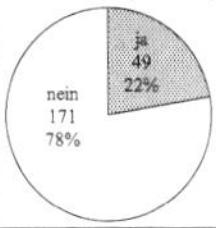	Ja: 18 (8,2%) Nein: 202 (91,8%) 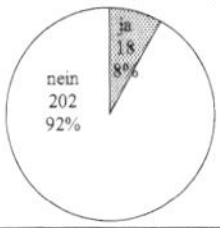	Ja: 158 (71,8%) Nein: 62 (28,2%) 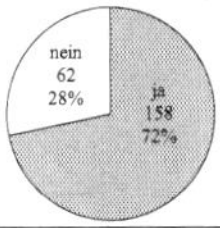	Ja: 135 (61,4%) Nein: 85 (38,6%) 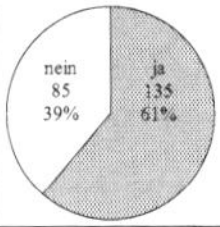	Ja: 203 (92,3%) Nein: 17 (7,7%) 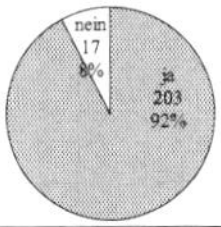	Ja: 29 (13,2%) Nein: 191 (86,8%) 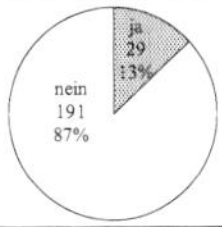
Wiederauffrischen der Unternehmenssoftware-Kenntnisse („Refresher“, „Update“)	Ja: 84 (38,2%) Nein: 136 (61,8%) 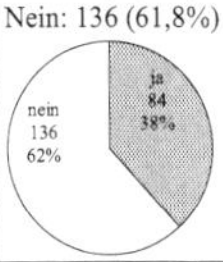	Ja: 35 (16%) Nein: 185 (84%) 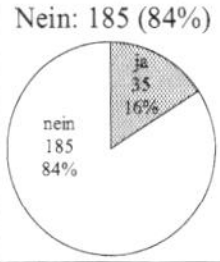	Ja: 115 (52%) Nein: 105 (48%) 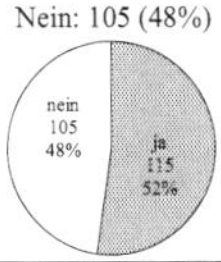	Ja: 106 (48%) Nein: 114 (52%) 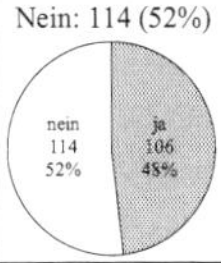	Ja: 138 (63%) Nein: 82 (37%) 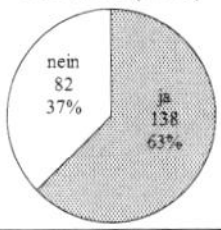	Ja: 30 (14%) Nein: 190 (86%) 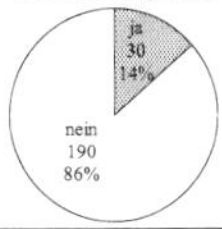

Erstmalige Einführung der Unternehmens-software in der Abteilung	Ja: 205 (93%) Nein: 15 (7%) 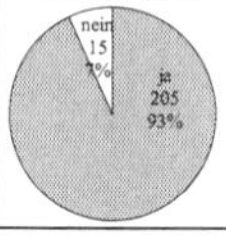	Ja: 93 (42%) Nein: 127 (48%) 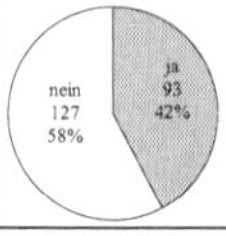	Ja: 168 (76%) Nein: 52 (24%) 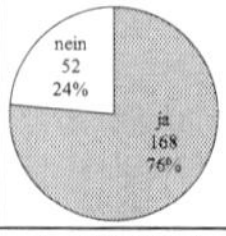	Ja: 156 (71%) Nein: 64 (29%) 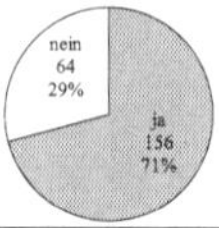	Ja: 152 (69%) Nein: 168 (31%) 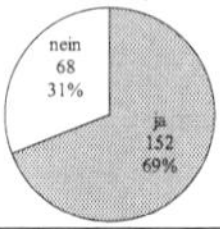	Ja: 36 (16%) Nein: 184 (84%) 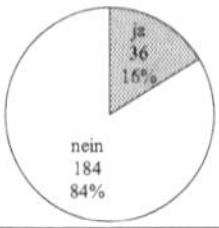
Erweiterung der Unternehmens-software	Ja: 186 (85%) Nein: 34 (15%) 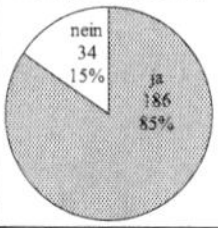	Ja: 49 (22%) Nein: 171 (78%) 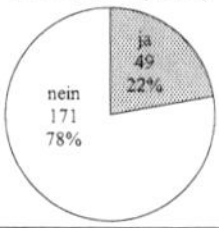	Ja: 158 (72%) Nein: 62 (28%) 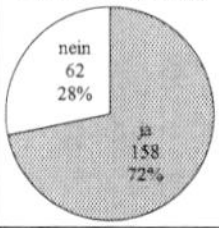	Ja: 149 (68%) Nein: 71 (32%) 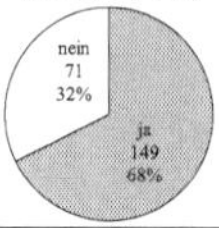	Ja: 149 (68%) Nein: 71 (32%) 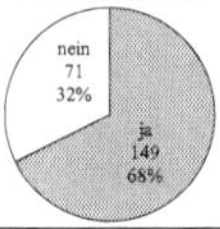	Ja: 29 (13%) Nein: 191 (87%) 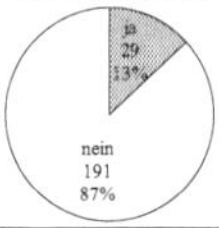
Releasewechsel	Ja: 148 (67%) Nein: 72 (33%) 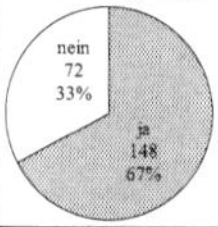	Ja: 30 (14%) Nein: 190 (86%) 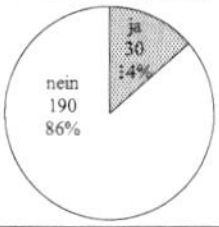	Ja: 142 (65%) Nein: 78 (35%) 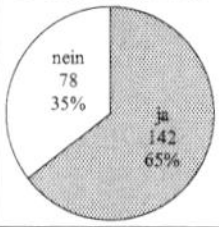	Ja: 150 (68%) Nein: 70 (32%) 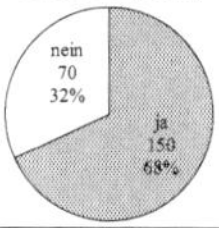	Ja: 145 (66%) Nein: 75 (34%) 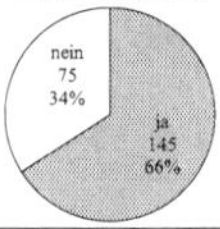	Ja: 23 (10%) Nein: 197 (90%) 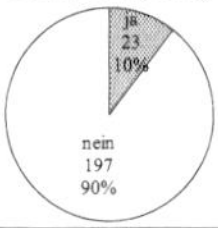
Neue Berichte, Funktionalitäten, Transaktionen	Ja: 102 (46%) Nein: 118 (54%) 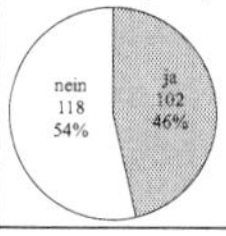	Ja: 9 (4%) Nein: 211 (96%) 	Ja: 127 (58%) Nein: 93 (42%) 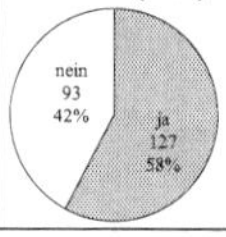	Ja: 139 (63%) Nein: 81 (37%) 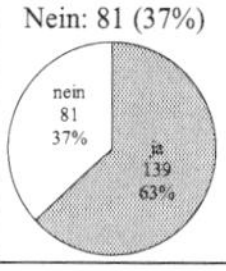	Ja: 145 (66%) Nein: 75 (34%) 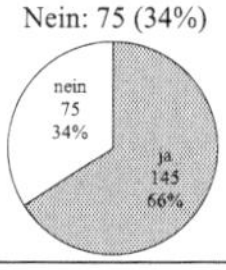	Ja: 16 (7%) Nein: 204 (93%) 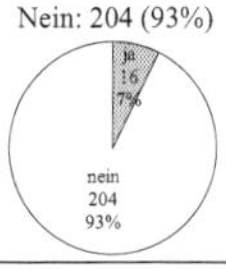

Tabelle 62: Zentrale Methoden (Häufigkeiten und Diagramme)

	N	Minimum	Maximum	Mittelwert	Standardabweichung
Anzahl der Anlässe für Hilfestellung durch Kollegen	220	0	8	6,05	2,108
Anzahl der Anlässe für Handbücher	220	0	8	5,55	2,623
Anzahl der Anlässe für Coaching	220	0	8	5,11	2,873
Anzahl der Anlässe für interne Schulungen	220	0	8	4,97	1,977
Anzahl der Anlässe für externe Schulungen	220	0	8	1,84	2,005
Anzahl der Anlässe für E-Learning	220	0	8	1,13	2,343

Tabelle 63: Zentrale Methoden (Deskriptive Statistiken)

Sonstige Methoden

Fragetext	Welche sonstigen Hilfsmittel stehen den Anwendern zur Verfügung?
Fragetyp	Geschlossen, Ja/Nein
Variablen	QUALI_METHODE_TAGUNG, QUALI_METHODE_BÜCHER, QUALI_METHODE_SIMULATIONEN

Tabelle 64: Sonstige Methoden (Metadaten)

Methode	Ja		Nein			Gesamt	
Besuch von Tagungen, Vorträgen, Informationsveranstaltungen	92	41,8%	128	58,2%	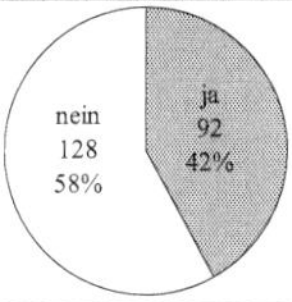	220	100,0%
Bücher, Dokumentationen auf CD-ROM	117	53,2%	103	46,8%	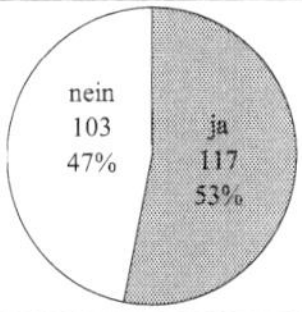	220	100,0%
Simulationen, Videos	22	10,0%	198	90,0%	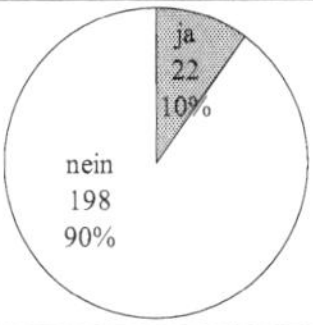	220	100,0%

Tabelle 65: Sonstige Methoden (Häufigkeiten und Diagramme)

Kategorien	Methoden (Freitextnennungen)
Hotline, Help Desk, Key User	"Hotline" Help Desk Hotline IT-Abteilung IT-Support Kontakt mit Modulbetreuer über Key User SAP Key User Netzwerk SAP-Betreuer Supportabteilung Telefonsupport, Fernwartung vor Ort Support durch SuperUser / KeyUser
Kodifiziertes Wissen (Dokumentation, Hinweise)	"Private Dokumentationen" Anwenderdokumentation Arbeitsanweisungen Dokumentation im Intranet HowTos individuelle Doku interne Unterlagen

	intranet Intranethinweise konkrete Anwendungsdokumentationen Knowledge Base Online Info im Intranet Onlinehilfe Release-Infos SAP-Hilfe Schulungsunterlagen im Portal zugänglich selbst erstellte Doku Unterlagen auf dem Intranet Userguides Wiki
Do it yourself	eigenes Handling er muss sich selbst kümmern Hilfe durch System Hilfetexte innerhalb der Anwendungen
Formelle Weiterbildung	Fachspezifische Fortbildungslehrgänge Inhouse Schulungen vereinzelt Supportworkshops WBT Webinare

Tabelle 66: Sonstige Methoden (Freitextnennungen)

Key User

Fragetext	Werden in den Fachabteilungen Ihres Unternehmens Key User eingesetzt?
Fragetyp	Geschlossen, Einfachauswahl
Variablen	QUALI_METHODE_KEYUSER1, QUALI_METHODE_KEYUSER2

Tabelle 67: Key User (Metadaten)

Key User Einsatz

		Häufigkeit	Prozent	Gültige Prozente
Gültig	Key User für Fragen zu Unternehmenssoftware	132	60,0	60,6
	Key User für Fragen zur IT allgemein	59	26,8	27,1
	Keine Key User	27	12,3	12,4
	Gesamt	218	99,1	100,0
Fehlend	Weiß nicht	2	0,9	
Gesamt		220	100,0	

Tabelle 68: Key User (Häufigkeiten)

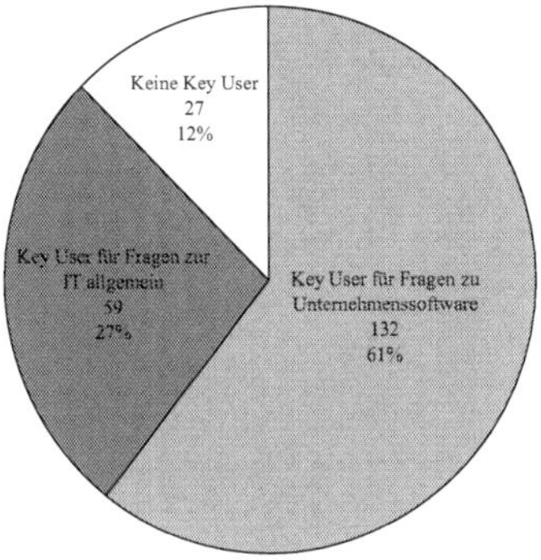

Abbildung 134: Key User (Diagramm)

Key User Betreuungsrelation

	N	Minimum	Maximum	Mittelwert	Standardabweichung
Betreuungsrelation (Wie viele Mitarbeiter betreut ein Key User)	153	3	1000	33,3	83,5
Betreuungsrelation[243] (Wie viele Mitarbeiter betreut ein Key User)	151	3	125	25,79	24,412

Tabelle 69: Key User Betreuungsrelation (Deskriptive Statistiken)

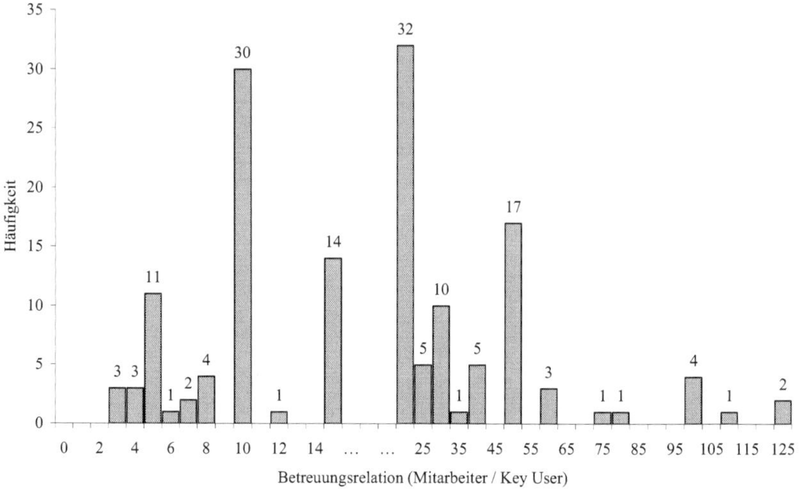

Abbildung 135: Key User Betreuungsrelation (Diagramm)

243 Um 2 Ausreißer > 125 bereinigt (vgl. Buttler 1996).

Evaluation

Fragetext	Evaluieren Sie Ihre Unternehmenssoftware-Schulungen oder betreiben Sie Qualitätssicherung?
Fragetyp	Halboffen, Ratingskala (1: nie, 6: sehr häufig)
Variablen	QUALI_EVAL_ROI, QUALI_EVAL_QUALITÄT, QUALI_EVAL_SONST

Tabelle 70: Evaluation (Metadaten)

	N	Minimum	Maximum	Mittelwert	Standardabweichung
Wir versuchen, die Wirtschaftlichkeit von Unternehmenssoftware-Schulungen zu ermitteln, z.B. durch Messung der Geschwindigkeits- oder Qualitätsverbesserungen der geschulten Anwender.	215	1	6	2,72	1,570
Externen Weiterbildungsanbietern geben wir explizite Qualitätsstandards vor, z.B. DIN/EN/ISO 9004.	211	1	6	2,64	1,619

Tabelle 71: Evaluation (Deskriptive Statistiken)

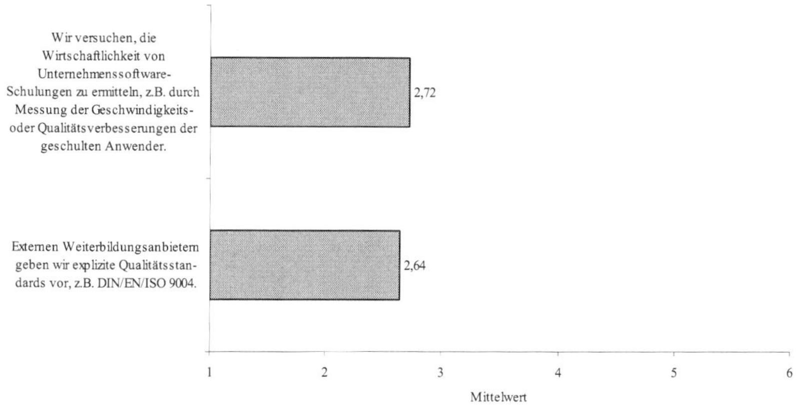

Abbildung 136: Evaluation (Diagramm)

Kategorien	Evaluationsmethoden (Freitextnennungen)
Feedback-, Fragebögen (nach der Qualifizierungsmaßnahme)	allgem. Fragebogen Anwenderbewertung Anwender-Feedback Auswertung von Feedbackbögen Beurteilung des Schulungserfolges durch die Teilnehmer selbst Beurteilung durch Teiln. Bewertungsbogen Bewertungsbögen der Teilnehmer Bewertungsbögen zur Beurteilung des Schulungsinhalts und des Dozenten direktes Feedback nach der Schulung Durchführung von fragebogengestützten Auswertungen nach Abschluß der Schulung Feedback Anwender Feedback Fragebogen Feedback Gespräche Feedbackbögen Feedback-Bögen Feedback-Bogen in Schulungen Fragebogen Personalentwicklung hinterher Fragebogen zu Schulung Fragebogen, wenn Schulungen gemacht werden, derzeit aber nicht im Angebot Umfragen zur Schulung Teilnehmerbefragung Fragebogen zum Nutzen

Technologisch gestützte Evaluation	Auswertung der Rückfragen aus dem Ticketsystem Überprüfung der Datenqualität - Rückschluss auf Kenntnisse der Anwender
Anbieterauswahl	Erfahrungswerte bei der Auswahl von Anbietern ISO 9000-Zertifikat
Sonstiges	Definition und Abstimmung von Schulungsinhalten und Schulungszeiten Erfahrungsberichte von Anwendern Begleitung am Arbeitsplatz Online-Schulungen Teilnahme von internen Experten an Trainings zur Kontrolle des Niveaus Rückmeldungen sollen gegeben werden, wird aber nicht kontrolliert Überprüfung durch den Vorgesetzten weiß nicht Wir sind selbst Schulungspartner für Fremdfirmen. Zertifizierung der Anwender durch Schulungsbestätigung

Tabelle 72: Evaluation (Freitextnennungen)

Institutionalisierung und organisatorische Verankerung

Zuständigkeit

Fragetext	Welcher Bereich organisiert und plant Qualifizierungsmaßnahmen für Unternehmenssoftware-Endanwender im Normalfall?
Fragetyp	Einfachauswahl mit Freitextmöglichkeit
Variablen	QUALI_ORGA_BEREICH1, QUALI_ORGA_BEREICH2

Tabelle 73: Zuständigkeit (Metadaten)

		Häufigkeit	Prozent	Gültige Prozente
Gültig	IT-Abteilung	87	39,5	43,1
	Personalabteilung/-entwicklung	74	33,6	36,6
	Fachabteilungen	14	6,4	6,9
	Sonstiger Bereich	13	5,9	6,4
	IT und Personal	7	3,2	3,5
	Kompetenzcenter Unternehmenssoftware	4	1,8	2,0
	IT und Fachabteilung	2	,9	1,0
	IT, Personal und Fachabteilung	1	,5	,5
	Gesamt	202	91,8	100,0
Fehlend	weiß nicht	18	8,2	
Gesamt		220	100,0	

Tabelle 74: Zuständigkeit (Häufigkeiten)

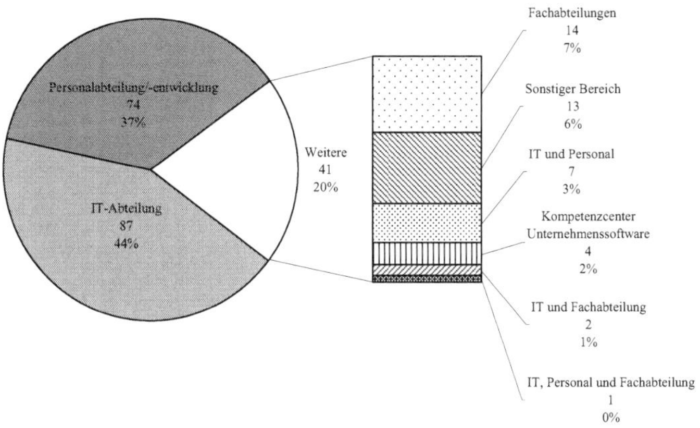

Abbildung 137: Zuständigkeit (Diagramm)

Sonstige Bereiche
Key-User
Trainingsabteilung
Zentralorganisation
Buchhaltungsabteilung
Keine
Dies ist unterschiedlich. Bei Projekten via des Projektes. Ansonsten durch den Fachbereich sowie auch durch IT und HR Abteilung.
IT-Koordinator
AV
Organisation/SAP-Koordination
Ausbildungsreferat
Teils/teils
Produktmanagement
QS-Abteilung

Tabelle 75: Zuständigkeit (Freitextnennungen)

Personelle Ausstattung

Fragetext	Wie viele Mitarbeiter sind ungefähr für Planung und Organisation von Unternehmenssoftware-Qualifizierungsmaßnahmen zuständig?
Fragetyp	Geschlossene Frage
Variablen	QUALI_ORGA_STAFFING

Tabelle 76: Personelle Ausstattung (Metadaten)

	N	Minimum	Maximum	Mittelwert	Standardabweichung
Personelle Ausstattung	176	0	100	3,97	8,5062
Personelle Ausstattung[244]	175	0	25	3,42	4,4123
Personelle Ausstattung (MA pro 1.000 Mitarbeiter)	176	0	100	6,32	16,4196
Personelle Ausstattung (MA pro 1.000 Mitarbeiter)[245]	169	0	40	3,32	6,1322

Tabelle 77: Personelle Ausstattung (Deskriptive Statistiken)

244 Um 1 Ausreißer > 100 bereinigt (vgl. Buttler 1996).

245 Um 7 Ausreißer >= 50 bereinigt (vgl. Buttler 1996).

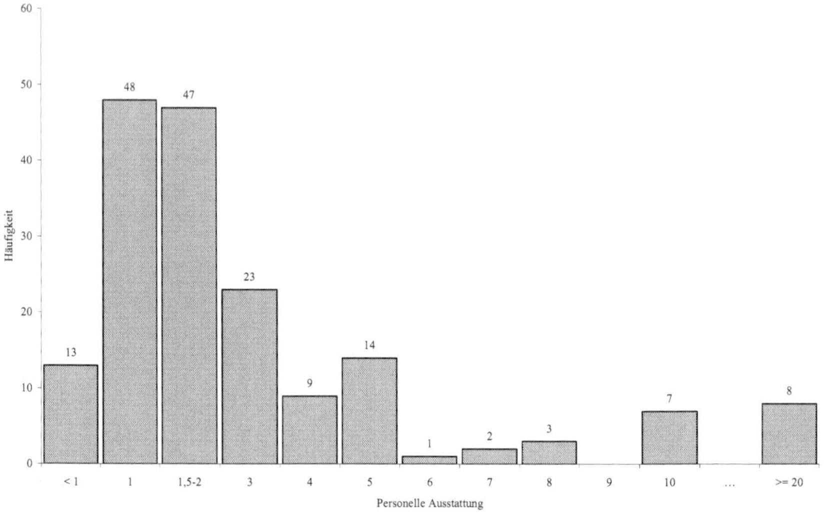

Abbildung 138: Personelle Ausstattung (Diagramm)

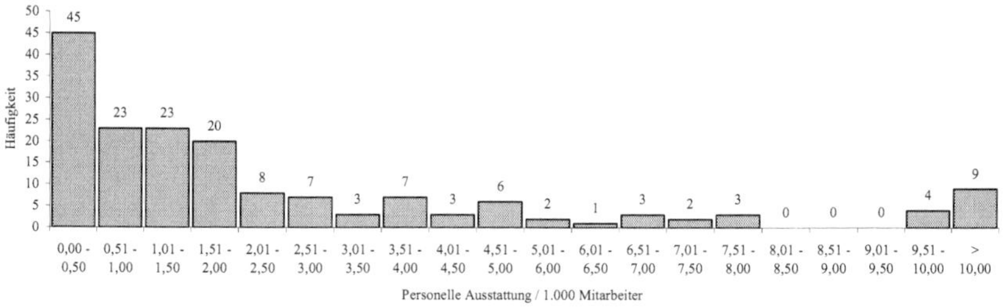

Abbildung 139: Personelle Ausstattung pro 1.000 Mitarbeiter (Diagramm)

Qualifizierungsbudgets

Fragetext	Wie viel Geld/Budget steht für die Unternehmenssoftware-Qualifizierung zur Verfügung?
Fragetyp	Offen (als Anteil am Abteilungs-/Projektbudget)
Variablen	QUALI_ORGA_BUDGET_PROJEKT_ANWENDER, QUALI_ORGA_BUDGET_PROJEKT_GESAMT, QUALI_ORGA_BUDGET_FA_USOFT, QUALI_ORGA_BUDGET_FA_IT, QUALI_ORGA_BUDGET_PA_USOFT, QUALI_ORGA_BUDGET_PA_IT

Tabelle 78: Qualifizierungsbudgets (Metadaten)

	N	Minimum	Maximum	Mittelwert*	Standardabweichung
Unternehmenssoftware-Projekte: Anwenderschulungen (Anteil am Projektbudget)	97	0	50	7,96	7,0224
Unternehmenssoftware-Projekte: Schulungen insgesamt (Anteil am Projektbudget)	55	0	75	9,07	10,8305
Fachabteilungen: Unternehmenssoftware-Schulungen (Anteil am Abteilungsbudget)	78	0	50	5,87	7,5556
Fachabteilungen: IT-Schulungen (Anteil am Abteilungsbudget)	55	0	80	7,36	14,3387
Personalentwicklung: Unternehmenssoftware-Schulungen (Anteil am Weiterbildungsbudget)	71	0	90	9,82	16,9582
Personalentwicklung: IT-Schulungen (Anteil am Weiterbildungsbudget)	53	0	75	11,22	15,4908

Tabelle 79: Qualifizierungsbudgets (Deskriptive Statistiken)

	N	Minimum	Maximum	Mittelwert*	Standardabweichung
Unternehmenssoftware-Projekte: Anwenderschulungen (Anteil am Projektbudget)[246]	96	0	25	7,53	5,5712
Unternehmenssoftware-Projekte: Schulungen insgesamt (Anteil am Projektbudget)[247]	54	0	30	7,85	5,9989
Fachabteilungen: Unternehmenssoftware-Schulungen (Anteil am Abteilungsbudget)[248]	74	0	10	4,43	3,5715
Fachabteilungen: IT-Schulungen (Anteil am Abteilungsbudget)[249]	53	0	15	4,72	4,1140
Personalentwicklung: Unternehmenssoftware-Schulungen (Anteil am Weiterbildungsbudget)[250]	68	0	30	6,72	8,1969
Personalentwicklung: IT-Schulungen (Anteil am Weiterbildungsbudget)[251]	51	0	35	8,72	8,9709

Tabelle 80: Qualifizierungsbudgets – um Ausreißer bereinigte Werte (Deskriptive Statistiken)

246 Um 1 Ausreißer > 25% bereinigt (vgl. Buttler 1996).

247 Um 1 Ausreißer > 30% bereinigt (vgl. Buttler 1996).

248 Um 4 Ausreißer > 10% bereinigt (vgl. Buttler 1996).

249 Um 2 Ausreißer > 15% bereinigt (vgl. Buttler 1996).

250 Um 3 Ausreißer > 30% bereinigt (vgl. Buttler 1996).

251 Um 2 Ausreißer > 35% bereinigt (vgl. Buttler 1996).

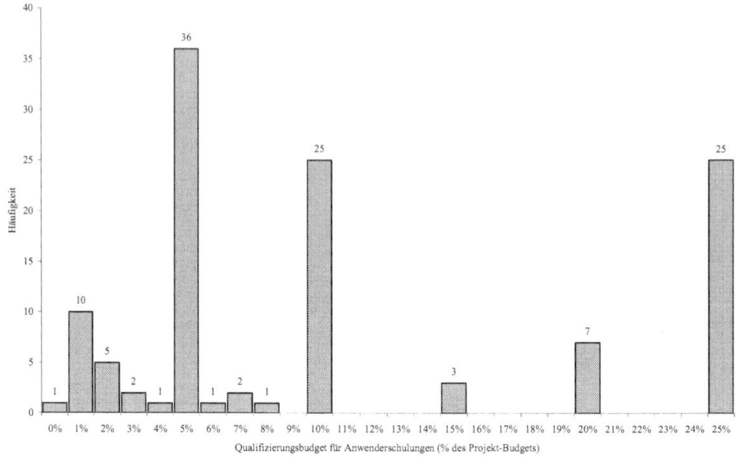

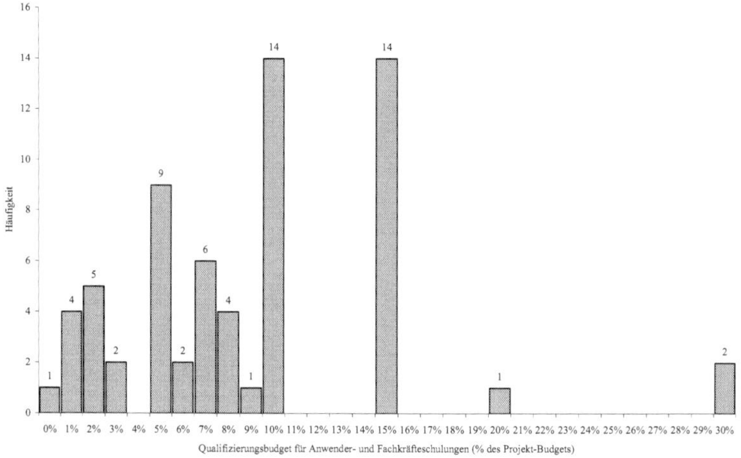

Abbildung 140: Qualifizierungsbudgets in Unternehmenssoftwareprojekten (Häufigkeiten)

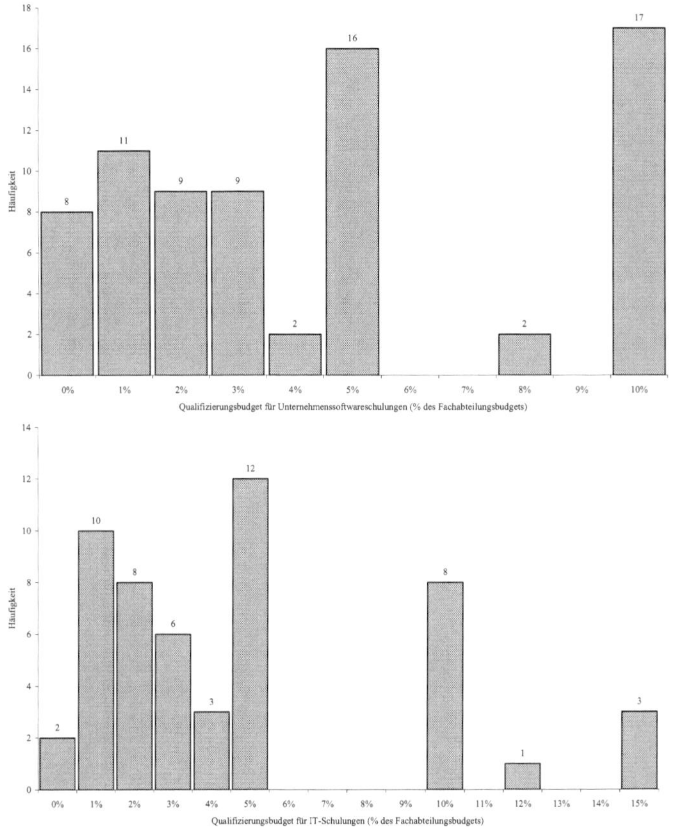

Abbildung 141: Qualifizierungsbudgets in Fachabteilungen (Häufigkeiten)

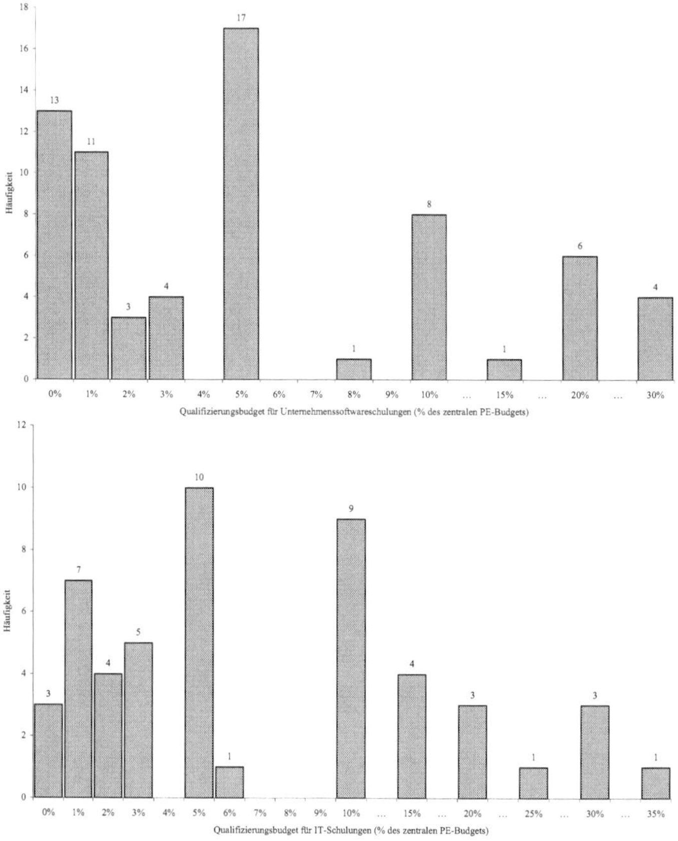

Abbildung 142: Qualifizierungsbudgets in der zentralen PE (Häufigkeiten)

Qualifizierungskatalog

Fragetext	Existiert in Ihrem Unternehmen ein Qualifizierungs-/Schulungskatalog mit Angeboten für Unternehmenssoftware-Endanwender?
Fragetyp	halboffen, mit 4 Auswahlmöglichkeiten
Variablen	QUALI_ORGA_KATALOG

Tabelle 81: Qualifizierungskatalog (Metadaten)

		Häufigkeit	Prozent	Gültige Prozente
Gültig	Nein, es gibt keinen Qualifizierungs-/Schulungskatalog.	92	41,8%	44,2%
	Ja, es gibt einen Qualifizierungs-/Schulungskatalog mit Angeboten für Endanwender von Unternehmenssoftware.	86	39,1%	41,3%
	Ja, es gibt einen Qualifizierungs-/Schulungskatalog, allerdings ohne Angebote für Endanwender von Unternehmenssoftware.	30	13,6%	14,4%
	Gesamt	208	94,5%	100,0%
Fehlend	Weiß nicht	12	5,5%	
Gesamt		220	100,0%	

Tabelle 82: Qualifizierungskatalog (Deskriptive Statistiken)

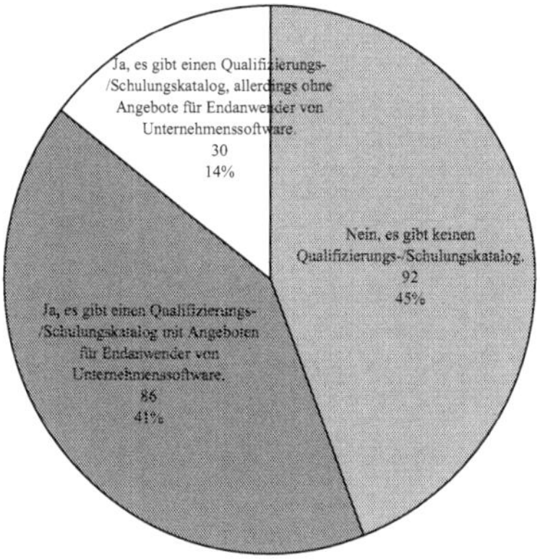

Abbildung 143: Qualifizierungskatalog (Diagramm)

Nutzen der Unternehmenssoftware-Endanwenderqualifizierung

Gesamtnutzen

Fragetext	Alles in Allem, wie schätzen Sie den Nutzen der Unternehmenssoftware-Endanwenderqualifizierung für Ihr Unternehmen ein?
Fragetyp	Halboffen, Ratingskala (1: sehr niedrig, 5: sehr hoch)
Variablen	QUALI_NUTZEN_GESAMT

Tabelle 83: Gesamtnutzen der Unternehmenssoftware-Endanwenderqualifizierung (Metadaten)

	Häufigkeit	Minimum	Maximum	Mittelwert*	Standardabweichung
Nutzen unserer Endanwenderqualifizierung zu Unternehmenssoftware	212	1	5	3,69	,864

Tabelle 84: Gesamtnutzen der Unternehmenssoftware-Endanwenderqualifizierung (Deskriptive Statistiken)

		Häufigkeit	Prozent	Gültige Prozente	Kumulierte Prozente
Gültig	sehr niedrig	4	1,8	1,9	1,9
	niedrig	13	5,9	6,1	8,0
	mittel	59	26,8	27,8	35,8
	hoch	105	47,7	49,5	85,4
	sehr hoch	31	14,1	14,6	100,0
	Gesamt	212	96,4	100,0	
Fehlend	weiß nicht	8	3,6		
Gesamt		220	100,0		

Tabelle 85: Gesamtnutzen der Unternehmenssoftware-Endanwenderqualifizierung (Häufigkeiten)

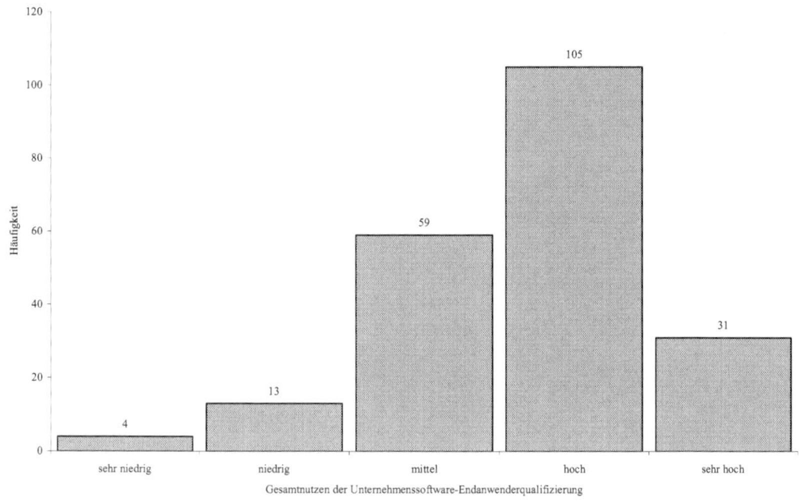

Abbildung 144: Gesamtnutzen der Unternehmenssoftware-Endanwenderqualifizierung (Häufigkeiten)

Teilnutzen

Fragetext	Welchen Nutzen stiften die Qualifizierungsmaßnahmen zu Unternehmenssoftware in ihrem Unternehmen
Fragetyp	Halboffen, Ratingskala (1: stimme überhaupt nicht zu, 5: stimme voll und ganz zu)
Variablen	QUALI_NUTZEN_NOTWENDIGKEIT, QUALI_NUTZEN_EFFIZIENZ, QUALI_NUTZEN_EMOTION, QUALI_NUTZEN_IDEEN, QUALI_NUTZEN_CHANGE, QUALI_NUTZEN_PROJEKTDAUER, QUALI_NUTZEN_PROJEKTKOSTEN, QUALI_NUTZEN_ARBEITSGESCHWINDIGKEIT, QUALI_NUTZEN_FEHLERRATE

Tabelle 86: Nutzen von Qualifizierungsmaßnahmen (Metadaten)

	Häufigkeit	Minimum	Maximum	Mittelwert*	Standardabweichung
Effizienz: Der Nutzen unserer Endanwenderqualifizierung (z.B. weniger Fehleingaben, schnellere Bearbeitung, weniger Help-Desk-Anfragen) überwiegt die Kosten (z.B. Arbeitszeit, Gebühren usw.).	210	1	5	3,90	,954
Absolute Notwendigkeit: Unsere Unternehmenssoftware kann überhaupt erst nach Qualifizierungsmaßnahmen genutzt werden. Selbstständige Einarbeitung reicht nicht aus.	218	1	5	3,84	1,072

Tabelle 87: Nutzen der Unternehmenssoftware-Endanwenderqualifizierung I (Deskriptive Statistiken)

	Häufigkeit	Minimum	Maximum	Mittelwert*	Standardabweichung
Qualitätssteigerung: Nach Qualifizierungsmaßnahmen machen Endanwender weniger Fehler am System.	167	1	5	3,99	,799
Innovation: In unseren Qualifizierungsmaßnahmen erhalten Anwender Ideen für effizientere Arbeitsabläufe oder neue Vorgehensweisen.	219	1	5	3,75	,820
Geschwindigkeitssteigerung: Nach Qualifizierungsmaßnahmen arbeiten Endanwender schneller mit der Software.	167	1	5	3,74	,845
Emotionaler Aspekt: Unsere Qualifizierungsmaßnahmen führen dazu, dass die Anwender "lieber" mit der Software arbeiten als zuvor und sie weniger als "Gegner" ansehen.	218	1	5	3,64	,826
Change Management: Unsere Qualifizierungsmaßnahmen führen zu einer effektiveren Umsetzung organisatorischer Veränderungen, die im Zuge der Einführung der Unternehmenssoftware notwendig werden.	218	1	5	3,50	,980
Schnellere Projekte: Unsere Qualifizierungsmaßnahmen führen dazu, dass Unternehmenssoftware-Projekte schneller verlaufen.	215	1	5	3,24	1,022
Kostengünstigere Projekte: Unsere Qualifizierungsmaßnahmen führen dazu, dass Unternehmenssoftware-Projekte kostengünstiger verlaufen.	21	1	4	3,10	,889

Tabelle 88: Nutzen der Unternehmenssoftware-Endanwenderqualifizierung II (Deskriptive Statistiken)

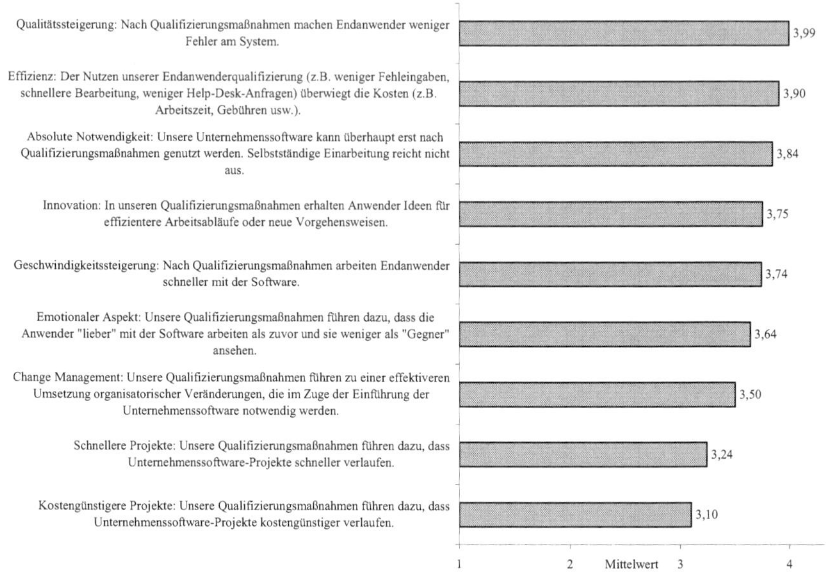

Abbildung 145: Nutzen der Unternehmenssoftware-Endanwenderqualifizierung (Diagramm)

	Gesamtnutzen	Absolute Notwendigkeit	Effizienz	Emotionaler Aspekt	Neue Ideen	Org. Veränderungen	Schnellere Projekte	Schnellere Anwender	Weniger Fehler
Gesamtnutzen der Qualifizierungsmaßnahmen	1	,139*	,342**	,439**	,437**	,376**	,283**	,401**	,373**
Absolute Notwendigkeit von Qualifizierungsmaßnahmen für die Systemnutzung	,139*	1	,344**	,083	-,007	,085	,053	,121	,088
Effizienz von Qualifizierungsmaßnahmen	,342**	,344**	1	,328**	,212**	,157*	,197**	,342**	,297**
Verbesserung des emotionalen Aspektes durch Qualifizierungsmaßnahmen	,439**	,083	,328**	1	,248**	,333**	,388**	,493**	,337**
Neue Ideen durch Qualifizierungsmaßnahmen	,437**	-,007	,212**	,248**	1	,399**	,204**	,117	,267**
Unterstützung organisatorischer Veränderungen durch Qualifizierungsmaßnahmen	,376**	,085	,157*	,333**	,399**	1	,423**	,274**	,186*
Projekte verlaufen schneller durch Qualifizierungsmaßnahmen	,283**	,053	,197**	,388**	,204**	,423**	1	,449**	,231**
Anwender arbeiten nach Qualifizierungsmaßnahmen schneller	,401**	,121	,342**	,493**	,117	,274**	,449**	1	,573**
Anwender machen nach Qualifizierungsmaßnahmen weniger Fehler am System	,373**	,088	,297**	,337**	,267**	,186*	,231**	,573**	1

Tabelle 89: Korrelationen der Teilnutzen (* signifikant (2-seitig) auf 5%-Niveau, ** signifikant (2-seitig) auf 1%-Niveau)

Verbesserungsmöglichkeiten

Fragetext	Wodurch könnte die Qualifizierung der Unternehmenssoftware-Anwender verbessert werden?
Fragetyp	Freitext
Variablen	QUALI_NUTZEN_VERBESSERUNG

Tabelle 90: Verbesserungsmöglichkeiten (Metadaten)

Kategorie	Verbesserungsvorschläge
Software	Aktuelle Erweiterungen berücksichtigen
	Die Software (SAP) sollte intuitiver sein.
Inhalte/Themen	Bereichsbezogene Spezifika schulen
	bessere Standardisierung
	Geschäftsprozessorientierung
	gleitende Funktionsübergänge/keine großen Funktionssprünge, strukturierte Nutzungs+Org-Schulung
	Prozessschulungen
	Wissenstransfer in den Fachbereichen
	Konkretisierung auf effektive Geschäftsvorfälle
	mehr Hintergründe, dadurch evtl. mehr Verständnis
	Vernetzteres Denken
	Noch besser ausgebaute Beispiele während der Schulung, damit das Abstraktionsvermögen der Teilnehmer [geschult wird]
	Noch prozessbezogener
	Praxisnähe
Doku/Unterlagen	An Geschäftsprozess orientierte Unterlagen/CDs,/Videos fehlen meist und müssen selbst erstellt werden
	Bessere Doku, Hilfe (F1) ausführlicher hinterlegt.
	Einfache Ablaufdiagramme, Visualisierung der Abläufe
	gute Schulungsunterlagen
	strukturierte Unterlagen durch ERP-Anwender
	Integration Schulungs-Doku in ERP-Transaktionen
	Unternehmensspezifische Onlinehilfe und toolbasiertes Selbststudium
Methodik	Anwendung von Blended Learning Strategien
	Lernsoftware für individuelle zeitliche Nutzung
	Workshops zur Unternehmenssoftware
	CBT-Programme
	Coaching über längere Zeit; Hilfen in der Anwendung
	eLearning
	e-learning
	E-Learning zusätzlich
	eLearning, permanente Übungsumgebung, Coaching
	Halbtageskurse, bessere Schulungsumgebung
	häufigere Schulungen, Pflichtschulungen, Schulungen von der Basis angefangen (erst grundsätzlicher Umgang mit SAP / Feeling)
	Interaktivität
	Jobbezogene Schulungen
	FAQ-Liste
	Videos
	mehr interne Schulungen
	Mehr on demand, mehr unterschiedl. Methoden
	Vor-Ort-Coaching
	Komplett ausgeprägte Übungsfirmen mit realem Bezug zu Echtsystem
	Qualifizierungs-Audits
	WEBinare
	Round-Tables, Problemanalyse
	ständiger Zugriff auf Schulungssoftware
	Testsystem
	Übungen im Stil der SAP-Schulungen
	vor Ort / Arbeitsplatz Schulungen
	Wiedererkennung eigener Prozesse (keine "Spielfirmen")

Regelmäßige Qualifizierung, Refreshs und Updates	Häufigere Nachschulungen, Workshops zu aktuellen Themen
	Frühzeitiger Start von Qualifizierungsprojekten
	Auffrischungsschulungen
	Häufigere Updates
	Intensivere Schulungen, regelmäßiger
	Refreshworkshops kurz vor und nach dem Go-Live
	mehr Schulungen anbieten, v.a. auch Updates
	Refresh
	regelmäßig, qualitativ,
	Regelmäßige Jour Fixes
	regelmäßige Schulungen (TÜV)
	fester Punkt im Einarbeitungsplan
	Regelmäßigkeit, direkter Kontakt mit Endanwendern
	Re-Training der User nach Gruppen (heavy user to low user)
Organisation	Durchgängiges Schulungskonzept
	Schulung von Schulungsmethoden, Einheitlichem Schulungskonzept - Wiedererkennung
	Fachbereich schult Fachbereich
	gute Organisation
	Key-User
	vernünftige Personalentwicklungsmaßnahmen
	zentrales Schulungsmanagement
Ressourcen/Budget	Erhöhen des Budgets
	Mehr Schulungsbudget und mehr Zeit
	Mehr Zeit
	Mehr Zeit der Anwender
	Frei von Tagesgeschäft
	mehr Zeit
	Zeit
Unterstützung durch Management	Konzepterstellung - Rückhalt im Mgmt.
	Unterstützung durch Führungskräfte aus dem Fachbereich
	Mind Set der GF
	Moralische Unterstützung durch Management
Bedarfsermittlung	Bedarfsanalyse bei den Anwendern
	Bedarfsermittlung, Gruppierung, Planung, Kontrolle
	Bedarfsgerecht
	Den internen Kunden fragen was er sich erwartet
	genauere Abstimmung auf Vorkenntnisse, Bedürfnisse und Tätigkeiten
	Katalog Regelmässigkeit
	Kommunikation mit den SAp-Anwendern
	Qualifizierungskatalog
	Schulungsangebote/ Einsatz von Arbeitsgruppen/ Einteilung nach Kenntnissen
	systematische Planung, Qualifizierung
	Transparenteres Angebot, z.B. zentraler Schulungskatalog
	zielgerichtete Schulungen auf Bedarf der Unternehmensprozesse abgestimmt
Mitarbeiter/Anwender	Anfragen der User
	Bessere Mitarbeiter
	bessere Vorbereitung der Teilnehmer und Identifizierung mit den Schulungsinhalten
	Bewusstsein schaffen und Verantwortung zentral in die IT
	mehr Eigeninitiative der Anwender und deren Führungskräfte
	Qualifizierung nicht als Belohnung einsetzen
	stärkere Zielgruppenausrichtung
Sonstiges	knowledge based concurrent learning and training
	Qualifizierungsmatrix
	Muß-Schulungen
	Qualifizierung von Trainern aus den Reihen der Endanwender
	Qualität
	Train the trainer
	Überprüfung des Lernerfolges bei Lehrgangsteilnehmern, um ggf. vorhandene Verständnisprobleme zu beseitigen
	Vergleich zu Implementierungen bei anderen Firmen
	Zufriedenheitsmessung Standards

Tabelle 91: Verbesserungsmöglichkeiten (Freitextnennungen)

Anzahl Mitarbeiter

Fragetext	Wie groß ist Ihr Unternehmen?
Fragetyp	Offen, Textfeld
Variablen	UNT_MITARBEITER, UNT_MITARBEITER_KLASSEN

Tabelle 92: Anzahl Mitarbeiter (Metadaten)

	N	Minimum	Maximum	Mittelwert*	Standardabweichung
In unserem Unternehmen arbeiten insgesamt ca.	218	10	260.000	9.818,79	36.545,011

Tabelle 93: Anzahl Mitarbeiter (Deskriptive Statistiken)

		Häufigkeit	Prozent	Gültige Prozente
Gültig	10-49	10	4,5	4,6
	50-249	13	5,9	6,0
	250-499	12	5,5	5,5
	500-999	59	26,8	27,1
	1.000-9.999	89	40,5	40,8
	10.000 und mehr	35	15,9	16,1
	Gesamt	218	99,1	100,0
Fehlend	System	2	,9	
Gesamt		220	100,0	

Tabelle 94: Anzahl Mitarbeiter – Klassen (Häufigkeiten)

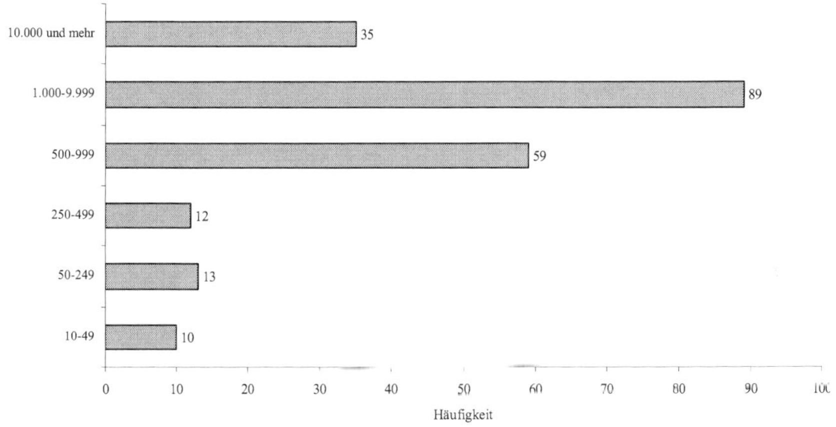

Abbildung 146: Anzahl Mitarbeiter – Klassen (Diagramm)

Tätigkeitsbereich des Unternehmens

Fragetext	Wo ist Ihr Unternehmen tätig?
Fragetyp	halboffen, mit 4 Auswahlmöglichkeiten
Variablen	UNT_GEOGRAFIE1, UNT_GEOGRAFIE2

Tabelle 95: Tätigkeitsbereiche (Metadaten)

		Häufigkeit	Prozent	Gültige Prozente
Gültig	Weltweit	105	47,7%	47,9%
	Deutschland	78	35,5%	35,6%
	Europa	30	13,6%	13,7%
	Sonstiges	6	2,7%	2,7%
	Gesamt	219	99,5%	100,0%
Fehlend	Keine Angabe	1	,5%	
Gesamt		220	100,0%	

Tabelle 96: Tätigkeitsbereiche (Deskriptive Statistiken)

	Häufigkeit
D - CR – RU	1
Stadtverwaltung	1
In Österreich	2
Schweiz	2

Tabelle 97: Tätigkeitsbereiche (Freitextnennungen)

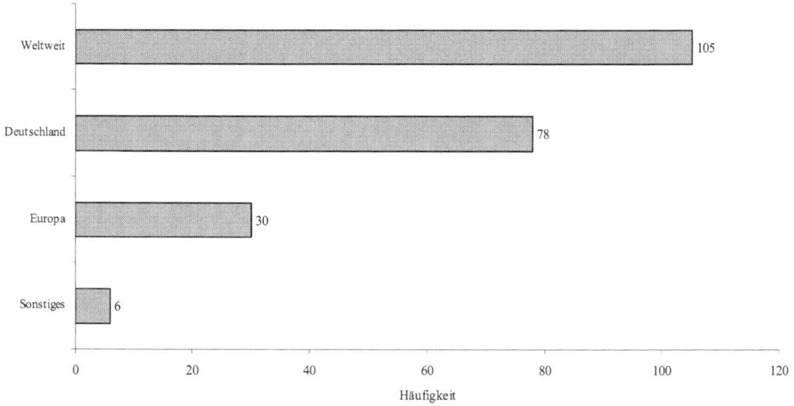

Abbildung 147: Tätigkeitsbereiche (Diagramm)

Branche

Fragetext	Welcher Branche würden Sie Ihr Unternehmen zuordnen?
Fragetyp	halboffen, mit 18 Auswahlmöglichkeiten
Variablen	UNT_BRANCHE1, UNT_BRANCHE2

Tabelle 98: Branche (Metadaten)

		Häufigkeit	Prozent	Gültige Prozente
Gültig	Sonstiges verarbeitendes Gewerbe	33	15,0	15,0
	Softwareunternehmen, IT-Beratung, IT-Dienstleistungen	29	13,2	13,2
	Fahrzeugbau	21	9,5	9,5
	Maschinenbau	19	8,6	8,6
	Öffentliche Verwaltung, Verteidigung, Sozialversicherung	14	6,4	6,4
	Energie- und Wasserversorgung	13	5,9	5,9
	Groß- und Einzelhandel, Gastgewerbe	13	5,9	5,9
	Kredit- und Versicherungsgewerbe	13	5,9	5,9
	Verkehr, Luftfahrt und Nachrichtenübermittlung	11	5,0	5,0
	Grundstücks- und Wohnungswesen, Vermietung, Dienstleistungen	11	5,0	5,0
	Chemie, Pharma	10	4,5	4,5
	Gesundheits-, Veterinär- und Sozialwesen	8	3,6	3,6
	Sonstige Dienstleistungen	8	3,6	3,6
	Papier-, Verlags- und Druckgewerbe	5	2,3	2,3
	Herstellung von Nahrungsmitteln	4	1,8	1,8
	Textil und Bekleidung	3	1,4	1,4
	Unternehmens-, Rechts-, Steuerberatung	3	1,4	1,4
	Baugewerbe	2	,9	,9
	Gesamt	220	100,0	100,0

Tabelle 99: Branche (Häufigkeiten)

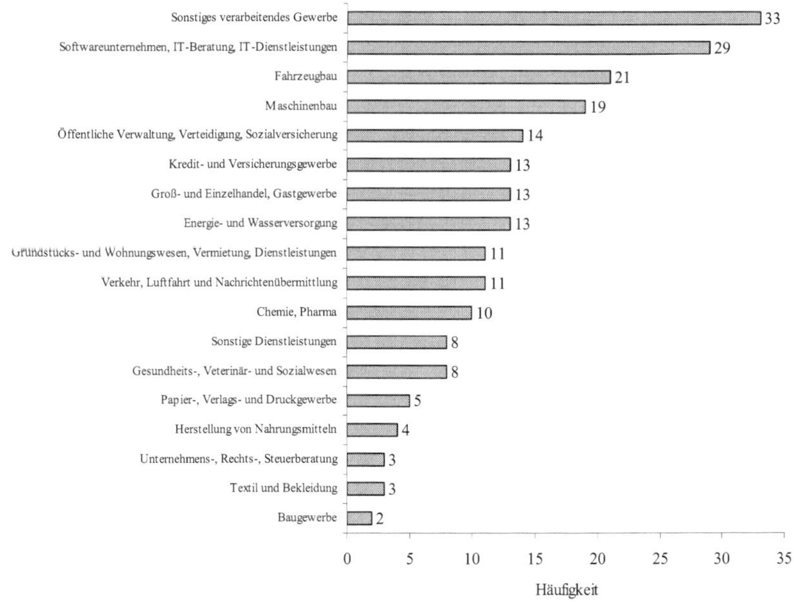

Abbildung 148: Branche (Diagramm)

Unternehmensportfolio

Leistungsprogramm

Fragetext	Wie lässt sich das Leistungsprogramm Ihres Unternehmens beschreiben?
Fragetyp	Halboffen, Ratingskala (1: stimme überhaupt nicht zu, 5: stimme voll und ganz zu)
Variablen	UNT_PORTFOLIO_EINZELFERTIGUNG, UNT_PORTFOLIO_PROJEKTARBEIT

Tabelle 100: Leistungsprogramm (Metadaten)

	N	Minimum	Maximum	Mittelwert*	Standardabweichung
Unser Leistungsprogramm ist durch überwiegende Einzelfertigung sehr unterschiedlicher Produkte oder Dienstleistungen gekennzeichnet.	209	1	5	3,21	1,436
In unserem Leistungsprogramm hat die Projektarbeit eine außerordentlich große Bedeutung.	202	1	5	3,50	1,143

Tabelle 101: Leistungsprogramm (Deskriptive Statistiken)

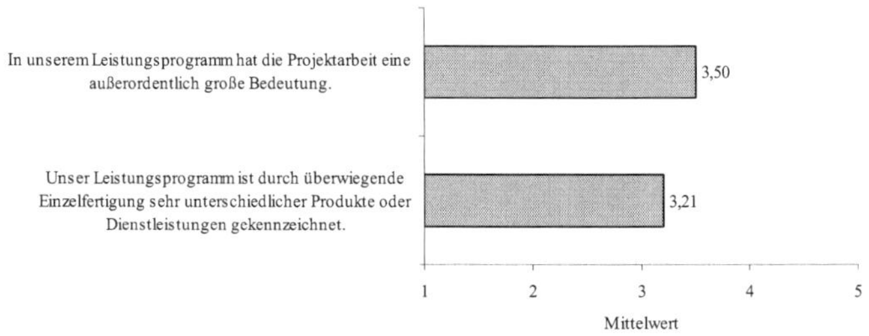

Abbildung 149: Leistungsprogramm (Diagramm)

Leistungszusammensetzung

Fragetext	Wie setzt sich das Leistungsprogramm zusammen?
Fragetyp	Halboffen, 4 Auswahlmöglichkeiten
Variablen	UNT_PORTFOLIO_LEISTUNG

Tabelle 102: Leistungszusammensetzung (Metadaten)

		Häufigkeit	Prozent	Gültige Prozente
Gültig	Mehr-Produkt-Unternehmen	132	60,0%	62,6%
	Haupt-Produkt-Unternehmen	48	21,8%	22,7%
	Handelsunternehmen	16	7,3%	7,6%
	Ein-Produkt-Unternehmen	15	6,8%	7,1%
	Gesamt	211	99,5%	100,0%
Fehlend	Keine Angabe	9	4,1%	
Gesamt		220	100,0%	

Tabelle 103: Leistungszusammensetzung (Häufigkeiten)

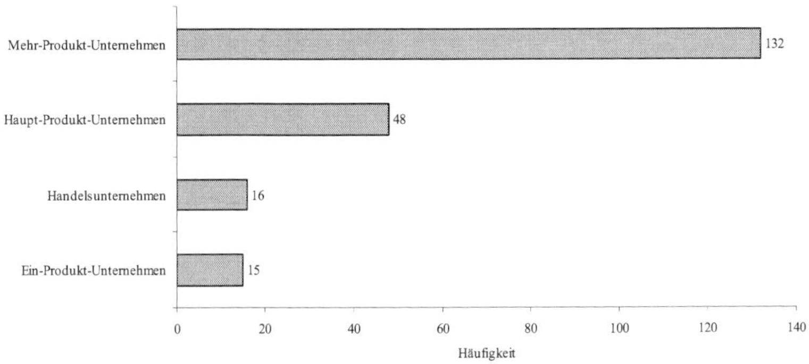

Abbildung 150: Leistungszusammensetzung (Diagramm)

Ertragslage des Unternehmens

Fragetext	Wie schätzen Sie die Ertragslage Ihres Unternehmens im Vergleich zur gesamten Branche ein?
Fragetyp	Halboffen, Ratingskala (1: deutlich schlechter, 5: deutlich besser)
Variablen	UNT_ERTRAGSLAGE

Tabelle 104: Relative Ertragslage (Metadaten)

	N	Minimum	Maximum	Mittelwert*	Standardabweichung
Ertragslage im Vergleich zur gesamten Branche	201	2	5	3,70	,737

Tabelle 105: Relative Ertragslage (Deskriptive Statistiken)

		Häufigkeit	Prozent	Gültige Prozente
Gültig	Deutlich besser	21	9,5%	10,4%
	Besser	110	50,0%	54,7%
	Gleich	58	26,4%	28,9%
	Schlechter	12	5,5%	6,0%
	Deutlich schlechter	0	0,0%	0,0%
	Gesamt	201	91,4%	100,0%
Fehlend	Keine Angabe	19	8,6%	
Gesamt		220	100,0%	

Tabelle 106: Relative Ertragslage (Häufigkeiten)

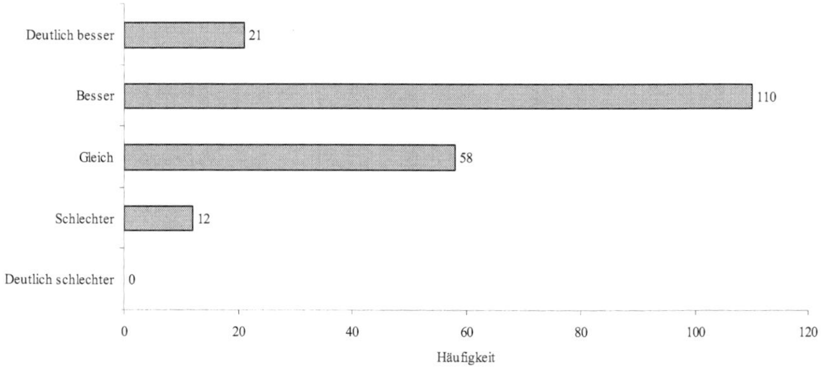

Abbildung 151: Relative Ertragslage (Diagramm)

Unternehmensdemographie

Altersstruktur

Fragetext	Wie schätzen Sie die Altersstruktur in Ihrem Unternehmen ein?
Fragetyp	Offen, Textfeld (in Prozent, in Summe 100%)
Variablen	UNT_MIT_UNTER30, UNT_MIT_30BIS50, UNT_MIT_ÜBER50

Tabelle 107: Altersstruktur (Metadaten)

	N	Minimum	Maximum	Mittelwert	Standardabweichung
Mitarbeiter unter 30 Jahre (%)	213	10	70	27,52	12,070
Mitarbeiter 30 bis 50 Jahre (%)	213	20	80	51,99	12,166
Mitarbeiter über 50 Jahre (%)	212	0	50	20,59	9,175

Tabelle 108: Altersstruktur (Deskriptive Statistiken)

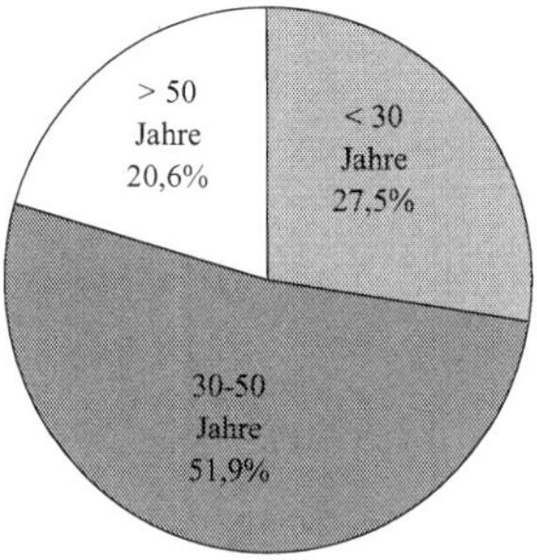

Abbildung 152: Altersstruktur (Diagramm)[252]

[252] Abweichungen zwischen den Mittelwerten und den Angaben im Diagramm kommen durch missing values zustande.

Qualifikationsstruktur

Fragetext	Wie hoch schätzen Sie den Anteil der verschiedenen Beschäftigtengruppen in Ihrem Unternehmen ein?
Fragetyp	Offen, Textfeld (in Prozent, in Summe 100%)
Variablen	UNT_MIT_LEITEND, UNT_MIT_QUALIFIZIERT, UNT_MIT_EINFACH, UNT_MIT_FACH, UNT_MIT_ANGELERNT

Tabelle 109: Qualifikationsstruktur (Metadaten)

	N	Minimum	Maximum	Mittelwert	Standardabweichung
Leitende Angestellte (%)	199	1	40	7,57	5,564
Qualifizierte Angestellte (%)	199	3	90	36,15	23,241
Einfache Angestellte (%)	197	0	70	22,09	14,605
Facharbeiter (%)	192	0	80	24,48	19,370
An-/Ungelernte (%)	191	0	75	11,24	13,567

Tabelle 110: Qualifikationsstruktur (Deskriptive Statistiken)

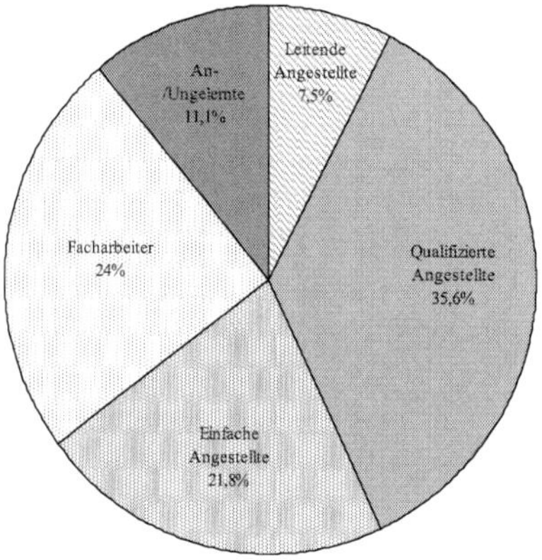

Abbildung 153: Qualifikationsstruktur (Diagramm)[253]

253 Abweichungen zwischen den Mittelwerten und den Angaben im Diagramm kommen durch missing values zustande.

Unternehmenssoftware

Fragetext	Welches ist das Unternehmenssoftware-Produkt, das Sie zur Steuerung der meisten Geschäfts-/Unternehmensprozesse einsetzen?
Fragetyp	Halboffen, 27 Auswahlmöglichkeiten
Variablen	INST_PRODUKT, INST_PRODUKT_TYP

Tabelle 111: Unternehmenssoftwareprodukt (Metadaten)

		Häufigkeit	Prozent	Gültige Prozente
Gültig	SAP R/3 oder mySAP ERP	159	72,3%	75,4%
	SAP All-In-One	2	,9%	,9%
	PeopleSoft Enterprise	1	,5%	,5%
	JD Edwards EnterpriseOne (früher: One World)	1	,5%	,5%
	MBS Dynamics NAV (früher: Navision)	3	1,4%	1,4%
	Oracle Applications	3	1,4%	1,4%
	Baan/SSA	1	,5%	,5%
	Sage KHK	3	1,4%	1,4%
	ABAS ERP	1	,5%	,5%
	Orderbase ERP	1	,5%	,5%
	Brain AS / MAS90	1	,5%	,5%
	Infor COM	1	,5%	,5%
	PSI Penta	1	,5%	,5%
	Infor XPPS (früher: Brain XPPS)	5	2,3%	2,4%
	Fertis	1	,5%	,5%
	Schilling Software	1	,5%	,5%
	Hubbuch	1	,5%	,5%
	QAD MFG/PRO	2	,9%	,9%
	Intex DOB	1	,5%	,5%
	H&H ProDoppik	1	,5%	,5%
	iMedOne	1	,5%	,5%
	ABS proAlpha	1	,5%	,5%
	Eigenentwicklung	19	8,6%	9,0%
	Gesamt	211	95,9%	100,0%
Fehlend	Keine Angabe	9	4,1%	
Gesamt		220	100,0%	

Tabelle 112: Unternehmenssoftwareprodukt (Häufigkeiten)

		Häufigkeit	Prozent	Gültige Prozente
Gültig	SAP-Produkt	161	73,2	76,3
	Anderes Unternehmenssoftwareprodukt	31	14,1	14,7
	Eigenentwicklung	19	8,6	9,0
	Gesamt	211	95,9	100,0
Fehlend	keine Angabe	9	4,1	
Gesamt		220	100,0	

Tabelle 113: Unternehmenssoftwareprodukt – nach Klassen (Häufigkeiten)

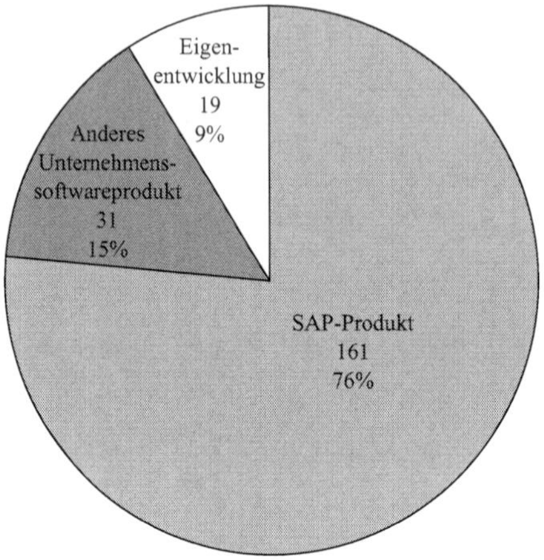

Abbildung 154: Unternehmenssoftwareprodukt – nach Klassen (Häufigkeiten)

SAP-Komponenten

Komponenten von SAP R/3 oder mySAP ERP

Fragetext	Module / Komponenten aus R/3 oder mySAP ERP
Fragetyp	geschlossen, mit 6 Auswahlmöglichkeiten (produktiv, Test/Evaluation, nicht untersucht, nicht relevant, keine Angabe, weiß nicht)
Variablen	INST_KOMP_FI, INST_KOMP_CO, INST_KOMP_MM, INST_KOMP_HR, INST_KOMP_PP, INST_KOMP_SD, INST_KOMP_WF, INST_KOMP_PS, INST_KOMP_FI

Tabelle 114: Komponenten von SAP R/3 oder mySAP ERP (Metadaten)

	SAP FI	Häufigkeit	Prozent	Gültige Prozente
Gültig	Produktiv	141	64,1%	98,6%
	Test / Evaluation	1	,5%	,7%
	Nicht untersucht	0	,0%	,0%
	Nicht relevant	1	,5%	,7%
	Gesamt	143	65,0%	100,0%
Fehlend	Keine Angabe	76	34,5%	
	Weiß nicht	1	,5%	
	Gesamt	77	35,0%	
Gesamt		220	100,0%	

Tabelle 115: SAP FI Komponente von SAP R/3 oder mySAP ERP (Häufigkeiten)

	SAP CO	Häufigkeit	Prozent	Gültige Prozente
Gültig	Produktiv	139	63,23%	98,6%
	Test / Evaluation	1	,5%	,7%
	Nicht untersucht	0	,0%	,0%
	Nicht relevant	1	,5%	,7%
	Gesamt	141	64,1%	100,0%
Fehlend	Keine Angabe	78	35,5%	
	Weiß nicht	1	,5%	
	Gesamt	79	35,9%	
Gesamt		220	100,0%	

Tabelle 116: SAP CO Komponente von SAP R/3 oder mySAP ERP (Häufigkeiten)

	SAP MM	Häufigkeit	Prozent	Gültige Prozente
Gültig	Produktiv	128	58,2%	94,8%
	Test / Evaluation	2	,9%	1,5%
	Nicht untersucht	1	,5%	,7%
	Nicht relevant	4	1,8%	3,0%
	Gesamt	135	61,4%	100,0%
Fehlend	Keine Angabe	85	38,6%	
	Weiß nicht	0		
	Gesamt	85		
Gesamt		220	100,0%	

Tabelle 117: SAP MM Komponente von SAP R/3 oder mySAP ERP (Häufigkeiten)

	SAP SD	Häufigkeit	Prozent	Gültige Prozente
Gültig	Produktiv	114	51,8%	89,1%
	Test / Evaluation	3	1,4 %	2,3%
	Nicht untersucht	1	,5%	,8%
	Nicht relevant	10	4,5%	7,8%
	Gesamt	128	58,2%	100,0%
Fehlend	Keine Angabe	90	40,9%	
	Weiß nicht	2	,9%	
	Gesamt	92	41,8%	
Gesamt		220	100,0%	

Tabelle 118: SAP SD Komponente von SAP R/3 oder mySAP ERP (Häufigkeiten)

	SAP PP	Häufigkeit	Prozent	Gültige Prozente
Gültig	Produktiv	79	35,9%	68,1%
	Test / Evaluation	6	2,7%	5,2%
	Nicht untersucht	1	,5%	,9%
	Nicht relevant	30	13,6%	25,9%
	Gesamt	116	52,7%	100,0%
Fehlend	Keine Angabe	100	45,5%	
	Weiß nicht	4	1,8%	
	Gesamt	104	47,3%	
Gesamt		220	100,0%	

Tabelle 119: SAP PP Komponente von SAP R/3 oder mySAP ERP (Häufigkeiten)

	SAP WF	Häufigkeit	Prozent	Gültige Prozente
Gültig	Produktiv	75	34,1%	66,4%
	Test / Evaluation	18	8,2%	15,9%
	Nicht untersucht	7	3,2%	6,2 %
	Nicht relevant	13	5,9%	11,5%
	Gesamt	113	51,4%	100,0%
Fehlend	Keine Angabe	104	47,3%	
	Weiß nicht	3	1,4%	
	Gesamt	107	48,6%	
Gesamt		220	100,0%	

Tabelle 120: SAP WF Komponente von SAP R/3 oder mySAP ERP (Häufigkeiten)

	SAP PS	Häufigkeit	Prozent	Gültige Prozente
Gültig	Produktiv	71	32,3%	64,0%
	Test / Evaluation	3	1,4%	2,7%
	Nicht untersucht	15	6,8%	13,5%
	Nicht relevant	22	10,0%	19,8%
	Gesamt	111	50,5%	100,0%
Fehlend	Keine Angabe	104	47,3%	
	Weiß nicht	5	2,3%	
	Gesamt	109	49,5%	
Gesamt		220	100,0%	

Tabelle 121: SAP PS Komponente von SAP R/3 oder mySAP ERP (Häufigkeiten)

	SAP HR	Häufigkeit	Prozent	Gültige Prozente
Gültig	Produktiv	117	53,2%	87,3%
	Test / Evaluation	4	1,8%	3,0%
	Nicht untersucht	1	,5%	,7%
	Nicht relevant	12	5,5%	9,0%
	Gesamt	134	60,9%	100,0%
Fehlend	Keine Angabe	85	38,6%	
	Weiß nicht	1	,5%	
	Gesamt	86	39,1%	
Gesamt		220	100,0%	

Tabelle 122: SAP HR Komponente von SAP R/3 oder mySAP ERP (Häufigkeiten)

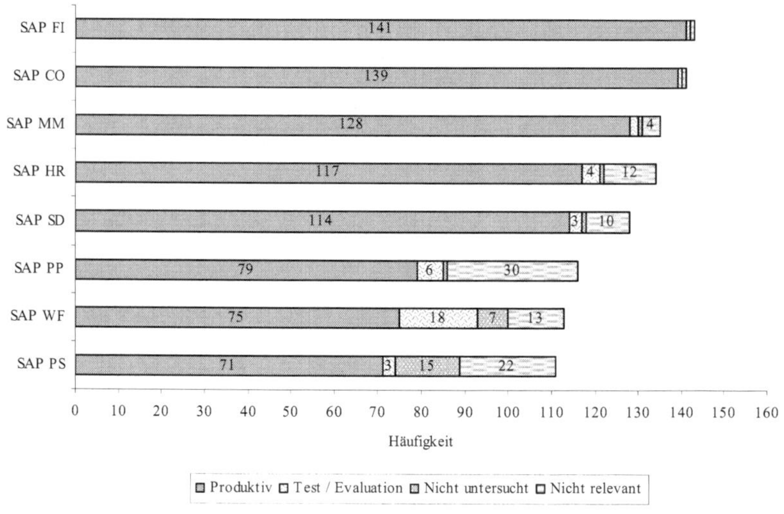

Abbildung 155: Komponenten von SAP R/3 oder mySAP ERP (Diagramm)

Komponenten der mySAP Business Suite

Fragetext	Komponenten der mySAP Business Suite
Fragetyp	geschlossen, mit 6 Auswahlmöglichkeiten (produktiv, Test/Evaluation, nicht untersucht, nicht relevant, keine Angabe, weiß nicht)
Variablen	INST_KOMP_SRM, INST_KOMP_SEM, INST_KOMP_DUET, INST_KOMP_CRM, INST_KOMP_SCM, INST_KOMP_XAPPS

Tabelle 123: Komponenten der mySAP Business Suite (Metadaten)

	SAP SRM	Häufigkeit	Prozent	Gültige Prozente
Gültig	Produktiv	27	12,3%	34,6%
	Test / Evaluation	8	3,6%	10,3%
	Nicht untersucht	21	9,5%	26,9%
	Nicht relevant	22	10,0%	28,2%
	Gesamt	78	35,5%	100,0%
Fehlend	Keine Angabe	134	60,9%	
	Weiß nicht	8	3,6%	
	Gesamt	142	64,5%	
Gesamt		220	100,0%	

Tabelle 124: SAP SRM Komponente aus der mySAP Business Suite (Häufigkeiten)

	SAP SEM	Häufigkeit	Prozent	Gültige Prozente
Gültig	Produktiv	26	11,8%	33,3%
	Test / Evaluation	5	2,3%	6,4%
	Nicht untersucht	26	11,8%	33,3%
	Nicht relevant	21	9,5%	26,9%
	Gesamt	78	35,5%	100,0%
Fehlend	Keine Angabe	135	61,4%	
	Weiß nicht	7	3,2%	
	Gesamt	142	64,5%	
Gesamt		220	100,0%	

Tabelle 125: SAP SEM Komponente aus der mySAP Business Suite (Häufigkeiten)

	SAP Duet (ehemals Mendocino)	Häufigkeit	Prozent	Gültige Prozente
Gültig	Produktiv	2	,9%	3,0%
	Test / Evaluation	2	,9%	3,0%
	Nicht untersucht	31	14,1%	47,0%
	Nicht relevant	30	14,1%	47,0%
	Gesamt	65	30,0%	100,0%
Fehlend	Keine Angabe	146	66,4%	
	Weiß nicht	8	3,6%	
	Gesamt	154	70,0%	
Gesamt		220	100,0%	

Tabelle 126: SAP Duet (ehemals Mendocino) Komponente aus der mySAP Business Suite (Häufigkeiten)

	SAP CRM	Häufigkeit	Prozent	Gültige Prozente
Gültig	Produktiv	43	19,5%	46,7%
	Test / Evaluation	14	6,4%	15,2%
	Nicht untersucht	16	7,3%	17,4%
	Nicht relevant	19	8,6%	20,7%
	Gesamt	92	41,8%	100,0%
Fehlend	Keine Angabe	123	55,9%	
	Weiß nicht	5	2,3%	
	Gesamt	128	58,2%	
Gesamt		220	100,0%	

Tabelle 127: SAP CRM Komponente aus der mySAP Business Suite (Häufigkeiten)

	SAP SCM	Häufigkeit	Prozent	Gültige Prozente
Gültig	Produktiv	25	11,4%	32,9%
	Test / Evaluation	6	2,7%	7,9%
	Nicht untersucht	19	8,6%	25,0%
	Nicht relevant	26	11,8%	34,2%
	Gesamt	76	34,5%	100,0%
Fehlend	Keine Angabe	137	62,3%	
	Weiß nicht	7	2,2%	
	Gesamt	144	65,5%	
Gesamt		220	100,0%	

Tabelle 128: SAP SCM Komponente aus der mySAP Business Suite (Häufigkeiten)

	SAP xApps	Häufigkeit	Prozent	Gültige Prozente
Gültig	Produktiv	10	4,5%	15,9%
	Test / Evaluation	9	4,1%	14,3%
	Nicht untersucht	22	10,0%	34,9%
	Nicht relevant	22	10,0%	34,9%
	Gesamt	63	28,6%	100,0%
Fehlend	Keine Angabe	143	65,0%	
	Weiß nicht	14	6,4%	
	Gesamt	157	71,4%	
Gesamt		220	100,0%	

Tabelle 129: SAP xApps Komponente aus der mySAP Business Suite (Häufigkeiten)

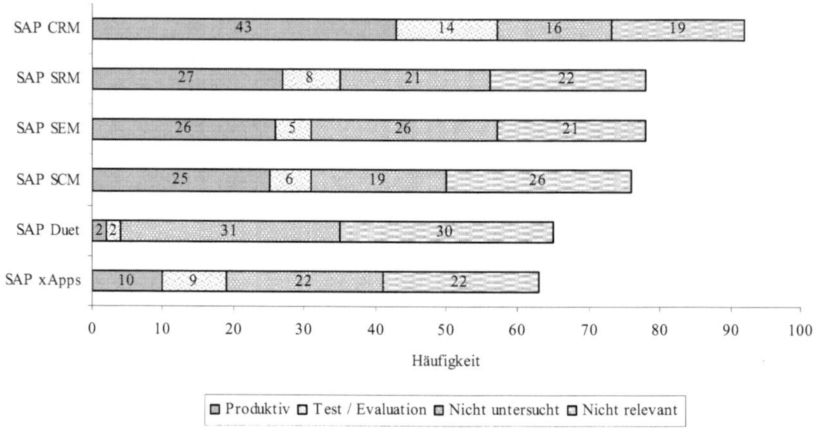

Abbildung 156: Komponenten der mySAP Business Suite (Diagramm)

Komponenten von SAP Netweaver

Fragetext	Komponenten von SAP Netweaver
Fragetyp	geschlossen, mit 6 Auswahlmöglichkeiten (produktiv, Test/Evaluation, nicht untersucht, nicht relevant, keine Angabe, weiß nicht)
Variablen	INST_KOMP_BW, INST_KOMP_EP, INST_KOMP_XI, INST_KOMP_MDM, INST_KOMP_MI

Tabelle 130: Komponenten von SAP Netweaver (Metadaten)

	SAP BW	Häufigkeit	Prozent	Gültige Prozente
Gültig	Produktiv	83	37,7%	70,9%
	Test / Evaluation	16	7,3%	13,7%
	Nicht untersucht	11	5,0%	9,4%
	Nicht relevant	7	3,2%	6,0%
	Gesamt	117	53,2%	100,0%
Fehlend	Keine Angabe	102	46,4%	
	Weiß nicht	1	,5%	
	Gesamt	103	46,8%	
Gesamt		220	100,0%	

Tabelle 131: SAP BW Komponente von SAP Netweaver (Häufigkeiten)

	SAP EP	Häufigkeit	Prozent	Gültige Prozente
Gültig	Produktiv	46	20,9%	44,2%
	Test / Evaluation	26	11,8%	25,0%
	Nicht untersucht	19	8,6%	18,3%
	Nicht relevant	13	5,9%	12,5%
	Gesamt	104	47,3%	100,0%
Fehlend	Keine Angabe	107	48,6%	
	Weiß nicht	9	4,1%	
	Gesamt	116	52,7%	
Gesamt		220	100,0%	

Tabelle 132: SAP EP Komponente von SAP Netweaver (Häufigkeiten)

	SAP XI	Häufigkeit	Prozent	Gültige Prozente
Gültig	Produktiv	34	15,5%	38,6%
	Test / Evaluation	22	10,0%	25,0%
	Nicht untersucht	19	8,6%	21,6%
	Nicht relevant	13	5,9%	14,8%
	Gesamt	88	40,0%	100,0%
Fehlend	Keine Angabe	123	55,9%	
	Weiß nicht	9	4,1%	
	Gesamt	132	60,0%	
Gesamt		220	100,0%	

Tabelle 133: SAP XI Komponente von SAP Netweaver (Häufigkeiten)

	SAP MDM	Häufigkeit	Prozent	Gültige Prozente
Gültig	Produktiv	6	2,7%	8,5%
	Test / Evaluation	12	5,5%	16,9%
	Nicht untersucht	28	12,7%	39,4%
	Nicht relevant	25	11,4%	35,2%
	Gesamt	71	32,3%	100,0%
Fehlend	Keine Angabe	138	62,7%	
	Weiß nicht	11	5,0%	
	Gesamt	149	67,7%	
Gesamt		220	100,0%	

Tabelle 134: SAP MDM Komponente von SAP Netweaver (Häufigkeiten)

	SAP MI	Häufigkeit	Prozent	Gültige Prozente
Gültig	Produktiv	11	5,0%	14,7%
	Test / Evaluation	12	5,5%	16,0%
	Nicht untersucht	27	12,3%	36,0%
	Nicht relevant	25	11,4%	33,3%
	Gesamt	75	34,1%	100,0%
Fehlend	Keine Angabe	135	61,4%	
	Weiß nicht	10	4,5%	
	Gesamt	145	65,9%	
Gesamt		220	100,0%	

Tabelle 135: SAP MI Komponente von SAP Netweaver (Häufigkeiten)

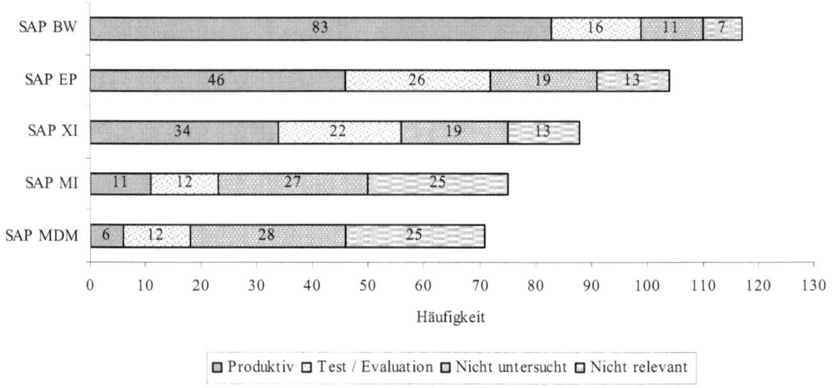

Abbildung 157: Komponenten von SAP Netweaver (Diagramm)

Nutzungszweck der Unternehmenssoftware

Fragetext	Welche Geschäftsprozesse werden mit Ihrer Unternehmenssoftware gesteuert/abgebildet?
Fragetyp	Dichotome Variable
Variablen	INST_PROZESSE_KERN, INST_PROZESSE_FÜHRUNG, INST_PROZESSE_SERVICE, INST_PROZESSE_SONST

Tabelle 136: Nutzungszweck der Unternehmenssoftware (Metadaten)

Nutzungszweck	Abgebildet		Nicht abgebildet			Gesamt	
Kerngeschäft des Unternehmens, z.B. Produktion von Gütern oder Dienstleistungen, Beschaffung, Vertrieb usw.	186	84,5%	34	15,5%	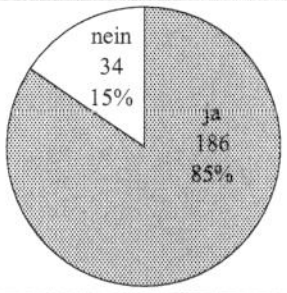	220	100,0%
Führungs-/Steuerungsprozesse, z.B. Finanzwesen, Controlling, Personalwirtschaft usw.	181	82,3%	39	17,7%	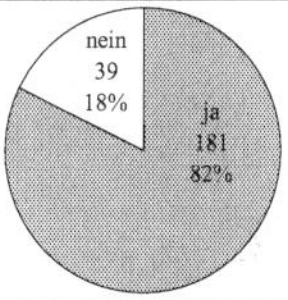	220	100,0%
Interne Koordinations-/Serviceprozesse, z.B. Dienstreisen, Veranstaltungsmanagement, Genehmigungsworkflows, Büromaterialbeschaffung usw.	104	47,3%	116	52,7%	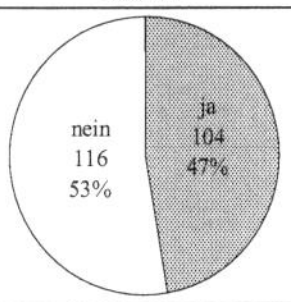	220	100,0%

Tabelle 137: Nutzungszweck der Unternehmenssoftware (Häufigkeiten und Diagramme)

Maximale Systemanzahl

Fragetext	Wie viele verschiedene Unternehmenssoftware-Systeme nutzt ein Endanwender maximal gleichzeitig?
Fragetyp	Offen, Textfeld
Variablen	INST_MAXSYSTEME

Tabelle 138: Maximale Systemanzahl für Endanwender (Metadaten)

	N	Minimum	Maximum	Mittelwert*	Standardabweichung
Maximale Systemanzahl für Endanwender	132	1	190	4,97	20,725
Maximale Systemanzahl für Endanwender[254]	130	1	10	2,43	1,113

Tabelle 139: Maximale Systemanzahl für Endanwender (Deskriptive Statistiken)

		Häufigkeit	Prozent	Gültige Prozente	Kumulierte Prozente
Gültig	1	17	7,7%	12,9%	12,9%
	2	62	28,2%	47,0%	59,8%
	3	39	17,7%	29,5%	89,4%
	4	7	3,2%	5,3%	94,7%
	5	4	1,8%	3,0%	97,7%
	10	1	,5%	,8%	98,5%
	150	1	,5%	,8%	99,2%
	190	1	,5%	,8%	100,0%
	Gesamt	132	60,0%	100,0%	
Fehlend	Keine Angabe	88	40,0%		
Gesamt		220	100,0%		

Tabelle 140: Maximale Systemanzahl für Endanwender (Häufigkeit)

254 Um 2 Ausreißer > 10 bereinigt (Buttler 1996, S. 3)

Endanwender

Anzahl Endanwender

Fragetext	Wie viele Endanwender arbeiten mit Ihrer Unternehmenssoftware insgesamt (geschätzt)?
Fragetyp	Offen, Textfeld
Variablen	INST_USERCOUNT

Tabelle 141: Anzahl Endanwender (Metadaten)

	N	Minimum	Maximum	Mittelwert*	Standardabweichung
Wie viele Endanwender arbeiten mit Ihrer Unternehmenssoftware insgesamt (geschätzt)?	216	0	80.000	2.446,54	6.515,296

Tabelle 142: Anzahl Endanwender (Deskriptive Statistiken)

		Häufigkeit	Prozent	Gültige Prozente
Gültig	< 100	33	15,0%	15,3%
	100 - 999	96	43,6%	44,4%
	1.000 - 4.999	55	25,0%	25,5%
	5.000 - 9.999	18	8,1%	8,3%
	10.000 - 49.999	13	5,9%	6,0%
	>= 50.000	1	0,5%	0,5%
	Gesamt	216	98,2%	100,0%
Fehlend	Keine Angabe	4	1,8%	
Gesamt		220	100,0%	

Tabelle 143: Anzahl Endanwender (Häufigkeiten)

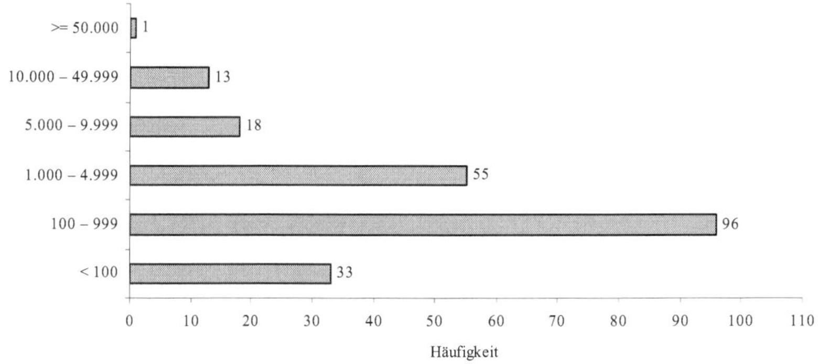

Abbildung 158: Anzahl Endanwender (Diagramm)

Zugriffsart

Fragetext	Wie intensiv greifen diese Endanwender üblicherweise auf die Software zu?
Fragetyp	Offen, Textfeld (in Prozent, in Summe 100%)
Variablen	INST_USER_POWER, INST_USER_NORMAL, INST_USER_BROWSER

Tabelle 144: Zugriffsart (Metadaten)

	N	Minimum	Maximum	Mittelwert	Standardabweichung
Anteil Poweruser (%)	214	,00	100,00	30,1636	24,03922
Anteil normale User (%)	212	,00	100,00	47,9953	22,50740
Anteil Browser-User (%)	212	,00	99,00	22,5000	18,48696

Tabelle 145: Zugriffsart (Deskriptive Statistiken)

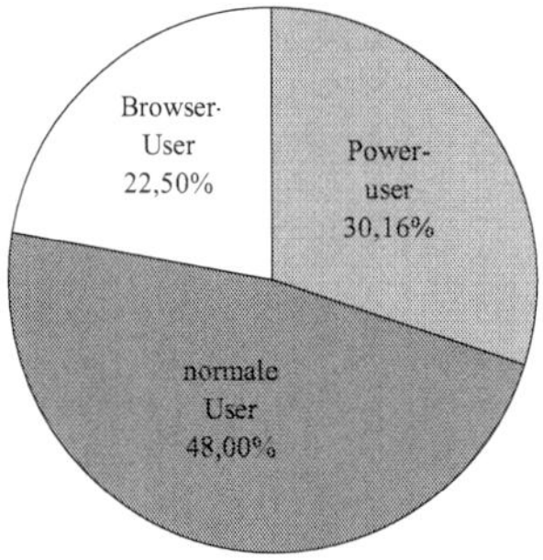

Abbildung 159: Zugriffsart (Diagramm)

Berechtigungswesen

Fragetext	Wie empfinden Sie das Berechtigungswesen in Ihrer Unternehmenssoftware?
Fragetyp	Halboffen, Ratingskala (1: sehr streng, 5: sehr freizügig)
Variablen	INST_BERECHTIGUNGEN

Tabelle 146: Berechtigungswesen (Metadaten)

	N	Minimum	Maximum	Mittelwert*	Standardabweichung
Die Anwender haben stets alle Berechtigungen im System, die sie für ihre Arbeit brauchen. Oder: Die Anwender stoßen häufig auf Berechtigungsfehler im System, sie müssen häufig Berechtigungen nachträglich beantragen.	220	1	5	3,87	,939

Tabelle 147: Berechtigungswesen (Deskriptive Statistiken)

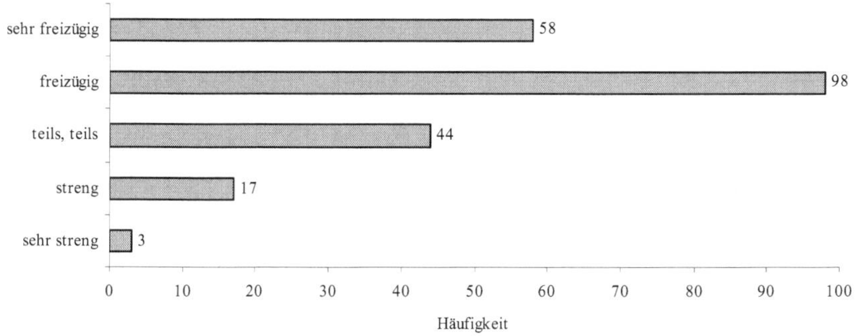

Abbildung 160: Berechtigungswesen (Diagramm)

Softwareanpassungen

Customizinggrad

Fragetext	Wie sehr weichen Ihre Unternehmenssoftware-Systeme vom Auslieferungsstandard ab?
Fragetyp	Halboffen, Ratingskala (1: sehr wenig, 5: sehr viel)
Variablen	INST_CUST_LEICHT, INST_CUST_TIEF

Tabelle 148: Customizinggrad (Metadaten)

	N	Minimum	Maximum	Mittelwert*	Standardabweichung
"leichte" Anpassungen, z.B. Parametrisierung, Oberflächenanpassungen, benutzerspezifische Einstellungen, neue Berichte	197	1	5	3,79	,945
"tiefgreifende" Anpassungen, z.B. Code-Modifikationen, User-Exits, Schnittstellen, Eigenentwicklungen	199	1	5	3,20	1,306

Tabelle 149: Customizinggrad (Deskriptive Statistiken)

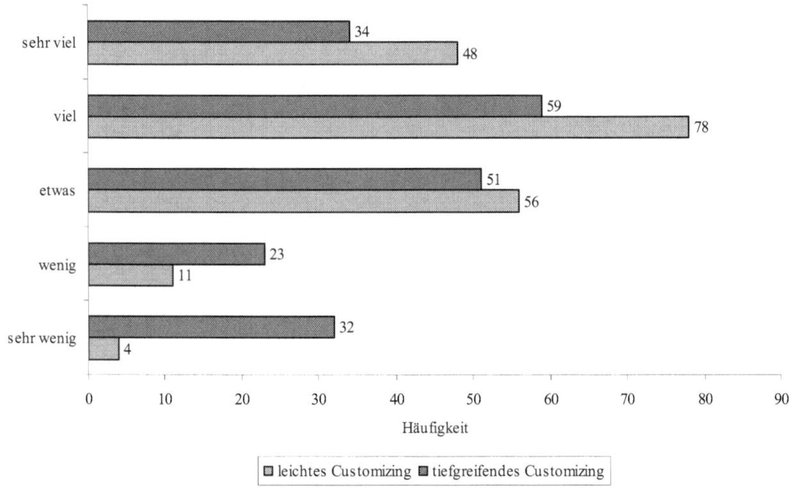

Abbildung 161: Softwareanpassungen (Diagramm)

Unnötiges Customizing

Fragetext	Wie hoch schätzen Sie den Anteil der unnötigen Veränderungen der Original-Software?
Fragetyp	Offen
Variablen	INST_CUST_UNNÖTIG

Tabelle 150: Unnötiges Customizing (Metadaten)

	N	Minimum	Maximum	Mittelwert	Standardabweichung
Anteil unnötiger Eigenentwicklungen (%)	162	0	90	14,99	18,894

Tabelle 151: Unnötiges Customizing (Deskriptive Statistiken)

Alter der Systeme

Fragetext	Seit wann ist das zentrale Unternehmenssoftware-System in Ihrem Unternehmen ungefähr in Nutzung?
Fragetyp	Offen, Textfeld
Variablen	INST_INSTALLATIONSJAHR, INST_ALTER

Tabelle 152: Alter der Systeme (Metadaten)

	N	Minimum	Maximum	Mittelwert*	Standardabweichung
Alter des Hauptsystems in Jahren	212	0	29	9,40	5,258

Tabelle 153: Alter der Systeme (Deskriptive Statistiken)

Alter (Jahre)		Häufigkeit	Prozent	Gültige Prozente	Kumulierte Prozente
Gültig	0	1	,5	,5	,5
	1	7	3,2	3,3	3,8
	2	8	3,6	3,8	7,5
	3	11	5,0	5,2	12,7
	4	8	3,6	3,8	16,5
	5	15	6,8	7,1	23,6
	6	11	5,0	5,2	28,8
	7	17	7,7	8,0	36,8
	8	17	7,7	8,0	44,8
	9	26	11,8	12,3	57,1
	10	16	7,3	7,5	64,6
	11	15	6,8	7,1	71,7
	12	19	8,6	9,0	80,7
	13	7	3,2	3,3	84,0
	14	3	1,4	1,4	85,4
	15	7	3,2	3,3	88,7
	16	1	,5	,5	89,2
	17	7	3,2	3,3	92,5
	18	2	,9	,9	93,4
	19	2	,9	,9	94,3
	20	1	,5	,5	94,8
	21	1	,5	,5	95,3
	22	5	2,3	2,4	97,6
	23	1	,5	,5	98,1
	24	3	1,4	1,4	99,5
	29	1	,5	,5	100,0
	Gesamt	212	96,4	100,0	
Fehlend	System	8	3,6		
Gesamt		220	100,0		

Tabelle 154: Alter der Systeme (Häufigkeiten)

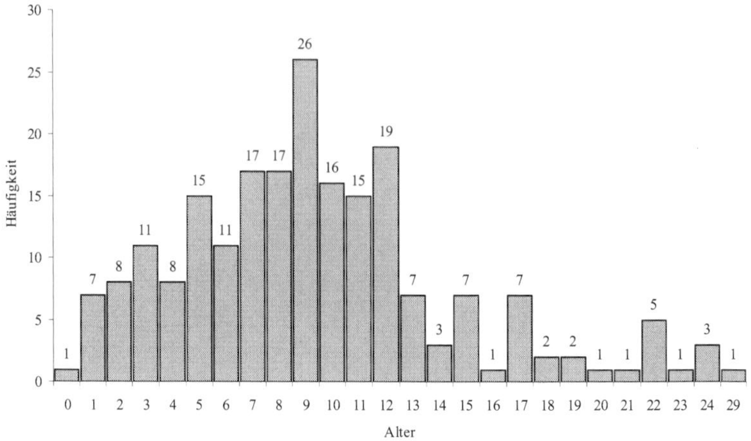

Abbildung 162: Alter der Systeme (Diagramm)

Anzahl großer Releasewechsel im Jahr

Fragetext	Wie viele große Releasewechsel wurden seither bei diesem System durchgeführt?
Fragetyp	Offen, Textfeld
Variablen	INST_RELEASEWECHSEL, INST_ÄNDERUNGSRATE

Tabelle 155: Anzahl großer Releasewechsel (Metadaten)

	N	Minimum	Maximum	Mittelwert*	Standardabweichung
Wie viele große Releasewechsel wurden bei diesem System jährlich durchschnittlich durchgeführt?	210	0	2,33	,3496	,35825

Tabelle 156: Anzahl großer Releasewechsel pro Jahr (Deskriptive Statistiken)

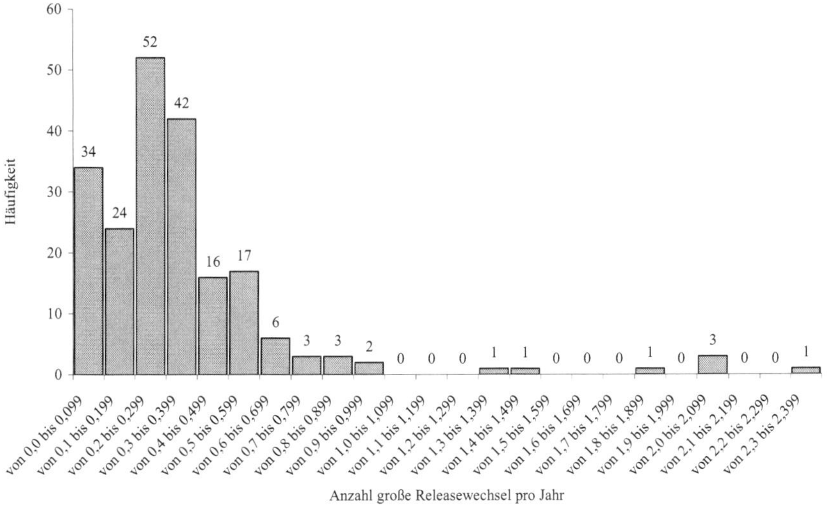

Abbildung 163: Anzahl großer Releasewechsel pro Jahr (Diagramm)

Change Management

Anzahl von Unternehmenssoftwareprojekten

Fragetext	Wie viele Unternehmenssoftware-Projekte wurden in den letzten 3 Jahren schätzungsweise durchgeführt?
Fragetyp	Offen, Textfeld
Variablen	CHMT_PROJEKTE_KLEIN, CHMT_PROJEKTE_MITTEL, CHMT_PROJEKTE_GROSS

Tabelle 157: Anzahl von Unternehmenssoftwareprojekten (Metadaten)

	N	Minimum	Maximum	Mittelwert	Standardabweichung
Kleine Projekte (< 2 Mio. EUR, < 6 Monate) pro Jahr	181	,00	133,33	7,6630	18,16498
Mittlere Projekte (< 10 Mio. EUR, < 24 Monate) pro Jahr	179	,00	33,33	1,2961	3,94704
Große Projekte (> 10 Mio. EUR, > 24 Monate) pro Jahr	175	,00	6,67	,2724	,67625
Projekte gesamt pro Jahr	191	,00	168,33	8,7260	20,43967

Tabelle 158: Anzahl von Unternehmenssoftwareprojekten (Deskriptive Statistiken)

Geplante Unternehmenssoftwareprojekte

Fragetext	Welche Unternehmenssoftware-Projekte möchten Sie 2007 starten/durchführen?
Fragetyp	Offen, Textfeld
Variablen	INST_PROJEKTE

Tabelle 159: Geplante Projekte (Metadaten)

Kategorie	Projektbezeichnungen
Releasewechsel, Migrationen	2. Releasewechsel BW-Releasewechsel (3x) CRM-Relaesewechsel Releasewechsel auf mySAP ERP Migrationen (9x) Ablösung veralteter Spezialanwendungen Prüfung der Ablösung von ABAS durch SAP Migration nach mySAP ERP 2005 (13x) Migration Release 10 Releasewechsel (3x) my SAP ERP Umstellung mySAP ERP Releasewechsel Planung Releasewechsel NAV Releasewechsel 'ERP 2005' wegen zukünftiger Einstellung der Wartung von SAP 4.6c Migration nach BI 7.0 Releasewechsel IS-H (4.72) → 6.0 Releasewechsel Logistiksystem auf mySAP Releasewechsel Vorbereitung auf MySAP 2005 Releasewechsel auf ERP Ostern 2007 RW auf ERP2005 Migration auf RE-FX SAP SRM Upgrade Vorbereitung MySAP ERP Migration Releasewechsel SAP CRM von 4.0 auf 5.0 Schrittweise Migration der Systeme zu ERP2004 Releasewechsel SAP+UG Upgrade ECC6.0 Upgrade Portal auf NW 2004s
Fachgetriebene Projekte	Ausbau Dispo mobile Erfassung automatische Verarbeitung Eingangsrechnungen Mobile Computing Absatzprognose Prozeßstabilisierung Konsolidierung (2x) internationaler ERP Rollout des Konzerntemplates Mandantenvereinigung Integration Tochterfirmen Multisite (Mehrmandanten-Installation) neue fachliche Projekte Personalverwaltung Programm-Management HR Self Services BI Extension Prototypenabwicklung Migration eines Unternehmens Einführung FS-CD Roll-Out für andere Gesellschaft Roll-Out in Gesamtverwaltung Roll-Out nach Europa Umstellung auf eGov-Fähigkeit aller IT-Anwendungen mit Außenwirkung Rollouts Osteuropa web-basierte Verwaltungssystem Anschluss weiterer Geschäftsbereiche weltweite E2E Integration bis Mitte 2008

Archivierung, DMS	Archivierung elektronische Archivierung (eAkte) DMS einführen DMS Dokumentenmanagement DMS-Projekt
Ausbau einzelner Komponenten	Ausbau Workflow CRM-Ausbau Funktionsoptimierung Ablösung des bisherigen Workflowttools mit SAP NetWeaver und mySAP ERP weitere Funktionen
Neue Systeme / Komponenten	B2B CRM (6x) BI BW 7.0 BW (4x) BW Netweaver 2004s neues R/3-System für Fertigungsabrechnung ECC 6.0 (2x) Einführung BW-BPS Einführung Dynamics AXAPTA Einführung ERP-System (MS Dynamic AX) - noch nicht entschieden Einführung Microsoft Dynamics CRM 3.0 ERP-Einführung ERP 2005 (4x) Nutzung New GL[255] Neues Hauptbuch (FI) ERP 5.0 ERP05 Neue Systeme (3x) Implementierung von SAP BW Implementierung SAP BW-BPS Komponenten (2x) Zusätzliche Funktionen nutzen mySAP (2x) mySAP ERP mySAP ERP 2005 Einsatz neuer Module neue Komponenten (2x) Neues ERP-System Internetanwendungen NetWeaver XI (2x) Roll-out Siebel (Weltweit) Rollouts Rollouts an weltweit verteilten Standorten SAP-Einführung für alle Unternehmensprozesse SAP-PM-Einführung SAP BI Einführung SAP CRM Ausbau inkl. Webzugriff (SAP Portal) SAP-Einführung SAP Implementierung SAP Partnerprodukt Schedule++ SAP R/3 Sharepoint Portal 2007 Systemkonsolidierung (SAP) Workflow ECM Überarbeitung/Ersatz von Einzelmodulen Vollständiger Wechsel von Baan nach SAP xApps Adobe Forms

255 GL: General Ledger

Technikgetriebene Projekte	Bugfixing Hot-Packages Hardwaremigration RZ-Wechsel Globaler PC-Rollout Hardwareprojekte (2x) Hardware Rechnergesteuertes Betriebsleitsystem (RBL) Migration der Backup Software Unicode-Migration Unicode VISTA
Sonstiges	ChangeRequest Spracherkennung ESOA keine Kundenprojekte Integration Qualifizierung von Key Usern Realisierung der Software für SEPA und SSP Systemaktualisierung Veränderung der Eigenentwicklung

Tabelle 160: Geplante Projekte (Freitextnennungen)

Vorlaufzeit

Fragetext	Wird man zu früh geschult, vergisst man vieles wieder. Wann sollte ein Endanwender bei Unternehmenssoftware-Einführungen frühestens geschult werden?
Fragetyp	Offen
Variablen	QUALI_METHODE_VORLAUF

Tabelle 161: Vorlaufzeit (Metadaten)

	N	Minimum	Maximum	Mittelwert	Standardabweichung
Abstand zwischen Qualifizierung und SW-Nutzung (Wochen)	218	0	12	3,33	2,406

Tabelle 162: Vorlaufzeit (Deskriptive Statistiken)

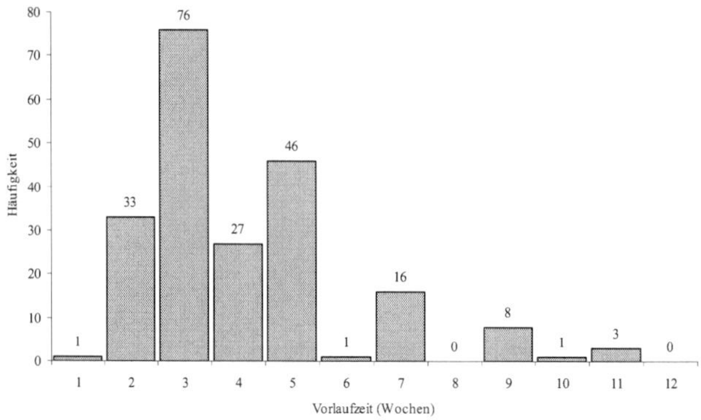

Abbildung 164: Vorlaufzeit (Diagramm)

Einbindung der Endanwender

Fragetext	Wie bewerten Sie die folgenden Aussagen zur Einbindung der Endanwender in Einführungsprojekte von Unternehmenssoftware?
Fragetyp	Halboffen, Ratingskala (1: trifft überhaupt nicht zu, 5: trifft voll und ganz zu)
Variablen	CHMT_INFORMATION, CHMT_FEEDBACK, CHMT_ÄNDERUNGEN, CHMT_TESTER

Tabelle 163: Einbindung der Endanwender (Metadaten)

	N	Minimum	Maximum	Mittelwert*	Standardabweichung
Anwender wurden als Tester der neuen Software eingesetzt.	217	1	5	3,97	,937
Feedback und Verbesserungsvorschläge der Anwender wurden aufgegriffen und umgesetzt.	217	1	5	3,67	,804
Notwendige Änderungen in den täglichen Arbeitsabläufen wurden rechtzeitig umgesetzt.	216	2	5	3,57	,731
Die Anwender wurden regelmäßig über den Projektfortschritt informiert.	217	1	5	3,45	,932

Tabelle 164: Einbindung der Endanwender (Deskriptive Statistiken)

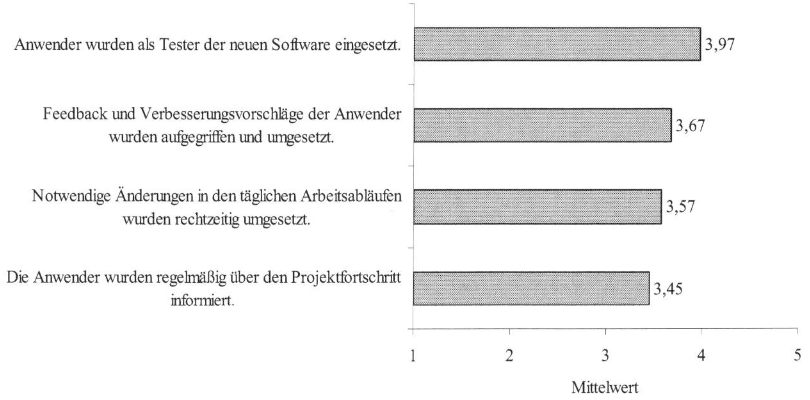

Abbildung 165: Einbindung der Endanwender (Diagramm)

Qualifizierungsquote zum Zeitpunkt der Produktivsetzung

Fragetext	Wie viel Prozent der betroffenen Endanwender waren schätzungsweise zum Zeitpunkt der Produktivsetzung der Systeme ausreichend qualifiziert?
Fragetyp	Offen
Variablen	CHMT_QUALIFIZIERUNGSQUOTE

Tabelle 165: Qualifizierungsquote (Metadaten)

	N	Minimum	Maximum	Mittelwert*	Standardabweichung
Anteil der zum Go-Live-Termin ausreichend qualifizierten Endanwender	210	5%	100%	71,1%	22,133%

Tabelle 166: Qualifizierungsquote (Deskriptive Statistiken)

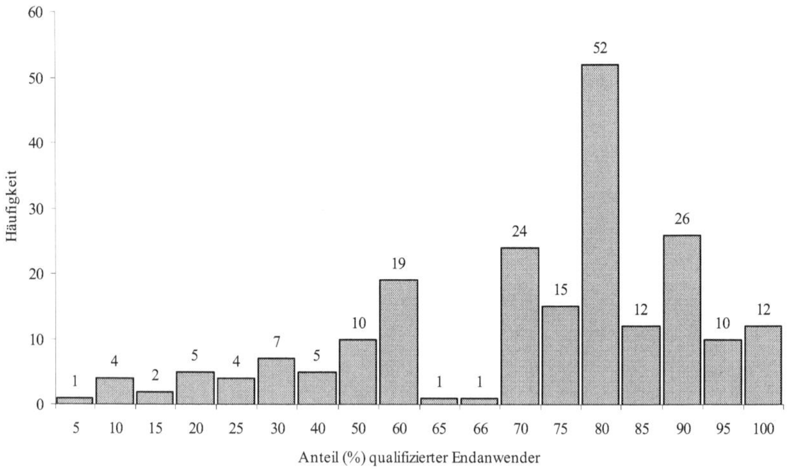

Abbildung 166: Qualifizierungsquote (Diagramm)

Verhalten der Endanwender

Fragetext	Wie haben sich die Anwender nach der Systemeinführung verhalten?
Fragetyp	Halboffen, Ratingskala (1: trifft überhaupt nicht zu, 5: trifft voll und ganz zu)
Variablen	CHMT_UMGANG_SICHERHEIT, CHMT_UMGANG_AKZEPTANZ

Tabelle 167: Verhalten der Endanwender (Metadaten)

	N	Minimum	Maximum	Mittelwert*	Standardabweichung
Akzeptanz der Software nach Systemeinführung	216	1	5	3,50	,813
Sicherer Umgang mit der Software nach Systemeinführung	217	1	5	3,49	,734

Tabelle 168: Verhalten der Endanwender (Deskriptive Statistiken)

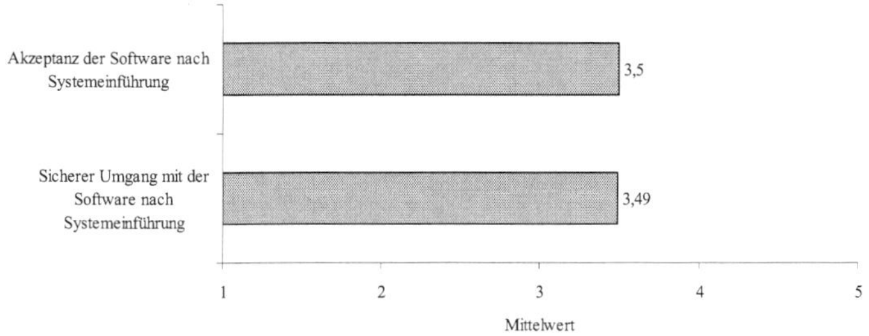

Abbildung 167: Verhalten der Endanwender (Diagramm)

Kenntnisstand bei Neueinstellungen

Kenntnisstand

Fragetext	Bei wie vielen von 100 neueingestellten Mitarbeitern in Fachabteilungen würden Sie die Kenntnisse im Umgang mit der Unternehmenssoftware als zufriedenstellend bezeichnen?
Fragetyp	Offen, Textfeld
Variablen	MARKT_EINSTELLUNG_KENNTNISSE1, MARKT_EINSTELLUNG_KENNTNISSE2, MARKT_EINSTELLUNG_KENNTNISSE3

Tabelle 169: Kenntnisstand (Metadaten)

	N	Minimum	Maximum	Mittelwert*	Standardabweichung
Anteil an Neueinstellungen, die von der Unternehmenssoftware gehört haben	214	0%	100%	61,43%	35,314%
Anteil an Neueinstellungen, die mit der Oberfläche/Anwendung umgehen können	214	0%	100%	41,99%	29,271%
Anteil an Neueinstellungen, die die aufgabennotwendigen Transaktionen und Berichte beherrschen	214	0%	100%	28,04%	28,013%

Tabelle 170: Kenntnisstand (Deskriptive Statistiken)

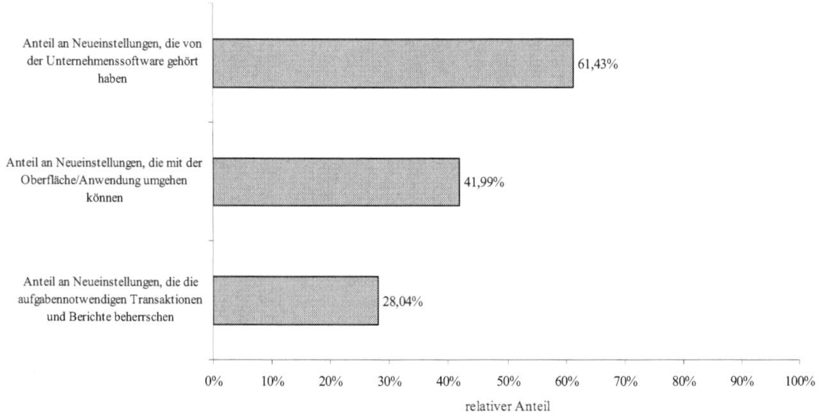

Abbildung 168: Kenntnisstand (Diagramm)

Fehlende Anwenderkenntnisse

Fragetext	Welche unternehmenssoftwarebezogenen Kenntnisse vermissen Sie bei neueingestellten Anwendern am häufigsten?
Fragetyp	Offen, Textfeld
Variablen	MARKT_EINSTELLUNG_FEHLENDES

Tabelle 171: Fehlende Anwenderkenntnisse (Metadaten)

Kategorie	Fehlende Anwenderkenntnisse
Integratives Arbeiten und Denken, Prozessdenken	Abbildung von Prozessen fachübergreifendes Wissen Fachübergreifendes Wissen Integrationskenntnisse (2x) Integrationswissen, Auswirkung von Tätigkeiten auf andere Bereiche Kenntnisse über die SAP-Integration Modulzusammenspiel verstehen Organisatorische Zusammenhänge Prozess Know How Prozessdenken (2x)

	Prozesskenntnisse Prozesskenntnisse und deren Umsetzung in die Software Prozesskenntnisse, "warum buche ich das so" Prozesswissen IT-unterstützte Abläufe übergreifende Zusammenhänge Umsetzung der Abläufe in den Gebrauch der Software (Was muss / kann gemacht werden) Zusammenhänge
Grundlagenwissen zur Software	allgemeine Kenntnisse Allgemeine Zusammenhänge (Unternehmensspezifika können nicht verlangt werden) Grundkenntnisse Einstieg; was tut das Ding? Grundlagen Navigationsfähigkeit Oberfläche Sämtliche SAP-Module SAP allgemein (5x) Siebel Transaktionen Oberflächen persönliche Einstellungen
Sonstiges	Die spezifische Software ist nicht allgemein verfügbar diese Frage passt bei Eigenentwicklungen nicht wirklich Methodik Gefühl für Kosten/Nutzen der IT unterschiedlichster Art, kann nicht pauschal beantwortet werden Willen im Testsystem zu testen Wir haben zu spezielle Fachverfahren, so dass letztlich kaum Programmkenntnisse vorhanden sind Z.Zt haben wir einen Exoten im Einsatz. Anwender haben SAP Kenntnisse. SAP wird eingeführt.
Fach-, Spezialwissen	Buchhaltung Detailkenntnisse der Anwendung Details Experten-, Spezialwissen Fachspezifische Grundlagen weiterführende Funktionen (Workflow etc...) tätigkeitsrelevantes Wissen Umgang mit Klassifikation und Dokumenten Abbildung der spezifischen Unternehmensprozesse
Technisches Wissen	Releasestände und deren Unterschiede kennen Fehlende Userexits aus der alten Firma Spoolverwaltung Batch-Mappen Jobverarbeitung Modushandling
Reporting	Auswertungsmöglichkeiten Nutzung von flexiblem Reporting Reporting
Branchenspezifika	Branchenspez. Module wie IS-U, EDM, PM Branchenspezifische Kenntnisse aus der Logistik
Unternehmenssoftware allgemein	CRM-Systeme ERP
Analytisches Denken	Denken in komplexen Strukturen und Zusammenhängen nicht Software-Kenntnisse :=> übergreifendes Denken
Keine Erwartungen	da viele individuelle Module eingesetzt werden, erwarten wir keine Vorkenntnisse
IT-/EDV-Grundlagen	DV-Basics Excel fundierte Office Kenntnisse MS Office (2x) Standardfunktionen in der Windowsumgebung Textverarbeitung

Tabelle 172: Fehlende Anwenderkenntnisse (Freitextnennungen)

Externe Qualifizierungsdienstleister

Typen von Dienstleistern

Fragetext	Wenn Sie Ihre Endanwender von externen Dienstleistern qualifizieren lassen, wer ist das?
Fragetyp	Dichotome Variable (Zusammenarbeit, keine Zusammenarbeit)
Variablen	EXTDL_TYP_HERSTELLER, EXTDL_TYP_FREIBERUFLER, EXTDL_TYP_BILDUNGSDL, EXTDL_TYP_BILDUNGSDL_NAME

Tabelle 173: Externe Qualifizierungsdienstleister (Metadaten)

Dienstleister	Zusammenarbeit		Keine Zusammenarbeit			Gesamt	
Hersteller der Unternehmenssoftware	129	58,6%	91	41,4%	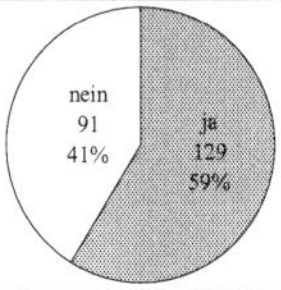	220	100,0%
Freiberufliche Trainer	88	40,0%	132	60,0%	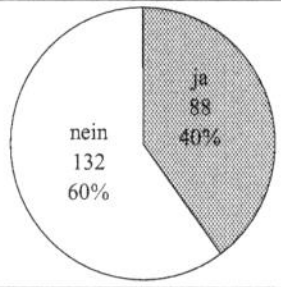	220	100,0%
Bildungsdienstleister/Beratungshaus	73	33,2%	147	66,8%	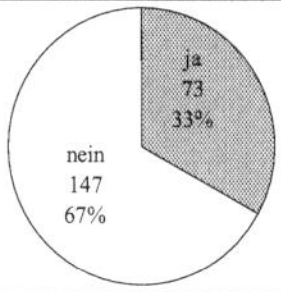	220	100,0%

Tabelle 174: Externe Qualifizierungsdienstleister (Häufigkeiten und Diagramme)

Name des Dienstleisters	Häufigkeit
Accenture	1
AI Informatics	1
Altro Consult	1
bpc, t4t	1
BZE	1
Eigener Betrieb	1
HP	1
IBSolution	1
INTEGRATA	1
Orbis, saardata	1
Orderbase	1
S Akademie	1
SAP	2
SEAL	1
Seal Consulting	1
Softlab	2
Steeb	1
Verschiedene	13

Tabelle 175: Externe Qualifizierungsdienstleister (Freitextnennungen)

Zufriedenheit mit dem Qualifizierungsdienstleister

Fragetext	Wie zufrieden sind Sie mit den externen Qualifizierungsdienstleistern?
Fragetyp	Halboffen, Ratingskala (1: sehr unzufrieden, 5: sehr zufrieden)
Variablen	EXTDL_ZUFRIEDENHEIT

Tabelle 176: Zufriedenheit mit externem Qualifizierungsdienstleister (Metadaten)

	N	Minimum	Maximum	Mittelwert*	Standardabweichung
Wie zufrieden sind Sie mit den externen Qualifizierungsdienstleistern?	178	1	5	3,71	,641

Tabelle 177: Zufriedenheit mit externem Qualifizierungsdienstleister (Deskriptive Statistiken)

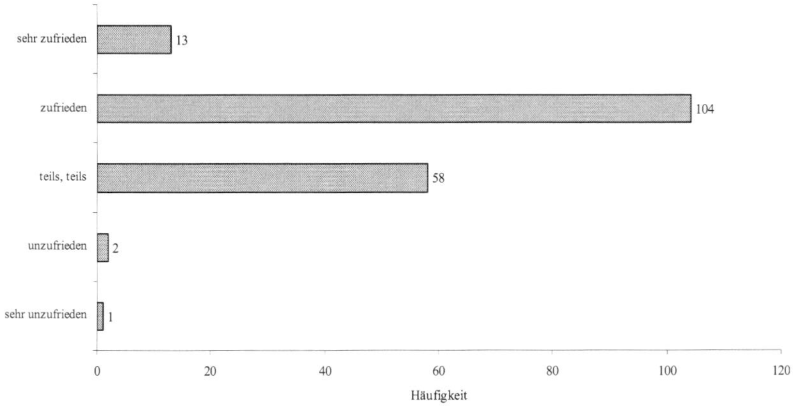

Abbildung 169: Zufriedenheit mit externem Qualifizierungsdienstleister (Diagramm)

Persönliche Angaben des Umfrageteilnehmers

Funktion

Fragetext	Welche Funktion üben Sie aus?
Fragetyp	Halboffen, 9 Auswahlmöglichkeiten
Variablen	PERSON_FUNKTION

Tabelle 178: Funktion des Teilnehmers (Metadaten)

	Häufigkeit	Prozent
CIO / IT-Leiter	77	35,0%
Anwendungs-/Modulverantwortlicher	43	19,5%
Sonstige Funktion	24	10,9%
Mitarbeiter im IT-/Unternehmenssoftware-Support	21	9,5%
Teilprojektleiter im Kontext Unternehmenssoftware	18	8,2%
Gesamtprojektleiter im Kontext Unternehmenssoftware	16	7,3%
Projektmitarbeiter	11	5,0%
Key User	5	2,3%
Externer Mitarbeiter	5	2,3%
Gesamt	220	97,3%

Tabelle 179: Funktion des Teilnehmers (Deskriptive Statistiken)

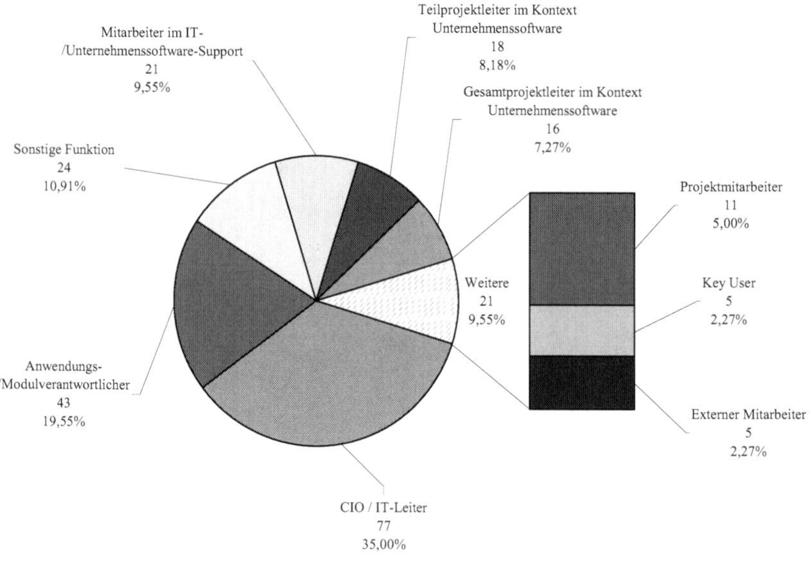

Abbildung 170: Funktion des Teilnehmers (Diagramm)

Sonstige Funktionen	Häufigkeit
Abteilungsleiter ORG/IT	1
Administrator	1
Assistent IT Vorstand	1
Aus- & Weiterbildung	1
Bereichsleiter	1
Consultant	1
Entwickler und Berater	1
ext. Mitarbeiter im IT-Support	1
IT-Administrator	1
IT Controller	1
IT Qualitätsmanager	1
IT Service MAnagement	1
kfm. Leitung	1
Leiter CC SAP	1
Leitung Help Desk	1
Leitung IT Infrastruktur	1
Mitglied SAP-CCC; diverse Aufgaben	1
Qualifizierungsverantwortlicher	1
Qualitätsmanager	1
Releasemanagement	1
SAP Basis Betreuer	1
SAP EMEA	1
SAP Teamleiter	1
SysAdmin	1
Teamleiter IT	1

Tabelle 180: Funktion des Teilnehmers (Freitextnennungen)

Teilstichproben

Fragetext	Wie sind Sie auf diese Umfrage aufmerksam geworden?
Fragetyp	Halboffen, 8 Auswahlmöglichkeiten
Variablen	PERSON_STICHPROBE

Tabelle 181: Teilstichproben (Metadaten)

Teilstichprobe	N
Postalisches Direktanschreiben	91
DSAG-Newsletter	66
Persönliche Kontakte	30
XING/ OpenBC und Foren	28
Sonstiges, int. Weiterleitung, keine Angabe	10
SAP Education Newsletter März 07	6
Gesamt	231

Tabelle 182: Teilstichproben (Häufigkeiten)

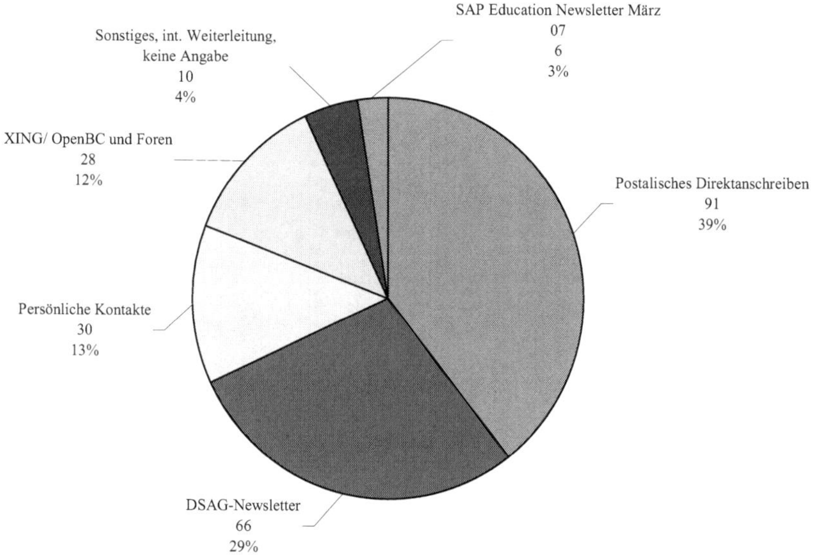

Abbildung 171: Teilstichproben (Diagramm)

Sonstige persönliche Angaben

Fragetext	Verschiedene Fragen zur Person
Fragetyp	Verschiedene
Variablen	PERSON_ANREDE, PERSON_LAND, PERSON_EMAIL, PERSON_VERLOSUNG, PERSON_KONTAKTTUM

Tabelle 183: Sonstige persönliche Angaben (Metadaten)

Anrede/Geschlecht

		Häufigkeit	Prozent	Gültige Prozente
Gültig	Herr	167	75,9	87,9
	Frau	23	10,5	12,1
	Gesamt	190	86,4	100,0
Fehlend	keine Angabe	30	13,6	
Gesamt		220	100,0	

Tabelle 184: Anrede/Geschlecht (Häufigkeiten)

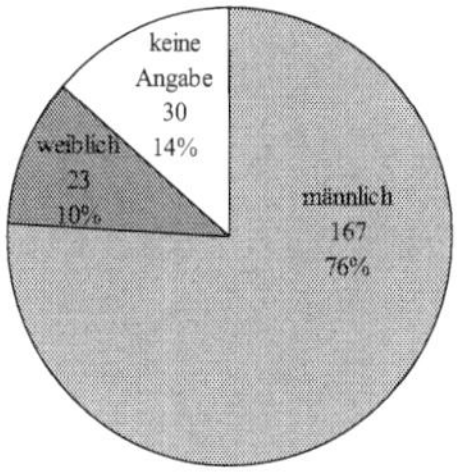

Abbildung 172: Anrede/Geschlecht (Diagramm)

Land

		Häufigkeit	Prozent	Gültige Prozente
Gültig	Deutschland	181	82,3	94,8
	Österreich	7	3,2	3,7
	Schweiz	3	1,4	1,6
	Gesamt	191	86,8	100,0
Fehlend	keine Angabe	29	13,2	
Gesamt		220	100,0	

Tabelle 185: Land (Häufigkeiten)

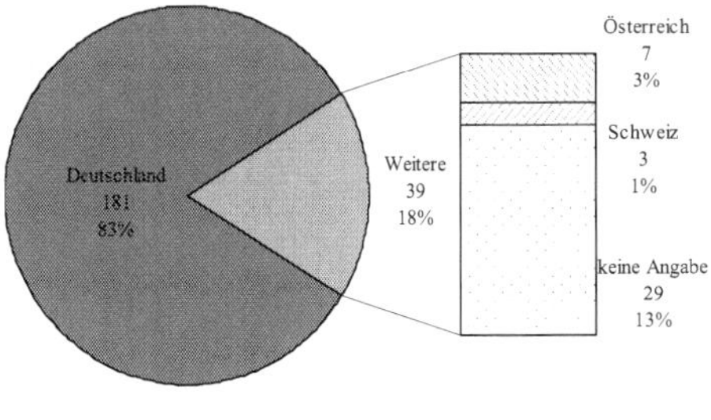

Abbildung 173: Land (Häufigkeiten)

Mailadresse, Verlosung, Kontakterlaubnis

Merkmal	Ja		Nein			Gesamt	
Angabe einer gültigen E-Mail-Adresse	195	88,6%	25	11,4%	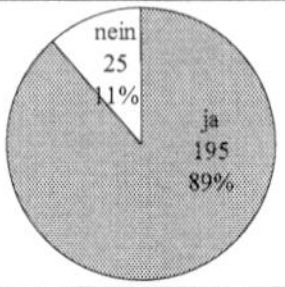	220	100,0%
Teilnahme an der Verlosung (Incentive)	194	88,2%	26	11,8%	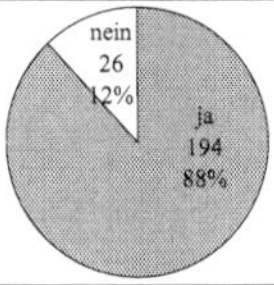	220	100,0%
Kontakterlaubnis für weitere empirische Erhebungen	156	73,6%	56	26,4%	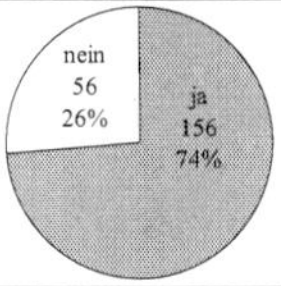	212	100,0%

Cluster- und Diskriminanzanalyse

Fusionierung der Unternehmen

Schritt	Zusammengeführte Cluster		Koeffizienten	Erstes Vorkommen des Clusters		Nächster Schritt
	Cluster 1	Cluster 2		Cluster 1	Cluster 2	
1	5	219	,000	0	0	95
2	153	218	,000	0	0	39
3	81	217	,000	0	0	159
4	198	213	,000	0	0	11
5	78	211	,000	0	0	126
6	98	207	,000	0	0	64
7	183	204	,000	0	0	22
8	77	203	,000	0	0	72
9	152	201	,000	0	0	40
10	85	199	,000	0	0	125
11	20	198	,000	0	4	136
12	161	197	,000	0	0	131
13	185	196	,000	0	0	21
14	86	195	,000	0	0	70
15	102	193	,000	0	0	162
16	2	192	,000	0	0	165
17	149	191	,000	0	0	42
18	41	190	,000	0	0	164
19	181	188	,000	0	0	23
20	169	187	,000	0	0	30
21	36	185	,000	0	13	138
22	178	183	,000	0	7	183
23	29	181	,000	0	19	135
24	73	179	,000	0	0	129
25	133	177	,000	0	0	49
26	171	176	,000	0	0	29
27	55	174	,000	0	0	173
28	34	172	,000	0	0	132
29	18	171	,000	0	26	61
30	106	169	,000	0	20	50
31	158	166	,000	0	0	35
32	125	165	,000	0	0	52
33	27	162	,000	0	0	93
34	51	160	,000	0	0	80
35	9	158	,000	0	31	71
36	71	157	,000	0	0	75
37	74	156	,000	0	0	73
38	61	155	,000	0	0	148
39	4	153	,000	0	2	65
40	83	152	,000	0	9	176
41	134	151	,000	0	0	156
42	40	149	,000	0	17	160
43	96	148	,000	0	0	66
44	91	144	,000	0	0	67
45	26	142	,000	0	0	160
46	115	141	,000	0	0	148
47	108	140	,000	0	0	61
48	8	136	,000	0	0	161
49	84	133	,000	0	25	51
50	106	131	,000	30	0	176
51	84	126	,000	49	0	139
52	52	125	,000	0	32	74
53	79	123	,000	0	0	134

54	63	122	,000	0	0	94
55	97	121	,000	0	0	65
56	13	119	,000	0	0	92
57	87	116	,000	0	0	124
58	82	113	,000	0	0	71
59	30	112	,000	0	0	127
60	72	109	,000	0	0	74
61	18	108	,000	29	47	76
62	69	104	,000	0	0	76
63	57	100	,000	0	0	128
64	49	98	,000	0	6	79
65	4	97	,000	39	55	83
66	58	96	,000	0	43	153
67	38	91	,000	0	44	68
68	38	90	,000	67	0	197
69	54	89	,000	0	0	78
70	24	86	,000	0	14	161
71	9	82	,000	35	58	141
72	44	77	,000	0	8	159
73	37	74	,000	0	37	81
74	52	72	,000	52	60	186
75	70	71	,000	0	36	147
76	18	69	,000	61	62	85
77	62	66	,000	0	0	157
78	7	54	,000	0	69	137
79	49	53	,000	64	0	175
80	11	51	,000	0	34	171
81	37	48	,000	73	0	177
82	16	47	,000	0	0	96
83	4	33	,000	65	0	194
84	28	31	,000	0	0	85
85	18	28	,000	76	84	191
86	12	202	,500	0	0	156
87	173	182	1,000	0	0	97
88	88	129	1,500	0	0	163
89	95	118	2,000	0	0	124
90	23	110	2,500	0	0	170
91	43	68	3,000	0	0	157
92	13	184	3,667	56	0	165
93	27	164	4,333	33	0	153
94	56	63	5,000	0	54	180
95	5	19	5,667	1	0	146
96	10	16	6,333	0	82	172
97	64	173	7,167	0	87	146
98	101	220	8,167	0	0	171
99	206	216	9,167	0	0	106
100	46	215	10,167	0	0	150
101	15	214	11,167	0	0	175
102	76	212	12,167	0	0	151
103	32	210	13,167	0	0	143
104	92	209	14,167	0	0	150
105	6	208	15,167	0	0	145
106	25	206	16,167	0	99	184
107	45	205	17,167	0	0	147
108	138	200	18,167	0	0	155
109	39	194	19,167	0	0	144
110	130	189	20,167	0	0	134
111	75	186	21,167	0	0	169

112	137	180	22,167	0	0	132
113	159	175	23,167	0	0	152
114	163	170	24,167	0	0	168
115	59	167	25,167	0	0	149
116	21	147	26,167	0	0	154
117	145	146	27,167	0	0	142
118	22	139	28,167	0	0	167
119	67	111	29,167	0	0	166
120	94	99	30,167	0	0	149
121	3	60	31,167	0	0	151
122	1	42	32,167	0	0	164
123	14	35	33,167	0	0	131
124	87	95	34,417	57	89	162
125	85	154	35,750	10	0	152
126	78	150	37,083	5	0	140
127	30	127	38,417	59	0	180
128	57	124	39,750	63	0	158
129	73	103	41,083	24	0	170
130	80	168	42,583	0	0	158
131	14	161	44,083	123	12	183
132	34	137	45,583	28	112	185
133	17	132	47,083	0	0	155
134	79	130	48,583	53	110	190
135	29	120	50,083	23	0	163
136	20	117	51,583	11	0	154
137	7	107	53,083	78	0	190
138	36	50	54,583	21	0	178
139	65	84	56,183	0	51	179
140	78	128	57,850	126	0	177
141	9	93	59,517	71	0	187
142	143	145	61,183	0	117	174
143	32	135	62,850	103	0	174
144	39	114	64,517	109	0	166
145	6	105	66,183	105	0	167
146	5	64	67,850	95	97	191
147	45	70	69,650	107	75	196
148	61	115	71,650	38	46	185
149	59	94	73,650	115	120	192
150	46	92	75,650	100	104	195
151	3	76	77,650	121	102	181
152	85	159	79,717	123	113	179
153	27	58	81,883	93	66	195
154	20	21	84,050	136	116	173
155	17	138	86,300	133	108	182
156	12	134	88,550	86	41	198
157	43	62	90,800	91	77	192
158	57	80	93,167	128	130	187
159	44	81	95,567	72	3	168
160	26	40	97,967	45	42	169
161	8	24	100,367	48	70	184
162	87	102	102,783	124	15	193
163	29	88	105,283	135	88	200
164	1	41	107,783	122	18	178
165	2	13	110,317	16	92	188
166	39	67	113,050	144	119	189
167	6	22	115,783	145	118	200
168	44	163	118,669	159	114	181
169	26	75	121,555	160	111	196

170	23	73	124,521	90	129	198
171	11	101	127,521	80	98	172
172	10	11	130,730	96	171	210
173	20	55	134,063	154	27	205
174	32	143	137,396	143	142	199
175	15	49	140,730	101	79	182
176	83	106	144,158	40	50	189
177	37	78	147,658	81	140	186
178	1	36	151,158	164	138	202
179	65	85	154,958	139	152	204
180	30	56	158,792	127	94	201
181	3	44	162,688	151	168	205
182	15	17	166,704	175	155	206
183	14	178	170,776	131	22	188
184	8	25	174,876	161	106	193
185	34	61	179,126	132	148	199
186	37	52	183,549	177	74	202
187	9	57	188,137	141	158	194
188	2	14	192,782	165	183	204
189	39	83	197,537	166	176	201
190	7	79	202,537	137	134	203
191	5	18	207,537	146	85	211
192	43	59	212,662	157	149	207
193	8	87	217,924	184	162	197
194	4	9	223,410	83	187	208
195	27	46	229,477	153	150	208
196	26	45	235,891	169	147	209
197	8	38	242,352	193	68	214
198	12	23	249,024	156	170	207
199	32	34	255,750	174	185	203
200	6	29	262,486	167	163	206
201	30	39	270,848	180	189	212
202	1	37	281,520	178	186	209
203	7	32	293,559	190	199	214
204	2	65	305,933	188	179	215
205	3	20	318,383	181	173	213
206	6	15	330,980	200	182	216
207	12	43	343,588	198	192	210
208	4	27	356,932	194	195	211
209	1	26	370,973	202	196	215
210	10	12	385,113	172	207	213
211	4	5	401,737	208	191	212
212	4	30	422,250	211	201	218
213	3	10	447,534	205	210	217
214	7	8	473,239	203	197	216
215	1	2	500,866	209	204	219
216	6	7	532,618	206	214	217
217	3	6	585,602	213	216	218
218	3	4	642,667	217	212	219
219	1	3	748,682	215	218	0

Tabelle 186: Fusionierungstabelle der Clusteranalyse

Ergebnisse der Clusterung

Tabelle 187 und Tabelle 188 stellen die Mittelwerte der Clustervariablen je Cluster dar, einmal nach der hierarchisch-agglomerativen Clusterung mittels Ward-Verfahren, einmal nach der partitionierenden Clusterung mittels k-means-Verfahren.

	Cluster 1	Cluster 2	Cluster 3	Cluster 4
Anzahl Gruppenelemente	55	44	60	61
Zentrale organisatorische Zuständigkeit: IT	0,5273	0,1818	0,5500	0,5738
Zentrale organisatorische Zuständigkeit: Personal	0,3636	0,6136	0,3500	0,2951
Zentrale organisatorische Zuständigkeit: Fachbereich	0,0182	0,0455	0,1500	0,0984
Zentrale organisatorische Zuständigkeit: sonstiger Bereich	0,1455	0,2500	0,1167	0,0820
Investitionshöhe: 1. Quartil	0,4364	0,2045	0,1167	0,2459
Investitionshöhe: 2. Quartil	0,3091	0,0000	0,2667	0,2951
Investitionshöhe: 3. Quartil	0,1455	0,4545	0,3167	0,1475
Investitionshöhe: 4. Quartil	0,1091	0,3409	0,3000	0,3115
Inhalt (mitarbeiterorientiert): < Median	0,9818	0,0909	0,2500	0,4590
Inhalt (mitarbeiterorientiert): >= Median	0,0182	0,9091	0,7500	0,5410
Inhalt (technikorientiert): < Median	1,0000	0,7727	0,0000	0,0820
Inhalt (technikorientiert): >= Median	0,0000	0,2273	1,0000	0,9180
Methodik (persönlich): < Median	0,7091	0,5227	0,0667	0,4918
Methodik (persönlich): >= Median	0,2909	0,4773	0,9333	0,5082
Methodik (kodifiziert): < Median	0,5091	0,3864	0,0167	0,8197
Methodik (kodifiziert): >= Median	0,4909	0,6136	0,9833	0,1803

Tabelle 187: Mittelwerte der Clustervariablen nach Clusterung mittels Ward-Verfahren

	Cluster 1	Cluster 2	Cluster 3	Cluster 4
Anzahl Gruppenelemente	61	36	70	53
Zentrale organisatorische Zuständigkeit: IT	0,5410	0,2778	0,5714	0,4151
Zentrale organisatorische Zuständigkeit: Personal	0,3770	0,4722	0,3429	0,4151
Zentrale organisatorische Zuständigkeit: Fachbereich	0,0164	0,0833	0,1429	0,0755
Zentrale organisatorische Zuständigkeit: sonstiger Bereich	0,1311	0,2778	0,1000	0,1132
Investitionshöhe: 1. Quartil	0,4262	0,2222	0,1429	0,2075
Investitionshöhe: 2. Quartil	0,2951	0,0278	0,2286	0,3019
Investitionshöhe: 3. Quartil	0,1639	0,3056	0,3429	0,2075
Investitionshöhe: 4. Quartil	0,1148	0,4444	0,2857	0,2830
Inhalt (mitarbeiterorientiert): < Median	1,0000	0,0000	0,2714	0,3962
Inhalt (mitarbeiterorientiert): >= Median	0,0000	1,0000	0,7286	0,6038
Inhalt (technikorientiert): < Median	0,9508	1,0000	0,0000	0,0000
Inhalt (technikorientiert): >= Median	0,0492	0,0000	1,0000	1,0000
Methodik (persönlich): < Median	0,6721	0,5833	0,1714	0,4151
Methodik (persönlich): >= Median	0,3279	0,4167	0,8286	0,5849
Methodik (kodifiziert): < Median	0,4754	0,3889	0,0000	1,0000
Methodik (kodifiziert): >= Median	0,5246	0,6111	1,0000	0,0000

Tabelle 188: Mittelwerte der Clustervariablen nach Clusterung mittels k-means-Verfahren

Diskriminanzanalyse

Schätzung und Beurteilung der Diskriminanzfunktionen

	Funktion 1	Funktion 2	Funktion 3
Inhalt (technikorientiert): >= Median**	-,954*	-,092	,169
Inhalt (technikorientiert): < Median	,954*	,092	-,169
Methodik (kodifiziert): < Median	-,006	,875*	-,432
Methodik (kodifiziert): >= Median**	,006	-,875*	,432
Methodik (persönlich): < Median	,088	,185*	-,033
Methodik (persönlich): >= Median**	-,088	-,185*	,033
Investitionshöhe: 3. Quartil	-,016	-,127*	-,049
Zentrale organisatorische Zuständigkeit: Fachbereich	-,029	-,102*	-,034
Inhalt (mitarbeiterorientiert): < Median	,095	,439	,836*
Inhalt (mitarbeiterorientiert): >= Median**	-,095	-,439	-,836*
Investitionshöhe: 4. Quartil**	-,012	-,091	-,240*
Zentrale organisatorische Zuständigkeit: IT	-,013	-,030	,223*
Investitionshöhe: 2. Quartil	-,019	,120	,174*
Zentrale organisatorische Zuständigkeit: sonstiger Bereich	,026	-,034	-,141*
Investitionshöhe: 1. Quartil	,047	,105	,125*
Zentrale organisatorische Zuständigkeit: Personal	,009	,021	-,087*

Tabelle 189: Strukturmatrix (Kanonische Diskriminanzfunktionen)[256] (* größte absolute Korrelation zwischen jeder Variablen und einer Diskriminanzfunktion; ** diese Variable wird in der Analyse nicht verwendet)

	Funktion 1	Funktion 2	Funktion 3
Zentrale organisatorische Zuständigkeit: IT	,008	-,103	,349
Zentrale organisatorische Zuständigkeit: Personal	,006	-,130	,170
Zentrale organisatorische Zuständigkeit: Fachbereich	-,040	-,151	,027
Zentrale organisatorische Zuständigkeit: sonstiger Bereich	-,001	-,109	,015
Investitionshöhe: 1. Quartil	,083	-,008	,119
Investitionshöhe: 2. Quartil	,015	,019	,217
Investitionshöhe: 3. Quartil	-,025	-,125	,097
Inhalt (mitarbeiterorientiert): < Median	,084	,427	,831
Inhalt (technikorientiert): < Median	1,015	-,045	-,081
Methodik (persönlich): < Median	,195	,058	-,003
Methodik (kodifiziert): < Median	-,210	,879	-,426

Tabelle 190: Standardisierte kanonische Diskriminanzfunktionskoeffizienten

	Varianz innerhalb der Gruppen	Toleranz	Minimale Toleranz
Investitionshöhe: 4. Quartil	,186	,000	,000
Inhalt (mitarbeiterorientiert): >= Median	,123	,000	,000
Inhalt (technikorientiert): >= Median	,013	,000	,000
Methodik (persönlich): >= Median	,208	,000	,000
Methodik (kodifiziert): >= Median	,110	,000	,000

Tabelle 191: Durch den Toleranztest gefallene Variablen (minimales Toleranzniveau ist 0,001)

256 Gemeinsame Korrelationen innerhalb der Gruppen zwischen Diskriminanzvariablen und standardisierten kanonischen Diskriminanzfunktionen. Variablen sind nach ihrer absoluten Korrelationsgröße innerhalb der Funktion geordnet.

Cluster	Funktion 1	Funktion 2	Funktion 3
Cluster 1	4,882	,640	,957
Cluster 2	5,023	-,939	-1,643
Cluster 3	-3,689	-1,302	,460
Cluster 4	-4,158	1,620	-,594

Tabelle 192: Cluster-Zentroiden (nicht standardisierte Diskriminanzfunktionswerte bei den Gruppenmittelpunkten)

Funktion	Eigenwert[257]	% der Varianz	Kumulierte %	Kanonische Korrelation[258]
1	19,590(a)	89,4	89,4	,975
2	1,456(a)	6,6	96,1	,770
3	,864(a)	3,9	100,0	,681

Tabelle 193: Zusammenfassung der kanonischen Diskriminanzfunktionen

Test der Funktion(en)	Wilks-Lambda λ [259]	Chi-Quadrat	df	Signifikanz
1 bis 3	,011	961,463	33	,000
2 bis 3	,218	321,718	20	,000
3	,537	131,670	9	,000

Tabelle 194: Wilk's Lambda der kanonischen Diskriminanzfunktionen

Variable	Funktion 1	Funktion 2	Funktion 3
Zentrale organisatorische Zuständigkeit: IT	,016	-,209	,709
Zentrale organisatorische Zuständigkeit: Personal	,012	-,265	,347
Zentrale organisatorische Zuständigkeit: Fachbereich	-,146	-,555	,097
Zentrale organisatorische Zuständigkeit: sonstiger Bereich	-,004	-,315	,044
Investitionshöhe: 1. Quartil	,196	-,019	,281
Investitionshöhe: 2. Quartil	,037	,045	,522
Investitionshöhe: 3. Quartil	-,057	-,289	,224
Inhalt (mitarbeiterorientiert): < Median	,239	1,217	2,371
Inhalt (technikorientiert): < Median	8,833	-,395	-,706
Methodik (persönlich): < Median	,427	,127	-,006
Methodik (kodifiziert): < Median	-,634	2,651	-1,283
(Konstant)	-3,836	-1,241	-,961

Tabelle 195: Nicht-standardisierte kanonische Diskriminanzfunktionskoeffizienten

257 Der Eigenwert einer Diskriminanzfunktion ist das Verhältnis zwischen Streuung der Diskriminanzwerte zwischen den Clustern und Streuung der Diskriminanzwerte innerhalb der Gruppen: $\lambda = B_d / W_d$. Er gibt somit an, wie „gut" die Funktion die Gruppen trennt.

258 Der kanonische Korrelationskoeffizient ist ein weiteres Maß für die Strenge des Zusammenhangs zwischen den Funktionswerten der Diskriminanzfunktionen und den Gruppen der abhängigen Variablen. Er kann aus dem Eigenwert errechnet werden: Kanonischer Korrelationskoeffizient $= \sqrt{Eigenwert / 1 + Eigenwert}$.

259 Wilk's Lambda ist ebenfalls ein Gütekriterium der Diskriminanzfunktionen und berechnet sich aus dem Eigenwert durch $\Lambda = 1/1 + \lambda$. Ein niedriges Wilk's Lambda steht für einen hohen Zusammenhang zwischen Diskriminanzfunktionswerten und Gruppen.

	Cluster 1	Cluster 2	Cluster 3	Cluster 4
Zentrale organisatorische Zuständigkeit: IT	11,697	10,188	11,615	10,248
Zentrale organisatorische Zuständigkeit: Personal	10,565	10,082	10,801	9,656
Zentrale organisatorische Zuständigkeit: Fachbereich	8,592	9,194	10,876	9,222
Zentrale organisatorische Zuständigkeit: sonstiger Bereich	9,126	9,508	9,747	8,782
Investitionshöhe: 1. Quartil	3,748	3,075	1,965	1,521
Investitionshöhe: 2. Quartil	3,806	2,383	3,141	2,704
Investitionshöhe: 3. Quartil	1,923	1,790	2,860	1,805
Inhalt (mitarbeiterorientiert): < Median	8,441	,387	2,851	3,796
Inhalt (technikorientiert): < Median	74,962	78,669	,370	-4,181
Methodik (persönlich): < Median	5,010	4,884	1,110	1,286
Methodik (kodifiziert): < Median	-1,624	-2,565	-,701	8,695
(Konstant)	-49,885	-47,794	-9,292	-12,482

Tabelle 196: Lineare Diskriminanzfunktionen nach Fisher

Fallweise Statistiken

Fallnummer	Tatsächliche Gruppe	Höchste Gruppe					Zweithöchste Gruppe			Diskriminanzwerte		
		Vorhergesagte Gruppe	P(D>d | G=g)		P(G=g | D=d)	Quadrierter Mahalanobis-Abstand zum Zentroid	Gruppe	P(G=g | D=d)	Quadrierter Mahalanobis-Abstand zum Zentroid	Funktion 1	Funktion 2	Funktion 3
			p	df								
1	1	1	,600	3	,993	1,870	2	,007	11,801	4,987	1,860	,348
2	1	1	,520	3	,968	2,259	2	,032	9,083	5,444	-,702	1,332
3	2	2	,555	3	,983	2,086	1	,017	10,145	5,382	-2,008	-,740
4	3	3	,908	3	,990	,547	4	,010	9,660	-3,820	-1,450	-,252
5	3	3	,801	3	,995	1,003	4	,005	11,782	-3,881	-1,795	-,390
6	1	3(**)	,086	3	,980	6,594	4	,020	14,338	-3,118	-,062	2,635
7	4	4	,416	3	,997	2,843	3	,003	14,321	-3,597	2,470	,750
8	4	4	,765	3	,992	1,150	3	,008	10,829	-4,454	1,201	-1,535
9	3	3	,750	3	,987	1,214	4	,013	9,883	-3,824	-1,506	-,614
10	2	2	,614	3	,931	1,806	1	,069	7,018	4,761	,379	-1,676
11	4	4	,662	3	,985	1,588	3	,015	9,953	-4,088	,983	-1,679
12	1	1	,214	3	,988	4,481	2	,012	13,243	5,207	-1,182	1,984
13	1	1	,472	3	,988	2,520	2	,012	11,399	5,447	-,647	1,694
14	1	1	,569	3	,964	2,015	2	,036	8,608	5,269	-,689	1,270
15	4	4	,256	3	,996	4,047	3	,004	15,081	-3,593	2,526	1,111
16	2	2	,398	3	,984	2,960	1	,016	11,190	4,745	,588	-2,385
17	2	2	,580	3	,917	1,962	1	,083	6,763	4,696	,423	-1,628
18	3	3	,926	3	,996	,466	4	,004	11,689	-3,877	-1,740	-,028
19	3	3	,909	3	,999	,545	4	,001	14,056	-3,865	-2,004	,319
20	2	2	,795	3	,998	1,025	1	,002	13,383	4,993	-1,951	-1,623
21	2	2	,732	3	,986	1,290	1	,014	9,865	5,013	-1,845	-,958
22	3	3	,206	3	,989	4,571	4	,011	13,552	-3,212	-,396	2,337
23	2	2	,423	3	,996	2,806	1	,004	13,934	4,949	-2,505	-1,052
24	4	4	,767	3	,978	1,142	3	,022	8,711	-4,511	,911	-1,311
25	4	4	,624	3	,984	1,758	3	,016	9,988	-4,580	,900	-1,624
26	1	1	,511	3	,981	2,310	2	,019	10,186	4,984	1,805	-,014
27	3	3	,997	3	,993	,056	4	,007	10,042	-3,783	-1,406	,270
28	3	3	,926	3	,996	,466	4	,004	11,689	-3,877	-1,740	-,028
29	3	3	,933	3	,992	,434	4	,008	10,082	-3,198	-1,343	,023
30	3	3	,312	3	,979	3,569	4	,021	11,235	-3,389	-,307	2,038
31	3	3	,926	3	,996	,466	4	,004	11,689	-3,877	-1,740	-,028
32	1	1	,446	3	,991	2,666	2	,009	12,080	4,617	2,023	,130
33	3	3	,908	3	,990	,547	4	,010	9,660	-3,820	-1,450	-,252
34	4	4	,501	3	,996	2,362	3	,004	13,487	-4,023	2,344	,755
35	1	1	,536	3	,985	2,177	2	,015	10,500	5,285	-,638	1,573

Fallnummer	Tatsächliche Gruppe	Höchste Gruppe					Zweithöchste Gruppe			Diskriminanzwerte		
36	1	1	,466	3	,998	2,552	2	,002	15,062	5,081	2,194	,646
37	1	1	,389	3	,989	3,020	2	,011	11,977	5,236	2,076	,043
38	4	4	,570	3	,994	2,014	3	,006	12,136	-4,458	1,145	-1,897
39	3	3	,589	3	,961	1,923	4	,039	8,344	-3,601	-,339	1,454
40	1	1	,434	3	,995	2,738	2	,005	13,193	5,078	2,139	,284
41	1	1	,535	3	,998	2,182	2	,002	14,442	4,655	2,068	,652
42	1	1	,645	3	,992	1,662	2	,008	11,343	4,561	1,734	,354
43	2	2	,365	3	,958	3,177	1	,042	9,441	5,221	-2,129	-,330
44	2	2	,743	3	,985	1,241	1	,015	9,566	5,439	-1,719	-,964
45	1	1	,459	3	,972	2,592	2	,028	9,666	5,870	-,576	1,327
46	3	3	,936	3	,990	,421	4	,010	9,610	-3,360	-1,334	-,098
47	2	2	,398	3	,984	2,960	1	,016	11,190	4,745	,588	-2,385
48	1	1	,389	3	,989	3,020	2	,011	11,977	5,236	2,076	,043
49	4	4	,801	3	,993	1,000	3	,007	11,032	-4,028	1,327	-1,541
50	1	1	,379	3	,987	3,082	2	,013	11,809	5,062	2,089	-,019
51	4	4	,662	3	,985	1,588	3	,015	9,953	-4,088	,983	-1,679
52	1	1	,448	3	,996	2,654	2	,004	13,665	5,240	2,131	,405
53	4	4	,801	3	,993	1,000	3	,007	11,032	-4,028	1,327	-1,541
54	4	4	,416	3	,997	2,843	3	,003	14,321	-3,597	2,470	,750
55	2	2	,193	3	,995	4,724	1	,005	15,200	4,359	,700	-2,906
56	3	3	,978	3	,998	,200	4	,002	12,489	-3,612	-1,734	,376
57	3	3	,556	3	,992	2,082	4	,008	11,772	-3,983	-1,796	-,863
58	3	3	,952	3	,992	,340	4	,008	9,882	-3,787	-1,461	-,092
59	2	2	,326	3	,976	3,458	1	,024	10,857	4,571	,732	-2,322
60	2	2	,641	3	,994	1,682	1	,006	11,795	5,379	-2,063	-1,102
61	4	4	,211	3	,995	4,519	3	,005	15,215	-4,178	2,463	1,358
62	2	2	,692	3	,989	1,456	1	,011	10,488	5,632	-1,793	-1,044
63	3	3	,975	3	,993	,218	4	,007	10,218	-3,624	-1,469	,029
64	3	3	,644	3	,995	1,668	4	,005	12,089	-3,897	-1,845	-,693
65	1	1	,466	3	,935	2,554	2	,065	7,900	5,854	-,626	1,024
66	2	2	,692	3	,989	1,456	1	,011	10,488	5,632	-1,793	-1,044
67	3	3	,384	3	,987	3,053	4	,013	11,726	-3,707	-,534	2,030
68	2	2	,715	3	,990	1,359	1	,010	10,641	5,205	-1,919	-1,039
69	3	3	,926	3	,996	,466	4	,004	11,689	-3,877	-1,740	-,028
70	1	1	,496	3	,986	2,388	2	,014	10,961	5,712	-,512	1,567
71	1	1	,496	3	,986	2,388	2	,014	10,961	5,712	-,512	1,567
72	1	1	,448	3	,996	2,654	2	,004	13,665	5,240	2,131	,405
73	2	2	,392	3	,986	3,001	1	,014	11,481	4,318	,461	-2,379
74	1	1	,389	3	,989	3,020	2	,011	11,977	5,236	2,076	,043
75	2	2	,233	3	,986	4,282	1	,014	12,779	4,802	,877	-2,609
76	2	2	,547	3	,998	2,123	1	,002	14,404	5,220	-2,353	-1,351
77	2	2	,743	3	,985	1,241	1	,015	9,566	5,439	-1,719	-,964
78	1	1	,319	3	,974	3,511	2	,026	10,740	5,220	2,025	-,259
79	4	4	,320	3	,997	3,507	3	,003	14,999	-3,755	2,534	,990
80	3	3	,823	3	,995	,910	4	,005	11,473	-3,946	-1,751	-,341
81	2	2	,816	3	,998	,940	1	,002	13,048	5,420	-1,824	-1,628
82	3	3	,750	3	,987	1,214	4	,013	9,883	-3,824	-1,506	-,614
83	3	3	,245	3	,991	4,153	4	,009	13,486	-3,638	-,523	2,343
84	1	1	,413	3	,990	2,866	2	,010	11,995	5,874	-,520	1,688
85	1	1	,384	3	,982	3,049	2	,018	11,097	5,621	-,791	1,631
86	4	4	,767	3	,978	1,142	3	,022	8,711	-4,511	,911	-1,311
87	4	4	,944	3	,988	,383	3	,012	9,189	-4,417	1,245	-1,013
88	3	3	,941	3	,996	,398	4	,004	11,268	-3,450	-1,613	-,034
89	4	4	,416	3	,997	2,843	3	,003	14,321	-3,597	2,470	,750
90	4	4	,570	3	,994	2,014	3	,006	12,136	-4,458	1,145	-1,897
91	4	4	,570	3	,994	2,014	3	,006	12,136	-4,458	1,145	-1,897

Fall-nummer	Tatsächliche Gruppe	Höchste Gruppe					Zweithöchste Gruppe			Diskriminanzwerte		
92	3	3	,853	3	,994	,785	4	,006	10,995	-3,519	-1,624	-,347
93	3	3	,576	3	,985	1,983	4	,015	10,294	-3,840	-1,556	-,917
94	2	2	,296	3	,973	3,701	1	,027	10,850	4,998	,858	-2,328
95	4	4	,877	3	,969	,685	3	,031	7,561	-4,421	,930	-,969
96	3	3	,952	3	,992	,340	4	,008	9,882	-3,787	-1,461	-,092
97	3	3	,908	3	,990	,547	4	,010	9,660	-3,820	-1,450	-,252
98	4	4	,801	3	,993	1,000	3	,007	11,032	-4,028	1,327	-1,541
99	4	4	,730	3	,992	1,295	3	,008	10,883	-3,835	1,253	-1,621
100	3	3	,556	3	,992	2,082	4	,008	11,772	-3,983	-1,796	-,863
101	4	4	,493	3	,987	2,401	3	,013	11,125	-4,104	,932	-1,981
102	4	4	,834	3	,990	,864	3	,010	10,114	-4,421	1,190	-1,375
103	4	4	,599	3	,982	1,876	3	,018	9,889	-4,515	,856	-1,673
104	3	3	,926	3	,996	,466	4	,004	11,689	-3,877	-1,740	-,028
105	3	3	,332	3	,985	3,413	4	,015	11,733	-3,280	-,407	2,024
106	3	3	,111	3	,983	6,015	4	,017	14,111	-3,544	-,188	2,641
107	1	3(**)	,235	3	,975	4,257	4	,025	11,571	-2,963	-,181	2,033
108	3	3	,926	3	,996	,466	4	,004	11,689	-3,877	-1,740	-,028
109	1	1	,448	3	,996	2,654	2	,004	13,665	5,240	2,131	,405
110	2	2	,600	3	,994	1,868	1	,006	12,231	4,952	-2,190	-1,096
111	3	3	,611	3	,993	1,817	4	,007	11,726	-3,801	-,868	1,732
112	3	3	,312	3	,979	3,569	4	,021	11,235	-3,389	-,307	2,038
113	3	3	,750	3	,987	1,214	4	,013	9,883	-3,824	-1,506	-,614
114	3	3	,341	3	,995	3,349	4	,005	13,881	-3,728	-,788	2,216
115	4	4	,314	3	,995	3,552	3	,005	14,234	-4,020	2,399	1,117
116	4	4	,944	3	,988	,383	3	,012	9,189	-4,417	1,245	-1,013
117	2	2	,758	3	,996	1,180	1	,004	12,192	5,189	-1,970	-1,341
118	4	4	,686	3	,992	1,483	3	,008	11,091	-4,437	1,140	-1,678
119	1	1	,472	3	,988	2,520	2	,012	11,399	5,447	-,647	1,694
120	3	3	,896	3	,988	,603	4	,012	9,364	-3,394	-1,324	-,258
121	3	3	,908	3	,990	,547	4	,010	9,660	-3,820	-1,450	-,252
122	3	3	,975	3	,993	,218	4	,007	10,218	-3,624	-1,469	,029
123	4	4	,320	3	,997	3,507	3	,003	14,999	-3,755	2,534	,990
124	3	3	,782	3	,999	1,079	4	,001	15,790	-3,955	-2,270	,192
125	1	1	,448	3	,996	2,654	2	,004	13,665	5,240	2,131	,405
126	1	1	,413	3	,990	2,866	2	,010	11,995	5,874	-,520	1,688
127	3	3	,175	3	,983	4,956	4	,017	13,067	-3,386	-,252	2,400
128	1	1	,383	3	,970	3,056	2	,030	10,034	4,794	1,898	-,254
129	3	3	,937	3	,999	,416	4	,001	13,576	-3,438	-1,878	,313
130	4	4	,469	3	,997	2,538	3	,003	14,388	-3,771	2,484	,688
131	3	3	,111	3	,983	6,015	4	,017	14,111	-3,544	-,188	2,641
132	4	4	,966	3	,990	,270	3	,010	9,429	-3,991	1,372	-1,019
133	1	1	,413	3	,990	2,866	2	,010	11,995	5,874	-,520	1,688
134	3	3	,417	3	,988	2,839	4	,012	11,728	-3,642	-,578	1,981
135	1	1	,355	3	,975	3,248	2	,025	10,608	4,614	1,968	-,232
136	4	4	,765	3	,992	1,150	3	,008	10,829	-4,454	1,201	-1,535
137	4	4	,596	3	,993	1,888	3	,007	11,791	-4,276	2,073	,698
138	2	2	,316	3	,927	3,538	1	,073	8,633	5,001	,914	-1,966
139	4	4	,359	3	,993	3,217	3	,007	13,028	-3,846	2,255	1,054
140	3	3	,926	3	,996	,466	4	,004	11,689	-3,877	-1,740	-,028
141	4	4	,314	3	,995	3,552	3	,005	14,234	-4,020	2,399	1,117
142	1	1	,511	3	,981	2,310	2	,019	10,186	4,984	1,805	-,014
143	4	4	,713	3	,998	1,369	3	,002	14,093	-3,809	2,439	,166
144	4	4	,570	3	,994	2,014	3	,006	12,136	-4,458	1,145	-1,897
145	4	4	,784	3	,998	1,070	3	,002	13,441	-4,235	2,312	,171
146	4	4	,820	3	,996	,923	3	,004	11,915	-4,378	2,072	,225
147	2	2	,794	3	,995	1,028	1	,005	11,658	5,009	-1,901	-1,320

Fallnummer	Tatsächliche Gruppe	Höchste Gruppe					Zweithöchste Gruppe			Diskriminanzwerte		
148	3	3	,952	3	,992	,340	4	,008	9,882	-3,787	-1,461	-,092
149	1	1	,434	3	,995	2,738	2	,005	13,193	5,078	2,139	,284
150	1	1	,804	3	,996	,990	2	,004	12,201	5,249	1,551	,796
151	3	3	,417	3	,988	2,839	4	,012	11,728	-3,642	-,578	1,981
152	3	3	,245	3	,991	4,153	4	,009	13,486	-3,638	-,523	2,343
153	3	3	,908	3	,990	,547	4	,010	9,660	-3,820	-1,450	-,252
154	1	1	,322	3	,871	3,493	2	,129	7,318	5,459	-1,136	1,020
155	4	4	,211	3	,995	4,519	3	,005	15,215	-4,178	2,463	1,358
156	1	1	,389	3	,989	3,020	2	,011	11,977	5,236	2,076	,043
157	1	1	,496	3	,986	2,388	2	,014	10,961	5,712	-,512	1,567
158	3	3	,750	3	,987	1,214	4	,013	9,883	-3,824	-1,506	-,614
159	1	1	,544	3	,980	2,140	2	,020	9,922	5,678	-,501	1,407
160	4	4	,662	3	,985	1,588	3	,015	9,953	-4,088	,983	-1,679
161	1	1	,454	3	,994	2,619	2	,006	12,995	5,289	-,583	1,935
162	3	3	,997	3	,993	,056	4	,007	10,042	-3,783	-1,406	,270
163	3	3	,739	3	,985	1,257	4	,015	9,574	-3,397	-1,379	-,620
164	3	3	,983	3	,998	,167	4	,002	12,442	-3,771	-1,670	,617
165	1	1	,448	3	,996	2,654	2	,004	13,665	5,240	2,131	,405
166	3	3	,750	3	,987	1,214	4	,013	9,883	-3,824	-1,506	-,614
167	4	4	,729	3	,990	1,299	3	,010	10,534	-4,262	1,126	-1,616
168	3	3	,639	3	,998	1,692	4	,002	14,199	-3,791	-2,130	-,538
169	3	3	,111	3	,983	6,015	4	,017	14,111	-3,544	-,188	2,641
170	2	2	,809	3	,994	,967	1	,006	11,346	5,436	-1,774	-1,326
171	3	3	,926	3	,996	,466	4	,004	11,689	-3,877	-1,740	-,028
172	4	4	,501	3	,996	2,362	3	,004	13,487	-4,023	2,344	,755
173	3	3	,783	3	1,000	1,077	4	,000	16,520	-3,868	-2,319	,363
174	2	2	,193	3	,995	4,724	1	,005	15,200	4,359	,700	-2,906
175	1	1	,417	3	,995	2,842	2	,005	13,469	5,715	-,457	1,929
176	3	3	,926	3	,996	,466	4	,004	11,689	-3,877	-1,740	-,028
177	1	1	,413	3	,990	2,866	2	,010	11,995	5,874	-,520	1,688
178	1	1	,582	3	,977	1,953	2	,023	9,485	5,251	-,628	1,413
179	2	2	,392	3	,986	3,001	1	,014	11,481	4,318	,461	-2,379
180	4	4	,369	3	,996	3,148	3	,004	14,287	-4,182	2,407	,996
181	3	3	,933	3	,992	,434	4	,008	10,082	-3,198	-1,343	,023
182	3	3	,719	3	,998	1,341	4	,002	14,051	-3,884	-2,110	-,346
183	1	1	,582	3	,977	1,953	2	,023	9,485	5,251	-,628	1,413
184	1	1	,322	3	,983	3,494	2	,017	11,608	5,444	-,962	1,738
185	1	1	,466	3	,998	2,552	2	,002	15,062	5,081	2,194	,646
186	1	1	,312	3	,978	3,567	2	,022	11,177	5,040	2,094	-,238
187	3	3	,111	3	,983	6,015	4	,017	14,111	-3,544	-,188	2,641
188	3	3	,933	3	,992	,434	4	,008	10,082	-3,198	-1,343	,023
189	4	4	,180	3	,996	4,891	3	,004	15,940	-3,752	2,589	1,352
190	1	1	,535	3	,998	2,182	2	,002	14,442	4,655	2,068	,652
191	1	1	,434	3	,995	2,738	2	,005	13,193	5,078	2,139	,284
192	1	1	,520	3	,968	2,259	2	,032	9,083	5,444	-,702	1,332
193	4	4	,834	3	,990	,864	3	,010	10,114	-4,421	1,190	-1,375
194	3	3	,437	3	,967	2,719	4	,033	9,498	-3,585	-,289	1,757
195	4	4	,767	3	,978	1,142	3	,022	8,711	-4,511	,911	-1,311
196	1	1	,466	3	,998	2,552	2	,002	15,062	5,081	2,194	,646
197	1	1	,454	3	,994	2,619	2	,006	12,995	5,289	-,583	1,935
198	2	2	,795	3	,998	1,025	1	,002	13,383	4,993	-1,951	-1,623
199	1	1	,384	3	,982	3,049	2	,018	11,097	5,621	-,791	1,631
200	2	2	,271	3	,962	3,916	1	,038	10,358	4,805	,932	-2,247
201	3	3	,245	3	,991	4,153	4	,009	13,486	-3,638	-,523	2,343
202	1	1	,424	3	,946	2,799	2	,054	8,542	5,191	-,973	1,275
203	2	2	,743	3	,985	1,241	1	,015	9,566	5,439	-1,719	-,964

Fallnummer	Tatsächliche Gruppe	Höchste Gruppe					Zweithöchste Gruppe			Diskriminanzwerte		
204	1	1	,582	3	,977	1,953	2	,023	9,485	5,251	-,628	1,413
205	1	1	,416	3	,952	2,848	2	,048	8,842	5,618	-,846	1,269
206	4	4	,370	3	,971	3,142	3	,029	10,135	-4,674	,566	-1,922
207	4	4	,801	3	,993	1,000	3	,007	11,032	-4,028	1,327	-1,541
208	1	3(**)	,129	3	,980	5,658	4	,020	13,416	-2,959	-,125	2,394
209	3	3	,839	3	,988	,845	4	,012	9,677	-3,376	-1,384	-,400
210	4	4	,443	3	,997	2,683	3	,003	14,252	-4,216	2,418	,836
211	1	1	,319	3	,974	3,511	2	,026	10,740	5,220	2,025	-,259
212	2	2	,721	3	,998	1,334	1	,002	13,881	5,277	-2,064	-1,575
213	2	2	,795	3	,998	1,025	1	,002	13,383	4,993	-1,951	-1,623
214	4	4	,886	3	,990	,647	3	,010	9,792	-3,832	1,308	-1,260
215	4	4	,864	3	,992	,738	3	,008	10,340	-3,994	1,317	-1,381
216	4	4	,361	3	,990	3,206	3	,010	12,309	-4,617	,855	-2,146
217	2	2	,816	3	,998	,940	1	,002	13,048	5,420	-1,824	-1,628
218	3	3	,908	3	,990	,547	4	,010	9,660	-3,820	-1,450	-,252
219	3	3	,801	3	,995	1,003	4	,005	11,782	-3,881	-1,795	-,390
220	2	2	,340	3	,993	3,359	1	,007	13,318	4,729	,537	-2,687

Tabelle 197: Fallweise Statistiken der Diskriminanzanalyse (** falsch klassifizierter Fall)

Ermittelte Cluster

		Häufigkeit	Prozent	Gültige Prozente
Gültig	Cluster 1	58	26,4	26,4
	Cluster 2	36	16,4	16,4
	Cluster 3	73	33,2	33,2
	Cluster 4	53	24,1	24,1
	Gesamt	220	100,0	100,0

Tabelle 198: Aufteilung der Fälle nach Clustern

Gabler Edition Wissenschaft

„Informationsmanagement und Computer Aided Team"
Herausgeber: Prof. Dr. Helmut Krcmar

zuletzt erschienen:

Matthias Mohr
Qualifizierungsstrategien für betriebswirtschaftliche Unternehmenssoftware
Eine empirische Untersuchung bei deutschen Unternehmen
2009. XXVIII, 410 S., 173 Abb., 198 Tab., Br. € 59,90
ISBN 978-3-8349-1578-8

Jörn Weigle
Informationsverarbeitung und -verteilung virtualisierter Organisationen
Das Beispiel der Multimedia-Branche
2007. XVII, 255 S., 77 Abb., 22 Tab., Br. € 49,90
ISBN 978-3-8350-0606-5

Stephan Wilczek
Aktive elektronische Dokumente in Telekooperationsumgebungen
Konzept und Einsatzmöglichkeiten am Beispiel elektronischer Patientenakten
2008. XXIII, 297 S., 74 Abb., 50 Tab., Br. € 59,90
ISBN 978-3-8350-0880-9

Petra Wolf
Führungsinformationen für das Kommunalmanagement
2007. XX, 315 S., 94 Abb., 40 Tab., Br. € 55,90
ISBN 978-3-8350-0541-9

Änderungen vorbehalten. Stand: Mai 2009.
Erhältlich im Buchhandel oder beim Verlag.
Gabler Verlag . Abraham-Lincoln-Str. 46 . 65189 Wiesbaden . www.gabler.de

GABLER